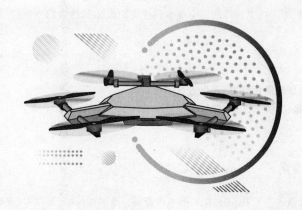

无人机设计与开发实战
——基于Paparazzi的小型四旋翼

微课视频版

苏立军 齐晓慧 主编

董海瑞 席雷平 朱红娟 副主编

清华大学出版社

北京

内 容 简 介

本书从实际设计角度出发，以开源飞行控制软件 Paparazzi 为开发工具，系统地介绍了四旋翼无人机设计中的硬件基础知识、软件基础知识以及相关的控制理论等，通过对 Paparazzi 程序代码的解析和参数整定，阐述四旋翼无人机设计中理论知识和应用实践相互结合的主要方法。

本书可作为自动控制、无人机工程等相关专业本科生或研究生的教学用书，也可供相关领域的工程技术人员和研究人员参考。

图书在版编目(CIP)数据

无人机设计与开发实战：基于 Paparazzi 的小型四旋翼：微课视频版/苏立军，齐晓慧主编.—北京：清华大学出版社，2022.6（2024.2重印）

（清华科技大讲堂）

ISBN 978-7-302-53818-9

Ⅰ．①无… Ⅱ．①苏… ②齐… Ⅲ．①无人驾驶飞机－系统设计－高等学校－教材 Ⅳ．①V279

中国版本图书馆 CIP 数据核字(2019)第 197375 号

责任编辑：陈景辉　赵晓宁
封面设计：刘　键
责任校对：焦丽丽
责任印制：杨　艳

出版发行：清华大学出版社
网　　　址：https://www.tup.com.cn，https://www.wqxuetang.com
地　　　址：北京清华大学学研大厦 A 座　　　邮　编：100084
社 总 机：010-83470000　　　邮　购：010-62786544
投稿与读者服务：010-62776969，c-service@tup.tsinghua.edu.cn
质量反馈：010-62772015，zhiliang@tup.tsinghua.edu.cn
课件下载：https://www.tup.com.cn，010-83470236
印 装 者：三河市铭诚印务有限公司
经　　销：全国新华书店
开　　本：185mm×260mm　　印　张：30.25　　　字　数：734 千字
版　　次：2022 年 7 月第 1 版　　　印　次：2024 年 2 月第 2 次印刷
印　　数：1501～2000
定　　价：89.90 元

产品编号：078286-01

党的二十大报告强调"必须坚持科技是第一生产力、人才是第一资源、创新是第一动力，深入实施科教兴国战略、人才强国战略、创新驱动发展战略，开辟发展新领域新赛道，不断塑造发展新动能新优势"。

四旋翼无人机也称为四旋翼、四轴或四轴飞行器，是一种能够自由悬停、垂直起降、结构简单且易于控制的无人机。随着微机电技术的成熟，四旋翼无人机实现了小型化。四旋翼无人机的设计是一个系统工程，其中涉及机械、电子、电路设计、空气动力学、无线通信、嵌入式软件设计、滤波理论、控制理论、导航技术以及基础的航模知识等多方面的技术和理论。近年来，针对四旋翼无人机的开发和设计，涌现出一批开源硬件和软件产品。从软件的可读性、模块化、可移植性以及功能的完备性等多方面考虑，Paparazzi 是诸多开源软件中较为优秀的一个。编者在使用 Paparazzi 设计开发四旋翼飞行的过程中积累了一些相关理论和技术的学习笔记，现将这些比较零散的知识整理成册，希望对想要学习或从事四旋翼无人机设计的人员能有一定参考价值。

本书以 Paparazzi 开源实现为主线，贯穿小型四旋翼无人机设计与开发的有关内容，主要从硬件设计、软件编程和原理算法分析等方面进行阐述。

全书分基础知识篇和实践应用篇两部分。基础知识篇包括第 1～5 章，主要介绍四旋翼无人机的飞行原理、硬件、C 语言、坐标系、数学模型和控制理论等在四旋翼无人机设计与开发中涉及的基础知识。其中，第 1 章为四旋翼无人机概述，介绍四旋翼无人机的起源、发展、基本飞行原理以及常见的四旋翼无人机的开源项目；第 2 章介绍四旋翼无人机的硬件，包括机架、电机、电子调速器、螺旋桨、电池、遥控器、数传模块、Lisa 系列自动驾驶仪、常用的微控制器等模块的主要性能和特点；第 3 章主要介绍 C 语言的不同语言标准，以及在 Paparazzi 中所使用的 GCC 编译器的部分 C 语言扩展，期望通过本章的内容能加深读者对 Paparazzi 中 C 语言的理解；第 4 章以四旋翼的数学模型为主线，介绍矢量、坐标系、四元数、运动学建模、动力学建模、旋翼的性能和数学模型等四旋翼建模的基础知识；第 5 章介绍控制理论部分的知识，其中包括控制理论的基本概念、PID 控制器、复合控制、前置滤波器和常用的数字滤波算法等。

实践应用篇包括第 6～10 章，主要介绍基于 Paparazzi 开发四旋翼无人机的工作流程、Paparazzi 的软件构架体系、Paparazzi 代码实现和算法原理的对应关系、四旋翼无人机控制器参数的整定方法等基于 Paparazzi 开发四旋翼无人机的实践应用方法。其中，第 6 章介绍 Paparazzi 软件的安装和各组件的使用；第 7 章介绍 Paparazzi 中四旋翼无人机的相关配置；

第8章结合嵌入式操作系统、导航系统、自动控制等相关理论，对四旋翼无人机的航姿参考系统的解算、组合导航系统的解算、飞行计划、飞行控制任务以及数据链通信等主要代码进行解析，便于读者理解其中的理论和代码实现，从而针对其中的部分算法和代码进行替换或改进；第9章从频域综合设计的角度介绍一种四旋翼控制器参数整定的方法；第10章给出了一个基于 Paparazzi 开发四旋翼无人机的实例。

配套资源

为便于教学，本书配有 400 分钟微课视频、源代码、教学课件、教学大纲、教案、教学进度表。

（1）获取微课视频方式：读者可以先扫描本书封底的文泉云盘防盗码，再扫描书中相应的视频二维码，观看教学视频。

（2）其他配套资源可以扫描本书封底的"书圈"二维码，回复本书的书号下载。

读者对象

本书可作为自动控制、无人机工程等相关专业本科生或研究生的教学用书，也可供相关领域的工程技术人员和研究人员参考。

本书第 1 章、第 2 章，以及第 6～8 章由苏立军编写；第 4、5 章由齐晓慧编写；第 3 章由朱红娟编写；第 9 章由董海瑞编写；第 10 章由席雷平编写；全书由苏立军负责统稿。

由于编者水平有限，书中难免有不足之处，望广大读者给予批评指正。

编　者

2022 年 5 月

目 录

基 础 知 识 篇

第 1 章　四旋翼无人机概述 ……………………………………………………… 3

1.1　四旋翼无人机 ……………………………………………………………… 3

1.2　四旋翼无人机的起源和发展 ……………………………………………… 4

1.3　四旋翼无人机的飞行原理 ………………………………………………… 7

　　1.3.1　四旋翼无人机的结构布局 ………………………………………… 7

　　1.3.2　四旋翼无人机的飞行 ……………………………………………… 8

1.4　四旋翼无人机的开源项目 ………………………………………………… 10

　　1.4.1　硬件部分 …………………………………………………………… 10

　　1.4.2　软件部分 …………………………………………………………… 12

1.5　Paparazzi 简介 …………………………………………………………… 12

　　1.5.1　Paparazzi 的开源硬件 …………………………………………… 13

　　1.5.2　Paparazzi 的开源软件 …………………………………………… 14

小结 ……………………………………………………………………………… 15

第 2 章　四旋翼无人机的硬件 ………………………………………………… 16

2.1　机架 ………………………………………………………………………… 16

　　2.1.1　机架支臂的材质 …………………………………………………… 16

　　2.1.2　机架的其他性能指标 ……………………………………………… 17

2.2　电机 ………………………………………………………………………… 18

　　2.2.1　直流有刷电机 ……………………………………………………… 18

　　2.2.2　直流无刷电机 ……………………………………………………… 18

2.3　电子调速器 ………………………………………………………………… 19

　　2.3.1　电子调速器的硬件 ………………………………………………… 20

　　2.3.2　电子调速器的软件 ………………………………………………… 21

2.4　螺旋桨 ……………………………………………………………………… 21

2.5　电池 ………………………………………………………………………… 22

2.6　遥控器 ……………………………………………………………………… 23

2.7　数传模块 …………………………………………………………………… 23

2.7.1 3DRRadio 数传电台 ·· 23

2.7.2 XBee 数传电台 ·· 28

2.8 Lisa 系列自动驾驶仪 ·· 29

2.8.1 Lisa/L 系列自动驾驶仪 ··· 30

2.8.2 Lisa/S 系列自动驾驶仪 ··· 30

2.8.3 Lisa/M 系列自动驾驶仪 ··· 31

2.8.4 Aspirin IMU 模块 ·· 36

2.9 常用的微控制器简介 ·· 39

2.9.1 STM32F105RCT6 微控制器 ··· 39

2.9.2 STM32F405RGT6 微控制器 ··· 49

2.10 常用传感器芯片简介 ··· 51

2.10.1 三轴陀螺仪和加速度计 MPU60X0 ···································· 51

2.10.2 三轴磁强计 HMC5883L ··· 51

2.10.3 气压计 BMP085 ··· 52

2.10.4 气压计 MS5611 ··· 53

小结 ·· 54

第 3 章 C 语言和 GCC 编译器 ·· 56

3.1 C 语言标准 ··· 56

3.1.1 K&R C 语言标准 ·· 57

3.1.2 ANSI C 语言标准 ··· 57

3.1.3 AMD1 C 语言标准 ··· 57

3.1.4 C99 标准 ··· 57

3.1.5 C11 标准 ··· 65

3.2 GCC 的 C 语言扩展 ·· 65

3.2.1 语句表达式 ·· 66

3.2.2 标号变量 ·· 66

3.2.3 case 范围 ·· 66

3.2.4 typeof 关键字 ··· 67

3.2.5 条件表达式的省略 ·· 67

3.2.6 内建函数 ·· 67

3.2.7 内联函数 ·· 68

3.2.8 内联汇编 ·· 69

3.2.9 特殊属性声明 ·· 70

小结 ·· 72

第 4 章 四旋翼的数学模型 ·· 74

4.1 矢量定义和计算 ·· 74

4.1.1 矢量定义 ·· 74

4.1.2　矢量的计算 ··· 75
4.1.3　矢量的微分 ··· 76
4.1.4　科里奥利公式 ··· 77
4.2　坐标变换 ··· 78
4.2.1　坐标变换矩阵 ··· 78
4.2.2　基元旋转矩阵 ··· 79
4.2.3　一般坐标变换 ··· 80
4.2.4　欧拉转动定理 ··· 81
4.2.5　坐标变化的变化率 ··· 83
4.3　常用坐标系 ··· 85
4.3.1　全球坐标系 ··· 85
4.3.2　本地坐标系 ··· 86
4.3.3　机体坐标系 ··· 87
4.4　常用坐标系之间的坐标变换 ··· 87
4.4.1　大地坐标系到地心坐标系 ··· 87
4.4.2　地心坐标系到大地坐标系 ··· 88
4.4.3　地心坐标系到本地坐标系 ··· 89
4.4.4　本地坐标系到地心坐标系 ··· 89
4.5　四元数理论 ··· 90
4.5.1　四元数的定义和性质 ··· 90
4.5.2　四元数旋转变换 ··· 92
4.5.3　四元数和坐标变换矩阵 ··· 92
4.5.4　以四元数表示相对运动方程 ··· 93
4.6　运动学方程和动力学方程 ··· 95
4.6.1　质点的运动学方程和动力学方程 ··· 95
4.6.2　质点系运动学方程和动力学方程 ··· 96
4.7　刚体的运动方程 ··· 98
4.7.1　刚体运动描述 ··· 98
4.7.2　惯性矩阵 ··· 99
4.7.3　刚体质心运动方程 ·· 100
4.7.4　刚体转动方程 ·· 101
4.8　旋翼 ·· 102
4.8.1　旋翼的作用 ·· 102
4.8.2　旋翼的基本参数 ·· 102
4.8.3　旋翼的拉力 ·· 104
4.9　四旋翼无人机的数学模型 ·· 107
4.9.1　数学模型中的相关定义 ·· 108
4.9.2　四旋翼无人机的线运动 ·· 109
4.9.3　四旋翼无人机的转动 ·· 111

小结 ………………………………………………………………………… 112

第5章 控制理论 ………………………………………………………… 115

5.1 控制理论的基本概念 ……………………………………………… 115

5.1.1 控制的基本方式 …………………………………………… 115

5.1.2 控制系统的性能 …………………………………………… 118

5.2 PID控制器 ………………………………………………………… 119

5.2.1 通断控制器 ………………………………………………… 119

5.2.2 比例控制器(P控制器) …………………………………… 120

5.2.3 比例积分控制器(PI控制器) ……………………………… 120

5.2.4 比例微分控制器(PD控制器) ……………………………… 121

5.2.5 比例积分微分控制器(PID控制器) ………………………… 121

5.2.6 PID控制器的改进 ………………………………………… 123

5.3 复合控制 …………………………………………………………… 128

5.3.1 前馈控制 …………………………………………………… 128

5.3.2 按干扰补偿的复合控制 …………………………………… 128

5.3.3 按输入补偿的复合控制 …………………………………… 129

5.4 前置滤波器 ………………………………………………………… 131

5.5 常用数字滤波算法 ………………………………………………… 133

5.5.1 算术平均值滤波 …………………………………………… 133

5.5.2 加权平均值滤波 …………………………………………… 133

5.5.3 递推平均滤波(滑动平均滤波) …………………………… 133

5.5.4 中值滤波 …………………………………………………… 134

5.5.5 程序判断滤波 ……………………………………………… 134

5.5.6 惯性滤波 …………………………………………………… 135

5.5.7 互补滤波 …………………………………………………… 135

5.5.8 卡尔曼滤波 ………………………………………………… 139

5.5.9 扩展卡尔曼滤波 …………………………………………… 142

5.6 Paparazzi的四旋翼无人机控制系统 …………………………… 145

小结 ………………………………………………………………………… 146

实 践 应 用 篇

第6章 Paparazzi软件工具 …………………………………………… 151

6.1 Paparazzi开发环境 ……………………………………………… 151

6.1.1 安装Linux操作系统 ……………………………………… 151

6.1.2 安装Paparazzi开发工具 ………………………………… 153

6.2 Paparazzi Center简介 …………………………………………… 156

6.2.1 Paparazzi Center主窗口 ………………………………… 156

6.2.2　Paparazzi Center 的工具集 ·············· 160

6.2.3　Paparazzi Center 的地面控制站 ············· 173

6.2.4　飞行计划编辑 ················· 184

6.2.5　飞行仿真 ·················· 185

小结 ························· 186

第 7 章　Paparazzi 四旋翼无人机的配置文件 ············ 187

7.1　机身配置 ····················· 187

7.1.1　Airframe 的文档类型定义 ············ 192

7.1.2　固件设定 ················· 192

7.1.3　设置执行元件参数 ··············· 196

7.1.4　设置 IMU 校准参数 ·············· 197

7.1.5　设置控制器参数 ··············· 198

7.1.6　加载模块 ················· 200

7.1.7　设置仿真参数 ················ 201

7.1.8　设置电源监测参数 ·············· 201

7.1.9　飞行模式设置 ················ 201

7.2　飞行计划配置 ·················· 205

7.2.1　飞行计划文件文档类型定义 ··········· 207

7.2.2　飞行计划文件的根元素 ············· 208

7.2.3　包含头文件 ················· 208

7.2.4　航程点设置 ················· 208

7.2.5　飞行区域 ·················· 209

7.2.6　飞行任务 ·················· 209

7.3　可调参数配置 ·················· 217

7.3.1　通过遥控器调整参数 ············· 217

7.3.2　通过数据链调整参数 ············· 218

7.4　遥控器配置 ···················· 221

7.5　遥测信息设置 ·················· 223

7.5.1　信息格式的定义 ··············· 223

7.5.2　遥测信息的封装 ··············· 226

小结 ························· 228

第 8 章　Paparazzi 四旋翼无人机程序解析 ············ 230

8.1　Paparazzi 工程文件分析 ·············· 230

8.2　主函数解析 ···················· 232

8.2.1　系统初始化 ················· 234

8.2.2　任务调度 ·················· 235

8.2.3　事件处理 ·················· 241

8.3 ABI 消息机制 ……………………………………………………… 243
8.4 IMU 接口程序 ……………………………………………………… 245
8.5 航姿参考系统 ……………………………………………………… 252
　8.5.1 AHRS 模块的对准 ………………………………………… 252
　8.5.2 基于欧拉角的互补滤波算法 …………………………… 255
　8.5.3 基于四元数的互补滤波算法 …………………………… 263
　8.5.4 卡尔曼滤波算法 ………………………………………… 280
8.6 组合导航系统 ……………………………………………………… 289
　8.6.1 垂直方向的组合导航 …………………………………… 291
　8.6.2 水平方向的组合导航 …………………………………… 300
8.7 飞行计划设置 ……………………………………………………… 311
　8.7.1 飞行计划的用户接口文件 ……………………………… 311
　8.7.2 飞行计划的 C 语言描述 ………………………………… 311
　8.7.3 本地坐标系原点设置 …………………………………… 316
　8.7.4 航程点设置 ……………………………………………… 321
　8.7.5 飞行任务设置 …………………………………………… 323
8.8 飞行控制任务 ……………………………………………………… 325
　8.8.1 飞行控制任务主函数 …………………………………… 325
　8.8.2 飞行模式设置 …………………………………………… 327
　8.8.3 导航信息的设置 ………………………………………… 336
　8.8.4 水平导航控制 …………………………………………… 340
　8.8.5 垂直导航控制 …………………………………………… 349
　8.8.6 姿态控制 ………………………………………………… 360
8.9 数据链通信 ………………………………………………………… 375
　8.9.1 通信协议栈 ……………………………………………… 375
　8.9.2 应用接口层 ……………………………………………… 376
　8.9.3 传输协议层 ……………………………………………… 385
　8.9.4 硬件接口层 ……………………………………………… 400
小结 ………………………………………………………………………… 406

第9章　四旋翼控制器参数整定 ………………………………………… 407

9.1 姿态控制器整定 …………………………………………………… 407
　9.1.1 数学模型简化 …………………………………………… 407
　9.1.2 反馈控制器参数整定 …………………………………… 409
　9.1.3 前馈控制器参数整定 …………………………………… 412
　9.1.4 前置滤波器对控制参数的影响 ………………………… 413
9.2 水平导航控制器整定 ……………………………………………… 415
　9.2.1 数学模型简化 …………………………………………… 415
　9.2.2 反馈控制器参数整定 …………………………………… 416

9.2.3 前馈控制器 …………………………………………………………………… 419

9.2.4 前置滤波器 …………………………………………………………………… 419

9.3 垂直方向控制器整定 ……………………………………………………………… 420

9.3.1 数学模型简化 …………………………………………………………………… 420

9.3.2 反馈控制器参数整定 …………………………………………………………… 421

9.3.3 前馈控制器 …………………………………………………………………… 424

9.3.4 前置滤波器 …………………………………………………………………… 425

9.4 影响控制器整定的其他因素 ……………………………………………………… 426

9.4.1 数字化控制器 …………………………………………………………………… 426

9.4.2 多入多出系统 …………………………………………………………………… 427

9.4.3 控制器中的限幅 ………………………………………………………………… 427

9.4.4 噪声的影响 …………………………………………………………………… 427

9.4.5 控制器参数整定的验证 ………………………………………………………… 428

小结 ……………………………………………………………………………………… 428

第 10 章 四旋翼无人机实例 …………………………………………………………… 429

10.1 四旋翼无人机硬件选型和组装 …………………………………………………… 429

10.1.1 硬件选型 …………………………………………………………………… 429

10.1.2 硬件组装 …………………………………………………………………… 430

10.2 设定机型 …………………………………………………………………………… 432

10.3 设定机身配置文件 ………………………………………………………………… 433

10.3.1 修改机身配置文件中的遥控器设定 ………………………………………… 434

10.3.2 设置四旋翼机型布局 ………………………………………………………… 434

10.3.3 设定 IMU 传感器板的校准信息 …………………………………………… 436

10.4 创建遥控器配置文件 ……………………………………………………………… 440

10.5 静态实验 …………………………………………………………………………… 441

10.6 实际飞行实验 ……………………………………………………………………… 443

小结 ……………………………………………………………………………………… 444

附录 A 气压高度测量 …………………………………………………………………… 446

附录 B Paparazzi 四旋翼无人机的代码树 …………………………………………… 451

附录 C 乘性扩展卡尔曼滤波 …………………………………………………………… 453

附录 D MATLAB 代码 ………………………………………………………………… 460

附录 E 无人机航空摄影 ………………………………………………………………… 465

参考文献 …………………………………………………………………………………… 468

基础知识篇

第1章　四旋翼无人机概述

第2章　四旋翼无人机的硬件

第3章　C语言和GCC编译器

第4章　四旋翼的数学模型

第5章　控制理论

第1章

四旋翼无人机概述

视频讲解

1.1 四旋翼无人机

任何由人类制造、能飞离地面、在空间飞行并由人来控制的飞行物,称为飞行器。在大气层内飞行的飞行器称为航空器,如气球、滑翔机、飞艇、飞机、直升机等。航空器可以分为轻于空气的航空器和重于空气的航空器。轻于空气的航空器依靠空气的静浮力悬浮在空气中,如热气球、飞艇等;重于空气的航空器依靠与空气的相对运动产生的空气动力升空飞行,如飞机、直升机等。对重于空气的航空器的研究主要包括固定翼、旋翼、扑翼式以及其他形式等4种不同的飞行平台结构。

从是否载人的角度,飞行器还可以分为载人飞行器和无人飞行器。在大气层内飞行的无人飞行器主要有无人飞艇和无人驾驶飞机两大类。无人驾驶飞机(Unmanned Aerial Vehicle,UAV)简称"无人机",是重于空气的无人驾驶航空器。无人机包括无人直升机、固定翼无人机、多旋翼无人机、无人伞翼机等。

四旋翼无人机属于多旋翼无人机的一种,具有4个独立的旋翼,这4个旋翼既是动力装置也是飞行器的操纵面。国外一般称四旋翼无人机为 Quadrotor、Four-rotor、4rotorshelicopter 等,国内则称为"四旋翼无人机""四旋翼飞行器""四旋翼直升机""四旋翼""四轴飞行器"或"四轴"等,在本书中统一使用"四旋翼无人机"的名称。

同传统的无人机相比,四旋翼无人机具有以下6个特点。

(1)四旋翼无人机能够自由悬停和垂直起降。与固定翼无人机相比,四旋翼无人机可以在狭小区域内垂直起降,能够适应复杂的城市或山区的起降环境,具有"悬停并凝视"目标的能力,而且还可以抵近建筑物飞行,对目标物提供精确定位。

(2)通常采用电机的动力形式。多旋翼无人机大多采用了电机的动力形式,四旋翼无人机一般使用电子调速器+电机+螺旋桨的形式。

（3）结构紧凑简单。采用4组相对独立的动力组件，同无人直升机相比，不需要专门提供反扭矩的尾桨以保持飞行器扭矩平衡，机械结构更紧凑、简单。

（4）控制相对简单。四旋翼无人机通过平衡4个螺旋桨产生的升力和扭矩实现稳定的盘旋和精确飞行，即只需要控制4个螺旋桨的转速，而无人直升机则需要控制主桨的转速、总矩和尾桨的转速，六旋翼无人机或八旋翼无人机则需要控制更多的螺旋桨转速。

（5）负载能力弱，续航时间短。电机和电池技术限制了四旋翼的负载能力和续航时间，常见的四旋翼无人负载能力为0.5～3kg，续航时间为5～30min，在本书中将重量不大于3kg、续航时间不长于30min的四旋翼无人机称为小型四旋翼无人机，如无特别说明，本书中的四旋翼无人机均指小型四旋翼无人机。选择适当的电池、电子调速器、电机和螺旋桨的组合也能够大幅提高四旋翼无人机的负载能力和续航时间，但四旋翼无人机的自重、体积或成本也会增大。为了获得更大的负载能力和续航时间，通常会采用六旋翼或八旋翼的实现方式。

（6）噪音低，隐蔽性、安全性好。相对于一般的单桨旋翼式直升机，它可以采用更小的螺旋桨，进而使飞行变得更加安全，并减小了噪音。而且由于采用了更小的电机，极大地降低了整机的热辐射，从而使得四旋翼无人机具有更好的隐蔽性，因此在战场环境中小型四旋翼无人机具有更高的生存能力。四旋翼无人机的这些特点决定了其具有广泛的应用领域。军用方面，四旋翼无人机可用于侦察监视，为其他作战武器指示目标等，甚至可以作为投放武器的载体；民用方面，四旋翼无人机可用于航拍、农业植保、测绘、娱乐等领域。

1.2　四旋翼无人机的起源和发展

四旋翼无人机的概念很早就被提出了，早在20世纪初期，法国科学家Charles Richet就制造了一个微型无人驾驶的旋翼式直升机，但是没有试飞成功。Charles Richet的学生Louis Breguet从这个飞行器实验中得到灵感，在Charles Richet的指导下，Louis Breguet和他的兄弟Jacque于1907年制造出了第一架旋翼式直升机Bréguet-Richet"旋翼机1号"，并进行了第一次试飞。在试飞中没有对飞行器进行控制，因此飞行器只上升到了1.5m的高度。"旋翼机1号"的主体是钢管焊接而成的"十"字形结构，如图1-1所示。

图1-1　Bréguet-Richet"旋翼机1号"

1921年，George de Bothezat为代顿美军空军基地建造了另一架大型的四旋翼直升机，该四旋翼无人机具有4个6叶片可变桨距的螺旋桨，由一个发动机带动4个螺旋桨的转动。

虽然合同要求飞行器能够在100m的高度飞行,但该四旋翼飞行器曾达到最高约5m,而且飞行器存在动力不足、反应迟钝、机械结构复杂、可靠性差等问题,最终没能达到美国空军的要求。该四旋翼飞行器如图1-2所示。

自1920年起,法国航空先驱Étienne Oehmichen也在不断研究旋翼飞行器,1922年2月18日他设计的飞行器首飞成功,1922年11月11日提出的Oehmichen No.2飞行器可能是第一款可靠的载人旋翼飞行器,如图1-3所示。

图1-2 George de Bothezat 在1921年设计的   图1-3 Oehmichen No.2 四旋翼(1922年)
        四旋翼飞行器

1956年,Convertawings公司在纽约Amityville为了军民两用目的而设计的四旋翼飞行器Convertawings Model A,如图1-4所示。该款飞行器螺旋桨的直径超过了5.79m,依靠改变不同螺旋桨的拉力实现前进、后退的飞行控制,这种控制思路和现代四旋翼飞行器的控制思路是类似的,而且它的实际飞行是比较成功的。但该项目最终因为没有相关需求而被终止。

1957年,美国克莱斯勒汽车公司为美国陆军研制了Curtiss-Wright VZ-7飞行器,该飞行器长5.2m、宽4.9m,最大起飞重量为770kg,可以运载250kg的载荷,由425马力(1马力=735W)的涡轮轴发动机驱动,其操作简单,容易起飞,但不能满足速度和高度的要求,如图1-5所示。

图1-4 Convertawings Model A 四旋翼飞行器   图1-5 Curtiss-Wright VZ-7 四旋翼飞行器

在此之后的数十年中,四旋翼飞行器没有什么大的进展。进入20世纪90年代之后,随着微机电系统(Micro-Electro-Mechanical System,MEMS)技术的成熟,仅仅几克重的惯性器件被制造出来;微电子技术的发展使微处理器(MPU)、微控制器(MCU)的体积越来越小,而运算速度则越来越快;以及20世纪80年代开始出现的无刷电机和新型复合材料等,这些都为四旋翼飞行器小型化、微型化提供了重要的物质基础。

　　在这些技术积累的基础上，2005年前后，真正稳定的多旋翼无人机被制造出来，之前一直被各种技术瓶颈限制的多旋翼飞行器进入了人们的视野，很多机构、团体开始研究这种小巧、灵活、可以垂直起降并且结构简单、性能稳定的飞行器。而四旋翼飞行器则是多旋翼飞行器中最简单、最流行的一种。2010年，法国的Parrot公司发布了世界上第一款广泛流行的商用四旋翼无人机AR.Drone，如图1-6所示。

　　AR.Drone 1.0具有检测高度可达6m的超声波高度计，两个陀螺仪和一个加速度计以及两组摄像头，电池续航时间为12min左右。可以使用苹果或安卓的手机或平板对飞行器进行控制，手机或平板与飞行器之间通过WiFi进行通信。之后Parrot公司又推出了AR.Drone 2.0和Bebop等系列的四旋翼无人机，性能得到了进一步提高。

　　2013年年初，中国深圳大疆创新科技有限公司推出了Phantom四旋翼飞行器。2014年11月26日，大疆创新研发的航拍机新产品大疆悟（Inspire1）在深圳亮相，如图1-7所示。

图1-6　AR.Drone 1.0四旋翼无人机　　　　图1-7　大疆悟（Inspire1）四旋翼无人机

　　2015年8月5日，大疆推出面向入门级新飞手的"大疆精灵3标准版"（DJIPhantom 3 Standard）航拍无人机，如图1-8所示。

　　大疆精灵3主要性能指标如表1-1所示。

表1-1　大疆精灵3四旋翼无人机主要性能指标

性 能 指 标	数　　值	性 能 指 标	数　　值
重量（含电池及桨）	1.216kg	最大旋转角速度	150°/s
轴距	350mm	最大飞行海拔高度	6000m
最大上升速度	5m/s	最大飞行时间	约25min
最大下降速度	3m/s	工作环境温度	0～40℃
最大水平飞行速度	57.6km/h	卫星定位模块	GPS
最大可倾斜角度	35°	悬停精度	垂直±0.5m，水平±1.5m

　　美国纽约当地时间2016年3月1日，大疆举办新品发布会，宣布推出新一代消费级航拍无人机——大疆精灵Phantom 4，如图1-9所示。

　　大疆精灵Phantom 4飞行时间长达28min，有效飞行时间比上一代提升约25%，采用了双指南针模块和双惯性测量单元的冗余设计，图像传输和飞行控制距离远达5km。

　　随着四旋翼无人机越来越广泛地进入生活中，四旋翼无人机受到的关注也越来越多，新的技术和工艺不断进入该领域，越来越多的新型四旋翼飞行器出现在视野中，在四旋翼无人机的续航能力、可靠性、可操纵性以及应用领域等方面人们还在进行积极的探索研究。

图 1-8　大疆精灵 3 四旋翼无人机　　　　　　图 1-9　大疆精灵 4 四旋翼无人机

1.3　四旋翼无人机的飞行原理

1.3.1　四旋翼无人机的结构布局

　　四旋翼无人机是一种具有 4 个螺旋桨推进器的飞行器,4 个螺旋桨对称地安装在刚性机身的四周。按照这 4 个螺旋桨在机身安装位置的不同以及飞行器前飞的方向,四旋翼无人机可以分为"十"字形、"X"字形、"H"字形和"工"字形布局,如图 1-10～图 1-13 所示。

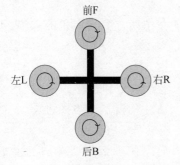

图 1-10　"十"字形四旋翼无人机布局

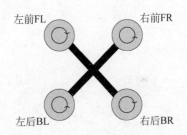

图 1-11　"X"字形四旋翼无人机布局

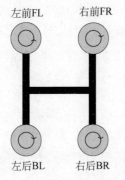

图 1-12　"H"字形四旋翼无人机布局

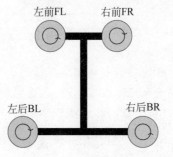

图 1-13　"工"字形四旋翼无人机布局

　　图 1-10～图 1-13 中螺旋桨的方位由各螺旋桨相对无人机中心位置的方向确定。在这几种四旋翼无人机布局中,最常用的是"十"字形布局和"X"字形布局。这两种结构布局各

个螺旋桨到无人机中心位置距离相同，如果四旋翼无人机的质量分布是均匀的，那么滚转、俯仰或偏航运动时，各螺旋桨产生的拉力的力臂也是相同的，并且滚转运动和俯仰运动的控制效果也是相同的。这两种结构布局是 Paparazzi 的默认形式。另外两种结构布局（"H"字形和"工"字形）滚转运动和俯仰运动的控制效果不同，在 Paparazzi 中一般通过修改混控系数实现对这两种四旋翼飞行器的控制。

1.3.2　四旋翼无人机的飞行

　　四旋翼无人机的飞行动作是通过改变 4 个螺旋桨产生的升力来控制的。传统的直升机通过改变主螺旋桨的旋转速度、叶片攻角（倾斜角）和叶片轮列角，即可调整升力的大小和升力的方向。与传统的旋翼式直升机不同，四旋翼无人机只能够通过改变 4 个螺旋桨的转速来实现各种动作。

　　虽然不同布局的四旋翼的飞行工作原理不完全相同，但是基本的实现原理是大体一致的：四旋翼无人机由 4 个螺旋桨的合力控制飞行器垂直方向的运动；4 个螺旋桨的差动产生的力控制四旋翼无人机的姿态（滚转、俯仰和偏航）运动；四旋翼无人机姿态的变化影响了 4 个螺旋桨的合力在水平方向的分力，进而控制其水平运动。也就是对于四旋翼无人机而言，垂直运动和姿态运动是直接可控的，而水平运动则是间接可控的，若要产生水平运动必须要改变四旋翼无人机的姿态。

　　下面以"X"字形布局的四旋翼无人机为例，定性地介绍四旋翼无人机的悬停、垂直运动、滚转运动、俯仰运动和偏航运动等几种基本的飞行状态，"X"字形布局的四旋翼无人机如图 1-14 所示。

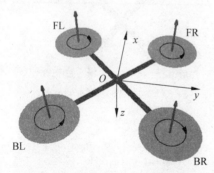

图 1-14　"X"字形四旋翼无人机

　　图 1-14 中的坐标系是和机体固连的，该坐标系为右手坐标系，x 轴是飞行器前飞的方向，y 轴指向机身右侧，z 轴指向机身下方。

　　将 x 轴正方向左侧的螺旋桨命名为左前螺旋桨，旋转方向设定为顺时针旋转；x 轴正方向右侧的螺旋桨命名为右前螺旋桨，旋转方向设定为逆时针旋转；x 轴负方向左侧的螺旋桨命名为左后螺旋桨，旋转方向设定为逆时针旋转；x 轴负方向右侧的螺旋桨命名为右后螺旋桨，旋转方向设定为顺时针旋转。四旋翼无人机 4 个螺旋桨的旋转方向只需要保证关于中心对称位置的一对螺旋桨旋转方向相同，另外一对与之相反即可。例如，图 1-14 所示的四旋翼无人机若设置左前、右后螺旋桨逆时针旋转，右前、左后螺旋桨顺时针旋转也是可以的，但是要注意安装的螺旋桨要与设定的旋转方向相一致，如果四旋翼无人机的动力部分是由电子调速器和无刷电机组成，则任意交换两根电子调速器和无刷电机的连线就可以改变无刷电机的旋转方向。

1. 四旋翼无人机悬停

　　在理想状态下，当四旋翼无人机空中悬停时，如图 1-14 所示，4 个螺旋桨的转速相同，产生的拉力也相同，且 4 个螺旋桨产生的合力与飞行器所受的重力大小相同、方向相反。因为 4 个螺旋桨是对称布局的,因此绕 x 轴、y 轴的合力矩均为零,飞行器不会绕 x 轴、y 轴转动。由于 4 个螺旋桨其中两个为顺时针旋转方向,另外两个为逆时针旋转方向,所以产生的反扭力矩的合力矩为零,故此时飞行器不会绕 z 轴转动。此时四旋翼无人机悬停在空中,且姿态不会发生变化。

2. 四旋翼无人机垂直运动

若悬停状态的四旋翼无人机的 4 个螺旋桨速度同时增加,即 4 个螺旋桨产生的合力超过重力时,四旋翼无人机垂直向上运动,且姿态不会发生变化,如图 1-15 所示。

3. 四旋翼无人机滚转运动

若 x 轴左侧两个螺旋桨转速增加 Δ,且 x 轴右侧两个电机转速减小 Δ,则在四旋翼 x 轴上产生令机身向右滚转的旋转力矩,使四旋翼无人机绕 x 轴转动,如图 1-16 所示。这种机身绕 x 轴旋转的运动称为滚转运动,机身向右滚转的方向设定为滚转运动的正方向,即图 1-16 所示的滚转方向。

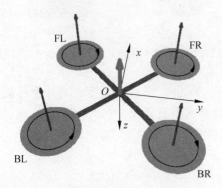
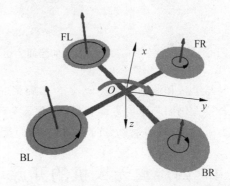

图 1-15　"X"字形四旋翼无人机向上飞行　　　　图 1-16　"X"字形四旋翼无人机的滚转运动

由于两个螺旋桨转速增加了 Δ,另外两个螺旋桨转速减小了 Δ,故 4 个螺旋桨的合力产生的拉力不变。但是由于四旋翼无人机姿态发生了变化,4 个螺旋桨的合力可在重力方向与水平方向分解,因此四旋翼无人机会水平向右运动,同时向下运动,若要保持飞行器高度不变,需要增加 4 个螺旋桨的转速。

由于 y 轴两侧的螺旋桨中,前侧两螺旋桨拉力之和等于后侧两个螺旋桨拉力之和,故不改变绕 y 轴旋转的力矩。

由于顺时针方向旋转的一对螺旋桨拉力之和与逆时针方向旋转的一对螺旋桨的拉力之和相同,因此也不会产生绕 z 轴旋转的力矩。

4. 四旋翼无人机俯仰运动

若 y 轴前侧两个螺旋桨转速增加 Δ,且 y 轴后侧两个螺旋桨转速减小 Δ,则在四旋翼 y 轴上产生令机身向上抬头的旋转力矩,使四旋翼无人机绕 y 轴转动,如图 1-17 所示。这种机身绕 y 轴旋转的运动称为俯仰运动,规定飞行器抬头的旋转方向设定为俯仰运动的正方向,即图 1-17 所示的俯仰方向。

与滚转运动的分析情况类似,4 个螺旋桨的合力产生的拉力不变,四旋翼无人机向后运动,同时向下运动,若要保持飞行器高度不变需要增加 4 个螺旋桨的转速。另外,绕 x 轴、z

轴方向的旋转力矩均不会发生变化。

5. 四旋翼无人机偏航运动

若右前和左后这一对逆时针方向旋转的螺旋桨转速增加 Δ,且左前和右后这一对顺时针方向旋转的螺旋桨转速减小 Δ,则由于反扭力矩的缘故,飞行器会产生绕 z 轴顺时针转动的力矩,使飞行器绕 z 轴顺时针旋转,这种机身绕 z 轴旋转的运动称为偏航运动,规定飞行器绕 z 轴顺时针方向旋转的方向为偏航运动的正方向,如图 1-18 所示。

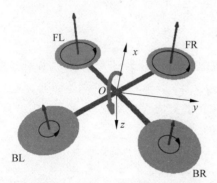
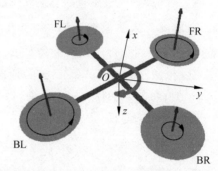

图 1-17　"X"字形四旋翼无人机的俯仰运动　　　图 1-18　"X"字形四旋翼无人机的偏航运动

与滚转和俯仰运动类似,4 个螺旋桨的合力产生的拉力不变,并且由于此时 4 个螺旋桨的合拉力仍旧与重力方向相反,因此不会产生水平运动或垂直运动。另外,绕 x 轴、y 轴的合力矩均为零,即垂直方向、滚转和俯仰运动均不受影响。

1.4　四旋翼无人机的开源项目

近些年来,很多组织机构或科研团队对四旋翼无人机展开了研究,如 X4-flyer、OS4、STARMAC 和 Pixhawk 等四旋翼无人机的项目,也诞生了一些功能丰富、开发灵活的四旋翼无人机的开源项目以及商业的四旋翼飞行器软件。

目前常见的四旋翼无人机开源项目有 Aeroquad、Mikrokopter(简称 MK)、MultiWii(简称 MWC)、ArduPilot Mega(简称 APM)、Paparazzi(简称 PPZ)、Pixhawk、OpenPilot 和 KKmulticopter(简称 KK)等。

四旋翼无人机的这些开源项目大多都在发展进步中,新的特性不断地被加入,所以在此仅就这些开源项目的主要特性、较成熟的特性进行对比。

这些开源项目大多包括硬件和软件两个方面的实现。硬件部分主要是使用的微控制器和传感器有所区别,而软件部分除了控制算法的区别外,主要的差异体现在编程语言以及软件的构架上。

1.4.1　硬件部分

1. 微控制器

APM、MK、KK、MWC、Aeroquad 主要支持 8 位 AVR ATmega 系列的微控制器,微控

制器的主频为 20MHz 左右,大多使用软件浮点运算库实现浮点运算,运算速度有一定限制。OpenPilot、PPZ 和 Pixhawk 主要支持 32 位 Cortex-M3 或 Cortex-M4 等 ARM 系列的微控制器[①],主频通常为 72~200MHz,其中 Cortex-M4 的某些 ARM 系列还具有硬件浮点运算单元,相对于 8 位的 AVR ATmega 系列微控制器有更快的运算速度,因此可以实现更复杂的运算。另外,APM、Aeroquad 等微控制器也支持有 ARM 的版本。

大多数四旋翼开源项目支持的自动驾驶仪硬件板(即飞控板)种类都不多,如 APM、MWC、Pixhawk 等通常以该项目名称命名其飞控板。而 PPZ 项目支持飞控板种类较多,除了 Lisa 系列、Apogge 系列、Krooz 系列、Booz 系列、TWOG 系列等这些 PPZ 项目中的飞控板外,还支持 OpenPilot 项目中的 CC3D 飞控板、Pixhawk 飞控板以及 AR Drone 等商业飞控板。可以说 PPZ 项目的软件构架以及丰富的外设接口驱动决定其本身便于移植的特性,用户可以方便地将 PPZ 项目移植到不同的飞控板上。

2. 传感器

APM、OpenPilot、PPZ、Pixhawk、MK、KK、MWC、Aeroquad 等开源项目的传感器是类似的,大多使用了陀螺仪、加速度计、磁强计和气压高度计,但是具体使用的传感器芯片并不相同。有些开源项目,如 PPZ 和 Pixhawk 等,可以支持多种传感器芯片。

常用传感器芯片如表 1-2 所示。

表 1-2　常用传感器芯片

名　　称	说　　明
MPU6000	三轴陀螺仪和三轴加速度计,SPI 接口
MPU6050	三轴陀螺仪和三轴加速度计,I2C 接口
ITG-3200/5	三轴陀螺仪,I2C 接口
L3GD20H	三轴陀螺仪,I2C/SPI 接口
I3G4250D	三轴陀螺仪,I2C/SPI 接口
IDG-500/650	x 轴、y 轴两轴陀螺仪,模拟输出
ISZ-500/650	z 轴陀螺仪,模拟输出
ADXRS610	单轴陀螺仪,模拟输出
ENC-03	单轴陀螺仪,模拟输出
LSM303D	三轴加速度计和三轴磁强计,I2C/SPI 接口
ADXL345	三轴加速度计,I2C/SPI 接口
IIS328DQ	三轴加速度计,I2C/SPI 接口
HMC5883	三轴磁强计,I2C 接口
LIS3MDL	三轴磁强计,I2C/SPI 接口
BMP085	气压计,I2C 接口
MS5611	气压计,I2C 接口
SCP1000	气压计,I2C/SPI 接口
AMS5812	气压计,I2C 接口

---

① 常见的是 STM32 系列和 LPC 系列 ARM。

1.4.2　软件部分

1. 自动驾驶仪编程语言

APM、MK、KK、MWC、Aeroquad 这几个开源项目都是在 Arduino 硬件基础上开发设计的，所使用的开发语言也主要是 Arduino 语言。Arduino 语言可以视为 C 和 C++语言的封装形式，与 C 和 C++语言有一些语法差异。

OpenPilot 和 PPZ 所使用的开发语言主要是 C，Pixhawk 所使用的开发语言主要是 C++。OpenPilot、PPZ 主要使用了 XML 格式的配置文件，Pixhawk 使用了 Shell 格式的配置文件。

2. 嵌入式操作系统

APM、MK、KK、MWC、Aeroquad 等没有使用嵌入式操作系统；OpenPilot 使用了 FreeRTOS 嵌入式操作系统；PPZ 可以使用 ChibiOS/RT 嵌入式操作系统，也可以不使用嵌入式操作系统；Pixhawk 是基于 NuttX 嵌入式操作系统开发的。

FreeRTOS、ChibiOS/RT 和 NuttX 都是比较常见的开源嵌入式操作系统，应用比较广泛，构架稳定，具有良好的可裁剪性，支持的微处理器、微控制器的体系构架也比较丰富。FreeRTOS 和 ChibiOS/RT 都是比较小型的开源嵌入式操作系统，而 NuttX 是类似于 Linux 的开源嵌入式操作系统，功能更加丰富。

3. 开发环境

这些开源项目都使用了基于 GCC 的开源编译器，在 Linux 环境中开发比较容易，而在 Windows 环境中开发时需要使用 Cygwin、VirtualBox 等 Linux 模拟环境①。PPZ 开源项目只支持 Linux 开发环境，如果要在 Windwods 环境中开发 PPZ 项目，比较简便的做法是使用类似于 VirtualBox 的 Linux 模拟环境，而使用 Cygwin 的 Linux 模拟环境则需要进行大量的配置。

虽然这些开源项目大部分也都支持在 Windows 环境中开发，但是基于 Linux 的开发环境配置更容易。另外，Cygwin 的 Linux 模拟环境在运行 Shell 相关的脚本文件时速度较慢，因此建议直接在 Linux 环境中进行开发。

4. 地面控制站

这些开源项目通常有各自支持的地面控制站软件，各地面控制站软件可支持的开源项目是不同的，有些地面控制站可以支持多个开源项目，而有些地面控制站仅支持某个开源项目。这些开源项目常用的地面控制站有 MultiWii GUI、Mission Planner、APM Planner、OpenPilot GCS、QGroundControl 和 Paparazzi GCS 等。

1.5　Paparazzi 简介

Paparazzi 是一个免费开源硬件和软件的项目，起源于 2003 年，最初是面向固定翼无人机的，之后又增加了四旋翼无人机的支持，功能丰富，应用灵活，软硬件也比较成熟，具有较

---

① 有些开源项目的开发环境中已经包含了 Cygwin 模拟环境。

好的可靠性。Paparazzi 硬件项目集成了自动驾驶仪(飞控板)、GPS、惯性测量单元(Inertial Measurement Unit,IMU)、无线数传模块和接收机等无人机常用模块,软件包含了航姿参考系统(Attitudeand Heading Reference System,AHRS)解算、组合导航系统(Integrated Navigation System,INS)解算、飞行控制算法以及功能齐全的地面站软件。该项目的主要目的是通过来自社区的意见和鼓励为固定翼飞行器和多轴飞行器创造强大和灵活的自动驾驶系统,目前该开源项目仍在活跃的更新发展中。

无人机也称为无人机系统,一个无人机系统一般包括无人飞行器、地面控制站、数据链和任务载荷等组成部分。基于 Paparazzi 的四旋翼无人机系统一般包括四旋翼飞行器、地面控制站、数传模块(数据链)和遥控器。Paparazzi 的四旋翼无人机系统可以只包括飞行器和遥控器,也可以仅包括飞行器、地面控制站和数传模块。

基于 Paparazzi 的四旋翼无人机系统工作时的典型示意图如图 1-19 所示。

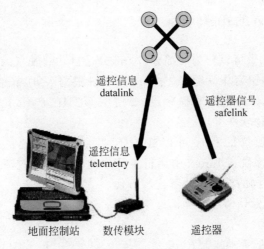

图 1-19　Paparazzi 系统构成示意图

在图 1-19 中,遥控器的控制链路一般称为 safelink,Paparazzi 对遥控器不是必需的,更多是将其视为一个失控后的安全措施。

Paparazzi 所有硬件和软件的版权协议均为 GNU 协议,可以在该协议下免费使用。一些厂商正在生产和销售 Paparazzi 自动导航飞行系统和一些比较流行的附件,这使得这套系统变得容易得到并且成本得到很好的控制。

Paparazzi 软硬的代码库位于 https://github.com/paparazzi 中。执行代码清单 1-1 的命令可以分别获得 Paparazzi 的硬件电路图和软件代码。

代码清单 1-1　获得 Paparazzi 项目的硬件和软件代码

```
git clone git://github.com/paparazzi/paparazzi-hardware.git
git clone git://github.com/paparazzi/paparazzi
```

1.5.1　Paparazzi 的开源硬件

Paparazzi 中开源硬件是使用 EAGLE 软件绘制的电路原理图(sch 文件)和印制电路板

图（brd 文件）。EAGLE 是一款跨平台的电路板绘制软件，可以运行在 Windows 系列和 Linux 系列操作系统中，该软件的免费版本可以支持阅读或修改 Paparazzi 的电路原理图和印制电路板图。

Paparazzi 开源硬件目前主要包括自动驾驶仪和传感器板。

Paparazzi 的开源自动驾驶仪种类比较丰富，所用主控制芯片主要有 STM32 系列微控制器和 LPC21xx 系列微控制器。

Paparazzi 也曾采用过 ATMega 系列的 AVR 单片机，但是目前已经不再支持。另外，Paparazzi 也能够支持运行 Linux 的微处理器，如 AR.Drone、Bebop 或基于树莓派开发的飞控板等。

传感器板主要包括 IMU、GPS、电流测量、风速计、温度计等一些传感器板。这些传感器板可以支持固定翼或旋翼飞行器。

1.5.2　Paparazzi 的开源软件

Paparazzi 的软件大致可以分为两部分：一部分是自动驾驶仪的飞行控制程序，主要由 C 语言实现，使用 XML 语言作为配置文件，Paparazzi 根据 XML 语言的配置文件生成或订制 C 语言代码；另一部分为地面端程序，主要使用 OCML、Python 等语言实现，包括 IDE 开发环境、GCS 以及多种软件工具等。

Paparazzi 自动驾驶仪的程序可以在没有实时操作系统的环境中运行，也能在 ChibiOS/RT 实时操作系统或 Linux 中运行。程序的模块化比较清晰，无论是移植到不同的硬件体系还是增减不同的功能模块都比较方便。

自动驾驶仪部分在默认情况下提供以下功能。

(1) 手动控制。

(2) 具有增稳功能的手动控制。

(3) 3D 自主导航，包括航程点导航、圆形导航、高度保持及悬停。

(4) 飞行计划的订制和执行（起飞、降落、巡航、执行特定任务等）。

(5) 故障安全机制（信号丢失安全返回行为等）。

(6) 遥测信息的实时回传（传感器数据、导航数据、状态信息等）。

(7) 远程遥控，从地面站控制（导航控制、修改航点、调试等）。

(8) 可以通过更改配置设置的方式增加新功能，复杂的功能可能还需要添加或者修改 C 语言代码。

Paparazzi 地面端的程序大致可以分为两类：一类是与飞行相关的程序，如地面站、消息显示、曲线绘制等；另一类是与开发相关的软件工具，如各类 XML 配置文件的解析软件等。与飞行相关的程序由多个独立程序组成，不同程序之间的通信使用了 Ivy 总线协议。正是依靠这种构建方式，这些与飞行相关的地面端程序既可以在一个独立的计算机上运行，也能够在一个局域网中运行，不同计算机上运行的程序之间的通信可以借助局域网传输 Ivy 总线协议实现。

地面控制站（GCS）、Server 软件和 Link 软件是地面端 3 个主要软件。GCS 具有产生遥控指令、图形化显示遥测信息、修改航程点等功能；Server 软件主要负责 Ivy 总线协议的运行以及各类消息的解析，负责与飞行相关的地面端程序之间的信息交互；Link 软件主要负责地面端与自动驾驶仪之间信息交互。Paparazzi 信息传递示意图如图 1-20 所示。

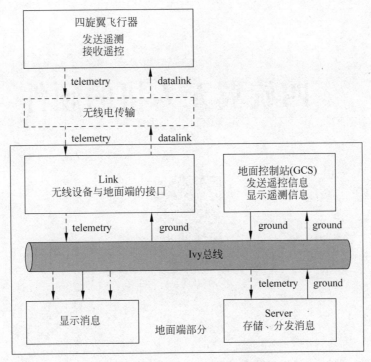

图 1-20　Paparazzi 信息传递示意图

在图 1-20 中，telemetry 为遥测信息，Server 软件将其转换为 ground 信息传输给地面控制站；datalink 为遥控信息；ground 表示在地面端传递的信息，其中也包括地面控制站发出的遥控信息，Link 软件将 ground 信息中的遥控信息转换为 datalink 信息，通过无线数传模块发送给飞行器。

小结

本章目的是使读者能够初步了解四旋翼无人机和 Paparazzi 的基本工作原理、性能特点。

本章的知识要点包括以下 4 点。

- 四旋翼无人机通过平衡 4 个螺旋桨产生的升力和扭矩实现稳定的盘旋和精确飞行。
- 常用的四旋翼无人机结构布局是"十"字形布局和"X"字形布局。
- 基于 Paparazzi 的四旋翼无人机系统通常包括四旋翼飞行器、遥控器、地面控制站和数传模块等。
- Paparazzi 代码量适中，模块化清晰，使用灵活，便于扩展，具有较为完备的功能，导航部分的设计比较灵活、功能丰富。

第2章

四旋翼无人机的硬件

视频讲解

2.1 机架

常见旋翼飞行器机架的性能参数主要包括材质、尺寸、支臂个数和布局等方面。旋翼飞行器的机架大致可以分为两部分：中间机体部分，一般用于安装自动驾驶仪、电池、电子调速器和各类任务设备，这部分一般是玻璃纤维材质的印制电路板；支臂部分，一般用于安装电机和螺旋桨，这部分材质主要有工程塑料、玻璃纤维、碳纤维、轻木和铝管等。

商品化的旋翼机架支臂所用材料主要有工程塑料、玻璃纤维、碳纤维和铝管等，自制机架多使用玻璃纤维、碳纤维、轻木和铝管等。

2.1.1 机架支臂的材质

旋翼飞行器的机架支臂材质是影响飞行器性能的一个重要指标。采用工程塑料的飞行器机架一般较重，强度较好，不易变形；但是需要模具加工，因此常用于商品化的机架，不适用于自制机架。在四旋翼套件中选用、购买工程塑料材质的商品化机架一般成本较低。例如，塑料支臂、轴距为450mm的DJF450机架，如图2-1所示。

玻璃纤维是应用于印刷电路板（PCB）的材质，可在设计自动驾驶仪底板时，将电路部分和机架部分、机体和支臂部分进行一体化设计，利用PCB板构成旋翼的机架部分。因为PCB板强度较小，所以这样的设计一般适用于尺寸较小的旋翼飞行器（如F150、F200、F250等）。有商用化的玻璃纤维材质的机架，也可以自行设

图 2-1

计 PCB,制作所需的旋翼机架。图 2-2 所示为一款玻璃纤维材质的四旋翼无人机。

图 2-2 玻璃纤维材质的四旋翼无人机

碳纤维是制作旋翼飞行器机架的优良材质,自重轻,强度高,不易变形;但是其制作成本也较高。有些商用的旋翼机架是碳纤维材质的,也可以利用碳纤维自制机架。图 2-3 和图 2-4 所示为碳纤维材质的旋翼飞行器。

铝管材质的机架支臂一般比碳纤维管材质的支臂重,比工程塑料材质的支臂轻,强度较好,成本不高。有商用铝管机架,也适用于自制机架。

图 2-3 碳纤维机架   图 2-4 碳纤维管机架

轻木材质的机架在自制机架时才会采用,一般强度较小。

2.1.2 机架的其他性能指标

机架的尺寸主要是指机架的臂长,臂长决定了四旋翼机械结构的重要参数,即轴距。旋翼的轴距一般是指对角两电机的轴间距离,若是商品化的旋翼机架,其轴距通常为几种常见的制式,如 F250、F350、F450、F550 和 F650 等,其轴距分别为 250mm、350mm、450mm、550mm 和 650mm。若是自制机架则轴距的选择范围更加灵活;但是需要注意轴距要和螺旋桨、电机、电子调速器等相互匹配,旋翼轴距要为螺旋桨留出适当的空间。

机架的支臂个数即通常所说的四旋翼、六旋翼等,四旋翼有 4 个支臂,六旋翼有 6 个支臂,八旋翼则有 8 个支臂。有些旋翼飞行器的一个支臂上使用了推拉两副螺旋桨。例如,采用这种方式的四旋翼共使用了 8 个螺旋桨,因为在一个支臂上的推桨和拉桨作用是相似的,所以仍旧认为这种具有 8 个螺旋桨的飞行器是四旋翼无人机。

商品化四旋翼的机架布局主要以"十"字形、"X"字形和"工"字形为主,自制机架则可以实现一些其他形式的异型布局。

2.2　电机

旋翼飞行器常用的电机主要有直流有刷电机和直流无刷电机。

2.2.1　直流有刷电机

旋翼飞行器中使用的直流有刷电机一般是微型的直流电机，适用于小型的旋翼飞行器。

相对于无刷电机，一般认为直流有刷电机的摩擦大、损耗大、发热大、寿命短、效率低、输出功率小。但是直流有刷电机调速控制器和驱动电路比较简单。

直流有刷电机的驱动电路可以使用三极管、场效应管或专用的电机驱动芯片构成 H 桥驱动电路，如果不考虑反向制动功能，直流有刷电机的驱动电路还可以进一步简化。

图 2-5 所示的直流有刷电机是适用于小型旋翼飞行器的电机。

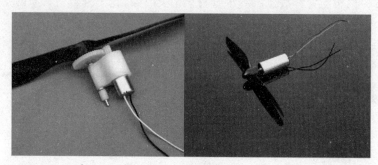

图 2-5　直流有刷电机

2.2.2　直流无刷电机

无刷电机去除了电刷，没有了有刷电机运行时产生的电火花，极大地减小了电火花对系统的干扰，摩擦小、噪音小、转动流畅，比有刷电机更适用于航模飞行器的动力组件，因此旋翼飞行器中多采用无刷电机。

1. 基本工作原理

直流无刷电机由电动机主体和驱动器组成，是一种典型的机电一体化产品。无刷电机和有刷电机的结构是相似的，也有转子和定子。只不过有刷电机通常与动力输出轴相连的转子是线圈绕组，定子是永磁磁钢；外转子式无刷电机的转子是永磁磁钢，连同外壳一起和输出轴相连，定子是绕组线圈。无刷电机去掉了有刷电机用来交替变换电磁场的换向电刷，故称为无刷电机（Brushless Motor）。

电动机的定子绕组多做成三相对称星形接法，同三相异步电动机十分相似。中小容量的直流无刷电动机定子的永磁体，现在多采用高磁能积的稀土钕铁硼（Nd-Fe-B）材料。

依靠改变输入无刷电机定子线圈上电流的交变频率和波形，在绕组线圈周围形成一个绕电机几何轴心旋转的磁场，这个磁场驱动转子上的永磁磁钢转动。简而言之，直流无刷电机和三相异步电动机、步进电机类似,都是利用内定子产生的快速旋转的磁场,带动外转子的旋转。

电机的性能和磁钢数量、磁钢磁通强度、电机输入电压大小等因素有关,更与无刷电机的控制性能有很大关系。通常四旋翼无人机采用锂电池作为动力电池,需要依靠电子调速器将直流电变成三相交流电,从而在内定子上产生旋转的磁场,带动外转子的旋转。所以,电子调速器影响了无刷电机的诸多应用性能。

2. 主要性能参数

直流无刷电机的性能参数包括机械尺寸、空载电流、最大连续电流、最大连续功率、电机电阻和电机 KV 值等。

无刷电机的 KV 值是无刷电机特有的性能参数,定义为(r/imn)/V,是指输入电压增加1V,无刷电机空转转速增加的转速值。例如,KV 值为 1000(r/imn)/V 的无刷电机,若输入电压为 11V,则无刷电机空载的转速为 1100(r/imn)。从无刷电机的 KV 值的定义来看,无刷电机电压的输入与电机空载转速是线性比例关系。

3. 直流无刷电机与其他动力组件的搭配

KV 值是区分无刷电机特性的重要参数,对于同系列、同外形尺寸的无刷电机而言:绕线匝数多的 KV 值低,最高输出电流小,但扭力大;绕线匝数少的 KV 值高,最高输出电流大,但扭力小。

不同 KV 值适用不同的场合:在低电压环境(如 7.4V 左右):KV 值低的,由于转速偏低,适合配较小的减速比和较大的螺旋桨,靠较大负荷来提升电流,输出较大功率;KV 值高的,由于转速较高,适合配较大的减速比和较小的螺旋桨,在满足输出功率的条件下,要减小负荷,避免电流过大。在高电压环境(如 11.1V 左右):KV 值低的,可以达到较高的转速,扭力也不错,比较理想;KV 值高的,转速过高,需要配合较大的减速比和较小的螺旋桨,在满足输出功率的条件下,要减小负荷,避免电流过大。

在一些用于航模的无刷电机手册中通常还会给出和该型无刷电机匹配的电池、电子调速器和螺旋桨的主要相关参数。例如,朗宇的 V2216 KV900 型号的无刷电机,建议使用的 Lipo 电池为 2~4S,电子调速器为 30A,推荐使用的螺旋桨为 1047 和 1147。

2.3 电子调速器

电子调速器(Electronic Speed Controller,ESC)简称电调。电子调速器可以分为有刷电子调速器和无刷电子调速器,有刷电子调速器应用于有刷电机的调速,无刷电子调速器应用于无刷电机的调速。在此若非特别声明,均指无刷电子调速器。

电子调速器通常有 3 组接口线,即电源线、信号线和输出线。电源线与电池连接,信号线与自动驾驶仪输出的 PWM 信号连接,而输出线与无刷电机连接,任意交换 3 根输出线中的 2 根线,则无刷电机的旋转方向就会发生变化。

电子调速器对整个动力组件有很大的影响,同一款无刷电机使用不同的电子调速器,或者硬件相同而软件(电子调速器固件)不同的电子调速器,或者硬件、软件相同但软件设置不同的电子调速器,无刷电机的运行情况也会出现很大的差异。

2.3.1　电子调速器的硬件

电子调速器的硬件组成通常包括驱动电路和位置检测电路。针对无刷电机的驱动电路，通常采用三相全桥驱动电路，其电气原理示意图如图2-6所示。

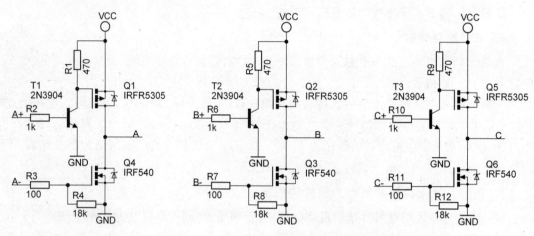

图 2-6　三相全桥驱动电气原理示意图

在图2-6中，A_+、A_-、B_+、B_-、C_+ 和 C_- 等是控制各相通断的信号，由电子调速器内部的微控制器控制；V_{cc} 与 GND 和电池连接；A、B、C 和无刷电机连接。

若要直流无刷电机能够正常连续运转，就要对转子位置进行检测，从而实现三相全桥驱动电路的准确换向。位置检测电路分为有位置检测传感器方式和无位置检测传感器方式。有位置传感器方式通过在定子上安装电磁式、光电式或者磁敏式位置传感器来检测转子的位置，为驱动电路提供换向信息。无位置传感器的方式有很多，包括磁链计算法、反电动势法、状态观测法、电感法等。在各种无位置传感器方法中，反电动势法是目前技术最为成熟、应用最广泛的位置检测方法之一。

无刷电机在运行时，三相全桥驱动电路只有两相导通，另一相悬空，切割磁感应线生成反电动势，因而可以利用不导通的第三相检测反电动势的大小。通过比较第三相的端电压和中心点的电压，就能检测到过零点信号。但是电机三相绕组的中心点未引出，因此需要采用 3 个阻值相同、星型连接的电阻虚拟得到中心点电压，原理示意图如图2-7所示。

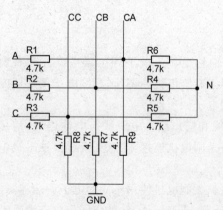

图 2-7　反电动势过零检测原理示意图

在图2-7中，N 为虚拟中心点，CA、CB、CC 为衰减后的三相端电压，电子调速器中的微控制器通过检测这些电压判断过零信息。

根据无刷电机的特性，电机最佳的换相时刻是相反电动势过零点后延迟 30°换向，该换相角度可以根据两次过零点的时间间隔计算得到。

在选择电子调速器时要注意其最大电流值，该值应该和无刷电机相匹配。该值过小则会损坏电子调速器；该值过大则电子调速器的重量也会增加,但不会损坏器件。

有些电子调速器带有 BEC 输出,可以将电池电压转换为 5V 直流电压,这类电子调速器的信号线通常有 3 根,而不带 BEC 输出的电子调速器通常只有两根信号线。

2.3.2 电子调速器的软件

电子调速器的软件(通常称为固件)是影响无刷电机调速的关键因素之一,即使硬件完全相同的电子调速器,不同的电子调速器软件或同一软件设置了不同的参数,无刷电机的运行情况也会出现很大的差异。

一般商用电子调速器的内部软件是不公开的,在使用时只能设置软件的相关参数。也有一些开源的电子调速器软件提供了更加灵活、丰富的设置内容。电子调速器中常用的微控制器是 Atmel 公司的 AVR 系列(ATmega 系列)和 SiLabs 公司的 C8051 系列。BLHeli 和 SimonK 是两款开源的电子调速器软件,SimonK 支持基于 ATmega 微控制器的电子调速器,BLHeli 支持基于 ATmega 微控制器和基于 SiLabs 的 C8051 微控制系列的电子调速器。

2.4 螺旋桨

螺旋桨是靠桨叶在空气中旋转将电机转动功率转化为推进力或升力的装置。它由多个桨叶和中央的桨毂组成,桨叶像一个扭转的细长机翼安装在桨毂上,电机轴直接与桨毂相连接并带动它旋转。四旋翼无人机中通常没有减速器,在 Parrot 的一些四旋翼上也采用了减速装置的设计。

在功率很小的四旋翼无人机上一般采用的是定距螺旋桨,它的桨距(或桨叶安装角)是固定的,定距螺旋桨构造简单、重量轻。

螺旋桨的型号由如 1045、1047、1147 等 4 位数字表示,分别代表桨叶直径和桨距,单位是英寸。桨直径是指桨转动所形成的圆的直径,如 1047 表示桨的直径是 10 英寸、桨距为 4.7 英寸。桨直径和桨距越大,桨能提供的拉(推)力越大。

目前,市面上常见的用于四旋翼无人机的桨按照材质区分,主要有注塑桨、木桨和碳纤维桨。

① 注塑桨是指使用塑料等复合材料制成的桨叶。美国 APC 公司生产的注塑桨质量较好,价格也较高。

② 木浆的材料多为榉木,硬度高,重量轻,经过风干打蜡上漆以后不怕受潮。

③ 碳纤维是一种与人造丝、合成纤维一样的纤维状碳材料。由于碳纤维材料的特点,碳纤维桨具有优异的硬度和合适的桨型。

旋翼是四旋翼无人机的关键部件之一,旋翼的流场和气动性能对四旋翼的性能、飞行品质等具有重要的影响。如果旋翼尺寸小,转速将会很高,造成能量消耗过快,导致飞行时间和载重量大大减少;如果旋翼尺寸大,转速将降低,直接影响飞行稳定性。因此,选择合适的旋翼对四旋翼无人机也很重要。根据旋翼空气动力规律,旋翼的直径越小、转速越高,能量利用率越低。因此,四旋翼无人机不太适合作大负载、远距离的飞行。

2.5　电池

　　锂离子电池能量密度大,平均输出电压高,自放电小,没有记忆效应,工作温度范围为
−20～60℃,循环性能优越,可快速充放电,输出功率大,使用寿命长,不含有毒有害物质,被
称为绿色电池。根据锂离子电池所用电解质材料的不同,锂离子电池分为液态锂离子电池
(Liquified Lithium-Ion Battery,LIB)和聚合物锂离子电池(Polymer Lithium-Ion Battery,
PLB)。聚合物锂离子电池是锂离子电池的一种,采用聚合物来凝胶化液态有机溶剂,或者
直接采用全固态电解质。由于聚合物锂离子电池的电解液是胶体,不会流动,所以不存在泄漏
问题,更加安全。常见的聚合物锂离子电池品牌有 Hobby King 模型的 ZIPPY 和 Turnigy、
格氏、花牌、富力等。

　　旋翼飞行器采用的动力电池大多为聚合物锂离子电
池,如图 2-8 所示。

　　如不特别说明,后面提到的电池均指聚合物锂离子电
池。通常需要关注的参数包括:电池芯数、电池组额定电
压、电池组充满电压、电池容量、持续放电电流、充电电
流等。

图 2-8　聚合物锂离子电池

　　电池芯数一般表示为 S 值,如 2～6S 等,表示电池芯数为 2～6 组,图 2-8 所示的电池为
3S 锂电池。

　　单片电池芯的额定电压为 3.7V 左右,充满电压为 4.2V 左右,因此电池组的额定电压约为

$$电池组额定电压 = 3.7V × 电池芯数 \tag{2-1}$$

充满电压约为

$$电池组充满电压 = 4.2V × 电池芯数 \tag{2-2}$$

电池容量单位为 mA·h。例如,图 2-8 所示电池为 2200mA·h。

　　持续放电倍率表示为 C 值。例如,图 2-8 所示电池持续放电倍率为 40C。结合电池容
量可以计算出持续放电电流值。

$$持续放电电流 = 电池容量 × 持续放电倍率 \tag{2-3}$$

例如,3000mA·h、持续放电倍率为 30C 的电池,那么持续放电电流就是 3000 ×
30/1000＝90A。充电倍率表示为 C 值,如图 2-8 所示电池充电倍率为 5C。结合电池容量
可以计算出充电电流值。

$$充电电流 = 电池容量 × 充电倍率 \tag{2-4}$$

例如,3000mA·h、充电倍率为 5C 的电池,那么充电电流就是 3000 × 5/1000＝15A。
电池在使用中要特别注意其安全问题,尤其是用于航模的锂电池,很有可能因为外力的撞击
使电池处于危险状态,其安全注意事项大致包括以下内容。

　　(1)锂离子电池的充电一定要使用专用的充电器,并且要和电池的电压、电池芯数、充
电电流等指标匹配;否则锂电池极易在不当的充电过程中发生爆炸。

　　(2)充电时要有人在现场,并且选择开放、通风的安全场所,预防电池因为意外发生爆
炸或火灾,做好消防措施。

（3）如果在充电过程中锂电池发生膨胀现象，要及时中断充电，不要弄破外皮，把锂电池放在盐水中，充分冷却之后，小心地把外皮剥掉，然后再把电池组放回盐水中，之后才能安全地把有问题的锂电池处理掉。

（4）当锂电池遭受严重撞击，或许电池看起来没有受损，不过仍要小心地把锂电池静置在安全的地方至少 20min 以上，以确保锂电池没有爆炸的危险。

（5）锂电池若发生破裂或爆炸，则会外泄出有害烟雾或其他危险物，要做好安全防护措施。

2.6　遥控器

遥控器是控制旋翼飞行器的一个通路，Paparazzi 一般将遥控器用于状态设定和手动控制，在自主飞行时，遥控器被视为一种安全保障措施。因此在基于 Paparazzi 的四旋翼无人机的开发设计中，选择遥控器所关注的性能参数与通常意义下的航模飞行不完全一样。

在 Paparazzi 中飞行器更多地采用了自主飞行的方式，因此对遥控器的功能需求并不很多。通常需要关注的参数包括以下 4 个方面。

（1）遥控器的通道数一般要保证在 6 通道以上，至少有一个两段开关和一个三段开关，其中的三段开关用于飞行模式的切换，如果是两个两段开关，则需要在自动驾驶仪的软件中进行特别的设置，不便于飞行模式切换。

（2）接收机的输出要便于和自动驾驶仪的硬件连接。遥控器的接收机常见的输出有 PWM、PPM 和 SBUS 等，PWM 输出方式便于接收机和舵机连接，但是和自动驾驶仪硬件连接时，要么需要占用大量端口且连线较多，要么就需要增加 PPM 转接板。而 PPM 或 SBUS 协议的接口和自动驾驶仪的连线比较简单，所以尽量选择具有 PPM 输出或 SBUS 输出的遥控器和接收机。

（3）可靠的遥控距离。

（4）通信频段。目前常见的通信频段是 2.4GHz。

具有 PPM 输出或 SBUS 输出的遥控器的品牌有富斯系列、Futaba 系列等。

2.7　数传模块

数传模块用于地面站（GCS）和飞行器的数据链通信，是一个关系到飞行安全的重要模块。在 Paparazzi 中支持多种数传模块，如无线串口模块、XBee 模块、蓝牙模块、WiFi 模块等。在 Paparazzi 中自动驾驶仪通常使用串口和地面站进行通信，考虑到通信速率和通信距离等因素，使用无线串口类的模块更为常见。

常见的无线串口模块有 3DRRadio 数传电台（又名 SiK Radio）、XBee（工作在透传模式）、Xtend（工作在透传模式）和 RFD900＋等，在此仅简单介绍 3DRRadio 数传电台和 XBee 数传电台。

2.7.1　3DRRadio 数传电台

3DRRadio 数传电台是基于开源 SiK 数传电台固件的产品，可以与 Mavlink 数据包协同工作,也可以与 Mission Planner、Copter、Rover 和 Plane 等地面站集成在一起。由于该平台是开源的,所以有多种类似的成熟产品。

3DRRadio 数传电台组件和接口名称如图 2-9 和图 2-10 所示。

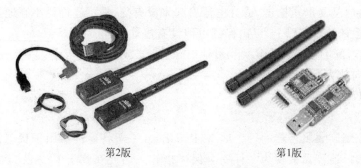

第2版　　　　　　　　　　　第1版

图 2-9　3DRRadio 数传电台组件

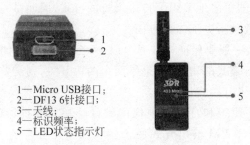

1—Micro USB接口;
2—DF13 6针接口;
3—天线;
4—标识频率;
5—LED状态指示灯

图 2-10　3DRRadio 数传电台各部分名称

图 2-10 中的 Micro USB 接口和 DF13 接口的数据是相同的,不同之处在于 Micro USB 接口的通信协议是 USB 协议,而 DF13 接口是串口协议(接口电平为 TTL 电平)。Micro USB 接口可以和计算机的 USB 接口连接,而 DF13 接口一般用于和自动驾驶仪连接。因为每一对 3DRRadio 数传电台通常都有 Micro USB 接口和 DF13 接口,所以地面站端的数传电台可以与飞行器端的数传电台互换。

DF13 接口各引脚的含义见表 2-1。3DRRadio 数传电台的特性如下。

表 2-1　3DRRadio 数传电台 DF13 接口各引脚的含义

引　脚	说　明	引　脚	说　明
1	GND	4	TX,串口发,与飞控串口收连接
2	RTS,方向为输出,请求发送	5	RX,串口收,与飞控串口发连接
3	CTS,方向为输入,清空发送	6	V_{cc},一般为+5V 电源

① 体积小、重量轻,如果不带天线质量在 4g 以下。

② 3DRRadio 数传电台有 915MHz 或 433MHz 两个版本。

③ 接收机灵敏度为−121dBm。

④ 发射功率可以达到 20dBm(100mW)。

⑤ 透明串行链路。

⑥ 空中无线电传输速率可达 250kb/s。

⑦ 支持 Mavlink 协议的帧和状态的报告。

⑧ 跳频扩频(FHSS)。

⑨ 自适应时分复用(TDM)。

⑩ 支持 LBT 和 AFA。

⑪ 可配置占空比。

⑫ 内置纠错码(可纠正高达 25% 的数据位错误)。

⑬ 使用一个小全向天线可以获得几千米的通信范围。

⑭ 可与双向放大器配合使用,以获得更大的通信范围。

⑮ 开源 SiK 固件。

⑯ 可用 AT 命令进行无线电参数配置。

⑰ 可用 RT 命令对远程电台进行无线电参数配置。

⑱ 基于 HM-TRP 无线模块,该无线模块使用了 Si1000 8051 微控制器和 Si4432 无线芯片。3DRRadio 数传电台有两个状态 LED 灯,一个红色和一个绿色,含义见表 2-2。

表 2-2　3DRRadio 数传电台的 LED 状态灯

LED 状态	说　明	LED 状态	说　明
绿色 LED 闪亮	搜索另一电台	红色 LED 闪亮	传输数据
绿色 LED 长亮	与另一电台建立链接	红色 LED 长亮	更新固件

3DRRadio 数传电台支持使用 Hayes AT 调制解调器的变体命令集进行无线电参数的配置。采用适当的波特率将计算机的串行控制台[①]连接到 3DRRadio 数传电台后,在控制台输入"+++"序列就会让数传电台进入 AT 命令模式。为了防止数据被视为命令序列,因此有一个保护时间,确保在输入序列之前和之后 1s 内在串行链路上不输入任何内容。当进入 AT 命令模式时,在终端会收到 OK 提示字符,这时数传电台将停止显示从其他数传电台接收到的数据。

AT 命令模式下,可以使用 AT 命令控制本地数传电台,见表 2-3。如果成功地和其他数传电台建立连接,还可以使用 RT 命令控制远程数传电台。

表 2-3　3DRRadio(SiK)的 AT 命令

AT 命令	描　述	AT 命令	描　述
ATI	显示电台版本	ATSn?	显示第 n 号无线电参数
ATI2	显示电台无线模块板的类型	ATSn=X	将第 n 号无线电参数的内容设置
ATI3	显示电台无线模块板的频率		为 X
ATI4	显示电台无线模块板的版本	ATZ	重启电台
ATI5	显示所有用户可设置的 EEPROM 参数	AT&W	将当前参数写入 EEPROM
		AT&F	将所有参数重置为出厂默认值
ATI6	显示 TDM 定时报告	AT&T=RSSI	启用 RSSI 调试报告
ATI7	显示 RSSI 信号报告	AT&T=TDM	启用 TDM 调试报告
ATO	退出 AT 命令模式	AT&T	禁用调试报告

① 在 Windows 中可以使用自带的超级终端、Putty、SecureCRT 等软件,在 Linux 中可以使用 minicom、screen、tmux 等。

在表 2-3 所示的命令中，除了 ATO 命令外，其他命令都可以由 RT 替换其中的 AT，用于设置远程数传电台。

在表 2-3 所示的命令中，ATI5 命令可以显示所有用户自定义的参数，该命令的回显如下：

```
S0:FORMAT = 25
S1:SERIAL_SPEED = 57
S2:AIR_SPEED = 64
S3:NETID = 25
S4:TXPOWER = 20
S5:ECC = 1
S6:MAVLINK = 1
S7:OPPRESEND = 1
S8:MIN_FREQ = 915000
S9:MAX_FREQ = 928000
S10:NUM_CHANNELS = 50
S11:DUTY_CYCLE = 100
S12:LBT_RSSI = 0
S13:MANCHESTER = 0
S14:RTSCTS = 0
S15:MAX_WINDOW = 131
```

使用 ATSn?、ATSn＝X 和 AT&W 等命令可以重新设置各参数。

除了在串口终端使用 AT 命令设置 3DRRadio 数传电台外，使用人机接口更友好的专用软件进行设置则更为简单、方便。3DRradioConfig 软件，运行窗口如图 2-11 所示。

图 2-11　加载了本地数传电台设置后的 3DRRadioConfig 软件窗口

3DRRadio 数传电台各参数的对应关系以及具体含义见表 2-4。

表 2-4 代码和图 2-11 的无线电参数

ATI5 命令回显	图 2-11	描 述
FORMAT	格式	这是 EEPROM 格式版本,不要改变
SERIAL_SPEED	波特率	波特率,ATI5 命令回显是用一个字节表示的
AIR_SPEED	空速	无线电的空中速率,ATI5 命令回显是用一个字节表示的
NETID	网络 ID	相同网络 ID 的数传电台才能相互通信
TXPOWER	发射功率	以 dBm 为单位的发射功率,最大值为 20dBm
ECC	ECC	启用/禁用格雷纠错码
MAVLINK	Mavlink	控制 Mavlink 成帧和报告
MIN_FREQ	最小频率	最小频率(kHz)
MAX_FREQ	最大频率	最大频率(kHz)
NUM_CHANNELS	#通道	跳频通道的数量
DUTY_CYCLE	占空比	允许发送的占空比
LBT_RSSI	LBT Rssi	"先听再说"的阈值
OPPRESEND	Op 发送	是否伺机重发
RTSCTS	RTSCTS	是否启用串口的 RTSCTS 信号
MAX_WINDOW	最大窗口	最大传输窗口(单位 ms)

RSSI(Received Signal Strength Indicator)是接收信号的强度。3DRRadio 数传电台可以实现"先听再说"(LBT)功能,即数传电台首先监听一段时间,以确认是否有其他数传电台在传输数据,等待其他数传电台完成传输后,在检测到信道闲时,该数传电台才会进行发射传输。LBT_RSSI 值就是信道忙的阈值,若该值设置为零,则禁用"先听再说"(LBT)功能,若使用非零的 LBT_RSSI 值,则可以使能"先听再说"(LBT)功能。

LBT_RSSI 最小非零设置为 25,这比无线电接收灵敏度(−121dBm)高一点。大于 25以上,LBT_RSSI 每增大 1,大约相当于无线电接收灵敏度会上升 0.5dB。例如,LBT_RSSI设置为 40,则信号强度小于接收机灵敏度 7.5dB 时,数传电台认为信道是空闲的。

SERIAL_SPEED 值是数传电台串口通信的波特率,该值应与地面站串口、自动驾驶仪串口的波特率一致。

AIR_SPEED 值是空中无线电的传输速率,是影响无线电传输距离的主要参数。该值默认为 64(即 64kb/s),此时使用一个小全向天线就可以达到 1km 以上的传输距离。该值越小,则传输距离越远,但也会使传输的数据量减少。3DRRadio 数传电台的固件只能支持13 种可能的数据传输速率,分别为 2、4、8、16、19、24、32、48、64、96、128、192 或 250。要依据传输距离、传输数据速率、单向/双向传输、ECC 等因素选择合适的 AIR_SPEED 值。

在大多数航模的数据链应用中,从地面站发送到飞行器的上行信息要比从飞行器发送给地面站的下行信息少得多,但是如果遥控器的数据也通过数传电台发送,那么可能会需要更高的 AIR_SPEED 值以获得更快的传输速率。

ECC 设置为 1,则无线电支持 12/24 格雷纠错码。这就意味着每 12 位有效数据,无线电将会实际发送 24 位数据,并且允许无线电台在每 12 位中校正最多 3 位的错误(即 25%的误码率)。如果将 ECC 设置为零,则不会发送纠错信息,同时无线电台使用简单的 16 位CRC 来检测传输错误,在这种情况下,无线电台能够支持大约 90% 的 AIR_SPEED 单向数据传输速率。

虽然启用 ECC 会使无线电台发送的数据量加倍,数据速率减半,但是由于误码率将急剧下降,可能在更长的通信距离内获得更可靠的链路。因此,在大多数小型无人机应用中,启用 ECC,并将 AIR_SPEED 值默认设置为 64。

TXPOWER 值设置了无线电台的发射功率,该值可以设置为 1、2、5、8、11、14、17、20 等值,单位为 dBm。发射功率越大传输距离越远,相应的耗能也就越多。

DUTY_CYCLE 值是无线数传电台发送数据包的最大时间百分比,一般可以将其设置为 100。如果将占空比设置为低于 100% 时,可用带宽将减少,只适用于较高波特率的传输。下行遥测信息的发送在平均发射时间不高时,可以设置较低的占空比,若该值设置为零,则该数传电台仅接收数据。

MAX_WINDOW 是最大发射时间窗口,单位为 ms,默认值为 131,减小该值可以获得更低的数据传输延迟时间,但是也会降低可用带宽。当采用数传电台传输遥控器信息时,可以设置较低的 MAX_WINDOW 值,以获得较低的数据传输延迟时间。例如,将该值设置为 33,可以确保每 33ms 至少发送一次数据。

SiK 开源固件使用同步分时多任务(Time Division Multiplexing,TDM)来执行跳频式展频(Frequency Hopping Spread Spectrum,FHSS)。具体而言,电台将 MIN_FREQ+Δ 到 MAX_FREQ−Δ 之间的频段划分成 NUM_CHANNELS 个通道,其中 Δ 表示一个保护范围,确保通信频率位于允许频段范围内,Δ 为通道带宽 f_b 的一半。通道带宽 f_b 定义为

$$f_b = \frac{MAX\_FREQ - MIN\_FREQ}{NUM\_CHANNELS + 2} \tag{2-5}$$

电台还会使用一个以 NETID 为随机种子而生成的随机数增加到每个通道基频上,即两个 NETID 不同的数传电台通道频率范围会略有不同。另外,以 NETID 为随机种子而生成的伪随机序列还用于通道跳频的序列。

只有确保一对 3DRRadio 数传电台的一些参数完全一致时,这对数传电台才能正常通信,这些参数是固件版本、AIR_SPEED、NETID、MIN_FREQ、MAX_FREQ、NUM_CHANNELS、LBT_RSSI 和 MAX_WINDOW 等值。

2.7.2　XBee 数传电台

XBee 模块为工程师提供了符合 ZigBee 标准协议射频产品,满足了低成本、低功耗无线传感网络的独特需求,XBee 数传模块如图 2-12 所示。

图 2-12　XBee 数传模块

XBee 模块通过异步串行端口与主设备连接。XBee 模块可以和自动驾驶仪上的微控制器的 USART 串口直接连接;如果和 PC 连接,则需要 TTL 和 RS-232 电平转换的接口板,或者是串口转 USB 的接口板。XBee 模块支持透明传输模式和 API 操作模式,模块默认是透明传输模式。当工作在透明传输模式(透传模式)时,XBee 模块相当于无线串口。所有接收到的

串口数据依次由 RF 射频模块发送；当收到 RF 射频数据时，会通过串口发送给主设备。

API 操作模式是另一种操作模式，这种基于数据帧的 API 操作模式扩展了模块的应用范围，使主设备可与模块的联网性能进行交互。在 API 操作模式下，所有进出模块的数据均被包含在模块的操作和事件的帧结构中。工作在 API 操作模式下，XBee 模块可以方便地组成 ZigBee 标准协议的无线网络，能够比较容易地实现多地址目标之间的通信。

可以使用 X-CTU 软件或终端（minicom、screen 等）对 XBee 模块进行设置。命令格式见表 2-5。XBee 默认波特率为 9600，若将 XBee 设置为 API 操作模式、波特率为 57600，则首先将 XBee 模块通过 USB 转串口接口板与计算机相连，再使用 Linux 中的 screen 终端进行设置，代码如下：

表 2-5　XBee 命令格式

内容	AT	命令	空格	参数	确认
说明	命令前缀	字符串	可选	可选	Enter

```
sudo screen /dev/ttyUSB0 9600
+++
ATBD6 < enter >
ATAP1 < enter >
ATWR < enter >
```

其中 /dev/ttyUSB0 是 XBee 通过 USB 转串口接入计算机（Linux 操作系统）时的设备名称，+++ 字符串令 XBee 进入命令模式，< enter > 表示按 Enter 键。

表 2-5 所列命令中的"空格"和"参数"都是可选项。ATBD6 < enter > 将 XBee 的波特率设置为 57600，其中 6 为参数项，省略了命令与参数中间的空格。ATAP1 < enter > 使能 XBee 的 API 操作模式。ATWR < enter > 将设置内容写入 XBee 模块的非易失性存储器。关于 XBee 的命令列表以及详细协议可以参考相关手册。

2.8　Lisa 系列自动驾驶仪

自动驾驶仪（Auto Pilot）在航模界也称为飞控，包含了硬件部分和软件部分，在本书中自动驾驶仪通常特指其硬件部分，也就是航模领域中俗称为飞控板的部分。

Paparazzi 的软件具有较好的模块化设计，软件代码在不同飞控板上移植是比较方便的。目前，Paparazzi 主要支持的微控制器体系按照编译器的不同大致可以分为两类：一类主要是 ARM Cortex M 系列微控制器，如 STM32、LPC2 系列等微控制器，不运行操作系统或是仅运行较为简单的嵌入式实时操作系统 ChibiOS/RT，可以使用 arm-none-eabi-gcc 系列的编译器；另一类主要是 ARM Cortex A 系列微处理器，如 ARDrone2 中的微控制器，通常运行嵌入式 Linux 操作系统，可以用 arm-none-linux-gnueabi-gcc 或 arm-none-linux-gnueabihf-gcc 编译器，这两个编译器的区别是前者不支持硬浮点运算而后者支持硬浮点运算。

Lisa 系列自动驾驶仪是基于 ARM Cortex M 系列微控制器的开源飞控板，目前主要包括 Lisa/L、Lisa/M 和 Lisa/S 等 3 个主要小系列。Lisa/L、Lisa/M 和 Lisa/S 等 3 个小系列相比较而言：Lisa/L 追求高的运算性能，提供了和高速板卡的接口；Lisa/S 集成度最高，体积最小；Lisa/M 可以看成是前两者的折中，体积虽然比 Lisa/S 大，但是也提供了更丰富、灵活的接口，虽然不及 Lisa/L 那么方便地和高速板卡连接，但是比 Lisa/L 体积小。

2.8.1 Lisa/L 系列自动驾驶仪

Lisa/L 系列自动驾驶仪如图 2-13 所示，属于双机自动驾驶仪支持 Gumstix Overo 板卡的接口，Lisa/L 飞控板和 Overo 板之间通过 SPI 接口连接（物理接口在 Lisa/L 的背面），Overo 板卡具有 600MHz 的 Omap3 微控制器（内部集成了 DSP），能够提供较高的运算速度，可以运行复杂的飞行控制程序或图像处理程序。

图 2-13 Lisa/L 系列自动驾驶仪的正面和背面

Lisa/L 飞控板上没有集成 IMU 模块，可以通过外部接口 Booz IMU 模块或 Aspirin IMU 模块（物理接口在 Lisa/L 的正面）。Lisa/L 飞控板的功能示意图如图 2-14 所示。Lisa/L 飞控板在国内应用很少，其双机配合的硬件设计方法与 Pixhawk 的硬件设计有相似之处，配合高端微控制器能够支撑更复杂的算法。

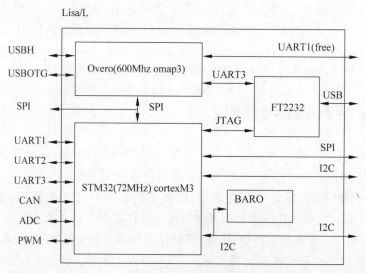

图 2-14 Lisa/L 系列自动驾驶仪功能示意图

2.8.2 Lisa/S 系列自动驾驶仪

Lisa/S 系列自动驾驶仪是一款集成度很高的自动驾驶仪，在狭小的电路板上集成了丰富的资源，如图 2-15 所示。Lisa/S 是一款通用型的自动驾驶仪，功能齐全，尤其适合在微小型飞行器上应用。

图 2-15　Lisa/S 系列自动驾驶仪

Lisa/S 系列自动驾驶仪的特性如下。

① 主控制芯片为 72MHz 32 位 ARM Cortex-M3 微控制器,内部集成了 16KB RAM 和 512KB Flash。

② 集成了三轴陀螺仪和三轴加速度计 MPU6050。

③ 集成了三轴磁强计 HMC5883L。

④ 集成了气压计 MS5611。

⑤ 集成了 U-Blox GPS 芯片。

⑥ 提供了与 Superbit CYRF 遥控器连接的焊盘。Superbit CYRF 模块可以同时完成 Superbit 遥控器的通信和数据链通信,连接了 Superbit CYRF 模块的 Lisa/S,如图 2-16 所示。

⑦ 集成了具有 buck/boost 升压功能的开关电源芯片,能够在较宽的电压范围内工作,能够在 1S 锂电池电源供电的环境中稳定工作。

⑧ 两个 MOSFET 开关与 PWM 通道相连。

⑨ 提供了 6 路 PWM 输出通路。

⑩ 提供了 1 路 UART 串口接口。

⑪ 提供了 1 路 CAN 总线接口。

⑫ 具有 SWD 下载烧写和调试接口。

⑬ 具有 20mm × 20mm × 5mm 的微小体积。

⑭ 质量仅 2.8g。

图 2-16　连接了 SuperbitCYRF 模块的 Lisa/S 自动驾驶仪

2.8.3　Lisa/M 系列自动驾驶仪

Lisa/M 系列自动驾驶仪也是一款通用型飞控板,接口资源比 Lisa/S 丰富,应用范围也更广泛。本书重点介绍该型号自动驾驶仪。

Lisa/M 2.0 自动驾驶仪的性能参数如下。

① 主控制器为 STM32 家族互联型微控制器 STM32F105RCT6,具有 64 引脚,微控制器内部配置了 64KB RAM 和 256KB Flash,STM32F105RCT6 的详细性能参数可以参考 2.9 节。

② 集成了气压计 BMP085,在能和 Lisa/M 配套的 IMU 电路板 Aspirin 2.1 上还集成了性能更好的 MS5611 气压计,因此在新的软件配置中大多使用了 MS5611 气压计,如果 MS5611 损坏,也可以使用 BMP085 气压计。

③ 具有 6 路 ADC 通道接口,其中 1 路用于检测电池电压,其他 5 路均有外部接口,另外还有一些 ADC 引脚与其他功能复用(如部分 ADC 引脚与 LED 灯的 IO 引脚是相同的),详情可参考官方的开源电路原理图。

④ 具有 3 路通用 GPIO 接口。

⑤ 2 路 3.3V 电平的串口,另外还有 2 路串口的接收通路。

⑥ 8 路 PWM 信号输出通路,其中 2 路与 I2C 总线(STM32F105RCT6 芯片的 I2C1 外设)共用,即使用 I2C1 总线时只能使用 6 路 PWM 通路。

⑦ 1 路 CAN 总线接口。

⑧ 1 路 SPI 总线接口。

⑨ 2 路 I2C 总线接口,其中 1 路与 PWM 通路共用。

⑩ 1 个 MicroUSB 接口。

⑪ 4 个 LED 状态灯。

⑫ 不带 Aspirin IMU 传感器板时约重 9.9g,带 Aspirin IMU 传感器板时约重 10.8g。

⑬ Lisa/M 自动驾驶仪机械尺寸比 Lisa/S 大,约为 34mm×60mm×10mm,具体数据如图 2-17 所示。

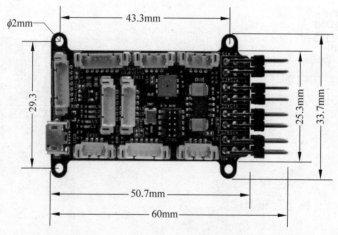

图 2-17 Lisa/M 系列自动驾驶仪机械尺寸

⑭ 电路板为 4 层 PCB。

Lisa/M 系列自动驾驶仪的硬件接口比较丰富,很多接口具有复用功能,但是在应用中大多使用其默认功能,Lisa/M 系列自动驾驶仪各接口的默认功能如图 2-18 所示。

Lisa/M 系列自动驾驶仪的电源使用了两个电压转换芯片 MIC5209 和 LP2992-5V。MIC5209 输出电压为 3.3V,最高输入电压为 16V,最低输入电压为 2.5V,最大输出电流为 500mA。LP2992-5V 输出电压为 5V,最高输入电压为 16V,最低输入电压为 2.2V,最大输出电流为 250mA。因此,Lisa/M 自动驾驶仪如果直接使用电池供电,则电池电压最高不能超过 16V。Lisa/M 自动驾驶仪的电源设计如图 2-19 所示。

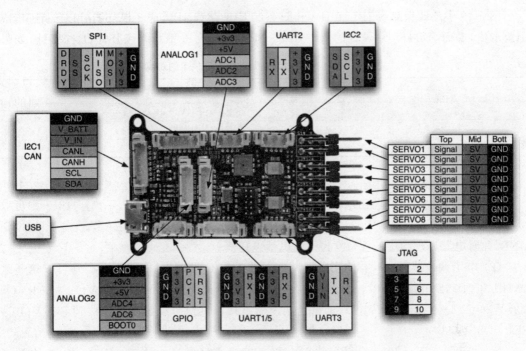

图 2-18　Lisa/M 系列自动驾驶仪各接口的默认功能

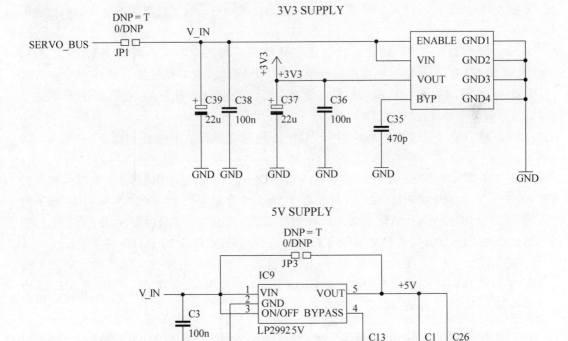

图 2-19　Lisa/M 自动驾驶仪的电源设计

图 2-19 中的两根跳线 JP1 和 JP3 和图 2-20 中的跳线 JP2,这 3 根跳线可以设定 V_IN 引脚的值,进而确定自动驾驶仪的供电方式。JP1~JP3 等 3 根跳线接通后的含义见表 2-6。

表 2-6　Lisa/M 系列自动驾驶仪设定供电的跳线

跳　　线	接　通　含　义
JP1	V_IN＝SERVO_BUS(SV)
JP2	V_IN＝V_BATT
JP3	V_IN＝5V

常见的几种供电方式如下。

(1) 电池直接供电。若由电池直接供电,且电池电压不低于 2.2V,不高于 16V,则可以接通跳线 JP2,断开跳线 JP1 和 JP3,电池直接接到图 2-18 中的 V_BATT(或 V_IN)和 GND,此时电路原理图中的 V_IN 为供电电池电压。

(2) 电子调速器供电。若使用电子调速器的 UBEC 供电,且电压为 5V,则可以接通跳线 JP1 和 JP3,断开跳线 JP2,UBEC 输出电压需要连接到图 2-18 中 SERVO1~SERVO8 的 SV 和 GND。带有 UBEC 模块的电子调速器直接将其信号线正确地连接到 SERVO1~SERVO8 接口即可。

(3) 外部 UBEC 供电。断开跳线 JP1 和 JP2,接通跳线 JP3,外部 UBEC 的 5V 电源直接接入图 2-18 中的 V_IN 引脚。

图 2-18 中的 V_BATT 始终要与电池连接,Lisa/M 自动驾驶仪默认通过该引脚检测电池电压。

Lisa/M 自动驾驶仪可以通过跳线设定外部设备的供电电压。例如,在图 2-20 中的 UART2 和 UART3 通常用来连接数传模块和 GPS 模块,可以通过设置跳线 JP6、JP7 或 JP4、JP5 将数传模块或 GPS 模块的供电设置为 V_IN 电压(一般为 5V 或电池电压,取决于 JP1、JP2 和 JP3 的设置)或 3.3V 电压。

Lisa/M 自动驾驶仪的各跳线 JP1~JP9 在印制电路板上的位置如图 2-21 和图 2-22 所示。

图 2-21 所示的 LED3、LED4 和图 2-18 中 ADC6、ADC4 共用相同的微控制器引脚。另外,未在图 2-21 中焊接和显示的 LED 还有 3 个,其焊盘位于图 2-18 中 ANALOG1 端子的下面,且与 ADC1、ADC2、ADC3 共用微控制器引脚。在应用 ADC 时要注意 ADC 与 LED 共用引脚的问题,如果需要将某引脚用于 ADC,则要保证相应的 LED 灯不焊接。

在图 2-20 中 CAN/I2C1 接口的 V_BAT 引脚是和供电电池直接相连的。V_BAT_MEAS 是 V_BAT 的分压电压,用于检测电池电压。在使用默认电阻时,V_BAT_MEAS 电压信号和 V_BAT 之间的关系为

$$V\_BAT\_MEAS = \frac{V\_BAT \cdot R18}{R17 + R18} = \frac{V\_BAT \cdot 2.2K}{10K + 2.2K} \approx 0.18V\_BAT \qquad (2\text{-}6)$$

STM32F105RCT6 中的 ADC 通路最高输入电压为 3.3V,因此 V_BAT 的最高电压约为 18.3V。若短接 JP2 跳线,V_IN 等于供电电池电压 V_BAT,受电压转换芯片的限制,V_BAT 电压不能超过 16V。若不短接 JP2 跳线,则 V_BAT 仅分压后用于测量供电电池电压,V_BAT 的最高电压约为 18.3V,若电池电压高于 18.3V,可以串联电阻改变分压系数。

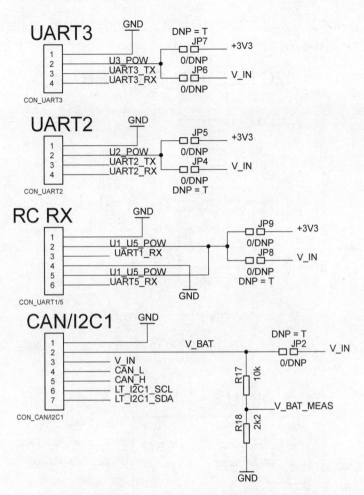

图 2-20 由跳线设定 Lisa/M 自动驾驶仪部分接口的电源

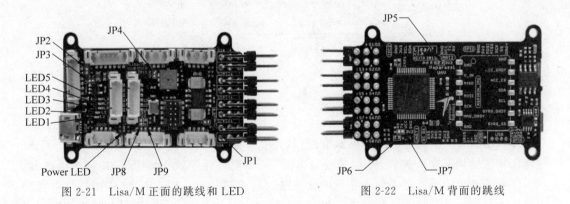

图 2-21 Lisa/M 正面的跳线和 LED　　　　图 2-22 Lisa/M 背面的跳线

　　Lisa/M 自动驾驶仪提供了 TTL 串口、SPI 总线、I2C 总线和 CAN 总线接口,其中串口、SPI 总线和 I2C 总线接口应用较多。串口和 SPI 总线均是 3.3V 的 TTL 标准,而两路 I2C 总线中一路是 3.3V 的 TTL 标准,另一路是 5V 的 TTL 标准。由于 STM32F105RCT6 是 3.3V 的芯片,所以 STM32F105RCT6 需要电平转换芯片才能提供 5V TTL 标准 I2C 总线。Lisa/M 自动驾驶仪使用了 PCA9306 芯片实现 I2C 总线 5V 和 3.3V 之间的电平转换,其电路如图 2-23 所示。另外，也可以通过设置图 2-23 中的跳线 JP10 和 JP11 将该路 I2C 总线的电平设置为 3.3V 电平。

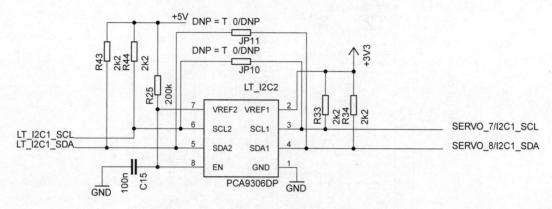

图 2-23　I2C 总线 5V 和 3.3V 电平的转换电路

Lisa/M 自动驾驶仪可以和 Aspirin IMU 模块连接，硬件接口在 Lisa/M 的背面，原理如图 2-24 所示。

图 2-24　Lisa/M 和 Aspirin IMU 模块的接口

2.8.4　Aspirin IMU 模块

Aspirin IMU 模块是一块传感器电路板，其 2.1 版的 Aspirin IMU 模块中集成了三轴陀螺仪和三轴加速度计 MPU6000 传感器芯片、三轴磁强计芯片 HMC5883L 传感器芯片、气压计 MS5611 传感器芯片和一片 I2C 总线接口的 EEPROM，EEPROM 中可以保存该传感器板中加速度计芯片和磁强计芯片的一些校正信息。Aspirin 2.1 印制电路板的机械接口能够焊接到 Lisa/M 2.0 自动驾驶仪的背面，Aspirin 2.1 的机械尺寸如图 2-25 所示。

Aspirin 2.1 模块有 SPI 总线和 I2C 总线两种接口，通过设置图 2-25 中跳线 JP4、JP5 和电阻 R_1、R_2 可以实现磁强计 HMC5883L 和气压计 MS5611 不同的连接方式，如图 2-26 和图 2-27 所示。

Aspirin 2.1 模块的 EEPROM 通过 I2C 总线与主控制芯片连接，MPU6000 通过 SPI 总

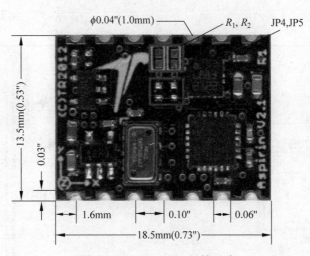

图 2-25 Aspirin 2.1 机械尺寸

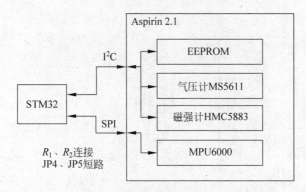

图 2-26 HMC5883L 和 MS5611 与 STM32 连接

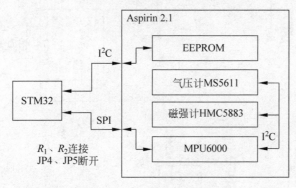

图 2-27 HMC5883L 和 MS5611 与 MPU6000 连接

线和主控制芯片连接。若存在 R_1、R_2 并且 JP4、JP5 断开,则其中 HMC5883L 和 MS5611 的数据首先通过 I2C 发送给 MPU6000,再由 MPU6000 通过 SPI 发送给 Lisa/M。若不连接 R_1、R_2 并且 JP4、JP5 短路,则其中 HMC5883L 和 MS5611 直接通过 I2C 接口与 Lisa/M 通信。Aspirin 2.1 模块默认条件下存在 R_1、R_2 并且 JP4、JP5 断开,即 MPU6000 的 I2C 接口与 HMC5883L 和 MS5611 相连。

Aspirin 2.1 的原理如图 2-28 所示。

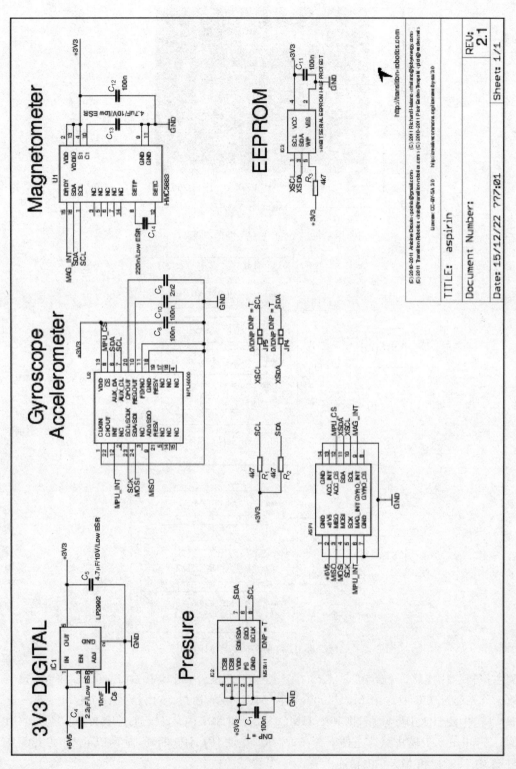

图 2-28　Aspirin 2.1 的电路原理

2.9 常用的微控制器简介

Paparazzi 中所用的微控制器包括意法半导体公司 STM32 系列微控制器和飞利浦公司 LPC 系列微控制器。例如,Lisa 系列自动驾驶仪使用的是 STM32F1 系列微控制器,Krooz 和 Apogee 系列自动驾驶仪使用的是 STM32F4 系列微控制器,Booz、NavGo、Umarim 和 Tiny 系列自动驾驶仪使用的是 LPC2148 微控制器。

本书主要以 Lisa 系列自动驾驶仪为例进行介绍,后面章节中仅介绍 STM32F1 系列和 STM32F4 系列微控制器。STM32F1 属于 ARM Cortex-M3 内核系列微控制器,STM32F4 属于 ARM Cortex-M4 内核系列微控制器。

2.9.1 STM32F105RCT6 微控制器

Lisa/M 2.0 自动驾驶仪默认使用的 STM32F105RCT6 属于意法半导体公司 STM32F1 系列微控制器,该系列微控制器使用了 ARM 公司的 ARM Cortex-M3 微控制器内核。STM32F1 系列微控制器分为基本型、增强型和互联型产品,STM32F105RCT6 属于互联型 32 位微控制器,其主要性能参数如下。

(1) 内核。ARM32 位的 CortexTM-M3 CPU,最高 72MHz 工作频率,在存储器的 0 等待周期访问时可达 1.25DMips/MHz(Dhrystone2.1),可在单周期内完成乘法且具有硬件除法单元。

(2) 存储器。具有 256KB 的 Flash,64KB SRAM。

(3) 时钟、复位和电源管理:

① 2.0～3.6V 供电和 I/O 引脚。

② 上电/断电复位(POR/PDR)、可编程电压监测器(PVD)。

③ 3～25MHz 晶体振荡器。

④ 内嵌经出厂调校的 8MHz 的 RC 振荡器。

⑤ 内嵌带校准的 40kHz 的 RC 振荡器。

⑥ 带校准功能的 32kHz RTC 振荡器。

(4) 调试模式。具有串行单线调试(SWD)和 JTAG 接口,以及 Cortex-M3 内置调试模块(ETM)。

(5) DMA。具有 12 通道 DMA 控制器,可以支持外设定时器、ADC、DAC、I2S、SPI、I2C 和 USART。

(6) ADC 模数转换器。具有两个 12 位逐次逼近型模数转换器。时钟为 56MHz 时转换时间为 $1\mu s$,时钟为 72MHz 时转换时间为 $1.17\mu s$,电压转换范围为 0～3.6V,具有采样和保持功能,在交叉模式下高达 2MSPS。另外,还有一个温度传感器和通道 ADC1 的第 16 通道(即 ADC1_IN16)在芯片内部相连接。

(7) 具有两个 12 位 DAC 转换器,可用于将输入的两路数字信号转换成两个模拟电压输出。

(8) STM32F105RCT6 微控制器具有 51 个快速 I/O 端口,所有 I/O 端口都可以映像到 16 个外部中断，并且几乎所有端口均可耐受 5V 电压信号。

（9）具有 10 个定时器，支持引脚重映射功能，这 10 个定时器分别如下。

① 4 个为 16 位通用定时器，每个定时器有多达 4 个通道，可用于输入捕获、输出比较、PWM 输出、脉冲计数和正交（增量）编码器输入。

② 1 个 16 位马达控制 PWM 定时器（高级定时器），可以支持死区时间和紧急停止。

③ 2 个看门狗定时器（独立的和窗口型的）。

④ 1 个 24 位自减型计数器（系统时间定时器）。

⑤ 2 个 16 位基本定时器用于驱动 DAC。

（10）具有 14 个通信接口。

① 2 个 I2C 接口（支持 SMBus 和 PMBus 协议）。

② 5 个 USART 接口（支持 ISO7816 接口、LIN、IrDA 接口和调制解调控制）。

③ 3 个 SPI 接口（18Mb/s，其中 2 个为复用的。

④ 2 个 I2S 接口，通过先进的 PLL 机制提供音频级的通信精度，与 SPI 接口复用。

⑤ 2 个 CAN 接口（2.0B），内置 512KB 专用 SRAM。

⑥ USB2.0 全速设备/主机/OTG 控制器，支持 HNP、SRP、ID 协议的片上 PHY，内置 1.25KB 专用 SRAM。

（11）CRC 计算单元，96 位的芯片唯一号码。

（12）STM32F105RCT6 微控制器的封装为 LQFP64。

1. Cortex-M3 内核简介

Cortex-M3 是一个 32 位的微控制器内核。内部的数据总线是 32 位的，寄存器是 32 位的，存储器接口也是 32 位的。Cortex-M3 采用哈佛结构，拥有独立的指令总线和数据总线，可以让取指与数据访问并行不悖，数据访问不占用指令总线，并选择了适合于微控制器应用的三级流水线，但增加了分支预测功能，可以预取分支目标地址的指令，使分支延迟减少到一个时钟周期。

针对 ARM 处理器中断响应的问题，Cortex-M3 首次在内核上集成了嵌套向量中断控制器（NVIC）。Cortex-M3 的中断延迟只有 12 个时钟周期（ARM7 需要 24～42 个周期）；Cortex-M3 还使用尾链技术，使得背靠背（back-to-back）中断的响应只需要 6 个时钟周期（ARM7 需要大于 30 个周期）。

Cortex-M3 处理器采用 ARMv7-M 架构，它包括所有的 16 位 Thumb 指令集和基本的 32 位 Thumb-2 指令集架构，Cortex-M3 处理器不能执行 ARM 指令集。Thumb-2 在 Thumb 指令集架构（ISA）上进行了大量的改进，与 Thumb 相比，Thumb-2 具有更高的代码密度并提供 16/32 位指令的更高性能。

Cortex-M3 处理器支持两种工作模式，即线程模式和处理模式。在复位时处理器进入线程模式，异常返回时也会进入该模式，特权和用户（非特权）模式代码能够在"线程模式"下运行。出现异常模式时处理器进入处理模式，在处理模式下所有代码都是特权访问的。

Cortex-M3 处理器有两种工作状态，即 Thumb 状态和调试状态。Thumb 状态是 16 位和 32 位"半字对齐"的 Thumb 和 Thumb-2 指令的执行状态；当处理器停止并进行调试时，进入调试状态。

Cortex-M3 加入了类似于 8 位处理器的内核低功耗模式，使整个芯片的功耗控制更为有效,支持 3 种功耗管理模式:①通过一条指令立即睡眠;②异常/中断退出时睡眠;③深度睡眠。

Cortex-M3 的突出特点主要体现在以下几个方面。

① 许多指令都是单周期的(包括乘法相关指令)。

② 指令总线和数据总线被分开,取值和访内可以并行不悖。

③ Thumb-2 指令集简化了软件开发和代码维护,为编程带来了更多的灵活性,许多数据操作可以用更短的代码实现,代码密度更高,也就对存储器的需求更少。

④ 取指都按 32 位处理。同一周期最多可以取出两条指令,留下了更多的带宽给数据传输。

⑤ Cortex-M3 的设计允许单片机高频运行(如 STM32F1 系列可以达到 72MHz 的运行频率)。即使在相同的速度下运行,Cortex-CM3 的每指令周期数(CPI)也更低,于是同样的主频下可以做更多的工作。另外,也使同一个应用在 Cortex-CM3 上需要更低的主频。

⑥ 内建的嵌套向量中断控制器支持多达 240 条外部中断输入。因为不再需要软件去判断中断源,向量化的中断功能剧烈地缩短了中断延迟,中断的嵌套也是在硬件水平上实现的,不需要软件代码来实现。

⑦ NVIC 支持对每一路中断设置不同的优先级,使得中断管理极富弹性。最粗线条的实现也至少要支持 8 级优先级,而且还能动态地被修改。

⑧ Cortex-M3 还支持"咬尾中断机制"和"晚到中断机制"。

⑨ 有些需要较多周期才能执行完的指令,是可以被中断的(就好比它们是一串指令一样)。

⑩ 除非系统被彻底锁定,NMI(不可屏蔽中断)会在收到请求的第一时间予以响应。对于很多安全关键(safety-critical)的应用,NMI 都是必不可少的。

⑪ 系统支持"位寻址带"操作(8051 位寻址机制的"威力大幅加强版"),字节不变的大端模式,并且支持非对齐的数据访问。

⑫ 拥有先进的 Fault 处理机制,支持多种类型的异常和 Faults,使故障诊断更容易。

⑬ 通过引入 Banked 堆栈指针机制,把系统程序使用的堆栈和用户程序使用的堆栈划清界线。

⑭ 在支持传统的 JTAG 基础上,还支持更新、更好的串行线调试接口。

⑮ 基于 CoreSight 调试解决方案,使得处理器哪怕是在运行时,也能访问处理器状态和存储器内容。

⑯ 内建了对多达 6 个断点和 4 个数据观察点的支持。

⑰ 在调试方面还加入了以下的新特性,包括 Fault 状态寄存器、新的 Fault 异常以及闪存修补(Patch)操作,使得调试大幅简化。

2. STM32F105RCT6 存储结构

STM32F105RCT6 程序存储器、数据存储器、寄存器和输入输出端口被组织在同一个 4GB 的线性地址空间内。数据字节以小端格式存放在存储器中。一个字里的最低地址字节被认为是该字的最低有效字节,而最高地址字节是最高有效字节。

可访问的存储器空间被分成 8 个主要块,每个块为 16MB,没有分配给片上存储器或外设的存储器空间都是保留的地址空间。

1）STM32F105RCT6 的程序存储器

STM32F105RCT6 的程序存储器是 Flash 型的存储器，由主存储块和信息块组成。STM32F105RCT6 主存储块容量为 256KB，每个存储块划分为 128 个 2KB 的页，STM32F105RCT6 信息块容量有 2360×64b（表 2-7）。

表 2-7　STM32F105RCT6 Flash 存储器

模块	名　称	地　址	大小
主存储块	页 0	0x0800 0000～0x080007FF	2KB
	页 1	0x0800 0800～0x08000FFF	2KB
	页 2	0x0800 1000～0x080017FF	2KB
	⋮	⋮	
	页 127	0x0803 F800～0x0803FFFF	2KB
信息块	系统存储器	0x1FFF B000～0x1FFFF7FF	18KB
	选择字节	0x1FFF F800～0x1FFFF80F	16B

在 Paparazzi 中对存储器的使用主要是由链接器的链接脚本控制的，如果需要自定义的功能，则需要结合微控制器的存储器特性修改链接器的链接脚本，某些功能需要软件代码的支持（如运行中修改 Flash 中的内容等）。

2）STM32F105RCT6 的启动配置

Cortex-M3 的微控制器内核始终从 ICode 总线获取复位向量，也就是说 Cortex-M3 的微控制器内核仅适合于从代码区开始（如从 Flash 启动），但是 STM32F10 系列微控制器对 Cortex-M3 的微控制器内核做了改进，实现了一个特殊的机制，系统可以不仅从 Flash 存储器或系统存储器启动，还可以从内置 SRAM 启动。

因为固定的存储器映像，代码区始终从地址 0x0000 0000 开始（通过 ICode 和 DCode 总线访问），而数据区（SRAM）始终从地址 0x20000000 开始（通过系统总线访问）。Cortex-M3 的微控制器内核默认从地址 0x0000 0000 开始执行指令，即第一条指令的位置位于 0x00000000，STM32F10 系列微控制器以映射方式，根据不同的启动模式，将不同的物理地址映射到 0x00000000 地址。

STM32F105RCT6 的启动可以分为 3 种模式，也就是说 STM32F105RCT6 第一条指令事实上可以从 3 类不同的位置读取。这 3 种不同的启动模式分别为主 Flash 存储器启动模式、系统存储器启动模式和内置 SRAM 启动模式。在 STM32F10 系列微控制器里，可以通过 BOOT[1:0]引脚的电平高低选择 3 种不同启动模式，其关系见表 2-8。

表 2-8　STM32F105RCT6 的启动模式

选 择 引 脚		启 动 模 式	启动模式说明
BOOT1	BOOT0		
×	0	主闪存存储器	主闪存存储器被选为启动区域
0	1	系统存储器	系统存储器被选为启动区域
1	1	内置 SRAM	内置 SRAM 被选为启动区域

在系统复位后，SYSCLK 的第 4 个上升沿，BOOT 引脚的值将被锁存。可以通过在复位前设置 BOOT1 和 BOOT0 引脚的状态，来选择在复位后的启动模式。在从待机模式退

出时，BOOT引脚的值将被重新锁存；因此，在待机模式下BOOT引脚应保持为所需要的启动配置。

在启动延迟之后，CPU从地址0x0000 0000获取堆栈顶的地址，并从启动存储器的0x0000 0004指示的地址开始执行代码。

根据选定的启动模式，主闪存存储器、系统存储器或SRAM可以按照以下方式访问。

(1) 从主Flash存储器启动。主Flash存储器被映射到启动空间(0x0000 0000)，但仍然能够在它原有的地址(0x0800 0000)访问它，即Flash存储器的内容可以在两个地址区域访问，即0x0000 0000或0x0800 0000。

(2) 从系统存储器启动。系统存储器被映射到启动空间(0x0000 0000)，但仍然能够在它原有的地址(互联型产品原有地址为0x1FFF B000，其他产品原有地址为0x1FFF F000)访问它。

(3) 从内置SRAM启动。只能在0x2000 0000开始的地址区访问SRAM。注意：当从内置SRAM启动时，在应用程序的初始化代码中，必须使用NVIC的异常表和偏移寄存器，重新映射到向量表的SRAM中。当STM32F1系列微控制器从系统存储器启动时，会执行微控制器内嵌的自举程序。系统存储器内嵌的自举程序是在生产线上写入的，这段自举程序可以通过串口对Flash存储器进行重新编程，通俗地说就是可以实现微控制器用户程序的烧写。对于互联型产品而言，不仅可以通过串口实现程序下载，还可以使用其他一些接口实现程序下载。

STM32F1系列互联型微控制器可以通过以下接口启用自举程序。

① USART1或USART2(重映像的)。

② CAN2(重映像的)总线接口。

③ USB OTG全速接口的设备模式(通过设备固件更新DFU协议)。

USART接口需要依靠内部8MHz振荡器(HSI)运行。而CAN总线接口和USB OTG接口只有当外部有一个8MHz、14.7456MHz或25MHz时钟(HSE)时才能工作。

如果要深入理解或自定义自动驾驶仪固件的更新方式(即飞控板程序的烧写)，需要理解自动驾驶仪所使用的微控制器启动模式的相关内容。

3. STM32F105RCT6中断

ARM Cortex-M3内核支持256个中断(16个内核＋240外部)和256级可编程中断优先级，STM32F105RCT6在这方面做了简化，支持的中断为84个(16个内核＋68个外部)，具有16级可编程中断优先级，仅使用中断优先级设置8位中的高4位。

在Cortex-M3的优先级分配中，较小的数值具有较高的优先级。STM32F105RCT6中的NVIC将优先级分成两部分，即抢占优先级(Preemption Priority)和子优先级(Subpriority)，可以通过中断申请/复位控制寄存器来确定两个部分所占的比例，见表2-9。

抢占优先级和子优先级共同作用确定了中断的优先级。抢占优先级决定了是否发生抢占：具有高抢占优先级的中断能够抢占其他低优先级的中断，即便低优先级的中断正在执行，高抢占优先级的任务也能中断正在执行的低优先级任务而执行。

具有相同抢占优先级的中断不能相互抢占，当多个挂起的中断具有相同的抢占优先级时，子优先级高的中断优先获得执行的权利。若多个中断具有相同的抢占优先级和子优先级时，则比较中断号的大小，中断号小的则被优先激活。在自动驾驶仪的软件程序中，如果需要调整某些驱动模块的执行优先级需要参考该部分内容。

表 2-9　抢占优先级和子优先级的分配

编　　号	分　　配	说　　明
7	0：4	0 个抢先式优先级,16 个子优先级
6	1：3	2 个抢先式优先级,8 个子优先级
5	2：2	4 个抢先式优先级,4 个子优先级
4	3：1	8 个抢先式优先级,2 个子优先级
3/2/1/0	4：0	16 个抢先式优先级,0 个子优先级

4. STM32F105RCT6 外设简介

1) GPIO 端口

STM32F1 系列微控制器每个 GPIO 端口有两个 32 位配置寄存器(GPIOx_CRL 和 GPIOx_CRH),两个 32 位数据寄存器(GPIOx_IDR 和 GPIOx_ODR),1 个 32 位置位/复位寄存器(GPIOx_BSRR),1 个 16 位复位寄存器(GPIOx_BRR)和 1 个 32 位锁定寄存器(GPIOx_LCKR)。根据数据手册中列出的每个 I/O 端口的特定硬件特征,GIO 端口的每个位可以由软件分别配置成多种模式。

① 输入浮空：输入为高阻态,没有输入时读取值不定。

② 输入上拉：输入具有弱上拉,没有输入时读取值为高。

③ 输入下拉：输入具有弱下拉,没有输入时读取值为低。

④ 模拟输入：用于 AD 转换时的输入设置。

⑤ 开漏输出：开漏输出,需外接上拉电阻,可改变输出的高电平。

⑥ 推挽式输出：推挽输出,高电平为微控制器电源电压,不能外接上拉电阻。

⑦ 推挽式复用功能：复用模式的推挽输出。

⑧ 开漏复用功能：复用模式的开漏输出。

配置为输入模式时,输入数据寄存器(GPIOx_IDR)在每个 APB2 时钟周期捕捉 I/O 引脚上的数据。此时端口特性如下。

① 输出缓冲器被禁止。

② 施密特触发输入被激活。

③ 根据不同的上拉、下拉或浮动的输入配置,连接弱上拉和下拉电阻。

④ 出现在 I/O 到脚上的数据在每个 APB2 时钟被采样到输入数据寄存器。

⑤ 对输入数据寄存器进行读访问可以得到 I/O 端口的输入信息。

配置为输出模式时,写到输出数据寄存器上的值(GPIOx_ODR)会输出到相应的 I/O 引脚。此时端口特性如下。

① 输出缓冲器被激活。

② 若配置为开漏模式,则输出寄存器上的"0"从端口输出,而输出寄存器上的"1"将端口置于高阻状态。

③ 若配置为推挽模式,输出寄存器上的"0"或"1"都会从端口输出。

④ 施密特触发输入被激活。

⑤ 弱上拉和下拉电阻被禁止。

⑥ 出现在 I/O 引脚上的数据在每个 APB2 时钟被采样到输入数据寄存器。

⑦ 在开漏模式时，对输入数据寄存器的读访问可得到 I/O 状态。

⑧ 在推挽式模式时，对输出数据寄存器的读访问得到最后一次写的值。

每个 I/O 端口位可以自由编程，然而 I/O 端口寄存器必须按 32 位字被访问（不允许半字或字节访问）。

GPIOx_BSRR 和 GPIOx_BRR 寄存器允许对任何 GPIO 寄存器的读/更改的独立访问，这样在读和更改访问之间产生 IRQ 时不会发生危险。

复位期间和刚复位后，复用功能未开启，I/O 端口被配置成浮空输入模式，但是 JTAG 引脚会被置于输入上拉或下拉模式。

① PA15：JTDI 置于上拉模式。

② PA14：JTCK 置于下拉模式。

③ PA13：JTMS 置于上拉模式。

④ PB4：JNTRST 置于上拉模式。

正常复位后可以在程序中重新配置 JTAG 引脚的功能，如可以配置为普通的 I/O 端口使用。

2）定时器和看门狗

定时器模块是自动驾驶仪中必需的模块，一方面用来定时产生中断，用于调度程序中的各个任务；另一方面主要用来产生脉宽调制信号（PWM 信号），用于控制舵机、无刷电机等。STM32F105RCT6 中的定时器见表 2-10。

表 2-10 STM32F105RCT6 中的定时器

定时器	精度	计数类型	预分频因子	DMA 传输	捕获/比较通道	互补输出
TIM1	16 位	上、下、上下	1～65536	支持	4	支持
TIM2～5	16 位	上、下、上下	1～65536	支持	4	支持
TIM6、7	16 位	上	1～65536	支持	0	不支持
独立看门狗	12 位	下	8	不支持	0	不支持
窗口看门狗	8 位	下	不支持	不支持	0	不支持
系统时基定时器	24 位	下	不支持	不支持	0	不支持

独立看门狗和窗口看门狗定时器一般用于看门狗，TIM6、7 通常用于 DAC 电路中，在此不再过多介绍。系统时基定时器是 Cortex-M3 内核的"标配"，这个定时器是专为实时操作系统而设计，用来产生实时操作系统中的"滴答"，该定时器一般用于系统的主时钟计时。系统时基定时器具有下述特性。

① 24 位的递减计数器。

② 自动重加载功能。

③ 当计数器为 0 时能产生一个可屏蔽系统中断。

④ 可编程时钟源。

高级定时器 TIM1 和通用定时器 $TIMx$（TIM2、TIM3、TIM4 和 TIM5）相比，最主要的区别是 TIM1 更方便生成带死区的 PWM 信号，便于控制驱动直流电机 H 桥电路。在小型四旋翼无人机系统中无刷电机比直流电机应用更为普遍，而无刷电机由电子调速器驱动，

PWM 信号即可控制,因此,在此不再介绍高级定时器的特性。

可编程通用定时器的核心部分被称为时基单元,时基单元是由一个 16 位计数器、自动装载寄存器以及预分频器寄存器组成。计数器可以向上计数、向下计数或者向上/向下双向计数,计数器时钟由预分频器分频后得到。计数器、自动装载寄存器和预分频寄存器可以由软件读写,在计数器运行时仍可以读写。

时基单元主要包括以下 3 个寄存器。

① 计数器寄存器(TIMx_CNT),实时进行计数的寄存器。

② 预分频寄存器(TIMx_PSC),可以将计数器的时钟频率按 1~65536 任意值分频。

③ 自动装载寄存器(TIMx_ARR),自动装载寄存器是预先装载的,读写自动重装载寄存器事实上访问的是预装载寄存器。可以简单地认为时基单元就是计数的,计数的方式可以分为向上计数模式、向下计数模式和向上/向下计数模式。

a. 向上计数模式。计数器从 0 递增计数到自动加载值(即 TIMx_ARR 寄存器中的值),然后重新从 0 开始计数,同时产生一个计数器溢出事件。

b. 向下计数模式。计数器将自动装载寄存器(TIMx_ARR)的值自动装入计数器寄存器(TIMx_CNT),并自动开始递减计数,当计数器寄存器(TIMx_CNT)的值递减到 0 后,自动将自动装载寄存器(TIMx_ARR)的值重新装入计数器寄存器(TIMx_CNT)中,重新开始计数,并产生一个计数器向下溢出事件。

c. 中央对齐模式(向上/向下计数)。计数器从 0 开始计数到自动加载的值(TIMx_ARR 寄存器中的值)减 1,产生一个计数器溢出事件,然后向下计数到 1 并产生一个计数器下溢事件;然后再从 0 开始新一轮计数。在 Paparazzi 中通用定时器主要用来定时、测量脉宽、测量频率和输出脉宽调制信号(PWM 信号)等。

利用通用定时器的输入/捕获通路可以比较方便地实现测量脉宽、测量频率或输出脉宽调制信号(PWM 信号)的功能。在 STM32F105RCT6 中每个通用定时器有 4 个输入/捕获通路,也就意味着每个通用定时器可以同时实现 4 路信号的测量或 4 路同频率的 PWM 信号。捕获/比较通道都有一个捕获/比较寄存器(包含影子寄存器)以及捕获的输入部分(数字滤波、多路复用和预分频器)和输出部分(比较器和输出控制)等。

工作在输入/捕获模式时,当检测到 ICx 信号上相应的边沿后,计数器的当前值被锁存到捕获/比较寄存器(TIMx_CCRx)中,同时,相应的 CCxIF 标志(TIMx_SR 寄存器)被置“1”,如果使能了中断或者 DMA 操作,则将产生中断或者 DMA 操作。若 ICx 设置为和外部引脚相连,则利用通用定时器可以测量出该引脚的信号频率。

工作在脉宽调制模式(PWM 模式)时,所产生的 PWM 信号的频率由自动装载寄存器(TIMx_ARR)确定,信号的占空比由捕获/比较寄存器(TIMx_CCRx)确定。每个通用定时器具有 1 个时基单元和 4 个独立的输入/捕获通路,因此每个通用定时器可以产生 4 路占空比不同但频率相同的 PWM 信号。

在 Paparazzi 中对定时器的使用有比较成熟的底层驱动,在使用普通的计时、捕获和产生 PWM 信号时,可以直接使用 Paparazzi 中与硬件无关的抽象层驱动程序,如果需要为系统增加一些特殊的计时、捕获功能,则需要参考 Paparazzi 中关于定时器的底层驱动以及微控制器定时器硬件的特性编写自定义的驱动程序。

3）通用同步/异步收发器

通用同步/异步收发器（USART）就是通常所说的异步串口，是微控制器中很常见的一种外设。STM32F105 互联型产品内置了 3 个通用同步/异步收发器（USART1、USART2和 USART3），以及 2 个通用异步收发器（USART4 和 USART5）。这 5 个 USART 接口提供异步通信，支持 IrDA SIR ENDEC 传输编解码，支持多处理器通信模式，支持单线半双工通信模式和 LIN 主从功能。

USART1 接口通信速率可达 4.5Mb/s，其他 USART 接口通信速率为 2.25Mb/s。USART1、USART2 和 USART3 接口具有硬件的 CTS 和 RTS 信号管理，兼容 ISO7816 的智能卡并能提供类似 SPI 通信的功能。除 USART5 之外的其他 USART 接口都可以使用DMA 操作。

STM32F105 系列微控制器的 USART 主要特性如下。

① 全双工异步通信。

② 支持 NRZ 标准格式。

③ 具有分数波特率发生器系统，可以进行宽范围的波特率选择。

④ 发送和接收共用可编程波特率，波特率最高可达 4.5Mb/s。

⑤ 可编程数据字长度（8 位或 9 位）。

⑥ 可配置的停止位，支持 1 或 2 个停止位。

⑦ 单线半双工通信。

⑧ 可配置使用 DMA 的多缓冲器通信，在 SRAM 里利用集中式 DMA 缓冲接收、发送字节。

⑨ 单独的发送器和接收器使能位。

⑩ 具有接收缓冲器满、发送缓冲器空、传输结束标志等检测标志。

⑪ 具有发送校验位、对接收数据进行校验控制。

⑫ 具有溢出错误、噪音错误、帧错误、校验错误等 4 个错误检测标志。

⑬ 10 个带标志的中断源。

STM32F105 系列微控制器的 USART 功能比较丰富，在自动驾驶仪中最常用的功能是"三线串口"的方式，STM32F105 系列微控制器的 5 个 USART 均能很好地支持该功能。将 USART 设置为普通的串口方式时，需要设置的内容包括波特率、字长、奇偶校验位、停止位。

在 Lisa/M 系列的自动驾驶仪中 USART 主要用与 GPS 通信、Spektrum 遥控器信号接收、SBUS 遥控器信号接收以及与无线数传模块通信等。

4）串行外设接口（SPI）

在互联型 STM32 产品上，SPI 接口可以配置为支持 SPI 协议或者支持 I2S 音频协议。串行外设接口（SPI）默认工作在 SPI 方式，可以通过软件把功能从 SPI 模式切换到 I2S 模式。在自动驾驶仪中串行外设接口（SPI）一般工作在 SPI 方式，用于和外围芯片通信（如MPU6000）。

串行外设接口（SPI）允许芯片与外部设备以半/全双工、同步、串行方式通信。

由于 SPI3/I2S3 的部分引脚与 JTAG 引脚共享（SPI3_NSS/I2S3_WS 与 JTDI、SPI3_SCK/I2S3_CK 与 JTDO），因此这些引脚不受 I/O 控制器控制，在每次复位后这些引脚被默认保留为 JTAG 用途。如果用户想把引脚配置给 SPI3/I2S3，需要在调试时关闭 JTAG 并切换至 SWD 接口，或者同时关闭 JTAG 和 SWD 接口。

通常 SPI 通过以下 4 个引脚与外部器件相连。

① 主设备输入/从设备输出（MISO）引脚。该引脚在从模式下发送数据，在主模式下接收数据。

② 主设备输出/从设备输入（MOSI）引脚。该引脚在主模式下发送数据，在从模式下接收数据。

③ 串口时钟（SCK）引脚。该引脚在主模式下产生时钟信号，在从模式下接收时钟信号。

④ 从设备选择（NSS）引脚。这是一个可选的引脚，用来选择主/从设备。用于"片选引脚"，让主设备可以单独地与特定从设备通信，避免数据线上的冲突。

5）I2C 总线接口

I2C 总线是最早由 Philips 公司开发的两线式串行总线，常用于连接微控制器及其外围设备，是微电子通信控制领域广泛采用的一种总线标准，具有接口线少、控制方式简单等特点。

I2C 总线只有两根信号线，一根是双向的数据线 SDA，另一根是时钟线 SCL。所有接到 I2C 总线上的设备其数据线 SDA 均接到总线的 SDA 上，其时钟线 SCL 均接到总线的 SCL 上。一般 SDA、SCL 都会接上拉电阻实现电平的转换以及提高驱动能力。

STM32F105RCT6 的 I2C 总线接口允许连接到标准（高达 100kHz）或快速（高达 400kHz）的 I2C 总线。I2C 总线的使用比异步串口和 SPI 总线复杂，为了便于使用 I2C 总线，Paparazzi 提供了 I2C 总线的底层驱动接口，将 I2C 总线的使用抽象为常用的 3 个函数，一般情况下，能够满足常见 I2C 总线外设（如 MPU6050、MS5611 等）的使用。

6）模拟数字转换器（ADC）

STM32F105RCT6 内部集成了两个 12 位逐次逼近型模拟数字转换器（ADC），共有 18 个转换通道，可以测量 16 个外部信号源和两个内部信号源。

STM32F105RCT6 的模拟数字转换器（ADC）主要特征如下。

① 12 位分辨率，ADC 转换结果可以左对齐或右对齐方式存储在 16 位数据寄存器中。

② 转换结束、注入转换结束或发生模拟看门狗事件时产生中断。

③ 各通道的 A/D 转换可以单次、连续、扫描或间断模式执行。

④ 支持从通道 0 到通道 n 的自动扫描模式。

⑤ 具有自校准的功能。

⑥ 采样间隔可以按通道分别编程设置。

⑦ 规则转换和注入转换均有外部触发选项。

⑧ 支持双重模式，即两个 ADC 可同步运行。

⑨ ADC 的输入时钟不得超过 14MHz，它是由 PCLK2 经分频产生。系统时钟为 56MHz 时，可以分频得到 14MHz 信号，此时 ADC 最快转换时间为 $1\mu s$，而系统时钟为 72MHz 时不能得到 14MHz 信号，此时 ADC 最快转换时间为 $1.17\mu s$。

⑩ ADC 供电范围要求为 2.4～3.6V。

⑪ ADC 输入电压范围为 $U_{REF-} < VIN < U_{REF+}$，在 STM32F105RCT6 中 U_{REF-} 默认在芯

片内部和模拟地信号(AGND)相连。

⑫ 在常规通道转换期间有 DMA 请求产生。

STM32F105RCT6 模拟数字转换器(ADC)的工作模式可以分为两类：一类是独立模式，即两个 ADC 相互独立地工作；另一类是双 ADC 模式，即两个 ADC 相互配合工作。双 ADC 模式可以实现两路信号的同步采集，在自动驾驶仪中 ADC 工作在独立模式通常就能满足要求。

独立模式可以分以下几种。

① 单通道单次转换模式。这是最简单的 ADC 工作模式，ADC 对单个通道进行单次转换(采样一次)，并在转换完成后停止。

② 多通道单次转换模式。按照预先设定的顺序依次对多个通道进行单次转换，所有通道都转换完成后停止。每个转换通道可以设置不同的采样时间，从启动 ADC 转换到结束不需要 CPU 的额外参与。

③ 单通道连续转换模式。此连续模式允许 ADC 在后台工作，ADC 可在没有任何 CPU 干预的情况下连续转换单个通道。此外，还可以在此模式下使用 DMA，从而降低 CPU 负载。

④ 多通道连续转换模式。多通道连续模式可用于在 ADC 处于独立模式时对一些通道进行依次转换。通过定序器，用户能以不同的采样时间和顺序对任意序列的通道(最多 16 个通道)依次进行配置，在完成序列的最后一个通道后不会停止转换，而是从第一个通道重新开始转换并无限继续下去，相当于多通道单次转换模式和多通道连续转换模式的组合模式。

⑤ 注入转换模式。注入组的优先级高于常规通道组，它会中断常规通道组中当前通道的转换，优先进行注入组通道的转换，相当于 ADC 转换的"中断"执行模式。当外部事件或软件触发转换时应使用此模式。

ADC 有一个内置自校准模式。校准可大幅度减小因内部电容器组的变化而造成的准精度误差。在校准期间，在每个电容器上都会计算出一个误差修正码(数字值)，这个码用于消除在随后的转换中每个电容器上产生的误差。通过设置 ADC_CR2 寄存器的 CAL 位启动校准。一旦校准结束，CAL 位被硬件复位，可以开始正常转换。建议在上电时执行一次 ADC 校准。校准阶段结束后，校准码储存在 ADC_DR 中。在启动校准前，ADC 必须处于关电状态(ADON=0)的时间至少超过两个 ADC 时钟周期以上。

2.9.2　STM32F405RGT6 微控制器

STM32F405RGT6 微控制器的外设和 STM32F105RCT6 微控制的外设大致相当，主要的不同点在于 STM32F405RGT6 微控制器使用了 ARM32 位的 Cortex-M4 内核，具有最高 168MHz 工作频率，并且支持硬浮点的运算。

STM32F405RGT6 微控制器的部分主要特性如下。

① 内核：ARM32 位的 Cortex-M4 CPU，最高 168MHz 工作频率，在存储器的 0 等待周期访问时可达 1.25DMips/MHz(Dhrystone2.1)，支持 DSP 指令，具有硬件单精度浮点运算单元(FPU)。

② 具有 1MB 的闪存程序存储器(Flash),192+4KB SRAM 存储器。

③ 具有 3 个 12bit 采样速率最高可达 2.4MSPS 的模拟数字转换器,其转换通道个数是 24 个,当处于三重交叉采样模式时最高采样速率可达 7.2MSPS。

④ 2 个 12bit 的数字模拟转换器。

⑤ 17 个定时器,其中 10 个通用定时器,2 个高级定时器,2 个基本定时器,2 个看门狗 定时器,1 个 RTC 定时器。

⑥ 51 个通用输入输出接口(GPIO)。

⑦ 3 个 SPI 接口,3 个 I2C 接口,6 个通用串口,2 个 CAN 总线接口。

⑧ 支持 SDIO,即支持 SD 存储卡的接口。

⑨ 支持 USB 2.0 全速设备/主机/OTG 控制器,支持 HNP、SRP、ID 协议的片上 PHY, 内置 1.25KB 专用 SRAM。

Cortex-M4 内核可以认为是 Cortex-M3 内核的升级版本,主要区别是 Cortex-M4 内核 增加了支持 DSP 运算的指令集和浮点运算单元(Floating Point Unit,FPU)。

某些乘法、除法和累加乘等 DSP 指令都可以在单周期内运算完成。部分 DSP 指令见 表 2-11。

表 2-11　Cortex-M3 和 Cortex-M4 的 MAC 运算示例比较

MAC 运算的位数	指令示例	Cortex-M3	Cortex-M4
$16×16→32$	SMULBB,SMULBT, SMULTB,SMULTT	不支持	1
$16×16+32→32$	SMLABB,SMLABT, SMLATB,SMLATT	不支持	1
$16×16+64→64$	SMLALBB,SMLALBT, SMLALTB,SMLALTT	不支持	1
$16×32→32$	SMULWB,SMULWT	不支持	1
$(16×32)+32→32$	SMLAWB,SMLAWT	不支持	1
$(16×16)±(16×16)→32$	SMUAD,SMUADX, SMUSD,SMUSDX	不支持	1
$(16×16)±(16×16)+32→32$	SMLAD,SMLADX, SMLSD,SMLSDX	不支持	1
$(16×16)±(16×16)+64→64$	SMLALD,SMLALDX, SMLSLD,SMLSLDX	不支持	1
$32×32→32$	MUL	1	1
$32±(32×32)→32$	MLA,MLS	2	1
$32×32→64$	SMULL,UMULL	5~7	1
$(32×32)+64→64$	SMLAL,UMLAL	5~7	1
$(32×32)+32+32→64$	UMAAL	不支持	1
$32±(32×32)→32(upper)$	SMMLA,SMMLAR, SMMLS,SMMLSR	不支持	1
$(32×32)→32(upper)$	SMMUL,SMMULR	不支持	1

表 2-11 中 MAC 运算的位数指参加运算的数的位数。例如,16×16→32 是指两个 16 位的 数相乘,运算结果为 32 位的数;Cortex-M3 和 Cortex-M4 两列指的是完成该运算所需的指令

周期,"不支持"是指没有相应的指令,若要完成相应的运算需要由多条指令组合实现。

STM32F405RGT6 比 STM32F105RCT6 有更高的工作频率、更快的浮点计算,因此基于 STM32F4 系列的自动驾驶仪在航姿参考系统、组合导航或控制律等算法中具有更多的选择,可以支持一些运算较为复杂的算法。

2.10　常用传感器芯片简介

2.10.1　三轴陀螺仪和加速度计 MPU60X0

MPU60X0 是全球首例 9 轴运动处理传感器,它内部集成了三轴 MEMS 陀螺仪和三轴 MEMS 加速度计以及一个可扩展的数字运动处理器(Digital Motion Processor,DMP)。三轴加速度计和三轴陀螺仪旋转极性的正方向如图 2-29 所示。

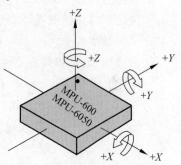

MPU60X0 有两个型号,分别为 MPU6000 和 MUP6050。MPU6000 和微控制器的接口为 1MHz 的 SPI 接口,对于需要高速传输的应用,可用 20MHz 的 SPI 接口;MUP6050 和微控制器的接口为 400kHz 的 I2C 接口。

MPU60X0 除了和主控芯片的接口之外还有一个与第三方数字传感器连接的 I2C 接口,可以和具有 I2C 接口的磁强计、气压计等芯片相连。

图 2-29　MPU60X0 加速度和陀螺仪的正方向

MPU60X0 对陀螺仪和加速度计分别用了 3 个 16 位的 ADC,将其测量的模拟量(3 个轴向的角速度和加速度)转换为可输出的数字量。为了精确跟踪快速和慢速的运动,传感器的测量范围是可以设定的,陀螺仪角速度的测量范围可以设置为 $\pm 250°/s$、$\pm 500°/s$、$\pm 1000°/s$ 或 $\pm 2000°/s$,加速度计测量范围可以设置为 $\pm 2g$、$\pm 4g$、$\pm 8g$ 或 $\pm 16g$。

MPU60X0 集成了一个片上 1024B 的 FIFO,有助于降低系统功耗,另外,片上还内嵌一个温度传感器和在工作环境下仅有 $\pm 1\%$ 变动的振荡器。

MPU60X0 芯片尺寸为 $4.0mm \times 4.0mm \times 0.9mm$,采用了 QFN 封装(无引线方形封装),可承受最大 10000g 的冲击,并集成有可编程的低通滤波器。

无论是 MPU6000 还是 MPU6050,在 Paparazzi 中都有比较成熟的底层驱动支持,能够比较方便地从传感器中读取出原始数据。需要注意的是,MPU60X0 中加速度计和陀螺仪量程范围的设定以及传感器的校准等问题。

2.10.2　三轴磁强计 HMC5883L

霍尼韦尔 HMC5883L 是一种表面贴装的高集成模块,带有数字接口的 3 轴弱磁传感器,可以测量 3 个轴向的磁场强度。HMC5883L 内部集成了高分辨率 HMC118X 系列磁阻传感器,并附带霍尼韦尔专利的集成电路,包括放大器、自动消磁驱动器、偏差校准和 12 位模数转换器,能使罗盘达到 $1° \sim 2°$ 的精度。

霍尼韦尔 HMC5883L 磁阻传感器电路是三轴传感器并应用特殊辅助电路来测量磁场。通过施加供电电源，传感器可以将量测轴方向上的任何入射磁场转变成一种差分电压输出。磁阻传感器是由一个镍铁（坡莫合金）薄膜放置在硅片上，并构成一个带式电阻元件。在磁场存在的情况下，桥式电阻元件的变化将引起跨电桥输出电压的相应变化。这些磁阻元件两两对齐，形成一个共同的感应轴，随着磁场在感应方向上不断增强，电压也会正向增长。因为输出只与沿轴方向上的磁阻元件成比例，其他磁阻电桥也放置在正交方向上，就能精密测量其他方向的磁场强度。

HMC588L 的主要特性如下。

① I2C 数字总线接口。

② 12 位 ADC 与低干扰 AMR 传感器，能在 ±8Gs 的磁场中实现 2mGs 的分辨率。

③ 内置自检功能。

④ 有相应软件及算法支持。

⑤ 传感器能在强磁场环境中罗盘航向精度达到 $1°\sim2°$。

⑥ 最大输出频率可达 160Hz。

⑦ 带置位/复位和偏置驱动器用于消磁、自测和偏移补偿。

三轴磁强计在 Paparazzi 中一般用于检测地磁方向，进而估计飞行器水平方向。HMC588L 在 Paparazzi 中有比较成熟的底层驱动支持，在使用中要注意不同地区的地磁场方向是不同的，另外使用前要对磁强计进行校准。

2.10.3　气压计 BMP085

BMP085 是一款高精度、超低能耗的气压传感器，最大测量范围为 $300\sim1100$hPa（即海拔$-500\sim9000$m），具有温度补偿功能，其主要性能参数见表 2-12。

表 2-12　BMP085 主要性能参数

项　　目	条　　件	最小值	典型值	最大值	单位
供电电压	模拟 VDDA	1.8	2.5	3.6	V
	数字 VDDD	1.62	2.5	3.6	V
使用温度		-40		$+85$	℃
气压绝对精度 $(V_{DD}=3.3\text{V})$	700~1100hPa 0~60℃	-2.5	±1.0	$+2.5$	hPa
	300~1100hPa 0~60℃	-3.0	±1.0	$+3.0$	hPa
输出数据分辨率	气压		0.01		hPa
	温度		0.1		℃
气压相对精度 $(V_{DD}=3.3\text{V})$	700~1100hPa 25℃		±0.2		hPa
	0~60℃		±0.5		hPa

BMP085 工作在不同模式时，其内部采样频率、响应速度、噪声误差等均不同，BMP085 输出数据的噪声均方差见表 2-13。

表 2-13 BMP085 各工作模式下的噪声均方差

工作模式	设置参数	内部采样次数	转换时间/ms	噪声均方根/RMS·(hPa)$^{-1}$	噪声均方根/RMS·m^{-1}
低功耗	0	1	4.5	0.06	0.5
标准	1	2	7.5	0.05	0.4
高分辨率	2	4	13.5	0.04	0.3
超高分辨率	3	8	25.5	0.03	0.25

BMP085 可以通过 I2C 总线直接与各种微控制器相连,压力和温度需要由 BMP085 内部的 EEPROM 中的校正数据进行补偿。因为 BMP085 内部的 EEPROM 中的校正数据是针对具体某个芯片的修正参数,因此不必每次采集都读入这些校正数据,在初始化阶段读入微控制器中就可以了。

每次采集数据的过程可以参考图 2-30 所示步骤。

由图 2-30 可知,在计算气压和温度值时需要用到 BMP085 内部的 EEPROM 中的校正数据,具体计算方法可以参考 BMP085 的数据手册。

完成图 2-30 所示的流程后就能够得到校准后的气压值,根据该气压值可以计算出当时的绝对海拔高度和相对海拔高度。受气象条件的影响计算出的绝对海拔高度基本上没有多少参考价值,在实际应用中大多使用气压计测量相对海拔高度。

这里所说的相对海拔高度一般是指飞行器相对起飞点的高度,在起飞前的初始化中测量出起飞点的气压值,并将起飞前的高度视为海拔零米。

另外,外界气流对气压计有较大的扰动,气压计使用中要避免气流的干扰,可以在气压计芯片外侧覆盖海绵等消除气流波动但又不妨碍气压计检测外界气压的物品。

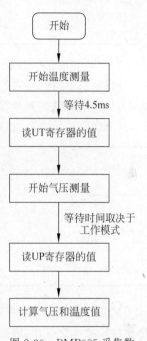

图 2-30 BMP085 采集数据流程框图

2.10.4 气压计 MS5611

MS5611 有两种封装方式:一种是塑封,型号为 MS5611-01BA01;另一种是金属封装,型号为 MS5611-01BA03。

MS5611-01BA 气压传感器是由 MEAS(瑞士)推出的一款 SPI 和 I2C 总线接口的新一代高分辨率气压传感器,分辨率可达到 10cm。该传感器模块包括一个高线性度的压力传感器和一个超低功耗的 24 位 Σ-Δ 模数转换器(已由工厂校准系数)。

MS5611 提供了一个精确的 24 位数字压力值和温度值以及不同的操作模式,可以提高转换速度并优化电流消耗。高分辨率的温度输出无须额外传感器可实现高度计/温度计功能。通信协议简单,无须在设备内部寄存器编程,可以与几乎任何微控制器连接。MS5611 压力传感器只有 5.0mm×3.0mm×1.0mm 的小尺寸可以集成在移动设备中。

MS5611 的典型性能参数见表 2-14。

表 2-14　MS5611 典型性能参数

项　　目	条　　件	最小值	典型值	最大值	单位
供电电压		−0.3		+4.0	V
气压测量范围		10		1200	mbar
使用温度		−40	+25	+85	℃
气压绝对精度	750mbar,25℃	−1.5		+1.5	mbar
气压相总误差范围	700～1100mbar,25℃	−0.5		+0.5	mbar
气压最大误差	$V_{DD}=1.8\sim3.6V$		±2.5		mbar
温度精度		−0.8		0.8	℃

注：1bar=10^5Pa

MS5611 内的 24 位 Σ-Δ 模数转换器可以设置过采样率,设置的过采样率越高采样噪声越小,相应的每次转换所需的时间越长,不同过采样率下的性能见表 2-15。

表 2-15　MS5611 不同过采样率下的性能

过采样率(OSR)	最小/典型/最大转换时间/ms	气压噪声均方根/(RMS/mbar)	温度噪声均方根/(RMS/mbar)
4096	7.40/8.22/9.04	0.012	0.002
2048	3.72/4.13/4.54	0.018	0.003
1024	1.88/2.08/2.28	0.027	0.005
512	0.95/1.06/1.17	0.042	0.008
256	0.48/0.54/0.60	0.065	0.012

MS5611 在出厂时内部的 EEPROM 中设置了该芯片的校准参数,在芯片初始化时应当将这些校准参数读出,在测量气压或温度时,利用这些校准参数和读出的 ADC 数据可以计算出气压或温度值,测量过程与 BMP085 类似,详细过程可以参考 MS5611 的手册。

小结

四旋翼无人机的设计是一个系统工程,其中既涉及机械、电路、电机、微控制器、传感器等硬件部分,也有软件、算法等部分。硬件是软件的基础和载体,本章所介绍的硬件要点主要包括以下方面。

- 机架的选型主要关注其尺寸、材质、机械结构是否便于安装其他器件。
- 电机、电子调速器和螺旋桨等动力组件的选型应综合考虑,既要满足四旋翼无人机的动力需求和机械尺寸的限制条件,三者之间又要相互匹配。
- 电池在使用中要注意安全问题。
- 遥控器适用于手动操控和设置简单的飞行状态或参数,应根据手动操控的需求、通道路数、输出信号格式和操控距离等因素选择性价比高的型号。
- 数传模块是四旋翼无人机和地面站通信的数据链,若仅用于手动操控可以省略该器件,但若是自主飞行则需要该器件。数传模块的选型应注重其安全可靠、通信距离、带宽和频率等方面。

- 自动驾驶仪通常包含了主控制器和 IMU 模块。
- 在当前常见开源实现中,自动驾驶仪的主控制器通常为微控制器处理,其中 STM32 系列的微控制器被选用较多。对于微控制器应关注其运算速度,RAM 容量的大小,外设的种类、个数,是否支持硬浮点运算,软件库是否完整、成熟以及开发使用是否方便等。
- 传感器是四旋翼无人机感知外界环境的"眼睛""耳朵",关系到控制回路的安全。传感器的选型应注意其量程、灵敏度、频率、信噪比和硬件接口等性能参数。

第3章

C语言和GCC编译器

视频讲解

　　C语言是 Paparazzi 自动驾驶仪的主要编程语言,Paparazzi 所用的 C 语言是基于 GNU C 标准的嵌入式 C 语言,默认的编译器是 GCC 编译器。

　　不同的 C 语言标准之间有些差异,在 3.1 节中,对常用的 C 语言标准以及各标准之间的差异做了简要说明,其中重点介绍 C99 标准相对于 C89/C90 标准的一些重要改进。

　　在 C 语言标准的基础上,大多数 C 语言编译器也对 C 语言做了不同程度的扩展,在 3.2 节中,结合 Paparazzi 中的部分 C 语言代码介绍 GCC 嵌入式 C 语言常用的扩展。

3.1　C 语言标准

　　20 世纪 70—80 年代,C 语言被广泛应用,从大型主机到小型微机,也衍生了 C 语言的很多不同版本,其中以 1978 年出版的 *The C Programming Language* 一书中的 C 语言标准最重要,该版本称为 K&R C 语言标准。

　　1983 年,美国国家标准协会(ANSI)成立了一个委员会 X3J11,来制定 C 语言标准,1989 年,该协会通过了被称为 ANSI X3.159-1989 的第一个官方 C 语言标准。因为这个标准是 1989 年通过的,所以一般简称为 C89 标准。因为这个标准是美国国家标准协会(ANSI)发布的,也简称为 ANSI C。

　　1990 年,国际标准化组织(ISO)和国际电工委员会(IEC)把 C89 标准定为 C 语言的国际标准,命名为 ISO/IEC 9899:1990-Programming languages-C。因为此标准是在 1990 年发布的,所以也简称为 C90 标准,此标准与 ANSI C89 标准完全等同。

　　1994 年,国际标准化组织和国际电工委员会发布了 C89 标准修订版,名叫 ISO/IEC9899:1990/Cor 1:1994,简称为 C94 标准。1995 年,国际标准化组织和国际电工委员会再次发布了 C89 标准修订版,名叫 ISO/IEC 9899:1990/Amd 1:1995-C Integrity,有些人简称为 C95 标准。C89、C90、C94 和 C95 这几个 C 语言标准基本是相同的,没有大的变化。

　　1999 年 1 月,国际标准化组织和国际电工委员会发布了 C 语言的新标准,名叫 ISO/

IEC 9899:1999-Programming languages-C,简称 C99 标准。

2011 年 12 月 8 日,国际标准化组织和国际电工委员会的 C 语言标准委员会(ISO/IEC JTC1/SC22/WG14)正式发布了 C11 标准,该标准是 C 语言当前的最新标准。

3.1.1 K&R C 语言标准

K&R C 语言标准并非正式的官方标准。1978 年由美国电话电报公司(AT&T)贝尔实验室正式发表了 C 语言,布莱恩 • 柯林汉(Brian Kernighan)和丹尼斯 • 里奇(Dennis Ritchie)出版了 *The C Programming Language* 一书,这本书被简称为 K&R,这本书中的 C 语言标准也被称为 K&R C 语言标准。目前,虽然很多 C 语言编译器仍旧支持 K&R C 语言标准,但是该标准在应用中几乎不再使用。

3.1.2 ANSI C 语言标准

由 ANSI 发布的 ANSI C 语言标准(即 ANSI X3.159-1989)是获得广泛应用的一个 C 语言标准,是 C 语言的第一个正式官方标准。在 1990 年,ANSI C 标准(带有一些小改动)被美国国家标准协会采纳为 ISO/IEC 9899:1990。因此,这一版本的 C 语言简称为 ANSI C、C89 或 C90。

GCC 中指定此版本所用参数时,有 3 种编译选项可以实现:

```
- ansi
- std = c90
- std = iso9899:1990
```

3.1.3 AMD1 C 语言标准

1995 年,针对之前 1990 年发布的 C90 标准,ISO 发布了一个修订版;添加了一个有向图(Digraphs)和宏,即 __STDC_VERSION__。此标准常被称为 AMD1,有时被叫作 C94 或 C95。GCC 中制定此版本时所用编译选项如下:

```
- std = iso9899:199409
```

3.1.4 C99 标准

在 ANSI 标准化发布了 C89 标准以后,C 语言标准在一段相当长的时间内都保持不变,C 语言标准在 20 世纪 90 年代才经历了改进,这就是 ISO/IEC 9899:1999(1999 年出版),这个版本的 C 语言标准通常简称为 C99 标准,在 C99 标准未完成之前的草案叫作 C9X 标准。

C99 是在 C89、C90 的基础上发展起来的,增加了基本数据类型、关键字和一些系统函数等。C99 增加了宽字符集,还加入了一些库函数,是继 C89、C90 标准之后的又一个重要的 C 语言官方标准。

GCC 中制定此版本时所用编译选项如下：

```
- std = c99
- std = iso9899:1999
```

Paparazzi 的 C 语言代码所用的标准就是和 C99 标准类似的 GNU99 标准，而 GNU99 标准则是 GCC 编译器对 C99 标准的扩展。

C99 标准对 C89/C90 标准的一些重要改进主要包括以下几个方面。

1. 增加 restrict 指针

C99 中增加了适用于指针的 restrict 类型修饰符，它是初始访问指针所指对象的唯一途径，因此只有借助 restrict 指针表达式才能访问对象。restrict 指针主要用作函数变元，或者指向由 malloc() 函数所分配的内存变量。restrict 数据类型不改变程序的语义。

restrict 指针的主要作用是为编译器进行优化时提供重要的信息，帮助编译器进行更好的代码优化，生成更有效率的汇编代码。如果某个函数定义了两个 restrict 指针变元，编译器就假定它们指向两个不同的对象，memcpy() 函数就是 restrict 指针的一个典型应用示例。

C89 中 memcpy() 函数原型如下：

```
void * memcpy (void * s1, const void * s2, size_t size);
```

如果 s1 和 s2 所指向的对象重叠，其操作就是未定义的，memcpy() 函数只能用于不重叠的对象。

C99 中 memcpy() 函数原型如下：

```
void * memcpy(void * restrict s1, const void * restrict s2,size_t size);
```

通过使用 restrict 修饰 s1 和 s2 变元，可确保它们在该原型中指向不同的对象。

2. inline（内联）关键字

C99 增加了 inline（内联）关键字，被该关键字修饰的函数在编译时可以嵌入调用处，功能类似于宏的扩展。和普通函数相比，节省了函数调用和返回的环节，但增加了代码的体积，是一种用"空间换时间"手段。Paparazzi 的自动驾驶仪的 C 语言代码中大量使用了 inline（内联）关键字。

C99 的 inline 关键字和 GCC 的 inline 关键字在使用的细节上略有差异，但常用格式的含义是相同的，参考 3.2.7 小节。

3. 新增数据类型

C99 增加了一些新的数据类型，增强了对布尔类型、复数类型和长整数类型变量的支持。

（1）_Bool 类型。_Bool 类型值是 false 或 true。C99 中增加了用来定义 bool、true 及 false 宏的头文件 stdbool.h，以便程序员能够编写同时兼容于 C 与 C++ 的应用程序。在编写新的应用程序时，应该使用 stdbool.h 头文件中的 bool 宏。

（2）_Complex 和 _Imaginary 类型。C99 标准中定义了复数类型，即 float_Complex、float_Imaginary、double_Complex、double_Imaginary、long double_Complex、long double_

Imaginary。在 complex.h 头文件中定义了 complex 和 imaginary 宏,并将它们扩展为 _Complex 和 _Imaginary,在编写相应的应用程序时,应该使用 complex.h 头文件中的 complex 和 imaginary 宏。

(3) long long int 类型。C99 标准中引进了 long long int(范围为 $-2^{63}-1 \sim 2^{63}-1$)和 unsigned long long int(范围为 $0 \sim 2^{64}-1$),能够支持 64 位的整型数据。

4．可变长数组（Variable Length Array）

C99 中声明数组时,数组的长度可以由任一有效的整型表达式确定,包括只在运行时才能确定其值的表达式,这类数组就叫作可变长数组。在 C89 标准中数组的长度只能是确定值,一旦确定数组的长度将不能再变化。

在 C99 标准中只有局部数组才可以是变长的,并且可变长数组的长度在数组生存期内是不变的。也就是说,可变长数组不是动态的,不可以随时通过改变变量的值来动态修改数组的长度,仅仅是指可变长数组的长度可以到运行时才决定而已,代码如下:

```
void fun( int n)
{
    int vla[n];
    printf("vla len is % d\n",sizeof(vla));
}
```

另外,还可以使用 * 来定义不确定长的可变长数组。例如,定义可变长的整型数组如下:

```
void f(double a[ * ][ * ], int n)
{
  // ...
}
```

可变长数组不能用在全局变量、结构或联合里面,也就是说,具有 static 或 extern 修饰符的数组不能被定义为可变长数组。并且如果使用了可变长数组,goto 语句就受限制了。

5．数组声明中的类型修饰符

在 C99 标准中,如果需要使用数组作为函数参量,可以在数组声明的方括号内使用 static 关键字,告诉编译器数组参量将至少包含指定的元素个数。例如,

```
void fadd(double a[static 10], const double b[static 10])
{
  int i;
  for (i = 0; i < 10; i++) {
    if (a[i] < 0.0)
    return;
    a[i] += b[i];
  }
  return;
}
```

编译器可以获知参量 a 和 b 至少各具有 10 个元素,在某些系统中能够根据这些信息实现程序的优化。static 关键字也能确保参量 a 和 b 并非指向 NULL,即 a 和 b 不是空指针。

若还需要指明 a 和 b 指向的内容不重叠,则需要再增加 restrict 修饰符,代码如下:

```
void fadd(double a[static restrict 10],
   const double b[static restrict 10])
{
   int i;
   for (i = 0; i < 10; i++) {
     if (a[i] < 0.0)
     return;
     a[i]  += b[i];
   }
   return;
}
```

如果使用 const 关键字，则表示函数参量始终指向同一个数组。例如，下面的两个函数声明是等同的：

```
void f1(double x[const], const double y[const]);
void f2(double * const x, const double * const y);
```

另外，还可以使用 volatile 修饰函数参量，但是没有任何意义。

6. 柔性数组结构成员（Flexible Array Members）

在 C99 中，结构中的最后一个元素允许是未知大小的数组，称为柔性数组成员，但结构中的柔性数组成员前面必须至少有一个其他成员。例如，下面结构的 word 成员就是一个大小可变的数组：

```
typedef struct {
   int count;
   char word[];              // 只能放在末尾，等价于 GCC 的 char word[0]
} word_counter_t;
```

包含柔性数组成员的结构可以用 malloc()函数进行内存的动态分配，分配的内存应该大于结构的大小，以适应柔性数组的预期大小。sizeof 的返回值不包括结构柔性数组的内存，代码如下：

```
malloc(sizeof(word_counter_t) + strlen(str) + 1);
```

上面的代码得到了一个末尾包含 char word[strlen(str)+1]数组的结构。如果不采用柔性数组成员的方式，则需要为每个单词预留足够的空间，既会造成内存空间的浪费，也可能会造成单词缓冲区不够长的问题。

7. 单行注释

C99 新增了与 C++兼容的单行注释标记"//"。

8. 支持可变参数的宏（Variadic Macro）

C99 中宏可以带可变参数，在宏定义中用省略号(…)表示。内部预处理标识符 VA_ARGS 决定可变参数将在何处得到替换。可变参数的宏代码如下：

```
#define     dprintf(format, ...) \
dfprintf(stderr, format,__VA_ARGS__)
```

宏参数里面"…"的部分会展开到__VA_ARGS__处。如果在__VA_ARGS__前面加上
♯♯,就可以写出允许可变参数部分为空的变参宏:

```
# define debug(format, ...) printf(format, # # __VA_ARGS__)
```

♯♯__VA_ARGS__表示变参"…"部分并且允许为空。当变参部分为空时,__VA_
ARGS__会展开成空字符串,并且♯♯前面的逗号也会在展开时去掉。

9. _pragma 运算符

在 C90 中引入了♯pragma 预处理指令,♯pragma 的作用是为特定的编译器提供特定
的编译指示。在 C 语言标准中并没有规定具体的指示内容,不同的编译器对♯pragma 指
示的含义理解也是不同的,也就是说,♯pragma 的实现是与具体平台相关的。当编译器不
理解某个♯pragma 指示含义时,会自动将其忽略。

C99 标准引入了在程序中定义编译指令的另一种方法,即_pragma 运算符,相当于
♯pragma 的高级版本。_pragma 运算符如下:

```
_pragma ("directive")
```

上面的代码中 directive 表示编译指令,_pragma 运算符允许编译指令参与宏替换。

例如,Paparazzi 的 sw/include/message_pragmas.h 文件就使用了_pragma 运算符,在
编译过程中显示编译信息。message_pragmas.h 文件代码如下:

```
# ifndef MESSAGE_PRAGMAS_H
# define MESSAGE_PRAGMAS_H


/* some helper macros */
# define DO_PRAGMA(x) _Pragma ( # x)
# define VALUE_TO_STRING(x) # x
# define VALUE(x) VALUE_TO_STRING(x)


/* some convenience macros to print debug/config messages at compile time */
# define WARNING(x) DO_PRAGMA(GCC warning # x)
# define MESSAGE(x) DO_PRAGMA(message (x))
# define TODO(x) DO_PRAGMA(message ("TODO - " x))
# define INFO(x) DO_PRAGMA(message ("Info: " x))
# define INFO_VALUE(x,v) DO_PRAGMA(message ("Info: " x VALUE(v)))
# define INFO_VAR(var) DO_PRAGMA(message ("INFO: " # var " = " VALUE(var)))


/* only if PRINT_CONFIG is true */
# if PRINT_CONFIG
# define PRINT_CONFIG_MSG(x) DO_PRAGMA(message ("Config: " x))
# define PRINT_CONFIG_MSG_VALUE(x,v) DO_PRAGMA(message ("Config: " x VALUE(v)))
# define PRINT_CONFIG_VAR(var) DO_PRAGMA(message ("Config: " # var " = " VALUE(var)))
# else
# define PRINT_CONFIG_MSG(x)
# define PRINT_CONFIG_MSG_VALUE(x,v)
# define PRINT_CONFIG_VAR(var)
```

```
＃endif
```

```
＃endif
```

其中，MESSAGE("paparazzi config")宏会展开为：

```
_Pragma ("message (\"paparazzi config\")")
```

而_Pragma ("message ("paparazzi config")")相当于：

```
＃pragma message ("paparazzi config")
```

在 GCC 编译器编译过程中，就会打印 paparazzi config 的字符串信息。

10. 混合声明（Mix Declarations and Code）

C99 以前的 C 标准要求在一个代码块（Block）的开始处声明变量。C99 的混合声明分散了代码和声明在程序中的位置，解除了原先必须在代码块的第一个语句之前声明变量的限制，可以在代码中随时声明变量，遵循混合声明的规则可以提高代码的可读性。

11. for 循环变量初始化（for Loop Intializers）

C99 中 for 循环的变量声明不必放在语句块的开头，可以在 for 语句的初始化部分定义一个或多个变量，这些变量的作用域仅在本 for 语句所控制的循环体内。因此，C99 中 for 语句可以写为：

```
for (int i = 0; i < n; i++) {
    …;
}
```

除了写起来方便外，循环变量 int i 的生存周期也被最小化了（仅在 for 循环内有效）。

12. 复合字面值（Compound Literals）

C99 中引入了复合字面值，可以表示集合类型的匿名常量（未命名常量）。复合字面值为左值，所以它的元素是可以修改的。其语法形式如下：

```
compound－literal(符合字面值):
    (type－name){initializer－list}
```

复合字面值在结构、联合、数组和枚举中比较有用。下面的代码示例中 s1 利用复合字面值指向了一个可修改的字符数组，而 s2 则指向的是只读字符串：

```
char ＊ s1 = (char[]){"Hello world!\n"};
char ＊ s2 = "Hello world!\n";
```

13. 指定初始化（Designated Initializers）

C99 中允许使用指定初始化语句，可以命名要初始化的特定集合（数组、结构或联合）成分。指定初值与位置初值可以在同一初值列表中混合。

在数组初值列表中，指定符的形式为[index]，其中常量表达式 index 用于索引指定数组元素。如果数组的长度没有指定，则允许任何非负的索引，并且最大的索引值确定了数组的长度。如果初值后面是位置索引,则从这个位置索引开始指定后面的元素,这种情况可能会使初始化列表后面的值覆盖前面的值。C99 中数组初始化的代码示例如下:

```
/* 数组的初值为:{0,1,3} */
int a1[3] = {[2] = 3,[1] = 1}

/* 数组的初值为:{0,1,12,13,0} */
int a2[5] = {0,1,2,3,[2] = 12,13}

/* 数组的初值为:{0,1,12,13} */
int a3[] = {0,1,2,3,[2] = 12,13}

/* 数组的初值为:{1,1,1,3} */
int a4[] = {[0 ... 2] = 1,3}
```

对于结构和联合而言,指定符的形式为. member = name,初始化可以不必按顺序进行,也可以实现部分初始化,清晰地表明了成员名和初值之间的对应关系。C99 中结构初始化的代码示例如下:

```
struct member
   { char * name;
    char * course;
    int number;
    int score;
};
struct member a = {
   .name = "张三",
   .score = 90,
   .course = "数学"
}
/* a 的初值为:{"张三","数学",0,90} */
```

指定初始化提高了代码的可读性和可维护性,建议采用指定初始化的方式对结构或联合进行初始化。

14. printf()和 scanf()函数系列的增强

C99 标准中对 printf()和 scanf()函数引进了处理 long long int 和 unsigned long long int 数据类型的特性。long long int 类型的格式修饰符是 ll。在 printf()和 scanf()函数中,ll 适用于 d、i、o、u 和 x 格式说明符。

另外,C99 还引进了 hh 修饰符。当使用 d、i、o、u 和 x 格式说明符时,hh 用于指定 char 型变元。

15. C99 新增的库

在 C99 的标准中增加了一些函数库用于支持 C99 的新特性。在 C89 中常用的函数库见表 3-1。

在 C99 中新增的函数库见表 3-2。

表 3-1　C89 中标准库的头文件

头文件	功　能	头文件	功　能
assert.h	定义宏 assert()	signal.h	定义信号值
ctype.h	字符处理	stdarg.h	支持可变长度的变元列表
errno.h	错误报告	stddef.h	定义常用常数
float.h	定义与实现相关的浮点值	stdio.h	支持文件输入和输出
limits.h	定义与实现相关的各种极限值	stdlib.h	其他各种声明
locale.h	支持函数 setlocale()	string.h	支持串函数
math.h	数学函数库使用的各种定义	time.h	支持系统时间函数
setjmp.h	支持非局部跳转		

表 3-2　C99 新增的头文件和库

头文件	功　能
complex.h	支持复数算法
fenv.h	给出对浮点状态标记和浮点环境的其他方面的访问
inttypes.h	定义标准的、可移植的整型类型集合。也支持处理最大宽度整数的函数
iso646.h	首先在 1995 年第一次修订时引进，用于定义对应各种运算符的宏
stdbool.h	支持布尔数据类型。定义宏 bool，以便兼容于 C++
stdint.h	定义标准的、可移植的整型类型集合。该文件包含在 inttypes.h 中
tgmath.h	定义一般类型的浮点宏
wchar.h	首先在 1995 年第一次修订时引进，用于支持多字节和宽字节函数
wctype.h	首先在 1995 年第一次修订时引进，用于支持多字节和宽字节分类函数

16. __func__ 预定义标识符

除了已有的 __line__ 和 __file__ 以外，还增加了 __func__ 得到当前的函数名。

17. 放宽的转换限制

和 C89/90 相比，C99 放宽了源代码的一些转换限制，见表 3-3。

表 3-3　C89 标准和 C99 标准的限制比较

限　制　项	C89 标准	C99 标准
每行程序字符数	254	4095
数据块的嵌套层数	15	127
条件语句的嵌套层数	8	63
内部标识符中的有效字符个数	31	63
外部标识符(extern)中的有效字符个数	6	31
结构或联合中的成员个数	127	1023
函数调用中的参数个数	31	127

18. 扩展的整数类型

C99 中新增加了部分整型类型，见表 3-4。

表 3-4　C99 中对整数类型的扩展

扩展类型	描　述	扩展类型	描　述
int16_t	整数长度为精确 16 位	intmax_t	最大整数类型
int_least16_t	整数长度为至少 16 位	uintmax_t	最大无符号整数类型
int_fast32_t	最稳固的整数类型,其长度为至少 32 位		

19. 对整数类型提升规则的改进

C89 中,表达式中类型为 char、short int 或 int 的值可以提升为 int 或 unsigned int 类型。

C99 中,每种整数类型都有一个级别。例如,long long int 的级别高于 int,int 的级别高于 char 等。在表达式中,其级别低于 int 或 unsigned int 的任何整数类型均可被替换成 int 或 unsigned int 类型。

20. 其他改动

C99 标准对 C89/C90 标准的改动还包括一些其他部分。例如,不再支持隐含式的 int 规则,即取消了函数返回类型默认为 int 的规定。C99 中,非空类型函数必须使用带返回值的 return 语句。

格式化字符串中,利用 u 支持 unicode 的字符。支持十六进制的浮点数的描述。浮点数的内部数据描述支持了新标准,可以使用♯pragma 编译器指令指定。

允许编译器化简非常数的表达式。修改了%运算符处理负数时的定义,这样可以给出明确的结果。例如,在 C89 中表达式 $-22/7$ 和 $-22\%7$ 的计算结果可以是 -3 和 -1,也可以是 -4 和 6,而 C99 中明确为只能是 -3 和 -1 这一种结果。

3.1.5　C11 标准

C11 标准是 ISO/IEC 9899:2011-Information technology-Programming languages-C 标准的简称。2011 年 12 月 8 日,国际标准化组织和国际电工委员会的 C 语言标准委员会(ISO/IEC JTC1/SC22/WG14)正式发布了 C11 标准,ANSI 采纳了 ISO/IEC 9899:2011 标准,这个标准是 C 程序语言的现行标准。GCC 中指定此版本所用参数时有以下两种写法:

```
- std = c11
- std = iso9899:2011
```

3.2　GCC 的 C 语言扩展

GCC 是一个功能强大的跨平台开源编译器。GCC 编译器事实上是 GNU 编译器的集合,包括了 C、C++、Objective-C、FORTRAN、ADA 和 Go 多种编程语言的编译器前端以及这些语言的库。对于 C 语言而言,不仅支持绝大多数 C 语言的 ISO 标准,而且还对标准 C 语言进行了一系列扩展,以增强标准 C 的功能,这些扩展对编译优化、目标代码布局、更安全的检查等方面提供了很强的支持,很多 GCC 的 C 语言扩展成为了后续的 C 语言 ISO 标准。例如,C99 标准就采用了很多 GCC 的 C 语言扩展,以至于一些 GCC 的 C 语言扩展与 C99 标准的新增功能是重叠的。

GCC 的 C 语言方言主要有两个版本:一个是以 C89 为基础的 GCC C 语言方言;另一个是以 C99 为基础的 GCC C 语言方言。若使用以 C89 为基础的 GCC C 语言方言,可以在编译选项中增加下列代码中的任意一个:

```
- std = gnu89
- std = gnu90
```

若使用以 C99 为基础的 GCC C 语言方言,可以在编译选项中增加-std=gnu99 选项。如果省略 −std 选项,不同的 GCC 版本采用的 C 语言方言是不同。例如,GCC 4.8.5 默认使用 gnu90 方言,而 GCC 5.4 默认使用 gnu11 方言。

下面简单介绍部分 GCC 的 C 语言扩展。

3.2.1 语句表达式

在标准 C 中表达式指的是运算符和操作数的组合,而复合语句指的是由一个或多个被括在花括号里的语句构成的代码块。GCC C 允许将语句和声明放在表达式中,在 GCC 中将 C 语言圆括号中出现的语句视为表达式,即在表达式中可以使用循环、switch 和局部变量等。

例如,对下面的语句表达式求值的结果为花括号中语句的最后求值结果,即变量 z 的值:

```
({int y = foo (); int z; if
    (y > 0) z = y; else z
    =- y;
    z; })
```

3.2.2 标号变量

可以使用一元运算符 && 获得函数内部定义的标号地址,返回值为 void * 类型,该地址可用于 goto 语句的跳转。需要注意的是,该方法不可用于获得其他函数内定义的标号地址。

3.2.3 case 范围

GNU C 允许在一个 case 标号中指定一个连续范围的值,示例代码如下:

```
case '0'... '9': c -= '0'; break;
case 'a'... 'f': c -= 'a'-10; break;
case 'A'... 'F': c -= 'A'-10; break;
```

3.2.4　typeof 关键字

typeof 关键字可以用于获得表达式的数据类型。例如下面的代码中定义的变量 y0、y1、y2 的数据类型是相同的：

```
char * x[4];
char * y0[4];
typeof (typeof (char * )[4]) y1;
typeof (x) y2;
```

typeof 关键字一般应用在宏定义中，可以得到更通用的宏定义。下面的代码就利用了 typeof 关键字定义了一个两个变量交换的宏：

```
/ *
 * swap - swap value of @a and @b
 * /
#define swap(a, b) \
    do { typeof (a) tmp = (a); (a) = (b); (b) = tmp; } while (0)
```

3.2.5　条件表达式的省略

在 GNU C 的方言中条件表达式中间的操作数有时可以省略。如果当条件表达式的第一个操作数为非零值时，条件表达式的值为此非零值，那么条件表达式中间的操作数可以省略。下面的代码中的两个条件表达式是类似的：

```
x? : y;
x? x : y;
```

这两个条件表达式的不同点在于：前者在 x 为非零值时直接得到了表达式的值，而后者则会在 x 为非零值时对 x 再求值一次作为表达式的值，如果在对 x 求值过程中有副作用产生，后一个条件表达式的副作用也会作用两次，那么两者的效果可能是不同的，甚至条件表达式的值也可能是不同的。

3.2.6　内建函数

GNU C 提供了大量的内建函数，其中很多是标准 C 库函数的内建版本（如 memcpy() 函数等），这类函数与对应的 C 库函数功能相同，而标准 C 函数库之外的内建函数通常以 builtin 为函数名前缀。在此仅介绍部分 GCC 内建位运算函数。

（1）int builtin_ffs（unsigned int x）函数。

返回二进制表示的 x 最后一位 1 的倒数位数，如 0x3118（二进制为 0011 0001 0001 1000）返回值为 4。

（2）int builtin_clz（unsigned int x）函数。

返回二进制表示的 x 前导 0 的个数，如 0x3118（二进制为 0011 0001 0001 1000）返回值为 2。

（3）int __builtin_ctz（unsigned int x）函数。

返回二进制表示的 x 后面 0 的个数，如 0x3118（二进制为 0011 0001 0001 1000）返回值为 3。

（4）int __builtin_popcount（unsigned int x）函数。

返回二进制表示的 x 中 1 的个数，如 0x3118（二进制为 0011 0001 0001 1000）返回值为 5。

（5）int __builtin_parity（unsigned int x）函数。

返回 x 的奇偶校验位，也就是 x 的 1 的个数模 2 的结果，如 0x3118（二进制为 0011 0001 0001 1000）返回值为 1。

此外，以上这些函数都有相应的 usigned long 和 usigned long long 版本，只需要在函数名后加上 l 或 ll 后缀即可，如 int __builtin_clzll（ usigned long long）函数。

（6）uint32_t __builtin_bswap32（uint32_t x）函数。

按字节翻转 x，返回翻转后的结果，如 0x12345678 的返回值为 0x78563412 。该函数还有 16 位和 64 位的版本，即 uint16_t __builtin_bswap16（ uint16_t x）和 uint64_t __builtin_bswap64（uint64_t x）。

（7）long __builtin_expect（long exp，long c）函数

该函数可以为编译器提供分支预测信息，期望的执行是 exp══c 成立的情况。编译器可以根据这个信息适当地重排语句块的顺序，使程序在预期的情况下有更高的执行效率。示例代码如下：

```
if (__builtin_expect (x, 0))
        foo ();
```

函数 foo()被预测为低概率执行函数，在编译器进行编译优化时可能会将该函数放置得远些。如果条件为假，正常执行的速度可能会快些；而如果条件为真，则调用函数 foo()可能会慢一些。这是由于 CPU 的流水线可以实现下一条指令的预取指，而分支跳转可能会使预取的指令无效，针对低概率执行的语句，重排代码的指令顺序可以减少预取指无效的情况。

3.2.7　内联函数

GNU C 提供了 inline 关键字，被该关键字修饰的函数在编译时可以嵌入调用处，功能类似于宏的扩展。

inline 关键字仅仅是建议编译器做内联展开处理，而不是强制做内联展开，如果编译优化设置为-O0，则被 inline 修饰的函数不会被内联展开。如果函数设置了强制内联属性，即 __attribute__((always_inline))属性，则该函数是一定会被内联展开的。

GNU C 中的 inline 关键字有以下 3 种使用方式。

1. static inline 方式

static inline 方式是比较容易理解，也是经常使用的方式，可以将 static inline 修饰的函数视为建议内联展开的 static 函数。相对于另外两种 inline 关键字的应用，这种方式对不同的 C 语言版本是兼容最好的，Paparazzi 的内联函数大多采用的是这种方式。

2. inline 方式

不同的 C 语言版本对这种方式的处理是不同的,在 gnu99 中,GNU C 的 inline 方式不生成独立的函数代码,仅用于内联展开,即使编译优化设置为-O0 也会对 inline 方式定义的函数进行内联展开。如果 inline 方式的函数有原型的声明和定义的声明,则两者的声明中都应是 inline 方式;否则不能保证之前的特性。

3. extern inline 方式

在 gnu99 中,GNU C 的 extern inline 方式可以认为是一个普通全局函数加上了 inline 的属性。在其定义所在文件内表现和 static inline 基本一致,在能展开时会被建议内联展开编译;但同时为了在该文件之外能够调用,inline 方式的函数还会生成一份独立的代码。从文件外部看来,它和一个普通的全局函数(extern 修饰的函数)没有差异。

3.2.8 内联汇编

使用 GCC 扩展的 asm 关键字,GCC 能够支持在 C/C++代码中嵌入汇编代码,这些汇编代码称为 GCC 内联汇编(GCC Inline ASM)。

GCC 内联汇编使用的是 AT&T 语法的汇编语言,主要有基本内联汇编和带有 C/C++ 表达式的内联汇编两种内联汇编的方式。在此仅介绍这两种内联汇编的基本格式,详细的使用方法可以查阅相关资料。

1. 基本内联汇编

基本内联汇编的格式如下:

```
asm volatile ("Instruction List");
```

其中的 volatile 关键字是可选的,该关键字要求编译器对"Instruction List"不要做任何优化,原封不动地保留每一条指令;否则在使用优化选项进行优化编译时,编译器可能会将内联汇编表达式中的指令优化掉。Instruction List 是合法的汇编指令序列,可以为空。

2. 带有 C/C++表达式的内联汇编

GCC 允许通过 C/C++表达式指定内联汇编中"Instruction List" 中指令的输入和输出,此时可以不必关心使用了哪个寄存器,而是完全由 GCC 来安排和指定。带有 C/C++表达式的内联汇编的格式如下:

```
asm volatile ("Instruction List" : Output : Input : Clobber/Modify);
```

其中,Output 为输出运算符列表;Input 为输入运算符列表;Clobber/Modify 为被更改资源列表。

在嵌入式应用中内联汇编通常用来实现 C 语言和底层硬件的接口、某些时间很敏感的代码、底层硬件的某些特殊指令等与底层硬件密切相关的部分。Paparazzi 的内联汇编的使用主要集中在硬件的底层函数库和代码的硬件移植等部分,大多已经比较成熟,如果不需要更改微控制器硬件体系,通常不需要改动这部分代码。

3.2.9　特殊属性声明

GNU C 允许声明函数、变量和数据类型的特殊属性，以便进一步进行代码的优化或满足一些特殊的需求，是 GNU C 对 C 语言的重要扩展，许多嵌入式 C 语言中的特殊需求需要使用该扩展实现。

要指定一个声明属性，只需要在声明后添加__attribute__（（attribute-list））。其中 attribute-list 为属性说明，如果有多个属性，则以逗号分隔。

GNU C 支持 noused、noreturn、format、section、aligned、packed 等十几个属性，这里介绍最常用的一些。

1. noused 属性

noused 是可以修饰变量或函数的属性，表示该变量或函数可能不会被使用，在编译过程中不会因为该变量或函数没有被使用而生成警告。例如，摘自 Paparazzi 的一些代码如下：

```
/*修饰函数的参数*/
void nav_follow(uint8_t  __attribute__ ((unused)) _ac_id,
                uint32_t __attribute__ ((unused)) distance,
                uint32_t __attribute__ ((unused)) height) {}
/*修饰变量*/
uint8_t dummy __attribute__ ((unused)) = i2c_get_data(i2c);
/*修饰函数*/
static void__attribute__ ((unused)) process_rx_dma_interrupt(struct spi_periph * periph);
```

2. noreturn 属性

noreturn 属性用于修饰函数，表示该函数从不返回。这可以让编译器生成稍微优化的代码，最重要的是可以消除不必要的警告信息，如未初始化的变量。

3. always_inline 属性

always_inline 属性用于修饰函数，声明为内嵌的函数如果具有该属性，即使没有指明进行优化处理，也总会被扩展为内嵌代码。

4. noinline 属性

noinline 属性用于修饰函数，具有该属性的函数永远不会被扩展为内嵌代码。

5. weak 属性

weak 属性用于修饰函数或变量，被该属性修饰的函数或变量具有弱定义的特性，允许用户定义同名的函数或变量替代弱定义的函数或变量，而用户如果没有定义同名的函数或变量，则编译器会使用弱定义的函数或变量。

6. section("section-name")属性

section("section-name") 属性用于函数和变量，通常编译器在链接时将函数放在 .text 区，变量放在.data 区或.bss 区，使用 section 属性可以将函数或变量放在指定的节中。

例如,以 STM32 微控制器为例,在嵌入式 C 语言中,可以由链接脚本(或链接选项)在 Flash 主存储块中指定某个页为可修改的非易失性存储区,利用 section 属性可以将某些可调变量放在该页中。例如,PID 控制器的参数、滤波器参数等,期望系统重新启动后能够保留上次设定结果的变量可以放置在该页中。

7. aligned(ALIGNMENT)属性

aligned(ALIGNMENT)属性用于修饰变量、数据类型或函数,被该属性修饰的变量会按照 ALIGNMENT 字节对齐的原则分配地址,被该属性修饰的数据类型声明的变量也会按照 ALIGNMENT 字节对齐的原则分配地址。但是需要注意的是,若 ALIGNMENT 值小于默认的对齐字节数,则会按照默认的对齐字节数分配地址,即 aligned(ALIGNMENT)属性只具有增大对齐字节数的效果。若省略(ALIGNMENT)则会按照允许的最大对齐字节数分配地址。

C 语言按照 ALIGNMENT 字节对齐方式对变量分配内存是指:变量的起始地址能够被 ALIGNMENT 整除,即按照 ALIGNMENT 位地址分配内存。

按照字节对齐原则给结构或联合分配地址内存时可能会在结构或联合所占用地址内存中存在空穴,在使用 sizeof 计算结构或联合的字节长度时会将这些空穴也计算在内,即使位于结构最后一个成员后面的空穴也会计算在内。

例如,假设编译器是按照默认 4B 对齐方式分配内存,最大允许 32B 对齐方式分配内存,且 char 类型的长度为 1,int 类型的长度为 4,那么在下面的代码中结构类型 struct A1、struct A2、struct A3、struct A4 和 struct A5 的长度分别为 12、12、16、32 和 16。

```c
struct A1 {
  char n;  /* 地址: 0x0 */
  int i;   /* 地址: 0x4 */
  char p;  /* 地址: 0x8 */
};
struct A2 {
  char n;  /* 地址: 0x0 */
  int i;   /* 地址: 0x4 */
  char p;  /* 地址: 0x8 */
}__attribute__ ((aligned (1)));
struct A3 {
  char n;  /* 地址: 0x0 */
  int i;   /* 地址: 0x4 */
  char p;  /* 地址: 0x8 */
}__attribute__ ((aligned (8)));
struct A4 {
  char n;  /* 地址: 0x0 */
  int i;   /* 地址: 0x4 */
  char p;  /* 地址: 0x8 */
}__attribute__ ((aligned ));
struct A5 {
  char n;  /* 地址: 0x0 */
  int i __attribute__ ((aligned (8)));/* 地址: 0x8 */
  char p;  /* 地址: 0xC */
};
```

8. packed 属性

packed 属性用于修饰变量或数据类型，仅应用于结构类型、联合类型、枚举类型、结构类型的成员或联合类型的成员。

packed 属性修饰结构类型或联合类型时，指定结构类型或联合类型的每个成员（零宽度位字段除外）使用最少的内存，当修饰枚举类型时，表示枚举成员应该使用最小的整数类型。

为结构类型或联合类型附加此属性等同于在每个结构类型或联合类型成员上附加该属性，每个结构类型或联合类型的成员均按照最小地址对齐原则分配内存，但当结构类型或联合类型的成员是结构或联合时，不会影响作为成员的结构或联合的内部布局。

例如，假设编译器是按照默认 4B 对齐方式分配内存，最大允许 32B 对齐方式分配内存，且 char 类型的长度为 1，int 类型的长度为 4，那么在下面的代码中结构类型 foo1 中的成员 x 会紧跟着成员 a 分配内存，结构类型 foo2 中每个成员都会按照最小地址对齐原则分配内存，结构类型 foo1 和 foo2 所占内存均为 9B。结构类型 foo3 占内存 8B。因为 foo4 的成员 s 占 8B 内存，所以结构类型 foo4 占内存 13B，而不是 10B 内存。示例代码如下：

```
struct foo1 {
  char a;
  int x[2] __attribute__ ((packed ));
};
struct foo2 {
  char a;
  int x[2];
}__attribute__ ((packed ));

struct foo3 {
  char c;
  int i;
};
struct __attribute__ ((packed )) foo4 {
  char c;
  int i;
  struct foo3 s;
};
```

在嵌入式 C 语言中，packed 属性可以用于定义与硬件相关的结构，可以将硬件中描述某类功能的寄存器（如某外设的寄存器组）映射到结构中。另外，packed 属性还可用于描述通信协议的帧结构。

小结

Paparazzi 使用了 GCC 编译器作为嵌入式 C 语言的开发工具，其程序代码中使用了一些 GCC 的 C 语言扩展，本章在 C 语言标准的基础上重点介绍了 C99 标准和 GCC 的 C 语言扩展，在分析 Paparazzi 的程序代码时可以参考本章内容。本章所介绍的 GCC 的 C 语言扩展包括以下内容。

- 语句表达式。在 Paparazzi 的程序代码中有所应用。
- 标号变量。
- case 范围。
- typeof 关键字。
- 条件表达式的省略。
- 内建函数。
- 内联函数。在 Paparazzi 的程序代码经常被应用，已经成为 C99 标准的一部分。
- 内联汇编。常应用在与硬件紧密相关的嵌入式程序代码中。
- 特殊属性声明。这是 GCC 的 C 语言扩展中功能最为灵活和复杂的一部分，许多特殊的设计可以依靠该扩展实现。

第4章

四旋翼的数学模型

视频讲解

四旋翼的数学模型是实现四旋翼飞行控制的理论基础之一,本章简要介绍矢量、坐标变换和飞行力学等基础知识,使用机理分析法建立四旋翼的数学模型。

4.1节介绍矢量的定义和基本计算,理解矢量的基本性质是机理分析法建立四旋翼数学模型的基础。4.2~4.4节分别介绍坐标变换、常用坐标系以及常用坐标系之间的坐标变换,在四旋翼数学模型、航姿参考系统解算、姿态控制和导航控制中均需要坐标系的相关知识。4.5节介绍四元数的基本知识以及使用四元数描述的坐标变换和运动学方程。4.6节和4.7节介绍经典力学的基础知识,这部分知识是机理分析法建立四旋翼数学模型的理论依据。4.8节介绍旋翼的主要性能参数以及旋翼拉力的计算。在前面介绍的各类知识的基础上,4.9节在一定假设条件的前提下,基于机理分析法建立四旋翼数学模型。

4.1 矢量定义和计算

4.1.1 矢量定义

矢量是数学、物理学和工程科学等多个自然科学中的基本概念,指一种既有大小又有方向的量。矢量通常被表示为一个带箭头的线段,线段的长度表示矢量的大小,而箭头所指的方向也就是矢量的方向。在数学中,矢量也常称为向量,采用更为抽象的矢量空间(也称为线性空间)来定义,而定义具有物理意义上的大小和方向的向量概念则需要引进范数和内积的欧几里得空间。在飞行动力学中很多物理量都是矢量,如位移、角速度、推力、力矩等。

矢量对标量求导后结果为矢量,而标量对标量求导结果仍为标量。矢量本身和坐标系无关,但是通常用矢量在坐标系中的投影表示矢量。

设有坐标系 $Ox_a y_a z_a$,简记为 S_a,其单位矢量为 $\boldsymbol{i}_a$、$\boldsymbol{j}_a$、$\boldsymbol{k}_a$,则矢量 $\boldsymbol{u}$ 可以表示为

$$\boldsymbol{u} = u_{xa}\boldsymbol{i}_a + u_{ya}\boldsymbol{j}_a + u_{za}\boldsymbol{k}_a \tag{4-1}$$

式中 $[u_{xa}, u_{ya}, u_{za}]^{\mathrm{T}}$——矢量 $\boldsymbol{u}$ 在坐标系 S_a 上的坐标。

矢量 $\boldsymbol{u}$ 也可用坐标表示为

$$[\boldsymbol{u}]_a = \begin{bmatrix} u_{xa} \\ u_{ya} \\ u_{za} \end{bmatrix} \tag{4-2}$$

只有当坐标系确定后,矢量的坐标才有意义,有时也将坐标称为矢量,同一个矢量在不同坐标系中的坐标可能是不同的。

4.1.2　矢量的计算

1. 矢量的标量积

矢量的标量积也称为矢量的"点积"或"内积",矢量点积的结果是一个标量。矢量 $\boldsymbol{u}$ 和 $\boldsymbol{v}$ 的点积可以表示为

$$\begin{aligned} \boldsymbol{u} \cdot \boldsymbol{v} &= (u_{xa}\boldsymbol{i}_a + u_{ya}\boldsymbol{j}_a + u_{za}\boldsymbol{k}_a) \cdot (v_{xa}\boldsymbol{i}_a + v_{ya}\boldsymbol{j}_a + v_{za}\boldsymbol{k}_a) \\ &= [\boldsymbol{u}]_a^{\mathrm{T}}[\boldsymbol{v}]_a = [\boldsymbol{v}]_a^{\mathrm{T}}[\boldsymbol{u}]_a \end{aligned} \tag{4-3}$$

2. 矢量的矢量积

矢量的矢量积也称为矢量的"叉积",两个矢量叉乘的结果是一个矢量。矢量 $\boldsymbol{u}$ 和 $\boldsymbol{v}$ 的叉乘可以用行列式形式计算,即

$$\boldsymbol{u} \times \boldsymbol{v} = \begin{vmatrix} \boldsymbol{i}_a & \boldsymbol{j}_a & \boldsymbol{k}_a \\ u_{xa} & u_{ya} & u_{za} \\ v_{xa} & v_{ya} & v_{za} \end{vmatrix} \tag{4-4}$$

即

$$\boldsymbol{u} \times \boldsymbol{v} = (u_{ya}v_{za} - u_{za}v_{ya})\boldsymbol{i}_a + (u_{za}v_{xa} - u_{xa}v_{za})\boldsymbol{j}_a + (u_{xa}v_{ya} - u_{ya}v_{xa})\boldsymbol{k}_a \tag{4-5}$$

矢量叉乘还可以用矩阵形式描述,即

$$\boldsymbol{u} \times \boldsymbol{v} = [\boldsymbol{u}]_a^{\times}[\boldsymbol{v}]_a \tag{4-6}$$

式中　$[\boldsymbol{u}]^{\times}$——矢量 $\boldsymbol{u}$ 在坐标系 S_a 中的叉乘矩阵,表示为

$$[\boldsymbol{u}]_a^{\times} = \begin{bmatrix} 0 & -u_{za} & u_{ya} \\ u_{za} & 0 & -u_{xa} \\ -u_{ya} & u_{xa} & 0 \end{bmatrix} \tag{4-7}$$

叉乘矩阵为斜对称矩阵,即

$$([\boldsymbol{u}]_a^{\times})^{\mathrm{T}} = -[\boldsymbol{u}]_a^{\times} \tag{4-8}$$

矢量的叉积不满足交换律,但满足分配律,即

$$\boldsymbol{A} \times \boldsymbol{B} = -\boldsymbol{B} \times \boldsymbol{A} \tag{4-9}$$

$$\boldsymbol{A} \times (\boldsymbol{B} + \boldsymbol{C}) = \boldsymbol{A} \times \boldsymbol{B} + (\boldsymbol{A} \times \boldsymbol{C}) \tag{4-10}$$

3. 矢量的标量三重积

矢量的标量三重积也称为"混合积",矢量混合积的结果是一个标量。矢量的混合积可以表示为

$$A \cdot (B \times C) = \begin{vmatrix} A_x & A_y & A_z \\ B_x & B_y & B_z \\ C_x & C_y & C_z \end{vmatrix} \tag{4-11}$$

矢量的混合积具有恒等式，即

$$A \cdot (B \times C) = C \cdot (A \times B) = B \cdot (C \times A) \tag{4-12}$$

4. 矢量的矢量三重积

矢量三重积具有恒等式，即

$$\begin{cases} A \times (B \times C) = B(A \cdot C) - C(A \cdot B) \\ (A \times B) \times C = B(A \cdot C) - A(B \cdot C) \end{cases} \tag{4-13}$$

可以看出，叉积不满足结合律，即

$$A \times (B \times C) \neq (A \times B) \times C$$

4.1.3　矢量的微分

在直线运动中，物体的线速度是位置的时间导数，即

$$v = \lim_{\Delta t \to 0} \left(\frac{\Delta p}{\Delta t} \right) \tag{4-14}$$

位置的二次微分得到加速度为

$$a = \lim_{\Delta t \to 0} \left(\frac{\Delta v}{\Delta t} \right) \tag{4-15}$$

当物体做曲线运动时，位置矢量的长度和方向都要发生变化，不能直接运用直线运动中的速度和加速度公式。

位置矢量 p 可以表示为

$$p = \mathbf{1}_p p = \begin{bmatrix} p_x \\ p_y \\ p_z \end{bmatrix} \tag{4-16}$$

式中　$\mathbf{1}_p$——矢量 p 方向的单位矢量，描述矢量 p 的方向；

　　　$p = |p|$——描述矢量 p 的长度的标量；

　　　$[p_x, p_y, p_z]^T$——矢量 p 在坐标系中的坐标。

矢量的微分与常见的标量形式的微分不同，一个矢量的变化可以包括长度的变化，也可以包括方向的变化，如图 4-1 所示。

对图 4-1 中的 Δp 矢量求时间趋向于零极限，可以得到矢量 p 的时间导数，即

$$\frac{\mathrm{d}p}{\mathrm{d}t} = \mathbf{1}_p \frac{\mathrm{d}p}{\mathrm{d}t} + \frac{\mathrm{d}\mathbf{1}_p}{\mathrm{d}t} p \tag{4-17}$$

式中　$\mathbf{1}_p \dfrac{\mathrm{d}p}{\mathrm{d}t}$——矢量 p 长度的变化率；

　　　$\dfrac{\mathrm{d}\mathbf{1}_p}{\mathrm{d}t} p$——矢量 p 方向的变化率。

式（4-17）如图 4-2 所示。

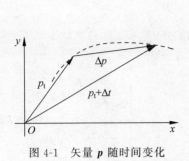 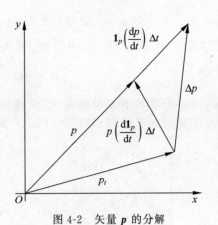

图 4-1　矢量 $\boldsymbol{p}$ 随时间变化　　　　　图 4-2　矢量 $\boldsymbol{p}$ 的分解

$\mathbf{1}_p \dfrac{\mathrm{d}p}{\mathrm{d}t}$ 可以使用矢量的坐标计算,即

$$\mathbf{1}_p \frac{\mathrm{d}p}{\mathrm{d}t} = \begin{bmatrix} \dfrac{\mathrm{d}p_x}{\mathrm{d}t} \\[2mm] \dfrac{\mathrm{d}p_y}{\mathrm{d}t} \\[2mm] \dfrac{\mathrm{d}p_z}{\mathrm{d}t} \end{bmatrix} \tag{4-18}$$

若 $\boldsymbol{\omega}$ 代表了矢量 $\boldsymbol{p}$ 的角速度,由转动的角速度和切向线速度之间的关系可知

$$\frac{\mathrm{d}\mathbf{1}_p}{\mathrm{d}t} p = \boldsymbol{\omega} \times \boldsymbol{p} \tag{4-19}$$

故式(4-17)可表示为

$$\frac{\mathrm{d}p}{\mathrm{d}t} = \mathbf{1}_p \frac{\mathrm{d}p}{\mathrm{d}t} + \boldsymbol{\omega} \times \boldsymbol{p} \tag{4-20}$$

4.1.4　科里奥利公式

当有两个或两个以上坐标系相互转动时,可以用科里奥利公式进行描述,而此时同一矢量的变化率在不同坐标系中的表示是不同的。

设坐标系 S_i 为参考坐标系,坐标系 S_m 为动坐标系,动坐标系 S_m 相对于参考坐标系 S_i 以角速度 $\boldsymbol{\omega}_{im}$ 旋转。$\boldsymbol{R}$ 为矢量,在 t 时刻为 $\boldsymbol{R}_t$,在 $t+\mathrm{d}t$ 时刻为 $\boldsymbol{R}_{t+\mathrm{d}t}$,如图 4-3 所示。由图 4-3 可得

$$\dot{\boldsymbol{R}}_i \mathrm{d}t = \dot{\boldsymbol{R}}_m \mathrm{d}t + (\boldsymbol{\omega}_{im} \times \boldsymbol{R})\mathrm{d}t \tag{4-21}$$

则科里奥利公式可以描述为

$$\dot{\boldsymbol{R}}_i = \dot{\boldsymbol{R}}_m + \boldsymbol{\omega}_{im} \times \boldsymbol{R} \tag{4-22}$$

式中　$\dot{\boldsymbol{R}}_i$——参考坐标系 S_i 中矢量 $\boldsymbol{R}$ 的变化率;

　　　$\dot{\boldsymbol{R}}_m$——动坐标系 S_m 中矢量 $\boldsymbol{R}$ 的变化率;

$\boldsymbol{\omega}_{im}$——动坐标系 S_m 相对于参考坐标系 S_i 的角速度。

由式(4-20)可知，式(4-22)中的 $\dot{\boldsymbol{R}}_m$ 可表示为

$$\dot{\boldsymbol{R}}_m = \boldsymbol{1}_R \frac{\mathrm{d}R}{\mathrm{d}t} + \boldsymbol{\omega}_R \times \boldsymbol{R} \tag{4-23}$$

式中　$\boldsymbol{\omega}_R$——矢量 $\boldsymbol{R}$ 在动坐标系 S_m 中转动的角速度。

若矢量 $\boldsymbol{R}$ 与动坐标系 S_m 固连，即 $\boldsymbol{\omega}_R = \boldsymbol{0}$，如图 4-4 所示。

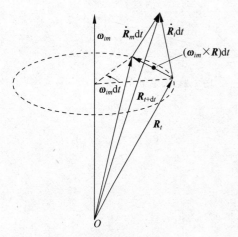

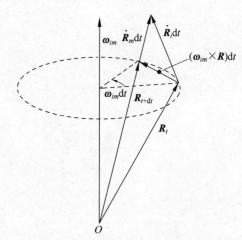

图 4-3　科里奥利公式示意图　　　　图 4-4　矢量和动坐标系固连时的科里奥利公式示意图

则式(4-22)可以简化为

$$\begin{aligned}
\dot{\boldsymbol{R}}_i &= \dot{\boldsymbol{R}}_m + \boldsymbol{\omega}_{im} \times \boldsymbol{R} \\
&= \boldsymbol{1}_R \frac{\mathrm{d}R}{\mathrm{d}t} + \boldsymbol{\omega}_{im} \times \boldsymbol{R}
\end{aligned} \tag{4-24}$$

4.2　坐标变换

4.2.1　坐标变换矩阵

坐标变换可以理解为同一矢量在两个不同坐标系的坐标之间的变换关系，即矢量固定、坐标系旋转。例如，一矢量 $\boldsymbol{u}$ 在坐标系 S_a 和 S_b 中可以表示为

$$\boldsymbol{u} = u_{xa}\boldsymbol{i}_a + u_{ya}\boldsymbol{j}_a + u_{za}\boldsymbol{k}_a = u_{xb}\boldsymbol{i}_b + u_{yb}\boldsymbol{j}_b + u_{zb}\boldsymbol{k}_b \tag{4-25}$$

式(4-25)两边点乘 $\boldsymbol{i}_b$、$\boldsymbol{j}_b$ 和 $\boldsymbol{k}_b$，可得

$$\begin{cases}
u_{xb} = u_{xa}\boldsymbol{i}_a \cdot \boldsymbol{i}_b + u_{ya}\boldsymbol{j}_a \cdot \boldsymbol{i}_b + u_{za}\boldsymbol{k}_a \cdot \boldsymbol{i}_b \\
u_{yb} = u_{xa}\boldsymbol{i}_a \cdot \boldsymbol{j}_b + u_{ya}\boldsymbol{j}_a \cdot \boldsymbol{j}_b + u_{za}\boldsymbol{k}_a \cdot \boldsymbol{j}_b \\
u_{zb} = u_{xa}\boldsymbol{i}_a \cdot \boldsymbol{k}_b + u_{ya}\boldsymbol{j}_a \cdot \boldsymbol{k}_b + u_{za}\boldsymbol{k}_a \cdot \boldsymbol{k}_b
\end{cases} \tag{4-26}$$

将式(4-26)写成矩阵形式，即

$$\begin{bmatrix} u_{xb} \\ u_{yb} \\ u_{zb} \end{bmatrix} = \begin{bmatrix} \boldsymbol{i}_a \cdot \boldsymbol{i}_b & \boldsymbol{j}_a \cdot \boldsymbol{i}_b & \boldsymbol{k}_a \cdot \boldsymbol{i}_b \\ \boldsymbol{i}_a \cdot \boldsymbol{j}_b & \boldsymbol{j}_a \cdot \boldsymbol{j}_b & \boldsymbol{k}_a \cdot \boldsymbol{j}_b \\ \boldsymbol{i}_a \cdot \boldsymbol{k}_b & \boldsymbol{j}_a \cdot \boldsymbol{k}_b & \boldsymbol{k}_a \cdot \boldsymbol{k}_b \end{bmatrix} \begin{bmatrix} u_{xa} \\ u_{ya} \\ u_{za} \end{bmatrix} \tag{4-27}$$

式(4-27)表示了矢量 u 在坐标系 S_a 和坐标系 S_b 的坐标之间的变换关系。

定义由坐标系 S_a 到坐标系 S_b 的变换矩阵为

$$C_a^b = \begin{bmatrix} i_a \cdot i_b & j_a \cdot i_b & k_a \cdot i_b \\ i_a \cdot j_b & j_a \cdot j_b & k_a \cdot j_b \\ i_a \cdot k_b & j_a \cdot k_b & k_a \cdot k_b \end{bmatrix} \qquad (4\text{-}28)$$

则式(4-27)可以表示为

$$[u]_b = C_a^b[u]_a \qquad (4\text{-}29)$$

同理，可得

$$[u]_a = C_b^a[u]_b \qquad (4\text{-}30)$$

坐标变换矩阵是正交矩阵，具有以下性质，即

$$C_a^b = (C_b^a)^{-1} = (C_b^a)^{\mathrm{T}} \qquad (4\text{-}31)$$

$$\det(C_a^b) = \pm 1 \qquad (4\text{-}32)$$

事实上，只有当坐标系 S_a 和坐标系 S_b 的左右手性质不同时(即一个为左手坐标系，另一个为右手坐标系)，$\det(C_b^a) = -1$ 成立；而在飞行动力学中均采用右手直角坐标系，因此有 $\det(C_b^a) = +1$ 成立。

坐标变换是由变换矩阵确定的，而变换矩阵又取决于两个坐标系之间的关系。也就是说，当两个坐标系之间的关系确定后，也就可以得到变换矩阵，进而确定其坐标变换。因此，在本书中坐标变换也就是指坐标系之间的变换，也可以称为坐标系变换。

坐标变换矩阵还具有传递性质，设有 3 个坐标系，即 S_a、S_b 和 S_c，矢量 u 在这些坐标系之间的坐标变换关系为

$$[u]_b = C_a^b[u]_a \qquad [u]_c = C_b^c[u]_b \qquad [u]_c = C_a^c[u]_a$$

则

$$[u]_c = C_b^c[u]_b = C_b^c C_a^b[u]_a$$

因此可知

$$C_a^c = C_b^c C_a^b \qquad (4\text{-}33)$$

这就是坐标矩阵的传递性质。

坐标变换还可以理解为矢量在坐标系中旋转时坐标之间的变换关系，即坐标系固定、矢量反向旋转。

例如，矢量 u 在坐标系 S_a 中初始位置为 u_0，反向旋转后得到矢量 u_t，若与矢量 u 固连的坐标系 S 初始与 S_a 重合，旋转后与坐标系 S_b 重合，坐标系 S_a 到坐标系 S_b 的转换矩阵为 C_a^b，则

$$u_t = (C_a^b)^{\mathrm{T}} u_0 \qquad (4\text{-}34)$$

4.2.2　基元旋转矩阵

坐标系绕它的一个轴的旋转称为基元旋转。坐标系 $Ox_a y_a z_a(S_a)$ 绕 Ox_a 轴转过角 α 称为坐标系 S_b 的一个基元旋转。这个旋转可以表示为

$$Ox_a y_a z_a(S_a) \xrightarrow{\;\;C_x(\alpha)\;\;} Ox_b y_b z_b(S_b)$$

其中由 Ox_a 到 S_b 的变换矩阵 $\boldsymbol{C}_x(\alpha)$ 为

$$\boldsymbol{C}_x(\alpha) = \begin{bmatrix} 1 & 0 & 0 \\ 0 & \cos\alpha & \sin\alpha \\ 0 & -\sin\alpha & \cos\alpha \end{bmatrix} \tag{4-35}$$

变换矩阵 $\boldsymbol{C}_x(\alpha)$ 也被称为基元旋转矩阵。

同理,绕 y_a 轴转过角 β 的基元旋转矩阵为

$$\boldsymbol{C}_y(\beta) = \begin{bmatrix} \cos\beta & 0 & -\sin\beta \\ 0 & 1 & 0 \\ \sin\beta & 0 & \cos\beta \end{bmatrix} \tag{4-36}$$

同理,绕 z_a 轴转过角 γ 的基元旋转矩阵为

$$\boldsymbol{C}_z(\gamma) = \begin{bmatrix} \cos\gamma & \sin\gamma & 0 \\ -\sin\gamma & \cos\gamma & 0 \\ 0 & 0 & 1 \end{bmatrix} \tag{4-37}$$

4.2.3　一般坐标变换

坐标变换矩阵具有传递性,基元旋转矩阵相乘后仍是坐标变换矩阵,所以一般的坐标变换可以通过3个基元旋转实现,如坐标系 S_a 可以通过3次基元旋转到达坐标系 S_b。

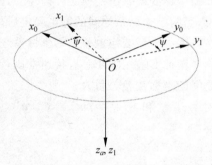

图 4-5　绕 z_a 轴转过 ψ 角

首先坐标系 S_a 绕 z_a 轴转过 ψ 角,成为坐标系 $Ox_1y_1z_a$,如图 4-5 所示;然后绕 y_1 轴转过 θ 角成为坐标系 $Ox_by_1z_2$,如图 4-6 所示;最后绕 x_b 轴转过 ϕ 角成为坐标系 S_b,如图 4-7 所示。这个连续转动的过程可以用符号表示为

$$Ox_ay_az_a \xrightarrow{\boldsymbol{C}_z(\psi)} Ox_1y_1z_a \xrightarrow{\boldsymbol{C}_y(\theta)} Ox_by_1z_2 \xrightarrow{\boldsymbol{C}_x(\phi)} Ox_by_bz_b$$

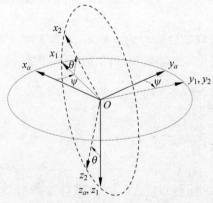

图 4-6　绕 y_1 轴转过 θ 角

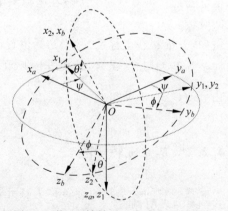

图 4-7　绕 x_b 轴转过 ϕ 角成为坐标系 S_b

由变换矩阵传递性质可以得出从坐标系 S_a 到坐标系 S_b 的变换矩阵为

$$\boldsymbol{C}_a^b = \boldsymbol{C}_x(\phi)\boldsymbol{C}_y(\theta)\boldsymbol{C}_z(\psi) \tag{4-38}$$

注意：基元旋转矩阵相乘的顺序与坐标系旋转的顺序是相反的。将式(4-35)、式(4-36)和式(4-37)等代入式(4-38)，可得

$$\boldsymbol{C}_a^b = \begin{bmatrix} \cos\theta\cos\psi & \cos\theta\sin\psi & -\sin\theta \\ \sin\phi\sin\theta\cos\psi - \cos\phi\sin\psi & \sin\phi\sin\theta\sin\psi + \cos\phi\cos\psi & \sin\phi\cos\theta \\ \cos\phi\sin\theta\cos\psi + \sin\phi\sin\psi & \cos\phi\sin\theta\sin\psi - \sin\phi\cos\psi & \cos\phi\cos\theta \end{bmatrix} \tag{4-39}$$

4.2.4 欧拉转动定理

在三维空间里，假设一个刚体在做位移时，刚体内部至少有一点固定不动，则此位移等价于一个绕着包含该固定点的固定轴的旋转。绕某一直线(轴)的有限转动称为简单转动。由坐标系 S_a 到坐标系 S_b 的变换可以通过绕经过它们共同原点的某一直线(轴)的一次转动实现，这就是欧拉转动定理(Euler's Rotation Theorem)，这条轴线称为欧拉轴。

将坐标系 S 固连到刚体上，在起始位置坐标系 S 和坐标系 S_a 重合，当刚体绕原点 O 转动后，坐标系 S 与坐标系 S_b 重合，则坐标系 S_a 到坐标系 S_b 的坐标变换就可以表示刚体的有限转动，也就是说，刚体的有限转动可以用坐标系的变换描述。

坐标系 S_a 到坐标系 S_b 的变换矩阵 $\boldsymbol{C}_a^b$ 是实数斜对称矩阵。由矩阵理论可知，坐标变换矩阵 $\boldsymbol{C}_a^b$ 有一对共轭复数特征值和一个实数特征值，对应共轭复数特征值的特征矢量也是共轭复数矢量，对应实数特征值的特征矢量为实数矢量。

设 λ_1 和 λ_2 是一对共轭特征值，$\boldsymbol{\xi}_1$ 和 $\boldsymbol{\xi}_2$ 是对应的特征矢量，则有

$$\boldsymbol{C}_a^b\boldsymbol{\xi}_1 = \lambda_1\boldsymbol{\xi}_1 \quad \boldsymbol{C}_a^b\boldsymbol{\xi}_2 = \lambda_2\boldsymbol{\xi}_2$$

把前式转置后与后式分别左乘，可得

$$\boldsymbol{\xi}_1^{\mathrm{T}}(\boldsymbol{C}_a^b)^{\mathrm{T}}\boldsymbol{C}_a^b\boldsymbol{\xi}_2 = \lambda_1\lambda_2\boldsymbol{\xi}_1^{\mathrm{T}}\boldsymbol{\xi}_2$$

由于 $(\boldsymbol{C}_a^b)^{\mathrm{T}}\boldsymbol{C}_a^b = \boldsymbol{I}$（单位矩阵），所以有

$$\boldsymbol{\xi}_1^{\mathrm{T}}\boldsymbol{\xi}_2 = \lambda_1\lambda_2\boldsymbol{\xi}_1^{\mathrm{T}}\boldsymbol{\xi}_2$$

因此可知

$$\lambda_1\lambda_2 = 1$$

设 λ_3 是坐标变换矩阵的第 3 个特征值，则由矩阵理论可知

$$\det(\boldsymbol{C}_a^b) = \lambda_1\lambda_2\lambda_3$$

由 $\det(\boldsymbol{C}_a^b) = 1$ 可知，坐标变换矩阵有一个实数的特征值 $\lambda_3 = 1$ 和特征矢量 $\boldsymbol{\xi}_3$。
该特征矢量可表示为

$$\boldsymbol{C}_a^b\boldsymbol{\xi}_3 = \lambda_3\boldsymbol{\xi}_3$$

或

$$\boldsymbol{C}_a^b\boldsymbol{\xi}_3 = \boldsymbol{\xi}_3 \tag{4-40}$$

式(4-40)表明，通过坐标变换矩阵 $\boldsymbol{C}_a^b$ 将坐标系 S_a 转换到 S_b 时，在空间存在一个矢量 $\boldsymbol{\xi}_3$，该矢量 $\boldsymbol{\xi}_3$ 在坐标系 S_a 转换到 S_b 上的坐标相等。

也可以理解为：由坐标系 S_a 转换到 S_b，可以通过绕矢量 $\boldsymbol{\xi}_3$ 的一次转动来实现，转过的

角度为σ。

如果坐标系S_a是固连到刚体上的，也可以认为刚体绕定点的有限转动总可以通过绕经过该定点的某一轴（矢量$\boldsymbol{\xi}_3$）的一次转动来实现。

设刚体绕转轴（矢量$\boldsymbol{\xi}_3$）转过σ角，矢量$\boldsymbol{e}$是矢量$\boldsymbol{\xi}_3$的单位矢量，即

$$\boldsymbol{e}=\frac{\boldsymbol{\xi}_3}{|\boldsymbol{\xi}_3|} \tag{4-41}$$

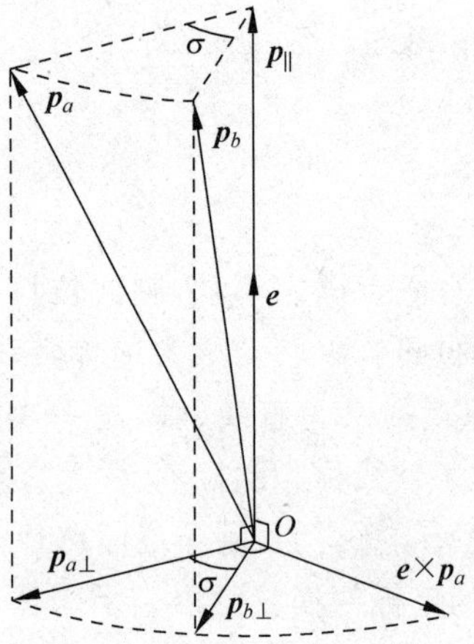

图 4-8 绕矢量$\boldsymbol{e}$的定轴转动

矢量$\boldsymbol{p}$是固连在刚体上的矢量，如图 4-8 所示。

由图 4-8 可以得到关系式，即

$$\begin{cases}\boldsymbol{p}_{\|}=(\boldsymbol{p}_a\cdot\boldsymbol{e})\boldsymbol{e}\\ \boldsymbol{p}_{b\perp}=\boldsymbol{p}_{a\perp}\cos\sigma+(\boldsymbol{e}\times\boldsymbol{p}_a)\sin\sigma\\ \boldsymbol{p}_{a\perp}=\boldsymbol{p}_a-\boldsymbol{p}_{\|}\\ \boldsymbol{p}_b=\boldsymbol{p}_{b\perp}+\boldsymbol{p}_{\|}\end{cases}$$

进一步化简，可得

$$\begin{aligned}\boldsymbol{p}_b=&\cos\sigma\boldsymbol{p}_a+\sin\sigma(\boldsymbol{e}\times\boldsymbol{p}_a)\\&+(1-\cos\sigma)(\boldsymbol{p}_a\cdot\boldsymbol{e})\boldsymbol{e}\end{aligned} \tag{4-42}$$

设坐标系S_a（基矢量为$\boldsymbol{i}_a$、$\boldsymbol{j}_a$和$\boldsymbol{k}_a$）绕转轴方向$\boldsymbol{e}$转过σ角成为S_b（基矢量为$\boldsymbol{i}_b$、$\boldsymbol{j}_b$和$\boldsymbol{k}_b$），将$\boldsymbol{p}_a$、$\boldsymbol{p}_b$分别换成$\boldsymbol{i}_a$、$\boldsymbol{i}_b$，$\boldsymbol{j}_a$、$\boldsymbol{j}_b$和$\boldsymbol{k}_a$、$\boldsymbol{k}_b$可得

$$\begin{cases}\boldsymbol{i}_b=\cos\sigma\boldsymbol{i}_a+\sin\sigma(\boldsymbol{e}\times\boldsymbol{i}_a)+(1-\cos\sigma)(\boldsymbol{i}_a\cdot\boldsymbol{e})\boldsymbol{e}\\ \boldsymbol{j}_b=\cos\sigma\boldsymbol{j}_a+\sin\sigma(\boldsymbol{e}\times\boldsymbol{j}_a)+(1-\cos\sigma)(\boldsymbol{j}_a\cdot\boldsymbol{e})\boldsymbol{e}\\ \boldsymbol{k}_b=\cos\sigma\boldsymbol{k}_a+\sin\sigma(\boldsymbol{e}\times\boldsymbol{k}_a)+(1-\cos\sigma)(\boldsymbol{k}_a\cdot\boldsymbol{e})\boldsymbol{e}\end{cases} \tag{4-43}$$

对式(4-43)分别用$\boldsymbol{i}_a$、$\boldsymbol{j}_a$和$\boldsymbol{k}_a$点乘，可以得到坐标变换矩阵为

$$\boldsymbol{C}_a^b=\begin{bmatrix}\boldsymbol{i}_a\cdot\boldsymbol{i}_b & \boldsymbol{j}_a\cdot\boldsymbol{i}_b & \boldsymbol{k}_a\cdot\boldsymbol{i}_b\\ \boldsymbol{i}_a\cdot\boldsymbol{j}_b & \boldsymbol{j}_a\cdot\boldsymbol{j}_b & \boldsymbol{k}_a\cdot\boldsymbol{j}_b\\ \boldsymbol{i}_a\cdot\boldsymbol{k}_b & \boldsymbol{j}_a\cdot\boldsymbol{k}_b & \boldsymbol{k}_a\cdot\boldsymbol{k}_b\end{bmatrix} \tag{4-44}$$

式中，各元素的表达式为

$$\begin{cases}(\boldsymbol{i}_a\cdot\boldsymbol{i}_b)=(1-\cos\sigma)e_x^2+\cos\sigma\\ (\boldsymbol{j}_a\cdot\boldsymbol{j}_b)=(1-\cos\sigma)e_y^2+\cos\sigma\\ (\boldsymbol{k}_a\cdot\boldsymbol{k}_b)=(1-\cos\sigma)e_z^2+\cos\sigma\\ (\boldsymbol{i}_a\cdot\boldsymbol{j}_b)=(1-\cos\sigma)e_xe_y-e_z\sin\sigma\\ (\boldsymbol{i}_a\cdot\boldsymbol{k}_b)=(1-\cos\sigma)e_xe_z+e_y\sin\sigma\\ (\boldsymbol{j}_a\cdot\boldsymbol{i}_b)=(1-\cos\sigma)e_xe_y+e_z\sin\sigma\\ (\boldsymbol{j}_a\cdot\boldsymbol{k}_b)=(1-\cos\sigma)e_ye_z-e_x\sin\sigma\\ (\boldsymbol{k}_a\cdot\boldsymbol{i}_b)=(1-\cos\sigma)e_xe_z-e_y\sin\sigma\\ (\boldsymbol{k}_a\cdot\boldsymbol{j}_b)=(1-\cos\sigma)e_ye_z+e_x\sin\sigma\end{cases} \tag{4-45}$$

若用矩阵形式表示式(4-45)可得

$$\boldsymbol{C}_a^b=\cos\sigma\boldsymbol{I}+(1-\cos\sigma)[\boldsymbol{e}][\boldsymbol{e}]^{\mathrm{T}}-\sin\sigma[\boldsymbol{e}]^{\times} \tag{4-46}$$

式中，$\boldsymbol{e}$在S_a和S_b两个坐标系中的坐标是相同的。

4.2.5 坐标变化的变化率

一个坐标系到另一个坐标系的变换可以用变换矩阵表示,也可以通过一组基元旋转描述。本节研究两个坐标系之间相对角速度与变换矩阵和欧拉角变化率之间的关系。

1. 坐标变换矩阵的变化率

在图 4-4 中,设坐标系 S_m 相对于坐标系 S_i 以角速度 $\boldsymbol{\omega}_{im}$ 转动,矢量 $\boldsymbol{R}$ 和坐标系 S_m 固连(即 $\dot{\boldsymbol{R}}_m = \boldsymbol{0}$),且长度不变(即 $\boldsymbol{1}_R \mathrm{d}R/\mathrm{d}t = 0$)。

由坐标变化矩阵可得

$$C_i^m [\boldsymbol{R}]_i = [\boldsymbol{R}]_m \tag{4-47}$$

对式(4-47)求时间的导数,即

$$\dot{C}_i^m [\boldsymbol{R}]_i + C_i^m [\dot{\boldsymbol{R}}_i]_i = [\dot{\boldsymbol{R}}_m]_i = 0 \tag{4-48}$$

等式变换后可得

$$\begin{aligned} \dot{C}_i^m [\boldsymbol{R}]_i &= -C_i^m [\dot{\boldsymbol{R}}_i]_i \\ &= -C_i^m [\boldsymbol{\omega}_{im}]_i \times [\boldsymbol{R}]_i \\ &= -C_i^m [\boldsymbol{\omega}_{im}]_i^\times [\boldsymbol{R}]_i \end{aligned} \tag{4-49}$$

因此可得坐标变换矩阵导数为

$$\dot{C}_i^m = -C_i^m [\boldsymbol{\omega}_{im}]_i^\times \tag{4-50}$$

根据假设条件,由式(4-24)可知

$$\dot{\boldsymbol{R}}_i = \boldsymbol{\omega}_{im} \times \boldsymbol{R} \tag{4-51}$$

使用 S_m 坐标系坐标表示式(4-51),并进一步展开可得

$$\begin{cases} [\dot{\boldsymbol{R}}_i]_m = [\boldsymbol{\omega}_{im}]_m \times [\boldsymbol{R}]_m \\ C_i^m [\dot{\boldsymbol{R}}_i]_i = [\boldsymbol{\omega}_{im}]_m^\times C_i^m [\boldsymbol{R}]_i \\ C_i^m [\boldsymbol{\omega}_{im}]_i^\times [\boldsymbol{R}]_i = [\boldsymbol{\omega}_{im}]_m^\times C_i^m [\boldsymbol{R}]_i \\ C_i^m [\boldsymbol{\omega}_{im}]_i^\times = [\boldsymbol{\omega}_{im}]_m^\times C_i^m \end{cases}$$

进一步整理化简可得

$$[\boldsymbol{\omega}_{im}]_i^\times = C_m^i [\boldsymbol{\omega}_{im}]_m^\times C_i^m \tag{4-52}$$

将式(4-52)代入式(4-50)中,得到坐标转换矩阵导数的另一种形式,即

$$\dot{C}_i^m = -[\boldsymbol{\omega}_{im}]_m^\times C_i^m \tag{4-53}$$

2. 欧拉角的变化率

在飞行动力学中,经常会遇到坐标变换的问题。例如,设参考坐标系 S_r 和体坐标系 S_b 之间的变换是通过 $\psi \to \theta \to \phi$ 次序的基元旋转定义的,如图 4-9 所示。

坐标系 S_b 相对于坐标系 S_r 的角速度矢量可以表示为

$$\boldsymbol{\omega} = \boldsymbol{\omega}_{ba} = \dot{\boldsymbol{\phi}} + \dot{\boldsymbol{\theta}} + \dot{\boldsymbol{\psi}} \tag{4-54}$$

由坐标系 S_r 到坐标系 S_b 的变换可以表示为

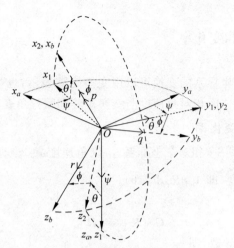

图 4-9　角速率的变化关系

$$Ox_r y_r z_r(S_r) \xrightarrow{\boldsymbol{C}_r^1(\psi)} Ox_1 y_1 z_r(S_1) \xrightarrow{\boldsymbol{C}_1^2(\theta)} Ox_b y_1 z_2(S_2) \xrightarrow{\boldsymbol{C}_2^b(\phi)} Ox_b y_b z_b(S_b)$$

其中 S_1 和 S_2 是两个中间坐标系。

由图 4-9 可知

$$[\dot{\boldsymbol{\psi}}]_1 = \begin{bmatrix} 0 \\ 0 \\ \dot{\psi} \end{bmatrix}, \quad [\dot{\boldsymbol{\theta}}]_2 = \begin{bmatrix} 0 \\ \dot{\theta} \\ 0 \end{bmatrix}, \quad [\dot{\boldsymbol{\phi}}]_b = \begin{bmatrix} \dot{\phi} \\ 0 \\ 0 \end{bmatrix}$$

因此可知

$$[\boldsymbol{\omega}]_b = [\dot{\boldsymbol{\psi}}]_b + [\dot{\boldsymbol{\theta}}]_b + [\dot{\boldsymbol{\phi}}]_b$$

$$= \boldsymbol{C}_2^b(\phi)\boldsymbol{C}_1^2(\theta)[\dot{\boldsymbol{\psi}}]_1 + \boldsymbol{C}_2^b(\phi)[\dot{\boldsymbol{\theta}}]_2 + [\dot{\boldsymbol{\phi}}]_b$$

将其表示为矩阵形式为

$$\begin{bmatrix} \boldsymbol{\omega}_{xb} \\ \boldsymbol{\omega}_{yb} \\ \boldsymbol{\omega}_{zb} \end{bmatrix} = \begin{bmatrix} 1 & 0 & 0 \\ 0 & \cos\phi & \sin\phi \\ 0 & -\sin\phi & \cos\phi \end{bmatrix} \begin{bmatrix} \cos\theta & 0 & -\sin\theta \\ 0 & 1 & 0 \\ \sin\theta & 0 & \cos\theta \end{bmatrix} \begin{bmatrix} 0 \\ 0 \\ \dot{\psi} \end{bmatrix} + \begin{bmatrix} 1 & 0 & 0 \\ 0 & \cos\phi & \sin\phi \\ 0 & -\sin\phi & \cos\phi \end{bmatrix} \begin{bmatrix} 0 \\ \dot{\theta} \\ 0 \end{bmatrix} + \begin{bmatrix} \dot{\phi} \\ 0 \\ 0 \end{bmatrix}$$

$$= \begin{bmatrix} \dot{\phi} - \dot{\psi}\sin\theta \\ \dot{\theta}\cos\phi + \dot{\psi}\sin\phi\cos\theta \\ -\dot{\theta}\sin\phi + \dot{\psi}\cos\phi\cos\theta \end{bmatrix} \tag{4-55}$$

式(4-55)可表示为

$$\begin{bmatrix} \boldsymbol{\omega}_{xb} \\ \boldsymbol{\omega}_{yb} \\ \boldsymbol{\omega}_{zb} \end{bmatrix} = \begin{bmatrix} 1 & 0 & -\sin\theta \\ 0 & \cos\phi & \sin\phi\cos\theta \\ 0 & -\sin\phi & \cos\phi\cos\theta \end{bmatrix} \begin{bmatrix} \dot{\phi} \\ \dot{\theta} \\ \dot{\psi} \end{bmatrix} \tag{4-56}$$

也可以进一步转化为欧拉角变化规律的运动方程，即

$$\begin{bmatrix} \dot{\phi} \\ \dot{\theta} \\ \dot{\psi} \end{bmatrix} = \begin{bmatrix} 1 & \sin\phi\tan\theta & \cos\phi\tan\theta \\ 0 & \cos\phi & -\sin\phi \\ 0 & -\sin\phi\sec\theta & \cos\phi\sec\theta \end{bmatrix} \begin{bmatrix} \omega_{xb} \\ \omega_{yb} \\ \omega_{zb} \end{bmatrix} \tag{4-57}$$

在飞行动力学中,通常将机体坐标系 S_b 相对于参考坐标系 S_r 的角速率用 $[p \quad q \quad r]^{\mathrm{T}}$ 表示,即

$$\begin{bmatrix} \omega_{xb} \\ \omega_{yb} \\ \omega_{zb} \end{bmatrix} = \begin{bmatrix} p \\ q \\ r \end{bmatrix} \tag{4-58}$$

4.3 常用坐标系

飞行器的导航控制和姿态控制中受到多种力的作用,对这些力的分析以及对飞行器飞行参数的控制中,通常会用到多种坐标系。对于四旋翼无人机而言,常用的坐标系包括全球坐标系、本地坐标系和机体坐标系等。

4.3.1 全球坐标系

全球坐标用于描述飞行器目前所处的绝对位置、绝对速度等状态信息。常用的全球坐标系有地心坐标系和大地坐标系。

1. 地心坐标系

地心坐标系(Earth Centered Earth Fixed coordinates,ECEF)坐标原点 O 位于地球质心,Ox 轴指向国际时间局(BIH 1984.0)定义的协议地极(CTP)方向,Oy 轴指向 BIH 1984.0 的协议子午面和 CTP 赤道的交点,Oz 轴与 Oxy 平面垂直,构成右手坐标系,如图 4-10 所示。

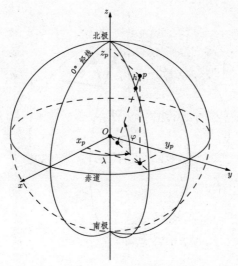

图 4-10 全球坐标系示意图

地心坐标系是直角坐标系,矢量 $\boldsymbol{p}$ 在地心坐标系中可表示为

$$\boldsymbol{p}_{\text{ECEF}} = \begin{bmatrix} x_p \\ y_p \\ z_p \end{bmatrix} \tag{4-59}$$

2. 大地坐标系

大地坐标系可分为参心大地坐标系和地心大地坐标系。参心大地坐标系是指经过定位与定向后,地球椭球的中心不与地球质心重合而是接近地球质心,如 Beijing54、Xian80;地心大地坐标系是指经过定位与定向后,地球椭球的中心与地球质心重合,如 CGCS2000、WGS84。

大地坐标系采用大地纬度 φ、经度 λ 和大地高程 h 描述空间位置。纬度是空间的点与参考椭球面的法线与赤道面的夹角,由赤道,向北为正,向南为负;经度是空间的点与参考椭球的自转轴所在的面与参考椭球的起始子午面的夹角,由格林尼治子午线起算,向东为正,向西为负;大地高程是空间的点沿着参考椭球的法线方向到参考椭球面的距离,如图 4-10 所示。

矢量 $\boldsymbol{p}$ 在大地坐标系中可表示为

$$\boldsymbol{p}_{\text{LLA}} = \begin{bmatrix} \varphi \\ \lambda \\ h \end{bmatrix} \tag{4-60}$$

4.3.2　本地坐标系

本地坐标系(Local Tangent Plane,LTP)是直角坐标系,原点 O 可以任意指定,可以是赤道、本初子午线和海平面的交点,或者是起飞点等,Oz 轴是过原点 O 的参考椭球面的法线,Oxy 平面是过原点与 Oz 轴垂直的平面,若原点 O 位于参考椭球面上,则 Oxy 平面是原点 O 处参考椭球的切平面。本地坐标系和地心坐标系都是直角坐标系,本地坐标系表示矢量的坐标比地心坐标系要小很多。

本地坐标系的示意图如图 4-11 所示。

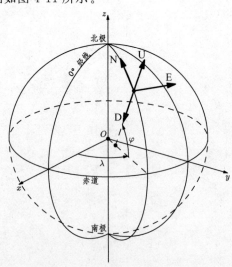

图 4-11　本地坐标系示意图

本地坐标系有两种表示方式：在 Oxy 平面中，Ox 轴指向正北方向，图 4-11 中 N 方向，Oy 轴指向正东方向，图 4-11 中 E 方向，Oz 轴与水平面垂直并指向下，图 4-11 中 D 方向，这样定义的本地坐标系为北东地（NED）坐标系；在 Oxy 平面中，Ox 轴指向正东方向，图 4-11 中 E 方向，Oy 轴指向正北方向，图 4-11 中 N 方向，Oz 轴与水平面垂直并指向上，图 4-11 中 U 方向，这样定义的本地坐标系为东北天（ENU）方式。

4.3.3　机体坐标系

机体坐标系 $Oxyz$ 也称体轴系，坐标系与机体固连，用于确定飞行器在空中的姿态。

其原点 O 设在飞行器质心；纵轴 Ox 的方向平行于机身构造基准线并指向机头方向；竖轴 Oz 在飞行器的纵向对称面内，垂直于 Ox 轴向下；横轴 Oy 垂直于 Oxz 平面并指向机身右侧。机体坐标系示意图如图 1-14 所示。

4.4　常用坐标系之间的坐标变换

常用的坐标系两两之间可以相互转换，因此有多种转化形式，在此仅介绍部分转化方式，其他的转化方式可以在此基础上得到。

首先介绍地球参考椭球体（WGS84 标准）[①]的常数和等式：

$$
\begin{cases}
\text{赤道半径（长半径）：} & a = 6378137\text{m} \\
\text{极半径（短半径）：} & b = a(1-f) = 6356752.3142\text{m} \\
\text{扁率：} & f = \dfrac{a-b}{a} = 1/298.257223563 \\
\text{第一扁心率：} & e = \sqrt{\dfrac{a^2-b^2}{a^2}} = \sqrt{2f-f^2} \\
\text{第二扁心率：} & e' = \sqrt{\dfrac{a^2-b^2}{a^2}} = \sqrt{\dfrac{f(2-f)}{(1-f)^2}}
\end{cases}
\tag{4-61}
$$

4.4.1　大地坐标系到地心坐标系

由经纬度、高度表示的大地坐标系到直角坐标系的地心坐标系的转换可由下列公式实现，即

$$
\begin{cases}
x = (N+h)\cos\varphi\cos\lambda \\
y = (N+h)\cos\varphi\sin\lambda \\
z = (N(1-e^2)+h)\sin\varphi
\end{cases}
\tag{4-62}
$$

式中　N——卯酉面曲率半径，即

---

① 地球参考椭球体中定义的常数有赤道半径、地球引力常数、正常化二阶带谐系数、地球自转角速度等 4 个基本参数。

$$N = \frac{a^2}{\sqrt{a^2\cos^2\varphi + b^2\sin^2\varphi}} = \frac{a}{\sqrt{1 - e^2\sin^2\varphi}} \tag{4-63}$$

4.4.2　地心坐标系到大地坐标系

将地心坐标系转换到大地坐标系，可由以下方程组得到，即

$$\lambda = \arctan\frac{y}{x} \tag{4-64}$$

$$\varphi = \arctan\frac{z + Ne^2\sin\varphi}{\sqrt{x^2 + y^2}} \tag{4-65}$$

$$h = \frac{z}{\sin\varphi} - N(1 - e^2) = \frac{\sqrt{x^2 + y^2}}{\cos\varphi} - N \tag{4-66}$$

其中，经度 λ 比较容易得到，纬度 φ 和高程 h 较为复杂，一种方法是使用迭代计算的方法，另一种方法是用 Ferrari 方法。

1. 迭代计算法

首先取纬度值 φ 的初值为

$$\varphi_0 = \frac{z}{\sqrt{x^2 + y^2}} \tag{4-67}$$

然后利用迭代计算求解纬度值 φ，即

$$\begin{cases} N_i = \dfrac{a}{\sqrt{1 - e^2\sin^2\varphi_i}} \\[3mm] \varphi_{i+1} = \arctan\dfrac{z + N_i e^2\sin\varphi_i}{\sqrt{x^2 + y^2}} \end{cases} \tag{4-68}$$

待迭代计算稳定后可得到纬度值 φ，进而由式(4-66)得到高度值 h。

2. Ferrari 方法

也可以使用 Ferrari 方法求解方程式(4-64)至式(4-66)，将地心坐标系转换为大地坐标系，求解方法为

$$E^2 = a^2 - b^2 \tag{4-69}$$

$$r = \sqrt{x^2 + y^2} \tag{4-70}$$

$$F = 54b^2 z^2 \tag{4-71}$$

$$G = r^2 + (1 - e^2)z^2 - e^2 E^2 \tag{4-72}$$

$$c = \frac{e^4 F r^2}{G^3} \tag{4-73}$$

$$s = \sqrt[3]{1 + c + \sqrt{c^2 + 2c}} \tag{4-74}$$

$$P = \frac{F}{3\left(s + \dfrac{1}{s} + 1\right)^2 G^2} \tag{4-75}$$

$$Q = \sqrt{1 + 2e^4 P} \tag{4-76}$$

$$r_0 = -\frac{Pe^2 r}{1+Q} + \sqrt{\frac{1}{2}a^2\left(1+\frac{1}{Q}\right) - \frac{P(1-e^2)z^2}{Q(1+Q)} - \frac{1}{2}Pr^2} \tag{4-77}$$

$$U = \sqrt{(r - e^2 r_0)^2 + z^2} \tag{4-78}$$

$$V = \sqrt{(r - e^2 r_0)^2 + (1 - e^2)z^2} \tag{4-79}$$

$$z_0 = \frac{b^2 z}{aV} \tag{4-80}$$

$$\varphi = \arctan\left(\frac{z + (e')^2 z_0}{r}\right) \tag{4-81}$$

$$\lambda = \arctan\frac{y}{x} \tag{4-82}$$

$$h = U\left(1 - \frac{b^2}{aV}\right) \tag{4-83}$$

在 Paparazzi 中,从地心坐标系转换到大地坐标系使用的就是该方法。

4.4.3 地心坐标系到本地坐标系

地心坐标系和本地坐标系都是直角坐标系,一个矢量在地心坐标系中的坐标和在本地坐标系中的坐标有以下关系,即

$$[\boldsymbol{p}]_{\text{ltp}} = \boldsymbol{C}_{\text{ecef}}^{\text{ltp}}([\boldsymbol{p}]_{\text{ecef}} - [\boldsymbol{p}_{\text{ref}}]_{\text{ecef}}) \tag{4-84}$$

式中 $\boldsymbol{p}_{\text{ref}}$——所表示位置即是本地坐标系的原点;

$\boldsymbol{C}_{\text{ecef}}^{\text{ltp}}$——地心坐标系到本地坐标系的转换矩阵。

NED 坐标系和 ENU 坐标系这两种本地坐标系的 $\boldsymbol{C}_{\text{ecef}}^{\text{ltp}}$ 转换矩阵是不同的,分别记为 $\boldsymbol{C}_{\text{ecef}}^{\text{ned}}$ 和 $\boldsymbol{C}_{\text{ecef}}^{\text{enu}}$,即

$$\boldsymbol{C}_{\text{ecef}}^{\text{ned}} = \begin{bmatrix} -\sin\varphi_r\cos\lambda_r & -\sin\varphi_r\sin\lambda_r & \cos\varphi_r \\ -\sin\lambda_r & \cos\lambda_r & 0 \\ -\cos\varphi_r\cos\lambda_r & \cos\varphi_r\sin\lambda_r & -\sin\varphi_r \end{bmatrix} \tag{4-85}$$

$$\boldsymbol{C}_{\text{ecef}}^{\text{enu}} = \begin{bmatrix} -\sin\lambda_r & \cos\lambda_r & 0 \\ -\sin\varphi_r\cos\lambda_r & -\sin\varphi_r\sin\lambda_r & \cos\varphi_r \\ \cos\varphi_r\cos\lambda_r & \cos\varphi_r\sin\lambda_r & \sin\varphi_r \end{bmatrix} \tag{4-86}$$

4.4.4 本地坐标系到地心坐标系

本地坐标系到地心坐标系的转换可由式(4-84)得出,即

$$[\boldsymbol{p}]_{\text{ecef}} = (\boldsymbol{C}_{\text{ecef}}^{\text{ltp}})^{\text{T}}[\boldsymbol{p}]_{\text{ltp}} + [\boldsymbol{p}_{\text{ref}}]_{\text{ecef}} \tag{4-87}$$

式中 $\boldsymbol{p}_{\text{ref}}$——所表示位置即是本地坐标系的原点;

$\boldsymbol{C}_{\text{ecef}}^{\text{ltp}}$——地心坐标系到本地坐标系的转换矩阵。

NED 坐标系和 ENU 坐标系这两种本地坐标系的 $\boldsymbol{C}_{\text{ecef}}^{\text{ltp}}$ 转换矩阵见式(4-85)和式(4-86)。

4.5　四元数理论

在传统飞行动力学中，飞行器相对于参考坐标系的姿态是使用欧拉角表示的，即滚转角、俯仰角和偏行角。无论使用哪种欧拉角旋转次序，总会在运动方程中遇到奇异现象（即欧拉角的万向节锁问题）。如果采用四元数描述飞行器的姿态，则会避免这个问题，而且计算相对简单。因此，近年来四元数被广泛应用到飞行器的姿态描述中。

4.5.1　四元数的定义和性质

四元数是由爱尔兰数学家威廉·卢云·哈密顿在 1843 年首先提出的。当时是为了把复数解决平面问题的简便方法推广到空间几何中。四元数是复数的不可交换延伸，如把四元数的集合考虑成多维实数空间，四元数事实上代表的是一个四维空间，而复数则代表的是二维空间。

1. 四元数定义

四元数定义为超复数方式，由一个实数加上 3 个元素 i、j、k 组成，可以表示为

$$
\begin{aligned}
\boldsymbol{q} &= q_i + q_x \boldsymbol{i} + q_y \boldsymbol{j} + q_z \boldsymbol{k} \\
&= q_i + \vec{\boldsymbol{q}} \\
&= \begin{bmatrix} q_i \\ \vec{\boldsymbol{q}} \end{bmatrix} \\
&= \begin{bmatrix} q_i \\ q_x \\ q_y \\ q_z \end{bmatrix}
\end{aligned}
\tag{4-88}
$$

式中　i、j、k——3 个虚数单位，可以理解为三维空间的一组基；

　　　q_i——四元数的标量部分；

　　　$\vec{\boldsymbol{q}}$——四元数的矢量部分。

标量部分为零的四元数称为零标四元数，零标四元数可以视为一个三维矢量。一个三维矢量 $\boldsymbol{p}_a$ 可用零标四元数表示，记为 $\overset{\circ}{\boldsymbol{p}}_a$，即

$$
\overset{\circ}{\boldsymbol{p}}_a = 0 + \boldsymbol{p}_a = \begin{bmatrix} 0 \\ \boldsymbol{p}_a \end{bmatrix}
\tag{4-89}
$$

四元数 $\boldsymbol{q}$ 的共轭记为 $\boldsymbol{q}^*$，其值为

$$
\boldsymbol{q}^* = q_i - q_x \boldsymbol{i} - q_x \boldsymbol{j} - q_z \boldsymbol{k} = \begin{bmatrix} q_i \\ -\vec{\boldsymbol{q}} \end{bmatrix}
\tag{4-90}
$$

四元数 $\boldsymbol{q}$ 的模定义为

$$
|\boldsymbol{q}| = \sqrt{q_i^2 + q_x^2 + q_y^2 + q_z^2}
\tag{4-91}
$$

四元数 $\boldsymbol{q}$ 的逆为

$$q^{-1} = \frac{q^*}{|q|} \tag{4-92}$$

2. 四元数乘法

四元数的乘法称为"圈乘",一般用"。"符号或"$\otimes$"符号表示,在此统一使用"$\otimes$"符号表示四元数乘法。其中,i、j、k的圈乘运算规则为

$$\begin{cases} i \otimes i = -1 & i \otimes j = k & i \otimes k = -j \\ j \otimes i = -k & j \otimes j = -1 & j \otimes k = i \\ k \otimes i = j & k \otimes j = -i & k \otimes k = -1 \end{cases} \tag{4-93}$$

设 p 和 q 为两个四元数,有

$$\begin{cases} p = p_i + p_x i + p_y j + p_z k = p_i + \vec{p} \\ q = q_i + q_x i + q_y j + q_z k = q_i + \vec{q} \end{cases}$$

则 p 和 q 的乘积为

$$p \otimes q = (p_i + \vec{p}) \otimes (q_i + \vec{q})$$
$$= p_i q_i + p_i \vec{q} + q_i \vec{p} + \vec{q} \otimes \vec{p} \tag{4-94}$$

式中,两个四元数矢量部分的圈乘可以表示为

$$\vec{p} \otimes \vec{q} = (p_x i + p_y j + p_z k) \otimes (q_x i + q_y j + q_z k)$$
$$= p_x q_x i \otimes i + p_x q_y i \otimes j + p_x q_z i \otimes k +$$
$$p_y q_x j \otimes i + p_y q_y j \otimes j + p_y q_z j \otimes k +$$
$$p_z q_x k \otimes i + p_z q_y k \otimes j + p_z q_z k \otimes k$$
$$= -(p_x q_x + p_y q_y + p_z q_z) +$$
$$(p_y q_z - p_z q_y)i + (p_z q_x - p_x q_z)j + (p_x q_y - p_y q_x)k \tag{4-95}$$

式(4-95)还可以表示为矢量运算形式,即

$$\vec{p} \otimes \vec{q} = -\vec{p} \cdot \vec{q} + \vec{p} \times \vec{q} \tag{4-96}$$

式(4-94)也可以用矢量运算表示,即

$$r = p \otimes q = (p_i q_i - \vec{p} \cdot \vec{q}) + (p_i \vec{q} + q_i \vec{p} + \vec{p} \times \vec{q}) \tag{4-97}$$

两个四元数的乘积仍旧是四元数,四元数乘法满足结合律,但是不满足交换律。四元数乘法还可以使用矩阵运算描述,即

$$\mathrm{col}(r) = \mathrm{mat}(p)\mathrm{col}(q) = \mathrm{mati}(q)\mathrm{col}(p) \tag{4-98}$$

式中 $\mathrm{col}(q)$——四元数阵列;

$\mathrm{mat}(q)$——四元数矩阵;

$\mathrm{mati}(q)$——四元数蜕变矩阵。

四元数 q 的四元数阵列、四元数矩阵和四元数蜕变矩阵为

$$\mathrm{col}(q) = \begin{bmatrix} q_i \\ q_x \\ q_y \\ q_z \end{bmatrix} \tag{4-99}$$

$$\text{mat}(\boldsymbol{q}) = \begin{bmatrix} q_i & -q_x & -q_y & -q_z \\ q_x & q_i & -q_z & q_y \\ q_y & q_z & q_i & -q_x \\ q_z & -q_y & q_x & q_i \end{bmatrix} \tag{4-100}$$

$$\text{mati}(\boldsymbol{q}) = \begin{bmatrix} q_i & -q_x & -q_y & -q_z \\ q_x & q_i & q_z & -q_y \\ q_y & -q_z & q_i & q_x \\ q_z & q_y & -q_x & q_i \end{bmatrix} \tag{4-101}$$

由共轭四元数的定义和四元数乘法运算规则可得

$$\boldsymbol{q} \otimes \boldsymbol{q}^* = \boldsymbol{q}^* \otimes \boldsymbol{q} = q_i^2 + q_x^2 + q_y^2 + q_z^2 \tag{4-102}$$

若 $\boldsymbol{q} \otimes \boldsymbol{q}^* = 1$，则称 $\boldsymbol{q}$ 为单位四元数。由四元数逆的定义和四元数乘法运算规则可得

$$\boldsymbol{q} \otimes \boldsymbol{q}^{-1} = \boldsymbol{q}^{-1} \otimes \boldsymbol{q} = 1 \tag{4-103}$$

三维矢量可以视为零标四元数，所以矢量和四元数之间也可以进行圈乘运算。而四元数和矢量的混合乘积仍旧为矢量，设 $\boldsymbol{p}_a$ 为三维矢量为

$$\boldsymbol{q} \otimes \boldsymbol{p}_a \otimes \boldsymbol{q}^* = (-\vec{\boldsymbol{q}} \cdot \boldsymbol{p}_a + q_i \boldsymbol{p}_a + \vec{\boldsymbol{q}} \times \boldsymbol{p}_a) \otimes (q_i - \vec{\boldsymbol{q}})$$
$$= (1 - 2\vec{\boldsymbol{q}} \cdot \vec{\boldsymbol{q}}) \cdot \boldsymbol{p}_a + 2q_i (\vec{\boldsymbol{q}} \times \boldsymbol{p}_a) + 2(\vec{\boldsymbol{q}} \cdot \boldsymbol{p}_a) \cdot \vec{\boldsymbol{q}} \tag{4-104}$$

4.5.2　四元数旋转变换

由 4.2.4 节的欧拉转动定理可知，坐标系 S_a 到坐标系 S_b 的坐标变换，或刚体绕定点的有限转动，可以用坐标系或刚体绕定轴 $\boldsymbol{e}$ 一次转动 σ 角描述。

若定义一个四元数，即

$$\boldsymbol{q} = q_i + q_x \boldsymbol{i} + q_y \boldsymbol{j} + q_z \boldsymbol{k} = \cos\left(\frac{\sigma}{2}\right) + \sin\left(\frac{\sigma}{2}\right) \boldsymbol{e} \tag{4-105}$$

则该四元数 $\boldsymbol{q}$ 就可以描述坐标系或刚体绕定轴 $\boldsymbol{e}$ 一次转动 σ 角。

在图 4-8 中，$\boldsymbol{p}_a$ 为固连于刚体的矢量，刚体旋转后矢量 $\boldsymbol{p}_a$ 变化为矢量 $\boldsymbol{p}_b$，则在该旋转中矢量的变化可以由四元数和矢量的混合乘积运算描述，即

$$\boldsymbol{p}_b = \boldsymbol{q} \otimes \boldsymbol{p}_a \otimes \boldsymbol{q}^*$$
$$= \cos\sigma \boldsymbol{p}_a + \sin\sigma (\boldsymbol{e} \times \boldsymbol{p}_a) + (1 - \cos\sigma)(\boldsymbol{p}_a \cdot \boldsymbol{e}) \boldsymbol{e} \tag{4-106}$$

式(4-106)就是刚体有限转动的四元数表示方法，称为四元数旋转变换。

若坐标系 S_a 与刚体固连，刚体旋转前 S_a 与 S_b 坐标系重合，则式(4-106)中的 $\boldsymbol{q}$ 即为描述坐标系 S_a 到坐标系 S_b 旋转变换的四元数，可以简记为

$$S_a \xrightarrow{\boldsymbol{q}_a^b} S_b \tag{4-107}$$

4.5.3　四元数和坐标变换矩阵

若坐标系 S_a 到坐标系 S_b 旋转变换的四元数为 $\boldsymbol{q}_a^b$，则矢量 $\boldsymbol{r}$ 在坐标系 S_a 和坐标系 S_b 中的坐标可表示为

$$[\mathring{\boldsymbol{r}}]_b^a = (\boldsymbol{q}_a^b)^* \otimes [\mathring{\boldsymbol{r}}]_a \otimes \boldsymbol{q}_a^b \tag{4-108}$$

利用式(4-98)可得

$$\text{col}([\mathring{\boldsymbol{r}}]_b) = \text{mati}(\boldsymbol{q}_a^b)\,\text{mat}((\boldsymbol{q}_a^b)^*)\,\text{col}([\mathring{\boldsymbol{r}}]_a) \tag{4-109}$$

又由于

$$[\boldsymbol{r}]_b = \boldsymbol{C}_a^b [\boldsymbol{r}]_a \tag{4-110}$$

比较式(4-109)和式(4-110)可以得到

$$\boldsymbol{C}_a^b = \vec{\boldsymbol{q}}_a^b (\vec{\boldsymbol{q}}_a^b)^{\mathrm{T}} + (q_i \boldsymbol{I} - [\vec{\boldsymbol{q}}_a^b]^\times)^2 \tag{4-111}$$

由式(4-46)也可以得到式(4-111),即

$$\begin{aligned}
\boldsymbol{C}_a^b &= \cos\sigma \boldsymbol{I} + (1 - \cos\sigma)[\boldsymbol{e}][\boldsymbol{e}]^{\mathrm{T}} - \sin\sigma [\boldsymbol{e}]^\times \\
&= \left(\cos^2 \frac{\sigma}{2} - \sin^2 \frac{\sigma}{2}\right)\boldsymbol{I} + 2\sin^2 \frac{\sigma}{2} \boldsymbol{e}\boldsymbol{e}^{\mathrm{T}} - 2\cos \frac{\sigma}{2}\sin \frac{\sigma}{2}[\boldsymbol{e}]^\times \\
&= (q_i^2 - |\vec{\boldsymbol{q}}|^2)\boldsymbol{I} + 2\vec{\boldsymbol{q}}\vec{\boldsymbol{q}}^{\mathrm{T}} - 2q_i[\vec{\boldsymbol{q}}]^\times \tag{4-112}
\end{aligned}$$

式(4-112)也是四元数和坐标转换矩阵另一种常用的表示形式。在式(4-112)中,由于有等式

$$\vec{\boldsymbol{q}}\vec{\boldsymbol{q}}^{\mathrm{T}} - |\vec{\boldsymbol{q}}|^2 \boldsymbol{I} = ([\vec{\boldsymbol{q}}]^\times)^2 \tag{4-113}$$

所以式(4-112)和式(4-111)是等价的表示形式。

4.5.4　以四元数表示相对运动方程

设坐标系 S_m 固连于定点转动的刚体上,该刚体相对于参考坐标系 S_i 的角速度为 $\boldsymbol{\omega}$。P 是该刚体上的一点,其位置矢量为 $\boldsymbol{r}$,初始时刻为 $\boldsymbol{r}_0$,t 时刻为 $\boldsymbol{r}_t$。

定义 $\boldsymbol{q}_i^m$ 是坐标系 S_i 到坐标系 S_m 旋转变换的单位四元数。由于

$$(\boldsymbol{q}_i^m)^{-1} \otimes \boldsymbol{q}_i^m = 1 \tag{4-114}$$

故:

$$\frac{\mathrm{d}}{\mathrm{d}t}((\boldsymbol{q}_i^m)^{-1} \otimes \boldsymbol{q}_i^m) = 0 \tag{4-115}$$

$$\frac{\mathrm{d}}{\mathrm{d}t}((\boldsymbol{q}_i^m)^{-1}) \otimes \boldsymbol{q}_i^m + (\boldsymbol{q}_i^m)^{-1} \otimes \frac{\mathrm{d}}{\mathrm{d}t}(\boldsymbol{q}_i^m) = 0 \tag{4-116}$$

$$\frac{\mathrm{d}}{\mathrm{d}t}((\boldsymbol{q}_i^m)^{-1}) = -(\boldsymbol{q}_i^m)^{-1} \otimes \frac{\mathrm{d}}{\mathrm{d}t}(\boldsymbol{q}_i^m) \otimes (\boldsymbol{q}_i^m)^{-1} \tag{4-117}$$

由四元数的旋转变换可知

$$\mathring{\boldsymbol{r}}_t = \boldsymbol{q}_i^m \otimes \mathring{\boldsymbol{r}}_0 \otimes (\boldsymbol{q}_i^m)^{-1} \tag{4-118}$$

利用式(4-117)可得

$$\begin{aligned}
\frac{\mathrm{d}\mathring{\boldsymbol{r}}_t}{\mathrm{d}t} &= \frac{\mathrm{d}\boldsymbol{q}_i^m}{\mathrm{d}t} \otimes \mathring{\boldsymbol{r}}_0 \otimes (\boldsymbol{q}_i^m)^{-1} + \boldsymbol{q}_i^m \otimes \mathring{\boldsymbol{r}}_0 \otimes \frac{\mathrm{d}(\boldsymbol{q}_i^m)^{-1}}{\mathrm{d}t} \\
&= \frac{\mathrm{d}\boldsymbol{q}_i^m}{\mathrm{d}t} \otimes \mathring{\boldsymbol{r}}_0 \otimes (\boldsymbol{q}_i^m)^{-1} + \boldsymbol{q}_i^m \otimes \mathring{\boldsymbol{r}}_0 \otimes \left(-(\boldsymbol{q}_i^m)^{-1} \otimes \frac{\mathrm{d}\boldsymbol{q}_i^m}{\mathrm{d}t} \otimes (\boldsymbol{q}_i^m)^{-1}\right) \\
&= \frac{\mathrm{d}\boldsymbol{q}_i^m}{\mathrm{d}t} \otimes (\boldsymbol{q}_i^m)^{-1} \otimes \mathring{\boldsymbol{r}}_t - \mathring{\boldsymbol{r}}_t \otimes \frac{\mathrm{d}\boldsymbol{q}_i^m}{\mathrm{d}t} \otimes (\boldsymbol{q}_i^m)^{-1} \tag{4-119}
\end{aligned}$$

为了便于表示,令

$$\boldsymbol{p} = \frac{\mathrm{d}\boldsymbol{q}_i^m}{\mathrm{d}t} \bigotimes (\boldsymbol{q}_i^m)^{-1} \tag{4-120}$$

则式(4-119)等号右端可记为

$$\begin{bmatrix} p_i \\ \vec{\boldsymbol{p}} \end{bmatrix} \bigotimes \begin{bmatrix} 0 \\ \boldsymbol{r}_t \end{bmatrix} - \begin{bmatrix} 0 \\ \boldsymbol{r}_t \end{bmatrix} \bigotimes \begin{bmatrix} p_i \\ \vec{\boldsymbol{p}} \end{bmatrix} = 2 \begin{bmatrix} 0 \\ \vec{\boldsymbol{p}} \times r_t \end{bmatrix} \tag{4-121}$$

依据刚体定点转动的力学定理可知,P 点在 t 时刻的线速度为

$$\frac{\mathrm{d}\boldsymbol{r}}{\mathrm{d}t} = \boldsymbol{\omega} \times \boldsymbol{r} \tag{4-122}$$

比较式(4-121)和式(4-122)可得

$$\frac{\mathrm{d}\boldsymbol{r}_t}{\mathrm{d}t} = \boldsymbol{\omega} \times \boldsymbol{r}_t \tag{4-123}$$

$$2\vec{\boldsymbol{p}} = \boldsymbol{\omega} \tag{4-124}$$

将其视为零标四元数,则有

$$2\begin{bmatrix} 0 \\ \vec{\boldsymbol{p}} \end{bmatrix} = \begin{bmatrix} 0 \\ \boldsymbol{\omega} \end{bmatrix} \tag{4-125}$$

$$2\frac{\mathrm{d}\boldsymbol{q}_i^m}{\mathrm{d}t} \bigotimes (\boldsymbol{q}_i^m)^{-1} = \mathring{\boldsymbol{\omega}} \tag{4-126}$$

$$\frac{\mathrm{d}\boldsymbol{q}_i^m}{\mathrm{d}t} = \frac{1}{2}\mathring{\boldsymbol{\omega}} \bigotimes \boldsymbol{q}_i^m \tag{4-127}$$

式(4-127)中各四元数只有在同一组基下表示才能够进行乘法运算,而只有在参考坐标系 S_i 的基下表示,式(4-127)左边求导数时基不变,才便于表示为矩阵形式。所以,式(4-127)的基底取为参考坐标系 S_i 的基,即式(4-127)可表示为

$$\frac{\mathrm{d}\boldsymbol{q}_i^m}{\mathrm{d}t} = \frac{1}{2}[\mathring{\boldsymbol{\omega}}]_i \bigotimes \boldsymbol{q}_i^m \tag{4-128}$$

式(4-128)中的$[\mathring{\boldsymbol{\omega}}]_i$表示零标四元数,且矢量部分是参考坐标系 S_i 中的坐标。

式(4-128)的矩阵表示形式为

$$\mathrm{col}\left(\frac{\mathrm{d}\boldsymbol{q}_i^m}{\mathrm{d}t}\right) = \frac{1}{2}\mathrm{mat}([\mathring{\boldsymbol{\omega}}]_i)\mathrm{col}(\boldsymbol{q}_i^m) \tag{4-129}$$

即

$$\begin{bmatrix} \dfrac{\mathrm{d}q_i}{\mathrm{d}t} \\[2mm] \dfrac{\mathrm{d}q_x}{\mathrm{d}t} \\[2mm] \dfrac{\mathrm{d}q_y}{\mathrm{d}t} \\[2mm] \dfrac{\mathrm{d}q_z}{\mathrm{d}t} \end{bmatrix} = \frac{1}{2} \begin{bmatrix} 0 & -\omega_{xi} & -\omega_{yi} & -\omega_{zi} \\ \omega_{xi} & 0 & -\omega_{zi} & \omega_{yi} \\ \omega_{yi} & \omega_{zi} & 0 & -\omega_{xi} \\ \omega_{zi} & -\omega_{yi} & \omega_{xi} & 0 \end{bmatrix} \begin{bmatrix} q_i \\ q_x \\ q_y \\ q_z \end{bmatrix} \tag{4-130}$$

式中　$(\omega_{xi} \quad \omega_{yi} \quad \omega_{zi})$——角速度$\boldsymbol{\omega}$ 在参考坐标系 S_i 上的投影分量。

在飞行动力学中,通常给出的是飞行器角速度$\boldsymbol{\omega}$在机体本体坐标系S_m上的投影分量$\begin{bmatrix}\omega_{xm} & \omega_{ym} & \omega_{zm}\end{bmatrix}^T$。由四元数的旋转变换可知,矢量$\boldsymbol{\omega}$在坐标系$S_i$和坐标系$S_m$中的坐标之间的变换关系可表示为

$$[\mathring{\boldsymbol{\omega}}]_m = (\boldsymbol{q}_i^m)^{-1} \otimes [\mathring{\boldsymbol{\omega}}]_i \otimes \boldsymbol{q}_i^m \tag{4-131}$$

将其代入式(4-128)可得

$$\frac{\mathrm{d}\boldsymbol{q}_i^m}{\mathrm{d}t} = \frac{1}{2}\boldsymbol{q}_i^m \otimes [\mathring{\boldsymbol{\omega}}]_m \tag{4-132}$$

其矩阵形式为

$$\mathrm{col}\left(\frac{\mathrm{d}\boldsymbol{q}_i^m}{\mathrm{d}t}\right) = \frac{1}{2}\mathrm{mati}([\mathring{\boldsymbol{\omega}}]_m)\mathrm{col}(\boldsymbol{q}_i^m) \tag{4-133}$$

即

$$\begin{bmatrix} \dfrac{\mathrm{d}q_i}{\mathrm{d}t} \\ \dfrac{\mathrm{d}q_x}{\mathrm{d}t} \\ \dfrac{\mathrm{d}q_y}{\mathrm{d}t} \\ \dfrac{\mathrm{d}q_z}{\mathrm{d}t} \end{bmatrix} = \frac{1}{2}\begin{bmatrix} 0 & -\omega_{xm} & -\omega_{ym} & -\omega_{zm} \\ \omega_{xm} & 0 & \omega_{zm} & -\omega_{ym} \\ \omega_{ym} & -\omega_{zm} & 0 & \omega_{xm} \\ \omega_{zm} & \omega_{ym} & -\omega_{xm} & 0 \end{bmatrix}\begin{bmatrix} q_i \\ q_x \\ q_y \\ q_z \end{bmatrix} \tag{4-134}$$

式(4-134)即为四元数表示的相对运动的运动学方程。而式(4-57)给出的是用欧拉角表示的运动学方程。在用欧拉角表示的运动学方程式(4-57)中,当$\theta=90°$时会出现奇异性,而用四元数表示的运动学方程式(4-134)中不会出现奇异性问题。

欧拉角描述方式中需要多次计算三角函数,对于运算能力有限的嵌入式微控制器而言,三角函数的计算可能会花费较久的时间,而四元数的运算相对比较简单。

用四元数描述坐标变换的主要缺点就是不够直观。欧拉角描述方式中各个元素具有较明确的物理含义,比较容易理解;而用四元数方式描述的坐标变换四元数中的各个元素物理含义不够直观。

因此,有时在应用中会综合使用两种方式,使用四元数描述飞行姿态,完成飞行姿态的实时更新,而在输出信息以及飞行控制中则可以采用欧拉角方式,当然也可以直接使用四元数的描述方式进行飞行控制。

4.6　运动学方程和动力学方程

4.6.1　质点的运动学方程和动力学方程

牛顿运动定律是质点运动的基本定律,在惯性参考坐标系S_i中,质点P的质量为m,位置由矢量$\boldsymbol{r}$描述,相对坐标系S_i的运动速度为$\boldsymbol{v}$,作用在质点上的力为$\boldsymbol{F}$,则质点P的运动学方程为

$$\boldsymbol{v} = \frac{\mathrm{d}\boldsymbol{r}}{\mathrm{d}t} \tag{4-135}$$

根据牛顿第二运动定律，质点的动力学方程为

$$\boldsymbol{F} = \frac{\mathrm{d}(m\,\boldsymbol{v})}{\mathrm{d}t} \tag{4-136}$$

虽然牛顿运动定律是针对质点提出的，但是可以导出刚体、流体等运动定律，是古典力学的基础。

4.6.2　质点系运动学方程和动力学方程

设在惯性参考坐标系 S_i 中，质点系由 N 个质点 $P_j (j = 1, 2, \cdots, N)$ 组成，其中质点 P_j 的质量为 m_j，位置矢量为 $\boldsymbol{r}_j$。

1. 质点系运动学方程

质点 P_j 的运动学方程为

$$\frac{\mathrm{d}\boldsymbol{r}_j}{\mathrm{d}t} = \boldsymbol{v}_j \quad j = 1, 2, \cdots, N \tag{4-137}$$

质点系质心 $\boldsymbol{r}_c$ 的运动学方程为

$$\frac{\mathrm{d}\boldsymbol{r}_c}{\mathrm{d}t} = \boldsymbol{v}_c \tag{4-138}$$

2. 质点系动力学方程

作用在质点 P_j 上的力 $\boldsymbol{F}_j$ 可以分为来自系外的力和系内质点间的作用力，即

$$\boldsymbol{F}_j = \boldsymbol{f}_j + \sum_{\substack{k=1 \\ k \neq j}}^{N} \boldsymbol{F}_{jk} \tag{4-139}$$

式中　$\boldsymbol{f}_j$——来自系外的力；

$\boldsymbol{F}_{jk}$——系内质点 P_k 作用到质点 P_j 的力。

因此，质点 P_j 的动力学方程为

$$m_j \frac{\mathrm{d}\boldsymbol{v}_j}{\mathrm{d}t} = \boldsymbol{F}_j = \boldsymbol{f}_j + \sum_{\substack{k=1 \\ k \neq j}}^{N} \boldsymbol{F}_{jk} \quad j = 1, 2, \cdots, N \tag{4-140}$$

若将质点系中 N 个质点的动力学方程相加，可得

$$\begin{aligned}
\sum_{j=1}^{N} m_j \frac{\mathrm{d}\boldsymbol{v}_j}{\mathrm{d}t} &= \sum_{j=1}^{N} \boldsymbol{F}_j \\
&= \sum_{j=1}^{N} \boldsymbol{f}_j + \sum_{j=1}^{N} \sum_{\substack{k=1 \\ k \neq j}}^{N} \boldsymbol{F}_{jk}
\end{aligned} \tag{4-141}$$

由于系内各质点间的作用力互为反作用力，大小相等、方向相反，所以式(4-141)右端第二项 $\sum\limits_{j=1}^{N} \sum\limits_{\substack{k=1 \\ k \neq j}}^{N} \boldsymbol{F}_{jk}$ 为零。

而式(4-141)等号的左端 $\sum\limits_{j=1}^{N} m_j \dfrac{\mathrm{d}\boldsymbol{v}_j}{\mathrm{d}t}$ 可转换为

$$\sum_{j=1}^{N} m_j \frac{\mathrm{d}\boldsymbol{v}_j}{\mathrm{d}t} = \sum_{j=1}^{N} m_j \frac{\mathrm{d}^2 \boldsymbol{r}_j}{\mathrm{d}t^2}$$

$$= \frac{\mathrm{d}^2}{\mathrm{d}t^2} \sum_{j=1}^{N} m_j \boldsymbol{r}_j$$

$$= \frac{\mathrm{d}^2}{\mathrm{d}t^2} m\boldsymbol{r}_c$$

$$= \frac{\mathrm{d}}{\mathrm{d}t} m \boldsymbol{v}_c \qquad (4\text{-}142)$$

式中　m——质点系的总质量；

　　　$\boldsymbol{r}_c$——质点系质心的位置矢量；

　　　$\boldsymbol{v}_c$——质点系质心的速度矢量。

因此，由式(4-141)可得

$$m\frac{\mathrm{d}\boldsymbol{v}_c}{\mathrm{d}t} = \boldsymbol{f} \qquad (4\text{-}143)$$

式中　m——质点系的总质量；

　　　$\boldsymbol{v}_c$——质点系质心的速度矢量；

　　　$\boldsymbol{f} = \sum_{j=1}^{N} \boldsymbol{f}_j$——作用到质点系上所有外力的矢量和。

若已知作用在质点系上的外力 $\boldsymbol{f}$，由式(4-143)和式(4-138)可以求得质点系质心的速度 $\boldsymbol{v}_c$ 和位置 $\boldsymbol{r}_c$。

3. 质点系转动的动力学方程

质点系对惯性空间固定点 O_i 的动量矩为

$$\boldsymbol{h}_{o_i} = \sum_{j}^{N} \boldsymbol{r}_j \times m_j \boldsymbol{v}_j \qquad (4\text{-}144)$$

对式(4-144)求关于时间的导数，即

$$\frac{\mathrm{d}}{\mathrm{d}t}\boldsymbol{h}_{o_i} = \sum_{j} \frac{\mathrm{d}\boldsymbol{r}_j}{\mathrm{d}t} \times m_j \boldsymbol{v}_j + \sum_{j} \boldsymbol{r}_j \times m_j \frac{\mathrm{d}\boldsymbol{v}_j}{\mathrm{d}t}$$

$$= \sum_{j} \boldsymbol{r}_j \times m_j \frac{\mathrm{d}\boldsymbol{v}_j}{\mathrm{d}t} \qquad (4\text{-}145)$$

对矢量 $\boldsymbol{r}_j$ 叉乘以式(4-140)求和，可得

$$\sum_{j} \left(\boldsymbol{r}_j \times m_j \frac{\mathrm{d}\boldsymbol{v}_j}{\mathrm{d}t} \right) = \sum_{j} (\boldsymbol{r}_j \times \boldsymbol{f}_j) + \sum_{j} (\boldsymbol{r}_j \times \boldsymbol{F}_{kj}) \qquad (4\text{-}146)$$

由于质点系间的内力是互为作用力和反作用力，大小相等、方向相反，因此式(4-146)中等号右端第二项为零，即

$$\sum_{j,k} (\boldsymbol{r}_j \times \boldsymbol{F}_{kj}) = 0 \qquad (4\text{-}147)$$

因此，式(4-145)可表示为

$$\frac{\mathrm{d}}{\mathrm{d}t}\boldsymbol{h}_{o_i} = \sum_{j} (\boldsymbol{r}_j \times \boldsymbol{f}_j) = \boldsymbol{M}_{o_i} \qquad (4\text{-}148)$$

式中　$\sum_{j} (\boldsymbol{r}_j \times \boldsymbol{f}_j) = \boldsymbol{M}_{o_i}$——作用在质点系上的外力对点 O_i 的力矩矢量和。

式(4-148)就是质点系对定点的动量矩定理。可描述为：质点系对定点的动量矩的时间导数，等于作用到质点系上所有外力对该定点的力矩矢量和。

对任意点 O 的动量矩为

$$\boldsymbol{h}_o = \sum_j \boldsymbol{\rho} \times m_j \boldsymbol{v}_j$$

$$= \sum_j (\boldsymbol{r}_j - \boldsymbol{r}_o) \times m_j \boldsymbol{v}_j$$

$$= \sum_j \boldsymbol{r}_j \times m_j \boldsymbol{v}_j - \boldsymbol{r}_o \times \sum_j m_j \boldsymbol{v}_j$$

$$= \boldsymbol{h}_{o_i} - \boldsymbol{r}_o \times m \boldsymbol{v}_c \tag{4-149}$$

将其代入式(4-148)可得

$$\boldsymbol{M}_o = \frac{\mathrm{d}\boldsymbol{h}_o}{\mathrm{d}t}$$

$$= \frac{\mathrm{d}}{\mathrm{d}t}\boldsymbol{h}_{o_i} - \frac{\mathrm{d}}{\mathrm{d}t}(\boldsymbol{r}_o \times m \boldsymbol{v}_c)$$

$$= \sum_j (\boldsymbol{r}_j \times \boldsymbol{f}_j) - \frac{\mathrm{d}\boldsymbol{r}_o}{\mathrm{d}t} \times m \boldsymbol{v}_c - \boldsymbol{r}_o \times m \frac{\mathrm{d}\boldsymbol{v}_c}{\mathrm{d}t}$$

$$= \sum_j (\boldsymbol{r}_j \times \boldsymbol{f}_j) - \frac{\mathrm{d}\boldsymbol{r}_o}{\mathrm{d}t} \times m \boldsymbol{v}_c - \boldsymbol{r}_o \times \sum_j \boldsymbol{f}_j$$

$$= \sum_j (\boldsymbol{\rho}_j \times \boldsymbol{f}_j) - \frac{\mathrm{d}\boldsymbol{r}_o}{\mathrm{d}t} \times m \boldsymbol{v}_c \tag{4-150}$$

式中　$\sum_j (\boldsymbol{\rho}_j \times \boldsymbol{f}_j)$—— 作用在质点系上的外力对点 O 的矩的矢量和。

式(4-150)就是质点系对任意点 O 的动量矩定理。

若将任意点 O 取在质心 C 处,则

$$\frac{\mathrm{d}\boldsymbol{r}_o}{\mathrm{d}t} = \frac{\mathrm{d}\boldsymbol{r}_c}{\mathrm{d}t} = \boldsymbol{v}_c \tag{4-151}$$

式(4-150)可以表示为

$$\boldsymbol{M}_c = \frac{\mathrm{d}\boldsymbol{h}_c}{\mathrm{d}t} = \sum_j (\boldsymbol{r}_j - \boldsymbol{r}_c) \times \boldsymbol{f}_j \tag{4-152}$$

式(4-152)表明,质点系对质心动量矩的时间导数等于作用在质点系上所有外力对质心矩的矢量和。这就是质点系相对质心的动量矩定理。

4.7　刚体的运动方程

刚体是质点系的特例,刚体具有一定体积,且刚体上的任意两个质点间的距离保持不变。所以只要知道刚体上任意一点的位置,以及刚体绕该点的转动,就可以完全确定刚体的运动。

质点在空间的运动有 3 个自由度,刚体定点转动又有 3 个自由度,因此刚体的运动具有 6 个自由度,描述刚体的运动至少需要 6 个参数。

4.7.1　刚体运动描述

由理论力学可知,刚体相对于参考坐标系 S_i 的运动可以由刚体上一点 O 的平动运动

和刚体绕该点的转动运动表示。

点 O 的位置矢量为 r_o，速度矢量为

$$\boldsymbol{v}_o = \frac{\mathrm{d}\boldsymbol{r}_o}{\mathrm{d}t} \tag{4-153}$$

设坐标系 S_b 是与刚体固连的坐标系，原点为 O，则刚体绕点 O 的转动可以由坐标系 S_b 相对坐标系 S_i 的旋转运动表示，刚体的姿态由坐标变换矩阵 $\boldsymbol{C}_i^b$ 确定。

设刚体绕点 O 转动的角速度为 $\boldsymbol{\omega}_{bi}$，当描述刚体运动的参数确定后，就可以得到这些参数和刚体角速度的关系。

若采用欧拉角表示刚体的转动，刚体的角速度矢量为

$$\boldsymbol{\omega}_{bi} = \dot{\boldsymbol{\phi}} + \dot{\boldsymbol{\theta}} + \dot{\boldsymbol{\psi}} \tag{4-154}$$

表示为矩阵形式为

$$\begin{bmatrix} \omega_{xb} \\ \omega_{yb} \\ \omega_{zb} \end{bmatrix} = \begin{bmatrix} 1 & 0 & -\sin\theta \\ 0 & \cos\phi & \cos\theta\sin\phi \\ 0 & -\sin\phi & \cos\phi\cos\theta \end{bmatrix} \begin{bmatrix} \dot{\phi} \\ \dot{\theta} \\ \dot{\psi} \end{bmatrix} \tag{4-155}$$

若由四元数表示刚体的转动，由式(4-132)可知

$$[\overset{\circ}{\boldsymbol{\omega}}]_m = 2(\boldsymbol{q}_i^m)^{-1} \otimes \frac{\mathrm{d}\boldsymbol{q}_i^m}{\mathrm{d}t} \tag{4-156}$$

将式(4-156)表示成矩阵形式，由式(4-130)可得刚体角速度为

$$\begin{bmatrix} 0 \\ \omega_{xb} \\ \omega_{yb} \\ \omega_{zb} \end{bmatrix} = \begin{bmatrix} q_i & q_x & q_y & q_z \\ q_x & -q_i & q_z & -q_y \\ q_y & -q_z & q_i & q_x \\ q_z & q_y & -q_x & q_i \end{bmatrix} \begin{bmatrix} \dfrac{\mathrm{d}q_i}{\mathrm{d}t} \\ \dfrac{\mathrm{d}q_x}{\mathrm{d}t} \\ \dfrac{\mathrm{d}q_y}{\mathrm{d}t} \\ \dfrac{\mathrm{d}q_z}{\mathrm{d}t} \end{bmatrix} \tag{4-157}$$

式(4-155)和式(4-157)称为刚体姿态的运动学方程。

4.7.2 惯性矩阵

设质点系是由 N 个质点 $P_i(i=1,2,\cdots,N)$ 组成，质点 P_i 的质量为 m_i，相对于点 O 的位置矢量为 r_i，则质点系相对于点 O 的惯性矩阵定义为

$$\boldsymbol{J} = \sum_{i=1}^{N} m_i(\mid \boldsymbol{r}_i \mid^2 \boldsymbol{I} - \boldsymbol{r}_i \boldsymbol{r}_i^{\mathrm{T}}) \tag{4-158}$$

式中 $\mid r_i \mid$——矢量 r_i 的模，即质点 P_i 距离点 O 的距离；

$\boldsymbol{I}$——单位矩阵。

惯性矩阵描述了质点系的质量分布情况，与质点系中质点的质量以及各质点到定点的距离有关。在给定投影坐标系后，矢量 r_i 的坐标就确定了，惯性矩阵也就确定了。

若取坐标系 S_i 为投影坐标系,矢量r_i 的分量阵式为$[\begin{array}{ccc} x_i & y_i & z_i \end{array}]^{\mathrm{T}}$,则惯性矩阵 $\boldsymbol{J}$ 为

$$\boldsymbol{J} = \sum_{i=1}^{N} m_i (|\boldsymbol{r}_i|^2 \boldsymbol{I} - \boldsymbol{r}_i \boldsymbol{r}_i^{\mathrm{T}})$$

$$= \begin{bmatrix} \sum_{i=1}^{N} m_i (y_i^2 + z_i^2) & -\sum_{i=1}^{N} m_i x_i y_i & -\sum_{i=1}^{N} m_i x_i z_i \\ -\sum_{i=1}^{N} m_i y_i x_i & \sum_{i=1}^{N} m_i (x_i^2 + z_i^2) & -\sum_{i=1}^{N} m_i y_i z_i \\ -\sum_{i=1}^{N} m_i z_i x_i & -\sum_{i=1}^{N} m_i z_i y_i & \sum_{i=1}^{N} m_i (x_i^2 + y_i^2) \end{bmatrix}$$

$$= \begin{bmatrix} J_{xx} & -J_{xy} & -J_{xz} \\ -J_{yx} & J_{yy} & -J_{yz} \\ -J_{zx} & -J_{zy} & J_{zz} \end{bmatrix} \tag{4-159}$$

式中,

$$\begin{cases} J_{xx} = \sum_{i=1}^{N} m_i (y_i^2 + z_i^2) \\ J_{yy} = \sum_{i=1}^{N} m_i (x_i^2 + z_i^2) \\ J_{zz} = \sum_{i=1}^{N} m_i (x_i^2 + y_i^2) \end{cases} \tag{4-160}$$

分别称为质点系对坐标系 x 轴、y 轴和 z 轴的转动惯量。

$$\begin{cases} J_{xy} = J_{yx} = \sum_{i=1}^{N} m_i x_i y_i \\ J_{xz} = J_{zx} = \sum_{i=1}^{N} m_i x_i z_i \\ J_{yz} = J_{zy} = \sum_{i=1}^{N} m_i y_i z_i \end{cases} \tag{4-161}$$

分别称为质点系对坐标系 x 轴和 y 轴、z 轴和 x 轴、y 轴和 z 轴的惯性积。

对于刚体而言,需要将上述公式中的求和变为求积分即可。在实际应用中通常选取与刚体固连的本体坐标系为参考坐标系,此时的惯性矩阵为常值的实对称矩阵。

4.7.3 刚体质心运动方程

刚体是特殊的质点系,参考式(4-143),可以得到刚体质心运动的动力学方程为

$$m \frac{\mathrm{d}\boldsymbol{v}_c}{\mathrm{d}t} = \boldsymbol{F} \tag{4-162}$$

式中 m ——刚体的质量;

$\boldsymbol{F}$ ——作用到刚体上的所有力的矢量和。

4.7.4 刚体转动方程

质点系对任意点 O 的动量矩定理表达式和对质心 C 的动量矩定理表达式同样适用于刚体。

1. 运动刚体对质心的动量矩

根据定义,刚体运动对质心的动量矩为

$$h_c = \sum_j r_j \times \Delta m_j v_j \tag{4-163}$$

式中 r_j——刚体质心到第 j 块质量微元的位置矢量;

Δm_j——刚体第 j 块质量微元的质量;

v_j——第 j 块质量微元的速度矢量。

设刚体的角速度矢量为 ω,则满足

$$v_j = \omega \times r_j \tag{4-164}$$

因此,刚体对质心的动量矩为

$$
\begin{aligned}
h_c &= \sum_j \Delta m_j r_j \times v_j \\
&= \sum_j \Delta m_j r_j \times (\omega \times r_j) \\
&= \sum_j \Delta m_j \omega (r_j \cdot r_j) - \sum_j \Delta m_j r_j (r_j \cdot \omega_j) \\
&= \sum_j \Delta m_j \mid r_j \mid^2 \omega - \sum_j \Delta m_j r_j (r_j \cdot \omega_j) \\
&= \sum_j \Delta m_j (\mid r_j \mid^2 I - r_j r_j^T) \omega_j
\end{aligned}
\tag{4-165}
$$

结合式(4-158)描述的刚体惯性矩阵,刚体相对质心的动量矩还可以简写为

$$h_c = J_c \omega \tag{4-166}$$

2. 相对质心的动量矩定理

由式(4-152)可知刚体运动对质心的动量矩的时间变化率等于刚体所受到的对质心的合外力矩。

当投影坐标系 S_b 固连于刚体时(即本体坐标系),惯性矩阵不随刚体运动而改变。结合式(4-152)和式(4-166)可以得到刚体相对质心的动量矩方程,将其表示在本体坐标系中,即

$$
\begin{aligned}
[M_c]_b &= \left(\frac{\mathrm{d}h_c}{\mathrm{d}t}\right)_b \\
&= \left(\frac{\mathrm{d}}{\mathrm{d}t}\right)_b (J_c \omega) \\
&= J_c [\dot{\omega}]_b + [\omega]_b \times (J_c [\omega]_b) \\
&= J_c [\dot{\omega}]_b + [\omega]_b \times J_c [\omega]_b
\end{aligned}
\tag{4-167}
$$

4.8 旋翼

旋翼包括桨毂、铰链、桨叶等组成部分,在航模级的飞行器中旋翼的结构一般比较简单,通常将旋翼称为螺旋桨。

四旋翼飞行时螺旋桨会旋转,桨叶会不断把大量空气向下推去,在桨叶上产生向上的力,在四旋翼无人机中称其为拉力。例如,截取一小段桨叶来看,恰似一小段机翼,四旋翼无人机上的"螺旋桨"其实是旋转的机翼,同时也是主操纵面,本节主要介绍旋翼的性能参数和数学模型。

4.8.1 旋翼的作用

旋翼是直升机、四旋翼无人机、倾转旋翼飞行器等旋翼飞行器的重要组成部分,在旋翼飞行器中,旋翼往往扮演着多重角色,既是主升力装置(升力面),又是主推进装置,同时也是主操纵面。

作为主升力装置,旋翼产生向上的拉力以克服机重,使旋翼飞行器能够悬停在空中或垂直爬升。直升机主旋翼、四旋翼无人机4个支臂的旋翼均是飞行器升力的主要来源,而对于倾转旋翼机而言,当倾转旋翼机处于横列式直升机飞行状态时两个旋翼是飞行器的主要升力来源。

作为主推进装置,直升机的主旋翼产生向前的水平分力,使直升机能够向前飞行,四旋翼无人机也是由4个旋翼产生的水平分力驱动四旋翼飞行器水平方向的运动,当倾转旋翼机处于固定翼飞行状态时,两个旋翼是产生推力的主要装置,升力则主要由飞行器的机翼产生。

作为主操纵面,直升机主旋翼产生其他分力及力矩以及尾桨的力矩共同作用在直升机上,实现直升机滚转、俯仰、偏航等姿态的调整,以及直飞、侧飞、倒飞、悬停等飞行模式,四旋翼无人机的滚转、俯仰、偏航等姿态的调整也是由4个旋翼的差动实现的,详见1.3节。

4.8.2 旋翼的基本参数

1. 旋翼直径和半径

旋翼旋转时,忽略挥舞,桨尖所画圆圈的直径称为旋翼直径 D,旋翼半径 $R = D/2$,从桨毂中心向叶尖距离的 75% 的径向位置称为特征剖面半径,如图 4-12 所示,记为

$$r = 0.75R \qquad (4\text{-}168)$$

2. 桨盘面积

旋翼旋转时,忽略挥舞,桨叶所划圆的面积称为桨盘面积 A,如图 4-12 所示。

$$A = \pi R^2 \qquad (4\text{-}169)$$

桨盘面积是影响旋翼产生拉力大小的重要因素,在同样条件下,桨盘面积大的旋翼产生的拉力也大。

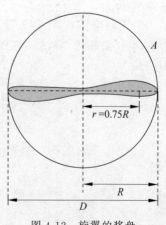

图 4-12　旋翼的桨盘

3. 桨叶宽度

桨叶剖面的弦长称为桨叶宽度 b,对于非矩形桨叶,用根梢比 η_{yc} 来表示桨叶宽度的变化,即

$$\eta_{yc} = \frac{b_0}{b_1} \geqslant 1 \tag{4-170}$$

4. 桨盘实度

所有桨叶面积占桨盘面积的比值称为桨盘实度 σ,也称为旋翼实度或填充系数,即

$$\sigma = \frac{k \int_0^R b \, \mathrm{d}r}{\pi R^2} = \frac{k\bar{b}}{\pi R} \approx \frac{kb_7}{\pi R} \tag{4-171}$$

式中 k——桨叶片数;

$\bar{b}$——桨叶平均宽度;

b_7——特征剖面处的桨叶宽度。

5. 旋翼转速和角速度

描述旋翼旋转速度快慢的物理量通常为旋翼转速 n 和角速度 Ω,两者的单位分别为 r/min 和 rad/s,两者之间的换算公式为

$$\Omega = \frac{\pi n}{30} \tag{4-172}$$

旋翼旋转时,由于桨叶各切面的旋转半径(r)不等,因而各切面的周向速度(u)也不同,其大小为

$$u = r\Omega \tag{4-173}$$

桨尖的周向速度,称为旋翼的桨尖速度,其大小为

$$u = R\Omega \tag{4-174}$$

6. 旋翼的诱导速度

旋翼工作时,旋翼上方的空气被吸入桨盘,继而受桨叶的排压,一面扭转(扭转转向与旋翼转向相同),一面加速向下流去,这种受旋翼作用一面扭转一面加速向下流去的气流称为滑流。若不考虑滑流扭转,而把这部分空气受旋翼作用向下流动所增加的速度叫作诱导速度,用 v_i 表示。

旋翼流场中诱导速度的分布比较复杂,在桨盘平面上诱导速度的分布也不均匀。诱导速度除沿径向展开外,还与桨叶的角位置有关。为了研究问题的方便,一般以桨盘上诱导速度的平均值作为旋翼的诱导速度。旋翼诱导速度的大小与旋翼拉力密切相关,诱导速度大,说明空气受到旋翼的作用力大,桨叶受空气反作用力(即拉力)也就大。

7. 前进比和流入比

由于旋翼迎角 α_w 的存在,旋翼的相对气流可沿 x_S 轴和 y_S 轴分解为两个分量 $v\cos\alpha_w$ 和 $v\sin\alpha_w$。$v\cos\alpha_w$ 与构造平面(在此指旋翼桨盘)相平行,常称为周向来流速度,$v\sin\alpha_w$ 与构造平面相垂直,如图 4-13 所示。

沿构造平面的相对气流速度与旋翼桨尖速度的比值叫前进比 μ,即

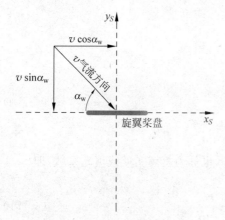

图 4-13　相对气流和旋翼桨盘

$$\mu = \frac{v\cos(\alpha_{w})}{R\Omega} \tag{4-175}$$

沿桨毂旋转轴方向的相对气流速度与旋翼桨尖速度的比值叫流入比或来流系数 λ，由于在旋转轴 y_S 方向除 $v\sin\alpha_w$ 外，还有诱导速度 v_i，所以流入比 λ 为

$$\lambda = \frac{v\sin(\alpha_{w}) - v_{i}}{R\Omega} \tag{4-176}$$

在旋翼上升状态（$\alpha_w \leqslant 0$），$v\sin\alpha_w$ 与 v_i 方向相同，λ 为负值，表示气流自上而下流入旋翼。在下降状态（$\alpha_w \geqslant 0$），$v\sin\alpha_w$ 与 v_i 方向相反，由于一般情况下 $v\sin\alpha_w$ 比 v_i 的数值小，因此 λ 仍为负值，只有在下降率很大时，λ 才有可能为正值，表示气流自下而上流入旋翼。流入比 λ 是计算旋翼空气动力的重要参数。

8. 桨距

桨距表示一个抽象距离，与螺栓或螺钉的螺距类似：螺旋桨在固体介质中旋转一周所前进的距离就是桨距。

如果桨叶任意半径处的桨距都相同，那么就是恒定桨距的桨叶；如果桨叶为非恒定桨距的桨叶，那么通常特征剖面处（旋转半径 $0.75R$ 处）的桨距为桨叶的标称桨距。

4.8.3　旋翼的拉力

旋翼飞行器的升力和推力是由飞行器的螺旋桨产生的，如直升机的主旋翼、四旋翼无人机 4 个支臂的螺旋桨等。螺旋桨就是一端被固定，并绕固定端旋转的高展弦比机翼。

旋转的螺旋桨驱动空气流过螺旋桨，产生动压和升力，同时伴随升力产生的还有型阻（Profile Drag）和诱导阻力（Induced Drag），而阻力作用在力臂上会产生扭矩，螺旋桨则需要吸收这个扭矩。

一般来讲，常规旋翼建模的方法有动量理论、叶素法、涡流理论 3 种方法。

动量理论最早起源于 19 世纪的船用螺旋桨研究。20 世纪初，Betz 将动量理论应用于飞机螺旋桨。动量理论采用均匀滑流的假设，把螺旋桨看成一个无限薄的桨盘，应用流体力学的基本定律来研究桨盘对气流的作用。动量理论是一种宏观上的分析，它的特点是模型简洁、计算简单，但是精度较低，只能适用于对螺旋桨性能的初步估算，无法涉及桨叶的几何特性，一般只用于前期性能分析。

叶素理论最早由 Drzewiwcki 在 19 世纪末提出。叶素理论是机翼升力线理论在螺旋桨桨叶中的应用。叶素法物理概念明确、计算精度高，但在计算诱导速度时需反复迭代求解，计算非常复杂，导致其往往不能达到预期的计算精度。

涡流理论相对叶素法稍简单，但是理论推导过程较为复杂。涡流理论是把机翼的升力由环绕机翼的环量产生的理论应用到螺旋桨上。涡流理论的难点是对滑流尾迹的分析，其关键在于尾涡系模型的选取。

总的来讲,叶素法在分析桨叶受力时很有优势,而涡流理论在计算诱导速度时较为简单,仅分析螺旋桨拉力时使用动量理论比较简单。

下面由动量理论分析螺旋桨的拉力。螺旋桨向下排压空气,给大量空气加速,形成旋翼尾流,同时从上方吸入空气。受到螺旋桨的作用力,气流被加速、增压;同时空气对螺旋桨施加反作用力,即旋翼拉力。旋翼拉力和气流所受的力互为作用力和反作用力,为了知道旋翼拉力,可以计算气流所受的力。这个过程首先用到的是兰金-弗劳德(Rankine-Froude)作用盘理论,通常也称为格劳渥(Glauert)动量理论模型。

将螺旋桨想象成一个由无限多片无限窄的桨叶构成的圆盘,这个盘就称为作用盘。为了简化推导过程,对物理现象做适当的简化假设。

① 拉力载荷在桨盘上均匀分布,这意味着桨盘分为无限多片无限窄的桨叶。这正是作用盘的定义。

② 认为旋翼桨盘能够产出稳定的、均匀分布的诱导速度。

③ 认为空气是滑流,即忽略空气的黏性和可压缩性。

④ 认为受旋翼作用的气流形成流管,将旋翼流场与旋翼外侧流场区分开。

⑤ 旋翼流场气流无扭转现象,不允许尾涡旋转,因此运动中没有能量损失。

⑥ 在旋翼上游远处和下游远处的静压等于自由流静压。

在低速、常温等前提下,这些假设是比较容易满足的。

对于旋翼流场而言,流入的质量减去流出的质量一定等于堆积在流场中的质量。若流场中没有质量堆积,则

$$\rho_0 A_0 v_0 = \rho_1 A_1 v_1 = \rho_2 A_2 v_2 \tag{4-177}$$

如果空气密度 ρ 为常数,则面积 A 和速度 v 的乘积也为常数,即速度增大时流管的截面积减小。画出一根流管,使其内壁恰好与旋翼桨盘相接,如图 4-14 所示。由于旋翼产生诱导速度,旋翼上游远处,空气速度很小,因此流管的管口必须加宽,而在下游远处,空气速度加快,流管收缩。

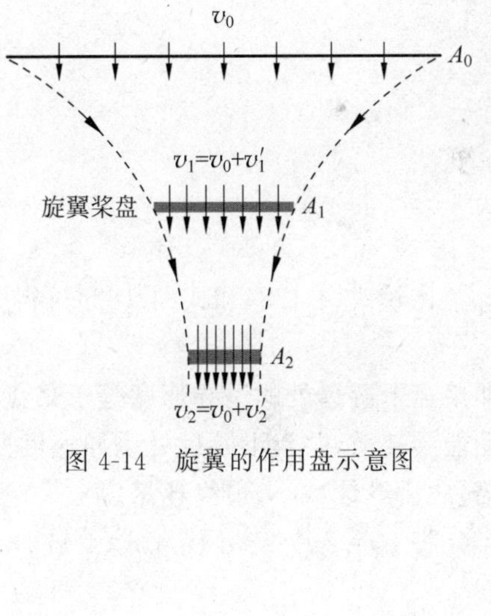

假设在旋翼上游远处的气流相对于桨盘的速度为 v_0。由于桨盘旋转激起了诱导速度 $v_i = v_1'$,因此在桨盘处的气流速度为 $v_1 = v_0 + v_1'$,而在桨盘下游远处的速度为 $v_2 = v_0 + v_2'$。

图 4-14　旋翼的作用盘示意图

由动量定义可知,单位流量动量的改变等于所受同方向的外力(不必考虑重力),即

$$\begin{aligned} T &= m(v_2 - v_0) \\ &= \rho A v_1 v_2' \\ &= \rho A v_0 v_2' + \rho A v_1' v_2' \end{aligned} \tag{4-178}$$

对于无黏性、不可压流体,伯努利方程简化为

$$p + \frac{1}{2}\rho v^2 = 常数 \tag{4-179}$$

对于整个旋翼流场而言,由于桨盘对空气做功,压强在桨盘处发生突变,不满足伯努利

方程对能量守恒的要求，因此不能对整个旋翼流场使用伯努利方程。但是可以将整个旋翼流场分为旋翼上方和旋翼下方两部分，如图 4-15 所示，这两部分均满足伯努利方程的应用条件，可以分别使用伯努利方程分析。

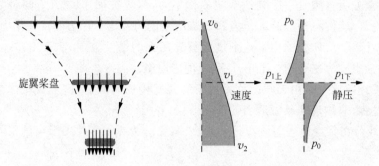

图 4-15　旋翼桨盘流场气流速度和静压的变化

因为在桨盘上方远处和下方远处压强均为大气压强 p_0，所以桨盘上方的伯努利方程为

$$p_0 + \frac{1}{2}\rho v_0^2 = p_{1上} + \frac{1}{2}\rho v_1^2 \tag{4-180}$$

桨盘下方的伯努利方程为

$$p_{1下} + \frac{1}{2}\rho v_1^2 = p_0 + \frac{1}{2}\rho v_2^2 \tag{4-181}$$

$$
\begin{aligned}
T &= (p_{1下} - p_{1上})A \\
&= \left(\frac{1}{2}\rho v_2^2 - \frac{1}{2}\rho v_0^2\right)A \\
&= \frac{1}{2}\rho A\,(2v_0 v_2' + v_2'^2) \\
&= \rho A v_0 v_2' + \frac{1}{2}\rho A v_2'^2
\end{aligned} \tag{4-182}
$$

比较式(4-178)和式(4-182)可得

$$v_2' = 2v_1' \tag{4-183}$$

即桨盘下游远处的诱导速度等于桨盘处诱导速度的 2 倍。事实上，由于空气具有黏性，并且动能会耗散，桨盘下游远处诱导速度并不能达到桨盘处诱导速度的 2 倍，最大值约为的 1.6 倍，之后继续减小，最终耗尽。

将 $v_2' = 2v_1' = 2v_i$ 代入式(4-178)或式(4-182)中，可以得到旋翼的拉力公式为

$$T = 2\rho A\,(v_0 + v_i)v_i \tag{4-184}$$

桨盘上方和下方的伯努利方程可以等式变换为

$$
\begin{cases}
p_{1上} - p_0 = -\dfrac{1}{2}\rho(2v_0 + v_i)v_i \\[2mm]
p_{1下} - p_0 = \dfrac{1}{2}\rho(2v_0 + 3v_i)v_i
\end{cases} \tag{4-185}
$$

由此可知，旋翼上方为吸压，下方为增压，旋翼上游远处的气流相对于桨盘的速度 $v_0=0$ 时，旋翼产生的拉力中，由旋翼下方增压作用产生的拉力是旋翼上方吸压作用产生拉力的 3 倍。

实际旋翼并非整个桨盘面积产生拉力。

① 桨毂及叶根段无翼型。

② 桨盘上下有压差，在叶尖处会有自下而上的绕流，削弱了尖部的作用。实际有效面积 $A=\pi r_1^2-\pi r_0^2$，如图 4-16 所示。

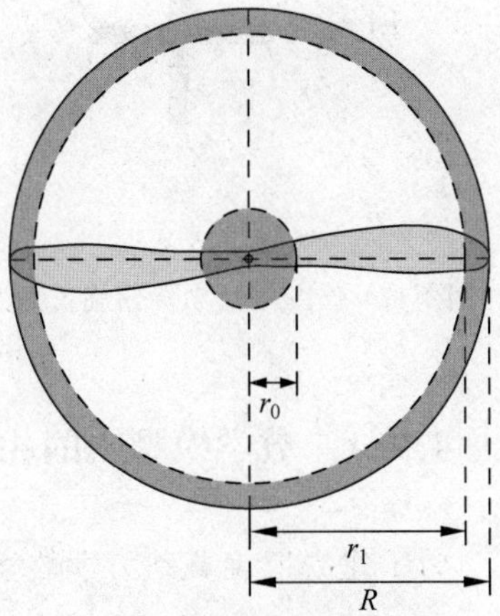

图 4-16 旋翼桨盘的实际有效面积示意图

将旋翼的拉力方程整理为以旋翼上游远处的气流相对于桨盘的速度和拉力表示诱导速度的形式，这就是格劳特动量模型的通用表达形式，即

$$v_i=\frac{T}{2\rho A\ |v|} \tag{4-186}$$

式中，

$$|v|=\sqrt{(v_0+v_i)^2}$$

悬停时，$v_0=0$，故诱导速度 v_i 为

$$v_i=\sqrt{\frac{T}{2\rho A}} \tag{4-187}$$

若定义拉力系数 C_T 为

$$\begin{aligned} C_T&=\frac{T}{\frac{1}{2}\rho A v_T^2}\\ &=\frac{T}{\frac{1}{2}\rho\pi R^2(\Omega R)^2} \end{aligned} \tag{4-188}$$

式中 A ——螺旋桨桨盘面积；

v_T——螺旋桨桨尖的周向速度；

Ω ——螺旋桨的角速度；

R ——螺旋桨的半径。

则旋翼的拉力可以表示为

$$T=\frac{1}{2}C_T\rho\pi\Omega^2R^4 \tag{4-189}$$

4.9 四旋翼无人机的数学模型

尽管不同布局的四旋翼无人机的原理比较类似，但也有所不同，在此以“十”字形布局和“X”字形布局的四旋翼无人机为例介绍其数学模型，为了便于叙述，对四旋翼无人机的 4 个旋翼编号如图 4-17 和图 4-18 所示。

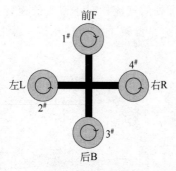

图 4-17 "十"字形布局四旋翼无人机布局

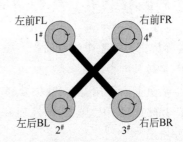

图 4-18 "X"字形布局四旋翼无人机布局

4.9.1 数学模型中的相关定义

为了建立四旋翼动力学数学模型，首先建立两个基本坐标系。惯性坐标系 S_i 为 NED 本地坐标系，坐标轴为：$\mathcal{I}=[x_I,y_I,z_I]$，分别指向北方、东方和下方。机体坐标系 S_b 和四旋翼机体固连，坐标轴为 $\mathcal{B}=[x_B,y_B,z_B]$，分别表示机体的前方、右方和下方。

机体质心的位置矢量 $\boldsymbol{r}$ 在惯性系 S_i 的坐标为

$$[\boldsymbol{r}]_i = \begin{bmatrix} x_i & y_i & z_i \end{bmatrix}^{\mathrm{T}} \tag{4-190}$$

相应地，速度矢量 $\dot{\boldsymbol{r}}$ 在惯性系 S_i 的坐标为

$$[\dot{\boldsymbol{r}}]_i = [\boldsymbol{v}]_i = \begin{bmatrix} \dot{x}_i & \dot{y}_i & \dot{z}_i \end{bmatrix}^{\mathrm{T}} \tag{4-191}$$

速度矢量 $\dot{\boldsymbol{r}}$ 在机体坐标系 S_b 的坐标为

$$[\dot{\boldsymbol{r}}]_b = [\boldsymbol{v}]_b = \begin{bmatrix} u & v & w \end{bmatrix}^{\mathrm{T}} \tag{4-192}$$

机体坐标系 S_b 相对惯性坐标系 S_i 转动的角速度为 $\boldsymbol{\omega}$，矢量 $\boldsymbol{\omega}$ 在机体坐标系 S_b 的投影分量可以表示为

$$[\boldsymbol{\omega}]_b = \begin{bmatrix} p & q & r \end{bmatrix}^{\mathrm{T}} \tag{4-193}$$

描述机体姿态的欧拉角为

$$\boldsymbol{\eta} = \begin{bmatrix} \phi & \theta & \psi \end{bmatrix}^{\mathrm{T}} \tag{4-194}$$

式中　ϕ ——俯仰角；

　　　θ ——滚转角；

　　　ψ ——偏航角。

矢量 $\boldsymbol{v}$、$\boldsymbol{\omega}$ 和 $\boldsymbol{\eta}$ 在坐标系中的投影分量的关系为

$$\begin{cases} [\boldsymbol{v}]_i = \boldsymbol{C}_b^i [\boldsymbol{v}]_b \\ [\boldsymbol{\omega}]_b = \boldsymbol{C}_\eta^b \dot{\boldsymbol{\eta}} \end{cases} \tag{4-195}$$

式(4-195)中的转换矩阵 $\boldsymbol{C}_b^i$ 和 $\boldsymbol{C}_\eta^b$ 分别为

$$\boldsymbol{C}_b^i = \begin{bmatrix} \cos\theta\cos\psi & \sin\phi\sin\theta\cos\psi - \cos\phi\sin\psi & \cos\phi\sin\theta\cos\psi + \sin\phi\sin\psi \\ \cos\theta\sin\psi & \sin\phi\sin\theta\sin\psi + \cos\phi\cos\psi & \cos\phi\sin\theta\sin\psi - \sin\phi\cos\psi \\ -\sin\theta & \sin\phi\cos\theta & \cos\phi\cos\theta \end{bmatrix} \tag{4-196}$$

$$C_\eta^b = \begin{bmatrix} 1 & 0 & -\sin\theta \\ 0 & \cos\phi & \cos\theta\sin\phi \\ 0 & -\sin\phi & \cos\phi\cos\theta \end{bmatrix} \tag{4-197}$$

4.9.2　四旋翼无人机的线运动

根据牛顿第二运动定律(式(4-136))和科里奥利公式(式(4-24)),四旋翼无人机线运动方程的矢量形式为

$$\boldsymbol{F}_{\text{ext}} = m\dot{\boldsymbol{v}}_i$$
$$= m\dot{\boldsymbol{v}}_b + \boldsymbol{\omega} \times (m\boldsymbol{v}) \tag{4-198}$$

式中　$\boldsymbol{F}_{\text{ext}}$——四旋翼无人机所受的合外力矢量;

m——四旋翼无人机的质量;

$\boldsymbol{v}$——四旋翼无人机运动的速度矢量;

$\boldsymbol{\omega}$——四旋翼无人机转动的角速度矢量(即机体坐标系 S_b 相对惯性坐标系 S_i 的转动角速度);

$\dot{\boldsymbol{v}}_i$——四旋翼无人机速度矢量在惯性坐标系 S_i 中的微分;

$\dot{\boldsymbol{v}}_b$——四旋翼无人机速度矢量在机体坐标系 S_b 中的微分。

1. 线运动在机体坐标系的动力学方程

将式(4-198)在机体坐标系 S_b 中使用坐标表示,即

$$[\boldsymbol{F}_{\text{ext}}]_b = m[\dot{\boldsymbol{v}}_b]_b + [\boldsymbol{\omega}]_b \times (m[\boldsymbol{v}]_b) \tag{4-199}$$

式中,

$$\begin{cases} [\boldsymbol{v}]_b = [u \quad v \quad w]^{\text{T}} \\ [\boldsymbol{\omega}]_b = [p \quad q \quad r]^{\text{T}} \end{cases}$$

四旋翼无人机和机体坐标系 S_b 固连,由式(4-23)可知[①]

$$[\dot{\boldsymbol{v}}_b]_b = [\dot{u} \quad \dot{v} \quad \dot{w}]^{\text{T}} \tag{4-200}$$

若忽略空气阻力,则四旋翼无人机的受力主要包括螺旋桨的推力 $\boldsymbol{F}_{\text{thrust}}$ 和重力 $\boldsymbol{F}_{\text{grav}}$,即

$$\boldsymbol{F}_{\text{ext}} = \boldsymbol{F}_{\text{thrust}} + \boldsymbol{F}_{\text{grav}} \tag{4-201}$$

假设四旋翼无人机 4 个方向的螺旋桨的转速分别为 $\{\Omega_1, \Omega_2, \Omega_3, \Omega_4\}$,如图 4-17 和图 4-18 所示,则 4 个螺旋桨的总推力 U_{thrust} 为

$$U_{\text{thrust}} = -b\sum_{i=1}^4 \Omega_i^2 \tag{4-202}$$

四旋翼无人机机体的质量为 m,重力加速度为 $g = 9.81\text{m/s}^2$,则在机体坐标系 S_b 中四旋翼无人机受力的坐标分量为

$$[\boldsymbol{F}_{\text{thrust}}]_b = \begin{bmatrix} 0 \\ 0 \\ U_{\text{thrust}} \end{bmatrix} \quad [\boldsymbol{F}_{\text{grav}}]_b = C_i^b \begin{bmatrix} 0 \\ 0 \\ mg \end{bmatrix} \tag{4-203}$$

---

① 无人机和机体坐标系 S_b 固连,故式(4-23)中 $\boldsymbol{\omega}_R = \boldsymbol{0}$。

故四旋翼无人机所受合外力$\boldsymbol{F}_{\text{ext}}$，在机体坐标系$S_b$中的坐标为

$$
\begin{aligned}
\left[\boldsymbol{F}_{\text{ext}}\right]_b &= \left[\boldsymbol{F}_{\text{thrust}}\right]_b + \left[\boldsymbol{F}_{\text{grav}}\right]_b \\
&= \left[\boldsymbol{F}_{\text{thrust}}\right]_b + \boldsymbol{C}_i^b\left[\boldsymbol{F}_{\text{grav}}\right]_i \\
&= \begin{bmatrix} 0 \\ 0 \\ U_{\text{thrust}} \end{bmatrix} + \boldsymbol{C}_i^b \begin{bmatrix} 0 \\ 0 \\ mg \end{bmatrix} \\
&= \begin{bmatrix} -mg\sin\theta \\ mg\sin\phi\cos\theta \\ U_{\text{thrust}} + mg\cos\phi\cos\theta \end{bmatrix}
\end{aligned}
\tag{4-204}
$$

因此式(4-199)可转换为

$$
\begin{bmatrix} -mg\sin\theta \\ mg\sin\phi\cos\theta \\ U_{\text{thrust}} + mg\cos\phi\cos\theta \end{bmatrix} = m\begin{bmatrix} \dot{u} \\ \dot{v} \\ \dot{w} \end{bmatrix} + m\begin{bmatrix} p \\ q \\ r \end{bmatrix} \times \begin{bmatrix} u \\ v \\ w \end{bmatrix}
\tag{4-205}
$$

对式(4-205)等式变化后可以得到本地坐标系S_b中描述的四旋翼无人机线运动的动力学方程为

$$
\begin{bmatrix} \dot{u} \\ \dot{v} \\ \dot{w} \end{bmatrix} = \begin{bmatrix} -g\sin\theta - qw + rv \\ g\sin\phi\cos\theta - ru + pw \\ \dfrac{1}{m}U_{\text{thrust}} + g\cos\phi\cos\theta - pv + qu \end{bmatrix}
\tag{4-206}
$$

2. 线运动在惯性坐标系的动力学方程

四旋翼无人机的线运动在 NED 惯性坐标系S_i中描述更为简便。将线运动的动力学方程矢量描述形式(即式(4-198))在惯性坐标系S_i中描述，即

$$
\left[\boldsymbol{F}_{\text{ext}}\right]_i = m\left[\dot{\boldsymbol{v}}_i\right]_i
\tag{4-207}
$$

式中，$\left[\dot{\boldsymbol{v}}_i\right]_i = \begin{bmatrix} \ddot{x}_i & \ddot{y}_i & \ddot{z}_i \end{bmatrix}^{\text{T}}$。

四旋翼无人机所受合外力在惯性坐标系S_i中可以表示为

$$
\begin{aligned}
\left[\boldsymbol{F}_{\text{ext}}\right]_i &= \left[\boldsymbol{F}_{\text{thrust}}\right]_i + \left[\boldsymbol{F}_{\text{grav}}\right]_i \\
&= \boldsymbol{C}_b^i\left[\boldsymbol{F}_{\text{thrust}}\right]_b + \left[\boldsymbol{F}_{\text{grav}}\right]_i \\
&= \boldsymbol{C}_b^i \begin{bmatrix} 0 \\ 0 \\ U_{\text{thrust}} \end{bmatrix} + \begin{bmatrix} 0 \\ 0 \\ mg \end{bmatrix} \\
&= \begin{bmatrix} U_{\text{thrust}}(\cos\phi\sin\theta\cos\psi + \sin\phi\sin\psi) \\ U_{\text{thrust}}(\cos\phi\sin\theta\sin\psi - \sin\phi\cos\psi) \\ U_{\text{thrust}}(\cos\phi\cos\theta) + mg \end{bmatrix}
\end{aligned}
\tag{4-208}
$$

因此，式(4-207)可以转换为

$$
\begin{bmatrix} \ddot{x} \\ \ddot{y} \\ \ddot{z} \end{bmatrix} = \frac{1}{m}\begin{bmatrix} U_{\text{thrust}}(\cos\phi\sin\theta\cos\psi + \sin\phi\sin\psi) \\ U_{\text{thrust}}(\cos\phi\sin\theta\sin\psi - \sin\phi\cos\psi) \\ U_{\text{thrust}}(\cos\phi\cos\theta) + mg \end{bmatrix}
\tag{4-209}
$$

式(4-209)即线运动在惯性坐标系的动力学方程。

4.9.3 四旋翼无人机的转动

式(4-167)描述了四旋翼无人机转动的动力学方程,机体坐标系 S_b 中,有

$$[\boldsymbol{M}_c]_b = \boldsymbol{J}_c [\dot{\boldsymbol{\omega}}]_b + [\boldsymbol{\omega}]_b \times \boldsymbol{J}_c [\boldsymbol{\omega}]_b \tag{4-210}$$

式中,

$$[\boldsymbol{\omega}]_b = \begin{bmatrix} \omega_{xb} \\ \omega_{yb} \\ \omega_{zb} \end{bmatrix} = \begin{bmatrix} p \\ q \\ r \end{bmatrix} \quad [\dot{\boldsymbol{\omega}}]_b = \begin{bmatrix} \dot{\omega}_{xb} \\ \dot{\omega}_{yb} \\ \dot{\omega}_{zb} \end{bmatrix} = \begin{bmatrix} \dot{p} \\ \dot{q} \\ \dot{r} \end{bmatrix}$$

为了简化数学模型,可假设四旋翼无人机为关于机体坐标轴 x_B 和 y_B 对称的刚体,即转动惯量可表示为

$$\boldsymbol{J} = \begin{bmatrix} J_{xx} & 0 & 0 \\ 0 & J_{yy} & 0 \\ 0 & 0 & J_{zz} \end{bmatrix} \tag{4-211}$$

四旋翼无人机为图 4-17 所示的"十"字形布局时,作用在四旋翼无人机机体上的合力矩可以表示为

$$[\boldsymbol{M}_c]_b = \begin{bmatrix} lb(\Omega_2^2 - \Omega_4^2) \\ lb(\Omega_1^2 - \Omega_3^2) \\ d(\Omega_1^2 - \Omega_2^2 + \Omega_3^2 - \Omega_4^2) \end{bmatrix} = \begin{bmatrix} M_\phi \\ M_\theta \\ M_\psi \end{bmatrix} \tag{4-212}$$

四旋翼无人机为图 4-18 所示的"X"字形布局时,作用在四旋翼无人机机体上的合力矩可以表示为

$$[\boldsymbol{M}_c]_b = \begin{bmatrix} lb(\Omega_1^2 + \Omega_2^2 - \Omega_3^2 - \Omega_4^2) \\ lb(\Omega_1^2 - \Omega_2^2 - \Omega_3^2 + \Omega_4^2) \\ d(\Omega_1^2 - \Omega_2^2 + \Omega_3^2 - \Omega_4^2) \end{bmatrix} = \begin{bmatrix} M_\phi \\ M_\theta \\ M_\psi \end{bmatrix} \tag{4-213}$$

式中 l——机体质心到螺旋桨中心的距离;

b,d——分别为螺旋桨的推力以及反扭力矩相关的常量。

将式(4-212)或式(4-213)代入式(4-210)中,等式变换后可以得到

$$[\dot{\boldsymbol{\omega}}]_b = \begin{bmatrix} \dot{p} \\ \dot{q} \\ \dot{r} \end{bmatrix} = \begin{bmatrix} \dfrac{M_\phi + (J_{yy} - J_{zz})qr}{J_{xx}} \\ \dfrac{M_\theta + (J_{zz} - J_{xx})pr}{J_{yy}} \\ \dfrac{M_\psi + (J_{xx} - J_{yy})pq}{J_{zz}} \end{bmatrix} \tag{4-214}$$

式(4-214)中 M_ϕ、M_θ 和 M_ψ 等变量因机型不同而不同。

小结

本章围绕四旋翼无人机的数学模型介绍了矢量、坐标系、动力学建模、四元数理论和旋翼等相关知识，并在最后建立了四旋翼无人机的数学模型。这些基础知识不仅是四旋翼无人机数学建模的基础知识，而且是航姿参考系统解算、组合导航系统、姿态控制和导航控制等诸多方面的基础知识。掌握本章的基础知识是理解 Paparazzi 中各类算法、程序代码的必备前提。

本章的知识要点包括以下几个。

- 矢量本身和坐标系无关，但是通常用矢量在坐标系中的投影表示矢量。
- 对矢量的微分可由式（4-20）描述，即

$$\frac{\mathrm{d}\boldsymbol{p}}{\mathrm{d}t} = \mathbf{1}_p \frac{\mathrm{d}p}{\mathrm{d}t} + \boldsymbol{\omega} \times \boldsymbol{p}$$

- 坐标变换可以理解为同一矢量在两个不同坐标系中坐标之间的变换关系，这个矢量不会因坐标变化而发生变化，但不同坐标系中的坐标是不同的。
- 坐标变换可以由坐标变换矩阵描述，即式（4-29）描述，即

$$[\boldsymbol{u}]_b = \boldsymbol{C}_a^b [\boldsymbol{u}]_a$$

- 坐标变换矩阵是正交矩阵，具有以下性质，即

$$\boldsymbol{C}_a^b = (\boldsymbol{C}_b^a)^{-1} = (\boldsymbol{C}_b^a)^{\mathrm{T}}$$

$$\det(\boldsymbol{C}_a^b) = \pm 1$$

$$\boldsymbol{C}_a^c = \boldsymbol{C}_b^c \boldsymbol{C}_a^b$$

- 由变换矩阵传递性质可以得出从坐标系 S_a 到坐标系 S_b 的变换矩阵由式（4-38）和式（4-39）描述，即

$$\boldsymbol{C}_a^b = \boldsymbol{C}_x(\phi)\boldsymbol{C}_y(\theta)\boldsymbol{C}_z(\psi)$$

$$\boldsymbol{C}_a^b = \begin{bmatrix} \cos\theta\cos\psi & \cos\theta\sin\psi & -\sin\theta \\ \sin\phi\sin\theta\cos\psi - \cos\phi\sin\psi & \sin\phi\sin\theta\sin\psi + \cos\phi\cos\psi & \sin\phi\cos\theta \\ \cos\phi\sin\theta\cos\psi + \sin\phi\sin\psi & \cos\phi\sin\theta\sin\psi - \sin\phi\cos\psi & \cos\phi\cos\theta \end{bmatrix}$$

- 坐标变换矩阵导数由式（4-50）或式（4-53）描述，即

$$\dot{\boldsymbol{C}}_i^m = -\boldsymbol{C}_i^m [\boldsymbol{\omega}_{im}]_i^\times$$

$$\dot{\boldsymbol{C}}_i^m = -[\boldsymbol{\omega}_{im}]_m^\times \boldsymbol{C}_i^m$$

- 欧拉角的变化率由式（4-56）或式（4-57）描述，即

$$\begin{bmatrix} \omega_{xb} \\ \omega_{yb} \\ \omega_{zb} \end{bmatrix} = \begin{bmatrix} 1 & 0 & -\sin\theta \\ 0 & \cos\phi & \sin\phi\cos\theta \\ 0 & -\sin\phi & \cos\phi\cos\theta \end{bmatrix} \begin{bmatrix} \dot{\phi} \\ \dot{\theta} \\ \dot{\psi} \end{bmatrix}$$

$$\begin{bmatrix} \dot{\phi} \\ \dot{\theta} \\ \dot{\psi} \end{bmatrix} = \begin{bmatrix} 1 & \sin\phi\tan\theta & \cos\phi\tan\theta \\ 0 & \cos\phi & -\sin\phi \\ 0 & -\sin\phi\sec\theta & \cos\phi\sec\theta \end{bmatrix} \begin{bmatrix} \omega_{xb} \\ \omega_{yb} \\ \omega_{zb} \end{bmatrix}$$

- 常用坐标系包括全球坐标系、本地坐标系和机体坐标系,这些坐标系之间是可以相互转化的。
- 四元数旋转变换由式(4-106)、式(4-108)或式(4-109)描述,即

$$\boldsymbol{p}_b = \boldsymbol{q} \otimes \boldsymbol{p}_a \otimes \boldsymbol{q}^*$$
$$= \cos\sigma \boldsymbol{p}_a + \sin\sigma(\boldsymbol{e} \times \boldsymbol{p}_a) + (1-\cos\sigma)(\boldsymbol{p}_a \cdot \boldsymbol{e})\boldsymbol{e}$$
$$[\mathring{\boldsymbol{r}}]_b = (\boldsymbol{q}_a^b)^* \otimes [\mathring{\boldsymbol{r}}]_a \otimes \boldsymbol{q}_a^b$$
$$\mathrm{col}([\mathring{\boldsymbol{r}}]_b) = \mathrm{mati}(\boldsymbol{q}_a^b)\mathrm{mat}((\boldsymbol{q}_a^b)^*)\mathrm{col}([\mathring{\boldsymbol{r}}]_a)$$

- 变换矩阵和四元数的关系由式(4-111)或式(4-112)描述,即

$$\boldsymbol{C}_a^b = \vec{\boldsymbol{q}}\vec{\boldsymbol{q}}^{\mathrm{T}} + (q_i\boldsymbol{I} - [\vec{\boldsymbol{q}}]^\times)^2$$
$$\boldsymbol{C}_a^b = (q_i^2 - |\vec{\boldsymbol{q}}|^2)\boldsymbol{I} + 2\vec{\boldsymbol{q}}\vec{\boldsymbol{q}}^{\mathrm{T}} - 2q_i[\vec{\boldsymbol{q}}]^\times$$

- 四元数表示的相对运动的运动学方程由式(4-132)、式(4-133)或式(4-134)描述,即

$$\frac{\mathrm{d}\boldsymbol{q}_i^m}{\mathrm{d}t} = \frac{1}{2}\boldsymbol{q}_i^m \otimes [\mathring{\boldsymbol{\omega}}]_m$$
$$\mathrm{col}\left(\frac{\mathrm{d}\boldsymbol{q}_i^m}{\mathrm{d}t}\right) = \frac{1}{2}\mathrm{mati}([\mathring{\boldsymbol{\omega}}]_m)\mathrm{col}(\boldsymbol{q}_i^m)$$

$$\begin{bmatrix} \dfrac{\mathrm{d}q_i}{\mathrm{d}t} \\ \dfrac{\mathrm{d}q_x}{\mathrm{d}t} \\ \dfrac{\mathrm{d}q_y}{\mathrm{d}t} \\ \dfrac{\mathrm{d}q_z}{\mathrm{d}t} \end{bmatrix} = \frac{1}{2}\begin{bmatrix} 0 & -\omega_{xm} & -\omega_{ym} & -\omega_{zm} \\ \omega_{xm} & 0 & \omega_{zm} & -\omega_{ym} \\ \omega_{ym} & -\omega_{zm} & 0 & \omega_{xm} \\ \omega_{zm} & \omega_{ym} & -\omega_{xm} & 0 \end{bmatrix}\begin{bmatrix} q_i \\ q_x \\ q_y \\ q_z \end{bmatrix}$$

- 欧拉角表示刚体的转动由式(4-155)描述,即

$$\begin{bmatrix} \omega_{xb} \\ \omega_{yb} \\ \omega_{zb} \end{bmatrix} = \begin{bmatrix} 1 & 0 & -\sin\theta \\ 0 & \cos\phi & \cos\theta\sin\phi \\ 0 & -\sin\phi & \cos\phi\cos\theta \end{bmatrix}\begin{bmatrix} \dot{\phi} \\ \dot{\theta} \\ \dot{\psi} \end{bmatrix}$$

- 四元数表示刚体的转动由式(4-156)或式(4-157)描述,即

$$[\mathring{\boldsymbol{\omega}}]_m = 2(\boldsymbol{q}_i^m)^{-1} \otimes \frac{\mathrm{d}\boldsymbol{q}_i^m}{\mathrm{d}t}$$

$$\begin{bmatrix} 0 \\ \omega_{xb} \\ \omega_{yb} \\ \omega_{zb} \end{bmatrix} = \begin{bmatrix} q_i & q_x & q_y & q_z \\ q_x & -q_i & q_z & -q_y \\ q_y & -q_z & q_i & q_x \\ q_z & q_y & -q_x & q_i \end{bmatrix}\begin{bmatrix} \dfrac{\mathrm{d}q_i}{\mathrm{d}t} \\ \dfrac{\mathrm{d}q_x}{\mathrm{d}t} \\ \dfrac{\mathrm{d}q_y}{\mathrm{d}t} \\ \dfrac{\mathrm{d}q_z}{\mathrm{d}t} \end{bmatrix}$$

- 刚体相对质心的动量矩方程由式(4-167)描述,即

$$[\boldsymbol{M}_c]_b = \boldsymbol{J}_c [\dot{\boldsymbol{\omega}}]_b + [\boldsymbol{\omega}]_b^\times \boldsymbol{J}_c [\boldsymbol{\omega}]_b$$

- 旋翼的拉力由式（4-189）描述，即

$$T = \frac{1}{2} C_T \rho \pi \Omega^2 R^4$$

- 本地坐标系 S_b 中描述的四旋翼无人机线运动的动力学方程为式（4-206），即

$$
\begin{bmatrix} \dot{u} \\ \dot{v} \\ \dot{w} \end{bmatrix} =
\begin{bmatrix}
-g\sin\theta - qw + rv \\
g\sin\phi\cos\theta - ru + pw \\
\dfrac{1}{m}U_{\text{thrust}} + g\cos\phi\cos\theta - pv + qu
\end{bmatrix}
$$

- 惯性坐标系 S_i 中描述的四旋翼无人机线运动的动力学方程为式（4-209），即

$$
\begin{bmatrix} \ddot{x} \\ \ddot{y} \\ \ddot{z} \end{bmatrix} = \frac{1}{m}
\begin{bmatrix}
U_{\text{thrust}}(\cos\phi\sin\theta\cos\psi + \sin\phi\sin\psi) \\
U_{\text{thrust}}(\cos\phi\sin\theta\sin\psi - \sin\phi\cos\psi) \\
U_{\text{thrust}}(\cos\phi\cos\theta) + mg
\end{bmatrix}
$$

- 四旋翼无人机转动的动力学方程由式（4-214）描述，即

$$
[\dot{\boldsymbol{\omega}}]_b =
\begin{bmatrix} \dot{p} \\ \dot{q} \\ \dot{r} \end{bmatrix} =
\begin{bmatrix}
\dfrac{M_\phi + (J_{yy} - J_{zz})qr}{J_{xx}} \\[2ex]
\dfrac{M_\theta + (J_{zz} - J_{xx})pr}{J_{yy}} \\[2ex]
\dfrac{M_\psi + (J_{xx} - J_{yy})pq}{J_{zz}}
\end{bmatrix}
$$

第5章

控 制 理 论

视频讲解

实现四旋翼无人机的姿态控制和导航控制离不开控制理论,自动驾驶仪中的控制律可以说是整个四旋翼无人机的"灵魂"。本章主要介绍 Paparazzi 中所用控制律的相关知识。

5.1 节介绍控制理论中的基本概念。5.2 节介绍目前应用广泛的 PID 控制器,5.3 节介绍复合控制的知识,5.4 节介绍前置滤波器作用。Paparazzi 中的控制器大多是结合了前置滤波器、前馈控制和 PID 反馈控制器的复合控制器。5.5 节介绍常用的数字滤波算法,在传感器测量部分(通常为闭环控制回路的反馈环节)时常需要数字滤波算法,这些滤波算法往往是关系到反馈控制回路性能的关键因素之一。5.6 节简单介绍 Paparazzi 实现的四旋翼无人机控制系统。

5.1 控制理论的基本概念

如果一个系统由人直接操作则称为人工控制,而自动控制是指在没有人直接参与的情况下,利用外加的设备或装置(称为控制装置或控制器),使被控对象的某个工作状态或参数(即被控量)自动地按照预定的规律运行。例如,对四旋翼无人机姿态的控制由自动驾驶仪实现,则对四旋翼无人机姿态的控制就是自动控制;若由飞控手直接操作四旋翼无人机的导航飞行,则四旋翼无人机的导航飞行就是人工控制。

控制理论的范畴很宽泛,此处所说的控制理论是指研究自动控制技术的理论。控制理论研究的内容之一就是如何改进动态系统的性能。何为动态系统呢? 系统状态随时间而变化的系统或者按确定性规律随时间演化的系统就称为动态系统。

5.1.1 控制的基本方式

一个控制系统包含了控制器(也称为控制装置)和被控对象(也称为受控对象)两个部分,若按照控制方式区分,可以分为开环控制系统、闭环控制系统和复合控制系统。

1. 开环控制系统

系统的控制器不受系统输出影响的控制系统是开环控制系统，开环控制系统中的信息流向是单向的。开环控制系统结构示意图如图 5-1 所示。

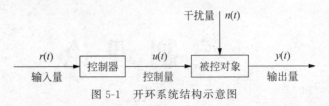

图 5-1　开环系统结构示意图

开环控制系统结构简单、成本低，但是不具备自动修正输出量偏差的能力，更容易受到外界干扰的影响。如果外界干扰量能够被测量到，可以采用补偿的方式抑制外界干扰的影响，称为按干扰补偿的开环控制方式，也称为前馈方式，其结构示意图如图 5-2 所示。

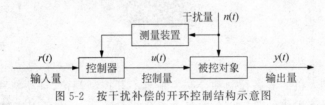

图 5-2　按干扰补偿的开环控制结构示意图

2. 闭环控制系统

闭环控制系统也称为反馈控制系统，在闭环控制系统中既有信息的前向通路，也存在从输出到输入反馈通路，两者共同组成了一个闭合的回路。反馈控制是一种检测偏差、利用变差最后消除偏差的控制方式。控制器利用输入信息和输出信息的偏差量以一定控制规律产生控制作用，该控制作用使偏差量减小。闭环控制是最常见的一种控制方式，其结构示意图如图 5-3 所示。

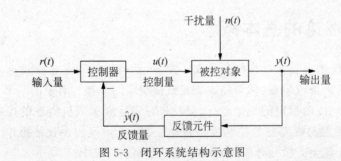

图 5-3　闭环系统结构示意图

在闭环控制中由于反馈的存在，可以抑制反馈回路中干扰的影响，这些干扰可能是外部环境的外扰，也可能是回路中元器件参数的波动。例如，在四旋翼无人机姿态控制回路的外部环境中阵风的影响和电子调速器参数、电机参数的波动等都能被姿态控制回路所抑制。

相对于开环控制方式，闭环控制能够提供更好的性能，但是闭环系统也较为复杂。另外，反馈也会引入两个新问题：一个是控制系统稳定性的问题；另一个是反馈元件（传感器）的噪声问题。

3. 复合控制系统

闭环控制系统中的反馈控制和开环控制系统中的补偿方式可以同时存在,两者之间并不矛盾,其中补偿部分也称为前馈控制或顺馈控制。若控制系统同时存在反馈控制和补偿部分,则称这种控制系统是复合控制。

为什么要将反馈控制和补偿方式(即前馈控制)相结合呢?因为在闭环控制系统中有些性能参数对反馈控制器参数的要求是矛盾的,而在反馈控制的基础上增加前馈控制可以化解这些矛盾。

复合控制系统有两种形式:一种是按干扰补偿的复合控制;另一种是按输入补偿的复合控制。

1) 按干扰补偿的复合控制

反馈控制是一种"滞后"的控制方式,虽然对反馈回路中的干扰有抑制作用,但这个过程是要等干扰作用"体现"出来后。也就是说,要等干扰作用使系统的输出偏离了输入,两者之间产生了偏差,反馈控制才能按照检测偏差、利用偏差、消除偏差的过程起作用。由于反馈的存在,干扰信号造成的偏差最终会被消除,越强的干扰在系统的输出中留下的"痕迹"越大。这个过程其实是比较快的,一般的干扰不必太担心。但是干扰会加重反馈控制器的负担,为了抑制回路中的干扰,通常要求控制器具有一个适当高的开环增益或是一定的型别,开环增益越高、型别越高(确切地说应该是干扰点前的等效型别)对干扰的抑制作用越好,但是开环增益越高、型别越高通常系统的动态特性越差,系统更容易出现超调甚至不稳定,所以控制系统开环增益和型别是受到一定限制的。

如果系统的干扰较强,而这个干扰信号恰好可以被测量到或辨识估计到,就可以采用补偿的方式消除这个干扰的影响,其结构示意图如图 5-4 所示。

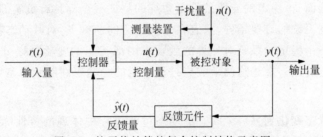

图 5-4 按干扰补偿的复合控制结构示意图

按干扰补偿的部分也称为前馈控制,它的作用原理和反馈控制的"滞后"不同。前馈控制方式是一种"预见性"的控制,一旦出现干扰就会立刻动作,而反馈控制要等干扰作用"体现"到输出中,并采集到反馈量中,控制器才会有反应。理论上对干扰的补偿是可以完全消除干扰对系统的影响。

2) 按输入补偿的复合控制

按干扰补偿的复合控制可以在不影响系统动态性能的前提下减小干扰所造成的误差,而按输入补偿的复合控制同样可以在不影响系统动态性能的前提下减小输入所造成的误差。按输入补偿的复合控制结构示意图如图 5-5 所示。

在 Paparazzi 四旋翼无人机姿态控制和导航控制中有多处控制器采用了复合控制的方式。例如,姿态控制器、水平线运动控制器和垂直方向运动控制器等。

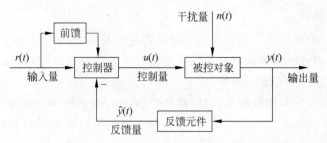

图 5-5　按输入补偿的复合控制结构示意图

5.1.2　控制系统的性能

衡量一个控制系统是否优秀，称为控制系统的性能，主要包括 3 个方面，即稳定性、动态特性和稳态特性。另外，还有抗干扰性、鲁棒性等。

1. 稳定性

控制系统能够正常工作的首要条件就是控制系统必须是稳定的。在实际工程应用中，不仅要求控制系统是稳定的，而且还要求控制系统具备一定的稳定裕度，一个接近临界稳定的控制系统一般没有实际应用的价值。

稳定性的定义有多种方式，按照工程中常用的经典提法：若控制系统在足够小的偏差作用下，其动态响应过程逐渐衰减并趋向于零，即系统具有恢复原平衡状态的能力，则称该系统是稳定的。

非线性系统的稳定性是比较复杂的，而线性定常系统的稳定性则是系统自身的性能。对于线性定常系统而言，稳定的充要条件是系统的特征根全部具有负实部。

稳定性是控制系统的首要条件，只有在系统稳定的前提下，对其动态特性和稳态特性的分析才有意义。一个稳定的系统对外界的激励或内部状态的变化可以分为两个响应过程，即动态过程和稳态过程。描述这两个响应过程性能的是动态性能和稳态性能。

2. 动态性能

系统从一个状态变化到另一个状态的动态过渡过程中体现的特性称为动态性能，系统的动态性能包括快速性和平稳性。

快速性描述了系统状态变化时的速度，不同的系统差异可能会很大。例如，大型轮船转弯的时间数量级是分钟级的，而航模级的飞行器转弯时间数量级是秒级的。因此，对系统快速性的分析要结合具体被控对象进行。

平稳性是指系统在过渡过程中的过调现象，过调越大，平稳性越差。虽然平稳性和稳定性是两个不同的概念，但是两者之间有固定的联系，通常一个系统稳定性越好，其平稳性也越好。在系统分析中可以使用相对稳定的程度（稳定裕度）描述系统的平稳性。

在时域中通常使用系统单位阶跃响应描述动态性能：快速性可以使用调节时间（也称为过渡过程时间）t_s 描述，调节时间描述了过渡过程时间的长短，定义为响应曲线完全进入稳态值误差带的时间。常用的误差带为 5% 或 2%。平稳性可以使用超调量 $\sigma\%$ 描述，超调量定义为响应曲线超出稳态值的最大量占稳态值的百分比。

在频域中通常使用闭环频域的带宽 ω_b 和闭环频域的谐振峰 M_r 以及开环频域的开环截止频率 ω_c 和稳定裕度(相位稳定裕度 γ 和幅值稳定裕度 h)等物理量。

3. 稳态性能

稳态性能描述了系统过渡过程结束后系统输出对系统输入的跟踪情况,通常可以使用稳态误差描述稳态性能。稳态误差包括原理性稳态误差和结构性稳态误差,这里的稳态误差仅指原理性稳态误差。稳态误差反映了系统对输入信号的跟踪能力,影响因素取决于输入信号、系统型别和开环增益。系统的型别是指开环传递函数中积分环节的个数,常见的是Ⅰ型系统,开环传递函数中包含一个积分环节,能够跟踪上速度信号,但是与输入信号存在一个固定的位置偏差,该偏差的大小与开环增益成反比。Ⅱ型以上系统能够跟踪上速度信号且没有位置偏差。系统的型别越高,跟踪信号的能力越强,但是相应的系统的稳定性、动态性能越差。因此,在设定系统的型别和开环增益时,需要折衷考虑系统的动态性能和稳态性能。另外,也可以在闭环系统基础上增加开环补偿的方式,即复合控制方式,在不影响系统稳定性的前提下改善系统稳态性能。

5.2 PID 控制器

基于反馈思想可以有多种方法实现其反馈控制器,其中比较简单的反馈控制器有通断控制器(继电器控制器)、比例控制器(P 控制器)和比例积分微分控制器(PID 控制器)。

5.2.1 通断控制器

通断控制是一种简单的反馈机制,可以由式(5-1)描述,即

$$u(t) = \begin{cases} u_{max} & \text{若 } e(t) > 0 \\ u_{min} & \text{若 } e(t) < 0 \end{cases} \tag{5-1}$$

式中 $e(t)$——偏差量;

$u(t)$——控制量。

偏差量 $e(t)$ 和控制量 $u(t)$ 之间的关系如图 5-6 所示。

通断控制的优点是简单,很多时候能够使被控量接近参考量。通断控制器很容易引起控制量的振荡,当这个振荡比较慢时,通断控制的方法也是可以接受的,通断控制器适用于比较简单的应用场合。

式(5-1)中的控制量 $u(t)$ 在 $e(t)=0$ 时是没有定义的,当偏差 $e(t) \approx 0$ 时极易造成控制量的振荡,为了减弱该振荡可以引入死区特性(图 5-7)和滞回特性(图 5-8)。

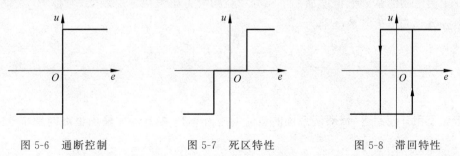

图 5-6 通断控制　　　　图 5-7 死区特性　　　　图 5-8 滞回特性

5.2.2 比例控制器（P 控制器）

对通断控制器进一步改进，令控制器输出的控制量和系统偏差成线性比例时，就构成了比例控制器，其控制律为式(5-2)，比例控制器输入输出特性曲线如图 5-9 所示。

$$u(t) = \begin{cases} u_{\max} & 若 \quad e(t) > e_{\max} \\ K_p e(t) & 若 \quad e_{\min} \leqslant e(t) \leqslant e_{\max} \\ u_{\min} & 若 \quad e(t) < e_{\min} \end{cases} \tag{5-2}$$

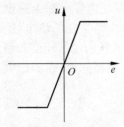

图 5-9 中具有饱和限幅的部分，饱和限幅并非人为有意增加的，而是受实际器件的限制[①]。对于所有现实存在的、物理可实现的系统在大范围内都具有饱和的特性，但是对于很多系统在一定范围内可以忽略这种饱和特性，这样就可以将系统视为线性系统。例如，对于比例控制器在比例区间（Proportionalband）($e_{\min}$, $e_{\max}$) 内可将其视为线性系统，式(5-2)可以简化为 $u(t) = K_p e(t)$，表示为传递函数形式为

图 5-9 比例控制器输入输出特性曲线

$$D(s) = \frac{U(s)}{E(s)} = K_p \tag{5-3}$$

线性系统满足叠加原理，而且求解比较方便，另外在控制理论中也有成熟的研究线性系统理论。因此，在后面的章节中如非特别声明，均指系统工作在线性区域。

比例控制器是一种即时的、当前的控制器，只要有偏差信号就会立刻动作。比例控制器中的 K_p 称为比例系数，K_p 越大则系统的稳态误差越小，通常系统动态特性的阻尼越小，系统的超调量就越大。

也就是说，从稳态误差的需求看，比例系数 K_p 越大越好，但从动态特性的需求看，比例系数 K_p 不能太大。若比例系数 K_p 太大，则系统动态特性中的平稳性变差，甚至会引起系统的不稳定。另外，比例系数 K_p 也不能太小，若比例系数 K_p 太小，会使系统的开环增益过小，而开环增益太小则反馈作用会被削弱，反馈抑制干扰和系统非线性等能力就会相应下降，因此比例系数 K_p 也不宜过小。

5.2.3 比例积分控制器（PI 控制器）

在比例控制的基础上再增加一个积分项就构成了比例积分控制器，简称 PI 控制器，其时域微分方程和传递函数分别为

$$u(t) = K_p e(t) + K_i \int_0^t e(\tau) d\tau \tag{5-4}$$

$$D(s) = \frac{U(s)}{E(s)} = K_p + K_i \frac{1}{s} \tag{5-5}$$

增加了积分控制之后，即使系统的当前偏差为 0，PI 控制器的输出也可能是非零的。不

---

① 实际器件的饱和限幅是客观存在的，有时也会在控制律中人为增加限幅环节，限制控制量的输出范围。

同于比例控制的"当前"控制,积分控制是一种"过去"的控制。积分控制能够理论上减小甚至消除系统的稳态误差,但是由于积分的"滞后"作用,会恶化系统的动态特性,影响系统的稳定性。

5.2.4　比例微分控制器(PD 控制器)

在比例控制的基础上再增加一个微分项就构成了比例微分控制器,简称 PD 控制器,其时域微分方程和传递函数分别为

$$u(t) = K_p e(t) + K_d \frac{\mathrm{d}e(t)}{\mathrm{d}t} \tag{5-6}$$

$$D(s) = \frac{U(s)}{E(s)} = K_p + K_d s \tag{5-7}$$

微分控制是一种预测"未来"的超前控制,能够改善系统的动态特性,但是对系统的稳态误差没有影响。微分作用对噪声信号比较敏感,若系统的偏差信号中包含较强的噪声信号,则微分控制会放大这些噪声信号的影响。然而系统的传感器中通常会耦合一定的噪声信号,因此微分控制通常需要进一步改进才能正常应用。

5.2.5　比例积分微分控制器(PID 控制器)

1. 连续 PID 控制器

将比例、积分和微分控制结合在一起就构成了著名的比例积分微分控制器,通常简称为 PID 控制。PID 控制器是目前工程系统中应用最广泛的控制器,前面介绍的 PI 控制和 PD 控制可以视为 PID 控制器的特例。

PID 控制器时域微分方程的表达式为

$$u(t) = K_p e(t) + K_i \int_0^t e(\tau)\mathrm{d}\tau + K_d \frac{\mathrm{d}e(t)}{\mathrm{d}t} \tag{5-8}$$

式中　K_p——比例系数;

　　　K_i——积分系数;

　　　K_d——微分系数。

PID 控制器也可以写成时间常数的形式,即

$$u(t) = K_p \left(e(t) + \frac{1}{T_i} \int_0^t e(\tau)\mathrm{d}\tau + T_d \frac{\mathrm{d}e(t)}{\mathrm{d}t} \right) \tag{5-9}$$

式中　K_p——比例系数;

　　　T_i——积分时间常数;

　　　T_d——微分时间常数。

PID 控制器传递函数为式(5-10),其结构如图 5-10 所示。

$$D(s) = \frac{U(s)}{E(s)}$$

$$= K_p + K_i \frac{1}{s} + K_d s$$

$$= K_p + \frac{K_p}{T_i s} + K_p T_d s \qquad (5\text{-}10)$$

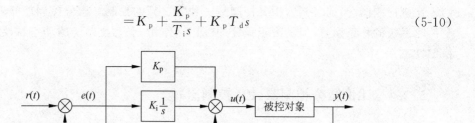

图 5-10　PID 控制器的结构框图

2. 数字 PID 控制器

目前,控制器的实现大多采用数字计算机实现,而计算机系统是一种采样控制系统,只能处理数字信号。也就是说,在计算机控制系统中不能直接实现式(5-8)的连续 PID 控制器,需要对式(5-8)离散化,用差分方程代替原来连续系统的微分方程。

用离散求和代替积分,用后向差分代替微分,由式(5-9)可得离散 PID 表达式,即

$$u(t_k) = K_p \left(e(t_k) + \frac{T}{T_i} \sum_{j=0}^{t_k} e(t_j) + \frac{T_d}{T}(e(t_k) - e(t_{k-1})) \right) \qquad (5\text{-}11)$$

式中　T——采样周期。

在本书中对于离散系统的变量在 t_k 时刻的值采用了两种简写方式。例如,变量 u 在 t_k 时刻的值为

$$u(t_k) = u(k) = u_k$$

故式(5-11)还可以表示为

$$u(k) = K_p \left(e(k) + \frac{T}{T_i} \sum_{j=0}^{k} e(j) + \frac{T_d}{T}(e(k) - e(k-1)) \right) \qquad (5\text{-}12)$$

或

$$u_k = K_p \left(e_k + \frac{T}{T_i} \sum_{j=0}^{k} e_j + \frac{T_d}{T}(e_k - e_{k-1}) \right) \qquad (5\text{-}13)$$

后面的离散系统在无歧义时将采用类似式(5-13)的表示方式,若变量有脚标则采用类似式(5-12)的表示方式。

若令

$$\begin{cases} K_I = \dfrac{K_p T}{T_i} \\[2mm] K_D = \dfrac{K_p T_d}{T} \end{cases} \qquad (5\text{-}14)$$

则可以得到式(5-8)的离散 PID 表达式为

$$u_k = K_p e_k + K_I \sum_{j=0}^{k} e_j + K_D (e_k - e_{k-1}) \qquad (5\text{-}15)$$

该式也称为 PID 的位置式控制算式或位置式 PID 控制算法。

根据式(5-15)还能够得到 PID 位置算式的递推形式,即

$$u_k = u_{k-1} + K_p(e_k - e_{k-1}) + K_1 e_k + K_D(e_k - 2e_{k-1} + e_{k-2}) \tag{5-16}$$

PID 位置算式,即式(5-14)、式(5-15)和式(5-16)都是编程时经常使用的 PID 算式,PID 位置算式适用于执行机构没有记忆的情况,如直流电机、无刷电机、舵机等。

另外,由式(5-16)还能得到 PID 控制器的增量形式,即

$$\Delta u_k = u_k - u_{k-1} = K_p(e_k - e_{k-1}) + K_1 e_k + K_D(e_k - 2e_{k-1} + e_{k-2}) \tag{5-17}$$

若执行结构能够使用增量进行控制时,如步进电机,可以使用 PID 增量式计算。

5.2.6 PID 控制器的改进

前面所介绍的基本 PID 控制器在应用中还有一些不足之处,这些不足主要体现在积分控制器和微分控制器中,在实际应用中通常需要对其进行改进,这些改进方式主要包括以下几个方面。

1. 积分饱和与其防止方法

在一个实际的控制系统中,控制器的输出会受到执行机构的约束而限制在一个有限的范围内,即

$$u_{\min} \leqslant u \leqslant u_{\max} \tag{5-18}$$

例如,电机的最高转速是定值,当控制器的输出超过一定值后,电机的转速则运行在饱和临界值上,此时控制器的输出只有数字意义,不能表示实际执行机构的输出,从而发生饱和效应。

当控制系统启动、停止或是大幅度改变输入值时,系统会出现长时间较大的偏差,该偏差值经过积分控制器的累加后,可能会使控制量超出执行机构的临界值,从而影响控制效果。

例如,当控制量 $u > u_{\max}$ 时,那么实际输出只能取其上限 $u_{\max}$,而不是控制器计算得到的结果。控制系统的输出虽然在上升,偏差也在减小,但是相对于没有饱和效应的情况要慢,PID 中的积分项也会积累较大的值,即便是出现了负偏差积分项也需要较长的时间才能脱离饱和区。

这种主要由于积分项引起的 PID 控制器的饱和称为"积分饱和"。积分饱和会增加系统的调节时间和超调量,对控制系统的性能是不利的。积分饱和的防止方法有多种,常见的两种方法是积分分离法和遇限削弱积分法。

1) 积分分离法

积分分离 PID 也称为 PID-PD 算法,是克服积分饱和的算法之一。PID 控制器中的积分项的主要作用是减小稳态误差,对动态特性是不利的,积分分离法正是利用了这个特点,仅在稳态值的一个区域内使用积分,即这个区域内是 PID 算法,而在这个区域外则不使用积分,即区域外为 PD 算法。积分分离法的数学描述为

$$u_k = \begin{cases} K_p e_k + K_1 \sum_{j=0}^{k} e_j + K_D(e_k - e_{k-1}) & \text{若 } |e_k| > \varepsilon \\ K_p e_k + K_D(e_k - e_{k-1}) & \text{若 } |e_k| \leqslant \varepsilon \end{cases} \tag{5-19}$$

式中 ε——积分分离的界限。

积分分离法的原理示意图如图 5-11 所示。

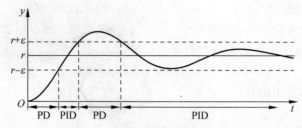

图 5-11　积分分离法的原理示意图

使用该方法是要注意积分分离的界限 ε 的设置。ε 太大则积分分离效果减弱；ε 太小则可能导致输出量无法进入该区间，积分项始终不起作用，PID-PD 控制器事实上成为了 PD 控制器。

2）遇限削弱积分法

遇限削弱积分法的基本思想是：当控制量 u 进入饱和区域后，积分项不再累加，仅执行削弱积分的运算。遇限削弱积分法原理示意图如图 5-12 所示。

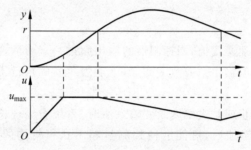

图 5-12　遇限削弱积分法原理示意图

在计算控制量 u_k 时，先判断 u_{k-1} 是否饱和，若 $u_{\min} < u_{k-1} < u_{\max}$ 则正常累加积分，若 $u_{k-1} \leqslant u_{\min}$ 或 $u_{k-1} \geqslant u_{\max}$ 则积分项仅累加使积分项减小的值。遇限削弱积分法可以避免控制量长时间停留在饱和区。

另外，还有一些该方法的变化形式，如"遇限"的条件可以设置为积分项的限制，即 $u_i(k-1) \leqslant u_{i,\min}$ 或 $u_i(k-1) \geqslant u_{i,\max}$ 时积分项仅累加使积分项减小的值。

2. 非线性积分器

PID 控制器中积分项的主要作用是减小稳态误差，从频域角度看，由于积分的存在会使系统相位滞后 $90°$，对系统的稳定性和动态性能的影响都是不利的。为此很多学者提出了非线性积分器，在保留提高系统稳态性能的前提下，尽量减小其相位滞后。常见的非线性积分器有 Clegg 非线性积分器（CNI）、Karybakas 非线性积分器（KNI）和智能非线性积分器（INI）。

1）Clegg 非线性积分器（CNI）

Clegg 非线性积分器（CNI）的微分方程为

$$u(t) = \begin{cases} \dfrac{1}{T_i} \displaystyle\int e(t)\mathrm{d}t & e(t) \neq 0 \\ 0 & e(t) = 0 \end{cases} \tag{5-20}$$

CNI 积分器的相位滞后只有 $38.1°$。

当系统处于平稳过程时,CNI 积分器是一个线性积分器;当系统处于振荡状态时,CNI 积分器表现为一个非线性积分器。CNI 积分器具有抑制自振荡的作用。

CNI 积分器的输入信号过零时输出会产生跳变,因此 CNI 积分器会产生较多的高次谐波信号,并且 CNI 积分器不具备线性积分器的高频滤波特性,因此可能对系统产生不利影响。

CNI 积分示意图如图 5-13 所示。

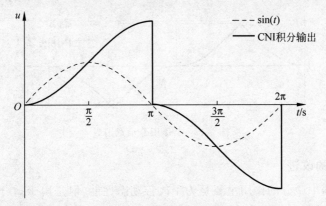

图 5-13　CNI 积分示意图

2) Karybakas 非线性积分器(KNI)

Karybakas 非线性积分器(KNI)的微分方程为

$$u(t) = \begin{cases} \dfrac{1}{T_i}\displaystyle\int |e(t)|\,\mathrm{d}t & \dot{e}(t) > 0 \\[3mm] -\dfrac{1}{T_i}\displaystyle\int |e(t)|\,\mathrm{d}t & \dot{e}(t) < 0 \end{cases} \tag{5-21}$$

KNI 积分器的相位滞后为 $0°$。实际应用中,KNI 对输入的高频干扰噪声比较敏感。

KNI 积分示意图如图 5-14 所示。

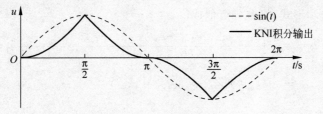

图 5-14　KNI 积分示意图

3) 智能非线性积分器(INI)

智能非线性积分器(INI)的微分方程为

$$u(t) = \begin{cases} 0 & e(t)=0,\, t=t_m \\[2mm] \dfrac{1}{T_i}\displaystyle\int_{t_m}^{t} e(t)\,\mathrm{d}t & e(t)\dot{e}(t) > 0,\, t_m < t < t_n \\[2mm] \dfrac{1}{T_i}\displaystyle\int_{t_m}^{t_n} e(t)\,\mathrm{d}t & \dot{e}(t)=0,\, t=t_n \\[2mm] u(t_n) & e(t)\dot{e}(t) < 0,\, t > t_n \end{cases} \tag{5-22}$$

式中 t_m——$e(t_m)=0$ 的时刻;

     t_n——$\dot{e}(t_n)=0$ 的时刻。

智能非线性积分器(INI)的相位滞后为 $27.6°$,且输出的 3 次谐波也比 CNI 小得多。因此,INI 积分控制器具有较好的性能。

INI 积分示意图如图 5-15 所示。

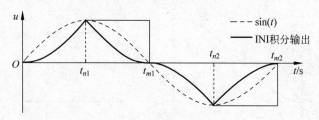

图 5-15   INI 积分示意图

3. 微分算法的改进

在 PID 控制器中微分的作用主要是为了改善动态性能,但是由于微分对噪声信号很敏感,所以在实际应用中往往需要对微分控制器进行改进。

1) 四点中心差分法

微分运算容易引入干扰,特别是计算机控制中用差分代替了微分,更接近理想的微分,对噪声更敏感,因此要设法减小噪声对微分项的影响。常用的对微分的改进方法有四点中心差分法和不完全微分。

四点中心差分法是数字 PID 算法中应用成功的一种方法。一方面将 K_D 选择得比理想微分稍小些,另一方面组成微分时,不直接使用当前的偏差 e_k,而是应用过去和当前 4 个时刻偏差的平均值,即

$$\bar{e}_k = \frac{e_k + e_{k-1} + e_{k-2} + e_{k-3}}{4} \tag{5-23}$$

然后再通过加权求和形式,将差分近似成

$$\Delta e_k = \frac{1}{4}\left(\frac{e_k - \bar{e}_k}{1.5} + \frac{e_{k-1} - \bar{e}_k}{0.5} - \frac{e_{k-2} - \bar{e}_k}{0.5} - \frac{e_{k-3} - \bar{e}_k}{1.5}\right)$$

$$= \frac{1}{6}(e_k + 3e_{k-1} - 3e_{k-2} - e_{k-3}) \tag{5-24}$$

2) 不完全微分

使用数字计算机实现的数字 PID 中的微分项比使用运算放大器实现的模拟 PID 中的微分项更接近理想的微分。数字微分器会将计算的微分在一个采样周期内全部输出,这就会造成在这个采样周期中控制器的输出值会比较高,从而超出控制量极限边界进入饱和区。这样,实际上相当于一部分微分项的输出损失了,微分的作用事实上是被削弱了。

另外,数字控制系统的采样回路中会产生高频干扰,而微分项对这些高频干扰很敏感,因此,几乎所有的数字控制回路都设置了一级低通滤波器,控制器形式和效果都比较接近模拟控制器。

常用的不完全微分的 PID 控制器有两种形式。一种是在微分控制器前附加一个时间常数为 T_d/N 的惯性环节,模拟形式的 PID 控制器传递函数为

$$D(s) = \frac{U(s)}{E(s)}$$

$$= K_p + K_i \frac{1}{s} + \frac{K_d s}{1 + \frac{T_d}{N}s}$$

$$= K_p + \frac{K_p}{T_i s} + \frac{K_p T_d s}{1 + \frac{T_d}{N}s} \tag{5-25}$$

通常 N 的取值范围为 $3 \sim 10$，对式(5-25)离散化就得到不完全微分的 PID 算式。

另一种是所有的 PID 输出信号都通过一个惯性环节，其模拟 PID 的传递函数为

$$D(s) = \frac{U(s)}{E(s)}$$

$$= \frac{1}{T_f s + 1}\left(K_p + K_i \frac{1}{s} + K_d s\right)$$

$$= \frac{K_p}{T_f s + 1}\left(1 + \frac{1}{T_i s} + T_d s\right) \tag{5-26}$$

对式(5-26)离散化后同样可以得到不完全微分的 PID 算式。式(5-25)和式(5-26)都是常用的不完全微分的 PID 算式。

3）微分先行 PID 算法

微分先行 PID 算法是将微分运算放在其他控制项的前面。微分先行 PID 算法有两种结构：一种是对输出量的微分先行，如图 5-16 所示；另一种是对偏差量的微分先行，如图 5-17 所示。

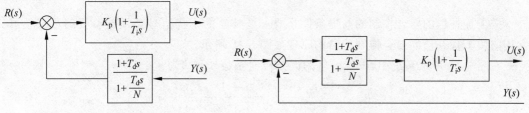

图 5-16　对输出量微分先行　　　　图 5-17　对偏差量微分先行

图 5-16 所示对输出量的微分先行结构中，只对输出量进行微分运算，相当于在控制系统中增加了测速反馈控制器，只不过其中的速度反馈量不是由传感器测量得到，而是由对位置量的微分得到，其作用与测速反馈控制作用类似。

图 5-17 所示的另一种微分先行的结构是对偏差的微分先行，适用于串级控制的副控回路。

4. 带死区的 PID 控制

在计算机控制系统中，某些时候对控制精度的要求不太高，更希望系统的控制器不要频繁动作，这时就可以采用带死区的 PID 控制器。带死区的控制器就是在控制系统中人为地设置一个死区环节，不灵敏区的范围为 B，当偏差量进入死区范围后（$|e_k| \leqslant B$），控制器的输出维持之前的输出，即 $\Delta u_k = 0$，也就是说，在一定范围内都认为偏差为零，数学描述为

$$\Delta u_k = \begin{cases} \Delta u_{pid}(k) & |e_k| > B \\ 0 & |e_k| \leqslant B \end{cases} \tag{5-27}$$

式中　Δu_k——带死区的 PID 控制器的增量输出；

　　　$\Delta u_{\mathrm{pid}}(k)$——普通 PID 控制器的增量输出。

死区 B 是一个可调的参数，该值的设置需要根据实际情况而定。B 太小，则控制器调节动作依旧频繁；B 太大，则会产生比较大的纯滞后。

5.3　复合控制

5.3.1　前馈控制

利用开环补偿原理的控制方式也称为前馈控制或顺馈控制。与反馈控制相比，只要输入信号作用到系统上，前馈控制的作用就会产生，由于不需要等系统产生偏差后再形成控制作用，所以前馈控制比反馈控制更"及时"。但是前馈控制不能形成闭环，没有反馈作用，前馈控制器的误差或作用到前馈控制通路的外部干扰将与前馈控制量一起作用到被控对象上，从而造成输出量的误差。因此前馈控制通常不单独使用，而是和反馈控制结合在一起使用，依靠反馈控制减弱或消除前馈通路的误差。而前馈控制作为一种开环补偿的方式，不会影响闭环反馈系统的稳定性。

这种将前馈控制和反馈控制有机结合在一起的控制方式称为复合控制。复合控制有按干扰补偿的复合控制和按输入补偿的复合控制。

5.3.2　按干扰补偿的复合控制

按干扰补偿的复合控制的前提条件是要求被补偿的干扰信号必须能够被测量或估计。常用的按干扰补偿的复合控制的结构原理如图 5-18 所示。

在图 5-18 所示系统中，干扰信号的误差传递函数 $\Phi_n(s)$ 为

$$\Phi_{en}(s)=\frac{E_n(s)}{N(s)}=-\frac{1+D_{\mathrm{ff}}(s)G(s)}{1+D_{\mathrm{fb}}(s)G(s)} \tag{5-28}$$

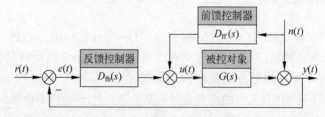

图 5-18　按干扰补偿的复合控制的结构原理框图

若前馈控制器 $D_{\mathrm{ff}}(s)$ 为

$$D_{\mathrm{ff}}(s)=-\frac{1}{G(s)} \tag{5-29}$$

则系统完全不受干扰信号 $N(s)$ 的影响，即干扰信号 $N(s)$ 产生的误差 $E_{en}(s)$ 始终为零。式(5-29)是对干扰信号 $N(s)$ 的全补偿条件。但是由于被控对象 $G(s)$ 是现实系统的传递函数，故 $G(s)$ 总是真有理分式的形式，所以全补偿条件的前馈控制器 $D_{\mathrm{ff}}(s)$ 一定不是真有理

分式,即前馈控制器 $D_{ff}(s)$ 不具有物理可实现性。

如果在全补偿条件的基础上,给前馈控制器 $D_{ff}(s)$ 增加一定数量的小时间常数的惯性环节,使其具备物理可实现性,则称为近似全补偿。

如果只考虑稳态误差,将干扰信号 $N(s)$ 产生的稳态误差补偿为零,则称为稳态全补偿。稳态全补偿的条件为

$$\lim_{s \to 0} \varPhi_{en}(s) = 0 \tag{5-30}$$

将前馈控制器 $D_{ff}(s)$ 设置比例控制器,选择满足式(5-30)的比例系数,就能够实现对干扰信号 $N(s)$ 稳态补偿。

5.3.3 按输入补偿的复合控制

常用的按输入补偿的复合控制的结构原理图如图 5-19 所示。

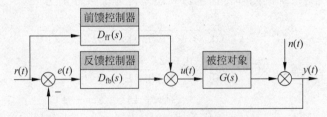

图 5-19 按输入补偿的复合控制的结构原理框图

图 5-19 所示系统的闭环传递函数 $\varPhi(s)$ 和误差传递函数 $\varPhi_e(s)$ 分别为

$$\varPhi(s) = \frac{Y(s)}{R(s)} = \frac{(D_{fb}(s) + D_{ff}(s))G(s)}{1 + D_{fb}(s)G(s)} \tag{5-31}$$

$$\varPhi_e(s) = \frac{E(s)}{R(s)} = \frac{1 - D_{ff}(s)G(s)}{1 + D_{fb}(s)G(s)} \tag{5-32}$$

由式(5-32)表示的误差传递函数可知,若前馈控制器 $D_{ff}(s)$ 为

$$D_{ff}(s) = \frac{1}{G(s)} \tag{5-33}$$

则系统完全没有误差,即输出 $Y(s)$ 与输入 $R(s)$ 完全一致。式(5-33)是输入误差的全补偿条件。但是由于被控对象 $G(s)$ 是现实系统的传递函数,即 $G(s)$ 总是真有理分式的形式,所以全补偿条件的前馈控制器 $D_{ff}(s)$ 一定不是真有理分式,故前馈控制器 $D_{ff}(s)$ 不具有物理可实现性。

如果在全补偿条件的基础上,给前馈控制器 $D_{ff}(s)$ 增加一定数量的小时间常数的惯性环节,使其具备物理可实现性,则称为近似全补偿。如果被控对象的传递函数较复杂,则近似全补偿条件的前馈控制器 $D_{ff}(s)$ 也会较复杂。如果再考虑时变、不确定因素等,近似全补偿条件的前馈控制器 $D_{ff}(s)$ 将会更加复杂。

在实际应用中通常采用部分补偿的形式,增加开环补偿形式的前馈控制器,提高系统的型别,使其满足系统稳态精度的需求。

为前馈控制器 $D_{ff}(s)$ 设置适合的传递函数,使系统的误差传递函数 $\varPhi_e(s)$ 可表示为

$$\varPhi_e(s) = \frac{b_m s^m + b_{m-1} s^{m-1} + \cdots + b_i s^i}{a_n s^n + a_{n-1} s^{n-1} + \cdots + a_1 s + a_0} \tag{5-34}$$

则系统可等效为 i 型系统，常见系统 $i \leqslant 2$，即系统的型别不高于Ⅱ型。此时前馈控制器通常为

$$D_{ff}(s) = \lambda_0 + \lambda_1 s + \lambda_2 s^2 \tag{5-35}$$

例如，在图 5-20 所示的控制系统中，前馈控制器 $D_{ff}(s) = s$，将原控制系统的型别从Ⅰ型提高到了Ⅱ型。

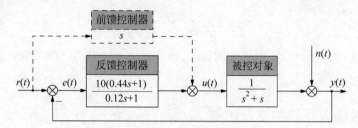

图 5-20　部分补偿的前馈控制

图 5-20 所示控制系统的闭环传递函数和误差传递函数分别为

$$\Phi_{无前馈}(s) = \frac{0.44s + 1}{(0.3s + 1)(0.04s + 0.24s + 1)} \tag{5-36}$$

$$\Phi_{有前馈}(s) = \frac{0.012s^2 + 0.54s + 1}{(0.3s + 1)(0.04s + 0.24s + 1)} \tag{5-37}$$

$$\Phi_{e,无前馈}(s) = \frac{0.1s(s + 1)(0.12s + 1)}{(0.3s + 1)(0.04s + 0.24s + 1)} \tag{5-38}$$

$$\Phi_{e,有前馈}(s) = \frac{0.1s^2(0.12s + 1)}{(0.3s + 1)(0.04s + 0.24s + 1)} \tag{5-39}$$

图 5-20 所示系统的单位阶跃响应和单位速度响应如图 5-21 和图 5-22 所示。由示例分析可以得到，合适的前馈控制可以改善系统的稳态性能，在不影响系统稳定性和闭环极点的

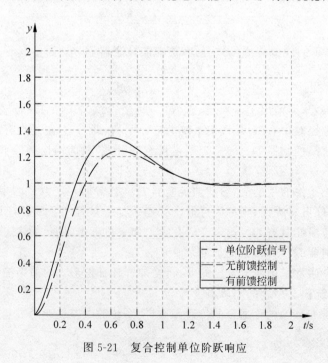

图 5-21　复合控制单位阶跃响应

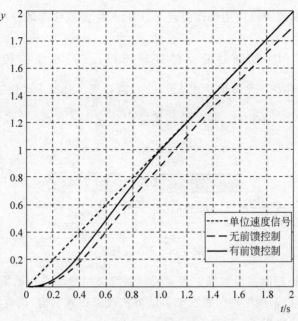

图 5-22 复合控制单位速度响应

前提下能够提高系统的型别。另外,前馈控制增加了系统的闭环零点,一般会使系统的运动加速,超调量增加,某些情况下调节时间会缩短。减小前馈控制的增益可以减小控制系统的超调量,但这是以稳态误差增加为代价的,在实际应用中可以根据需求对其进行调整。

5.4 前置滤波器

控制系统中动态性能和稳态性能对开环增益和系统的类型要求是矛盾的,抗干扰能力和伺服跟踪能力对开环增益和系统类型的要求也是矛盾的,为系统设置前置滤波器是解决这些矛盾的方法之一。

前置滤波器也可以称为目标值滤波器或安排过渡过程,其结构原理框图如图 5-23 所示。

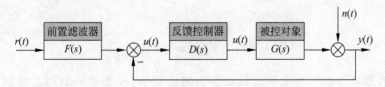

图 5-23 前置滤波器的结构原理框图

为了使控制系统具有较好的稳态性能、抗干扰能力以及抑制回路中非线性和参数波动的能力,系统的开环增益不宜过小,但是较大的开环增益可能会造成系统的超调,即影响其平稳性。分析其原因不难发现,主要由于输入的阶跃信号使系统在较长的时间内维持了一个较大的偏差,在比例控制和积分控制共同作用下极易产生较大的超调。然而由于被控对象自身固有的惯性以及执行机构输出固有的饱和特性的存在,被控量不可能完美地跟随输入的阶跃信号,也就是说输入所造成的长时间的大偏差只会增加系统的超调量,而对系统快速性没有太大影响。

前置滤波器的实现可以使用线性滤波器、PID控制器或跟踪微分器等,在此以二阶低通滤波器为例。

假设一个使用 PID 控制器的反馈控制系统,被控对象的传递函数为 $G(s)=\dfrac{1}{4s^2+0.8s+1}$,系统存在一个常值干扰 $n(t)=1$,能够满足其抗干扰性能的 3 个 PID 控制器参数分别为 $K_p=40$、$K_i=10$、$K_d=8$,控制器输出值饱和范围为 $-5\leqslant u\leqslant +5$,控制系统结构框图如图 5-24 所示。

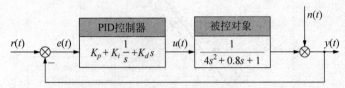

图 5-24　PID 控制系统

当前整定的 PID 控制器参数能够满足控制系统抑制外部干扰的需求,但是其输入响应具有较大的超调,可以采用增加前置滤波器的方法改善输入响应,前置滤波器的时间常数应与被控对象的时间常数相当。

在常值干扰 $n(t)=1$ 作用下,图 5-24 和图 5-25 所示的两个控制系统产生的输出是相同的,其干扰的响应如图 5-26 所示。也就是说,前置滤波器对反馈抑制干扰的能力没有影响。

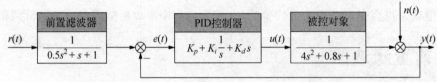

图 5-25　具有前置滤波器的 PID 控制系统

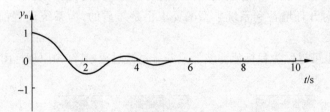

图 5-26　干扰作用下系统响应

前置滤波器能够在不改变其抗扰动能力的前提下,改善系统的动态特性。图 5-24 和图 5-25 所示系统的单位阶跃响应如图 5-27 所示。

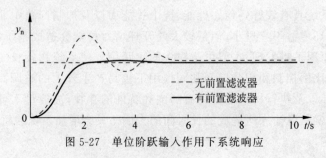

图 5-27　单位阶跃输入作用下系统响应

5.5　常用数字滤波算法

在反馈控制系统中,被控量的测量是构成反馈控制的基础。被控量的测量需要使用传感器实现,在传感器测量过程中往往会有噪声干扰耦合到测量信息中,需要增加滤波器保证被控量的测量。另外,在控制系统中有时不能直接测量到被控量,但是可以测量到和被控量相关的某些物理量。例如,假设被控量为速度,使用的传感器却只能测量到加速度,那么就可以对加速度测量值积分而得到速度量。

5.5.1　算术平均值滤波

算术平均值滤波就是在 k 时刻连续采样 N 次,把 N 次采样的算术平均值作为 k 时刻滤波器的输出值,其算法公式为

$$\bar{x}_k = \frac{1}{N} \sum_{i=1}^{N} x_i \tag{5-40}$$

算术平均值滤波要求传感器的采样周期要比控制系统的采样周期至少快 N 倍,这样才能保证在控制系统的一个采样周期内完成传感器数据的 N 次采样。

算术平均值滤波对信号的平滑程度取决于平均次数 N,平均次数越大,平滑度越好,但灵敏度越低。算术平均值滤波对周期性的干扰噪声具有良好的抑制作用,但是对脉冲干扰抑制效果不佳。

5.5.2　加权平均值滤波

算术平均值滤波 N 次采样得到的采样值在滤波过程中所占的比例是相同的,均为 $1/N$。有时为了突出某几次采样值在平均值中的比例,可以对不同时刻的采样值赋予不同的加权因子,这种方法称为加权平均值滤波,其算法公式为

$$\bar{x}_k = \frac{1}{N} \sum_{i=1}^{N} a_i x_i \tag{5-41}$$

加权平均值滤波适用于控制系统存在较大延迟而传感器采样周期较短的情况。

5.5.3　递推平均滤波(滑动平均滤波)

算术平均值滤波和加权平均值滤波均要求有较快的测量速度,要在控制系统一个采样周期内至少完成 N 次传感器的测量,因此不适用于测量速度较慢或要求数据计算较快的控制系统。递推平均滤波(滑动平均滤波)传感器的采样周期和控制系统的采样周期是相同的,能够在传感器测量速度不快的系统中使用,其算法公式为

$$\bar{x}_k = \frac{1}{N} \sum_{i=k-N}^{k} x_i \tag{5-42}$$

同算术平均值滤波适合的干扰噪声类似,递推平均滤波同样对周期性干扰具有较好的

抑制作用,对脉冲干扰抑制效果也较差。

当利用式(5-42)计算均值时,为每个采样时刻的采样值设置不同的权重系数,也可以构成加权递推平均滤波。

递推平均滤波可以视为加权递推平均滤波的一种特殊情况,递推平均滤波和加权递推平均滤波其实是 FIR 滤波的一种形式,用脉冲传递函数表示加权递推平均滤波公式为

$$y_k = \sum_{k=0}^{N-1} z^{-k} a_k x_k \tag{5-43}$$

当系数 a_k 为 1 时,则式(5-43)就成为了递推平均滤波。

5.5.4　中值滤波

中值滤波是对传感器连续测量 N 次(N 通常为奇数),然后对 N 次测量值按大小排序,取中间值作为本次测量的结果。

中值滤波对脉冲干扰具有较好的抑制作用,但是对变化速度较快的物理量不适用。

5.5.5　程序判断滤波

程序判断滤波是根据两次采样数据之间关系进行判断的一种滤波方法,这是一种简单而又有效的滤波方法,常用的程序判断滤波可以分为限幅滤波和限速滤波两种方式。

1. 限幅滤波

限幅滤波认为在传感器两次采样时间间隔内,被测量的真实变化量不会超过某个范围,如果测量到的数据超出了该范围,则认为是干扰造成的,继续使用上一次采样数据代替本次采样。限幅滤波的算法计算式为

$$y_k = \begin{cases} x_k & 若 \mid x_k - x_{k-1} \mid \leqslant \Delta x \\ x_{k-1} & 若 \mid x_k - x_{k-1} \mid > \Delta x \end{cases} \tag{5-44}$$

式中　y_k——在第 k 次采样时刻滤波器的输出;

x_k——传感器第 k 次采样数据;

Δx——两次采样值的最大变化范围,Δx 的选择取决于传感器采样的间隔时间和被测量 x 的动态响应速度。

2. 限速滤波

限速滤波也是先设定相邻两次采样的最大允许增量 Δx,若本次采样值和上次采样值的变化量在允许范围内,则认为该次采样数据有效;若本次采样值和上次采样值的变化量超出允许范围,则需要根据下一次传感器的采样数据做进一步判断,限速滤波的算法计算式为

$$y_k = \begin{cases} x_k & 若 \mid x_k - x_{k-1} \mid \leqslant \Delta x \\ x_{k+1} & 若 \mid x_k - x_{k-1} \mid > \Delta x,且 \mid x_{k+1} - x_k \mid \leqslant \Delta x \\ \dfrac{x_{k+1} + x_k}{2} & 若 \mid x_k - x_{k-1} \mid > \Delta x,且 \mid x_{k+1} - x_k \mid > \Delta x \end{cases} \tag{5-45}$$

限幅滤波和限速滤波都能有效地克服因偶然因素引起的脉冲干扰,但是无法抑制周期性的干扰,而且平滑度差。

5.5.6 惯性滤波

惯性滤波也称为一阶滞后滤波,是将连续系统中的一阶惯性环节离散化后得到的数字滤波算法。连续系统的惯性环节传递函数为

$$G(s) = \frac{Y(s)}{X(s)} = \frac{1}{\tau s + 1} \tag{5-46}$$

式中 τ——采样周期。

按照后向差分离散化后的脉冲传递函数为

$$G(z) = \frac{Y(z)}{X(z)} = \frac{\dfrac{T}{T+\tau}}{1 - \dfrac{\tau}{T+\tau}z^{-1}} \tag{5-47}$$

式中 T——采样周期。

令 $\alpha = \dfrac{\tau}{T+\tau}$,并将式(5-47)转换为便于编程的差分方程形式,得到

$$y_k = (1-\alpha)x_k + \alpha y_{k-1} \tag{5-48}$$

惯性滤波是由连续的一阶低通滤波经过离散化后得到的,其滤波特性与连续一阶低通滤波相似,对高于截止频率 $1/\tau$ 的噪声信号有抑制作用。

惯性滤波是 IIR 滤波器的一种,可以使用 IIR 滤波器的方法对其进行分析。在实际应用中,如果简单的一阶低通滤波器不能满足滤波要求,还可以使用高阶的模拟滤波器离散化后得到的数字滤波器。

5.5.7 互补滤波

当多个传感器对同一个物理量各自有独立的测量数据且各自干扰噪声不同时,可以使用互补滤波。互补滤波也可以看作是传感器数据融合的一种算法。

例如,对于位置量 x,位置传感器可以直接测量,测量值为 $x_{m,p} = x + \xi_p$,其中 ξ_p 为高频干扰噪声。而速度传感器测量到的速度值 $\dot{x}_{m,v} = \dot{x} + \xi_v$ 经过积分之后也能得到位置量 x 的测量值 $x_{m,v} = x + \int \xi_v dt$,由于积分作用的影响,干扰噪声 $\int \xi_v dt$ 为低频干扰,如果噪声信号 ξ_v 中包含常值偏差,则 $\int \xi_v dt$ 信号是单调发散的[①]。

可以选择一对互补的滤波器传递函数 $F_{低}(s)$ 和 $F_{高}(s)$,满足互补条件是指 $F_{低}(s) + F_{高}(s) = 1$,其中 $F_{低}(s)$ 是低通滤波器,$F_{高}(s)$ 是高通滤波器,则位置量 x 的估计值在频域中可以表示为

---

① 在此处脚标 m 是测量(measure)的缩写,p 指位置(position)传感器,v 指速度(velocity)传感器。

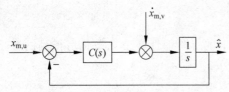

$$\hat{X}(s)=F_{低}(s)X_{m,p}+F_{高}(s)X_{m,v}$$

$$=X(s)+F_{低}(s)\varXi_p+F_{高}(s)\frac{\varXi_v}{s} \tag{5-49}$$

由于信号 $X(s)$ 是全通的、无损的，而噪声信号 $\varXi_p$ 和 $\varXi_v/s$ 则分别只有低频和高频通过，所以这个滤波器也是无损滤波器。

互补滤波器的构造比较简单，其结构框图如图 5-28 所示。

图 5-28 互补滤波器的结构原理框图

其中，互补滤波器的输出为

$$\hat{X}(s)=\frac{C(s)X_{m,p}(s)+\dot{X}_{m,v}(s)}{C(s)+s}=\frac{C(s)X_{m,p}(s)+sX_{m,v}(s)}{C(s)+s} \tag{5-50}$$

在图 5-28 中，式(5-49)中的低通滤波器和高通滤波器可分别表示为

$$\begin{cases} F_{低}(s)=\dfrac{C(s)}{C(s)+s} \\[3mm] F_{高}(s)=\dfrac{s}{C(s)+s} \end{cases} \tag{5-51}$$

将 $x_{m,p}=x+\xi_p$ 和 $x_{m,v}=x+\int\xi_v \mathrm{d}t$ 代入式(5-50)，有

$$\hat{X}(s)=X(s)+\frac{C(s)\varXi_p(s)+\varXi_v(s)}{C(s)+s} \tag{5-52}$$

1. 一阶互补滤波

若图 5-28 中的 $C(s)$ 为比例控制器，即 $C(s)=k_p$，则图 5-28 所示的互补滤波器为一阶互补滤波器。位置传感器噪声和速度传感器噪声的滤波器传递函数可分别表示为

$$\begin{cases} F_p(s)=\dfrac{k_p}{k_p+s} \\[3mm] F_v(s)=\dfrac{1}{k_p+s} \end{cases} \tag{5-53}$$

若令 $k_p=10$，则两者的对数频率特性曲线如图 5-29 所示。

由 $A(F_p(\mathrm{j}0))=1$ 和 $A(F_v(\mathrm{j}0))=1/k_p$ 可知，$F_p(s)$ 和 $F_v(s)$ 在低频段的增益分别为 $0\mathrm{dB}$ 和 $-20\log(k_p)\mathrm{dB}$[①]。而 $F_p(s)$ 和 $F_v(s)$ 的转折频率均为 $1/k_p\mathrm{rad/s}$，且该转折频率是 $F_p(s)$ 的截止频率。

由图 5-29 和以上分析可知，$F_p(s)$ 对小于截止频率 $1/k_p\mathrm{rad/s}$ 的噪声没有衰减作用，而 $F_v(s)$ 不仅对大于 $1/k_p\mathrm{rad/s}$ 的噪声有 $-20\mathrm{dB/dec}$ 斜率的滚降衰减作用，而且对小于 $1/k_p\mathrm{rad/s}$ 的噪声有 $-20\log(k_p)\mathrm{dB}$ 的衰减作用。若 k_p 增大，则 $F_p(s)$ 的截止频率增大，$F_p(s)$ 的滤波效果变差，而 $k_v(s)$ 的低频段增益减小，$F_v(s)$ 的滤波效果变好。所以，k_p 的选择应该全面考虑位置传感器和速度传感器的噪声特点，折中选择该 k_p 值的大小。

另外，$F_p(s)$ 滤波器不能减小位置传感器噪声中包含的非零常值偏差，而 $F_v(s)$ 滤波器

---

① log 是以 10 为底的对数函数。

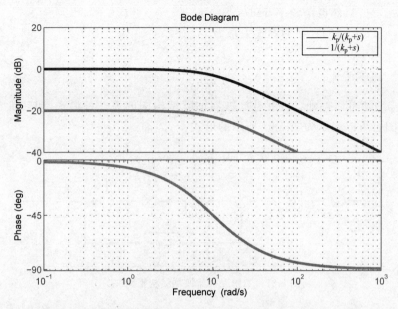

图 5-29 一阶互补滤波 $F_p(s)$ 和 $F_v(s)$ 在 $k_p = 10$ 时的 Bode 图

能够将速度传感器噪声中包含的非零常值偏差衰减 $-20\log(k_p)$dB 倍,但是由于 $F_v(s)$ 低频段斜率为 0dB/dec,所以 $F_v(s)$ 无法完全消除速度传感器噪声中包含的非零常值偏差的影响。若要进一步提高互补滤波器的效果,可以采用二阶互补滤波。

2. 二阶互补滤波

若图 5-28 中的 $C(s)$ 为比例积分控制器,即 $C(s) = k_p + k_i/s$,则图 5-28 所示的互补滤波器为二阶互补滤波器,如图 5-30 所示。

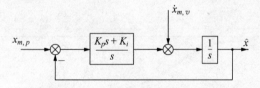

图 5-30 二阶互补滤波器结构框图(一)

在图 5-30 中,位置传感器和速度传感器的滤波器传递函数可分别表示为

$$\begin{cases} F_p(s) = \dfrac{k_p s + k_i}{s^2 + k_p s + k_i} \\[3mm] F_v(s) = \dfrac{s}{s^2 + k_p s + k_i} \end{cases} \tag{5-54}$$

从二阶滤波器的角度来看,式(5-54)也可以表示为

$$\begin{cases} F_p(s) = \dfrac{2\zeta\omega_n s + \omega_n^2}{s^2 + 2\zeta\omega_n s + \omega_n^2} \\[3mm] F_v(s) = \dfrac{s}{s^2 + 2\zeta\omega_n s + \omega_n^2} \end{cases} \tag{5-55}$$

式中 ζ——阻尼比;

ω_{n}——自然振荡频率，rad/s。

式(5-54)和式(5-55)存在的等式关系为

$$\begin{cases} k_{p}=2\zeta\omega_{n} \\ k_{i}=\omega_{n}^{2} \end{cases} \quad (5\text{-}56)$$

由式(5-55)还可以得到二阶互补滤波器动态结构图的另一种形式，即二阶互补滤波器的动态结构图也可以表示为图 5-31 所示的形式。

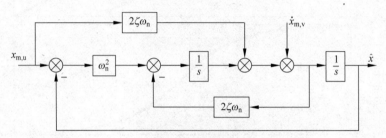

图 5-31　二阶互补滤波器结构框图（二）

若令 $k_{p}=10$、$k_{i}=0.1$（即 $\zeta\approx15.811$，$\omega_{n}=\sqrt{0.1}\approx0.316$），则 $F_{p}(s)$ 和 $F_{v}(s)$ 的对数频率特性曲线如图 5-32 所示。

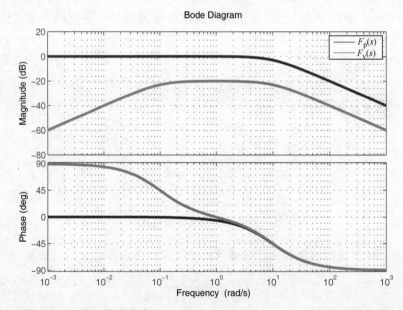

图 5-32　二阶互补滤波器 $F_{p}(s)$ 和 $F_{v}(s)$ 在 $k_{p}=10$、$k_{i}=0.1$ 时的 Bode 图

位置滤波器 $F_{p}(s)$ 中由于包含一阶微分环节 $2\zeta\omega_{n}s+\omega_{n}^{2}$，因此当 $\zeta\geqslant1/\sqrt{2}$ 时，$F_{p}(s)$ 的滤波特性基本和一阶低通滤波器相似，低频段增益约为 0dB，高频段衰减的滚降速度为 -20dB/dec，转折频率位于 $1/k_{p}\text{rad/s}$ 附近。$F_{p}(s)$ 的对数幅频特性曲线的形状与阻尼比 ζ 相关。ζ 越大，$F_{p}(s)$ 的对数幅频特性曲线的形状与一阶低通滤波的对数幅频特性曲线越相近；ζ 越小，$F_{p}(s)$ 的对数幅频特性曲线中的谐振峰越大，当 $\zeta=1/\sqrt{2}$ 时，$F_{p}(s)$ 的对数幅频特性曲线中的谐振峰约为 3.3dB。

速度滤波器 $F_v(s)$ 可以视为带通滤波器,通带频段的增益为 $-20\log(k_p)$,通带频段的中心频率点约为 ω_n,当 $k_i \leqslant k_p$ 时,$F_v(s)$ 的两个转折频率分别为 $k_i/k_p\,\mathrm{rad/s}$ 和 $k_p\,\mathrm{rad/s}$。

当 $\zeta \geqslant 1/\sqrt{2}$ 时,二阶互补滤波 Bode 图(图 5-32)和一阶互补滤波 Bode 图(图 5-29)相比,二阶互补滤波器的速度滤波器 $F_v(s)$ 在低频段增益的斜率为 20dB,而一阶互补滤波器的速度滤波器 $F_v(s)$ 在低频段增益的斜率为 0dB。这就意味着二阶互补滤波器比一阶互补滤波器对速度传感器噪声在低频段具有更好的滤波特性,特别是一阶互补滤波只能削弱但不能完全消除速度传感器噪声中的非零常值偏差,而二阶互补滤波在理论上能够完全消除速度传感器噪声中的非零常值偏差。

5.5.8 卡尔曼滤波

卡尔曼滤波是 1960 年由卡尔曼首先提出的一种滤波算法[①]。卡尔曼滤波器是一种纯粹的时域滤波器,不需在频域设计再转换到时域实现。

1. 最小方差估计

卡尔曼滤波是线性最小方差估计的递推实现形式。最小方差估计的最优估计准则是要求估计量 $\hat{x}$ 与被估计量 x 的误差 $\tilde{x} = x - \hat{x}$ 的均方误差(Mean Squared Error,MSE)最小。误差 $\tilde{x}$ 的均方误差是 $\tilde{x}$ 协方差矩阵的迹,即

$$\begin{aligned} \mathrm{MSE} &= \mathrm{tr}(\mathrm{E}(\tilde{x}\tilde{x}^{\mathrm{T}})) \\ &= \mathrm{tr}(\mathrm{E}((x-\hat{x})(x-\hat{x})^{\mathrm{T}})) \\ &= \mathrm{E}((x-\hat{x})^{\mathrm{T}}(x-\hat{x})) \end{aligned} \tag{5-57}$$

因此,最小方差估计的最优估计准则可表示为

$$\hat{x}_{\mathrm{MMSE}} = \underset{\hat{x}}{\arg\min}(\mathrm{E}((x-\hat{x})^{\mathrm{T}}(x-\hat{x}))) \tag{5-58}$$

设 x 为随机向量,z 为 x 的量测向量,即 $z = Z(x) + v$,其中 v 是随机误差,则 x 的最小方差估计 $\hat{x}$ 就是 x 的条件均值,即

$$\hat{x} = \mathrm{E}(x \mid z) \tag{5-59}$$

最小方差估计是 x 的无偏估计,即

$$\mathrm{E}(\tilde{x}) = \mathrm{E}(x - \hat{x}) = 0 \tag{5-60}$$

若 x 和 z 均服从正态分布,假设 x 和 z 是联合高斯随机矢量,其均值分别为 m_x 和 m_z,其协方差矩阵为

$$P = \begin{bmatrix} P_{xx} & P_{xz} \\ P_{zx} & P_{zz} \end{bmatrix} \tag{5-61}$$

则最小方差估计和估计误差方差矩阵分别为

$$\hat{x} = \mathrm{E}(x \mid z) = m_x + P_{xz}P_{zz}^{-1}(z - m_x) \tag{5-62}$$

$$\mathrm{E}(\tilde{x}\tilde{x}^{\mathrm{T}}) = \mathrm{E}((x-\hat{x})(x-\hat{x})^{\mathrm{T}}) = P_{xx} - P_{xz}P_{zz}^{-1}P_{zx} \tag{5-63}$$

2. 卡尔曼滤波算法

应用最小方差估计式(5-62)和估计误差方差矩阵式(5-63)的计算公式直接进行计算是

---

① 根据文献可知,实际上 Peter Swerling 在更早之前(1958 年)就提出了一种类似的算法。

很困难的。首先，矩阵 $\boldsymbol{P}_{zz}$ 的求逆计算量很大；其次，在获得 k 次测量后计算 $\hat{\boldsymbol{x}}_{j|k}$ 时，需要用到 k 次全部的测量值 $\boldsymbol{z}(1),\boldsymbol{z}(2),\cdots,\boldsymbol{z}(k)$，数据的存储量会随着时间的推移越来越大，而且也满足不了实时性的要求。卡尔曼滤波算法使用递推计算的方式解决了这两个困难，是便于计算机实现的最小方差估计算法。

卡尔曼滤波建立在线性代数和隐马尔可夫模型（Hidden Markov Model）基础上，其基本动态系统可以用一个马尔可夫链表示，该马尔可夫链建立在一个被高斯噪声（即正态分布的噪声）干扰的线性算子上，如图 5-33 所示。

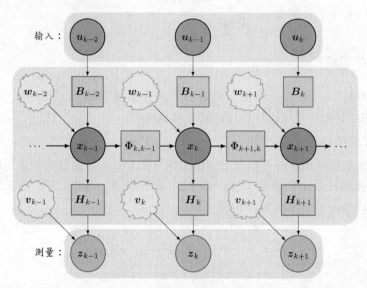

图 5-33　卡尔曼滤波的系统模型

在图 5-33 中，"输入"部分和"测量"部分是可见部分，其他是隐藏部分。图 5-33 所示的线性离散系统可以表示为

$$\begin{cases} \boldsymbol{x}_k = \boldsymbol{\Phi}_{k,k-1}\boldsymbol{x}_{k-1} + \boldsymbol{B}_{k-1}\boldsymbol{u}_{k-1} + \boldsymbol{w}_{k-1} \\ \boldsymbol{z}_k = \boldsymbol{H}_k\boldsymbol{x}_k + \boldsymbol{v}_k \end{cases} \tag{5-64}$$

式中　$\boldsymbol{w}_k$ 和 $\boldsymbol{v}_k$——零均值、不相关的白噪声，两者的协方差矩阵是已知的，分别为 $\boldsymbol{Q}_k$ 和 $\boldsymbol{R}_k$，即

$$\begin{cases} \boldsymbol{w}_k \sim \mathcal{N}(0,\boldsymbol{Q}_k) \\ \boldsymbol{v}_k \sim \mathcal{N}(0,\boldsymbol{R}_k) \end{cases} \tag{5-65}$$

由 $\boldsymbol{w}_k$ 和 $\boldsymbol{v}_k$ 的定义可知，$\boldsymbol{w}_k$ 和 $\boldsymbol{v}_k$ 满足下列等式，即

$$\begin{cases} \mathrm{E}(\boldsymbol{w}_k) = 0 \\ \mathrm{E}(\boldsymbol{v}_k) = 0 \\ \mathrm{cov}(\boldsymbol{w}_k,\boldsymbol{w}_j) = \mathrm{E}(\boldsymbol{w}_k\boldsymbol{w}_j^{\mathrm{T}}) = \boldsymbol{Q}_k\delta_{k,j} \\ \mathrm{cov}(\boldsymbol{v}_k,\boldsymbol{v}_j) = \mathrm{E}(\boldsymbol{v}_k\boldsymbol{v}_j^{\mathrm{T}}) = \boldsymbol{R}_k\delta_{k,j} \\ \mathrm{cov}(\boldsymbol{w}_k,\boldsymbol{v}_j) = \mathrm{E}(\boldsymbol{w}_k\boldsymbol{v}_j^{\mathrm{T}}) = 0 \end{cases}$$

式中　$\delta_{k,j}$——Kronecker-δ 函数，表示为

$$\delta_{k,j} = \begin{cases} 1 & \text{若 } k = j \\ 0 & \text{若 } k \neq j \end{cases} \tag{5-66}$$

状态向量 $\boldsymbol{x}_k$ 的最小方差估计 $\hat{\boldsymbol{x}}_k$ 是 $\boldsymbol{x}_k$ 的条件期望值。如果是利用 k 时刻和 k 时刻之前的测量值 $\{\boldsymbol{z}_1, \boldsymbol{z}_2, \cdots, \boldsymbol{z}_k\}$ 估计 $\boldsymbol{x}_k$，那么就得到一个后验估计，表示为 $\hat{\boldsymbol{x}}_{k|k}$，即

$$\hat{\boldsymbol{x}}_{k|k} = \mathrm{E}(\boldsymbol{x}_k \mid \{\boldsymbol{z}_1, \boldsymbol{z}_2, \cdots, \boldsymbol{z}_k\}) \tag{5-67}$$

如果是利用 k 时刻之前的测量值 $\{\boldsymbol{z}_1, \boldsymbol{z}_2, \cdots, \boldsymbol{z}_{k-1}\}$ 估计 $\boldsymbol{x}_k$，那么就得到一个先验估计，表示为 $\hat{\boldsymbol{x}}_{k|k-1}$，即

$$\hat{\boldsymbol{x}}_{k|k-1} = \mathrm{E}(\boldsymbol{x}_k \mid \{\boldsymbol{z}_1, \boldsymbol{z}_2, \cdots, \boldsymbol{z}_{k-1}\}) \tag{5-68}$$

1）状态预测方程

状态预测方程是计算先验估计 $\hat{\boldsymbol{x}}_{k|k-1}$，若已知 $\hat{\boldsymbol{x}}_{k-1|k-1}$，可利用式(5-64)估计 $\boldsymbol{x}_k$，即

$$\boldsymbol{x}_k = \boldsymbol{\Phi}_{k,k-1} \hat{\boldsymbol{x}}_{k-1|k-1} + \boldsymbol{B}_{k-1} \boldsymbol{u}_{k-1} + \boldsymbol{w}_{k-1} \tag{5-69}$$

对式(5-69)两端取均值，有

$$\hat{\boldsymbol{x}}_{k|k-1} = \boldsymbol{\Phi}_{k,k-1} \hat{\boldsymbol{x}}_{k-1|k-1} + \boldsymbol{B}_{k-1} \boldsymbol{u}_{k-1} \tag{5-70}$$

式(5-70)称为状态预测方程，$\hat{\boldsymbol{x}}_{k|k-1}$ 是 $\boldsymbol{x}_k$ 的先验估计。

2）误差协方差矩阵预测方程

误差协方差矩阵预测方程就是计算先验估计误差的协方差矩阵 $\boldsymbol{P}_{k|k-1}$，即 $\mathrm{cov}(\boldsymbol{x}_k - \hat{\boldsymbol{x}}_{k|k-1})$。由式(5-64)和式(5-70)中的 $\boldsymbol{x}_k = \boldsymbol{\Phi}_{k,k-1} \boldsymbol{x}_{k-1} + \boldsymbol{B}_{k-1} \boldsymbol{u}_{k-1} + \boldsymbol{w}_{k-1}$ 和 $\hat{\boldsymbol{x}}_{k|k-1} = \boldsymbol{\Phi}_{k,k-1} \hat{\boldsymbol{x}}_{k-1|k-1} + \boldsymbol{B}_{k-1} \boldsymbol{u}_{k-1}$ 代入协方差矩阵 $\boldsymbol{P}_{k|k-1}$ 中，并且 $\tilde{\boldsymbol{x}}$ 和 $\boldsymbol{w}$ 相互独立，可以得到先验估计的误差协方差矩阵预测方程为

$$\begin{aligned}
\boldsymbol{P}_{k|k-1} &= \mathrm{cov}(\boldsymbol{x}_k - \hat{\boldsymbol{x}}_{k|k-1}) \\
&= \mathrm{cov}(\boldsymbol{\Phi}_{k,k-1}(\boldsymbol{x}_{k-1} - \hat{\boldsymbol{x}}_{k-1|k-1}) + \boldsymbol{w}_{k-1}) \\
&= \mathrm{cov}(\boldsymbol{\Phi}_{k,k-1}(\tilde{\boldsymbol{x}}_{k-1|k-1}) + \boldsymbol{w}_{k-1}) \\
&= \boldsymbol{\Phi}_{k,k-1} \boldsymbol{P}_{k-1|k-1} \boldsymbol{\Phi}_{k,k-1} + \boldsymbol{Q}_{k-1}
\end{aligned} \tag{5-71}$$

状态预测方程和误差协方差矩阵预测方程也被称为时间更新方程或预测方程。

3）状态估计方程

由式(5-62)可知最小方差估计可以表示为

$$\hat{\boldsymbol{x}}_{k|k} = \hat{\boldsymbol{x}}_{k|k-1} + \boldsymbol{K}_k(\boldsymbol{z}_k - \boldsymbol{H}_k \hat{\boldsymbol{x}}_{k|k-1}) \tag{5-72}$$

式中 $\boldsymbol{K}_k$——卡尔曼增益。

4）误差协方差矩阵估计方程

误差协方差矩阵估计方程就是计算后验估计误差的协方差矩阵 $\boldsymbol{P}_{k|k}$，即 $\mathrm{cov}(\boldsymbol{x}_k - \hat{\boldsymbol{x}}_{k|k})$。将式(5-71)代入误差的协方差矩阵 $\boldsymbol{P}_{k|k}$ 中，并且由于 $k-1$ 时刻和之前时刻的测量值 $\{\boldsymbol{z}_1, \boldsymbol{z}_2, \cdots, \boldsymbol{z}_{k-1}\}$ 估计的 $\tilde{\boldsymbol{x}}_{k|k-1}$ 与 k 时刻的随机噪声 $\boldsymbol{v}_k$ 是无关的，可得

$$\begin{aligned}
\boldsymbol{P}_{k|k} &= \mathrm{cov}(\boldsymbol{x}_k - \hat{\boldsymbol{x}}_{k|k}) \\
&= \mathrm{cov}(\boldsymbol{x}_k - \hat{\boldsymbol{x}}_{k|k-1} - \boldsymbol{K}_k(\boldsymbol{z}_k - \boldsymbol{H}_k \hat{\boldsymbol{x}}_{k|k-1})) \\
&= \mathrm{cov}(\tilde{\boldsymbol{x}}_{k|k-1} - \boldsymbol{K}_k(\boldsymbol{H}_k \tilde{\boldsymbol{x}}_{k|k-1} + \boldsymbol{v}_k)) \\
&= \mathrm{cov}((\boldsymbol{I} - \boldsymbol{K}_k \boldsymbol{H}_k) \tilde{\boldsymbol{x}}_{k|k-1} - \boldsymbol{K}_k \boldsymbol{v}_k) \\
&= (\boldsymbol{I} - \boldsymbol{K}_k \boldsymbol{H}_k) \mathrm{cov}(\tilde{\boldsymbol{x}}_{k|k-1})(\boldsymbol{I} - \boldsymbol{K}_k \boldsymbol{H}_k)^T + \boldsymbol{K}_k \mathrm{cov}(\boldsymbol{v}_k) \boldsymbol{K}_k^T
\end{aligned}$$

$$= (\boldsymbol{I} - \boldsymbol{K}_k \boldsymbol{H}_k) \boldsymbol{P}_{k|k-1} (\boldsymbol{I} - \boldsymbol{K}_k \boldsymbol{H}_k)^{\mathrm{T}} + \boldsymbol{K}_k \boldsymbol{R}_k \boldsymbol{K}_k^{\mathrm{T}} \tag{5-73}$$

5）卡尔曼增益方程

卡尔曼滤波满足最小方差估计的最优估计准则，即 $\tilde{\boldsymbol{x}}_{k|k}$ 的均方误差最小。

$$\boldsymbol{K}_k = \arg\min(\mathrm{MSE}(\tilde{\boldsymbol{x}}_{k|k}))$$
$$= \arg\min(\mathrm{tr}(\boldsymbol{P}_{k|k})) \tag{5-74}$$

求式（5-74）的极值，可转换为

$$\frac{\mathrm{dtr}(\boldsymbol{P}_{k|k})}{\mathrm{d}\boldsymbol{K}_k} = 0 \tag{5-75}$$

方程式（5-75）等号的左侧为

$$\frac{\mathrm{dtr}(\boldsymbol{P}_{k|k})}{\mathrm{d}\boldsymbol{K}_k} = \frac{\mathrm{d}}{\mathrm{d}\boldsymbol{K}_k} \mathrm{tr}((\boldsymbol{I} - \boldsymbol{K}_k \boldsymbol{H}_k) \boldsymbol{P}_{k|k-1} (\boldsymbol{I} - \boldsymbol{K}_k \boldsymbol{H}_k)^{\mathrm{T}} + \boldsymbol{K}_k \boldsymbol{R}_k \boldsymbol{K}_k^{\mathrm{T}})$$
$$= \frac{\mathrm{d}}{\mathrm{d}\boldsymbol{K}_k} \mathrm{tr}(\boldsymbol{P}_{k|k-1} - \boldsymbol{K}_k \boldsymbol{H}_k \boldsymbol{P}_{k|k-1} - \boldsymbol{P}_{k|k-1} \boldsymbol{H}_k^{\mathrm{T}} \boldsymbol{K}_k^{\mathrm{T}}$$
$$+ \boldsymbol{K}_k \boldsymbol{H}_k \boldsymbol{P}_{k|k-1} \boldsymbol{H}_k^{\mathrm{T}} \boldsymbol{K}_k^{\mathrm{T}} + \boldsymbol{K}_k \boldsymbol{R}_k \boldsymbol{K}_k^{\mathrm{T}})$$
$$= \frac{\mathrm{d}}{\mathrm{d}\boldsymbol{K}_k} \mathrm{tr}(\boldsymbol{P}_{k|k-1} - \boldsymbol{K}_k \boldsymbol{H}_k \boldsymbol{P}_{k|k-1} - \boldsymbol{P}_{k|k-1} \boldsymbol{H}_k^{\mathrm{T}} \boldsymbol{K}_k^{\mathrm{T}}$$
$$+ \boldsymbol{K}_k (\boldsymbol{H}_k \boldsymbol{P}_{k|k-1} \boldsymbol{H}_k^{\mathrm{T}} + \boldsymbol{R}_k) \boldsymbol{K}_k^{\mathrm{T}})$$
$$= -2(\boldsymbol{H}_k \boldsymbol{P}_{k|k-1})^{\mathrm{T}} + 2\boldsymbol{K}_k (\boldsymbol{H}_k \boldsymbol{P}_{k|k-1} \boldsymbol{H}_k^{\mathrm{T}} + \boldsymbol{R}_k) \tag{5-76}$$

因此，卡尔曼增益 $\boldsymbol{K}_k$ 为

$$\boldsymbol{K}_k = (\boldsymbol{H}_k \boldsymbol{P}_{k|k-1})^{\mathrm{T}} (\boldsymbol{H}_k \boldsymbol{P}_{k|k-1} \boldsymbol{H}_k^{\mathrm{T}} + \boldsymbol{R}_k)^{-1}$$
$$= \boldsymbol{P}_{k|k-1} \boldsymbol{H}_k^{\mathrm{T}} (\boldsymbol{H}_k \boldsymbol{P}_{k|k-1} \boldsymbol{H}_k^{\mathrm{T}} + \boldsymbol{R}_k)^{-1} \tag{5-77}$$

卡尔曼增益为式（5-77）的最优值时，误差协方差矩阵估计方程式（5-73）可以简化。式（5-73）展开后为

$$\boldsymbol{P}_{k|k} = \boldsymbol{P}_{k|k-1} - \boldsymbol{K}_k \boldsymbol{H}_k \boldsymbol{P}_{k|k-1} - \boldsymbol{P}_{k|k-1} \boldsymbol{H}_k^{\mathrm{T}} \boldsymbol{K}_k^{\mathrm{T}} + \boldsymbol{K}_k (\boldsymbol{H}_k \boldsymbol{P}_{k|k-1} \boldsymbol{H}_k^{\mathrm{T}} + \boldsymbol{R}_k) \boldsymbol{K}_k^{\mathrm{T}} \tag{5-78}$$

式（5-77）等式左右均右乘 $(\boldsymbol{H}_k \boldsymbol{P}_{k|k-1} \boldsymbol{H}_k^{\mathrm{T}} + \boldsymbol{R}_k) \boldsymbol{K}_k^{\mathrm{T}}$，可得

$$\boldsymbol{K}_k (\boldsymbol{H}_k \boldsymbol{P}_{k|k-1} \boldsymbol{H}_k^{\mathrm{T}} + \boldsymbol{R}_k) \boldsymbol{K}_k^{\mathrm{T}} = \boldsymbol{P}_{k|k-1} \boldsymbol{H}_k^{\mathrm{T}} \boldsymbol{K}_k^{\mathrm{T}} \tag{5-79}$$

故式（5-78）可化简为后验协方差矩阵的另一种形式，即

$$\boldsymbol{P}_{k|k} = (\boldsymbol{I} - \boldsymbol{K}_k \boldsymbol{H}_k) \boldsymbol{P}_{k|k-1} \tag{5-80}$$

式（5-80）和式（5-73）相比计算量更少，但是由于计算过程中计算误差的积累，式（5-80）可能会引起 $\boldsymbol{P}_{k|k}$ 的非负定性甚至对称性，所以实际使用中经常使用式（5-73）计算后验协方差。

5.5.9　扩展卡尔曼滤波

5.5.8节介绍的卡尔曼滤波器适用于线性离散系统，在实际应用中还会经常遇到非线性系统的情况，包括连续时间的非线性系统、离散时间的非线性系统和混合非线性系统。混合非线性系统是指状态方程是非线性连续方程，而观测方程是离散型的，这是实际应用中最普遍的情况。

将卡尔曼滤波推广到非线性系统的方法之一就是扩展卡尔曼滤波（EKF），扩展卡尔曼

滤波有连续扩展卡尔曼滤波、混合扩展卡尔曼滤波和离散扩展卡尔曼滤波等3种形式。尽管实际应用中的系统大多是混合系统,但是扩展卡尔曼滤波需要在数字计算机中运行,而计算机就有可能没有足够的时间完成连续扩展卡尔曼滤波或混合扩展卡尔曼滤波中的积分运算,因此通常将连续的状态方程离散化后,再使用离散扩展卡尔曼滤波。

1. 混合非线性系统的离散化

混合非线性系统的状态方程为

$$\dot{\boldsymbol{x}}(t) = \boldsymbol{f}_{c}(\boldsymbol{x}(t), \boldsymbol{u}(t), t) + \boldsymbol{w}(t) \tag{5-81}$$

混合非线性系统的观测方程为

$$\boldsymbol{z}_k = \boldsymbol{h}(\boldsymbol{x}(k), k) + \boldsymbol{v}_k \tag{5-82}$$

式中 $\boldsymbol{w}(t), \boldsymbol{v}_k$ ——零均值、不相关的白噪声,两者的协方差矩阵是已知的,分别为 $\boldsymbol{Q}(t)$ 和 $\boldsymbol{R}_k$,即

$$\begin{cases} \boldsymbol{w}(t) \sim \mathcal{N}(0, \boldsymbol{Q}(t)) \\ \boldsymbol{v}_k \sim \mathcal{N}(0, \boldsymbol{R}_k) \end{cases} \tag{5-83}$$

由 $\boldsymbol{w}(t)$ 和 $\boldsymbol{v}_k$ 的定义可知,$\boldsymbol{w}(t)$ 和 $\boldsymbol{v}_k$ 满足下列等式,即

$$\begin{cases} \mathrm{E}(\boldsymbol{w}(t)) = 0 \\ \mathrm{E}(\boldsymbol{v}_k) = 0 \\ \mathrm{cov}(\boldsymbol{w}(t), \boldsymbol{w}(\tau)) = \mathrm{E}(\boldsymbol{w}(t)\boldsymbol{w}(\tau)^{\mathrm{T}}) = \boldsymbol{Q}(t)\delta(t - \tau) \\ \mathrm{cov}(\boldsymbol{v}_k, \boldsymbol{v}_j) = \mathrm{E}(\boldsymbol{v}_k \boldsymbol{v}_j^{\mathrm{T}}) = \boldsymbol{R}_k \delta_{k,j} \\ \mathrm{cov}(\boldsymbol{w}(t), \boldsymbol{v}_j) = \mathrm{E}(\boldsymbol{w}(t)\boldsymbol{v}_j^{\mathrm{T}}) = \boldsymbol{0} \end{cases}$$

将式(5-81)所示的连续状态方程以采样周期 T,使用前向差分的方法离散化,即

$$\frac{\boldsymbol{x}_k - \boldsymbol{x}_{k-1}}{T} = \boldsymbol{f}_{c}(\boldsymbol{x}_{k-1}, \boldsymbol{u}_{k-1}, k-1) + \boldsymbol{w}(k-1) \tag{5-84}$$

$$\boldsymbol{x}_k = \boldsymbol{x}_{k-1} + T\boldsymbol{f}_{c}(\boldsymbol{x}_{k-1}, \boldsymbol{u}_{k-1}, k-1) + T\boldsymbol{w}(k-1) \tag{5-85}$$

令

$$\boldsymbol{f}_{d}(\boldsymbol{x}_{k-1}, \boldsymbol{u}_{k-1}, k-1) = \boldsymbol{x}_{k-1} + T\boldsymbol{f}_{c}(\boldsymbol{x}_{k-1}, \boldsymbol{u}_{k-1}, k-1) \tag{5-86}$$

则得到离散化状态方程为

$$\boldsymbol{x}_k = \boldsymbol{f}_{d}(\boldsymbol{x}_{k-1}, \boldsymbol{u}_{k-1}, k-1) + \boldsymbol{w}_{k-1} \tag{5-87}$$

式中,

$$\begin{cases} \boldsymbol{w}_{k-1} \sim \mathcal{N}(0, \boldsymbol{Q}_{k-1}) \\ \boldsymbol{Q}_{k-1} = T\boldsymbol{Q}(t) \end{cases}$$

2. 围绕最优状态的线性化

将离散非线性状态方程式(5-87)在 $\boldsymbol{x}_{k-1} = \hat{\boldsymbol{x}}_{k-1|k-1}$ 点进行泰勒级数展开,有

$$\boldsymbol{x}_k = \boldsymbol{f}_{d}(\hat{\boldsymbol{x}}_{k-1|k-1}, \boldsymbol{u}_{k-1}, k-1) + \frac{\partial \boldsymbol{f}_{d}}{\partial \boldsymbol{x}}\Big|_{\hat{\boldsymbol{x}}_{k-1|k-1}} (\boldsymbol{x}_{k-1} - \hat{\boldsymbol{x}}_{k-1|k-1}) + \boldsymbol{w}_{k-1} \tag{5-88}$$

对式(5-88)两端取均值,有

$$\hat{\boldsymbol{x}}_{k|k-1} = \boldsymbol{f}_{d}(\hat{\boldsymbol{x}}_{k-1|k-1}, \boldsymbol{u}_{k-1}, k-1) \tag{5-89}$$

令 $\delta \boldsymbol{x}_k = \tilde{\boldsymbol{x}}_{k|k-1} = \boldsymbol{x}_k - \hat{\boldsymbol{x}}_{k|k-1}$,可得

$$\delta \boldsymbol{x}_k = \boldsymbol{\Phi}_{k,k-1} \delta \boldsymbol{x}_{k-1} + \boldsymbol{w}_{k-1} \tag{5-90}$$

式中，

$$\boldsymbol{\Phi}_{k,k-1} = \frac{\partial \boldsymbol{f}_d}{\partial \boldsymbol{x}}\bigg|_{\hat{\boldsymbol{x}}_{k-1|k-1}} = \begin{bmatrix} \dfrac{\partial f_{d1}}{\partial x_1} & \dfrac{\partial f_{d1}}{\partial x_2} & \cdots & \dfrac{\partial f_{d1}}{\partial x_n} \\ \dfrac{\partial f_{d2}}{\partial x_1} & \dfrac{\partial f_{d2}}{\partial x_2} & \cdots & \dfrac{\partial f_{d2}}{\partial x_n} \\ \vdots & \vdots & \ddots & \vdots \\ \dfrac{\partial f_{dn}}{\partial x_1} & \dfrac{\partial f_{dn}}{\partial x_2} & \cdots & \dfrac{\partial f_{dn}}{\partial x_n} \end{bmatrix}_{\hat{\boldsymbol{x}}_{k-1|k-1}} \tag{5-91}$$

将离散非线性观测方程式(5-82)在 $\boldsymbol{x}_k = \hat{\boldsymbol{x}}_{k|k-1}$ 点进行泰勒级数展开，有

$$\boldsymbol{z}_k = \boldsymbol{h}(\hat{\boldsymbol{x}}_{k|k-1}, \boldsymbol{k}) + \frac{\partial \boldsymbol{h}}{\partial \boldsymbol{x}}\bigg|_{\hat{\boldsymbol{x}}_{k|k-1}} (\boldsymbol{x}_k - \hat{\boldsymbol{x}}_{k|k-1}) + \boldsymbol{v}_k \tag{5-92}$$

令 $\delta \boldsymbol{z}_k = \boldsymbol{z}_k - \boldsymbol{h}(\hat{\boldsymbol{x}}_{k|k-1}, \boldsymbol{k})$，可得离散线性观测方程为

$$\delta \boldsymbol{z}_k = \boldsymbol{H}_k \delta \boldsymbol{x}_k + \boldsymbol{v}_k \tag{5-93}$$

式中，

$$\boldsymbol{H}_k = \frac{\partial \boldsymbol{h}}{\partial \boldsymbol{x}}\bigg|_{\hat{\boldsymbol{x}}_{k|k-1}} = \begin{bmatrix} \dfrac{\partial h_1}{\partial x_1} & \dfrac{\partial h_1}{\partial x_2} & \cdots & \dfrac{\partial h_1}{\partial x_n} \\ \dfrac{\partial h_2}{\partial x_1} & \dfrac{\partial h_2}{\partial x_2} & \cdots & \dfrac{\partial h_2}{\partial x_n} \\ \vdots & \vdots & \ddots & \vdots \\ \dfrac{\partial h_m}{\partial x_1} & \dfrac{\partial h_m}{\partial x_2} & \cdots & \dfrac{\partial h_m}{\partial x_n} \end{bmatrix}_{\hat{\boldsymbol{x}}_{k|k-1}} \tag{5-94}$$

这种线性化方法称为小偏差法线性化，所得的线性化方程式(5-90)和式(5-93)称为"线性干扰方程"或"小偏差方程"或"摄动方程"。

3. 线性干扰方程的卡尔曼滤波

在式(5-90)和式(5-93)的线性干扰方程基础上，仿照线性卡尔曼滤波方程，可以得到关于偏差 $\delta \boldsymbol{x}_k$ 的卡尔曼滤波方程，即

$$\delta \hat{\boldsymbol{x}}_{k|k-1} = \boldsymbol{\Phi}_{k,k-1} \delta \hat{\boldsymbol{x}}_{k-1|k-1} \tag{5-95}$$

$$\boldsymbol{P}_{k|k-1} = \boldsymbol{\Phi}_{k,k-1} \boldsymbol{P}_{k-1|k-1} \boldsymbol{\Phi}_{k,k-1} + \boldsymbol{Q}_{k-1} \tag{5-96}$$

$$\delta \hat{\boldsymbol{x}}_{k|k} = \delta \hat{\boldsymbol{x}}_{k|k-1} + \boldsymbol{K}_k (\delta \boldsymbol{z}_k - \boldsymbol{H}_k \delta \hat{\boldsymbol{x}}_{k|k-1}) \tag{5-97}$$

$$\boldsymbol{P}_{k|k} = (\boldsymbol{I} - \boldsymbol{K}_k \boldsymbol{H}_k) \boldsymbol{P}_{k|k-1} (\boldsymbol{I} - \boldsymbol{K}_k \boldsymbol{H}_k)^{\mathrm{T}} + \boldsymbol{K}_k \boldsymbol{R}_k \boldsymbol{K}_k^{\mathrm{T}} \tag{5-98}$$

$$\boldsymbol{K}_k = \boldsymbol{P}_{k|k-1} \boldsymbol{H}_k^{\mathrm{T}} (\boldsymbol{H}_k \boldsymbol{P}_{k|k-1} \boldsymbol{H}_k^{\mathrm{T}} + \boldsymbol{R}_k)^{-1} \tag{5-99}$$

4. 离散扩展卡尔曼滤波

离散非线性状态方程式(5-87)是以 $\boldsymbol{x}_{k-1} = \hat{\boldsymbol{x}}_{k-1|k-1}$ 为工作点进行最小偏差线性化的，因此

$$\delta \hat{\boldsymbol{x}}_{k-1|k-1} = \delta \boldsymbol{x}_{k-1|k-1} = \boldsymbol{x}_{k-1} - \hat{\boldsymbol{x}}_{k-1|k-1} = 0 \tag{5-100}$$

故式(5-95)和式(5-97)可表示为

$$\delta \hat{\boldsymbol{x}}_{k|k-1} = \boldsymbol{0} \tag{5-101}$$

$$\delta\hat{\boldsymbol{x}}_{k|k} = \boldsymbol{K}_k \delta \boldsymbol{z}_k = \boldsymbol{K}_k(\boldsymbol{z}_k - \boldsymbol{h}(\hat{\boldsymbol{x}}_{k|k-1}, k)) \tag{5-102}$$

由 $\delta \boldsymbol{x}_k$ 的定义可知

$$\hat{\boldsymbol{x}}_{k|k} = \hat{\boldsymbol{x}}_{k|k-1} + \delta\hat{\boldsymbol{x}}_{k|k} \tag{5-103}$$

故

$$\hat{\boldsymbol{x}}_{k|k} = \hat{\boldsymbol{x}}_{k|k-1} + \boldsymbol{K}_k \delta \boldsymbol{z}_k = \boldsymbol{K}_k(\boldsymbol{z}_k - \boldsymbol{h}(\hat{\boldsymbol{x}}_{k|k-1}, k)) \tag{5-104}$$

由线性干扰方程的卡尔曼滤波方程组、式(5-89)和式(5-104)等,可以得到离散扩展卡尔曼滤波为

$$\begin{cases} \hat{\boldsymbol{x}}_{k|k-1} = \boldsymbol{f}_{\mathrm{d}}(\hat{\boldsymbol{x}}_{k-1|k-1}, \boldsymbol{u}_{k-1}, k-1) \\ \hat{\boldsymbol{x}}_{k|k} = \hat{\boldsymbol{x}}_{k|k-1} + \boldsymbol{K}_k(\boldsymbol{z}_k - \boldsymbol{h}(\hat{\boldsymbol{x}}_{k|k-1}, k)) \\ \boldsymbol{P}_{k|k-1} = \boldsymbol{\Phi}_{k,k-1} \boldsymbol{P}_{k-1|k-1} \boldsymbol{\Phi}_{k,k-1} + \boldsymbol{Q}_{k-1} \\ \boldsymbol{P}_{k|k} = (\boldsymbol{I} - \boldsymbol{K}_k \boldsymbol{H}_k) \boldsymbol{P}_{k|k-1}(\boldsymbol{I} - \boldsymbol{K}_k \boldsymbol{H}_k)^{\mathrm{T}} + \boldsymbol{K}_k \boldsymbol{R}_k \boldsymbol{K}_k^{\mathrm{T}} \\ \boldsymbol{K}_k = \boldsymbol{P}_{k|k-1} \boldsymbol{H}_k^{\mathrm{T}}(\boldsymbol{H}_k \boldsymbol{P}_{k|k-1} \boldsymbol{H}_k^{\mathrm{T}} + \boldsymbol{R}_k)^{-1} \end{cases} \tag{5-105}$$

5.6 Paparazzi 的四旋翼无人机控制系统

由 4.9 节可知,四旋翼无人机是一种欠驱动 MIMO 系统,其水平方向的线运动不能由控制量直接控制,需要由四旋翼无人机的转动间接实现对水平方向的线运动的控制。因此对四旋翼无人机的控制通常由两个回路实现:内回路实现角度控制;外回路实现水平线运动的控制。其控制系统示意图如图 5-34 所示。

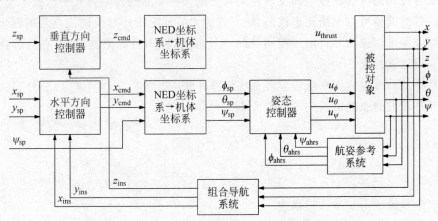

图 5-34 Paparazzi 四旋翼无人机控制系统示意图

图 5-34 中,水平方向控制器实现了对四旋翼水平方向位置、速度和加速度的控制,控制器的输出是四旋翼的姿态设定值;姿态控制器实现了对四旋翼姿态角和角速率的控制,控制器的输出是执行元件(电子调速器、电机和螺旋桨等)的输入;垂直方向控制器实现了对四旋翼垂直方向高度、速度和加速度的控制,控制器的输出是执行元件的输入。

图 5-34 中,航姿参考系统根据 IMU 模块的原始数据解算得到四旋翼的姿态角和角速率(角速率在图 5-34 中未画出),属于控制系统的反馈元件。

图 5-34 中,组合导航系统根据 IMU 模块、GPS、气压高度计、超声波高度计、光流传感器和激光高度计等传感器的原始数据解算得到四旋翼的位置、速度和加速度(速度和加速度

在图 5-34 中未画出），也属于控制系统的反馈元件。

另外，四旋翼中线运动的控制量需要转换为机体坐标系中的控制量，进而经过混控的转换后生成对电机的控制量。

小结

本章主要介绍了 PID 控制器、复合控制、前置滤波器和数字滤波算法等在 Paparazzi 中应用较多的控制理论知识。了解完整的控制理论知识需要参考其他控制理论的书籍。

本章的知识要点包括：

- 控制系统按照控制方式区分，可以分为开环控制系统、闭环控制系统和复合控制系统。
- 控制系统的性能，主要是包括稳定性、动态特性和稳态特性，另外，还有抗干扰性、鲁棒性等。
- PID 控制器时域中微分方程的表达式由式(5-8)或式(5-9)描述，即

$$u(t) = K_p e(t) + K_i \int_0^t e(\tau)d\tau + K_d \frac{de(t)}{dt}$$

$$u(t) = K_p \left(e(t) + \frac{1}{T_i} \int_0^t e(\tau)d\tau + T_d \frac{de(t)}{dt} \right)$$

- PID 控制器的改进主要是对其中积分控制器和微分控制器的改进。
- 复合控制是将前馈控制和反馈控制有机结合在一起的控制方式。
- 前置滤波器可以平衡稳态性能、抗干扰能力等性能指标对反馈控制器的要求。前置滤波器可以视为二自由度控制器的一种形式，称为目标值滤波器，在自抗扰中称为安排过渡过程。
- 互补滤波可以应用在航姿参考系统解算算法中。
- 互补滤波的原理由式(5-51)描述，即

$$\begin{cases} F_{低}(s) = \dfrac{C(s)}{C(s) + s} \\ F_{高}(s) = \dfrac{s}{C(s) + s} \end{cases}$$

- 卡尔曼滤波由 5 个方程描述。

状态预测方程式(5-70)，即

$$\hat{x}_{k|k-1} = \boldsymbol{\Phi}_{k,k-1} \hat{x}_{k-1|k-1} + \boldsymbol{B}_{k-1} \boldsymbol{u}_{k-1}$$

误差协方差矩阵预测方程式(5-71)，即

$$\boldsymbol{P}_{k|k-1} = \boldsymbol{\Phi}_{k,k-1} \boldsymbol{P}_{k-1|k-1} \boldsymbol{\Phi}_{k,k-1} + \boldsymbol{Q}_{k-1}$$

状态估计方程式(5-72)，即

$$\hat{x}_{k|k} = \hat{x}_{k|k-1} + \boldsymbol{K}_k (\boldsymbol{z}_k - \boldsymbol{H}_k \hat{x}_{k|k-1})$$

误差协方差矩阵估计方程式(5-73)或式(5-80)，即

$$\boldsymbol{P}_{k|k} = (\boldsymbol{I} - \boldsymbol{K}_k \boldsymbol{H}_k) \boldsymbol{P}_{k|k-1} (\boldsymbol{I} - \boldsymbol{K}_k \boldsymbol{H}_k)^{\mathrm{T}} + \boldsymbol{K}_k \boldsymbol{R}_k \boldsymbol{K}_k^{\mathrm{T}}$$

$$\boldsymbol{P}_{k|k} = (\boldsymbol{I} - \boldsymbol{K}_k \boldsymbol{H}_k) \boldsymbol{P}_{k|k-1}$$

卡尔曼增益方程式(5-77),即

$$K_k = P_{k|k-1} H_k^T (H_k P_{k|k-1} H_k^T + R_k)^{-1}$$

- 离散扩展卡尔曼滤波由式(5-105)描述,即

$$
\begin{cases}
\hat{x}_{k|k-1} = f_d(\hat{x}_{k-1|k-1}, u_{k-1}, k-1) \\
\hat{x}_{k|k} = \hat{x}_{k|k-1} + K_k(z_k - h(\hat{x}_{k|k-1}, k)) \\
P_{k|k-1} = \Phi_{k,k-1} P_{k-1|k-1} \Phi_{k,k-1} + Q_{k-1} \\
P_{k|k} = (I - K_k H_k) P_{k|k-1} (I - K_k H_k)^T + K_k R_k K_k^T \\
K_k = P_{k|k-1} H_k^T (H_k P_{k|k-1} + R_k)^{-1}
\end{cases}
$$

- 离散扩展卡尔曼滤波可以应用在航姿参考系统和组合导航系统中。

实践应用篇

第6章　Paparazzi软件工具

第7章　Paparazzi四旋翼无人机的配置文件

第8章　Paparazzi四旋翼无人机程序解析

第9章　四旋翼控制器参数整定

第10章　四旋翼无人机实例

第6章

Paparazzi软件工具

视频讲解

　　Paparazzi 中有一个工具集,由多个可以独立运行的软件组成,实现了编译、烧写、配置、地面站和实时监控等功能。这个软件工具集的共同前端是 Paparazzi Center,Paparazzi 几乎所有操作均可以通过 Paparazzi Center 实现。Paparazzi Center 软件套件的开发需要在基于 GNU/Linux 操作系统上才可以运行。目前,GNU/Linux 操作系统中的 Debian 和 Ubuntu 发行版本对 Paparazzi 开源项目的支持较好。6.1 节介绍了如何安装、配置基于 GNU/Linux 操作系统的 Paparazzi 开发环境。6.2 节介绍了 Paparazzi Center 中常用软件工具的应用方法。本书涉及 Paparazzi 的源代码均默认为存放于 paparazzi 文件夹中。

6.1　Paparazzi 开发环境

　　Paparazzi 的开发环境是基于 Linux 操作系统的,虽然也有人将其移植到了 Windows 操作系统中,但是,Paparazzi 官方还是推荐在 Linux 操作系统中使用。

　　因为有人对 Linux 操作系统不熟悉,所以建立 Paparazzi 开发环境最困难的一个环节大概就是安装 Linux 操作系统了。安装好 Linux 操作系统后,还需要安装一些用户应用程序及 Paparazzi 的代码,才能对 Paparazzi 进行开发。

6.1.1　安装 Linux 操作系统

　　Linux 是一套免费使用和自由传播的类 UNIX 操作系统,是一个多用户、多任务、支持多线程和多 CPU 的操作系统,既可以支持 32 位 CPU,也可以支持 64 位 CPU。严格来讲,术语 Linux 只表示操作系统内核本身,但通常采用"Linux 内核"来表达该意思,Linux 则常用来指基于 Linux 内核的完整操作系统。由于支持用户空间的系统工具和库主要由理查德·斯托曼于 1983 年发起的 GNU 计划提供,因此自由软件基金会提议将该组合系统命名为 GNU/Linux,不过 Linux 却不属于 GNU 计划中的项目。

　　Linux 内核以不同的方式搭配不同的系统工具可构成不同的发行版本，Linux 有诸多发行版本，目前，有 300 多个分发版正积极开发，使用最普遍的分发版约有 12 个，较为知名的有 Slackware、Fedora、SUSE、Debian、Ubuntu、Mageia、ArchLinux 和 Gentoo 等。Paparazzi 开发环境推荐使用的 Linux 分发版本为 Debian 和 Ubuntu。Debian 和 Ubuntu 比较而言，通常认为 Debian 较稳定，而 Ubuntu 中的软件版本较新。本书中 Paparazzi 的开发环境是基于 Debian 稳定版的 Linux 操作系统。

　　下面以 Debian 为例，简单介绍 Debian 的安装方式。Debian 和 Ubuntu 均有多种安装方式，可以硬盘安装、光盘安装、U 盘安装或网络在线安装等。

1. 准备工作

1）计算机的准备

　　如果计划在计算机上仅安装一个 Linux 操作系统，那么对于计算机不用准备什么。如果想要在计算机上既安装 Linux 操作系统又安装 Windows 操作系统，那么就要保证首先安装 Windows 操作系统，并且在 Windows 中至少为 Linux 预留一个空白分区。安装完 Linux 后，该分区就会从 Windows 中消失，并且在安装 Linux 时该分区会被格式化，保存在该分区的文件就会消失。

2）下载 Debian ISO 映像

　　到 Debian 的官方网站下载 Debian 的 ISO 映像。Debian 的发行及其软件源有 5 个分支，即旧稳定分支（Oldstable）、稳定分支（Stable）、测试分支（Testing）、不稳定分支（Unstable）和实验分支（Experimental）。通常建议使用其中的稳定分支或测试分支，2017 年 Debian 稳定分支的代号为 Stretch。在下载 Debian 安装文件时，注意区分 32 位版本和 64 位版本，要根据计算机 CPU 的数据线位数确定采用哪种版本。在 Debian 的官方网站有 3 类 ISO 文件，分别为 CD 版、DVD 版和网络版。只需要下载 CD 版或 DVD 版的第一个 ISO 文件或网络版。三者的区别是所包含的文件包数目不同，DVD 版第一个 ISO 映像比 CD 版的第一个 ISO 映像中的安装包更多，而网络版仅包含最基本的安装包。

3）制作安装介质

　　下载得到的 ISO 映像可以烧写到光盘或利用 Win32 Disk Imager 烧写到 U 盘中。Win32 Disk Imager 是一个开源软件，可以到 sourceforge 网站下载。

　　注意：因为需要从光盘或 U 盘启动计算机，所以在此将 ISO 映像烧写进光盘或 U 盘的方式与普通意义的复制不同，应按照"映像光盘"而非"数据光盘"的方式烧写光盘，而 U 盘映像的制作则需要 Win32 Disk Imager 或 dd 等软件工具才能实现。

2. 安装 Debian

　　将制作好的光盘或 U 盘插到计算机上，并重启计算机。进入 BIOS 将计算机的第一启动项设置为光盘或 U 盘，保存后继续启动；或者在计算机启动时按 F2 键或 F12 键（不同计算机按键不同），进入启动选项，选择光盘或 U 盘启动。

　　然后按照安装提示逐步进行操作，如果采用 Linux 和 Windows 双系统的方式，要特别注意一定要将 Linux 安装在预留的硬盘分区上。

　　Linux 支持多种桌面环境，Debian 发行版本支持大多数常见的桌面环境，如 Gnome、

KDE、Xfce 和 LXDE 等。Gnome 和 KDE 桌面环境比较"豪华",占用计算机资源较多,而 LXDE 则比较"简陋",占用计算机资源也较少,Xfce 则介于两者之间。就 Debian 发行版本而言,不同桌面环境之间原生软件的兼容性一般没什么问题,也就是说,如果安装了 LXDE 的桌面环境,在运行 Gnome 的原生软件时一般没有问题。如果对 Linux 不熟悉,可以考虑安装 LXDE 桌面,与 Windows XP 有一定的相似性。

6.1.2 安装 Paparazzi 开发工具

在 Debian 中可以利用 apt-get、aptitude 等安装包管理系统安装 Paparazzi 开发工具,整个安装过程需要连接互联网,并且同样需要超级用户权限。具有超级用户权限的终端提示符为"♯",普通用户权限的终端提示符为"$"。

1. 获得超级用户权限

在 Debian 中获得超级用户权限的方法主要有 3 种。

1)使用超级用户 root 登录

在 Debian 系统 Gnome 桌面环境的默认配置下是不允许使用超级用户 root 登录 Xwindow 图形环境的,主要是受 gdm、kdm 或 xdm 等图形显示管理程序(即图形登录程序)的配置文件限制。如果在 Debian 系统中安装的是图形 gnome3,则显示管理程序通常为 gdm3,如果需要以超级用户 root 登录 Xwindow,则需要注释掉/etc/pam. d/gdm3-password 文件中的一行语句:

```
auth required pam_succeed_if.so user != root quiet_success
♯ auth required pam_succeed_if.so user != root quiet_success
```

重启系统即可在 gdm3 登录窗口中用 root 账户登录。LXDE 桌面环境默认是允许 root 账户登录的。

2)使用 su 命令

以普通用户登录 Xwindow 图形环境,打开"终端"程序,执行命令 su,按照提示输入超级用户的密码,按 Enter 键后进入超级用户模式,终端提示符由"$"变为"♯"。

3)使用 sudo 命令

在终端所输入的命令前增加 sudo 前缀,即可用超级用户权限执行该命令。例如:

```
sudo apt – get install bzip2
```

在一个会话终端中首次执行 sudo 命令时需要输入超级用户的密码。

2. 安装 Paparazzi 的依赖软件

在 Debian 中安装 Paparazzi 开发工具可以按照下面的步骤进行。注意:以下各步骤中的每一条命令需要正确执行完成后才可以输入并执行下一条命令。

1)安装软件库中的软件

首先安装所需要的软件安装包,在超级用户权限下执行以下命令:

```
apt – get install autoconf build – essential bzip2 dfu – util g++gcc gcc – arm – none – eabi
git glade gnuplot gtk2 – engines – pixbuf imagemagick libcamlimages – ocaml libftdi – dev
```

```
libglade2-0 libglade2-dev libgnomecanvas2-0 libgnomecanvas2-dev libgsl0-dev
liblablgtk2-gl-ocaml-dev liblablgtk2-gnome-ocaml-dev liblablgtk2-ocaml-dev
libmpfr-dev libocamlnet-ocaml-dev libpcre3-dev libpcre-ocaml libpcre-ocaml-dev
libsdl1.2-dev libsdl-ocaml-dev libtool libusb-dev libxml-light-ocaml-dev
libxt-dev m4 make ocaml ocaml-findlib ocaml-native-compilers python-lxml
python-usb python-wxgtk3.0 python-yaml speech-dispatcher subversion tcl-dev tk-dev
xutils-dev
```

2）安装 Ivy 总线软件

目前在 Debian 中没有 Ivy 总线的安装包，因此需要从源代码安装，可执行以下命令：

```
mkdir ivy-c
cd ivy-c
svn co https://svn.tls.cena.fr/svn/ivy/ivy-c/trunk
cd src
make
make install
cd ..
mkdir ivy-OCml
svn co https://svn.tls.cena.fr/svn/ivy/ivy-ocaml/trunk
cd src
make
make install
mkdir -p ivy-python
cd ivy-python/
svn co https://svn.tls.cena.fr/svn/ivy/ivy-python/trunk
cd ivy-python/trunk
./setup.py install
```

3）安装 JSBSim 仿真软件

然后安装 JSBSim 仿真软件，执行以下命令：

```
mkdir JSBSim
cd JSBSim
cvs -z3 -d:pserver:anonymous@jsbsim.cvs.sourceforge.net:/cvsroot/jsbsim \
co -D "23 Feb 2015" -P JSBSim
cd jsbsim-code
./autogen.sh
./configure --enable-libraries --enable-shared --prefix=/opt/jsbsim
make
make install
ldconfig
```

命令 ldconfig 是安装了库文件后需要运行的命令，作用就是将/etc/ld.so.conf 列出的路径下的库文件缓存到/etc/ld.so.cache 以供使用。

也可以使用 cmake 软件编译 JSBSim 仿真软件，需要在 Linux 环境中首先安装 cmake 软件，然后执行以下命令：

```
mkdir JSBSim
cd JSBSim
cvs -z3 -d:pserver:anonymous@jsbsim.cvs.sourceforge.net:/cvsroot/jsbsim \
co -D "23 Feb 2015" -P JSBSim
cd jsbsim-code mkdir build_linux cd build_linux
```

```
cmake .. - DBUILD_SHARED_LIBS = ON - DCMAKE_INSTALL_PREFIX = /opt/jsbsim
make
make install ldconfig
```

4）安装 Paparazzi 开发环境

最后安装 Paparazzi 开发环境，执行以下命令：

```
git clone git://github.com/paparazzi/paparazzi
cd paparazzi
make
make install
```

5）运行 Paparazzi 软件

Paparazzi 开发环境安装后，在终端执行命令 paprazzi 就可以启动 Paparazzi Center 软件了；也可以不安装到系统中，即不执行最后的 make install，进入 paparazzi 文件夹，双击 paparazzi 文件启动 Paparazzi Center 软件；在终端进入 paparazzi 路径执行./paprazzi 命令，同样可以启动 Paparazzi Center 软件。

安装完成后启动 Paparazzi Center 软件，其运行窗口如图 6-1 所示。

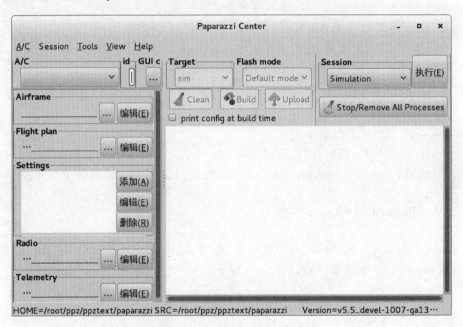

图 6-1　Paparazzi Center 运行窗口

3. 在 Ubuntu 中安装 Paparazzi 开发工具

在 Ubuntu 发行版本的软件库中包含 Paparazzi 开发工具，因此安装比较方便，可以按照以下步骤进行。注意：以下各步骤中的每一条命令需要正确执行完成后才可以输入并执行下一条命令。

1）安装 Paparazzi 的依赖软件

安装好 Ubuntu 后，打开终端依次输入并运行以下命令：

```
sudo add - apt - repository ppa:paparazzi - uav/ppa
```

```
sudo apt - get update
sudo apt - get install - - yes paparazzi - dev paparazzi - arm - multilib paparazzi - jsbsim
```

2）安装 Paparazzi 源程序包

安装 Paparazzi 源程序包，在终端中依次输入并执行以下命令：

```
cd ~
git clone https://github.com/paparazzi/paparazzi.git
cd ~/paparazzi
make
```

3）运行 Paparazzi 软件

在当前路径中运行命名为 paparazzi 的可执行文件，打开的运行窗口如图 6-1 所示。

6.2　Paparazzi Center 简介

Paparazzi Center 是一个集成了 Paparazzi 使用、开发的各类软件工具的图形化用户前端。Paparazzi 的各类软件工具继承了 UNIX 软件的风格，每个功能由不同的小软件工具实现，通过 Paparazzi Center 可以方便地调用这些软件工具。

Paparazzi 的各类软件工具所实现的功能主要包括以下内容。

① 飞行器类型、控制器硬件、控制算法参数、飞行计划、数据链格式等诸多内容的配置。

② 飞控软件的编译、烧写等。

③ 地面站的设置和使用。

④ 飞行仿真。

⑤ 数据和数据曲线实时显示等。

Paparazzi Center 在运行时的主窗口如图 6-2 所示。Paparazzi Center 事实上是一组工具集的前端窗口，下面以 Paparazzi Center 的窗口功能为线索依次介绍其主要功能。

6.2.1　Paparazzi Center 主窗口

Paparazzi Center 主窗口可以分为菜单栏、配置文件区、编译链接烧写端区、终端显示区、运行区和会话区 6 个主要区域，如图 6-2 所示。

1. 菜单栏

1）A/C（机型设置）菜单

A/C 菜单（Aircraft/Configuration 的缩写）的主要功能是实现机型的设置，包括"新建""删除""保存"、Build new target 和"退出"等菜单项。

"新建""删除"和"保存"3 个菜单项是针对机型设置的新建、删除和保存功能。可以说这个菜单就是操作图 6-3 所示区域的内容。

2）Session（会话）菜单

Session 菜单用来设置会话，包括"新建""删除"和"保存"等菜单项。会话在此表示一组程序，这些程序包括地面站、数据链通信方式、实时图像显示及各类工具软件等。

3）Tools（工具）菜单

Tools 菜单是内容最丰富的一个菜单，可以启动 Paparazzi Center 中的各类工具软件，

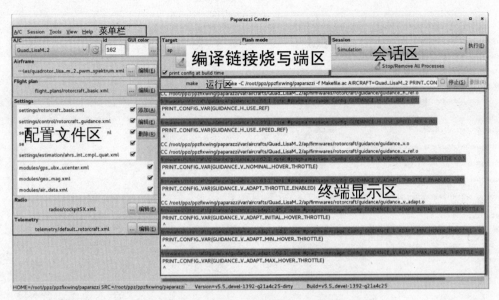

图 6-2　Paparazzi Center 的 6 个区域

图 6-3　A/C 菜单操作的区域

包括 App Server、Attitude Visualizer、Data Link、Environment Simulator、Flight Plan Editor、GCS、GPSd position display、Hardware in the Loop、Ivy2Nmea、Joystick、Link Combiner、Log File Player、Log Plotter、Messages、Messages (Python)、NatNet、Plot Meteo Profile、Real-time Plotter、Real-time Plotter（Python）、Server、Settings、Settings (Python)、Simulator、Video Synchronizer 和 Weather Station 等菜单项。

4）View（视图）菜单

View 菜单只有一个"全屏"的选项，可以控制 Paparazzi Center 的全屏显示。

5）Help（帮助）菜单

Help 菜单包括 About、Get Help 和 Version 这 3 个菜单项，分别用于显示 Paparazzi 的相关信息、文档网站信息及版本信息。

2. 配置文件区

配置文件区如图 6-4 所示，这是很常用的一个区域，几乎所有的配置文件都包含在本区域中。

在该区域中从上至下依次为机型的选择、机身配置、飞行计划配置、可调参数配置、遥控器配置和数据链配置。

机型选择部分设置不同种类或同一种类不同设置的飞行器，相当于飞行器的名字。机型选择部分机型名称以及所包含配置文件等在 conf.xml 文件中，修改该文件可以增加、删除或修改机型名称和该机型包含的配置文件。

3. 编译链接烧写端区

编译链接烧写端区如图 6-5 所示。

图 6-4　配置文件区

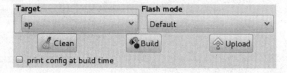

图 6-5　编译链接烧写端区

Target 下拉列表框用于设定源代码的编译目标，由 ap(自动驾驶仪)、NPS(软件仿真)、sim(软件仿真)、tunnel(调试)等列表选项设定。编译目标是 ap 或 tunnel 时，编译完成后得到自动驾驶仪上微控制器的二进制代码；编译目标是 NPS 或 sim 时，编译完成后得到 PC 上的可执行程序。

假设 Paparazzi 软件源代码位于/root 路径的文件夹中，单击图 6-5 中的 Clean 按钮，会执行以下命令：

```
make － C /root/paparazzi － f Makefile.ac AIRCRAFT = Quad_LisaM_2 clean_ac
```

该命令清除之前编译的目标文件及编译过程中所产生的中间文件。

单击图 6-5 中的 Build 按钮，将根据图 6-5 中 Target 的内容对工程进行构建[①]。会执行以下命令：

```
make － C /root/paparazzi － f Makefile.ac AIRCRAFT = Quad_LisaM_2 PRINT_CONFIG = 1 ap.compile
make － C /root/paparazzi － f Makefile.ac AIRCRAFT = Quad_LisaM_2 PRINT_CONFIG = 1 nps.compile
```

若选中图 6-5 中的 print config at build time 复选框，则在执行 make 命令时将 PRINT_CONFIG 变量设置为 1。当 PRINT_CONFIG 变量设置为 1 时，在编译过程中会输出一些有用的设置信息。

图 6-5 中的 Flash mode 下拉列表框用于选择程序固件的下载方式，即编译完成后的可执行代码(Target 为 ap 时的可执行代码)烧写进微控制器的方式。随使用的微控制器不同，选择方式也不同。这个下拉列表框的选项可以由用户配置，配置文件为 conf/flash_modes.xml。

以 Lisa/M 2.0 飞控板为例，下载固件有下列几种方式。

(1) Default 方式。

Default 方式是默认方式，使用预先烧写进 STM32 微控制器的 luftboot 程序进行下载。

---

① 　这里的构建包括生成 C 语言文件、编译、链接等，由 make 实现对工程构建的管理。

luftboot 为 bootloader 程序,能够利用 STM32 的 USB 接口从 PC 的 USB 接口下载固件,并将所接收的固件写入 STM32 的 Flash 中。

luftboot 主要针对 STM32F1 系列的微控制器,因为 STM32F4 系列微控制器的 DFU 功能与 luftboot 功能类似。

默认方式执行的命令如下:

```
make - C /root/paparazzi - f Makefile.ac AIRCRAFT = Quad_LisaM_2ap.upload
```

对于 STM32 芯片而言,make 程序最终会执行 conf/Makefile.stm32-upload 文件,此时 make 程序调用的烧写软件为 sw/tools/dfu/stm32_mem.py。

(2) JTAG(OpenOCD)方式。

该方式使用 JTAG 进行烧写,需要支持 JTAG 的烧写器,并且 Linux 计算机上需要安装 OpenOCD 软件,代码如下:

```
make - C /root/paparazzi - f Makefile.ac AIRCRAFT = Quad_LisaM_2 FLASH_MODE = JTAG ap.upload
```

(3) SERIAL 方式。

SERIAL(STM32)方式通过串口烧写程序,这种方式是 STM32 芯片默认支持的一种方式,烧写速度较慢,但是硬件比较简单,只需要串口线即可。如果笔记本电脑上没有串口,则需要 USB 转串口的传输线。自动驾驶仪端的串口通常使用 TTL 电平,不能和 RS-232 直接连接,代码如下:

```
make - C /root/paparazzi - f Makefile.ac AIRCRAFT = Quad_LisaM_2 FLASH_MODE = SERIAL ap.upload
```

(4) BlackMagic Probe 方式。

BlackMagic Probe(JTAG)方式是使用 JTAG 进行烧写,烧写器为 BlackMagic Probe,代码如下:

```
make - C /root/paparazzi - f Makefile.ac AIRCRAFT = Quad_LisaM_2 FLASH_MODE = JTAG_BMP ap.upload
```

BlackMagic Probe(SWD)方式是使用 SWD 进行烧写,烧写器为 BlackMagic Probe,代码如下:

```
make - C /root/paparazzi - f Makefile.ac AIRCRAFT = Quad_LisaM_2 FLASH_MODE = SWD ap.upload
```

(5) USB DFU 方式。

USB DFU(stm32_mem)方式和默认方式相同,代码如下:

```
make - C /root/paparazzi - f Makefile.ac AIRCRAFT = Quad_LisaM_2 FLASH_MODE = DFU ap.upload
```

4. 会话区

会话区在主窗口的位置如图 6-2 所示。会话区的 Session 下拉列表框用于建立地面站(GCS)的运行方式,这些方式可以分为 3 类。

(1) 数据回放方式(Replay 选项)。数据回放方式需要选择 Relay 选项后单击"执行"按钮,然后在弹出的 Relay 对话框内打开 File 菜单,单击 Open Log 选项后,选择要回放数据的 log 文件,最后在 File 菜单中单击 Play 选项就开始回放数据了。

(2) 仿真方式(Simulation 选项)。仿真方式运行时不需要连接自动驾驶仪,由 PC 以软件方式模拟飞行器的动力学特性和自动驾驶仪的控制算法。四旋翼无人机的仿真软件是nps，nps是基于仿真软件jsbsim编写的。固定翼飞行器的仿真方式有sim和nps两种，而类似于quadshot类型的倾转旋翼飞行器目前在Paparazzi中还没有正式的仿真程序。

（3）链接硬件方式。链接硬件的运行方式有两种：一种是硬件在回路的仿真形式；另一种是实际飞行方式。实际飞行方式有多种形式，区别是不同的数据链实现方式。

5. 运行区

运行区在主窗口的位置如图6-2所示。运行区显示的是Paparazzi Center正在运行的程序。如编译程序时运行的make指令、从会话区运行的地面站程序、从Tool菜单中的Messages菜单项启动的messages程序等。在运行区执行的程序可以在运行区修改其参数后重新启动运行。

6. 终端显示区

终端显示区在主窗口的位置如图6-2所示。终端显示区只有显示功能，相当于只有显示功能的用户终端，用于回显Paparazzi Center执行的各种指令。

6.2.2　Paparazzi Center 的工具集

Paparazzi Center中包含了多种工具软件（见表6-1），能够实现地面站常用的功能。这些工具软件都可以由Tool菜单中的菜单项启动。

表 6-1　Paparazzi Center 的工具集简介

名　称	功 能 简 介
App Server	地面控制站（GCS）与手机或平板电脑等移动终端通信的守护程序
Attitude Visualizer	三维可视化的四旋翼姿态运动演示工具
Data Link	地面控制站的数据链程序
Environment Simulator	模拟飞行环境
Flight Plan Editor	可视化的飞行计划编辑器
GCS	地面控制站
GPSd Position Display	实时显示地面控制站位置
Hardware in the Loop	硬件在回路的仿真模式（HITL）
Ivy2Nmea	将Ivy总线上的GPS信息以NMEA格式发送到串口
Joystick	使用与计算机相连的游戏手柄（Joystick）控制飞行器
Link Combiner	多数据链通信
Log File Player	飞行记录回放
Log Plotter	根据飞行日志绘制变量曲线
Messages	显示数据链的通信数据
NatNet	Optitrack系统NatNet的UDP和Ivy总线之间的接口
Plot Meteo Profile	利用Gnuplot软件实时绘制曲线
Real-time Plotter	实时曲线显示
Server	记录、分发和处理信息
Settings	飞行参数设定接口
Simulator	软件飞行仿真
Video Synchronizer	记录的视频和回放记录之间的同步
Weather Station	与气象站的接口程序

下面详细说明表 6-1 中工具软件的功能及使用方法。

1. App Server

这是地面站(GCS)与手机(Android 或 iOS)、平板等便携设备通信的后台服务程序,能够将地面站接收到的遥测数据发送到手机中,同时接收手机等便携设备的控制信息。手机中需要安装相应的 App 应用。

2. Attitude Visualizer

选择 Tool→Attitude Visualizer 菜单命令,会执行 sw/tools/attitude_viz.py 文件。该文件提供一个三维可视化的四旋翼姿态运动演示工具。

在仿真飞行或是实际飞行中,首先选择地面控制站(GCS)中的 Setting→Telemetry→Main→attitude_setpoint_viz 选项并单击 Commit 按钮确认。然后选择 Tools→Attitude Visualizer 菜单命令。在之后的飞行中,四旋翼无人机姿态的参考输入和实际估计输出就以三维动画的方式显示在 Attitude Visualizer 打开的窗口中,如图 6-6 所示。

图 6-6 Attitude Visualizer 以三维方式显示的四旋翼姿态

注意:在默认情况下,sw/tools/attitude_viz.py 在运行时认为自动驾驶仪(飞控板)在俯仰方向有 $-90°$ 的安装角,如果安装角为 $0°$,则需要增加参数 $-$ r 0 才能正确显示,即在运行区执行的指令为:

```
/root/paparazzi/sw/tools/attitude_viz.py - r 0
```

3. Data Link

选择 Tool→Data Link 菜单命令会启动 sw/ground_segment/tmtc/link 程序。该程序是地面控制站(GCS)的数据链程序,可以通过不同的硬件设备与飞行器相互通信,其通信数据通过 Ivy 总线和 GCS 程序交互。

当会话(Session)选项不同时,Data Link 命令的默认执行方式也不同。

软件仿真时,默认数据链为以太网,默认监听 127.255.255.255 地址的 4243 端口 UDP 信息。仿真时(Session 下拉列表框选择 Simulation 选项)的执行方式代码如下:

/root/paparazzi/sw/ground_segment/tmtc/link - udp - udp_broadcast

若使用无线数传与自动驾驶仪相连，数据链为串口终端，默认串口地址为/dev/ttyUSB0，波特率建议为57600。仿真时（Session下拉列表框选择Flight USB-serial@57600选项）的执行方式代码如下：

/root/paparazzi/sw/ground_segment/tmtc/link - d /dev/ttyUSB0 - s 57600

link程序的说明如下：

```
Usage:
- aerocomm 设置无线串口模式
- audio 在< port >端口监听调制的音频信号. < port >通常设置为/dev/dsp (可以在该选项后使用
- d 选项改变
    < port >值)
- b < ivy bus >默认 IP 地址和端口为 127.255.255.255:2010
- d < port >默认为/dev/ttyUSB0
- dtr 不使能串口的 DTR (过时选项)注: 该选项与 - aerocomm 搭配使用
- fg 启用标准输出流量统计
- noac_info 禁止 AC 的通信信息(上行)
- nouplink 禁止上行通信(从地面站到飞行器)
- s < baudrate >   设置波特率,默认为 9600
- hfc 使能 UART 硬件流控制(CTS/RTS)
- local_timestamp 在 ivy 总线传递的消息上添加本地时间戳
- transport < transport >设定通信协议,可以为 modem、pprz、pprz2 和 xbee. 默认为 pprz
- udp 在< udp_port >端口监听 UDP 连接
- udp_port < UDP port >设定 UDP 端口,默认为 4242
- udp_uplink_port < UDP uplink port >设定 UDP 上行端口,默认为 4243
- udp_broadcast 在< udp_broadcast_addr >地址广播 UDP 信息, 可以用在仿真飞行中
- udp_broadcast_addr < addr >设定 UDP 广播地址,默认为 127.255.255.255
- uplink 过时选项,现在已经默认使能上行
- xbee_addr < my_addr > (256)
- xbee_retries < nb retries > (10)
- xbee_868 使能 868 协议
- redlink 设置数据链路是否是冗余链路,设置该选项标志和 - id 选项标志可以使用多个链接
- id < id >设置链路的编号. 如果是多个链路,每个链路的编号必须是互异的,默认为 - 1
- status_period < period >设置 LINK_REPORT 消息(链路状态)的通信周期,单位 ms,默认为 1000
- ping_period < period >设置 PING 消息(链路状态)的通信周期,单位 ms,默认为 5000
- ac_timeout < time >设置飞行器失联时间,地面站< time > (ms) 没有接收到飞行器数据,则认为失
    联,默认为 5000ms,设置为 0 则不使能该功能
- help   帮助,显示选项信息
-- help   帮助,显示选项信息
```

4. Environment Simulator

选择 Tool→Environment Simulator 菜单命令会执行 sw/simulator/gaia 程序。该程序用于模拟飞行环境,比如仿真实验中风速风向的模拟。gaia 程序的说明如下：

```
Usage:
- b < Bus >设置 Ivy 总线地址和端口,默认为 127.255.255.255:2010
- t < time >设置时间尺度,默认为 1.0
```

- w < speed > 设置风速,单位为 m/s,范围为 0～30m/s
- d < dir > 设置风向,单位为度,范围为 0～359°
- u < updraft > 设置上升气流的速度,单位为 m/s,范围为 -10～10m/s
- g 关闭 GPS
- help 帮助,显示选项信息

执行该程序后会弹出设置窗口,如图 6-7 所示。

5. Flight Plan Editor

选择 Tool→Flight Plan Editor 菜单命令会启动可视化的飞行计划编辑器,编辑完成后生成 XML 格式的飞行计划。该工具软件和地面控制站(GCS)是同一个软件,即 sw/ground_segment/cockpit/gcs。GCS 软件若带-edit 选项执行,则会启动可视化的飞行计划编辑器,代码如下:

图 6-7 Gaia 设置窗口

/root/paparazzi/sw/ground_segment/cockpit/gcs - edit

选择 Flight Plan Editor 命令后,启动的窗口如图 6-33 所示。关于飞行计划的编辑参考 6.2.4 节和 7.2 节。

6. GCS

选择 Tool→GCS 菜单命令会启动地面控制站软件,GCS 应该算是工具集中最重要和最复杂的一个软件工具。该软件的可执行文件为 sw/ground_segment/cockpit/gcs。Paparazzi 的 GCS 功能复杂、选项众多,具有灵活的可配置性。GCS 软件的选项说明如下:

```
Usage:
    - auto_ortho IGN 地图路径
    - b < ivy bus > 设置 Ivy 总线地址和端口,默认为 127.255.255.255:2010
    - center 初始化地图中心位置(如'WGS84 43.605 1.443')
    - center_ac 以飞行器位置为地图中心
    - edit 编辑飞行计划
    - fullscreen 全屏显示
    - maps_fill 自动加载地图背景
    - maps_zoom 地图缩放级别(default: 20, min: 18, max: 22)
    - ign IGN 地图路径
    - lambertIIe 切换到 Lambert 投影地图
    - layout < XML layout specification > GUI 布局,默认配置: horizontal.xml
    - m XML 格式的地图文件
    - maximize 最大化窗口
    - mercator 切换到墨卡托投影地图,默认有效
    - mplayer 以给定参数启动 mplayer 作为其窗口插件
    - no_alarm 禁止 alarm 选项卡
    - maps_no_http 仅使用缓存的地图
    - ortho IGN tiles path
    - osm 使用 OpenStreetMap 地图(默认: Google)
    - ms 使用 Microsoft 地图(默认: Google)
    - particules 显示 particules
    - plugin 启动窗口插件
    - ref 地图参考地址(如'WGS84 43.605 1.443')
```

－ speech 使能语音消息

－ srtm Enable SRTM elevation display

－ track_size 飞行轨迹记录长度,默认为:500

－ utm 切换为 UTM 投影地图

－ wid < window id > Id of an existing window to be attached to

－ zoom Initial zoom

－ auto_hide_fp 自动隐藏当前未选中的飞行器(一个 GCS 控制多个飞行器时)

－ timestamp Bind on timestampped telemetry messages

－ ac_ids 以逗号分隔的 ID 为参数,用于表示显示在 GCS 中的飞行器

－ no_confirm_kill 禁止 Strip 区的 Kill 按钮

－ help　帮助,显示选项信息

－－ help　帮助,显示选项信息

GCS 的详细使用方法详见 6.2.3 节。

7. GPSd position display

选择 Tool→GPSd position display 菜单命令可以从 gpsd 守护进程中查询到 GPS 信息,并通过 Ivy 总线与 GCS 等其他程序共享这些 GPS 信息,同时在地面控制的地图上以一个红点的形式显示出来。

GPS 接收机和地面站计算机通过串口、USB、蓝牙或网络等连接方式连接,GPS 接收机将 GPS 信息发送给计算机,计算机上运行的 gpsd 守护进程接收这些信息,并将这些信息通过 Ivy 总线发送给 GCS 并显示。

gps2ivy 位于 sw/ground_segment/tmtc 文件夹,在默认的编译安装中,该程序没有被编译。另外,gps2ivy 需要 gpsd 软件的支持。

1) 安装 gpsd 软件

gpsd 属于后台服务程序,安装、配置和启动 USB 转串口的 GPS 器件,命令如下:

```
sudo apt - get install libgps - dev gpsd
sudo dpkg - reconfigure gpsd
sudo gpsd /dev/ttyUSB0
```

如果 GPS 接收机由固定端口接入计算机,可以在配置文件/etc/default/gpsd 中设置为启动 gpsd 程序后自动加载。例如,GPS 器件固定为/dev/ttyS2 时的配置文件如下:

```
START_DAEMON = "true"
DAEMON_OPTS = ""
DEVICES = "/dev/ttyS2"
USBAUTO = "false"
```

如果是蓝牙接口的 GPS 接收机,可以由/etc/bluetooth/rfcomm. conf 文件配置。例如,蓝牙设备/dev/rfcomm0 可以配置为:

```
rfcomm0
    {     bind yes;
          device 00:06:66:00:53:AE;
    }
```

在某些 Linux 的发行版本中需要对蓝牙接口进行绑定:

```
sudo rfcomm bind 0
```

2）安装 gpsd2ivy

选择 Tool→GPSd position display 菜单命令会执行 gps2ivy 程序。可以在 GCS 的地图上将地面站计算机的当前位置显示出来。可以通过以下命令编译并运行 gps2ivy：

```
cd sw/ground_segment/tmtc
make gpsd2ivy
./gpsd2ivy
```

也可以由 Tools→GPSd position display 菜单命令启动该程序。

8. 硬件仿真（Hardware in the Loop）

硬件仿真是指硬件在回路的仿真模式（HITL），在自动驾驶仪的真实硬件上运行飞控代码，而传感器数据和执行器等则是由软件模拟。相对于软件仿真（SITL）最大的不同是控制算法在自动驾驶仪的微控制器中运行，而软件仿真的代码运行、传感器数据和执行器等都是由计算机模拟。

自动驾驶仪完成控制指令的计算，并以 COMMANDS 消息的方式（Ivy 总线）发送给计算机上的软件仿真模型；同时软件仿真模型通过 HITL_UBX（GPS）和 HITL_INFRARED 消息将虚拟传感器的信息发送给自动驾驶仪。

9. Ivy2Nmea

选择 Tool→Ivy2Nmea 菜单命令将启动 Ivy2Nmea 软件，将 Ivy 总线上的 GPS 信息以 NMEA 格式发送到串口。Ivy2Nmea 软件位于 sw/ground_segment/tmtc 文件夹，该软件的选项说明如下：

```
Options :
  - h -- help               显示帮助
  - v -- verbose            显示更多的信息
  -- id < ac_id >           飞行器的 ac_id 编号
  -- port < gps out port >  发送 GPS Nmea 格式信息的串口
  -- ivy_bus < ivy bus >    Ivy 的总线
```

10. Joystick

选择 Tool→Joystick 菜单命令将启动 Joystick 软件工具。Joystick 软件工具支持使用与计算机相连的游戏手柄（Joystick）控制飞行器，该软件既能用于仿真模式的模拟飞行，也能在实飞模式中使用。

在实飞模式中，手柄的输入信息是通过数据链发送给飞行器的。Joystick 软件工具运行 input2ivy 程序，该程序位于 sw/ground_segment/joystick 文件夹，软件选项说明如下：

```
Usage:
  - b < ivy bus >          Ivy 总线地址,默认为 127.255.255.255:2010
  - ac < A/C name >        飞行器的名称
  - d < device index >
  - v                      详述模式,可以用来确定输入设备的通路
  - id                     游戏手柄(Joystick)的编号,当有多个手柄时,每个手柄编号不能重复,编号范围 0～255
  - < xml file of actions >
```

```
- help              帮助,显示选项信息
-- help             帮助,显示选项信息
```

为了保证手柄的摇杆位于中间位置时输出的数据为零,大多数游戏手柄都需要进行校准。在 Linux 计算机上可以使用 jstest-gtk 软件完成手柄的各种设定。

安装 jstest－gtk 软件的命令如下:

```
sudo apt - get install joystick jstest - gtk
```

joystick 是一组测试、校准游戏手柄的软件工具,包含 jstest、jscal 等命令接口工具;而 jstest-gtk 是图形接口的工具,jstest 和 jstest-gtk 可以用来查看和设定游戏手柄的校准情况,以及游戏手柄的按键、摇杆的映射情况。

当重新插拔游戏手柄之后,所设定的校准和映射信息就会丢失,可以使用下面的命令保存校准和映射信息:

```
sudo jscal - store /dev/input/jsX
```

命令中的 jsX 替换为用户所用的手柄。在下次重新插入此手柄后,udev 会自动载入此手柄的校准和映射信息。

11. Link Combiner

当自动驾驶仪和地面站有多条独立的通信链路时,Link Combiner 软件可以将地面站接收到的多个链路的数据流合成为一个数据流,但是该程序并不对地面站发送的数据流做任何处理。

选择 Tool→Link Combiner 菜单命令可以启动 Link Combiner 软件。该软件的可执行文件为 sw/ground_segment/python/redundant_link/link_combiner.py。Link Combiner 软件可用于冗余数据链。

12. Log File Player

选择 Tool→Log File Player 菜单命令会启动 sw/logalizer/play 软件,功能为飞行记录回放。该软件的选项说明如下:

```
Usage:
  - b < ivy bus >设置 Ivy 总线地址和端口,默认为 127.255.255.255:2010
  - d < port >设置数据链端口,默认: /dev/ttyUSB0
  - o 在串口输出二进制消息
  - s < baudrate >串口波特率,默认: 9600
  - shfc 使能串口的硬件流控制(CTS/RTS)
  - help   帮助,显示选项信息
  -- help   帮助,显示选项信息
```

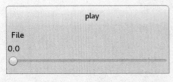

图 6-8　play 程序窗口

Play 程序运行后会打开一个窗口,如图 6-8 所示。打开图 6-8 所示的 File 菜单,出现 Open Log、Play、Stop 和 Quit 4 个菜单命令。单击 Open Log 命令,弹出文件选择对话框,可以选择之前的飞行记录文件,这些文件是以日期时间命名的 .log 文件。载入 .log 文件后,单击 Play 命

令可以回放之前的飞机状况,单击 Stop 命令可以暂停播放,暂停后可以调整回放的时间点。单击 Quit 命令可以退出回放。

回放飞行记录时,可以重新加载地图,但航程点、控制参数、飞行设置等无法改动,并且 Message 也会按照之前实际飞行时的设置如实反映。

13.　Log Plotter

选择 Tool→Log Plotter 菜单命令会启动 Log Plotter 软件,该软件能够根据飞行记录的日志文件的数据绘制出飞行状态变量的曲线。Log Plotter 是一种离线的曲线绘制方式,调用 sw/logalizer/plot 软件。

运行后的窗口如图 6-9 所示。

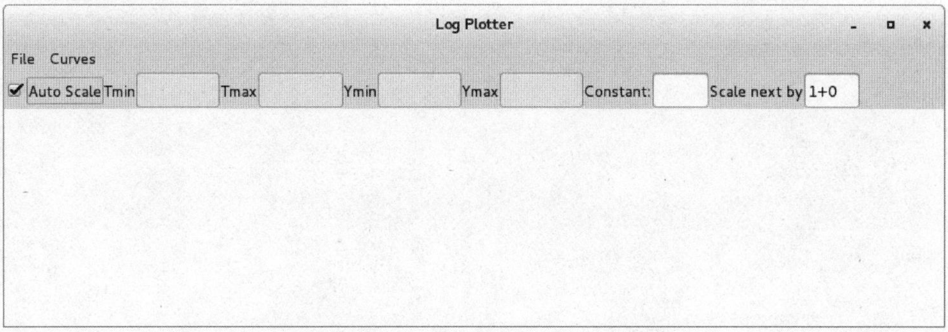

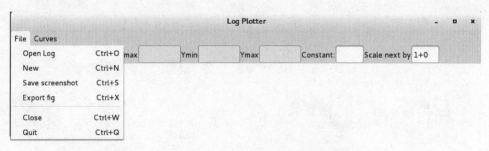

图 6-9　Log Plotter 程序启动窗口命令

打开图 6-9 所示的 File 菜单,出现一组菜单命令,如图 6-10 所示。其中 Open Log 命令用于打开飞行日志文件。Open Log 命令载入飞行日志的方法与 Log File Player 窗口中 File 菜单的 Open Log 命令相同。

图 6-10　Log Plotter 的 File 菜单命令

载入飞行日志后在 Log Plotter 窗口会多出一个以日志文件名命名的菜单,该菜单内会依据飞行日志中的 Messages 出现一组选项,选择相应名称的选项可以绘制出飞行日志中该变量的曲线,如图 6-11 和图 6-12 所示。

绘制的曲线名称会出现在 Curves 菜单中,单击该菜单中曲线名称的菜单项可以取消该曲线的绘制。

14.　Messages 和 Messages(Python)

选择 Tool 菜单的 Messages 和 Messages(Python)命令的功能基本一样,都是以字符的形式显示数据链的通信数据。Messages 命令启动的软件是 sw/-ground_segment/tmtc/

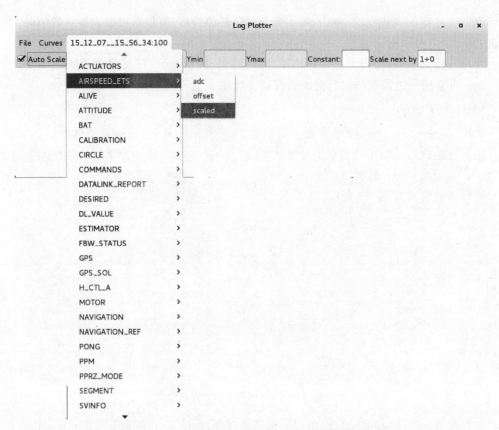

图 6-11　Log Plotter 中飞行日志文件的下拉菜单命令

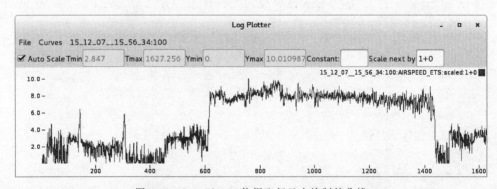

图 6-12　Log Plotter 依据飞行日志绘制的曲线

messages，该软件是 OCaml 语言实现的。而 Messages（Python）命令启动的软件是 sw/ground_segment/python/messages_app/messagesapp.py，该软件是 Python 语言实现的。这两个软件启动后的运行窗口如图 6-13 和图 6-14 所示。

图 6-13 所示的 Messages 软件运行窗口中的变量可以拖动到 Real-time Plotter 软件窗口中，Real-time Plotter 软件会实时显示该变量的变化曲线。

15. NatNet

选择 Tool→NatNet 菜单命令会启动 sw/ground_segment/misc/natnet2ivy 软件。natnet2ivy 软件是 Optitrack 系统 NatNet 的 UDP 和 Ivy 总线之间的接口。

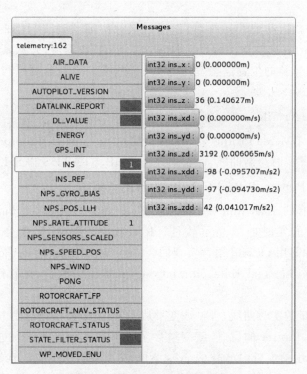

图 6-13 Messages 的运行窗口

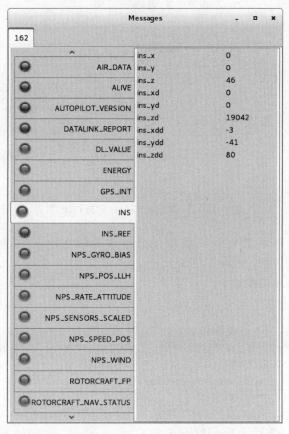

图 6-14 Messages(Python)的运行窗口

Optitrack 是一款运动捕获系统,可以通过摄像头捕获到飞行器的位置信息,并通过 UDP 协议通信。natnet2ivy 软件可以接收到这些 UDP 数据流,并从其中解析出飞行器的位置信息,然后将飞行器的位置信息发送到 Ivy 总线上。飞行器可以利用这些位置信息实现导航控制。

16. Plot Meteo Profile

选择 Tool→Plot Meteo Profile 菜单命令会启动 sw/logalizer/plotprofile 软件。该软件是利用 Gnuplot 软件实时绘制曲线,可用来绘制 TMP_STATUS 和 SHT_STATUS 消息。

17. Real-time Plotter 和 Real-time Plotter（Python）

选择 Tool 菜单的 Real-time Plotter 或 Real-time Plotter（Python）命令可以启动 Paparazzi Center 中的实时曲线显示软件。Real-time Plotter 命令会启动 sw/logalizer/plotter 软件,该软件是用 OCaml 语言实现的。Real-time Plotter（Python）命令会启动 sw/ground_segment/python/real_time_plot/messagepicker.py 软件,该软件是使用 Python 语言实现的。

若要显示某变量的实时曲线,可将该变量从 Messages 窗口拖动到 Real-time Plotter 的窗口。在 Real-time Plotter 的窗口,该变量会实时根据飞行器的信息进行绘制,如图 6-15 所示。在图 6-15 所示的窗口中单击 Curves 菜单,会出现从 Messags 软件窗口拖动到 Real-time Plotter 软件窗口的变量名称。单击变量名称命名的菜单命令会出现包括 Delete、Discrete、Average 和 Stdev 4 个菜单命令的级联子菜单。

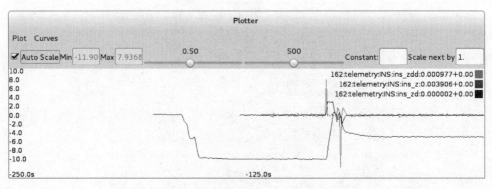

图 6-15　Real-time Plotter 的运行窗口

另外,在图 6-15 所示的窗口上还可以通过两个滑块改变所显示曲线的更新时间（Update time）和缓存空间（Memory size）。

Plotter 软件的选项说明如下:

```
Usage:
    -b <ivy bus>设置 Ivy 总线地址和端口,默认为 127.255.255.255:2010
    -c <curve>  增加某变量或常值的曲线(变量如: '*:telemetry:BAT:voltage',常值如: '1.5')
    -t <title>  设置窗口标题
    -g <geometry>  设置窗口位置(如'500x500+100+100')
    -n 为另一条曲线打开一个新窗口
    -m <size>  缓存大小(默认: 500)
    -u <time>  更新时间,单位 s (默认: 0.50)
```

```
- help    帮助,显示选项信息
-- help   帮助,显示选项信息
```

18．Server

选择 Tool→Server 菜单命令会启动 sw/ground_segment/tmtc/server 软件。该软件的作用是完成记录、分发和处理信息的功能,其功能选项说明如下:

```
Usage:
  - b Bus Ivy 总线地址,默认为 127.255.255.255:2010
  - http 发送 http: URLs (默认:file:)
  - hostname < hostname >设置 http 服务器主机名称
  - port < port >为 XML 和 KML 文件的传递设置 http 端口(默认:8889)
  - kml 允许 KML 文件更新
  - kml_no_http KML 文件不进行 http 传递
  - n 不记录日志
  - timestamp Bind on timestampped messages
  - no_md5_check 禁止飞行器和当前配置的匹配检查
  - replay_old_log 允许飞行器注册 PPRZ_MODE 消息
  - help    帮助,显示选项信息
  -- help   帮助,显示选项信息
```

19．Settings 和 Settings(Python)

Tool 菜单中的 Settings 和 Settings(Python)命令的功能类似,主要用于可调参数的设置。Settings 命令启动的软件是由 OCaml 语言实现的,Settings(Python)命令启动的软件是 Python 语言实现的。

Settings 和 Settings(Python)的运行方式如下。

飞行器名称为 Quad_LisaM_2 时 Setting 程序的启动命令如下:

paparazzi/sw/ground_segment/tmtc/settings − ac Quad_LisaM_2

飞行器 id 为 162 时 Setting(Python)程序的启动命令如下:

paparazzi/sw/ground_segment/python/settings_app/settingsapp.py − a 162

Settings 和 Settings(Python)的运行窗口如图 6-16 和图 6-17 所示。

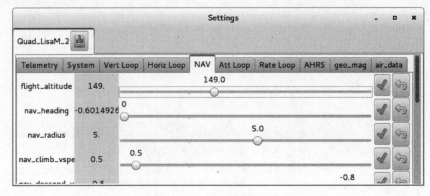

图 6-16　Settings 的运行窗口

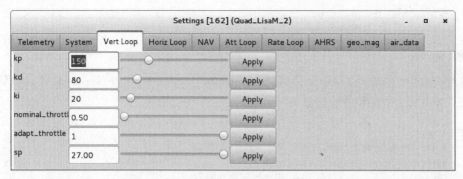

图 6-17　Settings(Python)的运行窗口

Settings 程序正确启动后是一个独立的窗口，如图 6-16 所示，但是其内容和地面控制站 (GCS)中的 Settings 的标签页内容完全相同。因此，通常没有必要单独启动 Settings 和 Settings(Python)程序。

20. Simulator

选择 Tool→Simulator 菜单命令会启动四旋翼无人机的软件仿真，即 sw/simulator/pprzsim-launch 软件。

pprzsim-launch 功能选项说明如下：

```
Options:
  - h, -- help              帮助, 显示选项信息
  - a NAME, -- aircraft = NAME
                            飞行器名称
  - t SIMTYPE, -- type = SIMTYPE
                            仿真引擎: sim or nps
  - b BUS, -- ivy_bus = BUS
                            设置 Ivy 总线广播地址, 默认为 127.255.255.255
  - f HOST, -- fg_host = HOST
                            设置运行 FlightGear 的主机地址(如 127.0.0.1)
  - v, -- verbose


NPS Options:
     以下仅对 NPS 有效

  - p PORT, -- fg_port = PORT
                            设置运行 FlightGear 的主机的端口(默认: 5501)
  -- fg_time_offset = SEC
                            FlightGear 时间偏差, 单位 s
  - j IDX, -- js_dev = IDX
                            所用游戏手柄的编号(如 0)
  -- spektrum_dev = DEV     设定所用遥控器的设备文件(如/dev/ttyUSB0)
  -- rc_script = NO         所用遥控器脚本编号
  -- time_factor = factor
                            时间因子(默认: 1.0)
  -- fg_fdm                 使用 FlightGear native - fdm 协议代替 native - gui
```

21. Video Synchronizer

选择 Tool→Video Synchronizer 菜单命令会启动 sw/ground_segment/misc/video_synchronizer 软件,用于记录的视频和回放记录之间的同步,其运行窗口如图 6-18 所示。

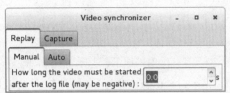

图 6-18　Video Synchronizer 的运行窗口

22. Weather Station

Tool 菜单中的 Weather Station 命令提供了与气象站的接口方式,目前包括两个程序,即 davis2ivy 和 kestrel2ivy,分别用于获取 Davis 公司 VantagePro/VantagePro2 系列气象站和 Neilsen Kellerman 公司 Kestrel 蓝牙系列气象站的气象信息。

davis2ivy 和 kestrel2ivy 均位于 sw/ground_segment/misc 文件夹中。

Weather Station 通过串口或蓝牙从 VantagePro/VantagePro2 或 Kestrel 获取到气象信息,再通过 Ivy 总线将这些信息广播出去。Weather Station 在通过 Ivy 发送气象信息时还能附带上不同飞行器的编号,使这些气象信息就像是从飞行器上发送回来一样,这样 GCS 在接收到这些信息时就会将其记录到相应的日志文件中。

6.2.3　Paparazzi Center 的地面控制站

Paparazzi Center 的地面控制站(GCS)负责显示飞行器的各类实时信息、飞行参数的设定和发出导航指令等功能。Paparazzi Center 的地面控制站具有灵活的软件构架,可以根据用户需求进行多种定制,并且可以通过修改源代码进行深度修改。

Paparazzi Center 的地面控制站和 Paparazzi Center 的开发语言相同,都是基于 OCaml 语言和 GTK 的 GUI 函数库开发的。默认情况下,该 GCS 的窗口如图 6-19 所示。

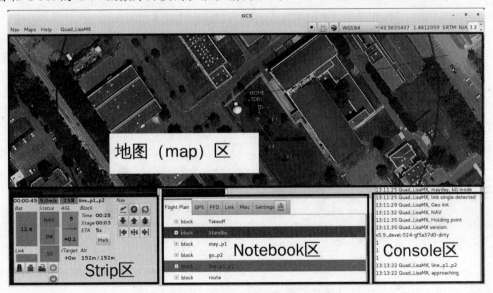

图 6-19　Paparazzi Center 的地面控制站的运行窗口

Paparazzi Center 的地面控制站支持多种飞行器操控或自动驾驶的项目,满足室内或室外的应用环境,功能比较丰富,其主要特点包括以下几个方面。

- 可以同时支持多无人机系统的飞行。
- 编写一个 Ivy 协议插件,就可以实现多系统(多种网络协议、多种自动驾驶仪或项目)支持。
- 具有 2D 地图显示能力,能够显示谷歌卫星地图(Google)、开放街道地图(OpenStreetMaps)和微软卫星地图(Bing)等。
- 具有任务规划功能。
- 可以实时显示和编辑活动航点。
- 可以实时调整飞行计划。
- 具有系统状态概览功能。
- 支持旋翼和固定翼的多种机型,如固定翼飞机、直升机、同轴飞行器和四旋翼无人机等。
- 能够在飞行中对飞行器进行调整和校准。
- 通过定制快捷按键可以简单、快速地完成现场控制。
- 具有语音播报状态的功能。
- GUI 布局可以灵活地自由配置。

GCS 的各种设置可以由两种方式实现：一种是命令行参数方式；另一种是使用配置文件方式。常用的命令行参数可以参考 6.2.2 节的 GCS 部分。

1. GCS 的 GUI 布局设置

GCS 可以由 conf/gcs 文件夹中的 XML 文件定义 GCS 的 GUI 布局。例如,GCS 默认的 GUI 布局是 horizontal. xml,代码如下：

```
<! DOCTYPE layout SYSTEM "layout.dtd">

< layout width = "1024" height = "768"><!--+ GCS 窗口的大小 +-->
 < rows >
  < widget size = "500" name = "map2d"/  ><!--+ 地图区的大小 +-->
  < columns >
    < rows size = "375">
      < widget size = "200" name = "strips"/><!--+ Strips 区的大小 +-->
    </rows >
    < widget size = "400" name = "aircraft"/><!--+ Notebook 区的大小 +-->
    < widget name = "alarms"/><!--+ Console 区的大小 +-->
  </columns >
 </rows >
</layout >
```

其中 horizontal. xml 文件中设置了 GCS 窗口、地图区、Strips 区、Notebook 区及 Console 区的大小和位置。horizontal. xml 文件设置的 GUI 布局：窗口宽为 1024,高为 768,由两行组成。第 1 行是"地图(map)区"(见 map2d),高为 500。第 2 行是一组列组合,包括了"Strip 区"(见 strips),宽为 375；"Notebook 区"(见 aircraft),宽为 200；"Console 区"(见 alarms),宽为剩余所有宽度。

horizontal. xml 文件描述的 GUI 布局如图 6-19 所示。

2. GCS 的地图(map)区

GCS 的地图区的主要功能包括显示、设定和控制等。这些设定和控制可以由 GCS 菜单和对地图区的操作实现。GCS 的菜单的各下拉菜单如图 6-20 至图 6-22 所示。

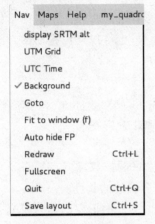

图 6-20　Nav 菜单

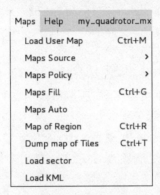

图 6-21　Maps 菜单

图 6-22　机型名称菜单

图 6-20 至图 6-22 所示菜单的主要功能见表 6-2 至表 6-4。

表 6-2　Nav 下拉菜单

菜单命令	功能说明	菜单命令	功能说明
display SRTM alt	显示高程信息,需要具有地形的等高信息	Fit to window	依据设定航程点范围,调整窗口大小
UTM Grid	显示 UTM 网格	Auto hide FP	自动隐藏航程点和飞行计划
UTC Time	显示 UTC 时间	Redraw	重新绘制地图区
Background	显示黑色背景	Fullsceen	全屏显示
Goto	移动屏幕到地图某个位置	Quit	退出
		Save layout	保存 GUI 布局

表 6-3　Maps 下拉菜单

菜单命令	功能说明	菜单命令	功能说明
Load User Map	加载用户地图	Map of Region	保存选中区域的地图
Maps Source	选择地图服务器	Dump map of Tiles	保存地图切片
Maps Policy	设定加载缓存地图,还是重新下载	Load sector	加载地图标注
Maps Fill	加载屏幕显示区域的地图	Load KML	加载 KML 格式的地图标注
Maps Auto	自动加载屏幕显示区域的地图	Save layout	保存 GUI 布局

表 6-4　机型名称的下拉菜单

菜单命令	功能说明	菜单命令	功能说明
Flight Plan	显示预设航程点	Reset Waypoints	重设航程点
Center A/C	移动屏幕,使飞行器位于屏幕中心	Datalink	可以设定飞行计划中的 block
Clear Track	清除历史航迹	Cam footprint	阴影方式显示机载摄像机的摄像区域
Resize Track	设定历史航迹的保留长度	A/C label	在飞行器图标附近显示海拔高度和地速

Nav 菜单主要实现了 GCS 的图形化显示以及一些地图的设定等。

Map 菜单主要实现了地图的加载保存等功能。以机型名称命名的菜单主要实现了飞行器图标、航程点和航迹等功能的操作。在地图区显示的信息以及一些基本操作包括以下几个方面。

- 显示航程点,即地图上的菱形点,航程点颜色与定义的机型颜色相同。用鼠标指针双击航程点可以修改航程点的名称、坐标位置、高度等参数,也可以使用拖动的方式修改航程点的坐标位置。
- 显示机型。
- 显示机型标签。默认不显示,需要在菜单栏打开机型名称的 A/C lable 菜单命令。在机型图标旁边会显示机型名称、实时海拔高度和实时地速等内容。
- 显示预期航迹,通常为绿色细线。
- 显示实际航迹,颜色为机型颜色。在以机型名称命名的下拉菜单中(图 6-22)。Clear Track 会清除历史航迹,Resize Track 用于设置历史航迹的长度。
- 显示自主导航过程中的跟踪点。显示为橙色倒三角(paparazzi 中形象的称为胡萝卜 carrot)。
- 可以显示飞行计划中设置的飞行范围(最远安全距离)。
- 鼠标光标所在 WGS84 坐标位置在右上角显示。
- 默认背景色为黑色,可以通过预设的地图图片或链接互联网地图服务器加载地图背景。具体操作参考表 6-3 中的 Maps 菜单命令。
- 可以加载 UTM 地图网格(UTM 网格标准间距约为 1km),也可以将背景(地图)设置为 UTM 格式。参考 GCS 的命令参数以及表 6-2 所示的 Navs 菜单命令。
- 可以加载高程信息,加载的高程信息显示在 GCS 图形窗口的右上角,具体操作参考 GCS 的命令参数及表 6-2 所示的 Nav 菜单命令。
- 显示机载摄像机的拍摄区域。
- 在实际航迹上显示机载摄像机拍摄点。

3. GCS 的 Strip 区

每个机型(A/C)都具有一个与之相关联的"Strip 区",在"Strip 区"中显示了与该机型相关的信息以及一些常用的控制按钮。这些按钮的主要功能是导航控制和飞行参数设定。四旋翼无人机默认的"Strip 区"如图 6-23 所示。在"Strip 区"中,将鼠标指针放置到这些区域,

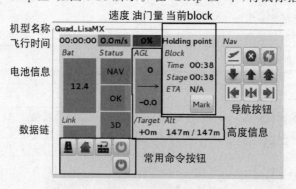

图 6-23　四旋翼无人机默认的"Strip 区"

可以显示出这些区域的说明信息。在"Strip 区"下部的按钮是属于用户定义的按钮，Paparazzi GCS 可以根据不同机型的需求，灵活地设置这些控制按钮，如可以增加这些按钮的数量、可以修改某些按钮的指令或指令参数。

对于四旋翼无人机而言，与飞行计划相关的按钮大都是在飞行计划的配置文件中设置，而与飞行参数相关的按钮一般是在可调参数的配置文件中设置。

4. GCS 的 Notebook 区

Paparazzi 的 GCS 可以同时支持多个机型运行，每一个运行的机型在"Notebook 区"都具有一选项卡，选项卡的标签为机型名称。不同机型的选项卡内容比较相似，可以由配置文件进行设置。

1）Flight Plan 选项卡

Flight Plan 选项卡包含飞行计划配置文件的内容，如航程点、航迹规划等内容，如图 6-24 所示。

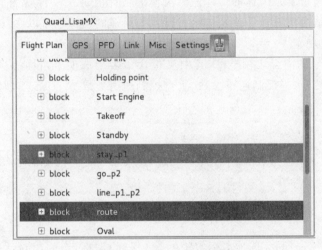

图 6-24　Flight Plan 选项卡

飞行计划以树型格式显示，可以显示当前飞行任务（block），双击任意飞行任务可以进行切换。

2）GPS 选项卡

GPS 选项卡显示了 GPS 接收机接收到的 GPS 卫星个数及各个卫星的信号强度（单位 dB）。GPS 卫星的信号强度低于 35 表示信号差，显示为红色，不用于修正计算；高于 45 表示信号良好，显示为绿色；介于两者之间显示为橘黄色。

3）PFD（飞行主显示器）选项卡

PFD 是 Primary Flight Display（飞行主显示器）的缩写，在该显示器中央是一个陀螺地平仪，左侧标尺是实时地速，右侧标尺是实时海拔高度，如图 6-25 所示。

在左侧实时地速标尺的上侧和下侧分别显示了地速的最大值和最小值，单击标尺可以清除这两个值的历史记录。

4）Link 选项卡

Link 选项卡显示数据链的相关信息，如信号质量、通信速率等，如图 6-26 所示。

图 6-25　PFD（飞行主显示器）选项卡

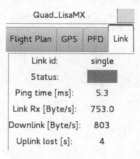

图 6-26　Link 选项卡

5）Misc 选项卡

Misc 选项卡显示的是风速的估计值。飞行器在不同方向平飞的地速（由 GPS 测量得到）叠加而得到的矢量就是风速的估计值。风速的估计值是在飞行器飞行过程中由地面站估计得到的，地面站会将该估计值发送给飞行器。风速的估计也可以由自动驾驶仪完成。

6）Settings 选项卡

Settings 选项卡的内容比较丰富，其中又包含了多个选项卡，设置内容包含遥测信息、系统模式、导航参数、水平控制通道参数、垂直控制通道参数、AHRS 等，如图 6-27 所示。

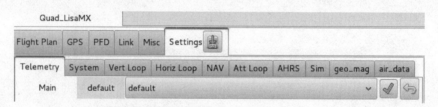

图 6-27　Settings 选项卡

单击图 6-27 中 Settings 选项卡标签中的 图标，会弹出对话框，提示将当前设置保存到自动驾驶仪及机身配置文件（Airframe）中。能够保存的设定量需要特殊设定，关于 Settings 选项卡的设置内容可以参考 7.3 节。

5. GCS 的 Console 区

在 GCS 的 Console 区以文字方式描述飞行器的运行情况，如果使能了语音功能，GCS 计算机会将 Console 区的文字朗读出来。

6. GCS 的声音

GCS 支持朗读 Console 区消息的功能，在运行 GCS 时增加选项-speech 即可使能语音功能。若要使用 GCS 的语音功能，计算机上还需要安装语音合成软件。在 Linux 中常用的语音合成软件有 speech-dispatcher、espeak 或 festival 等。

7. GCS 的视频显示

GCS 的-mplayer 选项允许用户在 GCS 窗口的一个区域中显示视频，单击视频区域的任意位置可以将视频区域和地图显示区域（Map 区）两者的位置互换。如果需要显示视频区域，则需要在 GCS 的 GUI 布局文件中增加 plugin 的位置。例如，在 large_left_col. xml

GUI 配置文件中增加 plugin 区域,并限定该区域的位置和大小:

```
<!DOCTYPE layout SYSTEM "layout.dtd">

<layout width = "1500" height = "1000">
  <columns>
   <rows size = "400">
      <widget size = "500" name = "strips"/>
      <widget size = "300" name = "plugin"/><!--+ 视频区的大小和位置 +-->
      <widget name = "alarms"/>
   </rows>

   <rows>
      <widget name = "map2d" size = "700"/>
      <widget name = "aircraft"/>
   </rows>
  </columns>
</layout>
```

在 Papzrazzi Center 中运行 gcs 命令,打开视频设备文件并加载 large_left_col. xml GUI 配置文件:

```
paparazzi/sw/ground_segment/cockpit/gcs - mplayer 'tv:// - tv driver = v4l2:width = 320:height
= 240:norm = NTSC:input = 1:device = /dev/video0:noaudio' - layout large_left_col.xml
```

或者在机型配置文件(即 Papzrazzi Center 中的 A/C 处的配置文件)中增加以下内容:

```
<program name = "GCS" command = "sw/ground_segment/cockpit/gcs - layout horizontal.xml -
       mplayer 'tv:// - tv driver = v4l2:width = 320: height = 240:norm = NTSC: input = 1:
       device = /dev/ video1:alsa:adevice = hw. 2, 0:amode = 1:audiorate = 48000:forceaudio:
       volume = 100: immediatemode = 0'">
    <arg flag = " - b" variable = "ivy_bus"/>
</program>
```

以上 GCS 的 GUI 布局文件和 gcs 命令形成的 GCS 窗口如图 6-28 所示。

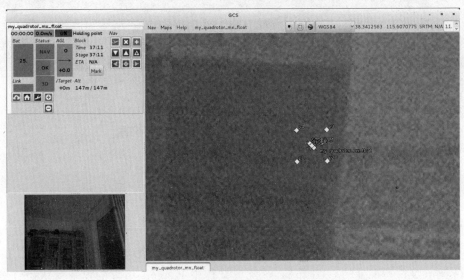

图 6-28　具有视频显示区域的 GCS 窗口

8. GCS 的高度显示组件

在 GCS 窗口中可以增加一个高度显示组件，如 GCS 的 GUI 布局文件 conf/gcs/alt. xml 包含高度显示组件。conf/gcs/alt. xml 文件如下：

```
<!DOCTYPE layout SYSTEM "layout.dtd">

<layout width = "1024" height = "768">
  <rows>
    <widget size = "400" name = "map2d"/>
    <widget size = "100" name = "altgraph"/><!--+ 高度显示组件 +-->
    <columns>
      <rows size = "375">
        <widget size = "200" name = "strips"/>
      </rows>
      <widget size = "400" name = "aircraft"/>
      <widget name = "alarms"/>
    </columns>
  </rows>
</layout>
```

在运行 gcs 命令时增加参数选项-layout alt. xml。该高度组件比较适合于多机飞行模式，即一个地面站控制多个飞行器的模式，如果是单机模式，Papgets 组件中的"标尺"（即 Ruler）组件则比该高度组件效果更好。关于 Papgets 组件参考下面的内容。使用 alt. xml GUI 布局文件的 GCS 窗口如图 6-29 所示（双机飞行模式）。

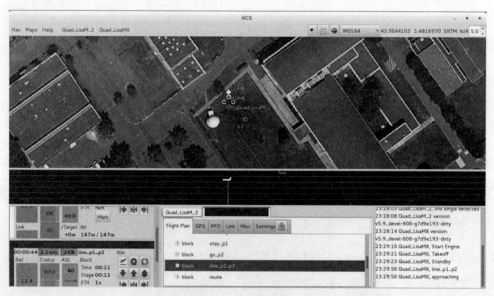

图 6-29 使用 alt. xml GUI 布局文件的 GCS 窗口

9. GCS 的 Papgets 组件

通过设置 GCS 的 GUI 布局文件，可以在 GCS 的地图区上增加一些文本、标尺、仪表或按钮的组件，这些组件称为 Papgets 组件，如图 6-30 所示。图 6-30 所示窗口是 conf/gcs/ papgets. xml 文件所配置的 GUI 布局，该配置文件中 Papgets 组件的设置默认是针对固定

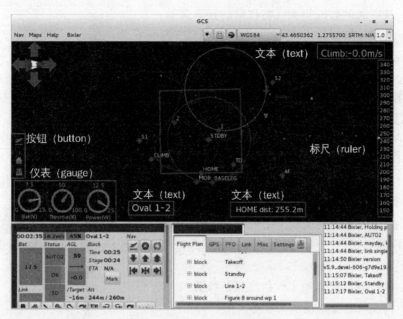

图 6-30 使用 papgets.xml GUI 布局文件的 GCS 窗口

翼机型的,若要应用到旋翼机型时需要做相应的修改。

GCS 的 Papgets 组件包括文本、标尺、仪表或按钮等组件类型,主要功能包括以下几个方面。

1) 遥测信息显示

可以使用 Papgets 组件中的文本、仪表或标尺等在地图区上直接显示遥测信息。可以通过设置 GCS 的 GUI 布局文件创建这些组件,更为简便的方法是直接从 Messages 软件的运行窗口中将某个变量直接拖动到 GCS 的地图区。默认的组件类型是文本(Text)类型,在地图区中单击所显示的文本,会弹出图 6-31 所示对话框。

在图 6-31 中的多选框可以设置组件的类型,包括文本(Text)、标尺(Ruler)、仪表(Guage)和指示灯(Led)等。图 6-31 所示的对话框还可以设置组件的参数属性等,不同类型的组件可以设置的参数并不完全相同。例如,对于文本(Text)类型的组件可以设置的属性包括 Scale、Format、Size 和 Color 等,其含义如下。

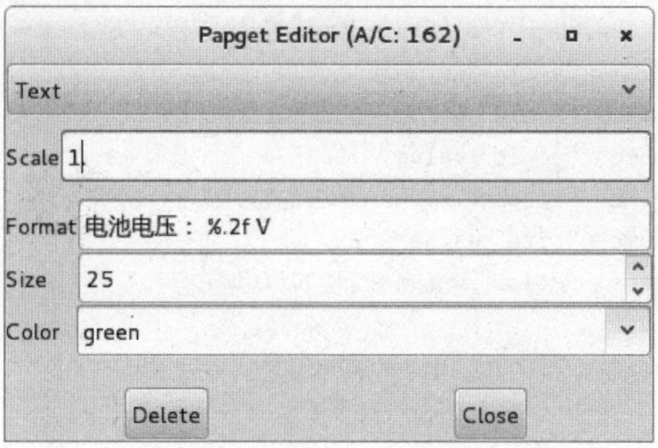

图 6-31 Papgets 组件的编辑对话框

Scale：接收到的数据和实际物理量的换算关系。

Format：显示数据的格式，类似于 C 语言中 printf 函数的格式，支持中文显示。

Size：显示数据的字体大小。

Color：显示数据的字体颜色。

标尺（Ruler）类型的组件在对话框中只有一个 Scale 属性，其含义与文本（Text）类型中的 Scale 属性相同。

仪表（Guage）组件的属性除了 Scale 属性外，还有 Min、Max 和 Text，其含义如下。

Scale：接收到的数据和实际物理量的换算关系。

Min：仪表显示的最小值。

Max：仪表显示的最大值。

Text：仪表的名称或提示文字等。

指示灯（Led）组件的属性除了 Scale 属性外，还有 Text、Size、Test value 和 Test invert，其含义如下。

Scale：接收到的数据和实际物理量的换算关系。

Text：仪表的名称或提示文字等。

Size：显示数据的字体大小和指示灯的大小。

Test value：达到该值后指示灯变色。

Test invert：不使能该选项，达到 Test value 所设值时指示灯变为红色；否则为绿色。使能该选项则正好相反。

使用拖动的方式设定 Papgets 组件后，在 GCS 菜单栏中选择 Nav 菜单中的 Save layout 命令可以将 GCS 的 GUI 布局保存到 XML 格式的文件中。

也可以直接修改 GCS 的 GUI 布局配置文件。例如，图 6-31 所示对话框的配置与下面的是相同的：

```
<! DOCTYPE layout SYSTEM "layout.dtd">

< layout width = "1024" height = "731">
  < rows >
    < widget NAME = "map2d" size = "500">
      ...
      <!--+生成的 papget 配置片段 +-->
      < papget type = "message_field" display = "text" x = "677" y = "354">
        < property name = "scale" value = "1."/>
        < property name = "field" value = "ENERGY:bat"/>
        < property name = "ac_id" value = "162"/>
        < property name = "format" value = "电池电压: %.2f V"/>
        < property name = "size" value = "25."/>
        < property name = "color" value = "#00ff00"/>
      </papget >

    </widget >
    < columns >
      < rows SIZE = "375">
        < widget NAME = "strips" size = "224"/>
```

```
        </rows>
        <widget NAME = "aircraft" size = "400"/>
        <widget NAME = "alarms" size = "237"/>
      </columns>
    </rows>
  </layout>
```

其他的标尺(Ruler)、仪表(Guage)和指示灯(Led)等组件与文本(Text)组件配置类似,不再详细解释。

2) 操作按钮(Buttons)

从 Strips 区将命令按钮拖动到地图区就可以创建出操作按钮的 Papget 组件。单击操作按钮的 Papget 组件不是弹出编辑对话框,而是执行相应的命令,这一点与遥测信息显示类的 Papget 组件不同。因此,操作按钮类的 Papget 组件只能通过配置文件编辑其属性。例如,起飞(takeoff)按钮的 Papget 组件的配置文件如下:

```
<! DOCTYPE layout SYSTEM "layout.dtd">

<layout width = "1024" height = "731">
  <rows>
    <widget NAME = "map2d" size = "500">
      ...
      <!--+ 起飞(takeoff)按钮的 papget 配置片段 +-->
      <papget type = "goto_block" display = "button" x = "10" y = "330">
          <property name = "block_name" value = "Takeoff"/>
          <property name = "locked" value = "true"/>
          <property name = "icon" value = "takeoff.png"/>
      </papget>

    </widget>
    <columns>
      <rows SIZE = "375">
        <widget NAME = "strips" size = "224"/>
      </rows>
      <widget NAME = "aircraft" size = "400"/>
      <widget NAME = "alarms" size = "237"/>
    </columns>
  </rows>
</layout>
```

3) Papget 的视频组件

视频显示窗口也能以 Papget 视频组件的方式在地图区显示,以 mplayer 播放器为例,在 GUI 布局的配置文件增加以下代码片段就能够在地图区以 Papget 组件的方式显示视频:

```
<papget type = "video_plugin" display = "mplayer" x = "300" y = "250">
  <property name = "video_feed" value = "tv:// - tv driver = v4l2:norm = NTSC:input = 1:device
                = /dev/ video0:noaudio"/>
  <property name = "width" VALUE = "320"/>
  <property name = " height " VALUE = "240"/>
</papget>
```

也可以使用其他播放器显示视频。例如，使用 VLC 播放器，则在 GUI 布局的配置文件增加以下代码片段就能够在地图区以 Papget 组件的方式显示视频：

```
< papget type = "video_plugin" display = "plugin" x = "300" y = "250">
  < property name = " command " value = "cvlc video_source -- drawable - xid = "/>
  < property NAME = "width" VALUE = "320"/>
  < property NAME = " height " VALUE = "240"/>
</papget >
```

6.2.4 飞行计划编辑

在 Paparazzi 中提供了两种飞行计划编辑的方法：一种是配置文件方式；另一种是图形窗口的编辑方式。关于直接使用配置文件设置飞行计划的方式可以参考 7.2 节。此处仅简单介绍飞行计划图形窗口的编辑方式。图形窗口的编辑方式最终也是生成 XML 格式的飞行计划配置文件，在单击 Build 按钮时根据该配置文件自动生成相应的 C 语言文件。

单击 Paparazzi Center 中 Flight plan 下拉列表框处的"编辑"按钮，弹出对话框如图 6-32 所示。

图 6-32　飞行计划编辑选择对话框

单击图 6-32 中的 Text editor 按钮，由默认编辑器打开飞行计划的配置文件，编辑该配置文件设计飞行计划。若单击图 6-32 中的 GCS 按钮，则由 GCS 软件（有-edit 参数）打开飞行计划的配置文件，如图 6-33 所示，这就是飞行计划的图形窗口的编辑方式。

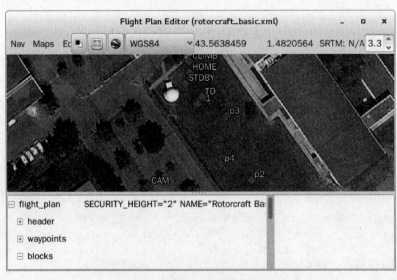

图 6-33　图形窗口的飞行计划编辑

在图 6-33 所示窗口中,地图区的菱形就是航程点,单击或拖动航程点会弹出航程点属性编辑对话框,如图 6-34 所示,在航程点属性编辑对话框中可以设置航程点的名称、水平坐标位置和垂直高度等值。其中水平坐标位置可以使用全球坐标系或相对坐标系。

图 6-34　航程点属性编辑对话框

在图 6-33 所示窗口的左下部是一个树形表,这个树形表是和 XML 格式的飞行计划配置文件相对应的,通常包括 heads、waypoints 和 blocks 3 部分,分别表示包含的头文件、航程点和飞行任务等。右击相应的条目会出现关于复制、删除和新建的操作菜单,单击相应的条目,其参数会出现在图 6-33 所示窗口的右下部,单击这些参数可以对其进行修改。这些条目和参数的具体含义可以参考 7.2 节。

6.2.5　飞行仿真

Paparazzi Center 中支持两种飞行仿真:一种是硬件在回路的仿真形式(Hardware In The Loop,HITL);另一种是软件仿真形式(Software In The Loop,SITL)。软件仿真形式使用了和实际飞行相同的控制律,由 JSBSim 实现四旋翼飞行动力学模型(FDM)的数学模拟,各类传感器数据也是由软件仿真产生的,所有的软件均是在计算机上运行。硬件在回路的仿真形式也是由 JSBSim 实现四旋翼飞行动力学模型(FDM)的数学模拟,各类传感器数据也是由软件仿真产生的,但是控制律的计算、航姿参考系统和组合导航系统等是由飞控板上的微控制器完成的。

关于 JSBSim 软件的配置见 7.1.7 节的代码。

另外,Paparazzi 也支持 FlightGear 飞行仿真软件,需要另外安装 FlightGear 软件。若要将 FlightGear 飞行仿真软件和 Paparazzi 的软件在同一台计算机上运行,在 Paparazzi Center 中启动以下仿真程序:

```
paparazzi/sw/simulator/pprzsim - launch - a myquadrotor - t nps - f 127.0.0.1
```

同时在 Linux 终端启动 FlightGear 飞行仿真软件:

```
fgfs -- fdm = null -- native - gui = socket, in, 30, , 5501, udp \
-- prop:/sim/model/path = Models/Aircraft/paparazzi/mikrokopter. xml \
-- enable - terrasync -- language = en
```

若需要在局域网其他计算机上运行 FlightGear 飞行仿真软件,则需要在 Paparazzi Center 启动的仿真程序中的 IP 地址修改到相应地址。

小结

本章主要介绍了构建 Paparazzi 开发环境的方法及 Paparazzi 中提供的各种工具的功能和使用方法。熟练、灵活地运用 Paparazzi 的软件工具能够降低开发难度、减少重复性工作、提高开发效率。

本章的知识要点包括以下内容。

- Paparazzi 的开发环境是基于 GNU/Linux 的，Debian 和 Ubuntu 发行版本对 Paparazzi 支持较好。
- Paparazzi Center 是一个集成了 Paparazzi 使用、开发的各类软件工具的图形化用户前端。利用 Paparazzi Center 可以实现四旋翼无人机配置、固件编译、固件下载、地面控制站、飞行仿真等功能。

第7章

Paparazzi四旋翼无人机的
配置文件

视频讲解

Paparazzi 支持包括固定翼、四旋翼和倾转旋翼在内的多种飞行器,支持以 AVR、LPC 系列、STM32 系列和 A8 系列等多种微控制器的飞行控制器,同时支持多种 GPS、加速度计、陀螺仪和气压计等传感器,另外 Paparazzi 还支持包括互补滤波、卡尔曼滤波、欧拉角算法和四元数算法等多种不同的软件算法。

Paparazzi 拥有一个庞大的代码库支撑其丰富的功能。如何选择不同硬件设备的驱动以及不同的软件算法就成了一个比较繁琐的问题。为了解决这个问题,Paparazzi 引入了 XML 配置文件,依据上层的 XML 配置文件,不仅会生成部分 C 语言代码,而且还会选择不同的 C 语言文件进行编译。XML 文件的配置方式使 Paparazzi 具有了很灵活的可配置性。

Paparazzi 主要的配置文件如图 7-1 所示。

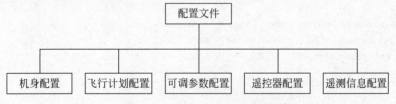

图 7-1 Paparazzi 的配置文件

7.1 节介绍了机身配置,其中涉及固件、执行元件参数、IMU 校准参数、控制器参数、模块、仿真参数、电源监测和飞行模式等内容。7.2 节介绍了飞行计划配置文件,其中包括航程点和飞行任务等内容。7.3 节介绍了可调参数的配置文件,该文件设置了可以在线调整的参数。7.4 节介绍了遥控器的配置方法。7.5 节介绍了遥测信息的配置。

7.1 机身配置

Paparazzi 中的各种配置是由位于 conf 文件夹中的 XML 文件实现的,这些配置文件按照功能分成了几个文件夹,其中位于 conf/airframes 文件夹中的配置文件最为重要。在

Paparazzi Center 中该配置文件被称为 Airframe（即机身配置文件），其中包含了机型、飞控板、传感器、各类算法、各类参数等多个配置项。

机身配置文件生成 var/aircrafts/< AC >/ap/generated 文件夹中的 airframe.h 文件和 modules.h 文件。路径中的< AC >代表某个特定的机型名称，如 Quad_LisaMX、Quad_LisaM_2 等。

下面以 conf/airframes/examples/quadrotor_lisa_m_2_pwm_spektrum.xml 文件为例，说明 Airframe 配置文件的结构及功能，该文件见代码如下：

```xml
<! DOCTYPE airframe SYSTEM "../ airframe .dtd">
<!-- this is a quadrotor frame equiped with
     * Autopilot:      Lisa/M 2.0          http://wiki.paparazziuav.org/wiki/Lisa/M_v20
     * IMU:            Aspirin 2.2          http://wiki.paparazziuav.org/wiki/AspirinIMU
     * Actuators:      PWM motor controllers
     http://wiki.paparazziuav.org/wiki/Subsystem/ actuators#PWM_Supervision
     * GPS:            Ublox
     http://wiki.paparazziuav.org/wiki/Subsystem/ gps
     * RC:             two Spektrum sats
     http://wiki.paparazziuav.org/wiki/Subsystem/ radio_control#Spektrum
-->
< airframe name = "Quadrotor LisaM_2.0 pwm">

  < firmware name = "rotorcraft">
    < target name = "ap" board = "lisa_m_2.0">
      <!-- MPU6000 is configured to output data at 2kHz, but polled at 512Hz PERIODIC_
      FREQUENCY -->
    </target>

    < target name = "nps" board = "pc">
      < module name = "fdm" type = "jsbsim"/>
    </target>

    < module name = "radio_control" type = "spektrum">
      < define name = "RADIO_MODE" value = "RADIO_AUX1"/>
      < configure name = "USE_SECONDARY_SPEKTRUM_RECEIVER" value = "1"/>
    </module>

    < module name = "motor_mixing"/>
    < module name = "actuators"              type = "pwm">
      < define name = "SERVO_HZ" value = "400"/>
        <!-- define name = "USE_SERVOS_7AND8"/ -->
    </module>

    < module name = "telemetry"              type = "transparent"/>
    < module name = "imu"                    type = "aspirin_v2.2"/>
    < module name = "gps"                    type = "ublox"/>
    < module name = "stabilization"          type = "int_quat"/>
    < module name = "ahrs"                   type = "int_cmpl_quat">
      < define name = "AHRS_GRAVITY_HEURISTIC_FACTOR" value = "30"/>
    </module>
```

```xml
    < module name = "ins"/>
        <!-- define name = "KILL_ON_GROUND_DETECT" value = "TRUE"/ -->
    </firmware >

    < servos driver = "Pwm">
      < servo name = "FRONT"      no = "0" min = "1000" neutral = "1100" max = "1900"/>
      < servo name = "BACK"       no = "1" min = "1000" neutral = "1100" max = "1900"/>
      < servo name = "RIGHT"      no = "2" min = "1000" neutral = "1100" max = "1900"/>
      < servo name = "LEFT"       no = "3" min = "1000" neutral = "1100" max = "1900"/>
    </servos >

    < modules >
      < module name = "gps" type = "ubx_ucenter"/>
      < module name = "geo_mag"/>
      < module name = "air_data"/>
    </modules >

    < commands >
      < axis name = "ROLL"      failsafe_value = "0"/>
      < axis name = "PITCH"     failsafe_value = "0"/>
      < axis name = "YAW"       failsafe_value = "0"/>
      < axis name = "THRUST"    failsafe_value = "0"/>
    </commands >

    < section name = "MIXING" prefix = "MOTOR_MIXING_">
      <!-- front (CW), right (CCW), back (CW), left (CCW) -->
      < define name = "TYPE" value = "QUAD_PLUS"/>
    </section >

    < command_laws >
      < call fun = "motor_mixing_run(autopilot_motors_on,FALSE,values)"/>
      < set servo = "FRONT" value = "motor_mixing.commands[MOTOR_FRONT]"/>
      < set servo = "RIGHT" value = "motor_mixing.commands[MOTOR_RIGHT]"/>
      < set servo = "BACK"  value = "motor_mixing.commands[MOTOR_BACK]"/>
      < set servo = "LEFT"  value = "motor_mixing.commands[MOTOR_LEFT]"/>
    </command_laws >

    < section name = "IMU" prefix = "IMU_">
      < define name = "ACCEL_X_NEUTRAL" value = "11"/>
      < define name = "ACCEL_Y_NEUTRAL" value = "11"/>
      < define name = "ACCEL_Z_NEUTRAL" value = "-25"/>

      <!-- replace this with your own calibration -->
      < define name = "MAG_X_NEUTRAL" value = "-179"/>
      < define name = "MAG_Y_NEUTRAL" value = "-21"/>
      < define name = "MAG_Z_NEUTRAL" value = "79"/>
      < define name = "MAG_X_SENS" value = "4.17334785618" integer = "16"/>
      < define name = "MAG_Y_SENS" value = "3.98885954135" integer = "16"/>
      < define name = "MAG_Z_SENS" value = "4.40442339014" integer = "16"/>
      < define name = "BODY_TO_IMU_PHI"     value = "0." unit = "deg"/>
      < define name = "BODY_TO_IMU_THETA"   value = "0." unit = "deg"/>
```

```
            < define name = "BODY_TO_IMU_PSI"       value = "0." unit = "deg"/>
        </section>

    < section name = "AHRS" prefix = "AHRS_">
      <!-- values used if no GPS fix, on 3D fix is update by geo_mag module -->
      <!-- Toulouse -->
      < define name = "H_X" value = "0.513081"/>
      < define name = "H_Y" value = " - 0.00242783"/>
      < define name = "H_Z" value = "0.858336"/>
    </section>

    < section name = "INS" prefix = "INS_">
    </section>


    < section name = "STABILIZATION_ATTITUDE" prefix = "STABILIZATION_ATTITUDE_">
      <!-- setpoints -->
      < define name = "SP_MAX_PHI"     value = "45." unit = "deg"/>
      < define name = "SP_MAX_THETA"   value = "45." unit = "deg"/>
      < define name = "SP_MAX_R"       value = "90." unit = "deg/s"/>
      < define name = "DEADBAND_A"     value = "0"/>
      < define name = "DEADBAND_E"     value = "0"/>
      < define name = "DEADBAND_R"     value = "250"/>
      <!-- reference -->
      < define name = "REF_OMEGA_P"    value = "400" unit = "deg/s"/>
      < define name = "REF_ZETA_P"     value = "0.85"/>
      < define name = "REF_MAX_P"      value = "400." unit = "deg/s"/>
      < define name = "REF_MAX_PDOT"   value = "RadOfDeg(8000.)"/>

      < define name = "REF_OMEGA_Q"    value = "400" unit = "deg/s"/>
      < define name = "REF_ZETA_Q"     value = "0.85"/>
      < define name = "REF_MAX_Q"      value = "400." unit = "deg/s"/>
      < define name = "REF_MAX_QDOT"   value = "RadOfDeg(8000.)"/>

      < define name = "REF_OMEGA_R"    value = "250" unit = "deg/s"/>
      < define name = "REF_ZETA_R"     value = "0.85"/>
      < define name = "REF_MAX_R"      value = "180." unit = "deg/s"/>
      < define name = "REF_MAX_RDOT"   value = "RadOfDeg(1800.)"/>

      <!-- feedback -->
      < define name = "PHI_PGAIN"      value = "1000"/>
      < define name = "PHI_DGAIN"      value = "400"/>
      < define name = "PHI_IGAIN"      value = "200"/>

      < define name = "THETA_PGAIN"    value = "1000"/>
      < define name = "THETA_DGAIN"    value = "400"/>
      < define name = "THETA_IGAIN"    value = "200"/>

      < define name = "PSI_PGAIN"      value = "500"/>
      < define name = "PSI_DGAIN"      value = "300"/>
      < define name = "PSI_IGAIN"      value = "10"/>
```

```xml
      <!-- feedforward -->
      <define name = "PHI_DDGAIN"      value = "300"/>
      <define name = "THETA_DDGAIN"    value = "300"/>
      <define name = "PSI_DDGAIN"      value = "300"/>
    </section>

    <section name = "GUIDANCE_V" prefix = "GUIDANCE_V_">
      <define name = "HOVER_KP"  value = "150"/>
      <define name = "HOVER_KD"  value = "80"/>
      <define name = "HOVER_KI"  value = "20"/>

      <define name = "NOMINAL_HOVER_THROTTLE"  value = "0.5"/>
      <define name = "ADAPT_THROTTLE_ENABLED"  value = "TRUE"/>
    </section>

    <section name = "GUIDANCE_H" prefix = "GUIDANCE_H_">
      <define name = "MAX_BANK"      value = "20" unit = "deg"/>
      <define name = "USE_SPEED_REF"value = "TRUE"/>
      <define name = "PGAIN"         value = "50"/>
      <define name = "DGAIN"         value = "100"/>
      <define name = "AGAIN"         value = "70"/>
      <define name = "IGAIN" value = "20"/>
    </section>

    <section name = "NAV">
      <define name = "ARRIVED_AT_WAYPOINT" value = "2" unit = "m"/>
    </section>

    <section name = "SIMULATOR" prefix = "NPS_">
      <define name = "ACTUATOR_NAMES"   value = "front_motor, right_motor, back_motor, left_motor"
              type = "string[]"/>
      <define name = "JSBSIM_MODEL" value = "simple_quad" type = "string"/>
      <define name = "SENSORS_PARAMS" value = "nps_sensors_params_default.h" type = "string"/>
      <!-- mode switch on joystick channel 5 (axis numbering starting at zero) -->
      <define name = "JS_AXIS_MODE" value = "4"/>
    </section>

    <section name = "AUTOPILOT">
      <define name = "MODE_MANUAL" value = "AP_MODE_ATTITUDE_DIRECT"/>
      <define name = "MODE_AUTO1"  value = "AP_MODE_HOVER_Z_HOLD"/>
      <define name = "MODE_AUTO2"  value = "AP_MODE_NAV"/>
    </section>

    <section name = "BAT">
      <define name = "CATASTROPHIC_BAT_LEVEL" value = "9.3" unit = "V"/>
      <define name = "CRITIC_BAT_LEVEL" value = "9.6" unit = "V"/>
      <define name = "LOW_BAT_LEVEL" value = "10.1" unit = "V"/>
      <define name = "MAX_BAT_LEVEL" value = "12.4" unit = "V"/>
      <define name = "MILLIAMP_AT_FULL_THROTTLE" value = "30000"/>
    </section>

    </airframe>
```

其中，机身配置文件主要是对软件模块的设定，这些软件模块的设定可以分为对硬件的支撑以及对各类算法的选定。

7.1.1 Airframe 的文档类型定义

<! DOCTYPE airframe SYSTEM "../ airframe . dtd"> 是 Airframe 文件的文档类型定义（Document Type Definition，DTD），该文件是 conf/airframe. dtd 文件。

在 airframe. dtd 文件中定义了 Airframe 文件所使用的元素和属性。

Airframe 文件的根元素为 airframe，该根元素具有 name 属性。name 属性仅是一个名称，是可选的。因此，Airframe 文件的基本样式代码如下：

```
< airframe name = "yourairframe">
  <!-- Airframe 配置的配置内容 -->
</ airframe >
```

7.1.2 固件设定

固件设定指 firmware 元素和其子元素设定的内容。

1. 机型设定

firmware 元素的 name 属性设定了飞行器的机型，其中机型的选择主要包括固定翼和旋翼，如果是旋翼飞行器，则设定为 rotorcraft。如果是固定翼飞行器，则设定为 fixedwing。配置代码如下：

```
< firmware name = "rotorcraft">
  <!--+ 其他配置... +-->
</ firmware >
```

firmware 元素有 target、subsystem、module、configure 和 define 等子元素：

- target：用于设定编译目标。
- subsystem：用于配置加载的模块。
- module：用于配置加载的模块。
- configure：用于配置编译选项、变量设定等。
- define：用于配置编译选项、变量设定等。

2. 配置编译目标

target 元素用于配置编译目标，代码如下：

```
< target name = "ap" board = "lisa_m_2.0">
  <!-- MPU6000 is configured to output data at 2kHz, but polled at 512Hz PERIODIC_FREQUENCY -->
  </ target >

< target name = "nps" board = "pc">
  < module name = "fdm" type = "jsbsim"/>
</ target >
```

target 元素的 name 属性描述了编译目标，board 属性描述了自动驾驶仪的硬件飞控板，该属性会选择 conf/board 文件夹中的 makefile 文件。

例如，ap 表示编译目标是飞控板的程序，飞控板选择为 lisa_m_2.0，使用 conf/board/lisa_mx_2.0.makefile 文件；nps 和 pc 表示编译目标是计算机仿真程序，仿真模式是 nps 模式，使用 conf/board/pc.makefile 文件。

target 元素的子元素包括 subsystem、module、configure 和 define 等，这些子元素是针对该编译目标设定的。

例如，module 子元素只有当编译目标是 nps 时才会加载。fdm 是 Flight Dynamics Model(飞行动力学模型)的缩写，jsbsim 表示使用 JSBSim 软件实现飞行器动力学模型(FDM)的仿真。

3. 加载子系统模块

firmware 元素的 subsystem 子元素和 module 子元素的功能相似，Paparazzi 正在使用 module 替代 subsystem，即 subsystem 正在成为一种废弃的用法。subsystem 设定的内容可以由 module 设定；反之则会出错。

subsystem 子元素会选择 conf/firmwares/subsystems 中的 makefile 文件进行编译。由于四旋翼无人机 linecodexmlfirmware 元素的 name 属性设置为 rotorcraft，因此，subsystem 会优先选用 conf/-firmwares/subsystems/rotorcraft 文件夹中的 makefile 文件，若该文件夹中没有匹配的 makefile 文件，则会在 conf/firmwares/subsystems/shared 文件夹中寻找。

例如，下面的代码配置会在编译时使用 conf/firmwares/subsystems/rotorcraft/module_name_type.makefile 文件或 conf/firmwares/subsystems/shared/module_name_type.makefile 文件。

```
<!--+ 下面两行含义相同,推荐使用第 2 行方式 +-->
< subsystem name = "module_name" type = "type_name"/>
< module name = "module_name" type = "type_name"/>
```

其中，module_name 模块的类型为 type，即固件加载了 type_name 类型的 module_name 模块。

module 子元素则会选择 conf/modules 文件夹中的 XML 文件。

在 firmware 中加载的子系统模块的源文件通常位于 sw/airborne/subsystems 文件夹中。设定遥控器类型、设定可执行元件、设定数据链信号类型等都是以子系统模块的方式加入的。

4. 设定遥控器类型

下面的代码设置了遥控器的类型：

```
< module name = "radio_control" type = "spektrum">
  < define name = "RADIO_MODE" value = "RADIO_AUX1"/>
  < configure name = "USE_SECONDARY_SPEKTRUM_RECEIVER" value = "1"/>
</ module >
```

其中设置了遥控器的数据链类型为 spektrum。

目前，Paparazzi 默认支持的遥控器类型包括 spektrum、ppm、sbus、sbus_dual、superbitrf_rc 和 datalink 等类型。这几种默认类型如下。

- spektrum 支持 JR/Spketrum 品牌遥控器 spektrum 协议。
- sbus 和 sbus_dual 支持 Futaba 品牌遥控器的 SBUS 协议。
- ppm 支持遥控器的 PPM 协议。
- superbitrf_rc 支持 DSM2/DSMX 接收机和 SuperbitRF 接收机。
- datalink 则是由数传模块传输遥控器信息。

superbitrf_rc 和 datalink 类似，都是数传模块，会同时传输遥控器信息和数据链信息。这种模式下，遥控器的信息可以由接入地面站计算机的游戏手柄提供。利用遥控器的连接线，遥控器也可以连接到计算机上作为一个游戏手柄。

5. 设定执行元件

四旋翼无人机执行元件中执行元件是控制理论中的术语，也称为执行机构、执行器。四旋翼的 4 个螺旋桨即是拉力来源，也是主操纵面，"执行元件"的称呼则意味着在此处更强调 4 个旋翼操纵面的属性。其设定主要是指 4 个螺旋桨、电机、电子调速器控制信号的设定，代码如下：

```
< module name = "motor_mixing"/>
< module name = "actuators"       type = "pwm">
    < define name = "SERVO_HZ" value = "400"/>
    <!-- define name = "USE_SERVOS_7AND8"/-->
</ module >
```

其中，motor_mixing 模块表示将使用电机混控模式；actuators 模块则设置了执行元件的控制方式。代码中设置的执行元件的控制信号为 PWM 信号，信号的频率为 400Hz。

6. 设定数据链信号类型

根据所选用的数据链硬件，可以将数据链信号类型设置如下。

- transparent：透传模式，默认硬件接口为串口。
- xbee_api：XBee 协议传输模式，硬件接口为串口。
- transparent_udp：透传模式，底层协议为 UDP，默认硬件接口为 WiFi 或以太网。
- transparent_usb：透传模式，底层协议为 USB，默认硬件接口为 USB。
- ivy：Ivy 总线传输模式。
- bluegiga：支持蓝牙的一种传输模式。
- w5100：使用 W5100 芯片的一种网络传输方式。
- superbitrf：使用 SuperbitRF 的传输方式。

下面的代码将数据链信号类型设定为 transparent 模式：

```
< module name = " telemetry "       type = "transparent"/>
```

7. 设定 IMU

根据所使用的 IMU 对固件进行设定，下面的代码选用了 aspirin_v2.2 IMU：

```
< module name = "imu"            type = "aspirin_v2.2"/>
```

代码设定加载的是 conf/modules 文件夹中的 XML 文件。例如,上一行代码会加载 imu_aspirin_v2.2.xml 文件,该 imu_aspirin_v2.2.xml 文件的内容会生成到 var/aircrafts/<AC>/Makefile.ac 文件中。

8. 设定 GPS 传输协议类型

gps 模块实现 GPS 传输协议类型的设定,下面的代码设定 GPS 传输协议类型为 UBlox 公司的 UBX 协议,硬件接口为串口:

```
< module name = "gps"          type = "ublox"/>
```

Paparazzi 支持多种 GPS 传输协议,如 NAME 格式的 GPS。另外,还支持室内光学运动定位系统(optitrack)。上一行代码加载的同样是 conf/modules 文件夹中的 XML 文件。

9. 设定姿态控制算法

stabilization 模块实现姿态控制算法的设定。下面的代码设定的姿态控制算法为整型四元数算法:

```
< module name = "stabilization" type = "int_quat"/>
```

Paparazzi 支持的姿态控制算法包括以下几个。

- int_euler:整型欧拉角控制算法。
- float_euler:浮点型欧拉角控制算法。
- int_quat:整型四元数控制算法。
- float_quat:浮点型四元数控制算法。
- rate:角速率控制算法。
- indi:自适应增量动态逆控制算法。
- heli_indi:直升机自适应增量动态逆控制算法。
- rate_indi:角速率自适应增量动态逆控制算法。

10. 设定航姿参考系统算法

ahrs 模块设定了航姿参考系统的算法,Paparazzi 支持的航姿参考系统的算法有以下几个。

- float_dcm:DCM 算法,仅用于固定翼。
- float_invariant:使用稳态卡尔曼滤波估计姿态、位置、速度和传感器偏差,这是一种完整的惯性导航算法。
- float_cmpl:浮点型互补滤波算法。
- int_cmpl_euler:基于欧拉角的整型互补滤波算法。
- int_cmpl_quat:基于四元数的整型互补滤波算法。
- float_mlkf:基于四元数的乘性卡尔曼滤波算法。

下面代码设定了航姿参考系统选用基于四元数的互补滤波算法,并且设定 AHRS_GRAVITY_HEURISTIC_FACTOR 宏为 30。

```
< module name = "ahrs"          type = "int_cmpl_quat">
    < define name = "AHRS_GRAVITY_HEURISTIC_FACTOR" value = "30"/>
</module >
```

11. 设定组合导航算法

ins 模块设定了组合导航算法，下面的代码将组合导航算法设定为了默认的 vff 算法：

```
< module name = "ins"/>
```

Paparazzi 支持的组合导航算法如下：

- vff：垂直方向滤波器，估计垂直方向的高度、速度和加速度，使用了 3 状态变量（分别为垂直方向的位置、速度和加速度计偏差）的卡尔曼滤波。如果使能了 USE_GPS，则水平方向的位置和速度直接由 GPS 产生。
- hff：在 vff 滤波器的基础上，增加了水平位置和速度的估计，而不是由 GPS 直接产生。
- extended：与 vff 滤波器相比，增加了气压计偏差的估计。
- gps_passthrough：直接使用 GPS 的垂直高度和速度。
- float_invariant：使用稳态卡尔曼滤波估计姿态、位置、速度和传感器偏差，这是一种完整的惯性导航算法。
- xsens：使用 XSens Mti-G 惯导器件。
- xsens700：使用 XSens Mti-G 惯导器件。
- vectornav：使用 Vectornav VN-200 惯导器件。
- alt_float：使用 2 状态变量的卡尔曼滤波从 GPS 和气压计估计垂直高度和垂直速度，仅用于固定翼。

7.1.3 设置执行元件参数

在描述固件的元素 firmware 中对执行元件（电机、电子调速器等）进行初步设置，但是控制执行元件的通路（即 PWM 信号通路）和执行元件之间的对应关系，以及电机混控的方式等还需要进一步设置，这部分设置代码如下：

```
<!--+ 将电机配置为 PWM 控制模式,并设置 PWM 的相关参数 +-->
< servos driver = "Pwm">
  < servo name = "FRONT" no = "0" min = "1000" neutral = "1100" max = "1900"/>
  < servo name = "BACK" no = "1" min = "1000" neutral = "1100" max = "1900"/>
  < servo name = "RIGHT" no = "2" min = "1000" neutral = "1100" max = "1900"/>
  < servo name = "LEFT" no = "3" min = "1000" neutral = "1100" max = "1900"/>
</ servos >

<!--+ 定义姿态和油门控制量的宏以及失控默认值 +-->
< commands >
  < axis name = "ROLL"     failsafe_value = "0"/>
  < axis name = "PITCH"    failsafe_value = "0"/>
  < axis name = "YAW"      failsafe_value = "0"/>
  < axis name = "THRUST"   failsafe_value = "0"/>
</ commands >

<!--+ 设定电机混控方式,即旋翼布局方式 +-->
```

```
< section name = "MIXING" prefix = "MOTOR_MIXING_">
  <!-- front (CW), right (CCW), back (CW), left (CCW) -->
  < define name = "TYPE" value = "QUAD_PLUS"/>
</ section >

<!--+ 配置电机和混控控制量之间的对应关系 +-->
< command_laws >
  < call fun = "motor_mixing_run(autopilot_motors_on,FALSE, values )"/>
  < set servo = "FRONT" value = "motor_mixing. commands [MOTOR_FRONT]"/>
  < set servo = "RIGHT" value = "motor_mixing. commands [MOTOR_RIGHT]"/>
  < set servo = "BACK" value = "motor_mixing. commands [MOTOR_BACK]"/>
  < set servo = "LEFT" value = "motor_mixing. commands [MOTOR_LEFT]"/>
</ command_laws >
```

其中 servos 元素描述了电机的驱动信号为 PWM,它的子元素 servo 的 name 属性描述了电机的名称,no 属性描述了该电机所用的 PWM 信号的通道号,min、neutral 和 max 属性分别描述了该路 PWM 信号的最小、空档和最大占空比(单位为 ms)。控制电机的 PWM 信号占空比的范围为 1～2ms,当电机控制量为 0 时,对应的 PWM 信号占空比为其空档值,即 1.1ms。linecodexmlcommands 元素定义了控制量相关的宏,以及失控后控制量的值。子元素 axis 的 name 属性的内容是固定的。

代码中 section 元素将四旋翼无人机设定为"十"字形布局。旋翼飞行器不同的布局形式,仅需要修改其电机的混控模式即可。Paparazzi 中默认支持的四旋翼布局包括以下几种。

- QUAD_PLUS:"十"字形布局四旋翼。
- QUAD_X:"X"字形布局四旋翼。
- HEXA_X:"X"字形布局六旋翼。
- HEXA_PLUS:"十"字形布局六旋翼。
- OCTO_X:"X"字形布局八旋翼。
- OCTO_PLUS:"十"字形布局八旋翼。

这些默认的旋翼飞行器的布局方式可以参考 sw/airborne/subsystems/actuators/motor_mixing_types.h 文件。修改 motor_mixing_types.h 文件中的混控模式可以支持其他布局的旋翼飞行器。

代码中 command_laws 元素定义了姿态和油门控制量转换为电机 PWM 控制量的宏。

7.1.4　设置 IMU 校准参数

对 IMU 传感器的校准参数也可以写在配置文件中,这部分内容需要根据实际的传感器原始数据以及本地的地磁场方向进行校正,不同的传感器在不同的地点和不同安装方式下都要进行初始的对准校正。关于 IMU 校准的配置代码如下:

```
< section name = "IMU" prefix = "IMU_">
<!-- 加速度计校准参数 -->
  < define name = "ACCEL_X_NEUTRAL" value = "77"/>
  < define name = "ACCEL_Y_NEUTRAL" value = "2"/>
```

```
< define name = "ACCEL_Z_NEUTRAL" value = " - 217"/>
< define name = "ACCEL_X_SENS" value = "4.8676782549" integer = "16"/>
< define name = "ACCEL_Y_SENS" value = "4.87369868454" integer = "16"/>
< define name = "ACCEL_Z_SENS" value = "4.81187510041" integer = "16"/>

<!-- 磁强计校准参数 -->
< define name = "MAG_X_NEUTRAL" value = "226"/>
< define name = "MAG_Y_NEUTRAL" value = " - 32"/>
< define name = "MAG_Z_NEUTRAL" value = "36"/>
< define name = "MAG_X_SENS" value = "3.4580569116" integer = "16"/>
< define name = "MAG_Y_SENS" value = "3.71093216712" integer = "16"/>
< define name = "MAG_Z_SENS" value = "3.67616635106" integer = "16"/>

<!-- 设定 IMU 和机身的夹角 -->
< define name = "BODY_TO_IMU_PHI" value = "0." unit = "deg"/>
< define name = "BODY_TO_IMU_THETA" value = "0." unit = "deg"/>
< define name = "BODY_TO_IMU_PSI" value = "0." unit = "deg"/>
</section>

<!--+ 当地地磁场方向设定 +-->
< section name = "AHRS" prefix = "AHRS_">
< define name = "H_X" value = "0.5458215"/>
< define name = "H_Y" value = " - 0.0545450"/>
< define name = "H_Z" value = "0.8361242"/>
</section>
```

关于 IMU 的校准可以参考 10.3.3 节中设定 IMU 传感器板的校准信息部分的方法。

7.1.5　设置控制器参数

在 Paparazzi 中，按照控制器（控制律）作用区分可以分为姿态控制器、垂直方向控制器和水平方向控制器，控制器的各个控制参数是可调的，其初始值可以在 Airframe 配置文件中设定。需要整定的控制参数包括各个控制器的各类限幅值、前置滤波器系数、前馈控制的控制参数和反馈控制的控制参数等，具体的控制器参数设置代码如下：

```
<!--+ 姿态稳定角速率的控制参数 +-->
< section name = "STABILIZATION_RATE" prefix = "STABILIZATION_RATE_">
<!-- setpoints -->
< define name = "SP_MAX_P" value = "10000"/>
< define name = "SP_MAX_Q" value = "10000"/>
< define name = "SP_MAX_R" value = "10000"/>
< define name = "DEADBAND_P" value = "20"/>
< define name = "DEADBAND_Q" value = "20"/>
< define name = "DEADBAND_R" value = "200"/>
< define name = "REF_TAU" value = "4"/>

<!-- feedback -->
< define name = "GAIN_P" value = "400"/>
< define name = "GAIN_Q" value = "400"/>
```

```
    <define name = "GAIN_R" value = "350"/>

    <define name = "IGAIN_P" value = "75"/>
    <define name = "IGAIN_Q" value = "75"/>
    <define name = "IGAIN_R" value = "50"/>

    <!-- feedforward -->
    <define name = "DDGAIN_P" value = "300"/>
    <define name = "DDGAIN_Q" value = "300"/>
    <define name = "DDGAIN_R" value = "300"/>
</section>

    <!--+ 姿态稳定角度的控制参数 +-->
    <section name = "STABILIZATION_ATTITUDE" prefix = "STABILIZATION_ATTITUDE_">
    <!-- setpoints -->
    <define name = "SP_MAX_PHI"     value = "45." unit = "deg"/>
    <define name = "SP_MAX_THETA"   value = "45." unit = "deg"/>
    <define name = "SP_MAX_R"       value = "90." unit = "deg/s"/>
    <define name = "DEADBAND_A"     value = "0"/>
    <define name = "DEADBAND_E"     value = "0"/>
    <define name = "DEADBAND_R"     value = "250"/>

    <!-- reference -->
    <define name = "REF_OMEGA_P"    value = "400" unit = "deg/s"/>
    <define name = "REF_ZETA_P"     value = "0.85"/>
    <define name = "REF_MAX_P"      value = "400." unit = "deg/s"/>
    <define name = "REF_MAX_PDOT"   value = "RadOfDeg(8000.)"/>

    <define name = "REF_OMEGA_Q"    value = "400" unit = "deg/s"/>
    <define name = "REF_ZETA_Q"     value = "0.85"/>
    <define name = "REF_MAX_Q"      value = "400." unit = "deg/s"/>
    <define name = "REF_MAX_QDOT"   value = "RadOfDeg(8000.)"/>

    <define name = "REF_OMEGA_R"    value = "250" unit = "deg/s"/>
    <define name = "REF_ZETA_R"     value = "0.85"/>
    <define name = "REF_MAX_R"      value = "180." unit = "deg/s"/>
    <define name = "REF_MAX_RDOT"   value = "RadOfDeg(1800.)"/>

    <!-- feedback -->
    <define name = "PHI_PGAIN"      value = "1000"/>
    <define name = "PHI_DGAIN"      value = "400"/>
    <define name = "PHI_IGAIN"      value = "200"/>

    <define name = "THETA_PGAIN"    value = "1000"/>
    <define name = "THETA_DGAIN"    value = "400"/>
    <define name = "THETA_IGAIN"    value = "200"/>

    <define name = "PSI_PGAIN"      value = "500"/>
    <define name = "PSI_DGAIN"      value = "300"/>
    <define name = "PSI_IGAIN"      value = "10"/>
```

```xml
<!-- feedforward -->
< define name = "PHI_DDGAIN"     value = "300"/>
< define name = "THETA_DDGAIN"   value = "300"/>
< define name = "PSI_DDGAIN"     value = "300"/>
</section >

<!--+ 垂直方向的控制参数 +-->
< section name = "GUIDANCE_V" prefix = "GUIDANCE_V_">
  < define name = "HOVER_KP"  value = "150"/>
  < define name = "HOVER_KD"  value = "80"/>
  < define name = "HOVER_KI"  value = "20"/>
  < define name = "NOMINAL_HOVER_THROTTLE" value = "0.5"/>
  < define name = "ADAPT_THROTTLE_ENABLED" value = "TRUE"/>
</section >

<!--+ 水平方向的控制参数 +-->
< section name = "GUIDANCE_H" prefix = "GUIDANCE_H_">
  < define name = "MAX_BANK" value = "20" unit = "deg"/>
  < define name = "USE_SPEED_REF" value = "TRUE"/>
  < define name = "PGAIN" value = "50"/>
  < define name = "DGAIN" value = "100"/>
  < define name = "AGAIN" value = "70"/>
  < define name = "IGAIN" value = "20"/>
</section >
<!--+ 距离航程点 2m 以内,认为到达该航程点 +-->
< section name = "NAV">
```

此代码比本章第一段代码多一个角速率的控制器,该控制器有 3 组控制参数。角速率控制器应用在输入量为角速率的情况下,可以参考 7.1.9 节。

若使用 PID 控制器,每个控制器一般可以具有各类限幅值(注释为 setpoints)、前置滤波器系数(注释为 reference)、前馈控制的控制参数(注释为 feedforward)和反馈控制参数(注释为 feedback)等 4 组控制参数可以调整。遥控器直接控制角速率或角度时(参考 7.1.9 节),上面的代码中各类限幅值限定了角速率或角度设定值的范围和死区。

在代码中设定的控制器参数为预设的初始值,当飞行器的自动驾驶仪加电和地面站正常连接后,可以在地面站中重新设定各控制器的控制参数,即使在飞行过程中地面站调整控制器参数的操作也是有效的。

7.1.6　加载模块

Paparazzi 的软件采用了模块化的设计思想,增加硬件外设、控制任务设备、特殊功能的算法等都以软件模块的方式添加到软件中,便于用户扩展飞行器的功能,下面的代码增加了 3 个软件模块,分别用于设定 U-Blox GPS 芯片、设定本地地磁场方向和增加空速管外设等:

```xml
< modules >
  < module name = "gps" type = "ubx_ucenter"/>
  < module name = "geo_mag"/>
  < module name = "air_data"/>
```

```
</modules>
```

Paparazzi 中默认支持的软件模块可以参考 conf/modules 文件夹中的内容,用户也可以根据需求添加自己的软件模块。

7.1.7　设置仿真参数

Paparazzi 中的四旋翼软件仿真所使用的飞行动力学模型(FDM)是由 JSBSim 软件提供的。"十"字形布局四旋翼的软件仿真设置代码如下:

```
< section name = "SIMULATOR" prefix = "NPS_">
  < define name = "ACTUATOR_NAMES" value = "front_motor, right_motor, back_motor, left_motor"
          type = "string[]"/>
  < define name = "JSBSIM_MODEL" value = "simple_quad" type = "string"/>
  < define name = "SENSORS_PARAMS" value = "nps_sensors_params_default. h" type = "string"/>
  <!-- mode switch on joystick channel 5 (axis numbering starting at zero) -->
  < define name = "JS_AXIS_MODE" value = "4"/>
</ section >
```

其中四旋翼无人机的飞行动力学模型是由 simple_quad. xml 文件设定的。simple_quad. xml 文件的语法由 JSBSim 软件规定。simple_quad. xml 文件位于 conf/simulator/jsbsim/aircraft 文件夹,Paparazzi 默认支持的飞行动力学模型均位于该文件夹中。

7.1.8　设置电源监测参数

电源监测是指四旋翼无人机在飞行过程中自动驾驶仪会实时检测电池电压,当检测到电池电压不足时,则电池的电量可能也不足,继续飞行可能会影响安全。可以认为这是一种间接测量电池剩余电量的方法,尽管供电电压也会影响电机的运行,但是电池容量对飞行安全更为关键。

因此,自动驾驶仪会预设几个电压值,当电池电压低于预设值时,自动驾驶仪会进入特定的飞行模式发出紧急降落等预设的安全指令。例如,电池电压低于 CRITIC_BAT_LEVEL 值,默认进入 AP_MODE_FAILSAFE 飞行模式。

电源电压预设值代码如下:

```
< section name = "BAT">
  < define name = "CATASTROPHIC_BAT_LEVEL" value = "9.3" unit = "V"/>
  < define name = "CRITIC_BAT_LEVEL" value = "9.6" unit = "V"/>
  < define name = "LOW_BAT_LEVEL" value = "10.1" unit = "V"/>
  < define name = "MAX_BAT_LEVEL" value = "12.4" unit = "V"/>
  < define name = "MILLIAMP_AT_FULL_THROTTLE" value = "30000"/>
</ section >
```

7.1.9　飞行模式设置

对于四旋翼而言,在 Paparazzi 中有多种不同的工作模式,其中一些模式可以通过遥控

器上的三段开关（也可以使用两个两段开关）映射为"手动"（Manual），"自动 1"（Auto1）和
"自动 2"模式（Auto2）。

下面的代码设置了 3 种可以由遥控器切换的飞行模式：

```
< section name = "AUTOPILOT">
  < define name = "MODE_MANUAL" value = "AP_MODE_ATTITUDE_DIRECT"/>
  < define name = "MODE_AUTO1" value = "AP_MODE_HOVER_Z_HOLD"/>
  < define name = "MODE_AUTO2" value = "AP_MODE_NAV"/>
</ section >
```

不同的飞行模式下，垂直方向和水平方向的设定值和处理方式可能不同，当前的飞行模
式会显示在地面站（GCS）的 Strip 区。

如果计划试飞的飞行模式超过 3 种，可以在地面站 Notebook 区的 Setting 选项卡的
System 选项卡中切换，能够在飞行过程中实现更多的飞行模式，也可以配置遥控器的其他
通道实现更多飞行模式的切换。

Paparazzi 中的飞行模式简介见表 7-1。

表 7-1　飞行模式简介

配　置　名　称	简　　称	说　　明
AP_MODE_KILL	KILL	关闭所有的电机
AP_MODE_FAILSAFE	SAFE	安全模式
AP_MODE_HOME	HOME	家点模式（自动返航模式）
AP_MODE_RATE_DIRECT	RATE	遥控器直接控制角速率和油门量模式
AP_MODE_ATTITUDE_DIRECT	ATT	遥控器直接控制角度和油门量模式
AP_MODE_RATE_RC_CLIMB	R_RCC	遥控器直接控制角速率和爬升速率模式
AP_MODE_ATTITUDE_RC_CLIMB	A_RCC	遥控器直接控制角度和爬升速率模式
AP_MODE_ATTITUDE_CLIMB	ATT_C	遥控器直接控制角度+FMS 控制爬升速率模式
AP_MODE_RATE_Z_HOLD	R_ZH	遥控器直接控制角速率+垂直定高模式
AP_MODE_ATTITUDE_Z_HOLD	A_ZH	遥控器直接控制角度+垂直定高模式
AP_MODE_HOVER_DIRECT	HOVER	水平定点+遥控器直接控制油门量模式
AP_MODE_HOVER_CLIMB	HOV_C	水平定点+FMS 控制爬升速率模式
AP_MODE_HOVER_Z_HOLD	H_ZH	悬停模式
AP_MODE_NAV	NAV	自主导航模式
AP_MODE_RC_DIRECT	RC_D	直升机安全模式
AP_MODE_CARE_FREE_DIRECT	CF	直升机安全模式
AP_MODE_FORWARD	FORWARD	前飞模式
AP_MODE_MODULE	MODULE	用户自定义模式
AP_MODE_FLIP	FLIP	翻转模式
AP_MODE_GUIDED	GUIDED	引导飞行模式

表 7-1 中的"配置名称"为配置文件和 C 语言代码中所用的名称，"简称"为显示在地面
站（GCS）的 Strip 区的简写名称。

下面详细介绍关于表 7-1 中各飞行模式的功能以及注意事项。

（1）AP_MODE_KILL（KILL）。关闭所有的电机。这是强制性的，即使飞行器正在空

中飞行。一旦进入该模式，所有的电机也都会关闭。

（2）AP_MODE_FAILSAFE(SAFE)安全模式。

当不是在 KILL 或 NAV 模式下遥控器(RC)信号丢失，或在 NAV 模式下遥控器(RC)和 GPS 信号均丢失时，就会进入该安全模式。

安全模式的默认动作是将滚转角和俯仰角均设置为 0，同时四旋翼无人机以 0.5m/s 的速度降落，该模式的默认行为可以通过修改配置文件或相应的 C 语言代码进行改变。

（3）AP_MODE_HOME(HOME)。家点①模式(自动返航模式)。如果飞行器在 NAV 模式下超出飞行区域(水平位置或高度)，或是数据链中断，那么就会自动进入家点模式。

如果当前 GPS 数据有效，则会按照家点预设飞行高度返回家点；如果当前 GPS 数据可用，则会进入安全模式。

（4）AP_MODE_RATE_DIRECT(RATE)。遥控器直接控制角速率和油门量模式。这是一种最基本的"全"手动模式，由遥控器(RC)直接控制飞行器滚转、俯仰、偏航的角速率以及油门控制量，但是不能直接控制滚转角、俯仰角或偏航角。

滚转角速率 p_{sp}、俯仰角速率 q_{sp}、偏航角速率 r_{sp} 及油门控制量 U_{thrust} 与遥控器的摇杆位置成正比。

（5）AP_MODE_ATTITUDE_DIRECT(ATT)。遥控器直接控制角度和油门量模式。该模式可以由遥控器(RC)直接控制滚转角、俯仰角、偏航角和油门量。

滚转角 ϕ_{sp}、俯仰角 θ_{sp} 和偏航角 ψ_{sp} 及油门控制量 U_{thrust} 与遥控器的摇杆位置成正比。

（6）AP_MODE_RATE_RC_CLIMB(R_RCC)。遥控器直接控制角速率和爬升速率模式。该模式下遥控器的摇杆位置控制角运动和垂直方向运动的速率。比如，当油门摇杆位置位于中间时，飞行器爬升速率为零，处于定高状态；油门摇杆位于上方时飞行器向上爬升，且摇杆位置和爬升率成正比；油门摇杆位于下方时飞行器向下运动，且摇杆位置和爬升率成正比。该模式比较适合油门摇杆具有自动回中的遥控器。

滚转角速率 p_{sp}、俯仰角速率 q_{sp}、偏航角 ψ_{sp} 和垂直速率 $\dot{z}_{sp}$ 与摇杆位置成正比。

（7）AP_MODE_ATTITUDE_RC_CLIMB(A_RCC)。遥控器直接控制角度和爬升速率模式。

滚转角 ϕ_{sp}、俯仰角 θ_{sp}、偏航角 ψ_{sp} 和垂直速率 $\dot{z}_{sp}$ 与摇杆位置成正比。当油门摇杆位置位于中间时，飞行器爬升速率为零，处于定高状态；油门摇杆位于上方时飞行器向上爬升，且摇杆位置和爬升率成正比；油门摇杆位于下方时飞行器向下运动，且摇杆位置和爬升率成正比。该模式比较适合油门摇杆具有自动回中的遥控器。

（8）AP_MODE_ATTITUDE_CLIMB(ATT_C)。遥控器直接控制角度＋FMS 控制爬升速率模式。遥控器直接控制姿态角，垂直方向速度是由飞行模拟器(Flying Model Simulator，FMS)控制的，如可以使用游戏手柄、飞行摇杆等与地面站计算机连接后操作飞行器。

（9）AP_MODE_RATE_Z_HOLD(R_ZH)。遥控器直接控制角速率＋垂直定高模式。当切换到该模式时飞行器保持当前高度不变，遥控器油门摇杆的位置是实际油门的最高限位。例如，油门摇杆的位置处于 50% 时，则实际油门的范围为 0～50%。若要取消油门摇杆

---

① 家点为飞行计划中命名为 HOME 的航程点。

对实际油门的限制,可以在配置文件中设置 NO_RC_THRUST_LIMIT 为真。该模式下可以通过遥控器摇杆直接控制飞行器的滚转角速率、俯仰角速率和偏航角速率。滚转角速率 p_{sp}、俯仰角速率 q_{sp} 和偏航角 ψ_{sp} 与摇杆位置成正比。

(10) AP_MODE_ATTITUDE_Z_HOLD(A_ZH)。遥控器直接控制角度+垂直定高模式。当切换到该模式时飞行器高度保持不变,处于定高模式,油门摇杆的位置是实际油门的最高限位。例如,油门摇杆的位置处于 50% 时,则实际油门的范围为 0~50%。若要取消油门摇杆对实际油门的限制,可以在配置文件中设置 NO_RC_THRUST_LIMIT 为真。该模式下可以通过遥控器摇杆直接控制飞行器的滚转角、俯仰角和偏航角。滚转角 ϕ_{sp}、俯仰角 θ_{sp} 和偏航角 ψ_{sp} 与摇杆位置成正比。

(11) AP_MODE_HOVER_DIRECT(HOVER)。水平定点+遥控器直接控制油门量模式。当切换到该模式后,飞行器的当前位置(x_{sp},y_{sp})将保持不变,油门量正比于遥控器的油门摇杆位置。如果设置 USE_SPEED_REF=1,则遥控器控制滚转和俯仰速度的最大值取决于配置文件中 GUIDANCE_H 部分的 REF_MAX_SPEED。

该模式下允许通过遥控器偏航摇杆控制飞行器的偏航角 ψ_{sp}。

(12) AP_MODE_HOVER_CLIMB(HOV_C)。水平定点+FMS 控制爬升速率模式。切换到该模式后,四旋翼会悬停在当前水平位置,飞行器的当前水平位置(x_{sp},y_{sp})将保持不变。允许通过遥控器偏航摇杆控制飞行器的偏航角。

垂直方向的速度是由飞行模拟器控制,如可以使用游戏手柄、飞行摇杆等操作飞行器。

(13) AP_MODE_HOVER_Z_HOLD(H_ZH)。悬停模式(水平定点+垂直定高模式)。切换到该模式后,四旋翼会悬停在当前位置,飞行器的当前位置(x_{sp},y_{sp},z_{sp})都将保持不变。允许通过遥控器偏航摇杆控制飞行器的偏航角。另外,遥控器油门摇杆的位置是实际油门的最高限位。例如,油门摇杆的位置处于 50% 的位置,则实际油门的范围为 0~50%。若要取消油门摇杆对实际油门的限制作用,可以在配置文件中设置 NO_RC_THRUST_LIMIT 为真。

(14) AP_MODE_NAV(NAV)。自主导航模式。四旋翼无人机将根据预先设定的飞行计划进行飞行,此模式基本不用操作遥控器摇杆。如果配置文件中没有设置 NO_RC_THRUST_LIMIT 选项,遥控器油门摇杆的位置是实际油门输出的最高限位。例如,遥控器油门摇杆位于 80% 的位置,则实际油门的范围为 0~80%。若要取消油门摇杆对实际油门的限制作用,可以在配置文件中设置 NO_RC_THRUST_LIMIT 为真。

(15) AP_MODE_RC_DIRECT(RC_D)。直升机安全模式。手动直接控制直升机。

(16) AP_MODE_CARE_FREE_DIRECT(CF)。直升机安全模式。手动直接控制直升机,只不过进入该模式后直升机滚转和俯仰的控制会和偏航的控制是联动控制方式。

(17) AP_MODE_FORWARD(FORWARD)。前飞模式。在 ATT 模式的基础上,增加了一个固定的前飞偏置量。也就是说,在 ATT 模式中,当控制姿态角的遥控器摇杆都回中时,四旋翼无人机理论上应该处于水平定点状态;而在该模式中,当控制姿态角的遥控器摇杆都回中时,四旋翼无人机会处于前飞状态。

(18) AP_MODE_MODULE(MODULE)。用户自定义模式。用户可以针对该模式进行自定义扩展,增加用户自己的控制器或控制模式。

(19) AP_MODE_FLIP(FLIP)。翻转模式。依靠相应模块的支持,可以实现四旋翼飞

行控制反转 $360°$ 的特技飞行模式。

(20) AP_MODE_GUIDED(GUIDED)。引导飞行模式。和 NAV 模式类似,所不同的是水平位置(x_{sp},y_{sp})、航向角 ψ_{sp} 和高度 z_{sp} 等设定值并非来自飞行计划,而是来自其他外部设置,如通常这些飞行的设定值可以来自上行数据链信息。

7.2 飞行计划配置

Paparazzi 中飞行计划是由 XML 格式的文件设置的,在对工程构建时根据该 XML 文件生成 C 文件,然后再编译、链接。

Paparazzi 中使用 C 语言实现各类基本的导航飞行模式,XML 文件实现的飞行计划是各类基本导航飞行模式的装订。虽然可以通过编写 C 文件实现这种装订,但是使用 XML 文件实现则更简单、更清晰、不易出错。如果已有的基本导航模式无法满足需求,可以使用 C 语言增加导航飞行模式,然后再装订到飞行计划文件中。

除了航程点外,飞行计划无法实时动态修改,若要修改飞行计划或航程点的个数,则需要重新烧写固件。

飞行计划配置文件生成 var/aircrafts/< AC >/ap/generated/flight_plan.h 文件。

以 conf/flight_plans/rotorcraft_basic_safety.xml 飞行计划文件为例,代码如下:

```
<!DOCTYPE flight_plan SYSTEM "flight_plan.dtd">

<flight_plan alt="152" ground_alt="147" lat0="43 33 50.83" lon0="1 28 52.61" max_dist_
        from_home="400" name="Booz Test Enac" security_height="2" home_mode_height="3">
  <header>
#include "autopilot.h"
</header>
  <waypoints>
  <waypoint name="HOME" x="0.0" y="0.0"/>
  <waypoint name="CLIMB" x="0.0" y="5.0"/>
  <waypoint name="STDBY" x="-2.0" y="-5.0"/>
  <waypoint name="p1" x="3.6" y="-13.9"/>
  <waypoint name="p2" x="27.5" y="-48.2"/>
  <waypoint name="p3" x="16.7" y="-19.6"/>
  <waypoint name="p4" x="13.7" y="-40.7"/>
  <waypoint name="FLY1" x="200" y="200"/>
  <waypoint name="FLY2" x="200" y="-200"/>
  <waypoint name="FLY3" x="-200" y="-200"/>
  <waypoint name="FLY4" x="-200" y="200"/>
  <waypoint name="KILL1" x="280" y="280"/>
  <waypoint name="KILL2" x="280" y="-280"/>
  <waypoint name="KILL3" x="-280" y="-280"/>
  <waypoint name="KILL4" x="-280" y="280"/>
  <waypoint name="CAM" x="-20" y="-50" height="1."/>
  <waypoint name="TD" x="5.6" y="-10.9"/>
</waypoints>
<sectors>
  <sector color="orange" name="Flight_Area">
```

```xml
        < corner name = "FLY1"/>
        < corner name = "FLY2"/>
        < corner name = "FLY3"/>
        < corner name = "FLY4"/>
    </sector >
    < sector color = "red" name = "Kill">
        < corner name = "KILL1"/>
        < corner name = "KILL2"/>
        < corner name = "KILL3"/>
        < corner name = "KILL4"/>
    </sector >
</sectors >
< exceptions >
        <!-- Check inside Flight Area, then goto Standby -->
< exception cond = "Or(!InsideFlight_Area(GetPosX(), GetPosY()), GetPosAlt() > GetAltRef () + 50)
    && !(nav_block == IndexOfBlock('Wait GPS')) && !(nav_block == IndexOfBlock('Geo init'))
    && !(nav_block == IndexOfBlock('Holding point')) && !( nav_block == IndexOfBlock('landed'))
    && !(nav_block == IndexOfBlock('Standby'))" deroute = "Standby"/>
</exceptions >
  < blocks >
    < block name = "Wait GPS">
        < call fun = "NavKillThrottle()"/>
        < while cond = "!GpsFixValid()"/>
    </block >
    < block name = "Geo init">
        < while cond = "LessThan(NavBlockTime(), 10)"/>
        < call fun = "NavSetGroundReferenceHere()"/>
        <!--< call fun = "NavSetAltitudeReferenceHere()"/>-->
    </block >
    < block name = "Holding point">
        < call fun = "NavKillThrottle()"/>
        < attitude pitch = "0" roll = "0" throttle = "0" vmode = "throttle" until = "FALSE"/>
    </block >
    < block name = "Start Engine">
        < call fun = "NavResurrect()"/>
        < attitude pitch = "0" roll = "0" throttle = "0" vmode = "throttle" until = "FALSE"/>
    </block >
    < block name = "Takeoff" strip_button = "Takeoff" strip_icon = "takeoff.png">
        < exception cond = "stateGetPositionEnu_f() -> z > 2.0" deroute = "Standby"/>
        < call fun = "NavSetWaypointHere(WP_CLIMB)"/>
        < stay vmode = "climb" climb = "0.5" wp = "CLIMB"/>
    </block >
    < block name = "Standby" strip_button = "Standby" strip_icon = "home.png" pre_call = "if(!
            InsideKill(GetPosX(), GetPosY())) NavKillThrottle();">
        < stay wp = "STDBY"/>
    </block >
    < block name = "stay_p1">
        < stay wp = "p1"/>
    </block >
    < block name = "go_p2">
        < go wp = "p2"/>
```

```
            < deroute block = "stay_p1"/>
        </block>
        < block name = "line_p1_p2">
            < go from = "p1" hmode = "route" wp = "p2"/>
            < stay wp = "p2" until = "stage_time>10"/>
            < go from = "p2" hmode = "route" wp = "p1"/>
            < deroute block = "stay_p1"/>
        </block>
        < block name = "route">
            < go from = "p1" hmode = "route" wp = "p3"/>
            < go from = "p3" hmode = "route" wp = "p4"/>
            < go from = "p4" hmode = "route" wp = "p1"/>
            < deroute block = "stay_p1"/>
</block>

        < block name = "circle">
            < circle radius = "nav_radius" wp = "p1"/>
        </block>
        < block name = "land here" strip_button = "Land Here" strip_icon = "land - right.png">
            < call fun = "NavSetWaypointHere(WP_TD)"/>
        </block>
< block name = "land">
            < go wp = "TD"/>
        </block>
        < block name = "flare">
            < exception cond = "NavDetectGround()" deroute = "Holding point"/>
            < exception cond = "!nav_is_in_flight()" deroute = "landed"/>
            < call fun = "NavStartDetectGround()"/>
            < stay climb = " - 0.8" vmode = "climb" wp = "TD"/>
        </block>
        < block name = "landed">
            < attitude pitch = "0" roll = "0" throttle = "0" vmode = "throttle" until = "FALSE"/>
        </block>
    </blocks>
</flight_plan>
```

7.2.1　飞行计划文件文档类型定义

飞行计划配置文件是 XML 文件，它的文档类型定义（Document Type Definition，DTD）是 con-f/flight_plans/flight_plan.dtd 文件。若飞行计划文件位于 conf/flight_plans 文件夹中，则在飞行计划文件中可首先以下面的代码加载文档类型定义：

```
<!DOCTYPE flight_plan SYSTEM " flight_plan .dtd">
```

若飞行计划文件没有位于 conf/flight_plans 文件夹中，则需要在代码中将 flight_plan.dtd 文件的路径正确表示出来。

7.2.2　飞行计划文件的根元素

飞行计划文件的根元素为 flight_plan，见 rotorcraft_basic_safety. xml 飞行计划的代码，该根元素的属性及含义如下。

- name：飞行计划的名称，以字符串表示。
- lat0 和 lon0：本地坐标系原点在 WGS84 全球坐标系中的纬度和经度，数据形式为"度分秒"格式，度分秒之间以空格隔开。这两个值可以在起飞前根据飞行器所测的 GPS 值重新设定。
- max_dist_from_home：飞行器距离 HOME 航点的最大允许距离（单位 m）。超出此值将触发异常。
- ground_alt：本地坐标系原点的海拔高度（单位 m）。
- security_height：飞行器安全飞行高度，该值是相对本地坐标系原点的高度值。如果某航程点设置的飞行高度低于该值，则会在对工程构建时产生警告信息。
- alt：航程点的默认海拔高度（单位 m）。
- qfu：跑道方向，默认在固定翼的飞行计划中有效。
- home_mode_height：家点（HOME）模式的飞行高度（单位 m）。若设定 home_mode _height 属性的值，且该值不小于 security_height，则在安全模式下使用该属性值作为故障安全高度，该属性默认在固定翼的飞行计划中有效。
- geofence_max_alt：地理围栏的最大海拔高度（单位 m）。
- geofence_max_height：地理围栏的最大飞行高度（单位 m），该值是相对本地坐标系原点的高度值。
- geofence_sector：地理围栏的水平区域。

7.2.3　包含头文件

在由飞行计划 XML 语言的文件生成 C 语言文件后，该 C 语言文件可能会需要包含一些 C 语言的头文件才能正确编译。flight_plan 根元素的 head 子元素可以在 XML 文件中设置 C 语言所需的头文件，如 rotorcraft_basic_safety. xml 飞行计划 。

7.2.4　航程点设置

航程点用于指定飞行计划中轨迹的地理位置，由 waypoint 元素设置。waypoint 元素的属性包括名称 name 和坐标位置，航程点的设置格式代码如下：

```
< waypoint name wpx wpy [ alt ] [ height ]/>
```

其中，name 属性的值描述航程点的名称，若名称是以下画线开始，那么该航程点在 GCS 的地图上不会显示，但是在使用 GCS 编辑飞行计划时能够显示；wpx 和 wpy 属性表示该航程点的水平坐标位置。wpx 和 wpy 属性有以下 3 种表示方式：lat 和 lon 属性，使用全球坐标系的经纬度格式；utm_x0 和 utm_y0 属性,使用 UTM 坐标格式；x 和 y 属性,使用本地坐标系格式。alt 和 height 属性,描述了航程点的高度。alt 属性是海拔高度(单位 m)。height 属性是相对高度(单位 m),即相对于地面的高度(根元素 flight_plan 的 ground_alt 属性值)。这两个属性是可选设置,若不设置这两个属性,则航程点的高度使用全局设定值,即根元素 flight_plan 的 alt 属性的值。

另外,航程点最多可以设置 254 个,命名为 HOME 的航程点具有特殊意义,在安全模式等情况下会用到。

下面的代码所列的航程点设置均是合法的设置方式：

```
< waypoints >
  < waypoint name = "HOME" x = "0.0" y = "30.0"/>
  < waypoint name = "BRIDGEOVERRIVER" x = " − 100.0" y = "60.0" alt = "270."/>
  < waypoint name = "MyBarn" x = " − 130.0" y = "217.5" alt = "3000."/>
  < waypoint name = "3" x = " − 30.0" y = "50" height = "50."/>
  < waypoint name = "4" x = " − 30.0" y = "50." alt = " ground_alt + 50"/>
  < waypoint name = "_MYHELPERSPOT" x = " − 30.0" y = "60" height = "50."/>
  < waypoint name = "_MYOTHERHELPERSPOT" x = " − 70.0" y = "90" height = "70."/>
  < waypoint name = "TOWER" lat = "48.858249" lon = "2.294494" height = "324."/>
  < waypoint name = "MountainCAFE" utm_x0 = "360284.8" utm_y0 = "4813595.5" alt = "1965."/>
</ waypoints >
```

7.2.5　飞行区域

sectors 元素可以定义飞行区域,这个飞行区域以彩色轮廓线显示在地面站(GCS)中。飞行区域的形状要求是凸多边形,可以按顺时针方向定义凸多边形的顶点,实现飞行区域的定义。

sector 元素可以定义一个飞行区域,该元素的 name 属性的值是该飞行区域的名称,飞行区域名称不允许包含空格。sector 元素的 color 属性定义了飞行区域轮廓线的颜色。

在 rotorcraf_basic_safaty. xml 飞行计划代码中定义了两个正方形的飞行区域。

定义了飞行区域后会自动生成一个 InsideSectorname (float x , float y)函数,Sectorname 是 sector 元素 name 属性的值,该函数用于判断坐标(x,y)是否位于该飞行区域中,而该函数的两个参数即为某点(通常是飞行器的当前位置)在本地坐标系中的水平坐标。例如, rotorcraf_basic_safaty. xml 飞行计划代码会生成 InsideFlight_Area(float x, float y)函数和 InsideKill(float x, float y)函数。

如果相对坐标系被动态重定位,则飞行区域也会被重新定位,但是在地面站中重定位后的飞行区域的轮廓线不会被重绘①。

7.2.6　飞行任务

blocks 元素描述了飞行任务的集合,它的子元素 block 用于描述一个飞行任务单元。

---

① 这其实是一个有待改进的 Bug,在新版本中会改进。

block 元素的属性如下。

- name：飞行任务单元的名称。
- pre_call：飞行任务单元执行前调用执行的部分。
- post_call：飞行任务单元执行后调用执行的部分。
- strip_button：为该任务单元在 GCS 的 Strip 区添加一个按钮，单击该按钮则执行该任务单元。
- strip_icon：为该任务单元的按钮选择一个图标。
- group：该任务单元的按钮的组。
- key：该任务单元的快捷键。
- description：关于该任务单元的描述。
- block 元素有一系列子元素，这些子元素是用来设置飞行任务的。block 元素定义的内容称为任务单元（Block），block 元素的子元素定义的内容称为任务单元的阶段（Stage）。关于飞行任务的设置可以参考 rotorcraf_basic_safaty.xml 飞行计划代码。

1. block 元素导航模式子元素

block 元素有一类子元素是用来设定导航模式的，这些子元素设定了不同的水平导航模式，而垂直方向控制模式是由这些子元素的 vmode 属性设定的。

水平控制模式主要包括以下两种。

① direct：飞行器从当前位置直接飞向目标航程点，水平控制模式的默认值。

② route：飞行器沿航线飞向目标航程点，航线是由一个航程点和目标航程点之间的连线定义的。飞行器先进入航线，然后飞向目标航程点。

垂直方向控制模式主要包括以下几种。

① alt：自动驾驶仪将飞行器的期望高度设定为 alt 或 height 属性的值（单位 m）。若这两个属性均未设定，则将飞行器的期望高度设定为航程点的高度，该模式是垂直方向控制模式的默认模式。

② climb：自动驾驶仪将飞行器垂直方向的期望速度设定为 climb 属性的值，单位为 m/s。

③ throttle：自动驾驶仪将飞行器的期望油门量设定为 throttle 属性的值，值的范围为 0～1。

④ glide：自动驾驶仪将飞行器垂直方向的期望轨迹设定为两个航程点之间的斜率，即两个航程点之间的航线是三维航线。

2. attitude 子元素

将四旋翼无人机设置为增稳模式，水平控制模式为 HORIZONTAL_MODE_ATTITUDE，attitude 子元素的属性如下。

① roll：滚转角度设定值（单位°）。

② vmode：垂直方向控制模式。

③ alt：垂直方向控制为 alt 模式时的设定高度值（单位 m）。

④ height：垂直方向控制为 alt 模式时的设定高度值（单位 m）。

⑤ throttle：垂直方向控制为 throttle 模式时的设定油门值。

⑥ climb：垂直方向控制为 climb 模式时的设定垂直速度（单位 m/s）。

⑦ pitch：俯仰角度设定值，单位为度。

⑧ until：该属性的值为条件表达式，当条件表达式为真时，结束该任务单元的当前阶段进入下一阶段，若当前阶段为该任务单元最后一个阶段，则进入下一个任务单元。

其中 roll 为必需属性，其他均为可选属性。

3. heading 子元素

heading 子元素可以设定飞行器的航向角，该航向角的值为 course 属性的值，单位为度。heading 子元素的属性如下。

① course：飞行器航向角的设定值，0°为正北方向，顺时针方向为增，即 90°为正东、180°为正南、270°为正西。

② vmode：同 attitude 子元素的属性。

③ alt：同 attitude 子元素的属性。

④ height：同 attitude 子元素的属性。

⑤ throttle：同 attitude 子元素的属性。

⑥ climb：同 attitude 子元素的属性。

⑦ pitch：同 attitude 子元素的属性。

⑧ until：同 attitude 子元素的属性。

其中 course 为必需属性，其他均为可选属性。

4. manual 子元素

manual 子元素可以将飞行器设定为"完全"手动模式，该元素 roll、pitch 和 yaw 属性的值即为飞行器滚转、俯仰和偏航的实际控制量输出值。因为没有增稳功能，该子元素定义的模式不适宜四旋翼的实际飞行，该子元素可以在固定翼或直升机的飞行计划中应用。

manual 子元素的属性如下。

① roll：滚转控制量。

② pitch：俯仰控制量。

③ yaw：偏航控制量。

④ vmode：同 attitu de 子元素的属性。

⑤ alt：同 attitude 子元素的属性。

⑥ height：同 attitude 子元素的属性。

⑦ throttle：同 attitude 子元素的属性。

⑧ climb：同 attitude 子元素的属性。

⑨ until：同 attitude 子元素的属性。

5. go 子元素

go 子元素设置目标航程点为 wp 属性的值，对于四旋翼无人机而言，抵达目标航程点后会在目标航程点处悬停，其他属性可以设置水平控制模式、垂直控制模式、接近目标航程点的方式、航线等。

go 子元素的属性如下。

① wp：目标航程点。

② from：起始航程点，用于设置航线，该航程点和目标航程点之间的直线连线即为航线。当 hmode 属性的值为 route 时，该属性才有意义。

③ hmode：水平控制模式。

④ vmode：同 attitude 子元素的属性。

⑤ pitch：同 attitude 子元素的属性。

⑥ alt：同 attitude 子元素的属性。

⑦ height：同 attitude 子元素的属性。

⑧ approaching_time：到达目标航程点后的提前时间。当飞行器飞行速度较快时，飞行器到达目标航程点后，它会越过航程点并超出一定距离后才会飞向下一个目标航程点，该属性根据当前飞行器的飞行速度，令飞行器提前该属性设定值的时间飞向下一个目标航程点，由于提前时间设置不同，飞行器可能不会越过（到达）当前航程点。主要在固定翼飞行器中应用，在四旋翼无人机中也可以应用。

⑨ exceeding_time：到达目标航程点后的延时时间。四旋翼无人机导航控制中该属性无作用。

⑩ throttle：同 attitude 子元素的属性。

⑪ climb：同 attitude 子元素的属性。

⑫ until：同 attitude 子元素的属性。

其中 wp 为必需属性，其他均为可选属性。

6. path 子元素

path 子元素使用 route 模式的水平控制设置，航线中的各航程点为 wpts 属性的值。使用一系列 go 子元素也可以达到相同的效果。rotorcroft. basic_safety. xml 飞行计划代码中命名为 route 的任务单元可以用 path 子元素表示，代码如下：

```
< block name = " route ">
  < path wpts  = " p1 ,p3,p4, p1 "/>
  < deroute block  = "stay_p1"/>
</ block >
```

path 子元素的属性如下。

① wpts：航线中的航程点列表。

② vmode：同 attitude 子元素的属性。

③ pitch：同 attitude 子元素的属性。

④ alt：同 attitude 子元素的属性。

⑤ approaching_time：同 go 子元素的属性。

⑥ exceeding_time：同 go 子元素的属性。

⑦ throttle：同 attitude 子元素的属性。

⑧ climb：同 attitude 子元素的属性。

其中 wpts 为必需属性，其他均为可选属性。

7. stay 子元素

设置水平控制模式为 direct，目标航程点为 wp 属性的值，对于四旋翼无人机而言，抵达目标航程点后会在目标航程点处悬停。相当于 go 子元素的一种特例。rotorcroft. basic_ safety. xml 飞行计划代码中命名为 stay_p1 的任务单元与使用 go 子元素定义的以下代码效果相同：

```
< block name = "stay_p1">
  < go wp = "p1"/>
</block>
```

stay 子元素的属性如下。

① wp：目标航程点。

② vmode：同 attitude 子元素的属性。

③ alt：同 attitude 子元素的属性。

④ height：同 attitude 子元素的属性。

⑤ throttle：同 attitude 子元素的属性。

⑥ climb：同 attitude 子元素的属性。

⑦ until：同 attitude 子元素的属性。

其中 wp 为必需属性，其他均为可选属性。

8. circle 子元素

定义了飞行器绕 wp 属性值表示的航程点，以 radius 属性值为半径做盘旋飞行。当 radius 属性值为正数时，进行顺时针方向盘旋；当 radius 属性值为负数时，进行逆时针方向盘旋。

circle 子元素的属性如下。

① wp：飞行器以该航程点为圆心进行盘旋。

② radius：飞行器盘旋半径，该值为负数，则进行逆时针方向盘旋；为正数，则进行顺时针方向盘旋。

③ alt：同 attitude 子元素的属性。

④ height：同 attitude 子元素的属性。

⑤ vmode：同 attitude 子元素的属性。

⑥ climb：同 attitude 子元素的属性。

⑦ pitch：同 attitude 子元素的属性。

⑧ throttle：同 attitude 子元素的属性。

⑨ until：同 attitude 子元素的属性。

其中 wp 和 radius 为必需属性，其他均为可选属性。

9. oval 子元素

由 oval 子元素定义的航线如图 7-2 和图 7-3 所示。

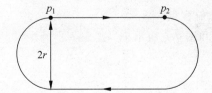

图 7-2　r 为正数 oval 子元素定义的航线

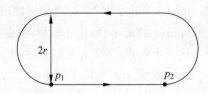

图 7-3　r 为负数 oval 子元素定义的航线

在图 7-2 和图 7-3 中，p_1 和 p_2 为航程点，r 为盘旋半径，这 3 个值为 oval 子元素 p1、p2 和 radius 属性的值。若 r 为正数，则航线方向为顺时针，如图 7-2 所示；若 r 为负数，则航线方向为逆时针，如图 7-2 所示。

oval 子元素的属性如下。

① p1：起始航程点，用于设置航线，如图 7-2 和图 7-3 所示。

② p2：目标航程点，用于设置航线，如图 7-2 和图 7-3 所示。

③ radius：盘旋半径，用于设置航线，如图 7-2 和图 7-3 所示。

④ alt：同 attitude 子元素的属性。

⑤ vmode：同 attitude 子元素的属性。

⑥ climb：同 attitude 子元素的属性。

⑦ pitch：同 attitude 子元素的属性。

⑧ throttle：同 attitude 子元素的属性。

⑨ until：同 attitude 子元素的属性。

其中 p1、p2 和 radius 为必需属性，其他均为可选属性。

10. eight 子元素

以 center 属性值表示的航程点为中心，绕 turn_around 属性的值表示航程点为圆心的"8"字形盘旋，盘旋半径为 radius 属性的值，如图 7-4 和图 7-5 所示。

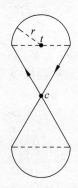
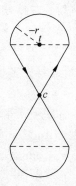

图 7-4　r 为正数 eight 子元素定义的航线　　　图 7-5　r 为负数 eight 子元素定义的航线

在图 7-4 和图 7-5 中，c 为 center 属性值表示的航程点，t 为 turn_around 属性值表示的航程点，r 为 radius 属性值表示的盘旋半径，若 $r>0$ 则为图 7-4 所示航线，若 $r<0$ 则为图 7-5 所示航线。

eight 子元素的属性如下。

① center："8"字形盘旋的中心航程点。

② turn_around："8"字形盘旋半圆部分的圆心航程点。

③ radius：盘旋半径，用于设置航线，如图 7-4 和图 7-5 所示。

④ alt：同 attitude 子元素的属性。

⑤ vmode：同 attitude 子元素的属性。

⑥ climb：同 attitude 子元素的属性。

⑦ pitch：同 attitude 子元素的属性。

⑧ throttle：同 attitude 子元素的属性。

⑨ until：同 attitude 子元素的属性。

其中 center、turn_around 和 radius 为必需属性，其他均为可选属性。

11. follow 子元素

双机或多机飞行时的跟随飞行模式。follow 子元素的属性如下。

① ac_id：领航飞行器的编号。

② distance：与领航飞行器的水平间距。

③ height：与领航飞行器的垂直间距。

12. survey_rectangle 子元素

survey_rectangle 子元素可以定义在长方形区域的扫描飞行。长方形区域由位于长方形对角线顶点的航程点定义，各边是南北或东西方向。长方形区域的扫描飞行示意图如图 7-6 和图 7-7 所示。

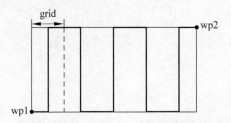
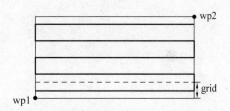

图 7-6　survey_rectangle 子元素南北方向航线　　图 7-7　survey_rectangle 子元素东西方向航线

在图 7-6 和图 7-7 中，grid 为扫描宽度，由 grid 属性定义；wp1 和 wp2 为航程点，由 wp1 和 wp2 属性定义。

① grid：每条航线扫描宽度。

② orientation：设定航线方向，NS 表示南北方向，WE 表示东西方向。

③ wp1：定义长方形区域的航程点。

④ wp2：定义长方形区域的航程点。

⑤ until：同 attitude 子元素的属性。

其中 grid、wp1 和 wp2 为必需属性，其他均为可选属性。对于四旋翼无人机而言，survey_rectangle 子元素需要模块的支持，相应模块的配置位于 conf/modules 文件夹中。

13. xyz 子元素

xyz 子元素可以设定一种特殊的飞行方式：飞行器围绕一个航程点盘旋，而这个航程点可以通过遥控器移动，默认由遥控器的偏航（YAW）摇杆东西方向移动航程点，俯仰（PITCH）摇杆南北方向移动航程点，滚转（ROLL）摇杆控制飞行器高度。

四旋翼无人机默认不支持这种飞行方式，但是可以根据生成的 flight_plan.h 文件增加支撑函数，为四旋翼无人机添加这种飞行方式。

该子元素只有一个 radius 可选属性，用于设定盘旋半径。

14. exception 子元素

exception 子元素描述了异常处理，也可以视为条件语句。exception 子元素有以下两个属性。

① cond：条件表达式。

② deroute：跳转。

当 cond 条件表达式为真时，跳转到 deroute 属性的值所描述的飞行任务单元。

在 cond 条件表达式中可以使用常量、飞控软件中的全局变量(需要包含头文件)和一些二元操作符，如<、><=、>=、<>、==、+、-、* 和/等。

15. while 子元素

while 子元素和 for 子元素都可以构成循环语句。while 子元素具有描述条件表达式的 cond 属性，当 cond 属性的值为真时继续循环，若为假，则结束循环。

下面的代码定义了一个无限循环，飞行器将连续飞往航程点 A、B 和 C，然后等待 5s 后继续这一过程：

```
< while cond = "TRUE">
  < go wp = "A"/>
  < go wp = "B"/>
  < go wp = "C"/>
  < while cond = "5 > stage_time"/>
</while >
```

16. for 子元素

for 子元素可以构成有限循环次数的循环语句。下面的代码中的飞行会被重复 4 次：

```
< for var = "i" from = "0" to = "3">
  < go wp = "A"/>
  < go wp = "B"/>
  < go wp = "C"/>
  < while cond = "5 > stage_time"/>
</ for >
```

17. set 子元素

set 子元素可以直接设定自动驾驶仪软件中的变量，下面的代码中修改了本地坐标系原点的海拔高度 ground_alt 变量：

```
< set var = " ground_alt " value = " ground_alt + 50"/>
```

18. call 子元素

使用 call 子元素可以调用用户自定义的 C 函数。默认条件下，该 C 函数应该定义为布尔函数，即该函数的返回值为"真"或"假"的布尔值。当该 C 函数返回"真"时，该 C 函数会被循环调用执行，而该 C 函数返回"假"时，该 C 函数只会被执行一次。参考示例见 rotoreraft_basic_safaty. xml 代码 。

call 子元素有以下 4 个属性。

① fun：被调用 C 函数名称。

② until：同 attitude 子元素的属性。

③ loop：设定是否循环重复执行，该属性的值默认为"真"，即被调用的 C 函数会重复执

行；若该属性的值为"假"，则被调用的 C 函数仅执行一次。

④ break：该属性的值为条件表达式，决定了执行本任务单元下一阶段的方式。该属性的默认值为"假"，即若满足执行下一阶段的条件，在本次循环中就会执行下一阶段代码；若该属性的值为"真"，在满足执行下一阶段的条件时，会在下一循环中执行下一阶段代码。从 C 语言角度看，break 属性为"真"时，生成的 C 代码会多一个 break 语句。

其中 fun 为必需属性，其他属性均为可选属性。

19. call_once 子元素

call_once 子元素可以视为 call 子元素 loop 属性为"假"的情况。

call_once 子元素有以下两个属性。

① fun：被调用 C 函数名称。

② break：同 call 子元素的属性。

其中 fun 为必需属性，break 为可选属性。

20. deroute 子元素

deroute 子元素相当于任务单元之间的跳转程序。该子元素只有一个 block 属性，该属性值即为欲跳转到的任务单元的名称。

21. return 子元素

return 子元素可以结束任务单元的本次循环。

7.3　可调参数配置

Paparazzi 中关于飞行器的飞行模式、控制器的控制参数等可调参数可以实时调整，而不必重新烧写固件程序。Paparazzi 中可调参数的调整主要有两种途径：一种是通过遥控器调整，需要占用遥控器通道，可调参数也有限，优点是手动飞行过程中就可以调整；另一种是通过地面站和数据链进行调整，可调整的参数较多，调整也比较灵活，但是需要借助地面站和数据链才能实现。

关于可调参数设置的配置文件是位于 conf/settings 文件夹的 XML 文件，其文档类型定义为该文件夹中的 settings.dtd 文件。这些配置文件包括针对固定翼飞行器的设定、旋翼飞行器的设定、各类控制器的设置、各类估计器的设置等。总之，除了针对各个模块可调参数的设置，其他可调参数基本上都是由这些配置文件设置的。针对各个模块，可调参数的设置通常位于各个模块的配置文件中。所有的配置信息（包括模块可调参数的配置）都会集成到 GCS 的 Notebook 区的 Settings 选项卡中。

7.3.1　通过遥控器调整参数

以 conf/settings/rc_setting_ins.xml 文件为例，代码如下：

```
<!--<!DOCTYPE settings SYSTEM "settings.dtd">-->

<!-- A conf to use to tune an A/C using only the rc -->
```

```
<settings>

  <rc_settings>
    <rc_mode NAME="AUTO1">
      <rc_setting VAR="ins_pitch_neutral" RANGE="0.2" RC="gain_1_up"  TYPE="float"/>
      <rc_setting VAR="ins_roll_neutral"RANGE="-0.2" RC="gain_1_down" TYPE="float"/>
    </rc_mode>
    <rc_mode NAME="AUTO2">
      <rc_setting VAR="h_ctl_course_pgain" RANGE="0.5" RC="gain_1_up" TYPE="float"/>
      <rc_setting VAR="flight_altitude" RANGE="-100" RC="gain_1_down" TYPE="float"/>
    </rc_mode>
  </rc_settings>

</settings>
```

其中，rc_mode 子元素的属性设置了飞行模式；rc_setting 子元素设置了通过遥控器的某个通路（RC 属性）调整某个变量（VAR）。

通过遥控器调整参数默认只支持固定翼飞行器。

7.3.2　通过数据链调整参数

通过数据链调整参数是比较灵活的方式，既可以支持固定翼飞行器，也可以支持旋翼飞行器。

以 rotorcraft_basic.xml 文件和 control/rotorcraft_guidance.xml 文件为例，代码如下。
rotorcraft_basic.xml 代码如下：

```
<!DOCTYPE settings SYSTEM "settings.dtd">

<settings target="ap|nps">
  <dl_settings>
  <dl_settings NAME="System">
    <dl_setting var="autopilot_mode_auto2" min="0" step="1" max="19" module=
      "autopilot" shortname="auto2" values="KILL|Fail|HOME|Rate|Att|Rate_rcC|Att_rcC|Att_
      C|Rate_Z|
    Att_Z|Hover|Hover_C|Hover_Z|Nav|RC_D|CareFree|Forward|Module|Flip|Guided"/>
    <dl_setting var="kill_throttle" min="0" step="1" max="1" module="autopilot"
      values="Resurrect|Kill" handler="KillThrottle"/>
    <dl_setting var="autopilot_power_switch" min="0" step="1" max="1" module=
      "autopilot" values="OFF|ON" handler="SetPowerSwitch">
      <strip_button name="POWER ON" icon="on.png" value="1" group="power_switch"/>
      <strip_button name="POWER OFF" icon="off.png" value="0" group="power_switch"/>
    </dl_setting>
    <dl_setting var="autopilot_mode" min="0" step="1" max="19" module="autopilot"
    shortname="mode" values="KILL|Fail|HOME|Rate|Att|Rate_rcC|Att_rcC|Att_C|Rate_Z|
    Att_Z|Hover|Hover_C|Hover_Z|Nav|RC_D|CareFree|Forward|Module|Flip|Guided" handler=
      "SetModeHandler"/>
  </dl_settings>
```

```
      </dl_settings>
</settings>
```

rotorcraft_guidance. xml 代码如下：

```
<!DOCTYPE settings SYSTEM "../settings.dtd">
<settings target="ap|nps">
  <dl_settings>

    <dl_settings NAME="Vert Loop">
      <dl_setting var="guidance_v_kp" min="0" step="1" max="600" module="guidance/
      guidance_v" shortname="kp" param="GUIDANCE_V_HOVER_KP" persistent="true"/>
      <dl_setting var="guidance_v_kd" min="0" step="1" max="600" module="guidance/
      guidance_v" shortname="kd" param="GUIDANCE_V_HOVER_KD" persistent="true"/>
      <dl_setting var="guidance_v_ki" min="0" step="1" max="300" module="guidance/
      guidance_v" shortname="ki" handler="SetKi" param="GUIDANCE_V_HOVER_KI" persistent
      ="true"/>
      <dl_setting var="guidance_v_nominal_throttle" min="0.2" step="0.01" max="0.8"
      module="guidance/guidance_v" shortname="nominal_throttle" param=" GUIDANCE_V_
      NOMINAL_HOVER_THROTTLE" persistent="true"/>
      <dl_setting var="guidance_v_adapt_throttle_enabled" min="0" step="1" max="1"
      module="guidance/guidance_v" shortname="adapt_throttle" param=" GUIDANCE_V_ADAPT
      _THROTTLE_ENABLED" values="FALSE|TRUE" persistent="true"/>
      <dl_setting var="guidance_v_z_sp" min="-5" step="0.5" max="3" module=
      "guidance/ guidance_v" shortname="sp" unit="2e-8m" alt_unit="m" alt_unit_coef=
      "0.00390625"/>
    </dl_settings>

    <dl_settings NAME="Horiz Loop">
      <dl_setting var="guidance_h.use_ref" min="0" step="1" max="1" module="guidance/
      guidance_h" shortname="use_ref" values="FALSE|TRUE" handler="SetUseRef" param=
      " GUIDANCE_H_USE_REF" persistent="true"/>
      <dl_setting var="gh_ref.max_speed" min="0.1" step="0.1" max="15.0" module=
      "guidance/guidance_h" shortname="max_speed" handler="SetMaxSpeed" param=
      "GUIDANCE_H_REF_MAX_SPEED" type="float" persistent="true"/>
      <dl_setting var="guidance_h.approx_force_by_thrust" min="0" step="1" max="1" module
      ="guidance/guidance_h" shortname="approx_force" values="FALSE|TRUE" param=
      " GUIDANCE_H_APPROX_FORCE_BY_THRUST" type="uint8" persistent="true"/>
      <dl_setting var="gh_ref.tau" min="0.1" step="0.1" max="1.0" module="guidance/
      guidance_h" shortname="tau" handler="SetTau" param="GUIDANCE_H_REF_TAU" type=
      " float" persistent="true"/>
      <dl_setting var="gh_ref.omega" min="0.1" step="0.1" max="3.0" module="guidance/
      guidance_h" shortname="omega" handler="SetOmega" param=" GUIDANCE_H_REF_
      OMEGA" type
      ="float" persistent="true"/>
      <dl_setting var="gh_ref.zeta" min="0.7" step="0.05" max="1.0" module="guidance/
      guidance_h" shortname="zeta" handler="SetZeta" param="GUIDANCE_H_REF_ZETA" type
      =" float" persistent="true"/>
      <dl_setting var="guidance_h.gains.p" min="0" step="1" max="400" module=
      "guidance/ guidance_h" shortname="kp" param="GUIDANCE_H_PGAIN" type=" int32"
      persistent="true "/>
```

```
        < dl_setting var = "guidance_h.gains.d" min = "0" step = "1" max = "400" module =
        "guidance/guidance_h" shortname = "kd" param = "GUIDANCE_H_DGAIN" type = " int32"
        persistent = "true" />
        < dl_setting var = "guidance_h.gains.i" min = "0" step = "1" max = "400" module =
        "guidance/guidance_h" shortname = "ki" handler = "set_igain" param = "GUIDANCE_H_
        IGAIN" type = " int32" persistent = "true"/>
        < dl_setting var = "guidance_h.gains.v" min = "0" step = "1" max = "400" module =
        "guidance/guidance_h" shortname = "kv" param = "GUIDANCE_H_VGAIN" type = " int32"
        persistent = "true" />
        < dl_setting var = "guidance_h.gains.a" min = "0" step = "1" max = "400" module =
        "guidance/guidance_h" shortname = " ka" param = "GUIDANCE_H_AGAIN" type = " int32"
        persistent = "true" />
      < dl_setting var = "guidance_h.sp.pos.x" MIN = " - 10" MAX = "10" STEP = "1" module =
        "guidance/guidance_h" shortname = "sp_x_ned" unit = "1/2^8m" alt_unit = "m" alt_unit
        _coef
        = "0.00390625"/>
      < dl_setting var = "guidance_h.sp.pos.y" MIN = " - 10" MAX = "10" STEP = "1" module =
        "guidance/guidance_h" shortname = "sp_y_ned" unit = "1/2^8m" alt_unit = "m" alt_unit
        _coef
        = "0.00390625"/>
    </dl_settings >

    < dl_settings NAME = "NAV">
      <dl_setting var = "flight_altitude" MIN = "0" STEP = "0.1" MAX = "400" module =
        "navigation" unit = "m" handler = "SetFlightAltitude"/>
      < dl_setting var = "nav_heading" MIN = "0" STEP = "1" MAX = "360" module = "navigation"
        unit = "1/2^12r" alt_unit = "deg" alt_unit_coef = "0.0139882"/>
      < dl_setting var = "nav_radius" MIN = " - 50" STEP = "0.1" MAX = "50" module = "navigation"
        unit = "m"/>
      < dl_setting var = "nav_climb_vspeed" MIN = "0" STEP = "0.1" MAX = "10.0" module =
        "navigation " unit = "m/s" param = "NAV_CLIMB_VSPEED"/>
      < dl_setting var = "nav_descend_vspeed" MIN = " - 10.0" STEP = "0.1" MAX = "0.0" module =
        " navigation" unit = "m/s" param = "NAV_DESCEND_VSPEED"/>
    </dl_settings >

  </dl_settings >
</settings >
```

dl_settings 子元素中包含的设定会集成到 GCS 的 Notebook 区的 Settings 选项卡中，并且以 name 属性的值命名选项卡的名称。例如，rotocraft_basic.xml 代码的所有设置都会集成到 GCS 的 Notebook 区的 Settings 选项卡的 System 选项卡中，而 rotorcraft. guidance.xml 代码的所有设置都会集成到 GCS 的 Notebook 区的 Settings 选项卡的 Vert Loop、Horiz Loop 和 NAV 选项卡中，dl_setting 子元素实现了对某个可调变量的调整设置，其主要属性包括以下几个。

① var：可调变量在 C 语言代码中名称。

② min：可调变量调整的最小值。

③ max：可调变量调整的最大值。

④ type：可调变量的数据类型。

⑤ step：可调变量调整的步长值。

⑥ shortname：可调变量名称的缩写，该缩写会在 GCS 中显示。

⑦ module：可调变量所在的模块。

⑧ handler：有些可调变量在设置时需要特定的函数支持，若不设置该属性，则使用 C 语言中的赋值语句实现变量的设置。

⑨ unit：可调变量在 C 语言代码中所用的单位。

⑩ alt_unit：可调变量在 GCS 设置、显示时所用的单位。

⑪ alt_unit_coef：可调变量从 C 语言代码中的数值转换为 GCS 显示数值的转换系数。

⑫ values：在 GCS 中将该可调变量的可调范围以选项的形式显示，常用于状态、模式类可调变量的设置。

⑬ persistent：单击 GCS 中 Settings 选项卡标签中的 ▣（保存）图标按钮，可以将该属性值为真的可调变量的当前设置值固化到飞控板中（通常是写入微控制器的 Flash 中），若 param 属性为真，同时也会更新机身配置文件（Airframe）中的配置值。persistent 属性需要设置 USE_PERSISTENT_SETTINGS 为真时才有效。

⑭ param：见 persistent 属性描述。

7.4　遥控器配置

目前 Paparazzi 支持的遥控器通信类型包括 PPM、spektrum、SBUS（SBUS_DUAL）、datalink 和 su-perbitruf_rc 等。遥控器的配置文件位于 conf/radios 文件夹中，以 generic_tm.xml 文件为例，代码如下：

```
<?xml version = "1.0"?>
<! DOCTYPE radio SYSTEM " radio .dtd">
< radio name = "generic" data_min = "800" data_max = "2200" sync_min = "5000"
        sync_max = "15000" pulse_type = "POSITIVE">
  < channel ctl = "D" function = "THROTTLE" min = "1000" neutral = "1000" max = "2000"
    average = "0"/>
  < channel ctl = "C" function = "ROLL"     min = "1000" neutral = "1500" max = "2000"
    average = "0"/>
  < channel ctl = "B" function = "PITCH"    min = "2000" neutral = "1500" max = "1000"
    average = "0"/>
  < channel ctl = "A" function = "YAW"      min = "1000" neutral = "1500" max = "2000"
    average = "0"/>
  < channel ctl = "G" function = "SWITCH1"  min = "1000" neutral = "1500" max = "2000"
     average = "1"/>
  < channel ctl = "E" function = "GAIN1"    min = "1000" neutral = "1500" max = "2000"
    average = "1"/>
  < channel ctl = "F" function = "CALIB"    min = "1000" neutral = "1500" max = "2000"
    average = "0"/>
  < channel ctl = "H" function = "MODE"     min = "1000" neutral = "1500" max = "2000"
    average = "1"/>
  < channel ctl = "I" function = "SWITCH2"  min = "1000" neutral = "1500" max = "2000"
    average = "1"/>
</ radio >
```

遥控器配置文件的文档类型文件为该文件夹下的 radio.dtd 文件。由 radio.dtd 文件以及 generic_tm.xml 代码可知,遥控器配置文件的根元素为 radio,该根元素只有一个子元素 channel。radio 根元素的属性及含义如下。

① name：遥控器的名称。

② data_min：有效数据脉宽的最小时间(单位 μs)。

③ data_max：有效数据脉宽的最大时间(单位 μs)。

④ sync_min：同步(空白)脉宽的最小时间(单位 μs)。

⑤ sync_max：同步(空白)脉宽的最大时间(单位 μs)。

⑥ pulse_type：载波数据的极性(正相、反相)。

子元素 channel 的属性及含义如下。

① ctl：遥控器通路的名称,仅用于显示。

② function：该通路的逻辑名称,要与自动驾驶仪 C 程序代码中使用的名称相对应,如 ROLL、PITCH 等,对应于自动驾驶仪 C 程序代码中的 RADIO_ROLL、RADIO_PITCH 等。

③ min：该通路最小脉宽时间(单位 μs)。

④ max：该通路最大脉宽时间(单位 μs)。

⑤ neutral：该通路中性点时间(单位 μs)。

⑥ average：若该属性值为真,则对该通路进行滤波。当该通路为开关量时,通常使用滤波。不同的信号格式遥控器配置文件的含义也不相同,以 PPM 信号为例,其示意图如图 7-8 所示。

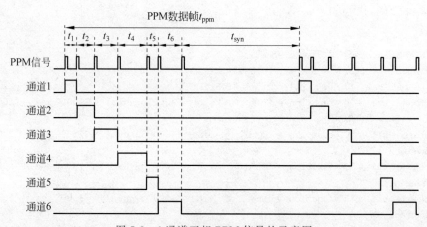

图 7-8 6 通道正相 PPM 信号的示意图

在图 7-8 中,不同的遥控器接收机或 PPM 信号解码板关于信号各段时间的定义是不同的,一帧 PPM 数据 t_{ppm} 一般为 20ms 左右; $t_1 \sim t_6$ 为 PPM 信号的有效数据,时间一般为 1～1ms 左右; t_{syn} 为同步(空白)信号,时间为 $t_{ppm} - \sum_{i=1}^{6} \max(t_i) \sim t_{ppm} - \sum_{i=1}^{6} \min(t_i)$。例如,假设图 7-8 中, $t_{ppm}=20$ms, $t_i=[1$ms,2ms$]$,则 $t_{syn}=[8$ms,14ms$]$。

关于 PPM 数据中各脉宽的准确时间可以通过示波器进行测量。关于 PPM 数据中各脉宽的准确时间可以通过示波器进行测量。在遥控器配置中,通路(即子元素 channel)的

个数要与遥控器接收机或 PPM 信号解码板严格一致，

当遥控器通路与接收机通路不一致时（如遥控器为 6 通路、接收机 PPM 信号为 8 通路），要与接收机的通路数一致，未使用的通路 function 属性可以设置为 UNUSED 。

另外，遥控器接收机或 PPM 信号解码板 PPM 信号通路的次序也必须和遥控器配置文件中各通路的次序一致。注意，配置文件中各通路的次序是由子元素 channel 在文件中先后决定，而不是由 ctl 属性的值确定的。例如，在 generic_tm. xml 代码中，遥控器的第 1 通路对应于 ctl=" D"的通路设置。

在一些自动驾驶仪上可以设置一个 LED 灯与遥控器信号对应，若遥控器信号正常则该 LED 灯亮，反之则不亮；该灯可以在机型配置文件中重新设置，代码如下：

```
< firmware name = "rotorcraft">
...
  < module name = "radio_control"      type = "ppm">
    < configure name = "RADIO_CONTROL_LED" value = "3"/>
  </module>
</firmware>
```

7.5　遥测信息设置

在 Paparazzi 中可以对飞行器的遥测信息进行定制。Paparazzi 已经默认定义了多种消息格式，同时还对这些消息做了进一步封装，组成了不同的遥测信息模式。消息格式的定义位于 sw/ext/pprzlink/mes- sage_definitions/v1.0/messages. xml 文件，遥测信息的封装位于 conf/telemetry 文件夹中的 XML 文件中。

7.5.1　信息格式的定义

Paparazzi 消息格式定义在相关文件 sw/ext/pprzlink/message_definitions 文件夹中。其中的 common/u-nits. xml 文件主要定义了消息所使用的各种物理单位之间相互转换的系数，而 message_definitions 文件夹中的 messages. xml 文件是定义消息格式的主要依据，是地面站和飞行器之间遥控、遥测信息的基础，其部分内容代码如下：

```
<?xml version = "1.0"?>
<!DOCTYPE protocol SYSTEM "messages.dtd">
< protocol >
  <!-- messages from modem or sim to server -->
  < msg_class name = "telemetry">

    < message name = "ATTITUDE" id = "6">
      < field name = "phi"     type = "float" unit = "rad" alt_unit = "deg"/>
      < field name = "psi"     type = "float" unit = "rad" alt_unit = "deg"/>
      < field name = "theta"   type = "float" unit = "rad" alt_unit = "deg"/>
    </message>
```

```
< message name = "GPS" id = "8">
  < field name = "mode"         type = "uint8"       unit = "byte_mask"/>
  < field name = "utm_east"     type = "int32"       unit = "cm"
  < field name = "utm_north"    type = "int32"       alt_unit = "m"/> unit = "cm"
  < field name = "course"       type = "int16"       alt_unit = "m"/> unit = "decideg"
  < field name = "alt"          type = "int32"       alt_unit = "deg"/>
    MSL)</field>
  < field name = "speed" type = "uint16" unit = "cm/s" alt_unit = "m/s"> norm of 2d ground
    speed in cm/s </field>
  < field name = "climb"        type = "int16"unit = "cm/s"
  < field name = "week"         alt_unit = "m/s"/> type = "uint16"
  < field name = "itow"         unit = "weeks"/>
  < field name = "utm_zone"     type = "uint32" unit = "ms"/>
  < field name = "gps_nb_err"   type = "uint8"/>
</message >
< message name = "NAVIGATION_REF" id = "9">
  < field name = "utm_east" type = "int32" unit = "m"/>
  < field name = "utm_north" type = "int32" unit = "m"/>
  < field name = "utm_zone" type = "uint8"/>
  < field name = " ground_alt " type = "float" unit = "m"/>
</ message >

  < message name = "NAVIGATION" id = "10">
  < field name = "cur_block" type = "uint8"/>
  < field name = "cur_stage" type = "uint8"/>
  < field name = "pos_x" type = "float" unit = "m" format = " % .1f"/>
  < field name = "pos_y" type = "float" unit = "m" format = " % .1f"/>
  < field name = "dist_wp" type = "float" format = " % .1f" unit = "m"/>
  < field name = "dist_home" type = "float" format = " % .1f" unit = "m"/>
  < field name = "circle_count" type = "uint8"/>
  < field name = "oval_count" type = "uint8"/>
</ message >

< message name = "PPRZ_MODE" id = "11">
  < field name = " ap_ mode" type = " uint8" values = " MANUAL | AUTO1 | AUTO2 | HOME | NOGPS |
    FAILSAFE"/>
  < field name = "ap_gaz" type = "uint8" values = "MANUAL|AUTO_THROTTLE|AUTO_CLIMB|AUTO_
    ALT "/>
  < field name = "ap_lateral" type = "uint8" values = "MANUAL|ROLL_RATE|ROLL|COURSE"/>
  < field name = "ap_horizontal" type = "uint8" values = "WAYPOINT|ROUTE|CIRCLE"/>
  < field name = "if_calib_mode" type = "uint8" values = "NONE|DOWN|UP"/>
  < field name = "mcu1_status" type = "uint8" values = "LOST|OK|REALLY_LOST"/>
</ message >

< message name = "BAT" id = "12">
  < field name = " throttle " type = "int16" unit = "pprz"/>
  < field name = "voltage" type = "uint16" unit = "1e - 1V" alt_unit = "V"
    alt_unit_coef = "0.1"/>
  < field name = "amps" type = "int16" unit = "1e - 2A" alt_unit = "A"
    alt_unit_coef = "0.01"/>
  < field name = "flight_time" type = "uint16" unit = "s"/>
```

```
      < field name = "kill_auto_throttle" type = "uint8" unit = "bool"/>
      < field name = "block_time" type = "uint16" unit = "s"/>
      < field name = "stage_time" type = "uint16" unit = "s"/>
      < field name = "energy" type = "int16" unit = "mAh"/>
    </ message >

</ msg_class >


< msg_class name = "datalink">
  < message name = "ACINFO" id = "1" link = "broadcasted">
    < field name = " course "      type = "int16" unit = "decideg"     alt_unit = "deg"/>
    < field name = "utm_east"      type = "int32" unit = "cm"          alt_unit = "m"/>
    < field name = "utm_north"     type = "int32" unit = "cm"          alt_unit = "m"/>
    < field name = "utm_zone"      type = "uint8"/>
    < field name = " alt "         type = "int32" unit = "cm"          alt_unit = " m " > Height
      above Mean Sea Level (geoid)</ field >
    < field name = "itow"          type = "uint32" unit = "ms"         alt_unit = "s"
      alt_unit_coef = "0.001"></ field >
    < field name = "speed">        type = "uint16" unit = "cm/s"       alt_unit = " m/s " > ground
      speed </field>
    < field name = "climb"         type = "int16"unit = "cm/s"         alt_unit = "m/s">
      </field>

    < field name = "ac_id" type = "uint8"/>
  </message >

  < message name = "MOVE_WP" id = "2" link = "forwarded">
    < field name = "wp_id" type = "uint8"/>
    < field name = "ac_id" type = "uint8"/>
    < field name = "lat" type = "int32" unit = "1e7deg" alt_unit = "deg"
      alt_unit_coef = "0.0000001"/>
    < field name = "lon" type = "int32" unit = "1e7deg" alt_unit = "deg"
      alt_unit_coef = "0.0000001"/>
      < field name = "alt" type = "int32" unit = "mm" alt_unit = "m"> Height above Mean Sea Level
      ( geoid)</field>
  </message >

  < message name = "SETTING" id = "4" link = "forwarded">
    < field name = "index" type = "uint8"/>
    < field name = "ac_id" type = "uint8"/>
    < field name = "value" type = "float"/>
  </message >

  < message name = "BLOCK" id = "5" link = "forwarded">
    < field name = "block_id" type = "uint8"/>
    < field name = "ac_id" type = "uint8"/>
  </message >

</msg_class >

</protocol >
```

其中，messages.xml 文件的文档类型为 messages.dtd 文件。messages.xml 文件的根元素为 protocol，protocol 只有一个子元素 msg_class。

msg_class 元素定义了一类信息，在代码中定义了遥测信息（telemetry）类和遥控信息（datalink）类的信息集合。msg_class 只有一个 name 属性，该属性定义了信息类集合的名称。

msg_class 元素的子元素为 message，message 定义了一帧信息，它的属性包括以下几个。

① name：此帧信息的名称，该名称会用于生成 C 语言代码的函数名称。

② id：此帧信息的 ID 号。

③ link：此帧信息在地面站中的传输方式（转发或广播）。

message 有 description 和 field 两个子元素。description 子元素主要用来描述一些说明文本，field 子元素定义了一帧信息的字段组成。

一帧信息是以字节为最小单位的，按照 C 语言的基本数据类型进行封装，每个基本数据类型称为一个字段，字段由 field 元素定义。field 元素的属性包括以下几个。

① name：字段名称，用于 C 程序语言中函数的形参，以及 Paparazzi Center 中 Message 工具中显示的字段名称。

② type：字段的数据类型。

③ format：字段数据的格式化显示，类似于 C 语言中 printf() 函数的格式化输出。

④ unit：字段数据的单位。

⑤ values：依据字段数据在 GCS、Message 等工具中显示相应的字符串。

⑥ alt_unit：字段数据在 Message 工具中显示时所用的单位。

⑦ alt_unit_coef：字段数据实际单位和显示单位之间的转换系数，即满足：

$$x(unit) = x * alt\_unit\_coef(alt\_unit)$$

7.5.2　遥测信息的封装

在 Paparazzi Center 的配置文件区的 Telemetry 中可以选择或编辑遥测信息的封装文件。以遥测信息封装文件 demo.xml 为例，其代码如下：

```
<?xml version = "1.0"?>
<!DOCTYPE telemetry SYSTEM "telemetry.dtd">
<telemetry>

  <process name = "Main">

    <mode name = "default" key_press = "d">
      <message name = "AUTOPILOT_VERSION"        period = "11.1"/>
      <message name = "DL_VALUE"                 period = "1.1"/>
      <message name = "ALIVE"                    period = "2.1"/>
      <message name = "I2C_ERRORS"              period = "4.1"/>
      <message name = "UART_ERRORS"             period = "3.1"/>
      <message name = "SUPERBITRF"              period = "3"/>
```

```
    < message name = "DATALINK_REPORT"              period = "5.1"/>
    < message name = "STATE_FILTER_STATUS"          period = "3.2"/>
    < message name = "AHRS_EULER_INT"               period = ".1"/>
  </mode >

  < mode name = "commands">
    < message name = "DL_VALUE"                     period = "0.5"/>
    < message name = "ALIVE"                        period = "2.1"/>
    < message name = "COMMANDS"                     period = ".05"/>
    < message name = "ACTUATORS"                    period = ".05"/>
  </mode >

  < mode name = "raw_sensors">
    < message name = "DL_VALUE"                     period = "0.5"/>
    < message name = "ALIVE"                        period = "2.1"/>
    < message name = "IMU_ACCEL_RAW"                period = ".05"/>
    < message name = "IMU_GYRO_RAW"                 period = ".05"/>
    < message name = "IMU_MAG_RAW"                  period = ".05"/>
    < message name = "BARO_RAW"                     period = ".1"/>
  </mode >

  < mode name = "scaled_sensors">
    < message name = "DL_VALUE"                     period = "0.5"/>
    < message name = "ALIVE"                        period = "2.1"/> p
    < message name = "IMU_GYRO_SCALED"             eriod = ".075"/> p
    < message name = "IMU_ACCEL_SCALED"            eriod = ".075"/> p
    < message name = "IMU_MAG_SCALED"              eriod = ".1"/>
  </mode >

  < mode name = "ahrs">
    < message name = "DL_VALUE"                     period = "0.5"/>
    < message name = "ALIVE"                        period = "2.1"/>
    < message name = "FILTER_ALIGNER"              period = "2.2"/>
    < message name = "FILTER"                       period = ".5"/> p
    < message name = "GEO_MAG"                     eriod = "5."/>
    < message name = "AHRS_GYRO_BIAS_INT"          period = "0.08"/>
    < message name = "AHRS_QUAT_INT"               period = ".25"/>
    < message name = "AHRS_EULER_INT"              period = ".1"/>
  </mode >

  </process >

</telemetry >
```

　　在对工程构建过程中会根据该文件和 message. xml 文件的内容自动生成 var/aircrafts/< AC >/ap/generated/periodic_ telemetry. h 文件；同时还会自动生成 var/air-crafts/< AC >/settings_telemetry. xml 文件，settings_telemetry. xml 文件是生成 var/air-crafts/< AC >/ap/generated/settings. h 文件的依据之一，也是 GCS 运行时 Notebook 区中 Setting 选项卡中 Telemetry 选项卡的支撑文件。

遥测信息封装文件的文档类型文件是 telemetry. dtd,由 telemetry. dtd 文件和 demo. xml
代码可知,遥测信息封装文件的根元素为 process。根元素 process 定义了遥测信息发送的
进程,不同 process 中的遥测信息可以"同时"发送,也就是说,一个 process 的遥测信息发送
不会影响到另一个 process 的信息。不同的 process 会生成不同的 C 语言函数,可以在不同
的任务场合调用不同的 process 的 C 语言函数。例如,可以为通过数据链发送下行遥测信
息设定一个 process 进程,同时还可以为机载数据记录仪定义一个 process 进程,两者的运
行不会相互干扰。不同的 process 在 GCS 的 Notebook 区 Setting 选项卡的 Telemetry 选
项生成不同的下拉列表框选项。

process 的属性包括以下几个。

① name：process 的名称,可以由用户设定。

② type：process 的类型,默认为 pprz 协议,可以支持 mavlink 协议。

process 根元素具有 mode 子元素。mode 子元素定义了遥测信息帧某些特定含义的集
合,用户可以自定义这些集合,在同一 process 进程中,只能选定一个 mode 运行。同一个
process 中的不同 mode 在 GCS 的 Notebook 区 Setting 选项卡中生成了不同的条目。

mode 子元素有以下两个属性。

① name：mode 子元素的名称,可以由用户设定。

② key_press：在 GCS 窗口选定该 mode 遥测信息帧集合的快捷键。

③ mode 元素定义了遥测信息帧的集合,其中每一帧遥测信息都是由 message 子元素
定义的。message 子元素有以下 3 个属性。

① name：该帧信息的名称,该名称必须与 message. xml 文件的定义相对应；否则将在
编译过程中出错。

② period：该帧信息的发送周期。例如,demo. xml 代码中名为 default 的 mode 中,
DL_VALUE 对应的 period 为 1.1,则表示名为 DL_VALUE 的消息每隔 1.1s 发送一次。

③ phase：表示该条消息周期发送时的相位,若不设置 phase,则按照默认方式每帧消
息递增 0.1s 的相位,尽量错开每条消息的相位,提高消息传输的效率。

遥测信息传输的运行频率由 TELEMETRY_FREQUENCY 设定,可以在机型配置文
件中显式定义,若未显式定义则默认与 PERIODIC_FREQUENCY 相同,PERIODIC_
FREQUENCY 也是在机型配置文件中设定的,关于这两个变量的关系可以参考 Makefile.
ac 文件的内容。

小结

Paparazzi 具有功能丰富、配置灵活的特点,很多功能可以通过配置文件的方式灵活设
置,本章主要介绍了 Paparazzi 中的各类配置文件以及能够通过配置文件灵活设置的功能。

本章的知识要点包括以下内容。

· 机身配置文件中设定的内容包括：

—固件设定；

—执行元件参数；

—IMU 校准参数；

　　—控制器参数；

　　—加载模块；

　　—电源监测参数；

　　—飞行模式。

- 飞行计划设置文件设定的内容包括：

　　—航程点；

　　—飞行区域；

　　—飞行任务。

- 可调参数要根据机型、加载的模块和实际需求进行设定。
- 遥控器配置要与实际所用的遥控器匹配,配置文件中遥控器的通道个数要与接收机的实际输出一致。
- 遥测信息的配置要根据实际需求设定。

第8章

Paparazzi四旋翼无人机程序解析

视频讲解

本章以 Paparazzi v5.10 stable 版的代码为例,详细分析了 Paparazzi 四旋翼无人机各主要模块的软件实现以及相应的算法原理。8.1 节从 Paparazzi 工程文件的角度分析了 Paparazzi 四旋翼无人机程序的整体构架。8.2 节分析了 Paparazzi 软件的主函数以及任务和事件的调度机制。8.3 节分析了 Paparazzi 中的 ABI 消息机制,该消息机制是 Paparazzi 中任务与任务、任务与事件或事件与时间之间数据信息相互传递的桥梁。8.4 节分析了 Paparazzi 中 IMU 的底层硬件的接口实现。8.5 节分析了航姿参考系统的原理和代码实现。8.6 节分析了组合导航系统的原理和代码实现。8.7 节分析了 Paparazzi 中飞行计划的实现机制和软件接口机制。8.8 节分析了 Paparazzi 中飞行控制的原理与实现,主要介绍了基于 PID 控制器实现的导航控制算法和姿态控制算法。8.9 节分析了 Paparazzi 中遥测、遥控数据链的实现机制。

8.1 Paparazzi 工程文件分析

Paparazzi 使用了 make 管理和构建工程,这些 Makefile 文件包含和调用的关系如图 8-1 所示。

在图 8-1 中,有以下几点需要说明。

- Makefile 文件主要用来构建开发环境以及生成"全局"文件(图 8-2)。该 Makefile 文件中包含了 Makefile.ac 文件。构建自动驾驶仪的软件实际是由 Makefile.ac 文件完成的,Paparazzi 默认由 Makefile.ac 文件实现自动驾驶仪软件的构建,也可以由该 Makefile 文件实现。
- Makefile.ac 文件根据机型配置文件生成针对该机型的 C 语言头文件和 Makefile 工程文件(图 8-3),以及实现对 sw/airborne/Makefile 文件的递归调用。
- sw/airborne/Makefile 文件主要包含了 var/aircrafts/< AC >/Makefile.ac 文件、conf/Makefile.local 文件和 conf/Makefile.< ARCH >文件。

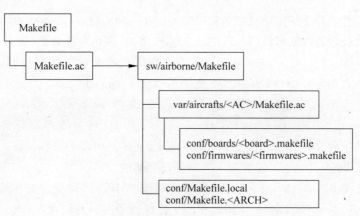

图 8-1　Paparazzi Makefile 文件包含和调用的关系

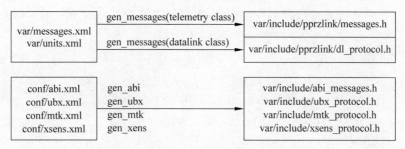

图 8-2　Makefile 文件生成的"全局"文件

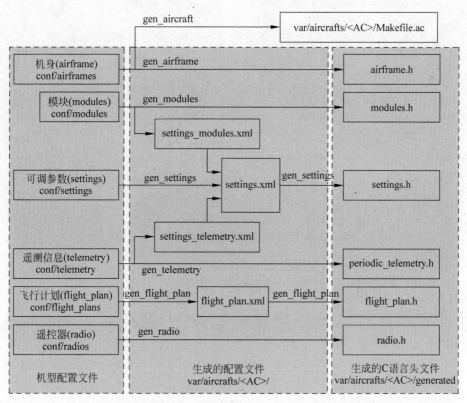

图 8-3　Makefile.ac 文件根据机型配置生成的文件

其中<AC>代表某个特定的机型名称（如 Quad_LisaMX、Quad_LisaM_2 等），<ARCH>代表某个特定的微处理器构架名称（如 SYM32、LPC21 等）或操作系统名称（如 Linux、Chibios）。

- var/aircrafts/<AC>/Makefile. ac 文件是根据机身配置文件（包括其中各模块的配置文件）自动生成的（图 8-3）。该文件还包含了 conf/boards/<board>. makefile 文件和 conf/firmwares/<firmware>. makefile 文件。<board>. makefile 文件是自动驾驶仪的板级工程文件。<firmware>. makefile 文件是飞行器类型（如固定翼、四旋翼）的工程文件，另外还包含 subsystems/文件夹中部分工程文件。
- conf/Makefile. local 文件实现了一些环境变量的设定。
- conf/Makefile.<ARCH>文件实现了针对该<ARCH>微处理器构架或操作系统的编译工具、编译选项、头文件路径和库文件路径等内容的设定。

在 Paparazzi 中设计四旋翼无人机，一般不需要特别关注 Makefile 文件，但是如果需要设计自己的飞行器或者是修改代码增加功能，就需要了解 Makefile 文件的执行方式。

8.2　主函数解析

Paparazzi 四旋翼无人机程序执行的入口为 main()函数，该函数位于 sw/airborne/firmwares/rotorcraft/-main. c 文件中。主函数代码如下：

```
# ifndef SITL
int main(void)
{
  main_init();

# if LIMIT_EVENT_POLLING
  /* Limit main loop frequency to 1kHz.
   This is a kludge until we can better leverage threads and have real events.
   Without this limit the event flags will constantly polled as fast as possible,
   resulting on 100 % cpu load on boards with an (RT)OS.
   On bare metal boards this is not an issue, as you have nothing else running anyway.
   */
  uint32_t t_begin = 0;
  uint32_t t_diff = 0;
  while (1) {
    t_begin = get_sys_time_usec();

    handle_periodic_tasks(); main_event();

    /* sleep remaining time to limit to 1kHz */
    t_diff = get_sys_time_usec() - t_begin;
    if (t_diff < 1000) {
    sys_time_usleep(1000 - t_diff);
    }
  }
# else
  while (1) {
    handle_periodic_tasks();
    main_event();
  }
```

```
# endif

  return 0;
}
# endif /* SITL */
```

由 main()函数代码可知,Paparazzi 四旋翼部分的程序默认没有使用实时操作系统(RTOS)。尽管 Paparazzi 默认可以支持实时操作系统 ChibiOS/RT,但是应用程序和操作系统之间"耦合"并不深,参考 Paparazzi 固定翼部分使用 ChibiOS/RT 的方法,可以将 ChibiOS/RT 也应用到四旋翼的程序中[①]。另外,参考 ChibiOS/RT 在 Paparazzi 中的应用方式,也能够比较轻松地移植其他 RTOS。

由主函数代码可知,Paparazzi 的四旋翼部分的程序采用了定时查询模式的前后台系统,其工作流程如图 8-4 所示。

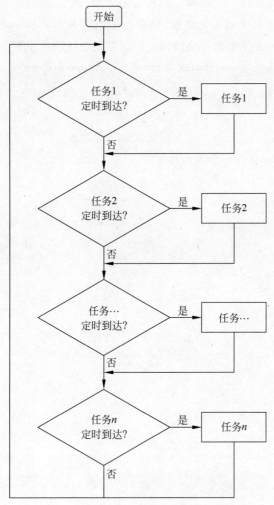

图 8-4　定时查询模式前后台系统的工作流程

---

① 在 Paparazzi v5.12_stable 版中已经默认提供了基于 ChibiOS/RT 的四旋翼程序。

　　主函数 main()调用了 3 个子函数,其中 main_init()函数是系统初始化函数,系统在运行时仅调用执行一次,而 handle_periodic_tasks()和 main_event()函数位于主函数的前台主循环中,属于前台程序,分别完成任务调度和事件处理等功能,程序中的 return 0;语句是不会执行到此处的。

　　主函数代码中的 SITL 宏是 Software In The Loop 的缩写,使用软件仿真[①]时会定义该宏。若使能代码中的 LIMIT_EVENT_POLLING 宏,则会将定时查询限制在 1kHz 的执行频率下,也就意味着如果微控制器负载较小,则查询程序会以高于 1kHz 的频率执行,若微控制器负载较高,则查询程序会以低于 1kHz 的执行频率。若不使能 LIMIT_EVENT_POLLING 宏,则微控制器会以最快的速度进行查询。

8.2.1　系统初始化

　　main_init()函数是系统初始化函数,只会在上电后执行一次。该函数的实现功能可以分为两类：一类用于实现各类初始化操作；另一类实现各任务定时器注册。

　　main_init()函数位于 sw/airborne/firmwares/rotorcraft/main.c 文件中,代码如下：

```
STATIC_INLINE void main_init(void)
{
  mcu_init();

#if defined(PPRZ_TRIG_INT_COMPR_FLASH)
    pprz_trig_int_init();
#endif

   electrical_init();

   stateInit();

#ifndef INTER_MCU_AP
  actuators_init();
#else
   intermcu_init();
#endif

#if USE_MOTOR_MIXING
  motor_mixing_init();
#endif

#ifndef INTER_MCU_AP
  radio_control_init();
#endif

#if USE_BARO_BOARD
  baro_init();
```

————————————

① 在四旋翼中一般是编译 nps 目标时。

```
# endif

# if USE_AHRS_ALIGNER
  ahrs_aligner_init();
# endif

# if USE_AHRS
  ahrs_init();
# endif

  autopilot_init();
  modules_init();

  settings_init();

  mcu_int_enable();

# if DOWNLINK
  downlink_init();
# endif

# ifdef INTER_MCU_AP intermcu_init();
# endif

  // register the timers for the periodic functions
  main_periodic_tid = sys_time_register_timer((1. / PERIODIC_FREQUENCY), NULL);
  modules_tid = sys_time_register_timer(1. / MODULES_FREQUENCY, NULL);
  radio_control_tid = sys_time_register_timer((1. / 60.), NULL);
  failsafe_tid = sys_time_register_timer(0.05, NULL);
  electrical_tid = sys_time_register_timer(0.1, NULL);
  telemetry_tid = sys_time_register_timer((1. / TELEMETRY_FREQUENCY), NULL);
# if USE_BARO_BOARD
  baro_tid = sys_time_register_timer(1. / BARO_PERIODIC_FREQUENCY, NULL);
# endif

# if USE_IMU
  // send body_to_imu from here for now
  AbiSendMsgBODY_TO_IMU_QUAT(1, orientationGetQuat_f(&imu.body_to_imu));
# endif

  // Do a failsafe check first failsafe_check();
}
```

上面的代码实现的各种初始化操作及其功能见表 8-1。

其中由函数 sys_time_register_timer() 实现了各个任务定时器的注册,关于任务定时器的注册参考 8.2.2 节。

8.2.2　任务调度

此处的任务调度方式事实上属于顺序执行的一种方式,与操作系统中的时间片方式和实时抢占方式不同,这种任务调度方式没有涉及任务的切换。各个任务以顺序查询方式执行，只有当上一个任务执行完毕，且该任务的定时时间到达时，该任务才会执行。任务调度方式流程如图 8-4 所示，相关函数及其功能简介见表 8-2。

任务调度的各相关函数以及主要的数据结构相互间调用、操作的关系如图 8-5 所示。

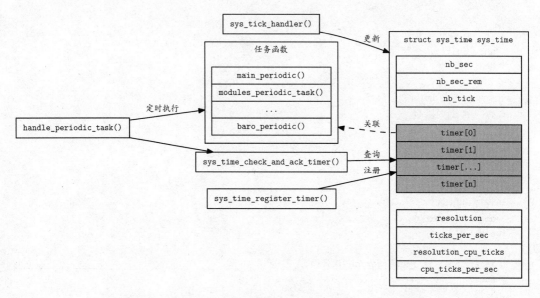

图 8-5　任务调度的相关函数及数据结构之间的关系示意图

在图 8-5 中，定时器注册函数为某任务申请到定时器后，会将该定时器和该任务"关联"起来，该任务的定时执行就需要去查询这个定时器的定时情况。与实时操作系统（RTOS）相比，这里的任务与定时器之间的"关联"其实是比较松散的。

1. 任务定时器注册

任务定时器的注册由函数 sys_time_register_timer()实现，该函数位于 sw/airborne/firmwares/mcu_periph/sys_time.c 文件中，其代码如下：

```
struct sys_time sys_time;
tid_t sys_time_register_timer(float duration, sys_time_cb cb)
{
    uint32_t start_time = sys_time.nb_tick;
    for (tid_t i = 0; i < SYS_TIME_NB_TIMER; i++) {
        if (!sys_time.timer[i].in_use) {
            sys_time.timer[i].cb       = cb;
            sys_time.timer[i].elapsed  = false;
            sys_time.timer[i].end_time = start_time + sys_time_ticks_of_sec(duration);
            sys_time.timer[i].duration = sys_time_ticks_of_sec(duration);
            sys_time.timer[i].in_use   = true;
            return i;
        }
    }
    return -1;
}
```

表 8-1 各任务的功能简介

函 数	主要功能简介
mcu_init()	初始化微控制器及其内部外设
pprz_trig_int_init()	设置三角函数定点计算的查询数据表
electrical_init()	电池电压、电流等电气参数测量初始化
stateInit()	描述系统状态的全局变量的初始化
actuators_init()	控制动力部件的初始化
intermcu_init()	内部微控制器初始化(用于双微控制器自动驾驶仪)
motor_mixing_init()	电机混控初始化
radio_control_init()	遥控器初始化
baro_init()	气压计初始化
ahrs_aligner_init()	航姿参考系统对准初始化
ahrs_init()	航姿参考系统初始化
autopilot_init()	自动驾驶(飞行控制)初始化
modules_init()	各模块初始化,选择的模块不同其初始化内容也不同
settings_init()	设置初始化
mcu_int_enable()	微控制器中断允许
downlink_init()	数据链初始化

表 8-2 任务调度相关函数及功能简介

名 称	函 数	主要功能简介
定时器注册	sys_time_register_timer()	向全局变量 sys_time 申请定时器,并设置定时长度
任务调度	handle_periodic_task()	实现各任务从定时查询调度
定时器查询	sys_time_check_and_ack_timer()	查询定时器的定时是否到达
定时器更新	sys_tick_handler()	更新定时器内记录的时间

函数 sys_time_register_timer() 的功能是在全局结构 sys_time 中分配了一系列定时器,这些定时器以不同的序号(数据类型为 tid_t)区分,不同的任务使用不同序号的定时器,并且可以为不同的定时器设定不同的定时时间。

注册函数代码中定义的结构 sys_time 是实时记录系统时间的全局变量,其中不仅记录了系统的实时时间,而且还有一组定时器。

结构 sys_time 数据类型为 struct sys_time(注意:该数据结构和其类型名称相同),该数据结构类型在 sw/airborne/mcu_periph/sys_time.h 中声明,该数据类型的声明代码如下:

```
struct sys_time {
  /* + 系统启动到当前经过了 nb_sec 秒 + */
  volatile uint32_t nb_sec;        ///< full seconds since startup
  /* + 系统启动到当前经过了 nb_sec 秒加 nb_sec_rem 个滴答 + */
  volatile uint32_t nb_sec_rem;    ///< remainder of seconds since startup in CPU_TICKS
  /* + 系统启动到当前经过了 nb_tick 个滴答 + */
  volatile uint32_t nb_tick;       ///< SYS_TIME_TICKS since startup
  struct sys_time_timer timer[SYS_TIME_NB_TIMER];
```

```
/* + 系统时钟分辨率 resolution = 1.0 / ticks_per_sec + */
 float resolution;                ///< sys_time_timer resolution in seconds
/* + 系统时钟 ticks_per_sec 个滴答每秒 + */
 uint32_t ticks_per_sec;          ///< sys_time ticks per second (SYS_TIME_FREQUENCY)
/* + resolution_cpu_ticks = resolution * cpu_ticks_per_sec + 0.5 + */
 uint32_t resolution_cpu_ticks;   ///< sys_time_timer resolution in cpu ticks
/* + 微控制器 cpu_ticks_per_sec 个滴答每秒 + */
 uint32_t cpu_ticks_per_sec;      ///< cpu ticks per second
};
```

结构数组 struct sys_time_timer timer[SYS_TIME_NB_TIMER]即为任务调度所需定时器。其中 SYS_TIME_NB_TIMER 为定时器个数，同样在 sys_time.h 文件中定义，该数据默认为 16，也可以由用户重新设定。

结构 struct sys_time_timer timer[SYS_TIME_NB_TIMER] 的数据类型也在文件 sys_time.h 中声明，该声明代码如下：

```
struct sys_time_timer {
  /* + 标识本定时器是否使用 + */
  bool in_use;
  /* + "钩子"函数，定时到达时可以执行 + */
  sys_time_cb cb;
  /* + 定时到达标志 + */
  volatile bool elapsed;
  /* + 定时结束时间，以系统时间"滴答"计数 + */
  uint32_t end_time; ///< in SYS_TIME_TICKS
  /* + 定时时间长度，以系统时间"滴答"计数 + */
  uint32_t duration; ///< in SYS_TIME_TICKS
};
```

2. 任务调度函数

任务调度由函数 handle_periodic_task()实现，该函数是 main()函数中前台主循环中的一个函数，位于 sw/airborne/firmwares/rotorcraft/main.c 文件中，其代码如下：

```
STATIC_INLINE void handle_periodic_tasks(void)
{
  if (sys_time_check_and_ack_timer(main_periodic_tid)) {
    main_periodic();
  }
  if (sys_time_check_and_ack_timer(modules_tid)) {
    modules_periodic_task();
  }
  if (sys_time_check_and_ack_timer(radio_control_tid)) {
    radio_control_periodic_task();
  }
  if (sys_time_check_and_ack_timer(failsafe_tid)) {
    failsafe_check();
  }
  if (sys_time_check_and_ack_timer(electrical_tid)) {
```

```
    electrical_periodic();
  }
  if (sys_time_check_and_ack_timer(telemetry_tid)) {
    telemetry_periodic();
  }
# if USE_BARO_BOARD
  if (sys_time_check_and_ack_timer(baro_tid)) {
    baro_periodic();
  }
# endif
}
```

函数 handle_periodic_tasks()以定时查询的方式运行了 main_periodic()等 7 个任务。由 sys_time_check_and_ack_timer(tid_t id)函数检查序号为 id 的定时器是否到达设定时间,若到达设定时间则运行相应任务;否则继续查询下一个定时器。函数 main_periodic()相当于图 8-4 中任务 1。

3. 定时器查询函数

sys_time_check_and_ack_timer()函数位于 sw/airborne/mcu_periph/sys_time.h 文件中,其代码如下:

```
/**
  * Check if timer has elapsed.
  * @param id Timer id
  * @return TRUE if timer has elapsed
  */
static inline bool sys_time_check_and_ack_timer(tid_t id)
{
  if ((id < SYS_TIME_NB_TIMER) && (id >= 0)) {
    if (sys_time.timer[id].elapsed) {
      sys_time.timer[id].elapsed = false;
      return true;
    }
  }
  return false;
}
```

由代码可知,函数 sys_time_check_and_ack_timer 是通过定时器中的标志(布尔变量 elapsed)判断该时钟的定时是否到达。

4. 定时器更新函数

记录系统实时时间的全局变量 sys_time 是在微控制器的定时中断中实现更新的。如果使用 STM32 系列微控制器,通常使用系统时基定时器实现系统的精确定时,结构 sys_time 在 STM32 系统时基定时器中断函数中实现时间更新。该中断函数位于 sw/airborne/arch/stm32/mcu_periph/sys_time_arch.c 文件中,其代码如下:

```
// FIXME : nb_tick rollover ???
//
// 97 days at 512hz
```

```
// 12 hours at 100khz
//
void sys_tick_handler(void)
{
  sys_time.nb_tick++;

  sys_time.nb_sec_rem += sys_time.resolution_cpu_ticks;
  if (sys_time.nb_sec_rem >= sys_time.cpu_ticks_per_sec) {
    sys_time.nb_sec_rem -= sys_time.cpu_ticks_per_sec;
    sys_time.nb_sec++;

#ifdef SYS_TIME_LED
  LED_TOGGLE(SYS_TIME_LED);
#endif
  }
  for (unsigned int i = 0; i < SYS_TIME_NB_TIMER; i++) {
    if (sys_time.timer[i].in_use && sys_time.nb_tick >= sys_time.timer[i].end_time) {
      sys_time.timer[i].end_time += sys_time.timer[i].duration;
      sys_time.timer[i].elapsed = true;
    if (sys_time.timer[i].cb) {
      sys_time.timer[i].cb(i);
    }
    }
  }
}
```

函数 sys_tick_handler() 是系统时基定时器的中断函数，由 libopencm3 函数库支持。在 libopencm3 函数库以及相应的链接脚本文件中限定了该函数在微控制器中的加载位置，即该函数的入口可由 STM32 的中断向量表进入。该函数的命名不能随意改动；否则就需要修改 libopencm3 函数库的相应文件，并重新编译 libopencm3 函数库才能保证其中断函数的进入功能。

5. 任务函数

在任务调度函数 handle_periodic_task 中共实现了 7 个任务的调度（第 7 个任务需要配置文件支持才会编译执行），这 7 个任务分别实现了不同的功能，其功能简介可以参考表 8-3，各任务的实现代码可参考 Paparazzi 的源代码。

表 8-3   各任务的功能简介

任 务 函 数	主要功能简介
main_periodic()	飞行控制律的运行
modules_periodic_task()	运行各模块的任务，如 GPS、IMU、风速管等，所添加的模块任务不同，该函数所完成的内容也不同
radio_control_periodic_task()	监测、显示遥控器的通信状态
failsafe_check()	监测状态机中影响安全飞行的状态，并进行安全模式的设定
electrical_periodic()	检测电池电压、电流等电气信息
telemetry_periodic()	回传遥测信息
baro_periodic()	读取气压计信息

需要特别注意的是,Paparazzi 中"任务"的概念与实时操作系统(RTOS)中的任务不完全相同,受 Paparazzi 任务调度方式的限制,这里的任务不能写成死循环的方式,而 RTOS 中的任务一般是死循环的执行方式。

8.2.3　事件处理

在 Paparazzi 的四旋翼控制中,也实现了类似于 RTOS 的事件机制,与其任务调度类似,这里的事件机制同样不是"实时"的,而是顺序查询模式的。

与 Paparazzi 任务调度的不同之处在于,任务是定时查询的,而事件则是一直查询的(每次主循环都会查询一次),事件函数是否执行不是受定时器限制,而是受限于"某些事件是否发生了"。任务是主动发起的,每次调用都会执行;而事件则是主动查询事件状态,依据事件状态决定是否执行,可以认为事件处理是"主动查询,被动执行",其运行原理示意图如图 8-6 所示。

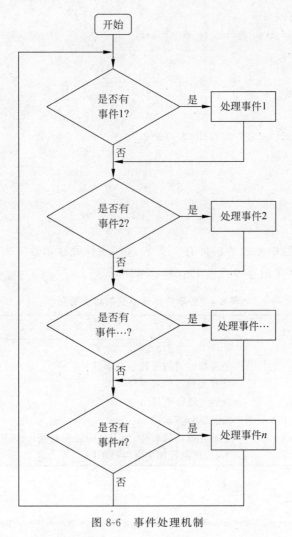

图 8-6　事件处理机制

图 8-6 所示的事件产生的条件往往是"被动的""异步的""随机的"，如 SPI、I2C 或 USART 的标志位、接收到遥控器信号、读到某外设的数据等。如果将事件定义为定时器是否到达，事件处理与任务调度效果则是相同的。这种顺序查询机制的事件处理方式，不能像 RTOS 一样根据事件的优先级设定其处理次序，因此要注意每个事件的时效性以及处理时间等问题。

事件处理部分由 main_event() 函数实现，该函数的定义位于 main.c 文件中，其代码如下：

```
STATIC_INLINE void main_event(void)
{
  /* event functions for mcu peripherals: i2c, usb_serial.. */
  mcu_event();

  DatalinkEvent();

  if (autopilot_rc) {
    RadioControlEvent(autopilot_on_rc_frame);
  }
# if USE_BARO_BOARD
  BaroEvent();
# endif

# if FAILSAFE_GROUND_DETECT || KILL_ON_GROUND_DETECT
  DetectGroundEvent();
# endif

  modules_event_task();
}
```

main_event() 函数中处理的事件有 5 类[①]，这些事件处理函数完成的主要功能如表 8-4 所列，各事件函数的详细内容可参考 Paparazzi 的源代码。

表 8-4 各事件处理函数的功能简介

事件处理函数	主要功能简介
mcu_event()	处理 I2C 和 USB 事件
DatalinkEvent()	处理数据链的遥控信息事件
RadioControlEvent()	处理遥控器信息事件
BaroEvent()	处理气压计事件
DetectGroundEvent()	监测"触地"事件
modules_event_task()	处理各模块的事件，如 IMU、GPS、磁强计等，配置文件中包含的模块不同，这里处理的事件也不同

---

① 严格来说，main_event() 函数中调用的函数只能算是某类事件的集合，这些函数内部才是按照事件标志对各个事件的处理。

8.3　ABI 消息机制

Paparazzi 中任务、事件间的通信主要有两种方式：一种是使用全局变量；另一种是使用 ABI 消息机制（Air Borne Interface Message）。一般而言，顺序执行的部分使用全局变量，而"异步"事件则使用 ABI 消息。Paparazzi 自动驾驶仪的代码实现最初是没有嵌入式操作系统的（ChibiOS/RT 嵌入式操作系统是后期加上的），ABI 消息机制类似于嵌入式操作系统中的消息队列，主要用途是作为传感器信息和其回调函数之间的桥梁。

在 ABI 消息机制中，消息队列为 abi_queues 指针数组，消息队列中的每个消息指向一个 abi_event 结构的事件链表，数据结构的示意图如图 8-7 所示。在图 8-7 中，abi_queues 指针数组即为消息队列，数组成员代表了一类事件的消息，如 ABI_BARO_ABS_ID 代表了气压计事件的消息。

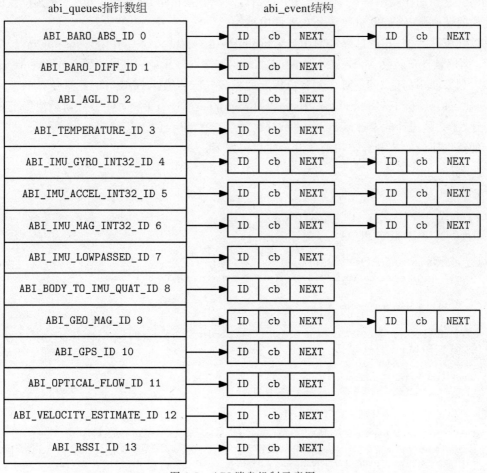

图 8-7　ABI 消息机制示意图

图 8-7 中 abi_event 结构的变量表示了一个特定的消息，该结构类型为 abi_event，该结构中包含 3 个部分，分别为事件 ID 号、回调函数 cb 和 NEXT 指针。

- 事件 ID 号用于区分不同的事件源（一般为某个传感器），同一类消息是依据 ID 号区分的。例如，系统中使用了两个气压计，ABI_BARO_ABS_ID 消息就指向两个事件的链表，这两个事件的 ID 号是不同的。

- 回调函数 cb 处理该事件函数的入口指针。
- NEXT 指针用于构造事件链表的指针。

ABI 消息的类型（通常为采集哪种物理量的传感器）是在 conf/abi. xml 文件中定义的，默认支持的传感器类型有气压计、陀螺仪、加速度计、磁强计、GPS、超声波测高器件和光流传感器等。在对工程构建过程中，会根据该 XML 文件自动生成 var/include/abi_message. h 文件。

在 abi_message. h 文件中定义了消息类型，并对每个消息都定义了"消息绑定"和"消息发布"两种操作方式。

消息绑定的作用是设置事件的 ID 号以及事件的回调函数，并将该事件插入事件链表中，消息绑定通常是在初始化阶段调用。

消息发布的作用则是在事件链表中找到与发布消息相同 ID 的链表单元，并执行该链表单元的回调函数，消息发布通常是在事件中被触发。

以气压计为例，其消息绑定的函数 AbiBindMsgBARO_ABS()在函数 ins_int_init()中被调用；而消息发布函数 AbiSendMsgBARO_ABS()则是在气压计的事件函数 baro_event()中被调用。如果使用的是 Lisa/M 2.0 飞控板上的板载气压传感器 BMP085，则气压计的事件函数 baro_event()位于 sw/air-borne/boards/lisa_m/baro_board. c 文件中。如果使用了其他气压计，那么气压计的事件函数 baro_event()的实现位置会位于其他文件中。

针对气压计的消息绑定和消息发布的代码如下：

```
/* Messages IDs */
#define ABI_BARO_ABS_ID 0

/* Array and linked list structure */
#define ABI_MESSAGE_NB 14

ABI_EXTERN abi_event * abi_queues[ABI_MESSAGE_NB];
typedef void (* abi_callbackBARO_ABS)(uint8_t sender_id, float pressure);

/* Bind and Send functions */

static inline void AbiBindMsgBARO_ABS(uint8_t sender_id, abi_event * ev, abi_callbackBARO_
      ABS cb) {
  ev->id = sender_id;
  ev->cb = (abi_callback)cb;
  ABI_PREPEND(abi_queues[ABI_BARO_ABS_ID],ev);
}

static inline void AbiSendMsgBARO_ABS(uint8_t sender_id, float pressure) {
  abi_event * e;
  ABI_FOREACH(abi_queues[ABI_BARO_ABS_ID],e) {
    if (e->id == ABI_BROADCAST || e->id == sender_id) {
      abi_callbackBARO_ABS cb = (abi_callbackBARO_ABS)(e->cb);
      cb(sender_id, pressure);
    }
  }
}
```

其中,结构类型 abi_event、abi_callback 以及宏定义 ABI_PREPEND、ABI_FOREACH 等是在 sw/airborne/subsystems/abi_common. h 文件中实现的,代码如下:

```
/** Generic callback definition */
typedef void ( * abi_callback)(void);

/** Broadcast address.
 * When binding to an ABI message with broadcast address as a sender id,
 * messages from all senders are received.
 */
#define ABI_BROADCAST 255

/** Reserved ABI ID to disable callback.
 * When binding to an ABI message with 0 as sender id,
 * the callback is disabled.
 */
#define ABI_DISABLE 0

/** Event structure to store callbacks in a linked list */
struct abi_struct {
  uint8_t id;
  abi_callback cb;
  struct abi_struct * next;
};
typedef struct abi_struct abi_event;

/** Macros for linked list */
#define ABI_FOREACH(head,el) for (el = head; el; el = el->next)
#define ABI_PREPEND(head,add) { (add)->next = head; head = add; }
```

其中宏定义 ABI_PREPEND 是前插方式对链表进行插入操作,而宏定义 ABI_FOREACH 是对事件链表进行遍历操作。

在 sw/airbone/subsystems/abi_sender_ids. h 文件中则声明了一些常用传感器事件的 ID 号,可以根据实际需要使用或修改这些声明。

8.4　IMU 接口程序

Paparazzi IMU 接口程序的主要功能是将采集的 IMU 数据(包括陀螺仪、加速度计和磁强计等传感器的数据)进行校准修正和尺度变换,最终转换为 Paparazzi 中其他模块可用的 IMU 数据。IMU 接口程序相当于原始传感器的上层抽象接口,陀螺仪、加速度计和磁强计采集到的原始数据都会记录在这里,所有需要陀螺仪、加速度计或磁强计数据的模块都会从这里获得数据。

IMU 的代码主要位于 sw/airborne/subsystems 文件中的 imu. c、imu. h 文件和 imu 文件夹中,其中 imu 文件夹中的文件是面向不同的传感器元件或 IMU 传感器板的接口文件,而 imu. c、imu. h 文件则是 IMU 元件的抽象接口。

在 imu. c 文件中定义了一个全局变量 struct Imu imu,这个全局变量是 IMU 的核心数据结构,无论是下层的传感器采集代码还是上层调用 IMU 数据的模块都会使用这个数据结构,从某种意义上可以说,这个数据结构就是底层模块和上层模块完成数据交换的桥梁。

全局变量 imu 的数据类型是 struct Imu 结构,这个结构的定义位于 imu. h 文件中,代码如下:

```
/** abstract IMU interface providing fixed point interface */
struct Imu {
struct Int32Rates gyro;
///< gyroscope measurements in rad/s in BFP with #INT32_RATE_FRAC
struct Int32Vect3 accel;
///< accelerometer measurements in m/s^2 in BFP with #INT32_ACCEL_FRAC
struct Int32Vect3 mag;
///< magnetometer measurements scaled to 1 in BFP with #INT32_MAG_FRAC
struct Int32Rates gyro_prev; ///< previous gyroscope measurements
struct Int32Vect3 accel_prev; ///< previous accelerometer measurements
struct Int32Rates gyro_neutral;
///< static gyroscope bias from calibration in raw/ unscaled units
struct Int32Vect3 accel_neutral;
///< static accelerometer bias from calibration in raw/ unscaled units
struct Int32Vect3 mag_neutral;
///< magnetometer neutral readings (bias) in raw/ unscaled units
struct Int32Rates gyro_unscaled;      ///< unscaled gyroscope measurements
struct Int32Vect3 accel_unscaled;     ///< unscaled accelerometer measurements
struct Int32Vect3 mag_unscaled;       ///< unscaled magnetometer measurements
struct OrientationReps body_to_imu; ///< rotation from body to imu frame

/** flag for adjusting body_to_imu via settings.
  * if FALSE, reset to airframe values, if TRUE set current roll/pitch
  */
bool b2i_set_current;
};
```

其中,在结构 struct Imu 中有三轴陀螺仪、三轴加速度计和三轴磁强计的原始数据、零位数据和校准后的数据。另外,三轴陀螺仪和三轴加速度计还保存有上一次的校准后数据。

原始数据(即 gyro_unscaled、accel_unscaled 和 mag_unscaled)是传感器采集直接得到的数据。

零位数据(即 gyro_neutral、accel_neutral 和 mag_neutral)是事先标定好的数据。校准后的数据(即 gyro、accel 和 mag)根据原始数据、零位数据和传感器量程等计算得到的,校准后的数据是以定点数据的形式存储的。这里的定点数据是指一种将小数扩大若干倍后保留整数部分的表示方法。例如,数字 1.35 可以在变量中由 135 表示,在 Paparazzi 中扩大倍数大多为 2^n 倍。

另外,在结构 struct Imu 中还包含了 IMU 与飞行器机体之间安装角的转换关系,即 struct OrientationReps body_to_imu 结构。

IMU 的零位数据和安装角会在系统初始化时根据配置文件进行初始化设定,这部分代码的实现位于 imu. c 文件中,具体代码如下:

```
struct Imu imu;
```

```
void imu_init(void)
{

#ifdef IMU_POWER_GPIO
  gpio_setup_output(IMU_POWER_GPIO);
  IMU_POWER_GPIO_ON(IMU_POWER_GPIO);
#endif

  /* initialises neutrals */
    RATES_ASSIGN(imu.gyro_neutral, IMU_GYRO_P_NEUTRAL, IMU_GYRO_Q_NEUTRAL, IMU_GYRO_R_
NEUTRAL);

    VECT3_ASSIGN(imu.accel_neutral, IMU_ACCEL_X_NEUTRAL, IMU_ACCEL_Y_NEUTRAL, IMU_ACCEL_Z_
        NEUTRAL);

#if defined IMU_MAG_X_NEUTRAL && defined IMU_MAG_Y_NEUTRAL && defined IMU_MAG_Z_NEUTRAL
  VECT3_ASSIGN(imu.mag_neutral, IMU_MAG_X_NEUTRAL, IMU_MAG_Y_NEUTRAL,IMU_MAG_Z_NEUTRAL);
#else
#if USE_MAGNETOMETER
  INFO("Magnetometer neutrals are set to zero, you should calibrate!")
#endif
    INT_VECT3_ZERO(imu.mag_neutral);
#endif

  struct FloatEulers body_to_imu_eulers =
  {IMU_BODY_TO_IMU_PHI, IMU_BODY_TO_IMU_THETA, IMU_BODY_TO_IMU_PSI};
  orientationSetEulers_f(&imu.body_to_imu, &body_to_imu_eulers);

#if PERIODIC_TELEMETRY
  register_periodic_telemetry(DefaultPeriodic, PPRZ_MSG_ID_IMU_ACCEL_RAW, send_accel_raw);
  register_periodic_telemetry(DefaultPeriodic, PPRZ_MSG_ID_IMU_ACCEL_SCALED, send_accel_
scaled);
  register_periodic_telemetry(DefaultPeriodic, PPRZ_MSG_ID_IMU_ACCEL, send_accel);
  register_periodic_telemetry(DefaultPeriodic, PPRZ_MSG_ID_IMU_GYRO_RAW, send_gyro_raw);
  register_periodic_telemetry(DefaultPeriodic, PPRZ_MSG_ID_IMU_GYRO_SCALED,
        send_gyro_scaled);
  register_periodic_telemetry(DefaultPeriodic, PPRZ_MSG_ID_IMU_GYRO, send_gyro);
  register_periodic_telemetry(DefaultPeriodic, PPRZ_MSG_ID_IMU_MAG_RAW, send_mag_raw);
  register_periodic_telemetry(DefaultPeriodic, PPRZ_MSG_ID_IMU_MAG_SCALED,
      send_mag_scaled);
  register_periodic_telemetry(DefaultPeriodic, PPRZ_MSG_ID_IMU_MAG, send_mag);
#endif // DOWNLINK

}
```

其中，函数 orientationSetEulers_f()主要完成复制和设定标志位的功能，该函数的实现位于 sw/airborne/math/pprz_orientation_conversion.h 文件。执行完 orientationSetEulers_f()函数后，预先在机身配置文件中设定的 IMU 安装角，即 IMU_BODY_TO_IMU_PHI、IMU_BODY_TO_IMU_THETA、IMU_BODY_TO_IMU_PSI 会复制到 imu.body_to_imu 中。

IMU 模块的安装角还可以由地面站 GCS 进行设置，需要 conf/modules/imu_common. xml 文件的支持，即在机型配置文件的 settings 部分或 setting_modules 部分增加该文件。在地面站设定 IMU 模块的安装角时，需要相应的函数支持，这些函数也位于 imu.c 文件中，具体代码如下：

```c
void imu_SetBodyToImuPhi(float phi)
{
  struct FloatEulers body_to_imu_eulers;
  body_to_imu_eulers = * orientationGetEulers_f(&imu.body_to_imu);
  body_to_imu_eulers.phi = phi;
  orientationSetEulers_f(&imu.body_to_imu, &body_to_imu_eulers);
  AbiSendMsgBODY_TO_IMU_QUAT(1, orientationGetQuat_f(&imu.body_to_imu));
}


void imu_SetBodyToImuTheta(float theta)
{
  struct FloatEulers body_to_imu_eulers;
  body_to_imu_eulers = * orientationGetEulers_f(&imu.body_to_imu);
  body_to_imu_eulers.theta = theta;
  orientationSetEulers_f(&imu.body_to_imu, &body_to_imu_eulers);
  AbiSendMsgBODY_TO_IMU_QUAT(1, orientationGetQuat_f(&imu.body_to_imu));
}


void imu_SetBodyToImuPsi(float psi)
{
  struct FloatEulers body_to_imu_eulers;
  body_to_imu_eulers = * orientationGetEulers_f(&imu.body_to_imu);
  body_to_imu_eulers.psi = psi;
  orientationSetEulers_f(&imu.body_to_imu, &body_to_imu_eulers);
  AbiSendMsgBODY_TO_IMU_QUAT(1, orientationGetQuat_f(&imu.body_to_imu));
}


void imu_SetBodyToImuCurrent(float set)
{
  imu.b2i_set_current = set;

  if (imu.b2i_set_current) {
    // adjust imu_to_body roll and pitch by current NedToBody roll and pitch
    struct FloatEulers body_to_imu_eulers;
    body_to_imu_eulers = * orientationGetEulers_f(&imu.body_to_imu);
    if (stateIsAttitudeValid()) {
      // adjust imu_to_body roll and pitch by current NedToBody roll and pitch body_to_imu_
eulers.phi += stateGetNedToBodyEulers_f() -> phi;
      body_to_imu_eulers.theta += stateGetNedToBodyEulers_f() -> theta;
      orientationSetEulers_f(&imu.body_to_imu, &body_to_imu_eulers);
      AbiSendMsgBODY_TO_IMU_QUAT(1, orientationGetQuat_f(&imu.body_to_imu));
    } else {
      // indicate that we couldn't set to current roll/pitch
      imu.b2i_set_current = false;
    }
```

```
    } else {
      // reset to BODY_TO_IMU as defined in airframe file
      struct FloatEulers body_to_imu_eulers =
      {IMU_BODY_TO_IMU_PHI, IMU_BODY_TO_IMU_THETA, IMU_BODY_TO_IMU_PSI};
      orientationSetEulers_f(&imu.body_to_imu, &body_to_imu_eulers);
      AbiSendMsgBODY_TO_IMU_QUAT(1, orientationGetQuat_f(&imu.body_to_imu));
    }
  }
```

其中,函数 imu_SetBodyToImuPhi()、imu_SetBodyToImuTheta()和 imu_SetBodyToImuPsi()分别完成设置滚转、俯仰和偏航的 IMU 安装角设定,这些函数的实现方式类似,都是采用了"读→修改→写"的方式,首先读取安装角的结构 imu.body_to_imu,然后修改相应的角度,最后再将其结果写入结构 imu.body_to_imu 中。

在代码中多个函数均调用了外部函数 orientationGetEulers_f()和 orientationSetEulers_f(),这两个函数功能可以简单地认为是获得浮点型的欧拉角和设置浮点型的欧拉角,具体定义都位于 sw/airborne/math/pprz_orientation_conversion.h 文件中。

代码中的 imu_SetBodyToImuCurrent()函数是将当前检测到的姿态角设置为 IMU 模块的安装角。首先根据地面站的信息(该函数的参数 float set 默认是由地面站发送的)判断是将当前飞行器欧拉角设定为 IMU 模块的安装角,还是使用机身配置文件中的预先设定值;然后再采用"读→修改→写"的方式修改 IMU 模块的安装角,其中,飞行器当前的偏航角不会设置为 IMU 安装角。如果将飞行器当前姿态角设定为 IMU 模块的安装角,那么无论飞行器当前处于怎样的姿态,IMU 模块输出的滚转角和俯仰角当前均为零。

函数 AbiSendMsgBODY_TO_IMU_QUAT()是 Abi 消息的发布函数。

在 imu.c 文件中还预定义了陀螺仪、加速度计和磁强计校准后数据的计算方法,计算公式为

$$
\begin{cases}
M_{scaled} = (M_{unscaled} - M_{neutral})\text{LSB} \\
\text{LSB} = \dfrac{\text{FSR}}{2^n}
\end{cases}
\tag{8-1}
$$

式中 $M_{unscaled}$——传感器实际输出值经过 AD 转化后的数字量;

$M_{neutral}$——校准的零点值;

LSB——ADC 的分辨率;

FSR——传感器的有效测量范围;

n——ADC 器件的位数。

式(8-1)对具体陀螺仪、加速度计和磁强计的实现代码如下:

```
// weak functions, used if not explicitly provided by implementation

void WEAK imu_scale_gyro(struct Imu * _imu)
{
  RATES_COPY(_imu->gyro_prev, _imu->gyro);
  _imu->gyro.p = ((_imu->gyro_unscaled.p - _imu->gyro_neutral.p) * IMU_GYRO_P_SIGN
                 * IMU_GYRO_P_SENS_NUM) / IMU_GYRO_P_SENS_DEN;
  _imu->gyro.q = ((_imu->gyro_unscaled.q - _imu->gyro_neutral.q) * IMU_GYRO_Q_SIGN
                 * IMU_GYRO_Q_SENS_NUM) / IMU_GYRO_Q_SENS_DEN;
```

```
    _imu->gyro.r = ((_imu->gyro_unscaled.r - _imu->gyro_neutral.r) * IMU_GYRO_R_SIGN
                    * IMU_GYRO_R_SENS_NUM) / IMU_GYRO_R_SENS_DEN;
}


void WEAK imu_scale_accel(struct Imu * _imu)
{
  VECT3_COPY(_imu->accel_prev, _imu->accel);
  _imu->accel.x = ((_imu->accel_unscaled.x - _imu->accel_neutral.x) * IMU_ACCEL_X_
                   SIGN * IMU_ACCEL_X_SENS_NUM) / IMU_ACCEL_X_SENS_DEN;
  _imu->accel.y = ((_imu->accel_unscaled.y - _imu->accel_neutral.y) * IMU_ACCEL_Y_
                   SIGN * IMU_ACCEL_Y_SENS_NUM) / IMU_ACCEL_Y_SENS_DEN;
  _imu->accel.z = ((_imu->accel_unscaled.z - _imu->accel_neutral.z) * IMU_ACCEL_Z_
                   SIGN * IMU_ACCEL_Z_SENS_NUM) / IMU_ACCEL_Z_SENS_DEN;
}


# if !defined SITL && defined IMU_MAG_X_CURRENT_COEF && defined IMU_MAG_Y_CURRENT_COEF &&
            defined IMU_MAG_Z_CURRENT_COEF
# include "subsystems/electrical.h"
void WEAK imu_scale_mag(struct Imu * _imu)
{

   structInt32Vect3 mag_correction;
  mag_correction.x = (int32_t)(IMU_MAG_X_CURRENT_COEF * (float) electrical.current); mag_
  correction.y = (int32_t)(IMU_MAG_Y_CURRENT_COEF * (float) electrical.current); mag_
  correction.z = (int32_t)(IMU_MAG_Z_CURRENT_COEF * (float) electrical.current);
  _imu->mag.x = (((_imu->mag_unscaled.x - mag_correction.x) - _imu->mag_neutral.x)
                   * IMU_MAG_X_SIGN * IMU_MAG_X_SENS_NUM) / IMU_MAG_X_SENS_DEN;
  _imu->mag.y = (((_imu->mag_unscaled.y - mag_correction.y) - _imu->mag_neutral.y)
                   * IMU_MAG_Y_SIGN * IMU_MAG_Y_SENS_NUM) / IMU_MAG_Y_SENS_DEN;
  _imu->mag.z = (((_imu->mag_unscaled.z - mag_correction.z) - _imu->mag_neutral.z)
                   * IMU_MAG_Z_SIGN * IMU_MAG_Z_SENS_NUM) / IMU_MAG_Z_SENS_DEN;
}
# elif USE_MAGNETOMETER
void WEAK imu_scale_mag(struct Imu * _imu)
{
  _imu->mag.x = ((_imu->mag_unscaled.x - _imu->mag_neutral.x) * IMU_MAG_X_SIGN * IMU
                   _MAG_X_SENS_NUM) / IMU_MAG_X_SENS_DEN;
  _imu->mag.y = ((_imu->mag_unscaled.y - _imu->mag_neutral.y) * IMU_MAG_Y_SIGN * IMU
                   _MAG_Y_SENS_NUM) / IMU_MAG_Y_SENS_DEN;
  _imu->mag.z = ((_imu->mag_unscaled.z - _imu->mag_neutral.z) * IMU_MAG_Z_SIGN * IMU
                   _MAG_Z_SENS_NUM) / IMU_MAG_Z_SENS_DEN;
}
# else
void WEAK imu_scale_mag(struct Imu * _imu __attribute__ ((unused))) {}
# endif /* MAG_x_CURRENT_COEF */
```

其中陀螺仪的角速率，如果采用的硬件是 MPU6000 或 MPU6050（性能参数可以参考
2.10.1 节），若设定该器件测量角速率的范围为 $\pm 2000°/s$，则有

$$\mathrm{LSB_{gyro}} = \frac{4000°/s}{2^{16}}$$

$$= \frac{\dfrac{4000\pi}{180\mathrm{rad/s}}}{2^{16}}$$

$$\approx 0.001065264 \tag{8-2}$$

Paparazzi 的 IMU 模块中校准后的传感器值使用了定点数的存储方式。这种定点数方式可以这样理解,假如有一个浮点数 0.123,将其放大 1000 倍后只保留整数部分得到数字 123,这个数字就可以按照整型数据存储,结合放大倍数 1000 一起使用,可以将浮点的计算转化为整型数据的计算。

在 Paparazzi 中为了提高计算效率,放大倍数大多采用 2^n 倍(n 的选取与计算精度、数据的有效范围等有关)。

在 IMU 模块中,这个放大倍数是 INT32_RATE_FRAC 定义的,这个常数的默认值是 12。MPU6000 器件陀螺仪的计算公式应为

$$M_{\mathrm{scaled}} = (M_{\mathrm{unscaled}} - M_{\mathrm{neutral}}) \, \mathrm{LSB}_{\mathrm{gyro}} \times 2^{\mathrm{INT32\_RATE\_FRAC}} \tag{8-3}$$

式中

$$\mathrm{LSB}_{\mathrm{gyro}} \times 2^{\mathrm{INT32\_RATE\_FRAC}} = \mathrm{LSB}_{\mathrm{gyro}} \times 2^{12}$$

$$= 0.001065264 \times 2^{12}$$

$$= 4.363323$$

因此,在代码中的常数 IMU_GYRO_P_SENS_NUM 和 IMU_GYRO_P_SENS_DEN 对 MPU6000 而言,分别定义为 4359 和 1000,即满足

$$\frac{\mathrm{IMU\_GYRO\_P\_SENS\_NUM}}{\mathrm{IMU\_GYRO\_P\_SENS\_DEN}} = \frac{4359}{1000} \approx 4.363323 \tag{8-4}$$

这两个常量的预定义位于 sw/airborne/subsystems/imu/imu_mpu60x0_defaults.h 文件中。在该文件的注释中介绍了这两个常量的计算公式,因为计算过程中使用了不同的近似策略,所以最终结果与本书略有差异。在实际使用时,由于传感器器件自身的差异,这些常量大多需要根据实际测量数据重新进行标定和校准,关于惯性器件的校准可以参考 10.3.3 节"设定 IMU 传感器板的校准信息"部分,这些校准信息一般可以设置在机身配置文件中,Paparazzi 根据该文件的设置自动生成 C 语言的头文件 var/aircrafts/ \$ Quadrotor/ap/ generated/airframe.h 中。加速度计和磁强计获得校准后数据的方法与陀螺仪的方法类似,只是测量范围、数据的定点位数等与陀螺仪不同。

IMU 模块针对不同传感器硬件的具体实现位于 sw/airborne/subsystems/imu 文件夹中,不同的 IMU 板或不同的传感器器件,其代码实现可能也是不同的,但大致的实现思路和方法是类似的。一方面调用传感器底层的器件驱动,得到传感器的原始信息;另一方面会调用 imu.c、imu.h 文件中函数实现判断、滤波、校准等,最终将各类信息写入 struct Imu imu 结构的各相应的成员中。

例如,aspirin 2.1 版本的 IMU 板的接口实现位于 sw/airborne/subsystems/imu 文件夹中的 imu_aspirin_2_spi.c 和 imu_aspirin_2_spi.h 文件中。其代码实现需要参考 MPU6000 和 HMC5883L 等传感器的读写时序,主要由 imu_aspirin2_periodic() 函数实现对传感器的周期触发,由 imu_aspirin2_event() 函数实现对传感器信息的异步采集。

8.5 航姿参考系统

航姿参考系统利用多个轴向传感器的数据，能够为飞行提供滚转、俯仰和偏航的角度信息。在微型无人机系统（MUAV）中，航姿参考系统所用的传感器主要包括微机电系统的三轴陀螺仪、加速度计和磁强计等。

传感器数据的采集依靠 IMU 接口程序，但是 IMU 仅能提供传感器数据，并不具备提供准确可靠的姿态数据的功能。根据各个传感器信息，利用多传感器数据融合手段实现姿态解算功能的单元是航姿参考系统。

简而言之，航姿参考系统就是根据姿态传感器数据解算 ϕ、θ、ψ 等姿态角和 $\dot{\phi}$、$\dot{\theta}$、$\dot{\psi}$ 等角速率。

Paparazzi 主要用欧拉角、四元数和变换矩阵等方式描述飞行器姿态，针对四旋翼无人机的航姿参考系统算法，主要包括互补滤波算法和卡尔曼滤波算法，航姿参考系统算法的代码实现又有浮点运算和定点运算两种形式，因此 Paparazzi 针对四旋翼无人机的航姿参考系统算法见表 8-5。

表 8-5　Paparazzi 四旋翼无人机航姿参考系统算法

航姿参考系统算法名称	算 法 原 理	数 据 类 型	姿 态 描 述
int_cmpl_euler	一阶互补滤波	int	欧拉角
int_cmpl_quat	二阶互补滤波	int	四元数
float_cmpl_quat	二阶互补滤波	float	四元数
float_mlkf	乘性扩展卡尔曼滤波	float	四元数
float_invariant	稳态卡尔曼滤波	float	四元数

实际应用中可以根据配置文件选择其中一种方式，配置文件的设置方法参考 7.1.2 节。

互补滤波算法的运算量要比卡尔曼滤波算法的运算量小，不过对时钟频率达到 72MHz 的 STM32F105 单片机而言，互补滤波算法和卡尔曼滤波算法其实在算法本身的运算量上的差异并不大，要远小于定点运算和浮点运算的运算量差异。关于互补滤波和卡尔曼滤波算法的原理可参考 5.5.7 和 5.5.8 节。

航姿参考系统算法的代码实现均位于 sw/airborne/subsystems/ahrs 文件夹。下面分别分析互补滤波算法和卡尔曼滤波算法的代码实现。在此将 Paparazzi 中航姿参考系统算法的代码简称为 AHRS 模块。

8.5.1 AHRS 模块的对准

航姿参考系统在正常工作之前需要进行对准，AHRS 模块的对准功能位于 sw/airborne/subsystem-s/ahrs/ahrs_aligner.c 和 ahrs_aligner.h 文件中。

AHRS 模块的对准用到一个重要的结构 ahrs_aligner，该结构的类型为 structAhrsAligner，其声明位于 ahrs_aligner.h 文件中，其代码如下：

```
struct AhrsAligner {
```

```
struct Int32Rates lp_gyro;
struct Int32Vect3 lp_accel;
struct Int32Vect3 lp_mag;
int32_t noise;
int32_t low_noise_cnt;
uint8_t status;
};
```

AHRS 模块的对准初始化由函数 ahrs_aligner_init() 实现，该函数定义在 ahrs_aligner.c 文件中，其代码如下：

```
void ahrs_aligner_init(void)
{

    ahrs_aligner.status = AHRS_ALIGNER_RUNNING;
    INT_RATES_ZERO(gyro_sum);
    INT_VECT3_ZERO(accel_sum);
    INT_VECT3_ZERO(mag_sum);
    samples_idx = 0;
    ahrs_aligner.noise = 0;
    ahrs_aligner.low_noise_cnt = 0;

    // for now: only bind to gyro message and still read from global imustruct
    AbiBindMsgIMU_GYRO_INT32(AHRS_ALIGNER_IMU_ID, &gyro_ev, gyro_cb);

#if PERIODIC_TELEMETRY
    register_periodic_telemetry(DefaultPeriodic, PPRZ_MSG_ID_FILTER_ALIGNER, send_aligner);
#endif
}
```

在 ahrs_aligner_init() 函数中完成了相关变量的初始化赋值，并通过 ABI（Air Borne Interface）Message 消息机制，将回调函数 gyro_cb 绑定到陀螺仪事件 gyro_ev 上，当 IMU 模块发送出陀螺仪事件 gyro_ev 时会执行该 gyro_cb() 回调函数。

其中，gyro_cb() 为回调函数，定义位于 ahrs_aligner.c 文件中，其代码如下：

```
static void gyro_cb(uint8_t sender_id__ attribute __((unused)),
                    uint32_t stamp __ attribute __((unused)),
                    struct Int32Rates * gyro __ attribute __((unused)))
{
    if (ahrs_aligner.status != AHRS_ALIGNER_LOCKED) {
      ahrs_aligner_run();
    }
}
```

回调函数 gyro_cb() 会在系统加电的初始阶段执行，完成 AHRS 模块的对准。由 ahrs_aligner_init() 函数可知，在初始阶段 ahrs_aligner.status 的值为 AHRS_ALIGNER_RUNNING，因此会执行 ahrs_aligner_run() 函数。ahrs_aligner_run() 函数的定义也位于 ahrs_aligner.c 文件中，其代码如下：

```
#ifndef LOW_NOISE_THRESHOLD
```

```
#define LOW_NOISE_THRESHOLD 90000
#endif
/** Number of cycles (100 samples each) with low noise */
#ifndef LOW_NOISE_TIME
#define LOW_NOISE_TIME 5
#endif
void ahrs_aligner_run(void)
{
  RATES_ADD(gyro_sum, imu.gyro);
  VECT3_ADD(accel_sum, imu.accel);
  VECT3_ADD(mag_sum, imu.mag);

  ref_sensor_samples[samples_idx] = imu.accel.z; samples_idx++;

#ifdef AHRS_ALIGNER_LED
  RunOnceEvery(50, {LED_TOGGLE(AHRS_ALIGNER_LED);});
#endif

  if (samples_idx >= SAMPLES_NB) {
    int32_t avg_ref_sensor = accel_sum.z;
    if (avg_ref_sensor >= 0) {
      avg_ref_sensor += SAMPLES_NB / 2;
    } else {
      avg_ref_sensor -= SAMPLES_NB / 2;
    }
    avg_ref_sensor /= SAMPLES_NB;
    ahrs_aligner.noise = 0;
    int i;
    for (i = 0; i < SAMPLES_NB; i++)    {
      int32_t diff = ref_sensor_samples[i] - avg_ref_sensor;
      ahrs_aligner.noise += abs(diff);
    }

    RATES_SDIV(ahrs_aligner.lp_gyro, gyro_sum, SAMPLES_NB);
    VECT3_SDIV(ahrs_aligner.lp_accel, accel_sum, SAMPLES_NB);
    VECT3_SDIV(ahrs_aligner.lp_mag,   mag_sum,   SAMPLES_NB);

    INT_RATES_ZERO(gyro_sum);
    INT_VECT3_ZERO(accel_sum);
    INT_VECT3_ZERO(mag_sum);
    samples_idx = 0;

    if (ahrs_aligner.noise < LOW_NOISE_THRESHOLD) {
      ahrs_aligner.low_noise_cnt++;
    } else if (ahrs_aligner.low_noise_cnt > 0) {
      ahrs_aligner.low_noise_cnt--;
    }

    if (ahrs_aligner.low_noise_cnt > LOW_NOISE_TIME) {
      ahrs_aligner.status = AHRS_ALIGNER_LOCKED;
#ifdef
```

```
       AHRS_ALIGNER_LED LED_ON(AHRS_ALIGNER_LED);
#endif
       uint32_t now_ts = get_sys_time_usec();
       AbiSendMsgIMU_LOWPASSED(ABI_BROADCAST, now_ts, &ahrs_aligner.lp_gyro,
                               &ahrs_aligner.lp_accel, &ahrs_aligner.lp_mag);
    }
  }

}
```

AHRS 模块对准的设计思想是：当飞行器在地面静止时，连续检测陀螺仪、加速度计和磁强计的当前值，取算术平均后作为陀螺仪、加速度计和磁强计的初始值，并通过 ABI 消息机制将这些初始值发布出去（由函数 AbiSendMsgIMU_LOWPASSED()实现），最后停止对准程序。不同的 AHRS 模块的滤波算法对陀螺仪、加速度计和磁强计的初始值的使用方式是不同的。

8.5.2　基于欧拉角的互补滤波算法

Paparazzi 基于欧拉角的互补滤波算法只有定点运算模式的实现，这部分代码实现位于 sw/airborne/sub-systems/ahrs 文件夹中的 ahrs_int_cmpl_euler_wrapper. c、ahrs_int_cmpl_euler_wrapper. h、ahrs_int_cmpl_euler. c 和 ahrs_int_cmpl_euler. h 文件中。基于欧拉角的互补滤波算法相关的各函数、相互调用关系和运行机制如图 8-8 所示。

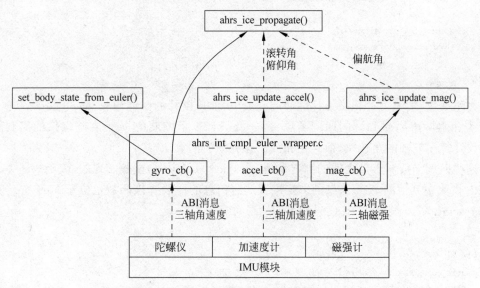

图 8-8　基于欧拉角的互补滤波函数关系

1. IMU 原始数据的传递

IMU 模块和 AHRS 模块之间的通信是由 ABI（Air Borne Interface）Message 消息机制实现的。IMU 模块采集到陀螺仪、加速度计和磁强计等传感器原始信息后，通过 ABI 消息机制发送，而 AHRS 模块则通过 ABI 消息机制接收到 IMU 采集到的原始数据。

　　IMU 模块和 AHRS 模块之间有 3 个 ABI 消息，分别绑定了 3 个回调函数，这 3 个回调函数的定义均位于 sw/airborne/subsystems/ahrs/ahrs_int_cmpl_euler_wrapper.c 文件中，其代码如下：

```
static void gyro_cb( uint8_t sender_id__ attribute __((unused)),
                     uint32_t stamp, structInt32Rates * gyro)
{
  ahrs_ice_last_stamp = stamp;
  if (ahrs_ice.is_aligned) {
    ahrs_ice_propagate(gyro); set_body_state_from_euler();
  }
}

static void accel_cb(uint8_t sender_id__ attribute __((unused)),
                     uint32_t stamp __ attribute __ ((unused)),
                     structInt32Vect3 * accel)
{
  if (ahrs_ice.is_aligned) {
    ahrs_ice_update_accel(accel);
  }
}

static void mag_cb( uint8_t sender_id__ attribute __((unused)),
                    uint32_t stamp __ attribute __((unused)),
                    structInt32Vect3 * mag)
{
  if (ahrs_ice.is_aligned) {
    ahrs_ice_update_mag(mag);
  }
}
```

　　在陀螺仪、加速度计和磁强计的回调函数中，加速度计的回调函数 accel_cb() 计算了滚转角 ϕ 和俯仰角 θ，磁强计的回调函数 mag_cb() 计算了偏航角 ψ，而在陀螺仪的回调函数中不仅计算了三轴的角速率，而且还完成了互补滤波的算法。

　　这些回调函数与事件之间的绑定是由 ahrs_ice_register() 函数实现的，该函数还完成了 AHRS 模块中其他的 ABI 消息的绑定以及遥测信息的注册。该函数也位于 ahrs_int_cmpl _euler_wrapper.c 文件中，其代码如下：

```
void ahrs_ice_register(void)
{
  ahrs_ice_output_enabled = AHRS_ICE_OUTPUT_ENABLED;
  ahrs_ice_init();
  ahrs_register_impl(ahrs_ice_enable_output);

  /*
   * Subscribe to scaled IMU measurements and attach callbacks
   */
  AbiBindMsgIMU_GYRO_INT32(AHRS_ICE_IMU_ID, &gyro_ev, gyro_cb);
  AbiBindMsgIMU_ACCEL_INT32(AHRS_ICE_IMU_ID, &accel_ev, accel_cb);
```

```
AbiBindMsgIMU_MAG_INT32(AHRS_ICE_MAG_ID, &mag_ev, mag_cb);
AbiBindMsgIMU_LOWPASSED(ABI_BROADCAST, &aligner_ev, aligner_cb);
AbiBindMsgBODY_TO_IMU_QUAT(ABI_BROADCAST, &body_to_imu_ev, body_to_imu_cb);

#if PERIODIC_TELEMETRY
register_periodic_telemetry(DefaultPeriodic, PPRZ_MSG_ID_FILTER, send_filter);
register_periodic_telemetry(DefaultPeriodic, PPRZ_MSG_ID_AHRS_EULER_INT, send_euler);
register_periodic_telemetry(DefaultPeriodic, PPRZ_MSG_ID_AHRS_GYRO_BIAS_INT, send_bias);
register _periodic_telemetry(DefaultPeriodic, PPRZ_MSG_ID_STATE_FILTER_STATUS, send_
        filter_status);
#endif
}
```

2. 陀螺仪的滤波算法

陀螺仪的回调函数 gyro_cb() 主要调用了两个子函数，分别为 ahrs_ice_propagate() 函数和 set_body_state_from_euler() 函数，前者实现了基于欧拉角的互补滤波算法，后者将互补滤波算法得到的姿态角存储到描述系统状态的全局变量中。

函数 ahrs_ice_propagate() 所实现的基于欧拉角的互补滤波的算法见以下代码：

```
/*
 *
 * fc = 1/(2 * pi * tau)
 *
 * alpha = dt / ( tau + dt )
 *
 *
 * y(i) = alpha x(i) + (1 - alpha) y(i - 1)
 * or
 * y(i) = y(i - 1) + alpha * (x(i) - y(i - 1))
 *
 *
 */


void ahrs_ice_propagate(structInt32Rates * gyro)
{
  /* unbias gyro */
  struct Int32Rates uf_rate;
  RATES_DIFF(uf_rate, * gyro, ahrs_ice.gyro_bias);
#if USE_NOISE_CUT
  static struct Int32Rates last_uf_rate = { 0, 0, 0 };
  if (!cut_rates(uf_rate, last_uf_rate, RATE_CUT_THRESHOLD)) {
#endif
    /* low pass rate */
#if USE_NOISE_FILTER
    RATES_SUM_SCALED(ahrs_ice.imu_rate, ahrs_ice.imu_rate, uf_rate, NOISE_FILTER_GAIN);
    RATES_SDIV(ahrs_ice.imu_rate, ahrs_ice.imu_rate, NOISE_FILTER_GAIN + 1);
#else
    RATES_ADD(ahrs_ice.imu_rate, uf_rate);
    RATES_SDIV(ahrs_ice.imu_rate, ahrs_ice.imu_rate, 2);
```

```
# endif
# if USE_NOISE_CUT
  }
  RATES_COPY(last_uf_rate, uf_rate);
# endif

  /* integrate eulers */
  struct Int32Eulers euler_dot;
  int32_eulers_dot_of_rates(&euler_dot, &ahrs_ice.ltp_to_imu_euler, &ahrs_ice.imu_rate);
  EULERS_ADD(ahrs_ice.hi_res_euler, euler_dot);

  /* low pass measurement */
  EULERS_ADD(ahrs_ice.measure, ahrs_ice.measurement);
  EULERS_SDIV(ahrs_ice.measure, ahrs_ice.measure, 2);

  /* compute residual */
  EULERS_DIFF(ahrs_ice.residual, ahrs_ice.measure, ahrs_ice.hi_res_euler);
  INTEG_EULER_NORMALIZE(ahrs_ice.residual.psi);

  struct Int32Eulers correction;
  /* compute a correction */
  EULERS_SDIV(correction, ahrs_ice.residual, ahrs_ice.reinj_1);
  /* correct estimation */
  EULERS_ADD(ahrs_ice.hi_res_euler, correction); INTEG_EULER_NORMALIZE(ahrs_ice.hi_res_
euler.psi);
  /* Compute LTP to IMU eulers */
  EULERS_SDIV(ahrs_ice.ltp_to_imu_euler, ahrs_ice.hi_res_euler, F_UPDATE);
}
```

Paparazzi 基于欧拉角的互补滤波采用了带有低通滤波的一阶互补滤波（基本原理见图 5-28），代码函数 ahrs_ice.propagate() 是 Paparazzi 基于欧拉角的互补滤波中陀螺仪部分的代码，也是互补滤波算法的主体部分。若忽略其中的低通滤波部分，则算法原理可以由结构图 8-9 表示。

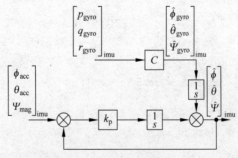

图 8-9　Paparazzi 欧拉角互补滤波的原理示意图

图 8-9 中的变换矩阵 C 见式(4-57)；积分运算 $Y(s)/X(s)=1/s$ 对应的离散方程为

$$y(k) = y(k-1) + Tx(k) \tag{8-5}$$

式中　T——采样周期，在代码函数 ahrs_ice.propagate() 中为 F_UPDATE 常量。

图 8-9 中变量和代码 ahrs_ice.propagate() 的对应关系为

$$\begin{bmatrix} \phi_{acc} \\ \theta_{acc} \\ \psi_{mag} \end{bmatrix}_{imu} = ahrs\_ice.\,measurement \qquad \begin{bmatrix} p_{gyro} \\ q_{gyro} \\ r_{gyro} \end{bmatrix}_{imu} = ahrs\_ice.\,imu\_rate$$

$$\begin{bmatrix} \dot{\phi}_{gyro} \\ \dot{\theta}_{gyro} \\ \dot{\psi}_{gyro} \end{bmatrix}_{imu} = euler\_dot \qquad \begin{bmatrix} \dot{\phi} \\ \dot{\theta} \\ \dot{\psi} \end{bmatrix}_{imu} = ahrs\_ice.\,ltp\_to\_imu\_euler$$

$$k_p = 1/ahrs\_ice.\,reinj\_1$$

ahrs_ice_propagate()函数通过基于欧拉角的互补滤波得到 IMU 坐标系的姿态角和角速率。函数 set_body_state_from_euler()将 IMU 模块的姿态角和角速率转换为飞行器的姿态角和角速率,并将其储存在描述系统状态的全局变量中。

set_body_state_from_euler()函数位于 ahrs_int_cmpl_euler_wrapper.c 文件中,代码如下:

```
/* Rotate angles and rates from imu to body frame and set state */
static void set_body_state_from_euler(void)
{
  if (ahrs_ice_output_enabled) {
    struct Int32RMat * body_to_imu_rmat = orientationGetRMat_i(&ahrs_ice.body_to_imu);
    struct Int32RMat ltp_to_imu_rmat, ltp_to_body_rmat;
    /* Compute LTP to IMU rotation matrix */
    int32_rmat_of_eulers(&ltp_to_imu_rmat, &ahrs_ice.ltp_to_imu_euler);
    /* Compute LTP to BODY rotation matrix */
    int32_rmat_comp_inv(&ltp_to_body_rmat, &ltp_to_imu_rmat, body_to_imu_rmat);
    /* Set state */
    stateSetNedToBodyRMat_i(&ltp_to_body_rmat);

    struct Int32Rates body_rate;
    /* compute body rates */
    int32_rmat_transp_ratemult(&body_rate, body_to_imu_rmat, &ahrs_ice.imu_rate);
    /* Set state */
    stateSetBodyRates_i(&body_rate);
  }
}
```

由代码可知,set_body_state_from_euler()函数将 IMU 坐标系的姿态角和角速率转换到机体坐标系时考虑了安装角的影响。另外,stateSetNedToBodyRMat_i()函数将姿态角是以变换矩阵形式存储在全局变量 state 结构[①]的 ned_to_body_orientation 成员中,stateSetBodyRates_i()函数将角速率以变换矩阵的形式存储在全局变量 state 结构 body_rates_i 成员中。

3. 由加速度计计算滚转角和俯仰角

在 ABI 消息机制的回调函数代码中,加速度计的回调函数主要调用了 ahrs_ice_update

---

① 全局变量 state 结构是 Paparazzi 中最重要一个全局变量,关于飞行器运动的各类信息几乎都存储在该结构中,该结构的数据类型为 struct State,在 sw/airborne/state.h 文件中声明。

_accel()函数，该函数的主要功能是由加速度计的原始数据解算滚转角 ϕ 和俯仰角 θ。重力加速度在 NED 坐标系和 IMU 坐标系中的坐标有

$$
\begin{bmatrix} x_{acc} \\ y_{acc} \\ z_{acc} \end{bmatrix}_{imu} = \boldsymbol{C}_{ned}^{imu} \begin{bmatrix} 0 \\ 0 \\ g \end{bmatrix}_{ned}
\tag{8-6}
$$

式中　g——重力加速度，默认为 $9.81\mathrm{m/s^2}$；

　　　　$\boldsymbol{C}_{ned}^{imu}$——由 NED 坐标系到 IMU 坐标系的变换矩阵；

$\begin{bmatrix} x_{acc} \\ y_{acc} \\ z_{acc} \end{bmatrix}_{imu}$——加速度计的测量数据，若不考虑其他影响，则为重力加速度矢量在 IMU

　　　　坐标系中的坐标。

由式(8-6)可以得到解算滚转角 ϕ 和俯仰角 θ 计算公式(8-7)

$$
\begin{cases} \phi_{acc} = \arctan \dfrac{y_{acc}}{z_{acc}} \\ \theta_{acc} = \arctan \dfrac{x_{acc}\cos\phi_{acc}}{z_{acc}} \end{cases}
\tag{8-7}
$$

函数 ahrs_ice_update_accel() 的代码实现如下为

```
void ahrs_ice_update_accel(structInt32Vect3 * accel)
{

# if USE_NOISE_CUT || USE_NOISE_FILTER
  static struct Int32Vect3 last_accel = { 0, 0, 0 };
# endif
# if USE_NOISE_CUT
  if (!cut_accel( * accel, last_accel, ACCEL_CUT_THRESHOLD)) {
# endif
# if USE_NOISE_FILTER
    VECT3_SUM_SCALED( * accel, * accel, last_accel, NOISE_FILTER_GAIN);
    VECT3_SDIV( * accel, * accel, NOISE_FILTER_GAIN + 1);
# endif
    get_phi_theta_measurement_fom_accel(&ahrs_ice.measurement. phi, &ahrs_ice.measurement.
    theta, accel);
# if USE_NOISE_CUT
  }
  VECT3_COPY(last_accel, * accel);
# endif

}
```

在函数 ahrs_ice_update_accel() 中除了一些对信号的滤波外，对滚转角和俯仰角的解算是通过调用函数 get_phi_theta_measurement_fom_accel() 实现的，其代码如下：

```
/* measures phi and theta assuming no dynamic acceleration ?!! */
__ attribute __((always_inline )) static inline void get_phi_theta_measurement_fom_accel(
        int32_t * phi_meas, int32_t * theta_meas, struct Int32Vect3 * accel)
```

```
{
    * phi_meas = int32_atan2( - accel - > y, - accel - > z);
    int32_t cphi;
    PPRZ_ITRIG_COS(cphi, * phi_meas);
    int32_t cphi_ax =- INT_MULT_RSHIFT(cphi, accel - > x, INT32_TRIG_FRAC);
    * theta_meas = int32_atan2( - cphi_ax, - accel - > z);
    * phi_meas * = F_UPDATE;
    * theta_meas * = F_UPDATE;

}
```

式(8-7)与代码变量的对应关系为

$$x_{acc} = accel - > x \qquad y_{acc} = accel - > y \qquad z_{acc} = accel - > z$$

$$\phi_{acc} = * phi\_meas \qquad \theta_{acc} = * theta\_meas$$

4. 由磁强计计算偏航角

在 ABI 消息机制的回调函数代码中,磁强计的回调函数主要调用了 ahrs_ice_update_mag()函数,而 ahrs_ice_update_mag()函数又调用了 get_psi_measurement_from_mag()用于计算偏航角 ψ,计算偏航角的公式为

$$\psi_{mag} = \arctan \frac{y_{mag} \cos\phi - z_{mag} \sin\phi}{x_{mag} \cos\theta + y_{mag} \sin\phi \sin\theta + z_{mag} \cos\phi \sin\theta} \qquad (8-8)$$

这两个函数的实现代码如下:

```
void ahrs_ice_update_mag( struct Int32Vect3 * mag)
{

    get_psi_measurement_from_mag(&ahrs_ice. measurement. psi, ahrs_ice. ltp_to_imu_euler. phi,
        ahrs_ice. ltp_to_imu_euler. theta,mag);
}


/ * measure psi by projecting magnetic vector in local tangeant plan * /
__ attribute __((always_inline )) static inline void get_psi_measurement_from_mag(
    int32_t * psi_meas, int32_t phi_est,
    int32_t theta_est, struct Int32Vect3 * mag)
{
    int32_t sphi; PPRZ_ITRIG_SIN(sphi, phi_est);
    int32_t cphi; PPRZ_ITRIG_COS(cphi, phi_est);
    int32_t stheta;
    PPRZ_ITRIG_SIN(stheta, theta_est);
    int32_t ctheta; PPRZ_ITRIG_COS(ctheta, theta_est);
    int32_t sphi_stheta = (sphi * stheta) >> INT32_TRIG_FRAC;
    int32_t cphi_stheta = (cphi * stheta) >> INT32_TRIG_FRAC;
   //int32_t sphi_ctheta = (sphi * ctheta)>> INT32_TRIG_FRAC;
   //int32_t cphi_ctheta = (cphi * ctheta)>> INT32_TRIG_FRAC;

    const int32_t mn = ctheta * mag - > x + sphi_stheta * mag - > y + cphi_stheta * mag - > z;
    const int32_t me = 0      * mag - > x + cphi       * mag - > y - sphi       * mag - > z;
   //const int32_t md =
   //   - stheta       * mag - > x +
```

```
//   sphi_ctheta * mag->y +
//   cphi_ctheta * mag->z;
 float m_psi =- atan2(me, mn);
 * psi_meas = ((m_psi - ahrs_ice.mag_offset) * (float)(1 << (INT32_ANGLE_FRAC)) * F_UPDATE);

}
```

式(8-8)中变量与代码中变量的对应关系为

$$x_{mag} = mag{-}{>}x \qquad y_{mag} = mag{-}{>}y \qquad z_{mag} = mag{-}{>}z$$
$$\sin\phi = sphi \qquad \cos\phi = cphi \qquad \sin\theta = stheta$$
$$\cos\theta = ctheta \qquad \sin\phi\sin\theta = sphi\_stheta \qquad \cos\phi\sin\theta = cphi\_stheta$$

5. 滤波算法的初始对准

在 8.5.1 节中，对准模块将陀螺仪、加速度计和磁强计的初始值由函数 AbiSendMsgIMU_LOWPASSED()发布。参考 ahrs_ice_register()函数实现可知，在基于欧拉角的互补滤波算法中，该 ABI 消息的回调函数为 aligner_cb()，该函数位于 ahrs_int_cmpl_euler_wrapper.c 文件中，代码如下：

```
static void aligner_cb(uint8_t __attribute__((unused)) sender_id,
                       uint32_t stamp __attribute__((unused)),
                       struct Int32Rates * lp_gyro, struct Int32Vect3 * lp_accel,
                       struct Int32Vect3 * lp_mag)
{
  if(!ahrs_ice.is_aligned) {
    if(ahrs_ice_align(lp_gyro, lp_accel, lp_mag)) {
      set_body_state_from_euler();
    }
  }
}
```

函数 aligner_cb()调用了函数 ahrs_ice_align()完成 AHRS 模块的对准，代码如下：

```
bool ahrs_ice_align(struct Int32Rates * lp_gyro, struct Int32Vect3 * lp_accel,
                    struct Int32Vect3 * lp_mag)
{
  get_phi_theta_measurement_fom_accel(&ahrs_ice.hi_res_euler.phi,
                                      &ahrs_ice.hi_res_euler.theta, lp_accel);
  get_psi_measurement_from_mag(&ahrs_ice.hi_res_euler.psi,
                               ahrs_ice.hi_res_euler.phi / F_UPDATE,
                               ahrs_ice.hi_res_euler.theta / F_UPDATE, lp_mag);

  EULERS_COPY(ahrs_ice.measure, ahrs_ice.hi_res_euler);
  EULERS_COPY(ahrs_ice.measurement, ahrs_ice.hi_res_euler);

  /* Compute LTP to IMU eulers        */
  EULERS_SDIV(ahrs_ice.ltp_to_imu_euler, ahrs_ice.hi_res_euler, F_UPDATE);

  RATES_COPY(ahrs_ice.gyro_bias, * lp_gyro);

  ahrs_ice.status = AHRS_ICE_RUNNING;
  ahrs_ice.is_aligned = true;
```

```
    return true;
}
```

其中,基于欧拉角互补滤波算法利用由函数 AbiSendMsgIMU_LOWPASSED()发布的校准数据计算了欧拉角初始值,并设定了陀螺仪漂移值的初始值。其中,由加速度计校准数据得到了滚转角和俯仰角的初始值,由磁强计校准数据得到了偏航角的初始值,由陀螺仪校准数据设定了陀螺仪漂移值的初始值。

8.5.3　基于四元数的互补滤波算法

Paparazzi 基于四元数的互补滤波算法与基于欧拉角的互补滤波算法类似,主要不同之处是基于四元数的互补滤波算法使用了四元数表示飞行器姿态,并且使用了二阶互补滤波算法。

Paparazzi 基于四元数的互补滤波算法有定点运算模式的实现,也有浮点运算的模式。在此以定点计算模式为例,这部分代码实现位于 sw/airborne/subsystems/ahrs 文件夹中的 ahrs_int_cmpl_quat_wrapper.c、ahrs_int_cmpl_quat_wrapper.h、ahrs_int_cmpl_quat.c 和 ahrs_int_cmpl_quat.h 文件中。基于四元数的互补滤波算法相关的各函数、相互调用关系和运行机制如图 8-10 所示。

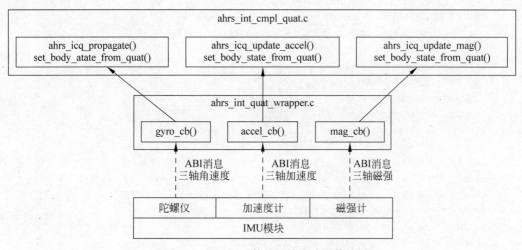

图 8-10　基于四元数的互补滤波函数关系

在图 8-10 中,函数 set_body_state_from_quat()将航姿参考系统的解算结果保存到全局变量 state 中。基于四元数的互补滤波算法的核心数据结构为 ahrs_icq,解算过程中各类中间数据信息的传递主要依靠该结构实现。

基于四元数的互补滤波算法采用二阶互补滤波算法,算法的基本原理可以参考 5.5.7 节。Paparazzi 中实现的基于四元数的互补滤波算法的基本原理示意图可用动态结构图 8-11 描述。

1. IMU 原始数据的传递

与基于欧拉角的互补滤波算法类似,基于四元数的互补滤波算法中的传感器原始数据

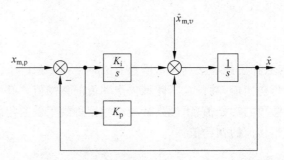

图 8-11　Paparazzi 中实现的四元数互补滤波的原理示意图

也是通过 ABI 消息机制传递给 AHRS 模块的。

　　所不同的是，基于四元数的互补滤波中，IMU 模块 ABI 消息机制的回调函数计算了采样周期用于后续的算法计算，并且陀螺仪、加速度计和磁强计的回调函数都会调用 set_body_state_from_quat()函数，将最新的四元数以变换矩阵形式保存到全局变量 state 结构中。

　　陀螺仪、加速度计和磁强计的回调函数代码如下：

```
static void gyro_cb(uint8_t __attribute __((unused)) sender_id,
                    uint32_t stamp, struct Int32Rates * gyro)
{
  ahrs_icq_last_stamp = stamp;
#if USE_AUTO_AHRS_FREQ || !defined(AHRS_PROPAGATE_FREQUENCY)
  PRINT_CONFIG_MSG("Calculating dt for AHRS_ICQ propagation.")
  /* timestamp in usec when last callback was received */
  static uint32_t last_stamp = 0;

  if (last_stamp > 0 &&ahrs_icq.is_aligned) { float dt =
    (float)(stamp - last_stamp) * 1e-6;
    ahrs_icq_propagate(gyro, dt);
    set_body_state_from_quat();
  }
  last_stamp = stamp;
#else
  PRINT_CONFIG_MSG("Using fixed AHRS_PROPAGATE_FREQUENCY for AHRS_ICQ propagation.")
  PRINT_CONFIG_VAR(AHRS_PROPAGATE_FREQUENCY)
  if (ahrs_icq.status == AHRS_ICQ_RUNNING) {
    const float dt = 1. / (AHRS_PROPAGATE_FREQUENCY);
    ahrs_icq_propagate(gyro, dt);
    set_body_state_from_quat();
  }
#endif
}

static void accel_cb( uint8_t __attribute __((unused)) sender_id,
                      uint32_t __attribute __((unused)) stamp,
                      struct Int32Vect3 * accel)
{
#if USE_AUTO_AHRS_FREQ || !defined(AHRS_CORRECT_FREQUENCY)
    PRINT_CONFIG_MSG("Calculating dt for AHRS int_cmpl_quataccel update.")
```

```
    static uint32_t last_stamp = 0;
    if (last_stamp > 0 &&ahrs_icq.is_aligned) {
      float dt = (float)(stamp - last_stamp) * 1e-6;
      ahrs_icq_update_accel(accel, dt);
      set_body_state_from_quat();
    }
    last_stamp = stamp;
#else
    PRINT_CONFIG_MSG("Using fixed AHRS_CORRECT_FREQUENCY for AHRS int_cmpl_quataccel
    update.")
    PRINT_CONFIG_VAR(AHRS_CORRECT_FREQUENCY)
    if (ahrs_icq.is_aligned) {
      const float dt = 1. / (AHRS_CORRECT_FREQUENCY);
      ahrs_icq_update_accel(accel, dt);
      set_body_state_from_quat();
    }
  #endif
}


static void mag_cb( uint8_t __attribute__ ((unused)) sender_id,
                    uint32_t __attribute__ ((unused)) stamp,
                    struct Int32Vect3 * mag)
{
#if USE_AUTO_AHRS_FREQ || !defined(AHRS_MAG_CORRECT_FREQUENCY)
    PRINT_CONFIG_MSG("Calculating dt for AHRS int_cmpl_quat mag update.")
    static uint32_t last_stamp = 0;
    if (last_stamp > 0 &&ahrs_icq.is_aligned) {
      float dt = (float)(stamp - last_stamp) * 1e-6;
      ahrs_icq_update_mag(mag, dt);
      set_body_state_from_quat();
    }
    last_stamp = stamp;
#else
    PRINT_CONFIG_MSG("Using fixed AHRS_MAG_CORRECT_FREQUENCY for AHRS int_cmpl_quat mag
    update.")
    PRINT_CONFIG_VAR(AHRS_MAG_CORRECT_FREQUENCY)
    if (ahrs_icq.is_aligned) {
      const float dt = 1. / (AHRS_MAG_CORRECT_FREQUENCY);
      ahrs_icq_update_mag(mag, dt);
      set_body_state_from_quat();
    }
#endif
}
```

这些回调函数与事件之间的绑定是由 ahrs_icq_register() 函数实现的,该函数还完成了
AHRS 模块中其他的 ABI 消息的绑定以及遥测信息的注册。该函数也位于 ahrs_int_cmpl_
quat_wrapper.c 文件中,其代码如下:

```
void ahrs_icq_register(void)
{
  ahrs_icq_output_enabled = AHRS_ICQ_OUTPUT_ENABLED;
```

```
    ahrs_icq_init();
    ahrs_register_impl(ahrs_icq_enable_output);

    /*
     * Subscribe to scaled IMU measurements and attach callbacks
     */
    AbiBindMsgIMU_GYRO_INT32(AHRS_ICQ_IMU_ID, &gyro_ev, gyro_cb);
    AbiBindMsgIMU_ACCEL_INT32(AHRS_ICQ_IMU_ID, &accel_ev, accel_cb);
    AbiBindMsgIMU_MAG_INT32(AHRS_ICQ_MAG_ID, &mag_ev, mag_cb);
    AbiBindMsgIMU_LOWPASSED(ABI_BROADCAST, &aligner_ev, aligner_cb);
    AbiBindMsgBODY_TO_IMU_QUAT(ABI_BROADCAST, &body_to_imu_ev, body_to_imu_cb);
    AbiBindMsgGEO_MAG(ABI_BROADCAST, &geo_mag_ev, geo_mag_cb);
    AbiBindMsgGPS(AHRS_ICQ_GPS_ID, &gps_ev, gps_cb);

#if PERIODIC_TELEMETRY
    register_periodic_telemetry(DefaultPeriodic, PPRZ_MSG_ID_AHRS_QUAT_INT, send_quat);
    register_periodic_telemetry(DefaultPeriodic, PPRZ_MSG_ID_AHRS_EULER_INT, send_euler);
    register_periodic_telemetry(DefaultPeriodic, PPRZ_MSG_ID_AHRS_GYRO_BIAS_INT,
        send_bias);
    register_periodic_telemetry(DefaultPeriodic, PPRZ_MSG_ID_GEO_MAG, send_geo_mag);
    register_periodic_telemetry(DefaultPeriodic, PPRZ_MSG_ID_STATE_FILTER_STATUS,
        send_filter_status);
#endif
}
```

2. 陀螺仪的滤波算法

在陀螺仪的回调函数 gyro_cb()中调用了函数 ahrs_icq_propagate()和函数 set_body_state_from_quat()。

1) ahrs_icq_propagate()函数

陀螺仪部分的互补算法由函数 ahrs_icq_propagate()实现,该函数的定义位于 ahrs_int_cmpl_quat.c 文件中,代码如下:

```
void ahrs_icq_propagate(struct Int32Rates * gyro, float dt)
{
    int32_t freq = (int32_t)(1. / dt);

    /* unbias gyro */
    struct Int32Rates omega;
    RATES_DIFF(omega, * gyro, ahrs_icq.gyro_bias);

    /* low pass rate */
#ifdef AHRS_PROPAGATE_LOW_PASS_RATES
    RATES_SMUL(ahrs_icq.imu_rate, ahrs_icq.imu_rate, AHRS_PROPAGATE_LOW_PASS_RATES_MUL);
    RATES_ADD(ahrs_icq.imu_rate, omega);
    RATES_SDIV(ahrs_icq.imu_rate, ahrs_icq.imu_rate, AHRS_PROPAGATE_LOW_PASS_RATES_DIV);
#else
    RATES_COPY(ahrs_icq.imu_rate, omega);
#endif
```

```
 /* add correction */
RATES_ADD(omega, ahrs_icq.rate_correction);
/* and zeros it */ INT_RATES_ZERO(ahrs_icq.rate_correction);

/* integrate quaternion */ int32_quat_integrate_fi(&ahrs_icq.ltp_to_imu_quat, &ahrs_
    icq.high_rez_quat,&omega, freq);
    int32_quat_normalize(&ahrs_icq.ltp_to_imu_quat);

// increase accel and mag propagation counters
ahrs_icq.accel_cnt++;
ahrs_icq.mag_cnt++;
}
```

其代码可以由结构图 8-12 描述。

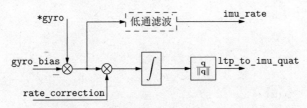

图 8-12　陀螺仪部分的滤波算法示意图

在图 8-12 中,gyro_bias 变量和 rate_correction 变量分别存储在全局变量的结构 ahrs_icq 的成员中,由加速度计和磁强计更新。另外,虽然图 8-12 中 gyro_bias 变量与变量 ∗gyro 是求差运算,但是仍旧相当于求和运算,其原因是加速度计和磁强计的回调函数在更新 gyro_bias 变量和 rate_correction 变量时有符号的变化设置,如图 8-13 和图 8-14 所示。

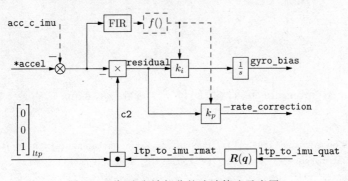

图 8-13　加速度计部分的滤波算法示意图

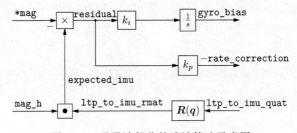

图 8-14　磁强计部分的滤波算法示意图

陀螺仪的传感器数据经过补偿和滤波之后会储存在全局变量的结构 ahrs_icq 的成员 imu_rate 结构中，而图 8-12 中虚线框内的"低通滤波"是可选部分，需要在配置文件中对其进行设置。

函数 ahrs_icq_propagate()通过调用 int32_quat_integrate_fi()函数实现对陀螺仪采集到的角速率进行积分[①]，然后调用 int32_quat_normalize()函数实现四元数的归一化处理，这两个函数都是 Paparazzi 中实现的数学库函数，其定义均位于 sw/airborne/math 文件夹中，int32_quat_integrate_fi()函数的定义位于 pprz_algebra_int.c 文件中，而 int32_quat_normalize()函数的定义位于 pprz_algebra_int.h 文件中。

函数 int32_quat_integrate_fi()更新四元数姿态所用算法可以由式(8-9)和式(8-10)描述。

$$
\begin{bmatrix} \dfrac{dq_i}{dt} \\ \dfrac{dq_x}{dt} \\ \dfrac{dq_y}{dt} \\ \dfrac{dq_z}{dt} \end{bmatrix}_k = \frac{1}{2} \begin{bmatrix} 0 & -\omega_p & -\omega_q & -\omega_r \\ \omega_p & 0 & \omega_r & -\omega_q \\ \omega_q & -\omega_r & 0 & \omega_p \\ \omega_r & \omega_q & -\omega_p & 0 \end{bmatrix} \begin{bmatrix} q_i \\ q_x \\ q_y \\ q_z \end{bmatrix}_k \tag{8-9}
$$

$$
\begin{bmatrix} q_i \\ q_x \\ q_y \\ q_z \end{bmatrix}_{k+1} = \begin{bmatrix} q_i \\ q_x \\ q_y \\ q_{zk+1} \end{bmatrix}_k + 2\Delta t \begin{bmatrix} \dfrac{dq_i}{dt} \\ \dfrac{dq_x}{dt} \\ \dfrac{dq_y}{dt} \\ \dfrac{dq_z}{dt} \end{bmatrix}_k \tag{8-10}
$$

函数 int32_quat_integrate_fi()的代码位于 sw/airborne/math/pprz_algebra_int.c 文件中，其代码如下：

```
/** in place quaternion first order integration with constant rotational velocity. */
void int32_quat_integrate_fi(struct Int32Quat * q, struct Int64Quat * hr, struct Int32Rates
        * omega, int freq)
{
  hr->qi +=- ((int64_t) omega->p) * q->qx - ((int64_t) omega->q) * q->qy -
      ((int64_t) omega->r) * q->qz;
  hr->qx += ((int64_t) omega->p) * q->qi + ((int64_t) omega->r) * q->qy - ((int64
      _t) omega->q) * q->qz;
  hr->qy += ((int64_t) omega->q) * q->qi - ((int64_t) omega->r) * q->qx + ((int64
      _t) omega->p) * q->qz;
  hr->qz += ((int64_t) omega->r) * q->qi + ((int64_t) omega->q) * q->qx - ((int64
      _t) omega->p) * q->qy;
```

① 确切地说是用角速率信息更新了描述姿态的四元数信息。

```
lldiv_t _div = lldiv(hr->qi, ((1 << INT32_RATE_FRAC) * freq * 2));
q->qi += (int32_t) _div.quot;
hr->qi = _div.rem;

_div = lldiv(hr->qx, ((1 << INT32_RATE_FRAC) * freq * 2));
q->qx += (int32_t) _div.quot;
hr->qx = _div.rem;

_div = lldiv(hr->qy, ((1 << INT32_RATE_FRAC) * freq * 2));
q->qy += (int32_t) _div.quot;
hr->qy = _div.rem;

_div = lldiv(hr->qz, ((1 << INT32_RATE_FRAC) * freq * 2));
q->qz += (int32_t) _div.quot;
hr->qz = _div.rem;
}
```

函数 int32_quat_normalize()实现了四元数的归一化,即

$$Q = \frac{q}{\|q\|} \tag{8-11}$$

函数 int32_quat_normalize()的代码位于 sw/airborne/math/pprz_algebra_int.h 文件中,具体代码如下:

```
/** normalize a quaternion inplace */
static inline void int32_quat_normalize(structInt32Quat * q)
{
    int32_t n = int32_quat_norm(q);
    if(n > 0) {
      q->qi = q->qi * QUAT1_BFP_OF_REAL(1) / n;
      q->qx = q->qx * QUAT1_BFP_OF_REAL(1) / n;
      q->qy = q->qy * QUAT1_BFP_OF_REAL(1) / n;
      q->qz = q->qz * QUAT1_BFP_OF_REAL(1) / n;
    }
}
```

2) set_body_state_from_quat()函数

函数 ahrs_icq_propagate()返回到函数 gyro_cb()中后,函数 gyro_cb()会继续调用函数 set_body_state_from_quat(),将 IMU 坐标系中的四元数转换为飞行器体坐标系中的四元数,转换过程中主要考虑了 IMU 模块安装角的影响。

函数 set_body_state_from_quat()位于 sw/airborne/subsystems/ahrs/ahrs_int_cmpl_quat.c 文件中,其代码如下:

```
/** Rotate angles and rates from imu to body frame and set state */
static void set_body_state_from_quat(void)
{
  if (ahrs_icq_output_enabled) {
    /* Compute LTP to BODY quaternion */
    struct Int32Quat ltp_to_body_quat;
```

```
        struct Int32Quat * body_to_imu_quat = orientationGetQuat_i(&ahrs_icq.body_to_imu);
        int32_quat_comp_inv(&ltp_to_body_quat, &ahrs_icq.ltp_to_imu_quat, body_to_imu_quat);
        /* Set state */
        stateSetNedToBodyQuat_i(&ltp_to_body_quat);

        /* compute body rates */
        struct Int32Rates body_rate;
        struct Int32RMat * body_to_imu_rmat = orientationGetRMat_i(&ahrs_icq.body_to_imu);
        int32_rmat_transp_ratemult(&body_rate, body_to_imu_rmat, &ahrs_icq.imu_rate);
        /* Set state */
        stateSetBodyRates_i(&body_rate);
    }
}
```

由代码可知，与基于欧拉角的互补滤波算法类似，基于四元数的互补滤波算法最终也是以变换矩阵的形式将飞行器的姿态信息保存在了全局变量 state 结构中。

3. 加速度计的滤波算法

在加速度计的回调函数 accel_cb() 调用了函数 ahrs_icq_update_accel() 和函数 set_body_state_from_quat()，用于实现加速度计部分的滤波算法，其中的算法部分由函数 ahrs_icq_update_accel() 实现。

ahrs_icq_update_accel() 函数的定义位于 ahrs_int_cmpl_quat.c 文件中，其代码如下：

```
void ahrs_icq_update_accel(struct Int32Vect3 * accel, float dt)
{
    // check if we had at least one propagation since last update
    if (ahrs_icq.accel_cnt == 0) {
        return;
    }
    // c2 = ltp z-axis in imu-frame
    struct Int32RMat ltp_to_imu_rmat;
    int32_rmat_of_quat(&ltp_to_imu_rmat, &ahrs_icq.ltp_to_imu_quat);
    int32_rmat_of_quat(&ltp_to_imu_rmat, &ahrs_icq.ltp_to_imu_quat);
    struct Int32Vect3 c2 = { RMAT_ELMT(ltp_to_imu_rmat, 0, 2),
        RMAT_ELMT(ltp_to_imu_rmat, 1, 2),
        RMAT_ELMT(ltp_to_imu_rmat, 2, 2)
    };
    struct Int32Vect3 residual;

    struct Int32Vect3 pseudo_gravity_measurement;
    if (ahrs_icq.correct_gravity&&ahrs_icq.ltp_vel_norm_valid) {
        /*
         * centrifugal acceleration in body frame
         * a_c_body = omega x (omega x r)
         * (omega x r) = tangential velocity in body frame
         * a_c_body = omega x vel_tangential_body
         * assumption: tangential velocity only along body x-axis
         */

        // FIXME: check overflows !
```

```
# define COMPUTATION_FRAC 16
# define ACC_FROM_CROSS_FRAC INT32_RATE_FRAC + INT32_SPEED_FRAC - INT32_ACCEL_FRAC -
        COMPUTATION_FRAC

    const struct Int32Vect3 vel_tangential_body =
    {ahrs_icq.ltp_vel_norm >> COMPUTATION_FRAC, 0, 0};
    struct Int32RMat * body_to_imu_rmat = orientationGetRMat_i(&ahrs_icq.body_to_imu);
    struct Int32Rates body_rate;
    int32_rmat_transp_ratemult(&body_rate, body_to_imu_rmat, &ahrs_icq.imu_rate);
    struct Int32Vect3 acc_c_body;
    VECT3_RATES_CROSS_VECT3(acc_c_body, body_rate, vel_tangential_body);
    INT32_VECT3_RSHIFT(acc_c_body, acc_c_body, ACC_FROM_CROSS_FRAC);

    /* convert centrifucal acceleration from body to imu frame */
    struct Int32Vect3 acc_c_imu;
    int32_rmat_vmult(&acc_c_imu, body_to_imu_rmat, &acc_c_body);

    /* and subtract it from imu measurement to get a corrected measurement
     * of the gravity vector */
    VECT3_DIFF(pseudo_gravity_measurement, * accel, acc_c_imu);
}
  else {
    VECT3_COPY(pseudo_gravity_measurement, * accel);
  }

  /* compute the residual of the pseudo gravity vector in imu frame */
  VECT3_CROSS_PRODUCT(residual, pseudo_gravity_measurement, c2);
   /* FIR filtered pseudo_gravity_measurement */
   # define FIR_FILTER_SIZE 8
    static struct Int32Vect3 filtered_gravity_measurement = {0, 0, 0};
    VECT3_SMUL(filtered_gravity_measurement, filtered_gravity_measurement, FIR_FILTER_SIZE - 1);
     VECT3_ADD(filtered_gravity_measurement, pseudo_gravity_measurement); VECT3_SDIV
(filtered_gravity_measurement, filtered_gravity_measurement, FIR_FILTER_SIZE);
                                if (ahrs_icq.gravity_heuristic_factor) {
      /* heuristic on acceleration (gravity estimate) norm */
      /* Factor how strongly to change the weight.
       * e.g. for gravity_heuristic_factor 30:
       * < 0.66G = 0, 1G = 1.0, > 1.33G = 0
       * /

    struct FloatVect3 g_meas_f;
    ACCELS_FLOAT_OF_BFP(g_meas_f, filtered_gravity_measurement);
    const float g_meas_norm = FLOAT_VECT3_NORM(g_meas_f) / 9.81;
    ahrs_icq.weight = 1.0 - ahrs_icq.gravity_heuristic_factor * fabs(1.0 - g_meas_norm) / 10;
    Bound(ahrs_icq.weight, 0.15, 1.0);
  } else {
    ahrs_icq.weight = 1.0;
  }

  /* Complementary filter proportional gain.
   * Kp = 2 * zeta * omega
```

```
 * final Kp with frequency correction = Kp * ahrs_icq.accel_cnt
 * with ahrs_icq.accel_cntbeeing the number of propagations since last update
 *
 * residual FRAC : ACCEL_FRAC + TRIG_FRAC = 10 + 14 = 24
 * rate_correction FRAC: RATE_FRAC = 12
 * FRAC_conversion: 2^12 / 2^24 = 1 / 4096
 * cross_product_gain : 9.81 m/s2
 *
 * accel_inv_kp = 1 / (Kp * FRAC_conversion / cross_product_gain)
 * accel_inv_kp = 4096 * 9.81 / Kp
 *
 * inv_rate_scale = 1 / (weight * Kp * FRAC_conversion / cross_product_gain)
 * inv_rate_scale = 1 / Kp / weight
 * inv_rate_scale = accel_inv_kp / accel_cnt / weight
 * /
int32_t inv_rate_scale = (int32_t)(ahrs_icq.accel_inv_kp / ahrs_icq.accel_cnt
                        / ahrs_icq.weight); Bound(inv_rate_scale, 8192, 4194304);

ahrs_icq.rate_correction.p -= residual.x / inv_rate_scale;
ahrs_icq.rate_correction.q -= residual.y / inv_rate_scale;
ahrs_icq.rate_correction.r -= residual.z / inv_rate_scale;
// reset accel propagation counter ahrs_icq.accel_cnt = 0;

/ * Complementary filter integral gain
 * Correct the gyro bias.
 * Ki = omega^2 * dt
 *
 * residual FRAC = ACCEL_FRAC + TRIG_FRAC = 10 + 14 = 24
 * high_rez_bias = RATE_FRAC + 28 = 40
 * FRAC_conversion: 2^40 / 2^24 = 2^16
 * cross_product_gain : 9.81 m/s2
 *
 * accel_inv_ki = 2^5 / (Ki * FRAC_conversion / cross_product_gain)
 * accel_inv_ki = 2^5 / 2^16 * 9.81 * Ki = 9.81 / 2^11 * Ki
 *
 * inv_bias_gain = 2^5 / (weight^2 * Ki * FRAC_conversion / cross_product_gain)
 * inv_bias_gain = accel_inv_ki / weight^2
* /

 int32_t inv_bias_gain = (int32_t)(ahrs_icq.accel_inv_ki /
(dt * ahrs_icq.weight * ahrs_icq.weight));
Bound(inv_bias_gain, 8, 65536)
ahrs_icq.high_rez_bias.p += (residual.x / inv_bias_gain) << 5;
ahrs_icq.high_rez_bias.q += (residual.y / inv_bias_gain) << 5;
ahrs_icq.high_rez_bias.r += (residual.z / inv_bias_gain) << 5;

INT_RATES_RSHIFT(ahrs_icq.gyro_bias, ahrs_icq.high_rez_bias, 28);

}
```

其中函数 ahrs_icq_update_accel()的算法原理可以由结构图 8-13 描述。

在图 8-13 中,"·"表示矢量的点乘,"╳"表示矢量的叉乘。"╳"附近的"-"号并非表示对矢量取负的运算,而是描述了叉乘运算中两矢量角度的(近似)运算关系。

在图 8-13 中,虚线连接的部分是选择执行的部分,由飞行器的配置文件决定是否执行,其中包括离心加速度补偿和参数自适应算法。

1) 离心加速度补偿

由结构变量 acc_c_imu 描述的向量是根据 GPS 测量的运动速度和陀螺仪测量的角速率估计的离心加速度,将该值补偿到加速度计测量到的加速度中,减小离心加速度对加速度计的影响,使其尽量仅保留重力加速度的数据。飞行器离心加速度的估计由式(8-12)描述,即

$$\begin{cases} [\hat{\boldsymbol{a}}]_{\text{imu}} = [\boldsymbol{a}]_{\text{imu}} [\boldsymbol{a}_c]_{\text{imu}} \\ [\boldsymbol{a}_c]_{\text{imu}} = \boldsymbol{C}_{\text{body}}^{\text{imu}} [\boldsymbol{a}_c]_{\text{body}} \\ [\boldsymbol{a}_c]_{\text{body}} = [\boldsymbol{\omega}]_{\text{body}} \times [\boldsymbol{v}]_{\text{body}} \\ [\boldsymbol{\omega}]_{\text{body}} = \boldsymbol{C}_b^{i\text{T}} [\boldsymbol{\omega}]_{\text{imu}} \end{cases} \tag{8-12}$$

式中　$[\hat{\boldsymbol{a}}]_{\text{imu}}$——补偿离心加速度后的加速度计测量值(伪重力加速度);

$[\boldsymbol{a}]_{\text{imu}}$——加速度计测量值;

$\boldsymbol{C}_{\text{body}}^{\text{imu}}$——机体坐标系到 IMU 坐标系的转换矩阵;

$[\boldsymbol{a}_c]_{\text{imu}}$——IMU 坐标系中的离心加速度;

$[\boldsymbol{a}_c]_{\text{body}}$——机体坐标系中的离心加速度;

$[\boldsymbol{\omega}]_{\text{imu}}$——IMU 坐标系中的角速率;

$[\boldsymbol{\omega}]_{\text{body}}$——机体坐标系中的角速率;

$[\boldsymbol{v}]_{\text{body}}$——机体坐标系中的线速度。

式(8-12)与 ahrs_icq_update_accel() 函数代码的对应关系为

$[\hat{\boldsymbol{a}}]_{\text{imu}} =$ pseudo_gravity_measurement　　$[\boldsymbol{a}]_{\text{imu}} = *$ accel

$\boldsymbol{C}_{\text{body}}^{\text{imu}} = *$ body_to_imu_rmat　　$[\boldsymbol{a}_c]_{\text{imu}} =$ acc_c_imu

$[\boldsymbol{a}_c]_{\text{body}} =$ acc_c_body　　$[\boldsymbol{\omega}_c]_{\text{imu}} =$ ahrs_icq. imu_rate

$[\boldsymbol{\omega}]_{\text{body}} =$ body_rate

2) 参数自适应算法

在图 8-13 中,FIR 为滤波环节和 $f()$ 环节为参数自适应环节。

参数自适应算法的基本思想:由 FIR 滤波环节对伪重力加速度$[\hat{\boldsymbol{a}}]_{\text{imu}}$低通滤波后,由 $f()$ 环节计算伪重力加速度滤波后的模值(ahrs_icq_update_accel() 函数中的 g_meas_f),并将该值和标准重力加速度比较。该值(ahrs_icq_update_accel() 函数中的 g_meas_f)偏离标准重力加速度越远,则认为重力加速度计噪声越大,那么在互补滤波中相应地加强对加速度计的滤波,即减小低通滤波的带宽频率。

调整带宽频率的系数在 ahrs_icq_update_accel() 函数中的计算方式为

$$w = 1 - \left(\frac{g - g_m}{g}\right)\frac{a}{10} \tag{8-13}$$

式中　g——标准重力加速度;

g_m——伪重力加速度滤波后的模值;

a——设定噪声范围和调节强度的因子,若为 0 则不调节,越大则调节强度越大。

与 ahrs_icq_update_accel() 函数中变量的对应关系为

$$g_{\mathrm{m}} = \parallel \mathrm{FIR}([\hat{\boldsymbol{a}}]_{\mathrm{imu}}) \parallel = \mathrm{g\_meas\_f} \qquad w = \mathrm{ahrs\_icq.\,weight}$$

$$a = \mathrm{ahrs\_icq.\,gravity\_heuristic\_factor}$$

式(8-13)中的 w 是对式(5-56)中的 ω_{n} 的调整系数,即

$$\begin{cases} k_{\mathrm{p}} = 2\zeta(w\omega_{\mathrm{n}}) \\ k_{\mathrm{i}} = (w\omega_{\mathrm{n}})^2 \end{cases} \tag{8-14}$$

式中　w——默认限定范围为 $0.15 \sim 1.0$;

ζ——默认取值为 AHRS_ACCEL_ZETA$=0.9$;

ω_{n}——默认取值为 AHRS_ACCEL_OMEGA$=0.063\mathrm{rad/s}$。

3) 新息更新

安装在 IMU 传感器板上的加速度计测量到的重力方向能够描述 IMU 传感器板滚转和俯仰的姿态,可以由此新测量的信息更新估计的姿态信息。

上一次估计的姿态信息和本次测量的姿态信息之间偏差的计算方法:利用上一次估计的姿态信息,将本地坐标系中标准的重力加速度方向转换为 IMU 坐标系中的坐标,然后用叉乘计算两者之间的角度差异,计算方法为

$$\begin{cases} [\boldsymbol{a}_{\mathrm{res}}]_{\mathrm{imu}} = [\hat{\boldsymbol{a}}]_{\mathrm{imu}} \times [\hat{\boldsymbol{g}}]_{\mathrm{imu}} \\ [\hat{\boldsymbol{g}}]_{\mathrm{imu}} = \hat{\boldsymbol{C}}_{\mathrm{ltp}}^{\mathrm{imu}}[\boldsymbol{g}]_{\mathrm{ltp}} \\ \hat{\boldsymbol{C}}_{\mathrm{ltp}}^{\mathrm{imu}} = \boldsymbol{R}(\hat{\boldsymbol{q}}_{\mathrm{ltp}}^{\mathrm{imu}}) \\ [\boldsymbol{g}]_{\mathrm{ltp}} = [0 \quad 0 \quad 1]^{\mathrm{T}} \end{cases} \tag{8-15}$$

式中　$[\boldsymbol{a}]_{\mathrm{imu}}$——加速度计测量的重力加速度信息;

$[\boldsymbol{a}_{\mathrm{res}}]_{\mathrm{imu}}$——由加速度计更新的信息;

$[\hat{\boldsymbol{g}}]_{\mathrm{imu}}$——IMU 坐标系中重力加速度单位矢量的坐标,根据上一次估计的姿态信息得到;

$\hat{\boldsymbol{C}}_{\mathrm{ltp}}^{\mathrm{imu}}$——上一次估计的本地坐标系到 IMU 坐标系的转换矩阵;

$[\boldsymbol{g}]_{\mathrm{ltp}}$——本地坐标系中重力加速度单位矢量的坐标;

$\hat{\boldsymbol{q}}_{\mathrm{ltp}}^{\mathrm{imu}}$——上一次估计的本地坐标系转换到 IMU 坐标系的四元数;

$\boldsymbol{R}()$——由四元数得到坐标系转换矩阵的函数。

与 ahrs_icq_updata_accel() 函数代码中的对应关系为

$$[\boldsymbol{a}_{\mathrm{res}}]_{\mathrm{imu}} = \mathrm{residual} \qquad\qquad [\hat{\boldsymbol{g}}]_{\mathrm{imu}} = c2$$

$$\hat{\boldsymbol{C}}_{\mathrm{ltp}}^{\mathrm{imu}} = \mathrm{ltp\_to\_imu\_rmat} \qquad \hat{\boldsymbol{q}}_{\mathrm{ltp}}^{\mathrm{imu}} = \mathrm{ahrs\_icq.\,ltp\_to\_imu\_quat}$$

$$\boldsymbol{R}() = \mathrm{int32\_rmat\_of\_quat}()$$

ahrs_icq_updata_accel() 函数,函数 int32_rmat_of_quat() 的定义位于 sw/airborne/math/pprz_algebra_int.c 文件中,其原理见 4.5.3 节的式(4-111)和式(4-112)。

4. 磁强计的滤波算法

由于重力加速度方向与本地坐标系的 z 轴是重合的,因此加速度计只能修正陀螺仪滚

转和俯仰角度的测量,而陀螺仪偏航角的修正需要依靠磁强计。

　　在磁强计的回调函数 mag_cb() 中调用了函数 ahrs_icq_update_mag() 和函数 set_body_state_from_quat() 用于实现磁强计部分的滤波算法。由于既可以将磁强计用于辅助更新滚转、俯仰和偏航角的测量,又可以将其仅用于偏航角的更新,因此在函数 ahrs_icq_update_mag() 中分别对两种工作方式调用了不同的函数,即 ahrs_icq_update_mag_full() 函数和 ahrs_icq_update_mag_2d() 函数,需要在配置文件中对其进行设置,以选用不同的工作模式。其代码如下:

```
void ahrs_icq_update_mag(struct Int32Vect3 * mag __attribute__((unused)), float dt
__attribute__((unused)))
{
# if USE_MAGNETOMETER
  // check if we had at least one propagation since last update
  if (ahrs_icq.mag_cnt == 0) {
    return;
  }
# if AHRS_MAG_UPDATE_ALL_AXES
  ahrs_icq_update_mag_full(mag, dt);
# else
  ahrs_icq_update_mag_2d(mag, dt);
# endif
  // reset mag propagation counter
  ahrs_icq.mag_cnt = 0;
# endif
}
```

　　函数 ahrs_icq_update_mag_full() 的算法就是使用磁强计更新 3 个坐标轴角度的算法,其运行原理与加速度计的更新算法相近,可以由结构图 8-14 描述函数 ahrs_icq_update_mag_full() 的算法。

　　函数 ahrs_icq_update_mag_2d() 仅更新偏航角的信息,这两个函数的实现代码如下:

```
static inline void ahrs_icq_update_mag_full(struct Int32Vect3 * mag, float dt)
{

  struct Int32RMat ltp_to_imu_rmat; int32_rmat_of_quat(&ltp_to_imu_rmat, &ahrs_icq.ltp_to_
  imu_quat);

  struct Int32Vect3 expected_imu;
  int32_rmat_vmult(&expected_imu, &ltp_to_imu_rmat, &ahrs_icq.mag_h);

  struct Int32Vect3 residual; VECT3_CROSS_PRODUCT(residual, * mag, expected_imu);
  INT_RATES_RSHIFT(ahrs_icq.gyro_bias, ahrs_icq.high_rez_bias, 28);
  /* Complementary filter proportionnal gain.
   * Kp = 2 * mag_zeta * mag_omega
   * final Kp with frequency correction = Kp * ahrs_icq.mag_cnt
   * with ahrs_icq.mag_cntbeeing the number of propagations since last update
   *
   * residual FRAC: 2 * MAG_FRAC = 22
   * rate_correction FRAC: RATE_FRAC = 12
   * FRAC conversion: 2^12 / 2^22 = 1/1024
```

```
   *
   * inv_rate_gain = 1024 / Kp
   */
  const int32_t inv_rate_gain = (int32_t)(1024.0 / (ahrs_icq.mag_kp * ahrs_icq.mag_cnt));
  ahrs_icq.rate_correction.p += residual.x / inv_rate_gain;
  ahrs_icq.rate_correction.q += residual.y / inv_rate_gain;
  ahrs_icq.rate_correction.r += residual.z / inv_rate_gain;

  /* Complementary filter integral gain
   * Correct the gyro bias.
   * Ki = omega^2 * dt
   *
   * residual FRAC: 2 * MAG_FRAC = 22
   * high_rez_bias FRAC: RATE_FRAC + 28 = 40
   * FRAC conversion: 2^40 / 2^22 = 2^18
   *
   * bias_gain = Ki * FRAC_conversion = Ki * 2^18
   */
  const int32_t bias_gain = (int32_t)(ahrs_icq.mag_ki * dt * (1 << 18));

  ahrs_icq.high_rez_bias.p -= residual.x * bias_gain;
  ahrs_icq.high_rez_bias.q -= residual.y * bias_gain;
  ahrs_icq.high_rez_bias.r -= residual.z * bias_gain;

  INT_RATES_RSHIFT(ahrs_icq.gyro_bias, ahrs_icq.high_rez_bias, 28);

}

static inline void ahrs_icq_update_mag_2d(struct Int32Vect3 * mag, float dt)
{

  struct Int32Vect2 expected_ltp = {ahrs_icq.mag_h.x, ahrs_icq.mag_h.y};
  /* normalize expected ltp in 2D (x,y) */
  int32_vect2_normalize(&expected_ltp, INT32_MAG_FRAC);

  struct Int32RMat ltp_to_imu_rmat;
  int32_rmat_of_quat(&ltp_to_imu_rmat, &ahrs_icq.ltp_to_imu_quat);

  struct Int32Vect3 measured_ltp;
  int32_rmat_transp_vmult(&measured_ltp, &ltp_to_imu_rmat,
  /* normalize measured ltp in 2D (x,y) */
  struct Int32Vect2 measured_ltp_2d = {measured_ltp.x, measured_ltp.y}; int32_vect2_
normalize(&measured_ltp_2d, INT32_MAG_FRAC);

  /* residual_ltp FRAC: 2 * MAG_FRAC - 5 = 17 */
  struct Int32Vect3 residual_ltp = {
    0,
    0,
    (measured_ltp_2d.x * expected_ltp.y - measured_ltp_2d.y * expected_ltp.x) / (1 << 5)
  };
  struct Int32Vect3 residual_imu;
  int32_rmat_vmult(&residual_imu, &ltp_to_imu_rmat, &residual_ltp);
```

```
/* Complementary filter proportionnal gain.
 * Kp = 2 * mag_zeta * mag_omega
 * final Kp with frequency correction = Kp * ahrs_icq.mag_cnt
 * with ahrs_icq.mag_cntbeeing the number of propagations since last update
 *
 * residual_imu FRAC = residual_ltp FRAC = 17
 * rate_correction FRAC: RATE_FRAC = 12
 * FRAC conversion: 2^12 / 2^17 = 1/32
 *
 * inv_rate_gain = 1 / Kp / FRAC_conversion
 * inv_rate_gain = 32 / Kp
 */
int32_t inv_rate_gain = (int32_t)(32.0 / (ahrs_icq.mag_kp * ahrs_icq.mag_cnt));

ahrs_icq.rate_correction.p += (residual_imu.x / inv_rate_gain);
ahrs_icq.rate_correction.q += (residual_imu.y / inv_rate_gain);
ahrs_icq.rate_correction.r += (residual_imu.z / inv_rate_gain);


/* Complementary filter integral gain
 * Correct the gyro bias.
 * Ki = omega^2 * dt
 *
 * residual_imu FRAC = residual_ltp FRAC = 17
 * high_rez_bias FRAC: RATE_FRAC + 28 = 40
 * FRAC conversion: 2^40 / 2^17 = 2^23
 *
 * bias_gain = Ki * FRAC_conversion = Ki * 2^23
 */
int32_t bias_gain = (int32_t)(ahrs_icq.mag_ki * dt * (1 << 23));

ahrs_icq.high_rez_bias.p -= (residual_imu.x * bias_gain);
ahrs_icq.high_rez_bias.q -= (residual_imu.y * bias_gain);
ahrs_icq.high_rez_bias.r -= (residual_imu.z * bias_gain);

INT_RATES_RSHIFT(ahrs_icq.gyro_bias, ahrs_icq.high_rez_bias, 28);

}
```

5. GPS 的滤波算法

在基于四元数的互补滤波算法中，GPS 传感器主要是辅助作用，并且是可选的设置内容，需要在配置文件中对其进行设置才能起作用。GPS 模块的辅助作用主要是获得飞行器的线速度和辅助偏航角的设定，这部分代码如下：

```
void ahrs_icq_update_gps(struct GpsState * gps_s__attribute__ ((unused)))
{
#if AHRS_GRAVITY_UPDATE_COORDINATED_TURN && USE_GPS
  if(gps_s -> fix >= GPS_FIX_3D) {
    ahrs_icq.ltp_vel_norm = SPEED_BFP_OF_REAL(gps_s -> speed_3d / 100.);
    ahrs_icq.ltp_vel_norm_valid = true;
```

```
    } else {
      ahrs_icq.ltp_vel_norm_valid = false;
    }
# endif


# if AHRS_USE_GPS_HEADING && USE_GPS
  // got a 3d fix, ground speed > AHRS_HEADING_UPDATE_GPS_MIN_SPEED (default 5.0 m/s)
  // and course accuracy is better than 10deg
  staticconst uint16_t gps_min_speed = AHRS_HEADING_UPDATE_GPS_MIN_SPEED * 100;
  staticconst uint32_t max_cacc = RadOfDeg(10 * 1e7);
  if (gps_s -> fix > = GPS_FIX_3D &&
      gps_s -> gspeed > = gps_min_speed&&gps_s -> cacc < = max_cacc) {
    // gps_s -> course is in rad * 1e7, we need it in rad * 2^INT32_ANGLE_FRAC
    int32_t course = gps_s -> course * ((1 << INT32_ANGLE_FRAC) / 1e7);


    /* the assumption here is that there is no side - slip, so heading = course */


    if(ahrs_icq.heading_aligned) { ahrs_icq_update_heading(course);
    } else {
      /* hard reset the heading if this is the first measurement */
      ahrs_icq_realign_heading(course);
    }
  }
# endif
}


void ahrs_icq_update_heading( int32_t heading)
{

  INT32_ANGLE_NORMALIZE(heading);

  // row 0 of ltp_to_body_rmat = body x - axis in ltp frame
  // we only consider x and y
  struct Int32Quat * body_to_imu_quat = orientationGetQuat_i(&ahrs_icq.body_to_imu);
  struct Int32Quat ltp_to_body_quat;
  int32_quat_comp_inv(&ltp_to_body_quat, &ahrs_icq.ltp_to_imu_quat, body_to_imu_quat);
  struct Int32RMat ltp_to_body_rmat;
  int32_rmat_of_quat(&ltp_to_body_rmat, &ltp_to_body_quat);
  struct Int32Vect2 expected_ltp = {
    RMAT_ELMT(ltp_to_body_rmat, 0, 0),
    RMAT_ELMT(ltp_to_body_rmat, 0, 1)
  };

  int32_t heading_x, heading_y;
  PPRZ_ITRIG_COS(heading_x, heading); // measured course in x - direction
  PPRZ_ITRIG_SIN(heading_y, heading); // measured course in y - direction

  // expected_heading cross measured_heading ??
  struct Int32Vect3 residual_ltp = {
    0,
    0,
```

```
      (expected_ltp.x * heading_y - expected_ltp.y * heading_x) / (1 << INT32_ANGLE_FRAC)
    };


    struct Int32Vect3 residual_imu;
    struct Int32RMat ltp_to_imu_rmat;
    int32_rmat_of_quat(&ltp_to_imu_rmat, &ahrs_icq.ltp_to_imu_quat);
    int32_rmat_vmult(&residual_imu, &ltp_to_imu_rmat, &residual_ltp);


    // residual FRAC = TRIG_FRAC + TRIG_FRAC = 14 + 14 = 28
    // rate_correction FRAC = RATE_FRAC = 12
    // 2^12 / 2^28 * 4.0 = 1/2^14
    // (1 << INT32_ANGLE_FRAC)/2^14 = 1/4
    ahrs_icq.rate_correction.p += residual_imu.x / 4;
    ahrs_icq.rate_correction.q += residual_imu.y / 4;
    ahrs_icq.rate_correction.r += residual_imu.z / 4;


    /* crude attempt to only update bias if deviation is small
     * e.g. needed when you only have gps providing heading
     * and the inital heading is totally different from
     * thegps course information you get once you have a gps fix.
     * Otherwise the bias will be falsely "corrected".
     */
    int32_t sin_max_angle_deviation;
    PPRZ_ITRIG_SIN(sin_max_angle_deviation, TRIG_BFP_OF_REAL(RadOfDeg(AHRS_BIAS_UPDATE_
HEADING_THRESHOLD)));
    if(ABS(residual_ltp.z) < sin_max_angle_deviation) {
      // residual_ltp FRAC = 2 * TRIG_FRAC = 28
      // high_rez_bias = RATE_FRAC + 28 = 40
      // 2^40 / 2^28 * 2.5e-4 = 1
      ahrs_icq.high_rez_bias.p -= residual_imu.x * (1 << INT32_ANGLE_FRAC);
      ahrs_icq.high_rez_bias.q -= residual_imu.y * (1 << INT32_ANGLE_FRAC);
      ahrs_icq.high_rez_bias.r -= residual_imu.z * (1 << INT32_ANGLE_FRAC);
      INT_RATES_RSHIFT(ahrs_icq.gyro_bias, ahrs_icq.high_rez_bias, 28);
    }
  }
}
```

6．滤波算法的初始对准

在 8.5.1 节中，对准模块将陀螺仪、加速度计和磁强计的初始值由函数 AbiSendMsgIMU_LOWPASSED()发布，参考 ahrs_icq.register()函数代码可知，在基于四元数的互补滤波算法中，该 ABI 消息的回调函数为 aligner_cb()，该函数位于 ahrs_int_cmpl_quat_wrapper.c 文件中，代码如下：

```
static void aligner_cb(uint8_t __ attribute __((unused)) sender_id,
                       uint32_t stamp __ attribute __((unused)),
                       struct Int32Rates * lp_gyro, struct Int32Vect3 * lp_accel,
                       struct Int32Vect3 * lp_mag)
{
  if(!ahrs_icq.is_aligned) {
    if(ahrs_icq_align(lp_gyro, lp_accel, lp_mag)) {
```

```
            set_body_state_from_quat();
        }
    }
}
```

函数 aligner_cb() 调用了函数 ahrs_icq_align() 完成 AHRS 模块的对准，函数 ahrs_icq_align() 代码如下：

```
bool ahrs_icq_align(struct Int32Rates * lp_gyro, struct Int32Vect3 * lp_accel,
                    struct Int32Vect3 * lp_mag)
{
#if USE_MAGNETOMETER
  /* Compute an initial orientation from accel and mag directly as quaternion */ ahrs_int_get
  _quat_from_accel_mag(&ahrs_icq.ltp_to_imu_quat,lp_accel, lp_mag);
  ahrs_icq.heading_aligned = true;
#else
   /* Compute an initial orientation from accel and just set heading to zero */
  ahrs_int_get_quat_from_accel(&ahrs_icq.ltp_to_imu_quat, lp_accel);
  ahrs_icq.heading_aligned = false;
  // supress unused arg warning
  lp_mag = lp_mag;
#endif

   /* Use low passed gyro value as initial bias */
  RATES_COPY(ahrs_icq.gyro_bias, * lp_gyro);
  RATES_COPY(ahrs_icq.high_rez_bias, * lp_gyro);
  INT_RATES_LSHIFT(ahrs_icq.high_rez_bias, ahrs_icq.high_rez_bias, 28);

  ahrs_icq.status = AHRS_ICQ_RUNNING;
  ahrs_icq.is_aligned = true;

   return true;
}
```

其中，基于四元数的互补滤波算法利用由函数 AbiSendMsgIMU_LOWPASSED() 发布的加速度计和磁强计的校准数据计算了四元数初始值，由陀螺仪校准数据设定了陀螺仪漂移值的初始值。

8.5.4　卡尔曼滤波算法

卡尔曼滤波算法的基本原理可参考 5.5.8 节，Paparazzi 基于卡尔曼滤波算法的航姿参考系统中使用了基于四元数的乘性扩展卡尔曼滤波算法，算法原理见附录 C。

Paparazzi 卡尔曼滤波算法只有浮点运算模式的实现，这部分代码实现位于 sw/airborne/subsystems/ahrs 文件夹的 ahrs_float_mlkf_wrapper. c、ahrs_float_mlkf_wrapper. h、ahrs_float_mlkf. c 和 ahrs_float_mlkf. h 文件中。卡尔曼滤波算法相关的各函数、相互调用关系和运行机制与基于四元数的互补滤波算法类似，

1. IMU 原始数据的传递

与互补滤波算法类似，卡尔曼滤波算法中的传感器原始数据也是通过 ABI 消息机制传

递给 AHRS 模块的。卡尔曼滤波算法和基于四元数的互补滤波算法在 IMU 模块 ABI 消息机制中的回调函数基本是一致的,陀螺仪、加速度计和磁强计的回调函数都会调用 set_body_state_from_quat()函数,将最新的四元数以变换矩阵形式保存到全局变量 state 结构中。

所不同的是,Paparazzi 的卡尔曼滤波算法仅在陀螺仪的回调函数中计算了采用周期用于后续的算法计算,而在加速度计和磁强计的回调函数中并未计算采样周期;Paparazzi 的卡尔曼滤波算法采用了浮点运算方式,而 Paparazzi 的互补滤波算法既有定点运算方式也有浮点运算方式,这部分代码如下:

```
static void gyro_cb(uint8_t __ attribute __((unused)) sender_id,
                              uint32_t stamp, struct Int32Rates * gyro)
{
  ahrs_mlkf_last_stamp = stamp;
  struct FloatRates gyro_f;
  RATES_FLOAT_OF_BFP(gyro_f, * gyro);

#if USE_AUTO_AHRS_FREQ || !defined(AHRS_PROPAGATE_FREQUENCY)
  PRINT_CONFIG_MSG("Calculating dt for AHRS_MLKF propagation.")
  /* timestamp in usec when last callback was received */
  static uint32_t last_stamp = 0;

  if (last_stamp > 0 &&ahrs_mlkf.is_aligned) {
    float dt = (float)(stamp - last_stamp) * 1e-6;
    ahrs_mlkf_propagate(&gyro_f, dt);
    set_body_state_from_quat();
  }
  last_stamp = stamp;
#else
   PRINT_CONFIG_MSG("Using fixed AHRS_PROPAGATE_FREQUENCY for AHRS_MLKF propagation.")
  PRINT_CONFIG_VAR(AHRS_PROPAGATE_FREQUENCY)
  if (ahrs_mlkf.status == AHRS_MLKF_RUNNING) {
    const float dt = 1. / (AHRS_PROPAGATE_FREQUENCY);
    ahrs_mlkf_propagate(&gyro_f, dt);
    set_body_state_from_quat();
  }
#endif
}

static void accel_cb(uint8_t sender_id__ attribute __((unused)),
                   uint32_t stamp __ attribute __((unused)),
                   struct Int32Vect3 * accel)
{
  if (ahrs_mlkf.is_aligned) {
    struct FloatVect3 accel_f;
    ACCELS_FLOAT_OF_BFP(accel_f, * accel);
    ahrs_mlkf_update_accel(&accel_f);
    set_body_state_from_quat();
  }
}
```

```
static void mag_cb (uint8_t sender_id__ attribute __((unused)),
                    uint32_t stamp __ attribute __((unused)),
                    struct Int32Vect3 * mag)
{
    if (ahrs_mlkf.is_aligned) {
      struct FloatVect3 mag_f;
      MAGS_FLOAT_OF_BFP(mag_f, * mag);
      ahrs_mlkf_update_mag(&mag_f);
      set_body_state_from_quat();
    }
}
```

ahrs_mlkf_register()函数实现了传感器回调函数与事件之间的绑定，该函数还完成了 AHRS 模块中其他 ABI 消息的绑定以及遥测信息的注册。

ahrs_mlkf_register()函数也位于 ahrs_float_mlkf_wrapper.c 文件中，代码如下：

```
void ahrs_mlkf_register(void)
{
    ahrs_mlkf_output_enabled = AHRS_MLKF_OUTPUT_ENABLED;
    ahrs_mlkf_init();
    ahrs_register_impl(ahrs_mlkf_enable_output);

    /*
     * Subscribe to scaled IMU measurements and attach callbacks
     */
    AbiBindMsgIMU_GYRO_INT32(AHRS_MLKF_IMU_ID, &gyro_ev, gyro_cb);
    AbiBindMsgIMU_ACCEL_INT32(AHRS_MLKF_IMU_ID, &accel_ev, accel_cb);
    AbiBindMsgIMU_MAG_INT32(AHRS_MLKF_MAG_ID, &mag_ev, mag_cb);
    AbiBindMsgIMU_LOWPASSED(ABI_BROADCAST, &aligner_ev, aligner_cb);
    AbiBindMsgBODY_TO_IMU_QUAT(ABI_BROADCAST, &body_to_imu_ev, body_to_imu_cb);
    AbiBindMsgGEO_MAG(ABI_BROADCAST, &geo_mag_ev, geo_mag_cb);

#if PERIODIC_TELEMETRY
    register_periodic_telemetry(DefaultPeriodic, PPRZ_MSG_ID_AHRS_EULER, send_euler);
    register_periodic_telemetry(DefaultPeriodic, PPRZ_MSG_ID_AHRS_GYRO_BIAS_INT, send_bias);
    register_periodic_telemetry(DefaultPeriodic, PPRZ_MSG_ID_GEO_MAG, send_geo_mag);
    register_periodic_telemetry(DefaultPeriodic, PPRZ_MSG_ID_STATE_FILTER_STATUS,
        send_filter_status);
#endif
}
```

2. 陀螺仪的滤波算法

卡尔曼滤波算法中陀螺仪的回调函数 gyro_cb()调用了 ahrs_mlkf_propagate()函数和 set_body_state_from_quat()函数。

set_body_state_from_quat()函数的功能与四元数互补滤波算法中的同名函数一致。

① 将 IMU 坐标系中的四元数转换为机体坐标系中的四元数。

② 将四元数描述的姿态信息转换为变换矩阵，并保存在全局变量 state 结构中。卡尔曼滤波算法中的时间更新部分由 ahrs_mlkf_propagate()函数实现。该函数的定义位于

ahrs_float_mlkf.c 文件中，其代码如下：

```
void ahrs_mlkf_propagate(struct FloatRates * gyro, float dt)
{
  propagate_ref(gyro, dt);
  propagate_state(dt);
}
```

ahrs_mlkf_propagate()函数调用了 propagate_ref()函数和 propagate_state()函数，分别实现了卡尔曼滤波中的状态预测和误差协方差矩阵预测。这两个函数的代码如下：

```
static inline void propagate_ref(struct FloatRates * gyro, float dt)
{
   struct FloatRates rates = * gyro;

  /* unbias measurement */
  RATES_SUB(rates, ahrs_mlkf.gyro_bias);

#ifdef AHRS_PROPAGATE_LOW_PASS_RATES
  /* lowpass angular rates */
  const float alpha = 0.1;
  FLOAT_RATES_LIN_CMB(ahrs_mlkf.imu_rate, ahrs_mlkf.imu_rate,
  (1. - alpha), rates, alpha);
#else
  RATES_COPY(ahrs_mlkf.imu_rate, rates);
#endif

   /* propagate reference quaternion */
  float_quat_integrate(&ahrs_mlkf.ltp_to_imu_quat, &ahrs_mlkf.imu_rate, dt);

  }

  /**
   * Progagate filter's covariance
   * We don't propagate state as we assume to have reseted
   **/
static inline void propagate_state(float dt)
{
  /* predict covariance */
  const float dp = ahrs_mlkf.imu_rate.p * dt;
  const float dq = ahrs_mlkf.imu_rate.q * dt;
  const float dr = ahrs_mlkf.imu_rate.r * dt;

float F[6][6] = {{  1.,dr,     - dq,    - dt,0.,0.  },
    { - dr, 1., dp, 0., - dt, 0. },
    { dq, - dp, 1., 0., 0., - dt },
    { 0., 0., 0., 1., 0., 0. },
    { 0., 0., 0., 0., 1., 0. },
    { 0., 0., 0., 0., 0., 1. }
  };
  // P = FPF' + GQG
```

```
float tmp[6][6];
MAT_MUL(6, 6, 6, tmp, F, ahrs_mlkf.P);
MAT_MUL_T(6, 6, 6, ahrs_mlkf.P, tmp, F);
const float dt2 = dt * dt;
const float GQG[6] = {dt2 * 10e-3, dt2 * 10e-3, dt2 * 10e-3, dt2 * 9e-6, dt2 * 9e-
6, dt2 * 9e-6 };
for (int i = 0; i < 6; i++) {
   ahrs_mlkf.P[i][i] += GQG[i];
}
}
```

其中，propagate_ref()函数实现了式(8-16)和式(8-17)的计算，即

$$\hat{\boldsymbol{\omega}}_k = \boldsymbol{\omega}_{\mathrm{gyro}}(k) - \hat{\boldsymbol{b}}_k \tag{8-16}$$

$$\hat{\boldsymbol{q}}_{k|k-1} = \hat{\boldsymbol{q}}_{k-1|k-1} \otimes \begin{bmatrix} \cos\left(\parallel \hat{\boldsymbol{\omega}}_k \parallel \dfrac{T}{2}\right) \\ \sin\left(\dfrac{\parallel \hat{\boldsymbol{\omega}}_k \parallel T}{2}\right) \dfrac{\hat{\boldsymbol{\omega}}_k}{\parallel \hat{\boldsymbol{\omega}}_k \parallel} \end{bmatrix} \tag{8-17}$$

式(8-16)、式(8-17)和 propagate_ref()函数和 propagate_state()函数代码的对应关系为

$$\hat{\boldsymbol{\omega}}_k = \mathrm{ahrs\_mlkf.imu\_rate} \qquad \boldsymbol{\omega}_{\mathrm{gyro}}(k) = *gyro$$

$$\hat{\boldsymbol{b}}_k = \mathrm{ahrs\_mlkf.gyro\_bias} \qquad \hat{\boldsymbol{q}}_{k-1|k-1} = \mathrm{ahrs\_mlkf.ltp\_to\_imu\_quat}$$

$$\hat{\boldsymbol{q}}_{k|k-1} = \mathrm{ahrs\_mlkf.ltp\_to\_imu\_quat}$$

在 propagate_ref()函数和 propagate_state()函数代码中，变量 $\hat{\boldsymbol{q}}_{k-1|k-1}$ 和 $\hat{\boldsymbol{q}}_{k|k-1}$ 使用了同一存储空间 ahrs_mlkf.ltp_to_imu_quat。

propagate_ref()函数和 propagate_state()函数代码中 float_quat_integrate()函数实现式(8-17)的计算，该函数位于 sw/airborne/math/pprz_algebra_float.c 文件中，代码如下：

```
/** in place quaternion integration with constant rotational velocity */
void float_quat_integrate(struct FloatQuat * q, struct FloatRates * omega, float dt)
{
  const float no = FLOAT_RATES_NORM(* omega);
  if (no > FLT_MIN) {
    const float a = 0.5 * no * dt;
    const float ca = cosf(a);
    const float sa_ov_no = sinf(a) / no;
    const float dp = sa_ov_no * omega->p;
    const float dq = sa_ov_no * omega->q;
    const float dr = sa_ov_no * omega->r;
    const float qi = q->qi;
    const float qx = q->qx;
    const float qy = q->qy;
    const float qz = q->qz;
    q->qi = ca * qi - dp * qx - dq * qy - dr * qz;
    q->qx = dp * qi + ca * qx + dr * qy - dq * qz;
    q->qy = dq * qi - dr * qx + ca * qy + dp * qz;
    q->qz = dr * qi + dq * qx - dp * qy + ca * qz;
  }
}
```

propagate_ref()函数和 propagate_state()函数代码中的 propagate_state()函数则实现了式(8-18)的误差协方差矩阵预测,即

$$P_{k|k-1} = \Phi_{k|k-1} P_{k-1|k-1} \Phi_{k|k-1}^T + L_{k-1} Q_{k-1} L_{k-1}^T \qquad (8\text{-}18)$$

式(8-18)与 propagate_ref()函数和 propagate_state()函数代码的对应关系为

$$P_{k|k-1} = \text{ahrs\_mlkf. P[][]} \qquad \Phi_{k|k-1} = \text{F[][]}$$

$$L_{k-1} = \text{dt}I \qquad L_{k-1} Q_{k-1} L_{k-1}^T = \text{GQG}$$

3. 加速度计和磁强计的滤波算法

加速度计和磁强计测量飞行器姿态的原理均是通过观测本地坐标系中的某个标准矢量在 IMU 坐标系中的坐标,进而计算 IMU 的姿态,两者测量飞行器姿态的原理类似,可以统称为矢量观测传感器。因为这两种传感器测量姿态的原理类似,所以其算法的实现也相似,代码如下:

```
void ahrs_mlkf_update_accel(struct FloatVect3 * accel)
{
  struct FloatVect3 imu_g = * accel;
  const float alpha = 0.92;
  ahrs_mlkf.lp_accel = alpha * ahrs_mlkf.lp_accel +
                  (1. - alpha) * (float_vect3_norm(&imu_g) - 9.81);
  const struct FloatVect3 earth_g = {0.,0., - 9.81 };
  const float dn = 250 * fabs(ahrs_mlkf.lp_accel);
  struct FloatVect3 g_noise = {1. + dn, 1. + dn, 1. + dn};
  update_state(&earth_g, &imu_g, &g_noise);
  reset_state();
}


void ahrs_mlkf_update_mag(struct FloatVect3 * mag)
{
# if AHRS_MAG_UPDATE_ALL_AXES
  ahrs_mlkf_update_mag_full(mag);
#else
  ahrs_mlkf_update_mag_2d(mag);
# endif
}


void ahrs_mlkf_update_mag_2d(struct FloatVect3 * mag)
{
  update_state_heading(&ahrs_mlkf.mag_h, mag, &ahrs_mlkf.mag_noise);
  reset_state();
}


void ahrs_mlkf_update_mag_full(struct FloatVect3 * mag)
{
  update_state(&ahrs_mlkf.mag_h, mag, &ahrs_mlkf.mag_noise);
  reset_state();
}
```

加速度计和磁强计测量飞行器姿态的原理类似,在代码中两者均通过调用 update_

state()函数和 reset_state()函数实现相应算法。

　　磁强计可以用来测量三维姿态，也可以仅用于更新二维姿态（即磁强计仅更新偏航角），若使用磁强计更新三维姿态则调用 ahrs_mlkf_update_mag_full()函数，此时算法与加速度计基本相同；若使用磁强计更新二维姿态则调用 ahrs_mlkf_update_mag_2d()函数，而 ahrs_mlkf_update_mag_2d()函数调用的 update_state_heading()函数可以视为 update_state()函数的二维实现。

　　update_state()函数的代码实现如下：

```
/** Incorporate one 3D vector measurement.
 * @parami_expected expected 3d vector in inertial frame
 * @paramb_measured measured 3d vector in body/imu frame
 * @param noise measurement noise vector (diagonal of covariance)
 */
static inline void update_state(const struct FloatVect3 * i_expected, struct FloatVect3 *
      b_measured, struct FloatVect3 * noise)
{

  /* converted expected measurement from inertial to body frame */
   struct FloatVect3 b_expected;
  float_quat_vmult(&b_expected, &ahrs_mlkf.ltp_to_imu_quat, i_expected);
  // S = HPH' + JRJ
   float H[3][6] = {{0., -b_expected.z,b_expected.y, 0., 0., 0.},
                    { b_expected.z,0., -b_expected.x, 0., 0., 0.},
                    { -b_expected.y, b_expected.x,0., 0., 0., 0.}
  };
  float tmp[3][6];
  MAT_MUL(3, 6, 6, tmp, H, ahrs_mlkf.P);
  float S[3][3];
  MAT_MUL_T(3, 6, 3, S, tmp, H);

  /* add the measurement noise */
  S[0][0] += noise->x;
  S[1][1] += noise->y;
  S[2][2] += noise->z;

  float invS[3][3];
  MAT_INV33(invS, S);

  // K = PH'invS
  float tmp2[6][3];
  MAT_MUL_T(6, 6, 3, tmp2, ahrs_mlkf.P, H);
  float K[6][3];
  MAT_MUL(6, 3, 3, K, tmp2, invS);

  // P = (I-KH)P
  float tmp3[6][6];
  MAT_MUL(6, 3, 6, tmp3, K, H);
  float I6[6][6] = {
     { 1., 0., 0., 0., 0., 0. },
```

```
    {  0.,1.,0.,0.,0.,0.  },
    {  0.,0.,1.,0.,0.,0.  },
    {  0.,0.,0.,1.,0.,0.  },
    {  0.,0.,0.,0.,1.,0.  },
    {  0.,0.,0.,0.,0.,1.  }

};
float tmp4[6][6];
MAT_SUB(6, 6, tmp4, I6, tmp3);
float tmp5[6][6];
MAT_MUL(6, 6, 6, tmp5, tmp4, ahrs_mlkf.P); memcpy(ahrs_mlkf.P, tmp5, sizeof (ahrs_mlkf.P));

// X = X + Ke
struct FloatVect3 e;
VECT3_DIFF(e, * b_measured, b_expected);
ahrs_mlkf.gibbs_cor.qx += K[0][0] * e.x + K[0][1] * e.y + K[0][2] * e.z;
ahrs_mlkf.gibbs_cor.qy += K[1][0] * e.x + K[1][1] * e.y + K[1][2] * e.z;
ahrs_mlkf.gibbs_cor.qz += K[2][0] * e.x + K[2][1] * e.y + K[2][2] * e.z;
ahrs_mlkf.gyro_bias.p   += K[3][0] * e.x + K[3][1] * e.y + K[3][2] * e.z;
ahrs_mlkf.gyro_bias.q   += K[4][0] * e.x + K[4][1] * e.y + K[4][2] * e.z;
ahrs_mlkf.gyro_bias.r   += K[5][0] * e.x + K[5][1] * e.y + K[5][2] * e.z;

}
```

函数 update_state()代码实现了式(8-19)至式(8-24)的算法,即

$$\boldsymbol{H}_k = \left[\begin{matrix} [\hat{\boldsymbol{r}}_{k|k-1} \times]_{\text{imu}} & \boldsymbol{0} \end{matrix} \right]$$

$$= \left[\begin{matrix} [(\boldsymbol{C}_l^i(\hat{\boldsymbol{q}}_{k|k-1})[\boldsymbol{r}]_{\text{ltp}}) \times] & \boldsymbol{0} \end{matrix} \right] \tag{8-19}$$

$$\boldsymbol{K}_k = \boldsymbol{P}_{k|k-1} \boldsymbol{H}_k^{\text{T}} (\boldsymbol{H}_k \boldsymbol{P}_{k|k-1} \boldsymbol{H}_k^{\text{T}} + \boldsymbol{R}_k)^{-1} \tag{8-20}$$

$$\boldsymbol{P}_{k|k} = (\boldsymbol{I} - \boldsymbol{K}_k \boldsymbol{H}_k) \boldsymbol{P}_{k|k-1} \tag{8-21}$$

$$\delta \hat{\boldsymbol{x}}_{k|k} = \delta \hat{\boldsymbol{x}}_{k|k-1} + \boldsymbol{K}_k ([\boldsymbol{r}_k]_{\text{imu}} - [\hat{\boldsymbol{r}}_k]_{\text{imu}})$$

$$= \delta \hat{\boldsymbol{x}}_{k|k-1} + \boldsymbol{K}_k ([\boldsymbol{r}_k]_{\text{imu}} - \boldsymbol{C}_l^i(\hat{\boldsymbol{q}}_{k|k-1})[\boldsymbol{r}_k]_{\text{ltp}}) \tag{8-22}$$

$$\delta \hat{\boldsymbol{x}} = \begin{bmatrix} \delta \hat{\boldsymbol{a}} \\ \delta \hat{\boldsymbol{b}} \end{bmatrix} \tag{8-23}$$

$$\hat{\boldsymbol{b}}_k = \hat{\boldsymbol{b}}_{k-1} + \delta \hat{\boldsymbol{b}}_{k|k} \tag{8-24}$$

式(8-19)至式(8-24)中各变量与 update_state()函数代码中变量的对应关系为

$\boldsymbol{H}_k = \text{H}[3][6]$ $\qquad\qquad$ $[\boldsymbol{r}_k]_{\text{imu}} = *\,\text{b\_measured}$

$[\boldsymbol{r}_k]_{\text{ltp}} = \text{i\_expected}$ $\qquad\qquad$ $[\hat{\boldsymbol{r}}_k]_{\text{imu}} = \text{b\_expected}$

$\boldsymbol{K}_k = \text{K}[6][3]$ $\qquad\qquad$ $\boldsymbol{P}_{k|k-1} = \text{ahrs\_mlkf. P}$

$\boldsymbol{R}_k = *\,\text{noise}$ $\qquad\qquad$ $\boldsymbol{P}_{k|k} = \text{ahrs\_mlkf. P}$

$\begin{bmatrix} \delta q_i \\ \delta \hat{\boldsymbol{a}}_{k|k} \end{bmatrix} = \text{ahrs\_mlkf. gibbs\_cor}$ $\qquad\qquad$ $\hat{\boldsymbol{q}}_{k|k-1} = \text{ahrs\_mlkf. ltp\_to\_imu\_quat}$

$\hat{\boldsymbol{b}}_k = \text{ahrs\_mlkf. gyro\_bias}$ $\qquad\qquad$ $\hat{\boldsymbol{b}}_{k-1} = \text{ahrs\_mlkf. gyro\_bias}$

$\delta\hat{\boldsymbol{b}}_{k|k}$：没有变量明确表示，隐含在代码的实现中 reset_state() 函数的代码实现如下：

```
/**
 * Incorporate errors to reference and zeros state
 */
static inline void reset_state(void)
{
  ahrs_mlkf.gibbs_cor.qi = 2.;
  struct FloatQuat q_tmp;
  float_quat_comp(&q_tmp, &ahrs_mlkf.ltp_to_imu_quat, &ahrs_mlkf.gibbs_cor);
  float_quat_normalize(&q_tmp);
  ahrs_mlkf.ltp_to_imu_quat = q_tmp;
  float_quat_identity(&ahrs_mlkf.gibbs_cor);
}
```

代码依次完成了式(8-25)和式(8-26)的算法。

其中，float_quat_comp()函数实现了四元数的乘法计算，而 float_quat_normalize()函数则实现了四元数的归一化计算。

$$\delta\hat{\boldsymbol{q}}_{k|k} = \begin{bmatrix} \delta q_i \\ \overrightarrow{\delta\hat{\boldsymbol{q}}} \end{bmatrix} = \begin{bmatrix} \delta q_i \\ \frac{1}{2}\delta\boldsymbol{a} \end{bmatrix} \tag{8-25}$$

$$\hat{\boldsymbol{q}}_{k|k} = \frac{\hat{\boldsymbol{q}}_{k|k-1} \otimes \delta\hat{\boldsymbol{q}}_{k|k}}{\|\hat{\boldsymbol{q}}_{k|k-1} \otimes \delta\hat{\boldsymbol{q}}_{k|k}\|} = \frac{\hat{\boldsymbol{q}}_{k|k-1} \otimes \begin{bmatrix} \delta q_i \\ \frac{1}{2}\delta\boldsymbol{a} \end{bmatrix}}{\left\| \hat{\boldsymbol{q}}_{k|k-1} \otimes \begin{bmatrix} \delta q_i \\ \frac{1}{2}\delta\boldsymbol{a} \end{bmatrix} \right\|} = \frac{\hat{\boldsymbol{q}}_{k|k-1} \otimes \begin{bmatrix} 2\delta q_i \\ \delta\boldsymbol{a} \end{bmatrix}}{\left\| \hat{\boldsymbol{q}}_{k|k-1} \otimes \begin{bmatrix} 2\delta q_i \\ \delta\boldsymbol{a} \end{bmatrix} \right\|} \tag{8-26}$$

在 reset_state() 函数中完成式(8-25)和式(8-26)的计算后，会调用 float_quat_identity()函数对部分变量进行初始化，即

$$\delta\hat{q}_i = 1 \tag{8-27}$$

$$\delta\hat{\boldsymbol{a}}_{k|k-1} = \boldsymbol{0} \tag{8-28}$$

$$\delta\hat{\boldsymbol{b}}_{k|k-1} = \boldsymbol{0} \tag{8-29}$$

式(8-29)在 reset.state() 函数代码中并未显式进行，而是隐含在了 $\hat{\boldsymbol{b}}_{k|k}$ 的计算中。

4. 滤波算法的初始对准

在 8.5.1 节中，对准模块将陀螺仪、加速度计和磁强计的初始值由 AbiSendMsgIMU_LOWPASSED()函数发布，在卡尔曼滤波算法中，该 ABI 消息的回调函数为 aligner_cb()，该回调函数位于 ahrs_float_mlkf_wrapper.c 文件中，代码如下：

```
static void aligner_cb(uint8_t __attribute__((unused)) sender_id,
                       uint32_t stamp __attribute__((unused)),
                       struct Int32Rates *lp_gyro, struct Int32Vect3 *lp_accel,
                       struct Int32Vect3 *lp_mag)
{
```

```
    if (!ahrs_mlkf.is_aligned) {
      /* convert to float */
      struct FloatRates gyro_f;
      RATES_FLOAT_OF_BFP(gyro_f, * lp_gyro);
      struct FloatVect3 accel_f;
      ACCELS_FLOAT_OF_BFP(accel_f, * lp_accel);
      struct FloatVect3 mag_f;
      MAGS_FLOAT_OF_BFP(mag_f, * lp_mag);
      /* set initial body orientation in state interface if alignment was successful */
      if (ahrs_mlkf_align(&gyro_f, &accel_f, &mag_f)) {
        set_body_state_from_quat();
      }
    }
  }
```

aligner_cb()函数调用了 ahrs_mlkf_align()函数完成 AHRS 模块的对准，ahrs_mlkf_align()函数的代码如下：

```
bool ahrs_mlkf_align (struct FloatRates * lp_gyro, struct FloatVect3 * lp_accel,
                      struct FloatVect3 * lp_mag)
{
  /* Compute an initial orientation from accel and mag directly as quaternion */
  ahrs_float_get_quat_from_accel_mag(&ahrs_mlkf.ltp_to_imu_quat, lp_accel, lp_mag);

  /* used averaged gyro as initial value for bias */
  ahrs_mlkf.gyro_bias = * lp_gyro;

  ahrs_mlkf.is_aligned = true;

  return true;
}
```

该代码利用加速度计和磁强计初始阶段采集的数据计算了姿态四元数的初始值，并根据陀螺仪采集的数据设定了陀螺仪漂移值的初始值。

8.6　组合导航系统

组合导航技术是指使用两种或两种以上不同方法对同一信息源做测量，从这些测量的比较值中提取出各系统的误差，并对其进行校正。参与组合的各导航系统成为子系统，一般惯性导航系统是组合导航的关键子系统。

Paparazzi 的组合导航系统部分的主要功能是惯性导航系统的解算。一般意义上，惯性导航系统包括姿态角、位置、速度和加速度等物理量的估计，而 Paparazzi 的组合导航系统一般是指位置、速度和加速度等物理量的估计，因此 Paparazzi 的组合导航系统和航姿参考系统一起才能构成一般意义下的惯性导航系统。

Paparazzi 支持的组合导航系统算法见表 8-6。

表 8-6　**Paparazzi 支持的组合导航系统算法**

组合导航系统算法	适用机型	说　　明
vff	固定翼或旋翼	垂直方向滤波器，估计垂直方向的高度、速度和加速度，使用了 3 状态变量（分别为垂直方向的位置、速度和加速度计偏差）的卡尔曼滤波。如果使能了 USE_GPS，则水平方向的位置和速度直接由 GPS 产生
hff	固定翼或旋翼	在 vff 滤波器的基础上，增加了水平位置和速度的估计，而不是由 GPS 直接产生
extended	固定翼或旋翼	与 vff 滤波器相比，增加了气压计偏差的估计
gps_passthrough	固定翼或旋翼	直接使用 GPS 的垂直高度和速度
float_invariant	固定翼或旋翼	使用固定参数的滤波器估计姿态、位置、速度和传感器偏差，这是一种完整的惯性导航算法
xsens	固定翼或旋翼	使用 XSens Mti-G 惯导器件
xsens700	固定翼或旋翼	使用 XSens Mti-G 惯导器件
vectornav	固定翼或旋翼	使用 Vectornav VN-200 惯导器件
alt_float	固定翼	使用二状态变量的卡尔曼滤波从 GPS 和气压计估计垂直高度和垂直速度

在此仅以 vff、hff 和 extended 为例介绍 Paparazzi 中的组合导航系统。由于 vff 和 extended 均为垂直方向组合导航子系统，因此两者只能二选一。hff 为水平方向的组合导航子系统，是在 vff 滤波器的基础上增加了对水平位置和速度的估计。

垂直方向的组合导航子系统根据垂直方向加速度（代码中简称为 accel）、气压高度计（代码中简称为 baro）、GPS 以及超声测高仪（代码中简称为 sonar）解算高度（z）、垂直方向的速度（$\dot{z}$）和垂直方向的加速度（$\ddot{z}$），其中 GPS 和超声测高仪是可选的。

水平方向的组合导航子系统根据水平方向加速度、GPS 和光流传感器解算水平方向的位置（x 和 y）、水平方向的速度（$\dot{x}$ 和 $\dot{y}$）和水平方向的加速度（$\ddot{x}$ 和 $\ddot{y}$），其中光流传感器是可选的。

目前在 Paparazzi 四旋翼工程的配置中，垂直方向的组合导航子系统是默选的，水平方向的组合导航子系统是可选的。

Paparazzi 中的 vff、hff 和 extended 组合导航子系统所使用的方法是卡尔曼滤波算法，该算法可分为时间更新和量测更新两部分，时间更新部分在函数 ins_int_propagate() 中执行，而量测更新部分在气压高度计、GPS、超声测高仪等传感器事件的回调函数中实现。

机身配置文件中的 INS_PROPAGATE_FREQUENCY 设置了组合导航系统（即 ins_int_propagate() 函数）的执行速度，单位是赫兹（Hz），该值默认设置为 PERIODIC_FREQUENCY。ins_int_propagate() 函数的实现位于 sw/airborne/subsystems/ins/ins_int.c 文件中，其代码如下：

```
void ins_int_propagate(struct Int32Vect3 * accel, float dt)
{
  /* untilt accels */
  struct Int32Vect3 accel_meas_body;
  struct Int32RMat * body_to_imu_rmat = orientationGetRMat_i(&imu.body_to_imu); int32_rmat
  _transp_vmult(&accel_meas_body, body_to_imu_rmat, accel);
```

```
struct Int32Vect3 accel_meas_ltp;
int32_rmat_transp_vmult(&accel_meas_ltp, stateGetNedToBodyRMat_i(), &accel_meas_body);

float z_accel_meas_float = ACCEL_FLOAT_OF_BFP(accel_meas_ltp.z);

/* Propagate only if we got any measurement during the last INS_MAX_PROPAGATION_STEPS.
 * Otherwise halt the propagation to not diverge and only set the acceleration.
 * This should only be relevant in the startup phase when the baro is not yet initialized
 * and there is no gps fix yet...
 */
if (ins_int.propagation_cnt < INS_MAX_PROPAGATION_STEPS) {
  vff_propagate(z_accel_meas_float, dt);
  ins_update_from_vff();
} else {
  // feed accel from the sensors
  // subtract -9.81m/s2 (acceleration measured due to gravity,
  // but vehicle not accelerating in ltp)
  ins_int.ltp_accel.z = accel_meas_ltp.z + ACCEL_BFP_OF_REAL(9.81);
}

#if USE_HFF
  /* propagate horizontal filter */
  b2_hff_propagate();
  /* convert and copy result to ins_int */
  ins_update_from_hff();
#else
  ins_int.ltp_accel.x = accel_meas_ltp.x;
  ins_int.ltp_accel.y = accel_meas_ltp.y;
#endif /* USE_HFF */

  ins_ned_to_state();

  /* increment the propagation counter, while making sure it doesn't overflow */
  if (ins_int.propagation_cnt < 100 * INS_MAX_PROPAGATION_STEPS) {
    ins_int.propagation_cnt++;
  }
}
```

在 ins_int_propagate()函数的代码中,首先将加速度计测量的数值从 IMU 坐标系转换到本地坐标系;然后调用垂直方向的组合导航解算 vff_propagate()函数和 ins_update_from_vff()函数估计 z、$\dot{z}$ 和 $\ddot{z}$ 等值;若配置文件中设置了 USE_HFF 宏,则会调用 b2_hff_propagate()函数和 ins_update_from_hff()函数实现水平方向组合导航的解算,即对 x、y、$\dot{x}$、$\dot{y}$、$\ddot{x}$ 和 $\ddot{y}$ 等值的解算;最后将估计结果由 ins_ned_to_state()函数保存到全局变量 state 中。

8.6.1　垂直方向的组合导航

垂直方向组合导航所使用的传感器数据包括三轴加速度计测量到的加速度信息以及

GPS、气压高度计和超声波测高模块测量到高度信息。

GPS 测量的高度值没有积累误差，但是精度较差；气压计测量的高度值精度要比 GPS 好很多，理论上能达到分米级，但是受阵风或螺旋桨气流影响较大，干扰噪声也较大，而且受气象环境影响长期稳定性较差，不过对于四旋翼无人机短时间的飞行一般没有什么影响；超声波测高的精度较高，可以达到厘米级，但是测量范围较小，一般在 10m 以内。

垂直方向的组合导航是为了估计 z、$\dot{z}$ 和 $\ddot{z}$ 等状态变量的值，所使用的方法是卡尔曼滤波。

1. 垂直运动的状态方程

垂直运动的状态空间表达式为

$$\begin{cases} \dot{\boldsymbol{x}}(t) = \boldsymbol{A}\boldsymbol{x}(t) + \boldsymbol{B}\boldsymbol{u}(t) + \boldsymbol{w}(t) \\ \boldsymbol{y}(t) = \boldsymbol{C}\boldsymbol{x}(t) + \boldsymbol{v}(t) \end{cases} \tag{8-30}$$

式中，

$$\boldsymbol{x}(t) = \begin{bmatrix} z \\ \dot{z} \end{bmatrix} \qquad \boldsymbol{u}(t) = \begin{bmatrix} 0 \\ \ddot{z} \end{bmatrix} \qquad \boldsymbol{y}(t) = \begin{bmatrix} z_{\text{sensor}} \\ \dot{z}_{\text{sensor}} \end{bmatrix}$$

$$\boldsymbol{A} = \begin{bmatrix} 0 & 1 \\ 0 & 0 \end{bmatrix} \qquad \boldsymbol{B} = \begin{bmatrix} 0 \\ 1 \end{bmatrix} \qquad \boldsymbol{C} = \begin{bmatrix} 1 & 0 \\ 0 & 1 \end{bmatrix}$$

$$\text{E}[\boldsymbol{w}(t)] = 0 \qquad \text{E}[\boldsymbol{v}(t)] = 0 \qquad \text{E}[\boldsymbol{w}(t)\boldsymbol{w}(\tau)^{\text{T}}] = \boldsymbol{Q}_{\text{c}}(t)\delta(t-\tau)$$

$$\text{E}[\boldsymbol{v}(t)\boldsymbol{v}(\tau)^{\text{T}}] = \boldsymbol{R}_{\text{c}}(t)\delta(t-\tau)$$

$\boldsymbol{w}(t), \boldsymbol{v}(t)$ ——不相关的零均值白噪声过程；

$\boldsymbol{Q}_{\text{c}}(t)$ ——非负定矩阵；

$\boldsymbol{R}_{\text{c}}(t)$ ——正定矩阵。

以采样周期 T 将式(8-30)离散化后得到式(8-31)，即

$$\begin{cases} \boldsymbol{x}_k = \boldsymbol{\Phi}_{k,k-1}\boldsymbol{x}_{k-1} + \boldsymbol{G}_{k-1}\boldsymbol{u}_{k-1} + \boldsymbol{w}_{k-1} \\ \boldsymbol{y}_k = \boldsymbol{H}_k\boldsymbol{x}_k + \boldsymbol{v}_k \end{cases} \tag{8-31}$$

式中，

$$\boldsymbol{x}_k = \begin{bmatrix} z_k \\ \dot{z}_k \end{bmatrix} \qquad \boldsymbol{u}_{k-1} = \begin{bmatrix} 0 \\ \ddot{z}_k \end{bmatrix}$$

$$\boldsymbol{y}_k = \begin{bmatrix} z_{\text{sensor}}(k) \\ \dot{z}_{\text{sensor}}(k) \end{bmatrix} \qquad \boldsymbol{H}_k = \begin{bmatrix} 1 & 0 \\ 0 & 1 \end{bmatrix}$$

$$\boldsymbol{\Phi}_{k|k-1} = \exp(AT) \qquad \boldsymbol{G}_{k-1} = \int_0^{\text{T}} \exp(At)\,\text{d}t\,\boldsymbol{B}$$

$$\text{E}[\boldsymbol{w}_{k-1}] = 0 \qquad \text{E}[\boldsymbol{w}_{k-1}\boldsymbol{w}_{k-1}^{\text{T}}] = \int_0^{\text{T}} \exp(At)\boldsymbol{Q}_{\text{c}}(t_{k-1})\exp(A^{\text{T}}t)\,\text{d}t$$

$$\text{E}[\boldsymbol{v}_k] = 0 \qquad \text{E}[\boldsymbol{v}_k\boldsymbol{v}_k^{\text{T}}] = \frac{\boldsymbol{R}_{\text{c}}(t_k)}{T}$$

vff 和 extended 模式的垂直方向的组合导航算法都在基本的状态空间表达式的基础上进行了扩展，增加部分传感器器件偏差值作为系统的状态变量。如果设定 USE_VFF_EXTENDED 为假，则会使用 vff 模式的垂直方向组合导航算法。

2. 加速度计数学模型

vff 模式的卡尔曼滤波增加了对加速度计漂移偏差 b 的估计。垂直方向加速度的测量值为 $\ddot{z}_{\mathrm{accel}}$,飞行器垂直方向运动的加速度的真实值为 $\ddot{z}$,飞行器垂直方向运动的加速度的估计值为 $\hat{\ddot{z}}$,则有式(8-32)的关系,即

$$\begin{cases} \ddot{z}_{\mathrm{accel}}(t) = \ddot{z} + b(t) - g + \eta_{\mathrm{accel}}(t) \\ \ddot{z}_{\mathrm{accel}}(t) = \hat{\ddot{z}}(t) + \hat{b}(t) - g \end{cases} \tag{8-32}$$

式中 g——重力加速度;

$b(t)$——加速度计漂移偏差,且有

$$\frac{\mathrm{d}b(t)}{\mathrm{d}t} = \eta_{\mathrm{b}}(t)$$

$\eta_{\mathrm{accel}}(t)$,$\eta_{\mathrm{b}}(t)$——不相关的零均值白噪声过程,且有

$$\begin{cases} \mathrm{E}[\eta_{\mathrm{accel}}(t)\eta_{\mathrm{accel}}(t)^{\mathrm{T}}] = \boldsymbol{Q}_{\mathrm{accel}} \\ \mathrm{E}[\eta_{\mathrm{b}}(t)\eta_{\mathrm{b}}(t)^{\mathrm{T}}] = \boldsymbol{Q}_{\mathrm{b}} \end{cases}$$

3. vff 模式的状态空间表达式

vff 模式量测信息的传感器默认可以选择气压计或 GPS。气压计输出的量测信息为高度,GPS 可以输出高度和垂直速度信息。

1) 连续状态空间表达式

在 vff 模式中,垂直方向的状态变量选为垂直方向的位置(高度)、速度和加速度计的偏差,其维数为 3×1 维,即

$$\boldsymbol{x}(t) = \begin{bmatrix} z(t) \\ \dot{z}(t) \\ b(t) \end{bmatrix} \tag{8-33}$$

将作用在飞行器垂直方向的运动加速度 $\ddot{z}(t)$ 分量视为系统的输入,其维数为 1×1 维。系统的连续状态空间表达式为

$$\begin{cases} \dfrac{\mathrm{d}}{\mathrm{d}t} \begin{bmatrix} z(t) \\ \dot{z}(t) \\ b(t) \end{bmatrix} = \begin{bmatrix} 0 & 1 & 0 \\ 0 & 0 & 0 \\ 0 & 0 & 0 \end{bmatrix} \begin{bmatrix} z(t) \\ \dot{z}(t) \\ b(t) \end{bmatrix} + \begin{bmatrix} 0 \\ 1 \\ 0 \end{bmatrix} \ddot{z}(t) + \boldsymbol{w}(t) \\ \\ \boldsymbol{y}(t) = \begin{bmatrix} 1 & 0 & 0 \\ 0 & 1 & 0 \end{bmatrix} \begin{bmatrix} z(t) \\ \dot{z}(t) \\ b(t) \end{bmatrix} + \boldsymbol{v}(t) \end{cases} \tag{8-34}$$

式中,

$$\mathrm{E}[\boldsymbol{w}(t)\boldsymbol{w}(t)^{\mathrm{T}}] = \boldsymbol{Q}_{\mathrm{c}}(t) = \begin{bmatrix} 0 & 0 & 0 \\ 0 & Q_{\mathrm{accel}} & 0 \\ 0 & 0 & Q_{\mathrm{b}} \end{bmatrix}$$

$$\mathrm{E}[\boldsymbol{v}(t)\boldsymbol{v}(t)^{\mathrm{T}}] = \boldsymbol{R}_{\mathrm{c}}(t) = \begin{bmatrix} R_{\mathrm{p}} & 0 \\ 0 & R_{\mathrm{v}} \end{bmatrix}$$

R_{p}——高度量测噪声的协方差函数,高度量测元件通常为气压高度计、超声波测高元

件或 GPS；

R_v——垂直速度量测噪声的协方差函数，垂直量测元件通常 GPS。

由式（8-32）可知，$\ddot{z}(t)=\ddot{z}_{accel}(t)+g-b(t)-\eta_{accel}(t)$，因此式（8-34）中的状态方程可表示为

$$\frac{d}{dt}\begin{bmatrix}z(t)\\\dot{z}(t)\\b(t)\end{bmatrix}=\begin{bmatrix}0&1&0\\0&0&-1\\0&0&0\end{bmatrix}\begin{bmatrix}z(t)\\\dot{z}(t)\\b(t)\end{bmatrix}+\begin{bmatrix}0\\1\\0\end{bmatrix}(\ddot{z}_{accel}(t)+g)+\begin{bmatrix}0\\-\eta_{accel}(t)\\\eta_b(t)\end{bmatrix}\tag{8-35}$$

2）离散状态空间表达式

将 vff 模式中连续的状态空间表达式（8-34）离散化后可得

$$\begin{cases}x_k=\boldsymbol{\Phi}_{k,k-1}x_{k-1}+\boldsymbol{G}_{k-1}\boldsymbol{u}_{k-1}+\boldsymbol{w}_{k-1}\\y_k=\boldsymbol{H}_k\boldsymbol{x}_k+\boldsymbol{v}_k\end{cases}\tag{8-36}$$

式中，

$$x_k=\begin{bmatrix}z_k\\\dot{z}_k\\b_k\end{bmatrix}\qquad y_k=\begin{bmatrix}z_{sensor}(k)\\\dot{z}_{sensor}(k)\end{bmatrix}$$

$$u_{k-1}=\ddot{z}_{accel}(k-1)+g$$

$$\boldsymbol{\Phi}_{k|k-1}=\exp(\boldsymbol{A}T)=\boldsymbol{I}+\boldsymbol{A}T+\frac{1}{2!}\boldsymbol{A}^2T^2=\begin{bmatrix}1&T&-T^2/2\\0&1&-T\\0&0&1\end{bmatrix}$$

$$\boldsymbol{G}_{k-1}=\int_0^T\exp(\boldsymbol{A}t)dt\boldsymbol{B}=\begin{bmatrix}T^2/2\\T\\0\end{bmatrix}$$

$$\boldsymbol{H}_k=\begin{bmatrix}1&0&0\\0&1&0\end{bmatrix}$$

$$\boldsymbol{w}_{k-1}=\begin{bmatrix}0\\-\eta_{accel}(k-1)\\\eta_b(k-1)\end{bmatrix}\qquad \boldsymbol{v}_k=\eta_{gps}(k)$$

$$E[\boldsymbol{w}_{k-1}]=0\qquad E[\boldsymbol{v}_k]=0$$

$$E[\boldsymbol{w}_{k-1}\boldsymbol{w}_{k-1}^T]=\boldsymbol{Q}_{k-1}=\int_0^T\exp(\boldsymbol{A}t)\boldsymbol{Q}_c(t_{k-1})\exp(\boldsymbol{A}^Tt)dt$$

$$=\begin{bmatrix}Q_bT^6/36+Q_{accel}T^4/4&Q_bT^5/12+Q_{accel}T^3/2&Q_bT^4/6\\Q_bT^5/12+Q_{accel}T^3/2&Q_bT^4/4+Q_{accel}T^2&Q_bT^3/2\\Q_bT^4/6&Q_bT^3/2&Q_bT^2\end{bmatrix}$$

$$E[\boldsymbol{v}_k\boldsymbol{v}_k^T]=\boldsymbol{R}_k=\frac{\boldsymbol{R}_c}{T}$$

4. vff 模式卡尔曼滤波的时间更新

卡尔曼滤波的时间更新是在加速度计事件的回调函数中实现的，在 ins_int_propagate()代

码中由 ins_int_propagate()函数调用 vff_propagate()函数实现的,vff_propagate()函数的定义位于 sw/airborne/subsystems/ins/vf_float. c 文件中,其代码如下:

```
/**
 * Propagate the filter in time.
 *
 * F = [   1    dt    - dt^2/2
 *         0    1    - dt
 *         0    0    1        ];
 *
 * B = [   dt^2/   dt   0]';
 *
 * Q = [   0.01   0       0
 *         0      0.01    0
 *         0      0       0.001   ];
 *
 * Xk1 = F * Xk0 + B * accel;
 *
 * Pk1 = F * Pk0 * F' + Q;
 *
 */
void vff_propagate(float accel, float dt)
{
  /* update state (Xk1) */
  vff.zdotdot = accel + 9.81 - vff.bias; vff.z = vff.z + dt * vff.zdot;
  vff.zdot = vff.zdot + dt * vff.zdotdot;
  /* update covariance (Pk1) */
  const float FPF00 = vff.P[0][0] + dt * (vff.P[1][0] + vff.P[0][1] + dt * vff.P[1][1]);
  const float FPF01 = vff.P[0][1] + dt * (vff.P[1][1] - vff.P[0][2] - dt * vff.P[1][2]);
  const float FPF02 = vff.P[0][2] + dt * (vff.P[1][2]);
  const float FPF10 = vff.P[1][0] + dt * (- vff.P[2][0] + vff.P[1][1] - dt * vff.P[2][1]);
  const float FPF11 = vff.P[1][1] + dt * (- vff.P[2][1] - vff.P[1][2] + dt * vff.P[2][2]);
  const float FPF12 = vff.P[1][2] + dt * (- vff.P[2][2]);
  const float FPF20 = vff.P[2][0] + dt * (vff.P[2][1]);
  const float FPF21 = vff.P[2][1] + dt * (- vff.P[2][2]);
  const float FPF22 = vff.P[2][2];

  vff.P[0][0] = FPF00 + VFF_ACCEL_NOISE * dt * dt / 2.;
  vff.P[0][1] = FPF01;
  vff.P[0][2] = FPF02;
  vff.P[1][0] = FPF10;
  vff.P[1][1] = FPF11 + VFF_ACCEL_NOISE * dt;
  vff.P[1][2] = FPF12;
  vff.P[2][0] = FPF20;
  vff.P[2][1] = FPF21;
  vff.P[2][2] = FPF22 + Qbiasbias;

}
```

其中,实现了卡尔曼滤波的时间更新过程,也就是状态预测方程(式(8-37))和误差协方

差矩阵的预测（式(8-38)），即

$$
\begin{cases}
\hat{x}_{k|k-1} = \boldsymbol{\Phi}_{k,k-1}\hat{x}_{k-1|k-1} + \boldsymbol{G}_{k-1}\boldsymbol{u}_{k-1} \\
\hat{\ddot{z}}_k = \ddot{z}_{\mathrm{accel}} + g - \hat{b}_{k|k-1}
\end{cases} \tag{8-37}
$$

$$
\boldsymbol{P}_{k|k-1} = \boldsymbol{\Phi}_{k,k-1}\boldsymbol{P}_{k-1|k-1}\boldsymbol{\Phi}_{k,k-1}^{\mathrm{T}} + \boldsymbol{Q}_{k-1} \tag{8-38}
$$

式(8-37)和式(8-38)中的变量与 vff_propagate()函数代码中变量的对应关系为

$$
\hat{x}_{k|k-1} = \begin{bmatrix} \mathrm{vff.\,z} \\ \mathrm{vff.\,zdot} \\ \mathrm{vff.\,zbais} \end{bmatrix}
$$

$$
\hat{\ddot{z}}_k = \mathrm{vff.\,zdotdot}
$$

$\boldsymbol{\Phi}_{k,k-1}$：没有变量明确表示，隐含在代码实现中

$\boldsymbol{G}_{k-1}$：没有变量明确表示，隐含在代码实现中

$\boldsymbol{u}_{k-1} = \mathrm{accel} + \mathrm{g}$

$\boldsymbol{P}_{k-1|k-1} = \mathrm{vff.\,P}$

$\boldsymbol{P}_{k|k-1} = \mathrm{vff.\,P}$

在 vff_propagate()函数代码中，vff.P[][]二维数组中初始存储了前一时刻的后验协方差$\boldsymbol{P}_{k|k-1}$矩阵，完成计算后存储了当前时刻的先验协方差矩阵$\boldsymbol{P}_{k|k-1}$，而变量 FPF00～FPF22 仅仅是存储计算的中间临时变量。

在 vff_propagate()函数代码的 vff_propagate()函数的实现中对式(8-37)和式(8-38)做了相应的近似简化。在式(8-37)计算 $x_{k|k-1}$ 时状态转移矩阵$\boldsymbol{\Phi}_{k,k-1}$和输入矩阵 $\boldsymbol{G}$ 分别忽略了 $T^2/2$ 项，即 $x_{k|k-1}$ 使用式(8-39)的计算公式。

$$
x_{k|k-1} = \begin{bmatrix} 1 & T & 0 \\ 0 & 1 & -T \\ 0 & 0 & 1 \end{bmatrix} x_{k-1|k-1} + \begin{bmatrix} 0 \\ T \\ 0 \end{bmatrix} u_k \tag{8-39}
$$

式中 T——vff_propagate()函数代码中的 dt 变量。

在计算式(8-38)预测误差协方差矩阵$\boldsymbol{P}_{k|k-1}$时对过程噪声的协方差矩阵进行了近似，即

$$
\boldsymbol{Q}_{k-1} \approx \begin{bmatrix} \dfrac{T^2}{2}\mathrm{VFF\_ACCEL\_NOISE} & 0 & 0 \\ 0 & T*\mathrm{VFF\_ACCEL\_NOISE} & 0 \\ 0 & 0 & \mathrm{Qbiasbias} \end{bmatrix} \tag{8-40}
$$

5. vff 模式卡尔曼滤波的量测更新

vff 模式卡尔曼滤波的量测更新是根据不同量测信息以及不同传感器类型分别处理的。

1) 气压计高度信息的量测更新

气压传感器的 baro_cb()回调函数中调用了基于气压计高度信息的卡尔曼滤波量测更新函数。

baro_cb()函数位于 sw/airborne/subsystems/ins/ins_int.c 文件中，其代码如下：

```
static void baro_cb(uint8_t __ attribute __((unused)) sender_id, float pressure)
```

```
{
  if (!ins_int.baro_initialized && pressure > 1e-7) {
    // wait for a first positive value
    ins_int.qfe = pressure;
    ins_int.baro_initialized = true;
  }

  if (ins_int.baro_initialized) {
    if (ins_int.vf_reset) {
      ins_int.vf_reset = false;
      ins_int.qfe = pressure;
      vff_realign(0.);
      ins_update_from_vff();
    } else {
      ins_int.baro_z = -pprz_isa_height_of_pressure(pressure, ins_int.qfe);
#if USE_VFF_EXTENDED
      vff_update_baro(ins_int.baro_z);
#else
      vff_update(ins_int.baro_z);
#endif
    }
    ins_ned_to_state();

    /* reset the counter to indicate we just had a measurement update */
    ins_int.propagation_cnt = 0;
  }
}
```

其中的函数 baro_cb()主要完成的工作包括以下几个。

① 等待气压计的有效数据,将初始阶段的气压值记录在变量 ins_int. qfe 中。

② 调用函数 vff_realign()进行滤波器的初始对准。

③ 卡尔曼滤波的量测更新。

④ 将状态估计的最终结果保存到全局变量 state 中。垂直方向组合导航的量测更新在首次执行时会进行对准操作,这是飞行器在地面加电时进行的,采集到当前的气压值并记录在变量 ins_int. qfe 中作为计算相对气压高度时的参考点气压,同时调用 vff_realign()函数将滤波器的高度初始值和垂直速度初始值均重设为零,最后调用 ins_update_from_vff()函数将滤波器的数值复制到描述组合导航系统状态的全局变量中,同时记录此时与零初始高度相对应的气压高度值。简单而言,对准的过程就是将当前气压值作为零米的相对高度。

在 baro_cb()函数代码的垂直方向卡尔曼滤波的量测更新,baro_cb()函数在编译时会根据条件编译选项 USE_VFF_EXTENDED 选择不同的卡尔曼滤波算法。若 USE_VFF_EXTENDED 为假,即 vff 模式的组合导航模式,会选择编译 vff_update()函数;否则就会选择 vff_update_baro()函数实现 extended 模式的卡尔曼滤波的量测更新方式。

baro_cb()函数最后会调用 ins_ned_to_state()函数将组合导航解算的垂直高度、速度和加速度信息保存到全局状态变量 state 中。

在 vff 模式中,vff_update()函数及其调用的 update_z_conf()函数的定义均位于 sw/airborne/-subsystems/ins/vf_float.c 文件中,其代码如下:

```
/**
 * Update altitude.
 *
 * H = [1 0 0];
 * R = 0.1;
 * // state residual
 * y = rangemeter - H * Xm;
 * // covariance residual
 * S = H * Pm * H' + R;
 * // kalman gain
 * K = Pm * H' * inv(S);
 * // update state
 * Xp = Xm + K * y;
 * // update covariance
 * Pp = Pm - K * H * Pm;
 **/
static inline void update_z_conf(float z_meas, float conf)
{
    vff.z_meas = z_meas;

    const float y = z_meas - vff.z;
    const float S = vff.P[0][0] + conf;
    const float K1 = vff.P[0][0] * 1 / S;
    const float K2 = vff.P[1][0] * 1 / S;
    const float K3 = vff.P[2][0] * 1 / S;
    vff.z = vff.z + K1 * y;
    vff.zdot = vff.zdot + K2 * y;
    vff.bias = vff.bias + K3 * y;

    const float P11 = (1. - K1) * vff.P[0][0];
    const float P12 = (1. - K1) * vff.P[0][1];
    const float P13 = (1. - K1) * vff.P[0][2];
    const float P21 = -K2 * vff.P[0][0] + vff.P[1][0];
    const float P22 = -K2 * vff.P[0][1] + vff.P[1][1];
    const float P23 = -K2 * vff.P[0][2] + vff.P[1][2];
    const float P31 = -K3 * vff.P[0][0] + vff.P[2][0];
    const float P32 = -K3 * vff.P[0][1] + vff.P[2][1];
    const float P33 = -K3 * vff.P[0][2] + vff.P[2][2];

    vff.P[0][0] = P11;
    vff.P[0][1] = P12;
    vff.P[0][2] = P13;
    vff.P[1][0] = P21;
    vff.P[1][1] = P22;
    vff.P[1][2] = P23;
    vff.P[2][0] = P31;
    vff.P[2][1] = P32;
    vff.P[2][2] = P33;

}

void vff_update(float z_meas)
{
    update_z_conf(z_meas, VFF_MEAS_NOISE);
}
```

update_z_conf()函数的代码即 vff 模式的卡尔曼滤波量测更新过程的代码,基本原理由式(8-41)至式(8-47)描述。

系统的量测矩阵(输出矩阵)为 1×3 维,即

$$H_k = \begin{bmatrix} 1 & 0 & 0 \end{bmatrix} \tag{8-41}$$

系统的量测噪声协方差阵为 1×1 维,默认值为

$$R = 0.1 \tag{8-42}$$

系统的量测信号为气压高度计的高度信息 z_{baro},系统的测量残差 $\tilde{y}_k$ 为 1×1,即

$$\tilde{y}_k = z_{\text{baro}} - H_k \hat{x}_{k|k-1} \tag{8-43}$$

测量残差的协方差 S_k 为 1×1 维,即

$$S_k = H_k P_{k|k-1} H_k^{\text{T}} + R \tag{8-44}$$

最优卡尔曼增益 K_k 为 3×1 维,即

$$K_k = P_{k|k-1} H_k^{\text{T}} S_k^{-1} \tag{8-45}$$

更新状态估计,即

$$\hat{x}_{k|k} = \hat{x}_{k|k-1} + K_k \tilde{y}_k \tag{8-46}$$

更新测量误差的协方差矩阵 $P_{k|k}$ 的估计,即

$$P_{k|k} = P_{k|k-1} - K_k H_k P_{k|k-1} \tag{8-47}$$

其中,执行 vff_update()函数以及 update_z_conf()函数时,二维数组 vff. P[][]中最初存储着当前时刻的先验协方差矩阵 $P_{k|k-1}$,执行后则存储着当前时刻的后验协方差矩阵 $P_{k|k}$,而 P00～P22 仅仅是存储计算的中间临时变量。关于二维数组 vff. P[][]中所存储的内容可以对照 vff_update()函数和 vff_propagate()函数。

2) GPS 高度信息量测更新

只有使能 USE_GPS 和 INS_USE_GPS_ALT 的前提下才会编译 GPS 高度信息量测更新的代码。

GPS 高度信息量测更新与气压计高度信息量测更新类似,但两者的量测噪声协方差阵不同。GPS 高度信息量测更新将 GPS 高度测量值和量测噪声协方差阵以参数形式传递给 vff_update_z_conf()函数,该函数同样会调用 update_z_conf()函数实现 GPS 高度信息的量测更新。

3) GPS 垂直速度信息量测更新

只有使能 USE_GPS 和 INS_USE_GPS_ALT_SPEED 的前提下才会编译 GPS 垂直速度信息量测更新的代码。

GPS 垂直速度信息量测更新同样与气压计高度信息量测更新类似,除了两者的量测噪声协方差阵不同之外,两者的量测矩阵也不同。GPS 垂直速度信息量测更新的量测矩阵为

$$H_k = \begin{bmatrix} 0 & 1 & 0 \end{bmatrix} \tag{8-48}$$

6. extended 模式卡尔曼滤波

extended 模式卡尔曼滤波和 vff 模式卡尔曼滤波只能二选一,若设定条件编译选项 USE_VFF_EXTENDED 为真,则会选择 extended 模式卡尔曼滤波算法估计垂直运动的物理量。在编译时 extended 模式卡尔曼滤波会选择 sw/airborne/subsystems/ins 文件夹中的 vf_extended_float. c 和 vf_extended_float. h 文件[1]。

---

[1]　vff 模式选择的是 vf_float. c 和 vf_float. h 文件。

extended 模式和 vff 模式的实现思路基本一致，代码实现也很相似，在此不再分析其代码实现。extended 模式比 vff 模式多增广了气压计的漂移偏差作为系统的状态变量，在 extended 模式中状态变量选为垂直方向的位置（高度）、速度、加速度偏差和气压计偏差，其维数为 4×1 维，即 extended 模式的状态变量为

$$
\boldsymbol{x} = \begin{bmatrix} z(t) \\ \dot{z}(t) \\ \ddot{z}_{\mathrm{bias}}(t) \\ z_{\mathrm{offset}}(t) \end{bmatrix} \tag{8-49}
$$

式中 $\ddot{z}_{\mathrm{bias}}(t)$——加速度计漂移偏差；

$z_{\mathrm{offset}}(t)$——气压高度计漂移偏差。

加速度计和气压计的数学模型可描述为

$$
\begin{cases}
\ddot{z}_{\mathrm{accel}}(t) = \ddot{z}(t) - g + \ddot{z}_{\mathrm{bias}}(t) + \eta_{\mathrm{accel}}(t) \\
z_{\mathrm{baro}}(t) = z(t) - z_{\mathrm{offset}}(t) + \eta_{\mathrm{baro}}(t) \\
\dfrac{\mathrm{d}}{\mathrm{d}t} \ddot{z}_{\mathrm{bias}}(t) = \eta_{\mathrm{bias}}(t) \\
\dfrac{\mathrm{d}}{\mathrm{d}t} z_{\mathrm{offset}}(t) = \eta_{\mathrm{offset}}(t)
\end{cases} \tag{8-50}
$$

式中 $\eta_{\mathrm{accel}}(t)$——加速度计的零均值白噪声；

$\eta_{\mathrm{baro}}(t)$——气压高度计的零均值白噪声；

$\eta_{\mathrm{bias}}(t)$——加速度计漂移偏差的零均值白噪声；

$\eta_{\mathrm{offset}}(t)$——气压高度计漂移偏差的零均值白噪声。

extended 模式的连续状态空间表达式可以由式（8-51）描述，即

$$
\begin{cases}
\dfrac{\mathrm{d}}{\mathrm{d}t} \begin{bmatrix} z(t) \\ \dot{z}(t) \\ \ddot{z}_{\mathrm{bias}}(t) \\ z_{\mathrm{offset}}(t) \end{bmatrix} = \begin{bmatrix} 0 & 1 & 0 & 0 \\ 0 & 0 & -1 & 0 \\ 0 & 0 & 0 & 0 \\ 0 & 0 & 0 & 0 \end{bmatrix} \begin{bmatrix} z(t) \\ \dot{z}(t) \\ \ddot{z}_{\mathrm{bias}}(t) \\ z_{\mathrm{offset}}(t) \end{bmatrix} + \begin{bmatrix} 0 \\ 1 \\ 0 \\ 0 \end{bmatrix} (\ddot{z}_{\mathrm{accel}}(t) + g) + \begin{bmatrix} 0 \\ -\eta_{\mathrm{accel}}(t) \\ \eta_{\mathrm{bias}}(t) \\ \eta_{\mathrm{offset}}(t) \end{bmatrix} \\[4mm]
y = \begin{bmatrix} 1 & 0 & 0 & -1 \end{bmatrix} \begin{bmatrix} z(t) \\ \dot{z}(t) \\ \ddot{z}_{\mathrm{bias}}(t) \\ z_{\mathrm{offset}}(t) \end{bmatrix} + \eta_{\mathrm{baro}}(t)
\end{cases}
$$

$$\tag{8-51}$$

extended 模式的离散状态空间表达式，以及卡尔曼滤波算法中使用的状态转移矩阵、观测矩阵等与 vff 模式中推导的过程类似，不再复述。

8.6.2 水平方向的组合导航

水平方向的组合导航（hff 模式组合导航子系统）主要功能是根据水平方向加速度和 GPS 解算水平方向的位置、速度和加速度，hff 模式默认使能 vff 模式。

1. 水平运动的状态空间表达式

水平运动要估计的物理量是水平方向的位置和速度,即$\begin{bmatrix} x & \dot{x} & y & \dot{y} \end{bmatrix}^{\mathrm{T}}$是一个$4\times1$维的状态向量。Paparazzi将水平方向的位置和速度按照x通道和y通道分成了两组状态向量,即$\begin{bmatrix} x & \dot{x} \end{bmatrix}^{\mathrm{T}}$和$\begin{bmatrix} y & \dot{y} \end{bmatrix}^{\mathrm{T}}$。因为$x$通道和$y$通道的状态空间表达式类似,在此以$x$通道的状态空间表达式为例。

x通道的状态空间表达式为

$$\begin{cases} \dot{\boldsymbol{x}}(t) = \boldsymbol{A}\boldsymbol{x}(t) + \boldsymbol{B}\boldsymbol{u}(t) + \boldsymbol{w}_{\mathrm{c}}(t) \\ \boldsymbol{y}(t) = \boldsymbol{C}\boldsymbol{x}(t) + \boldsymbol{v}_{\mathrm{c}}(t) \end{cases} \tag{8-52}$$

式中,

$$\boldsymbol{x}(t) = \begin{bmatrix} x(t) \\ \dot{x}(t) \end{bmatrix} \qquad u = \ddot{x}$$

$$\boldsymbol{A} = \begin{bmatrix} 0 & 1 \\ 0 & 0 \end{bmatrix} \qquad \boldsymbol{B} = \begin{bmatrix} 0 \\ 1 \end{bmatrix}$$

$$\boldsymbol{C} = \begin{bmatrix} 1 & 1 \end{bmatrix}$$

以采样周期T将式(8-52)离散化后得到水平运动离散的状态空间表达式为

$$\begin{cases} \boldsymbol{x}_k = \boldsymbol{\Phi}_{k,k-1}\boldsymbol{x}_{k-1} + \boldsymbol{G}_{k-1}\boldsymbol{u}_{k-1} + \boldsymbol{w}_{k-1} \\ \boldsymbol{y}_k = \boldsymbol{H}_k\boldsymbol{x}_k + \boldsymbol{v}_k \end{cases} \tag{8-53}$$

式中,

$$\boldsymbol{\Phi}_{k,k-1} = \exp(\boldsymbol{A}T) = \begin{bmatrix} 1 & T \\ 0 & 1 \end{bmatrix}$$

$$\boldsymbol{G}_{k-1} = \int_0^{\mathrm{T}} \exp(\boldsymbol{A}t)\mathrm{d}t\boldsymbol{B} = \begin{bmatrix} T \\ 0 \end{bmatrix}$$

$$\boldsymbol{H}_k = \boldsymbol{C} = \begin{bmatrix} 1 & 1 \end{bmatrix}$$

2. hff模式卡尔曼滤波的时间更新

hff模式的水平方向组合导航子系统使用的方法是卡尔曼滤波算法,其中时间更新部分是在加速度计事件的回调函数 ins_int_propagate()中实现的,而量测更新则是在 GPS 事件的回调函数 b2_hff_update_gps()中实现的。

函数 ins_int_propagate()可以参考 ins_int_propagate()函数代码。

函数 ins_int_propagate()通过调用函数 b2_hff_propagate()实现了卡尔曼滤波的时间更新过程。

函数 b2_hff_propagate()位于 sw/airborne/subsystems/ins/hf_float.c 文件中,其代码如下:

```
void b2_hff_propagate(void)
{
  if (b2_hff_lost_counter < b2_hff_lost_limit) {
    b2_hff_lost_counter++;
  }
```

```
# ifdef GPS_LAG
  /* continue re-propagating to catch up with the present */
  if (b2_hff_rb_last->rollback) {
  b2_hff_propagate_past(b2_hff_rb_last);
  }
# endif

  /* rotate imu accel measurement to body frame and filter */
  struct Int32Vect3 acc_meas_body;
  struct Int32RMat * body_to_imu_rmat = orientationGetRMat_i(&imu.body_to_imu); int32_rmat
_transp_vmult(&acc_meas_body, body_to_imu_rmat, &imu.accel);

  struct Int32Vect3 acc_body_filtered;
  acc_body_filtered.x = update_butterworth_2_low_pass_int(&filter_x, acc_meas_body.x);
  acc_body_filtered.y = update_butterworth_2_low_pass_int(&filter_y, acc_meas_body.y);
  acc_body_filtered.z = update_butterworth_2_low_pass_int(&filter_z, acc_meas_body.z);

  /* propagate current state if it is time */
  if (b2_hff_ps_counter == HFF_PRESCALER) {
    b2_hff_ps_counter = 1;
    if (b2_hff_lost_counter < b2_hff_lost_limit) {
      struct Int32Vect3 filtered_accel_ltp;
      struct Int32RMat * ltp_to_body_rmat = stateGetNedToBodyRMat_i();
      int32_rmat_transp_vmult(&filtered_accel_ltp, ltp_to_body_rmat, &acc_body_filtered);
      b2_hff_xdd_meas = ACCEL_FLOAT_OF_BFP(filtered_accel_ltp.x);
      b2_hff_ydd_meas = ACCEL_FLOAT_OF_BFP(filtered_accel_ltp.y);
# ifdef GPS_LAG
      b2_hff_store_accel_ltp(b2_hff_xdd_meas, b2_hff_ydd_meas);
# endif
      /*
       * propagate current state
       */
      b2_hff_propagate_x(&b2_hff_state, DT_HFILTER);
      b2_hff_propagate_y(&b2_hff_state, DT_HFILTER);

# ifdef GPS_LAG
      /* increase lag counter on last saved state */
      if (b2_hff_rb_n > 0) {
        b2_hff_rb_last->lag_counter++;
      }

      /* save filter state if needed */
      if (save_counter == 0) {
        PRINT_DBG(1, ("save current state\n"));
        b2_hff_rb_put_state(&b2_hff_state);
        save_counter =-1;
      }else if (save_counter > 0) {
        save_counter --;
      }
# endif
    }
```

```
    } else {
      b2_hff_ps_counter++;
    }
  }
```

在 hff 模式的组合导航子系统中，要估计的物理量是水平方向的位置和速度，即 $\begin{bmatrix} x & \dot{x} & y & \dot{y} \end{bmatrix}^{\mathrm{T}}$ 是一个 4×1 维的状态向量。Paparazzi 将水平方向的位置和速度按照 x 通道和 y 通道分成了两组状态向量，即 $\begin{bmatrix} x & \dot{x} \end{bmatrix}^{\mathrm{T}}$ 和 $\begin{bmatrix} y & \dot{y} \end{bmatrix}^{\mathrm{T}}$，分别由函数 b2_hff_propagate_x() 和函数 b2_hff_propagate_y() 进行卡尔曼滤波的时间更新。

函数 b2_hff_propagate_x() 和函数 b2_hff_propagate_y() 的定义同样也位于 hf_float.c 文件中，其代码如下：

```
/*
 *
 * Propagation
 *
 *

F = [ 1 dt
      0 1 ];

  B = [ dt^2/2 dt]';

  Q = [ 0.01 0
        0 0.01];

  Xk1 = F * Xk0 + B * accel;

  Pk1 = F * Pk0 * F' + Q;

 */
static void b2_hff_propagate_x(struct HfilterFloat * hff_work, float dt)
{
  /* update state */
  hff_work -> xdotdot = b2_hff_xdd_meas;
  hff_work -> x = hff_work -> x + dt * hff_work -> xdot + dt * dt / 2 * hff_work ->
  xdotdot; hff_work -> xdot = hff_work -> xdot + dt * hff_work -> xdotdot;
  /* update covariance */
  const float FPF00 = hff_work -> xP[0][0] + dt * (hff_work -> xP[1][0] + hff_work -> xP[0][1]
  + dt * hff_work -> xP[1][1]);
  const float FPF01 = hff_work -> xP[0][1] + dt * hff_work -> xP[1][1];
  const float FPF10 = hff_work -> xP[1][0] + dt * hff_work -> xP[1][1];
  const float FPF11 = hff_work -> xP[1][1];

  hff_work -> xP[0][0] = FPF00 + Q;
  hff_work -> xP[0][1] = FPF01;
  hff_work -> xP[1][0] = FPF10;
  hff_work -> xP[1][1] = FPF11 + Qdotdot;
}
```

```
static void b2_hff_propagate_y(struct HfilterFloat * hff_work, float dt)
{
  /* update state */
  hff_work -> ydotdot = b2_hff_ydd_meas;
   hff_work -> y = hff_work -> y + dt * hff_work -> ydot + dt * dt / 2 * hff_work -> ydotdot;
  hff_work -> ydot = hff_work -> ydot + dt * hff_work -> ydotdot;
  /* update covariance */
   const float FPF00 = hff_work -> yP[0][0] + dt * (hff_work -> yP[1][0] + hff_work -> yP[0][1]
  + dt * hff_work -> yP[1][1]);
  const float FPF01 = hff_work -> yP[0][1] + dt * hff_work -> yP[1][1];
  const float FPF10 = hff_work -> yP[1][0] + dt * hff_work -> yP[1][1];
  const float FPF11 = hff_work -> yP[1][1];

  hff_work -> yP[0][0] = FPF00 + Q;
  hff_work -> yP[0][1] = FPF01;
  hff_work -> yP[1][0] = FPF10;
  hff_work -> yP[1][1] = FPF11 + Qdotdot;
}
```

此段代码完成了卡尔曼滤波的时间更新，其中包括状态预测（式（8-54））和误差协方差矩阵（式（8-55））的预测，即

$$\hat{x}_{k|k-1} = \boldsymbol{\Phi}_{k,k-1}\hat{x}_{k-1|k-1} + \boldsymbol{G}_{k-1}u_{k-1} \tag{8-54}$$

$$\boldsymbol{P}_{k|k-1} = \boldsymbol{\Phi}_{k,k-1}\boldsymbol{P}_{k-1|k-1}\boldsymbol{\Phi}_{k,k-1}^{\mathrm{T}} + \boldsymbol{Q}_{k-1} \tag{8-55}$$

3. hff 模式卡尔曼滤波的量测更新

hff 模式卡尔曼滤波的量测更新是在 GPS 或光流传感器的回调函数中实现的。例如，GPS 的回调函数 gps_cb()在 sw/airborne/subsystems/ins/ins_int. c 文件中定义，其代码如下：

```
static void gps_cb(uint8_t sender_id __ attribute__ ((unused)),
                   uint32_t stamp __attribute __((unused)),
                   struct GpsState * gps_s)
{
  ins_int_update_gps(gps_s);
}
```

代码中的 gps_cb()函数直接调用了定义同样位于 ins_int. c 文件中的 ins_int_update_gps()函数，其代码如下：

```
# if USE_GPS
void ins_int_update_gps(struct GpsState * gps_s)
{
  if (gps_s -> fix < GPS_FIX_3D) {
    return;
  }

  if (!ins_int. ltp_initialized) {
  ins_reset_local_origin();
  }
```

```
    struct NedCoor_i gps_pos_cm_ned;
    ned_of_ecef_point_i(&gps_pos_cm_ned, &ins_int.ltp_def, &gps_s->ecef_pos);


    /* calculate body frame position taking BODY_TO_GPS translation (in cm) into account */
    #ifdef INS_BODY_TO_GPS_X
    /* body2gps translation in body frame */
    struct Int32Vect3 b2g_b = {
      .x = INS_BODY_TO_GPS_X,
      .y = INS_BODY_TO_GPS_Y,
      .z = INS_BODY_TO_GPS_Z
    };
    /* rotate offset given in body frame to navigation/ltp frame using current attitude */
    struct Int32Quat q_b2n = * stateGetNedToBodyQuat_i();
    QUAT_INVERT(q_b2n, q_b2n);
    struct Int32Vect3 b2g_n;
    int32_quat_vmult(&b2g_n, &q_b2n, &b2g_b);
    /* subtract body2gps translation in ltp from gps position */
    VECT3_SUB(gps_pos_cm_ned, b2g_n);
#endif
    /// @todo maybe use gps_s->ned_vel directly??
    struct NedCoor_i gps_speed_cm_s_ned;
    ned_of_ecef_vect_i(&gps_speed_cm_s_ned, &ins_int.ltp_def, &gps_s->ecef_vel);


#if INS_USE_GPS_ALT
    vff_update_z_conf(((float)gps_pos_cm_ned.z) / 100.0, INS_VFF_R_GPS);
    #endif
    #if INS_USE_GPS_ALT_SPEED
    vff_update_vz_conf(((float)gps_speed_cm_s_ned.z) / 100.0, INS_VFF_VZ_R_GPS);
    ins_int.propagation_cnt = 0;
#endif
    #if USE_HFF
      /* horizontal gps transformed to NED in meters as float */
      struct FloatVect2 gps_pos_m_ned;
      VECT2_ASSIGN(gps_pos_m_ned, gps_pos_cm_ned.x, gps_pos_cm_ned.y);
      VECT2_SDIV(gps_pos_m_ned, gps_pos_m_ned, 100.0f);

      struct FloatVect2 gps_speed_m_s_ned;
      VECT2_ASSIGN(gps_speed_m_s_ned, gps_speed_cm_s_ned.x, gps_speed_cm_s_ned.y);
      VECT2_SDIV(gps_speed_m_s_ned, gps_speed_m_s_ned, 100.);
      if (ins_int.hf_realign) { ins_int.hf_realign = false;
        const struct FloatVect2 zero = {0.0f, 0.0f}; b2_hff_realign(gps_pos_m_ned, zero);
    }
    // run horizontal filter b2_hff_update_gps(&gps_pos_m_ned, &gps_speed_m_s_ned);
    // convert and copy result to ins_int ins_update_from_hff();


    #else /* hff not used */
      /* simply copy horizontal pos/speed from gps */
      INT32_VECT2_SCALE_2(ins_int.ltp_pos, gps_pos_cm_ned,
                          INT32_POS_OF_CM_NUM, INT32_POS_OF_CM_DEN);
      INT32_VECT2_SCALE_2(ins_int.ltp_speed, gps_speed_cm_s_ned,
                          INT32_SPEED_OF_CM_S_NUM, INT32_SPEED_OF_CM_S_DEN);
```

```
# endif /* USE_HFF */

  ins_ned_to_state();

  /* reset the counter to indicate we just had a measurement update */ ins_int. propagation_
  cnt = 0;
}
# else
void ins_int_update_gps(struct GpsState * gps_s __ attribute__ ((unused))) {}
# endif /* USE_GPS */
```

GPS 传感器采集的飞行器位置是由全球坐标系表示的，而 Paparazzi 的导航系统使用的是 NED 的本地坐标系，在 ins_int_update_gps() 函数中通过调用 ned_of_ecef_point_i() 函数，将 ECEF 格式的全球坐标系转换为了 NED 格式的本地坐标系，hff 模式中的量测更新使用的是 NED 本地坐标系中的水平位置和速度。

在 ins_int_update_gps() 函数中，如果条件编译宏 USE_HFF 为真则使用 hff 模式的组合导航子系统，ins_int_update_gps() 函数会调用 b2_hff_update_gps() 函数完成 hff 模式中的量测更新，并将估计的水平运动的位置和速度通过 ins_update_from_hff() 函数保存到全局变量中。

b2_hff_update_gps() 函数的定义位于 sw/airborne/subsystems/ins/hf_float.c 文件中，其代码如下：

```
void b2_hff_update_gps(struct FloatVect2 * pos_ned, struct FloatVect2 * speed_ned)
{
  b2_hff_lost_counter = 0;

# if USE_GPS_ACC4R
  Rgps_pos = (float) gps.pacc / 100.;
  if (Rgps_pos < HFF_R_POS_MIN) {
    Rgps_pos = HFF_R_POS_MIN;
  }
  Rgps_vel = (float) gps.sacc / 100.;
  if (Rgps_vel < HFF_R_SPEED_MIN) {
    Rgps_vel = HFF_R_SPEED_MIN;
  }
# endif

# ifdef GPS_LAG
  if (GPS_LAG_N == 0) {
# endif

    /* update filter state with measurement */
    b2_hff_update_x(&b2_hff_state, pos_ned->x, Rgps_pos);
    b2_hff_update_y(&b2_hff_state, pos_ned->y, Rgps_pos);
# if HFF_UPDATE_SPEED
    b2_hff_update_xdot(&b2_hff_state, speed_ned->x, Rgps_vel);
    b2_hff_update_ydot(&b2_hff_state, speed_ned->y, Rgps_vel);
# endif
```

```
# ifdef GPS_LAG
  } else if (b2_hff_rb_n > 0) {
    /* roll back if state was saved approx when GPS was valid */
    lag_counter_err = b2_hff_rb_last -> lag_counter - GPS_LAG_N;
    PRINT_DBG(2, ("update. rb_n: % dlag_counter: % dlag_cnt_err: % d\n",
      b2_hff_rb_n, b2_hff_rb_last -> lag_counter, lag_counter_err));
    if (abs(lag_counter_err) <= GPS_LAG_TOL_N) {
      b2_hff_rb_last -> rollback = true;
      b2_hff_update_x(b2_hff_rb_last, pos_ned -> x, Rgps_pos);
      b2_hff_update_y(b2_hff_rb_last, pos_ned -> y, Rgps_pos);
# if HFF_UPDATE_SPEED
      b2_hff_update_xdot(b2_hff_rb_last, speed_ned -> x, Rgps_vel);
      b2_hff_update_ydot(b2_hff_rb_last, speed_ned -> y, Rgps_vel);
# endif
       past_save_counter = GPS_DT_N - 1; // + lag_counter_err;
      PRINT_DBG(2, ("gps updated. past_save_counter: % d\n", past_save_counter));
      b2_hff_propagate_past(b2_hff_rb_last);
    } else if (lag_counter_err >= GPS_DT_N - (GPS_LAG_TOL_N + 1)) {
      /* apparently missed a GPS update, try next saved state */
      PRINT_DBG(2, ("try next saved state\n"));
      b2_hff_rb_drop_last();
      b2_hff_update_gps(pos_ned, speed_ned);
    }
  } else if (save_counter < 0) {
    /* ringbuffer empty -> save output filter state at next GPS validity point in time */
    save_counter = GPS_DT_N - 1 - (GPS_LAG_N % GPS_DT_N);
    PRINT_DBG(2, ("rb empty, save counter set: % d\n", save_counter));
  }
# endif /* GPS_LAG */
}
```

代码中的 b2_hff_update_gps() 函数会进一步调用 b2_hff_update_x() 函数和 b2_hff_update_y() 函数实现 hff 模式中关于水平位置的量测更新；如果条件编译的宏 HFF_UPDATE_SPEED 为真,则会调用 b2_hff_update_xdot() 函数和 b2_hff_update_ydot() 函数实现 hff 模式中关于水平速度的量测更新。

b2_hff_update_x() 函数、b2_hff_update_y() 函数、b2_hff_update_xdot() 函数和 b2_hff_update_ydot() 函数的定义均位于 hf_float.c 文件中,其代码如下：

```
/*
 *
 * Update position
 *
 *
H = [1 0];
R = 0.1;
// state residual
y = pos_measurement - H * Xm;
// covariance residual S = H * Pm * H' + R;
// kalman gain
K = Pm * H' * inv(S);
```

```c
// update state Xp = Xm + K * y;
// update covariance Pp = Pm - K * H * Pm;
*/
void b2_hff_update_pos(struct FloatVect2 pos, struct FloatVect2 Rpos)
{
  b2_hff_update_x(&b2_hff_state, pos.x, Rpos.x);
  b2_hff_update_y(&b2_hff_state, pos.y, Rpos.y);
}

static void b2_hff_update_x(struct HfilterFloat * hff_work, float x_meas, float Rpos)
{
  b2_hff_x_meas = x_meas;

  const float y  = x_meas - hff_work->x;
  const float S  = hff_work->xP[0][0] + Rpos;
  const float K1 = hff_work->xP[0][0] * 1/S;
  const float K2 = hff_work->xP[1][0] * 1 / S;

  hff_work->x = hff_work->x + K1 * y;
  hff_work->xdot = hff_work->xdot + K2 * y;

  const float P11 = (1. - K1) * hff_work->xP[0][0];
  const float P12 = (1. - K1) * hff_work->xP[0][1];
  const float P21 =- K2 * hff_work->xP[0][0] + hff_work->xP[1][0];
  const float P22 =- K2 * hff_work->xP[0][1] + hff_work->xP[1][1];

  hff_work->xP[0][0] = P11;
  hff_work->xP[0][1] = P12;
  hff_work->xP[1][0] = P21;
  hff_work->xP[1][1] = P22;
}
static void b2_hff_update_y(struct HfilterFloat * hff_work, float y_meas, float Rpos)
{
  b2_hff_y_meas = y_meas;

  const float y = y_meas - hff_work->y;
  const float S = hff_work->yP[0][0] + Rpos;
  const float K1 = hff_work->yP[0][0] * 1 / S;
  const float K2 = hff_work->yP[1][0] * 1 / S;

  hff_work->y = hff_work->y + K1 * y;
  hff_work->ydot = hff_work->ydot + K2 * y;

  const float P11 = (1. - K1) * hff_work->yP[0][0];
  const float P12 = (1. - K1) * hff_work->yP[0][1];
  const float P21 =- K2 * hff_work->yP[0][0] + hff_work->yP[1][0];
  const float P22 =- K2 * hff_work->yP[0][1] + hff_work->yP[1][1];

  hff_work->yP[0][0] = P11;
  hff_work->yP[0][1] = P12;
  hff_work->yP[1][0] = P21;
```

```
    hff_work -> yP[1][1] = P22;
}
/ *
  *
  * Update velocity
  *
  *
 H = [0 1];
 R = 0.1;
 // state residual yd = vx - H * Xm;
 // covariance residual S = H * Pm * H' + R;
 // kalman gain
 K = Pm * H' * inv(S);
 // update state Xp = Xm + K * yd;
 // update covariance Pp = Pm - K * H * Pm;
 * /
void b2_hff_update_vel(struct FloatVect2 vel, struct FloatVect2 Rvel)
{
    b2_hff_update_xdot(&b2_hff_state, vel.x, Rvel.x);
    b2_hff_update_ydot(&b2_hff_state, vel.y, Rvel.y);
}

static void b2_hff_update_xdot(struct HfilterFloat * hff_work, float vel, float Rvel)
{
    b2_hff_xd_meas = vel;

    const float yd = vel - hff_work -> xdot;
    const float S = hff_work -> xP[1][1] + Rvel;
    const float K1 = hff_work -> xP[0][1] * 1 / S;
    const float K2 = hff_work -> xP[1][1] * 1 / S;

    hff_work -> x = hff_work -> x + K1 * yd;
    hff_work -> xdot = hff_work -> xdot + K2 * yd;

    const float P11 =- K1 * hff_work -> xP[1][0] + hff_work -> xP[0][0];
    const float P12 =- K1 * hff_work -> xP[1][1] + hff_work -> xP[0][1];
    const float P21 = (1. - K2) * hff_work -> xP[1][0];
    const float P22 = (1. - K2) * hff_work -> xP[1][1];

    hff_work -> xP[0][0] = P11;
    hff_work -> xP[0][1] = P12;
    hff_work -> xP[1][0] = P21;
    hff_work -> xP[1][1] = P22;
}
static void b2_hff_update_ydot(struct HfilterFloat * hff_work, float vel, float Rvel)
{
    b2_hff_yd_meas = vel;

    const float yd = vel - hff_work -> ydot;
    const float S   = hff_work -> yP[1][1] + Rvel;
    const float K1 = hff_work -> yP[0][1] * 1 / S;
```

```
const float K2 = hff_work->yP[1][1] * 1 / S;
hff_work->y = hff_work->y + K1 * yd;
hff_work->ydot   = hff_work->ydot  + K2 * yd;

const float P11 =-K1 * hff_work->yP[1][0] + hff_work->yP[0][0];
const float P12 =-K1 * hff_work->yP[1][1] + hff_work->yP[0][1];
const float P21 = (1. - K2) * hff_work->yP[1][0];
const float P22 = (1. - K2) * hff_work->yP[1][1];

hff_work->yP[0][0] = P11;
hff_work->yP[0][1] = P12;
hff_work->yP[1][0] = P21;
hff_work->yP[1][1] = P22;
}
```

这段代码实现了水平运动卡尔曼滤波的量测更新过程，即式(8-56)至式(8-64)的计算。

代码中对水平运动卡尔曼滤波的量测更新过程分为两个子系统独立实现的：一个是水平位置的估计，由函数 b2_hff_update_x()、函数 b2_hff_update_y() 实现；另一个是水平速度的估计，由函数 b2_hff_update_xdot()、函数 b2_hff_update_ydot() 实现。

水平位置的估计子系统和水平速度的估计子系统的计算方式相似，只是一些具体参数不同。

在水平位置的估计子系统中，观测矩阵为

$$\boldsymbol{H}_{\mathrm{p}} = \begin{bmatrix} 1 & 0 \end{bmatrix} \tag{8-56}$$

在垂直速度的估计子系统中，观测矩阵为

$$\boldsymbol{H}_{\mathrm{v}} = \begin{bmatrix} 0 & 1 \end{bmatrix} \tag{8-57}$$

在水平位置的估计子系统中，系统的量测噪声协方差阵的维数为 1×1 维，即

$$\boldsymbol{R}_{\mathrm{p}} = \mathrm{Rpos} \tag{8-58}$$

在垂直速度的估计子系统中，系统的量测噪声协方差阵的维数为 1×1 维，即

$$\boldsymbol{R}_{\mathrm{v}} = \mathrm{Rvel} \tag{8-59}$$

系统的量测信号为 GPS 的水平位置或速度信号，系统的测量残差 $\tilde{y}_k$ 为 1×1 维，即

$$\tilde{y}_k = \mathrm{gps}_m - H_k \hat{\boldsymbol{x}}_{k|k-1} \tag{8-60}$$

式中　gps_m ——在水平位置或速度的估计子系统分别对应于 GPS 测量的水平位置或速度信号。

测量残差的协方差 S_k 为 1×1 维，即

$$S_k = \boldsymbol{H}_k \boldsymbol{P}_{k|k-1} \boldsymbol{H}^{\mathrm{T}} + R \tag{8-61}$$

最优卡尔曼增益 $\boldsymbol{K}_k$ 为 3×1 维，即

$$\boldsymbol{K}_k = \boldsymbol{P}_{k|k-1} \boldsymbol{H}^{\mathrm{T}} S_k^{-1} \tag{8-62}$$

更新状态估计为

$$\hat{\boldsymbol{x}}_{k|k} = \hat{\boldsymbol{x}}_{k|k-1} + \boldsymbol{K}_k \tilde{y}_k \tag{8-63}$$

更新测量误差的协方差矩阵 $\boldsymbol{P}_{k|k}$ 的估计为

$$\boldsymbol{P}_{k|k} = \boldsymbol{P}_{k|k-1} - \boldsymbol{K}_k \boldsymbol{H} \boldsymbol{P}_{k|k-1} \tag{8-64}$$

另外，如果系统中具有其他可以检测水平速度的传感器（如光流传感器），也可以参与到

hff 模式卡尔曼滤波的量测更新过程中,实现方式是在水平速度传感器事件的回调函数 vel_est_cb()中调用 b2_hff_update_vel()函数实现水平速度的量测更新。其实现方式与 GPS 水平速度的回调函数相似。

8.7　飞行计划设置

8.7.1　飞行计划的用户接口文件

飞行计划的设置是由 conf/flight_plans 文件夹中的 XML 文件实现的,这些 XML 文件就是飞行计划的用户接口文件,在 Paparazzi Center 中用户选择不同的 XML 文件或修改所选择的 XML 文件,就可以重新设定航程点、航线模式和飞行模式等生成不同的飞行计划,关于飞行计划的用户接口文件的设置可以参考 7.2 节。

一旦设定好飞行计划的 XML 文件并完成工程构建,则飞行中的航线模式就会固定下来,在飞行过程中不能再变化,不过航程点的位置却可以在飞行中由 GCS 重新设置。这是由于 Paparazzi Center 在对工程构建时会根据飞行计划的 XML 文件调用 sw/tools/generators/gen_flight_plan.out 程序自动生成 flight_plan.h 文件,该文件为 C 语言的头文件,其中的航线模式转换为程序流程,所以无法在飞行时改变,而航程点的信息是存储在 Flash 中的变量,在程序执行时会调入 RAM 内存中,所以可以在飞行过程中修改 RAM 内存中的变量值,但是航程点的数目无法改变,并且重新加电后飞行过程中修改的航程点会重新变为 Flash 中的航程点信息。

8.7.2　飞行计划的 C 语言描述

在对工程构建时根据飞行计划中的 XML 文件调用 gen_flight_plan.out 程序自动生成 flight_plan.h 文件就是飞行计划的 C 语言描述。

以 rotorcraft_basic.xml 文件为例,生成的 flight_plan.h 文件部分代码如下:

```
/* Please DO NOT EDIT */

#ifndef FLIGHT_PLAN_H
#define FLIGHT_PLAN_H

#include "std.h"
#include "generated/modules.h"
#include "autopilot.h"
#define FLIGHT_PLAN_NAME "Rotorcraft Basic (Enac)"
#define NAV_UTM_EAST0 377349
#define NAV_UTM_NORTH0 4824583
#define NAV_UTM_ZONE0 31
#define NAV_LAT0 435641194 /* 1e7deg */
#define NAV_LON0 14812805 /* 1e7deg */
#define NAV_ALT0 147000 /* mm above msl */
#define NAV_MSL0 51850 /* mm, EGM96 geoid-height (msl) over ellipsoid */
```

```
#define QFU 0.0
#define WP_dummy 0
#define WP_HOME 1
#define WP_CLIMB 2
#define WP_STDBY 3
#define WP_p1 4
#define WP_p2 5
#define WP_p3 6
#define WP_p4 7
#define WP_CAM 8
#define WP_TD 9
#define WAYPOINTS_UTM { \
  {42.0, 42.0, 152},\
  {0.0, 0.0, 152},\
  /* + 省略部分代码 + */\
  {5.6, -10.9, 152},\
};
#define WAYPOINTS_ENU { \
  {41.24, 42.77, 5.00}, /* ENU in meters */ \
  {0.00, -0.00, 5.00}, /* ENU in meters */ \
/* + 省略部分代码 + */\
  {5.80, -10.80, 5.00}, /* ENU in meters */ \
};
#define WAYPOINTS_LLA { \
  {.lat = 435645043, .lon = 14817909, .alt = 152000}, /* 1e7deg, 1e7deg, mm (above NAV_MSL0,
        local msl = 51.85m) */ \
  {.lat = 435641194, .lon = 14812805, .alt = 152000}, /* 1e7deg, 1e7deg, mm (above NAV_MSL0,
        local msl = 51.85m) */ \
  /* + 省略部分代码 + */\
  {.lat = 435640222, .lon = 14813523, .alt = 152000}, /* 1e7deg, 1e7deg, mm (above NAV_MSL0,
        local msl = 51.85m) */ \
};
#define WAYPOINTS_LLA_WGS84 { \
  {.lat = 435645043, .lon = 14817909, .alt = 203850}, /* 1e7deg, 1e7deg, mm (above WGS84 ref
        ellipsoid) */ \
  {.lat = 435641194, .lon = 14812805, .alt = 203850}, /* 1e7deg, 1e7deg, mm (above WGS84 ref
        ellipsoid) */ \
  /* + 省略部分代码 + */\
  {.lat = 435640222, .lon = 14813523, .alt = 203850}, /* 1e7deg, 1e7deg, mm (above WGS84 ref
        ellipsoid) */ \
};
#define WAYPOINTS_GLOBAL { \ FALSE, \
  FALSE, \
  /* + 省略部分代码 + */\
  FALSE, \
};
#define NB_WAYPOINT 10
#define FP_BLOCKS { \ "Wait GPS" , \
  "Geo init" , \
  "Holding point" , \
  "Start Engine" , \
```

```
  "Takeoff" , \
  "Standby" , \
  / * + 省略部分代码 + * /\
  "land" , \
  "flare" , \
  "landed" , \
  "HOME" , \
}
# define NB_BLOCK 18
# define GROUND_ALT 147.
# define GROUND_ALT_CM 14700
# define SECURITY_HEIGHT 2.
# define SECURITY_ALT 149.
# define HOME_MODE_HEIGHT 2.
# define MAX_DIST_FROM_HOME 150.


# ifdef NAV_C

static inline void auto_nav(void) {
 switch (nav_block) {
    Block(0) // Wait GPS
    ; // pre_call
    switch (nav_stage) { Stage(0)
        if (! (NavKillThrottle())) {
          NextStage();
        } else {
          break;
        }
      Label(while_1) Stage(1)
        if (! (!(GpsFixValid())))) Goto(endwhile_2) else NextStageAndBreak();
        Stage(2)
        Goto(while_1)
        Label(endwhile_2)
      default : Stage(3)
        NextBlock();
        break;
    }
    ; // post_call
    break;

    Block(1) // Geo init
    ; // pre_call
    switch (nav_stage) {
        Label(while_3)
        Stage(0)
          if (! (LessThan(NavBlockTime(),10))) Goto(endwhile_4) else NextStageAndBreak();
          Stage(1)
              Goto(while_3)
          Label(endwhile_4)
        Stage(2)
        if (! (NavSetGroundReferenceHere())) {
```

```
          NextStage();
       } else {
          break;
       }
     default :
     Stage(3)
       NextBlock();
       break;
}; // post_call
break;

Block(2) // Holding point
; // pre_call
switch (nav_stage) {
   Stage(0)
       if (! (NavKillThrottle())) {
          NextStage();
       } else {
          break;
       }
   Stage(1)
       if (FALSE) NextStageAndBreak()
          else {
          NavAttitude(RadOfDeg(0));
          NavVerticalAutoThrottleMode(RadOfDeg(0));
          NavVerticalThrottleMode(9600 * (0));
       }
       break;
     default : Stage(2)
          NextBlock();
          break;
}
; // post_call
break;

Block(3) // Start Engine
; // pre_call
switch (nav_stage) {
   Stage(0)
       if (! (NavResurrect())) {
          NextStage();
       } else {
          break;
       }
   Stage(1)
       if (FALSE) NextStageAndBreak() else {
          NavAttitude(RadOfDeg(0)); NavVerticalAutoThrottleMode(RadOfDeg(0));
          NavVerticalThrottleMode(9600 * (0));
       }
       break;
     default :
```

```
      Stage(2)
        NextBlock();
        break;
  }; // post_call
  break;

  Block(4) // Takeoff
  ; // pre_call
  if ((nav_block != = 5) && ((stateGetPositionEnu_f()) -> z > 2.000000)) {
    GotoBlock(5);
    return;
  }
  switch (nav_stage) {
    Stage(0)
      if (! (NavSetWaypointHere(WP_CLIMB))) { NextStage();
      } else {
        break;
      }
    Stage(1) NavGotoWaypoint(2);
      NavVerticalAutoThrottleMode(RadOfDeg(0.000000));
      NavVerticalClimbMode(nav_climb_vspeed);
      break;
    default :
    Stage(2)
      NextBlock();
      break;
  }
  ; // post_call
  break;

  Block(5) // Standby
  ; // pre_call
  switch (nav_stage) {
    Stage(0)
      NavGotoWaypoint(3);
      NavVerticalAutoThrottleMode(RadOfDeg(0.000000));
      NavVerticalAltitudeMode(WaypointAlt(3), 0.);
      break;
    default :
    Stage(1)
      NextBlock();
      break;
  }
  ; // post_call
  break;

/* + 省略部分代码 + */

  Block(14) // land
    Stage(1)
      NextBlock();
```

```
          break;
        }
        ; // post_call
        break;

        Block(17) // HOME
        ; // pre_call
        switch (nav_stage) {
          Stage(0)
            nav_home();
            break;
          default :
          Stage(1)
            NextBlock();
            break;
        }
        ; // post_call
        break;

        default : break;
      }
    }
    #endif // NAV_C

    #endif // FLIGHT_PLAN_H
```

代码中的 flight_plan.h 文件大致可以分为两部分：一部分是航程点信息的设置；另一部分是飞行任务的设置。其中包括飞行状态机、航线模式、飞行模式等内容的设置。

8.7.3　本地坐标系原点设置

航程点的信息在 XML 文件中可以是全球坐标系方式，也可以是本地坐标系方式，但生成的 flight_plan.h 文件中既包含全球坐标系方式（LLA 和 LLA_WGS84），也包含本地坐标系方式（UTM 和 ENU）。尽管如此，XML 文件中设置全球坐标系和本地坐标的航程点还是不同的，全球坐标系的航程点不会因为本地坐标系原点变化而发生变化，而本地坐标系的航程点会随着无人机加点初始化位置的变化而变化。

flight_plan.h 文件部分代码中的宏 WAYPOINTS_GLOBAL 区分了这两种不同设置方式，在本例中所有的航程点都是本地坐标系的，所以 flight_plan.h 文件部分代码中 WAYPOINTS_GLOBAL 的内容都是为 FALSE 的。

另外，无论航程点设置为全球坐标系方式还是本地坐标系方式，Paparazzi 导航算法中都会使用本地坐标系方式，即全球坐标系的航程点会在初始化时转换为相对应的本地坐标系方式。

1. 飞行计划中的本地坐标系原点

在 XML 文件中设置的航程点信号在生成 flight_plan.h 文件时会进行全球坐标系和本地坐标系之间的相互转换，在此，本地坐标系是指以地面某点为原点所建立的直角坐标系，如发射点坐标系等,在全球坐标系和本地坐标系相互转换时,首先要确定本地坐标系的原点。

在 rotorcraft_basic.xml 文件中设置了本地坐标系的原点的内容代码如下:

```
< flight_plan alt = "152" ground_alt = "147" lat0 = "43 33 50.83" lon0 = "1 28 52.61"
      max_dist_from_home = "150" name = "Rotorcraft Basic (Enac)"
      security_height = "2">
```

在代码中,ground_alt 是原点的海拔高度,单位为 m;lat0 是原点的纬度,默认单位为度分秒格式;lon0 是原点的纬度,默认单位为度分秒格式。

gen_flight_plan.out 程序会依据这个本地坐标系原点进行全球坐标系和本地坐标系相互转换,并将转换结果写入生成的 flight_plan.h 文件中。不必太纠结于 rotorcraft_basic.xml 文件本地坐标系原点的设置,因为在起飞前,当 GPS 数据有效后,可以根据当前 GPS 采集到的位置在系统初始化时重新标定本地坐标系原点,并更新各航程点的信息。

2. 重新标定本地坐标系原点

在 rotorcraft_basic.xml 文件中 GPS 信息有效后重新标定本地坐标系原点设置的内容,其代码如下:

```
< block name = "Wait GPS">
  < call fun = "NavKillThrottle()"/>
  < while cond = "!GpsFixValid()"/>
</ block >
< block name = "Geo init">
  < while cond = "LessThan(NavBlockTime(), 10)"/>
  < call fun = "NavSetGroundReferenceHere()"/>
  <!-- < call fun = "NavSetAltitudeReferenceHere()"/> -->
</ block >
```

其中,函数 NavSetGroundReferenceHere()实现了本地坐标系原点重新标定以及根据本地坐标系原点更新了全球坐标系航程点的本地坐标系信息,该函数调用其他函数的示意图如图 8-15 所示。

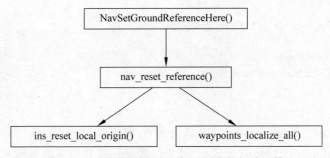

图 8-15　重新标定本地坐标系原点的相关函数

1) NavSetGroundReferenceHere()函数

NavSetGroundReferenceHere()函数为宏定义函数,定义在 sw/airborne/firmwares/rotorcraft/nav-1igation.h 文件中,其代码如下:

```
#define NavSetGroundReferenceHere() ({ nav_reset_reference(); false; })
```

注意此宏定义为语句表达式,该用法不属于标准 ANSI C 语言的语法,而是 GNU C 语言的扩展语法,关于 GNU C 语言的扩展语法详细解释参考 3.2 节。

2) nav_reset_reference()函数

NavSetGroundReferenceHere()函数代码调用了函数 nav_reset_reference()实现的原点标定功能,该函数的定义位于 sw/airborne/firmwares/rotorcraft/navigation.c 文件中,其代码如下:

```
/** Reset the geographic reference to the current GPS fix */
unit_t nav_reset_reference(void)
{
  ins_reset_local_origin();
  /* update local ENU coordinates of global waypoints */
  waypoints_localize_all();
  return 0;
}
```

3) ins_reset_local_origin()函数

NavSetGroundReferenceHere()函数代码中 ins_reset_local_origin()函数根据 GPS 获得的当前位置信息重新设置本地坐标系原点,而 waypoints_localize_all()函数将根据新的本地坐标系原点,将飞行计划中的全球坐标系的航程点重新生成相对新原点的本地坐标系的航程点。

设定本地坐标系原点是由 NavSetGroundReferenceHere()函数代码中的函数 ins_reset_local_origin()实现的。

函数 ins_reset_local_origin()有两个定义,一个在 sw/airborne/subsystems/ins/ins.c 文件中定义,其代码如下:

```
// weak functions, used if not explicitly provided by implementation

void WEAK ins_reset_local_origin(void)
{
#if USE_GPS
  struct UtmCoor_f utm = utm_float_from_gps(&gps, 0);

  // reset state UTM ref
  stateSetLocalUtmOrigin_f(&utm);
#endif
}
```

其中的 ins_reset_local_origin()函数会进一步调用 utm_float_from_gps()函数和 stateSetLocalUtmOrigin_f()函数直接将 GPS 位置信息设置为本地坐标系原点。但是 ins_reset_local_origin()函数代码是弱定义的方式[①],若有其他定义方式则该定义不进行编译。

如果组合导航系统中使用了 vff、extended 或 hff 模式的子系统,那么函数 ins_reset_local_origin()的另一个定义在文件 sw/airborne/subsystems/ins/ins_int.c 中,其代码如下:

_____

　　① 由 WEAK 修饰的函数是弱定义函数,这不是 ANSI C 的标准用法,而是 GNU C 语言的扩展。如果使用 GCC 编译器,则会在 std.h 文件中将 WEAK 宏扩展为 gcc 编译器认可的 C 语言扩展 attribute ((weak))修饰。

```
void ins_reset_local_origin(void)
{
#if USE_GPS
  if (GpsFixValid())
    { ltp_def_from_ecef_i(&ins_int.ltp_def, &gps.ecef_pos);
    ins_int.ltp_def.lla.alt = gps.lla_pos.alt; ins_int.ltp_def.hmsl = gps.hmsl;
    ins_int.ltp_initialized = true;
    stateSetLocalOrigin_i(&ins_int.ltp_def);
  } else {
    ins_int.ltp_initialized = false;
  }
#else
  ins_int.ltp_initialized = false;
#endif

#if USE_HFF ins_int.hf_realign = true;
  #endif
  ins_int.vf_reset = true;
}
```

其中函数 ins_reset_local_origin() 在选择 vff、extended 或 hff 模式的组合导航子系统时会编译，并被系统调用执行。该函数不仅通过调用 stateSetLocalOrigin_i() 函数设定了本地坐标系的原点，而且还使用 GPS 的信息设定了导航子系统的初始值，实现了导航子系统的初始对准。

stateSetLocalOrigin_i() 函数的定义位于 sw/airborne/state.h 文件中，其代码如下：

```
/// Set the local (flat earth) coordinate frame origin (int).
static inline void stateSetLocalOrigin_i(struct LtpDef_i * ltp_def)
{
  state.ned_origin_i = * ltp_def;
  /* convert to float */
  ECEF_FLOAT_OF_BFP(state.ned_origin_f.ecef, state.ned_origin_i.ecef);
  LLA_FLOAT_OF_BFP(state.ned_origin_f.lla, state.ned_origin_i.lla);
  HIGH_RES_RMAT_FLOAT_OF_BFP(state.ned_origin_f.ltp_of_ecef,
  state.ned_origin_i.ltp_of_ecef);
  state.ned_origin_f.hmsl = M_OF_MM(state.ned_origin_i.hmsl);

  /* clear bits for all local frame representations */
  state.pos_status & = ~(POS_LOCAL_COORD);
  state.speed_status & = ~(SPEED_LOCAL_COORD);
  ClearBit(state.accel_status, ACCEL_NED_I);
  ClearBit(state.accel_status, ACCEL_NED_F);

  state.ned_initialized_i =
  true;
  state.ned_initialized_f =
  true;
}
```

函数 ins_reset_local_origin() 的主要功能是将所设定的原点信息复制到全局变量 state 中的 ned_origin 成员中，同时设定 state 的一些状态信息。这些状态信息表示的含义为本地坐标系的原点已经初始化，但是本地坐标系的信息需要根据本地坐标系的原点重新更新。

3. 根据本地坐标系原点更新航程点

nav_reset_referehce()函数代码中的 ins_reset_local_origin()函数根据 GPS 获得的位置信息重新设置本地坐标系原点后，waypoints_localize_all()函数将根据新的本地坐标系原点，将飞行计划中的全球坐标系的航程点重新生成相对新原点的本地坐标系的航程点。

waypoints_localize_all()函数的定义位于 sw/airborne/subsystems/navigation/waypoints.c 文件中，其代码如下：

```
/** update local ENU coordinates of global waypoints */
void waypoints_localize_all(void)
{
  uint8_t i = 0;
  for (i = 0; i < nb_waypoint; i++) {
    if
      (waypoint_is_global(i)
      ){
      waypoint_localize(i);
    }
  }
}
```

其中的 waypoints_localize_all()函数调用 waypoint_is_global()函数判断内存中的航程点信息是否是全球坐标系方式，若为真，则调用 waypoint_localize()函数将其转换为本地坐标系方式。

waypoint_is_global()函数的定义也位于 waypoints.c 文件中，其代码如下：

```
bool waypoint_is_global(uint8_t wp_id)
{
    if (wp_id < nb_waypoint) {
    return bit_is_set(waypoints[wp_id].flags, WP_FLAG_GLOBAL);
  }
  return false;
}
```

waypoint_localize()函数的定义同样也位于 waypoints.c 文件中，其代码如下：

```
/** update local ENU coordinates from its LLA coordinates */
void waypoint_localize(uint8_t wp_id)
{
  if (state.ned_initialized_i) {
    struct EnuCoor_i enu;
    enu_of_lla_point_i(&enu, &state.ned_origin_i, &waypoints[wp_id].lla);
    // convert ENU pos from cm to BFP with
    INT32_POS_FRAC enu.x = POS_BFP_OF_REAL(enu.x) / 100;
    enu.y = POS_BFP_OF_REAL(enu.y) / 100;
    enu.z = POS_BFP_OF_REAL(enu.z) / 100;
    waypoints[wp_id].enu_i = enu;
    SetBit(waypoints[wp_id].flags, WP_FLAG_ENU_I);
    ENU_FLOAT_OF_BFP(waypoints[wp_id].
```

```
      enu_f, waypoints[wp_id].enu_i);
      SetBit(waypoints[wp_id].flags, WP_FLAG_ENU_F);
    }
  }
```

其中的 waypoint_localize()函数首先调用 enu_of_lla_point_i()函数将航程点由 LLA 的全球坐标系格式转换为 ENU 的本地坐标系,然后再将其转换为便于定点数,并设定相关的标志位。

enu_of_lla_point_i()函数是定义于 sw/airborne/math/pprz_geodetic_int.c 文件的函数,属于 Paparazzi 提供的数学函数库。

8.7.4　航程点设置

flight_plan.h 文件部分代码中,由飞行计划设置的 XML 文件生成的 flight_plan.h 文件中的航程点信息会在系统初始化时存储到 Flash 存储器中,这是由函数 waypoints_init()实现的,该函数的定义位于 sw/airborne/subsystems/navigation/waypoints.c 文件中,在系统初始化时被调用。

函数 waypoints_init()的定义代码如下:

```
const uint8_t nb_waypoint = NB_WAYPOINT;
struct Waypoint waypoints[NB_WAYPOINT];

/** initialize global and local waypoints */
void waypoints_init(void)
{
  struct EnuCoor_f wp_tmp_float[NB_WAYPOINT] = WAYPOINTS_ENU;
  struct LlaCoor_i wp_tmp_lla_i[NB_WAYPOINT] = WAYPOINTS_LLA_WGS84;
  /* element in array is TRUE if absolute/global waypoint */
  bool is_global[NB_WAYPOINT] = WAYPOINTS_GLOBAL;
  uint8_t i = 0;
  for (i = 0; i < nb_waypoint; i++) {
    /* clear all flags */ waypoints[i].flags = 0;
    /* init waypoint as global LLA or local ENU */
    if (is_global[i]) { waypoint_set_global_flag(i);
      waypoint_set_lla(i, &wp_tmp_lla_i[i]);
    } else {
      waypoint_set_enu(i, &wp_tmp_float[i]);
    }
  }
}
```

无论是全球坐标系的航程点还是本地坐标系的航程点,Paparazzi 会同时存储两种航程点信息。全球坐标系的航程点会根据本地坐标系的原点位置生成一份本地坐标系的航程点信息。而设置的本地坐标系的航程点也会生成一份全球坐标系的航程点信息。

在 waypoints_init()函数代码中, waypoint_init()函数调用 waypoint_set_global_flag()函数设置全球坐标系的标志位,并调用 waypoint_set_lla()函数依据全球坐标系的航程点信息生成本地坐标系的航程点信息。

而对于本地坐标系的航程点，则会调用 waypoint_set_enu()函数生成一份全球坐标系的航程点信息。

1. 全球坐标系格式的航程点

waypoint_set_lla()函数会依据全球坐标系的航程点信息生成本地坐标系的航程点信息，该函数的定义位于 waypoints.c 文件中，其代码如下：

```
void waypoint_set_lla(uint8_t wp_id, struct LlaCoor_i * lla)
{
  if (wp_id > = nb_waypoint) {
    return;
  }
  waypoints[wp_id].lla = * lla;
  SetBit(waypoints[wp_id].flags,
  WP_FLAG_LLA_I);
  waypoint_localize(wp_id);
}
```

waypoint_set_lla()函数会调用 waypoint_localize()函数实现航程点全球坐标系到本地坐标系的转换。

2. 本地坐标系格式的航程点

waypoints_init()函数调用 waypoint_set_enu()函数实现本地坐标系到全球坐标系的转换，waypoint_set_enu()函数的定义位于 waypoints.c 文件中，其代码如下：

```
void waypoint_set_enu(uint8_t wp_id, struct EnuCoor_f * enu)
{
  if (wp_id < nb_waypoint) {
    waypoints[wp_id].enu_f = * enu;
    SetBit(waypoints[wp_id].flags, WP_FLAG_ENU_I);
    ENU_BFP_OF_REAL(waypoints[wp_id].enu_i, waypoints[wp_id].enu_f);
    SetBit(waypoints[wp_id].flags, WP_FLAG_ENU_F);
    ClearBit(waypoints[wp_id].flags, WP_FLAG_LLA_I);
    waypoint_globalize(wp_id);
  }
}
```

其中的 waypoint_set_enu()函数在设置了 ENU 本地坐标系的一些相关信息后，会进一步调用 waypoint_globalize()函数实现本地坐标系到全球坐标系的转换，waypoint_waypoint_globalize()函数的定义位于 waypoints.c 文件中，其代码如下：

```
void waypoint_globalize(uint8_t wp_id)
{
  if (state.ned_initialized_i) {
    struct EcefCoor_i ecef;
    ecef_of_enu_pos_i(&ecef, &state.ned_origin_i, &waypoints[wp_id].enu_i);
    lla_of_ecef_i(&waypoints[wp_id].lla, &ecef);
    SetBit(waypoints[wp_id].flags, WP_FLAG_LLA_I);
  }
}
```

其中 waypoint_globalize()函数调用的 ecef_of_enu_pos_i()和 lla_of_ecef_i()函数的定义位于 sw/airborne/math/pprz_geodetic_int.c 文件的函数,分别实现了 ENU 本地坐标系转换为全球地心坐标系(ECEF)的代码以及 ECEF 全球坐标系转换为 LLA 全球坐标系的代码。

8.7.5　飞行任务设置

flight_plan.h 文件部分代码中,auto_nav()函数是实施飞行任务的主要函数,该函数实现了 XML 文件中关于飞行状态机、航线模式和飞行任务的设置。

不同的飞行计划设置的 XML 文件,生成的 auto_nav()函数是不同的。尽管该函数的形式不固定,但 auto_nav()函数中,由宏定义函数实现的状态机的初始化和切换大多是固定的。这部分宏定义函数主要是在 sw/airborne/subsystems/navigation/common_flight_plan.h 和 common_flight_plan.c 中实现的。common_flight_plan.h 文件内容代码如下:

```
/**
 * @file subsystems/navigation/common_flight_plan.h
 * Common flight_plan functions shared between fixedwing and rotorcraft.
 */

#ifndef COMMON_FLIGHT_PLAN_H
#define COMMON_FLIGHT_PLAN_H

#include "std.h"

/** In s */
extern uint16_t stage_time, block_time;

extern uint8_t nav_stage, nav_block;
extern uint8_t last_block, last_stage;

/** needs to be implemented by fixedwing and rotorcraft seperately */
void nav_init_stage(void);

void nav_init_block(void);
void nav_goto_block(uint8_t block_id);

#define InitStage() nav_init_stage();

#define Block(x) case x: nav_block = x;
#define NextBlock() { nav_block++; nav_init_block(); }
#define GotoBlock(b) { nav_block = b; nav_init_block(); }

#define Stage(s) case s: nav_stage = s;
#define NextStage() { nav_stage++; InitStage(); }
#define NextStageAndBreak() { nav_stage++; InitStage(); break; }
#define NextStageAndBreakFrom(wp) { last_wp = wp; NextStageAndBreak(); }
```

```
# define Label(x) label_ ## x:
# define Goto(x) { goto label_ ## x; }
# define Return() { nav_block = last_block; nav_stage = last_stage; block_time = 0;}

# define And(x, y) ((x) && (y))
# define Or(x, y) ((x) || (y))
# define Min(x,y) (x < y ? x : y)
# define Max(x,y) (x > y ? x : y)
# define LessThan(_x, _y) ((_x) < (_y))
# define MoreThan(_x, _y) ((_x) > (_y))

/ ** Time in s since the entrance in the current block * /
# define NavBlockTime() (block_time)

# endif / * COMMON_FLIGHT_PLAN_H * /
```

common_flight_plan. c 文件内容代码如下：

```
/ **
 * @file subsystems/navigation/common_flight_plan.c
 * Common flight_plan functions shared between fixedwing and rotorcraft.
 * /

# include "subsystems/navigation/common_flight_plan.h"

# include "generated/flight_plan.h"


/ ** In s * /
uint16_t stage_time, block_time;

uint8_t nav_stage, nav_block;

/ ** To save the current block/stage to enable return * /
uint8_t last_block, last_stage;


void nav_init_block(void)
{
  if (nav_block >= NB_BLOCK) {
    nav_block = NB_BLOCK - 1;
  }
  nav_stage = 0;
  block_time = 0; InitStage();
}


void nav_goto_block(uint8_t b)
{
  if (b != nav_block) { / * To avoid a loop in a the current block * /
    last_block = nav_block;
```

```
      last_stage = nav_stage;
    }
    GotoBlock(b);
}
```

这两段代码主要定义了 6 个全局变量,其中变量名称中包含 block 的为不同的任务模式,而包含 stage 的为任务模式中的不同阶段。

XML 格式的飞行计划位置文件会在构建时生成 C 语言格式的 flight_plan.h 文件。例如,flight_plan.h 文件中一些通用性质[①]的变量、函数和宏等由 common_flight_plan.h 和 common_flight.c 两个文件代码提供。可以说这两个文件为 auto_nav()函数提供了任务状态机切换的构成"元素"。

8.8　飞行控制任务

8.8.1　飞行控制任务主函数

Paparazzi 的导航控制和姿态控制等飞行控制是在 autopilot_periodic()函数中执行的,该函数被任务函数 main_periodic()所调用。main_periodic()函数是系统任务调度中任务函数之一,关于任务调度可参考 8.2.2 节。

autopilot_periodic()函数的定义位于 sw/airborne/firmwares/rotorcraft/autopilot.c 文件中,其代码如下:

```
#define NAV_PRESCALER (PERIODIC_FREQUENCY / NAV_FREQ)
void autopilot_periodic(void)
{

  RunOnceEvery(NAV_PRESCALER, compute_dist2_to_home());

  if (autopilot_in_flight && autopilot_mode == AP_MODE_NAV) {
    if (too_far_from_home || datalink_lost() || higher_than_max_altitude()) {
      if (dist2_to_home > failsafe_mode_dist2)
        { autopilot_set_mode(FAILSAFE_MODE_TOO_FAR_FROM_HOME);
      } else
        { autopilot_set_mode(AP_MODE_HOME);
      }
    }
  }

  if (autopilot_mode == AP_MODE_HOME)
    { RunOnceEvery(NAV_PRESCALER, nav_home());
  } else {
    // otherwise always call nav_periodic_task so that carrot is always updated in GCS for other
      modes
```

---

①　通用性质是指虽然不同的 XML 格式的飞行计划配置文件生成的 flight_plan.h 文件也不同,但是有些变量、函数和宏等大多会在 flight_plan.h 文件中用到。

```
      RunOnceEvery(NAV_PRESCALER, nav_periodic_task());
    }


    /* If in FAILSAFE mode and either already not in_flight anymore
     * or just "detected" ground, go to KILL mode.
     */
    if (autopilot_mode == AP_MODE_FAILSAFE) {
      if (!autopilot_in_flight)
        { autopilot_set_mode(AP_MODE_KILL);
      }

# if FAILSAFE_GROUND_DETECT
      INFO("Using FAILSAFE_GROUND_DETECT: KILL")
      if (autopilot_ground_detected)
        { autopilot_set_mode(AP_MODE_KILL);
      }
# endif
    }

    /* Reset ground detection _after_ running flight plan
     */
    if (!autopilot_in_flight)
      { autopilot_ground_detected =
      false;
      autopilot_detect_ground_once =
      false;
    }

    /* Set fixed "failsafe" commands from airframe file if in KILL mode.
     * If in FAILSAFE mode, run normal loops with failsafe attitude and
     * downwards velocity setpoints.
     */
    if (autopilot_mode == AP_MODE_KILL)
      { SetCommands(commands_failsafe);
    } else
      { guidance_v_run(autopilot_in_flight);
      guidance_h_run(autopilot_in_flight);
      SetRotorcraftCommands(stabilization_cmd, autopilot_in_flight, autopilot_motors_on);
    }

  }
```

其中，飞行控制函数 autopilot_periodic()主要完成的功能包括以下几个。

① 飞行模式设置。对一些特殊的飞行模式进行了处理以及飞行模式状态机的切换。

② 导航信息的设置。根据制订的飞行任务、飞行计划等设置导航信息，其中包括航程点位置信息、飞行模式、航线设置等内容。

③ 水平导航控制。根据导航信息中水平导航信息的设定，执行水平导航的控制律算法。

④ 高度控制。根据导航信息中垂直导航信息的设定，执行高度控制律算法。

⑤ 姿态控制。根据水平导航控制中输出的姿态参考信息,执行姿态控制律算法。

8.8.2 飞行模式设置

Paparazzi 为了实现对飞行器不同的操控方式提供了多种不同的飞行模式,参考 7.1.9 节,从水平导航控制器、垂直导航控制器和姿态控制器方面看,可以认为不同的飞行模式以不同的方式设定了控制器的设定值。

Paparazzi 的飞行模式是保存在全局变量 autopilot_mode 中的。对全局变量 autopilot_mode 的设置有以下 3 种途径。

① 遥控器设置。在 Paparazzi 的代码中遥控器简称 RC,在遥控器的检测函数中会根据遥控器的设置调用 autopilot_set_mode()函数设置飞行模式。

② 飞行状态机设置。飞行过程中如果检测到飞行状态出现特殊情况,飞行控制程序会调用 autopilot_set_mode()函数自动设置一些特殊的飞行模式。

③ 地面站(GCS)设置。通过地面站可以设置飞行模式,监测地面站信息的函数会调用 autopilot_SetModeHandler()函数完成飞行模式的设置。autopilot_SetModeHandler()函数在完成一些状态判断后也是调用 autopilot_set_mode()函数设置的飞行模式。

Paparazzi 的飞行模式是通过分解为水平飞行模式和垂直飞行模式实现的,见表 8-7。

表 8-7 飞行模式分为水平和垂直两个方向实现

飞行模式/前缀 AP_MODE_	水平飞行模式/前缀 GUIDANCE_H_MODE_	垂直飞行模式/前缀 GUIDANCE_V_MODE_
KILL	KILL	KILL
HOME	NAV	NAV
RATE_DIRECT	RATE	RC_DIRECT
ATTITUDE_DIRECT	ATTITUDE	RC_DIRECT
RATE_RC_CLIMB	RATE	RC_CLIMB
ATTITUDE_RC_CLIMB	ATTITUDE	RC_CLIMB
ATTITUDE_CLIMB	ATTITUDE	CLIMB
RATE_Z_HOLD	RATE	HOVER
ATTITUDE_Z_HOLD	ATTITUDE	HOVER
HOVER_DIRECT	HOVER	RC_DIRECT
HOVER_CLIMB	HOVER	CLIMB
HOVER_Z_HOLD	HOVER	HOVER
NAV	NAV	NAV
RC_DIRECT	RC_DIRECT	RC_DIRECT
CARE_FREE_DIRECT	CARE_FREE	RC_DIRECT
FORWARD	FORWARD	RC_DIRECT
MODULE	MODULE	MODULE
FLIP	FLIP	FLIP
GUIDED	GUIDED	GUIDED

　　地面站（GCS）设置飞行模式时，自动驾驶仪会调用 autopilot_SetModeHandler() 函数设置飞行模式，该函数调用的主要其他函数如图 8-16 所示。在图 8-16 中，guidance_h_mode_changed() 函数实现了水平飞行模式的设置，guidance_v_mode_changed() 函数实现了垂直飞行模式的设置。

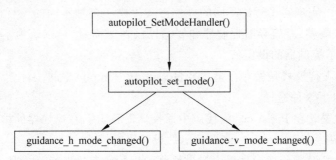

图 8-16　autopilot_SetModeHandler() 函数调用的主要函数

　　autopilot_SetModeHandler() 函数的定义位于 autopilot.c 文件中，其代码如下：

```
/** AP mode setting handler
 *
 * Checks RC status before calling autopilot_set_mode function
 */
void autopilot_SetModeHandler(float mode)
{
  if (mode == AP_MODE_KILL || mode == AP_MODE_FAILSAFE || mode == AP_MODE_HOME)
  {
    // safety modes are always accessible via settings autopilot_set_mode(mode);
  } else {
    if (radio_control.status != RC_OK &&
      (mode == AP_MODE_NAV || mode == AP_MODE_GUIDED ||
      mode == AP_MODE_FLIP || mode == AP_MODE_MODULE)) {
      // without RC, only nav - like modes are accessible autopilot_set_mode(mode);
    }
  }
  // with RC, other modes can only be changed from the RC
}
```

　　其中，autopilot_SetModeHandler() 函数需要调用 autopilot_set_mode() 函数才能进一步设定飞行模式，autopilot_set_mode() 函数的定义也位于 autopilot.c 文件中，其代码如下：

```
void autopilot_set_mode(uint8_t new_autopilot_mode)
{
  /* force startup mode (default is kill) as long as AHRS is not aligned */
  if (!ahrs_is_aligned()) {
    new_autopilot_mode = MODE_STARTUP;
  }

  if (new_autopilot_mode != autopilot_mode) {
    /* horizontal mode */
```

```
    switch (new_autopilot_mode) {
        case AP_MODE_FAILSAFE:
#ifndef KILL_AS_FAILSAFE
            stabilization_attitude_set_failsafe_setpoint();
            guidance_h_mode_changed(GUIDANCE_H_MODE_ATTITUDE);
            break;
#endif
        case AP_MODE_KILL:
            autopilot_in_flight = false;
            autopilot_in_flight_counter = 0;
            guidance_h_mode_changed(GUIDANCE_H_MODE_KILL);
            break;
        case AP_MODE_RC_DIRECT:
            guidance_h_mode_changed(GUIDANCE_H_MODE_RC_DIRECT);
            break;
        case AP_MODE_RATE_RC_CLIMB:
        case AP_MODE_RATE_DIRECT:
        case AP_MODE_RATE_Z_HOLD:
#if USE_STABILIZATION_RATE
            guidance_h_mode_changed(GUIDANCE_H_MODE_RATE);
#else

#endif

return; break;
        case AP_MODE_ATTITUDE_RC_CLIMB:
        case AP_MODE_ATTITUDE_DIRECT:
        case AP_MODE_ATTITUDE_CLIMB:
        case AP_MODE_ATTITUDE_Z_HOLD:
            guidance_h_mode_changed(GUIDANCE_H_MODE_ATTITUDE);
            break;
        case AP_MODE_FORWARD:
            guidance_h_mode_changed(GUIDANCE_H_MODE_FORWARD);
            break;
        case AP_MODE_CARE_FREE_DIRECT:
            guidance_h_mode_changed(GUIDANCE_H_MODE_CARE_FREE);
            break;
        case AP_MODE_HOVER_DIRECT:
        case AP_MODE_HOVER_CLIMB:
        case AP_MODE_HOVER_Z_HOLD:
            guidance_h_mode_changed(GUIDANCE_H_MODE_HOVER);
            break;
        case AP_MODE_HOME:
        case AP_MODE_NAV:
            guidance_h_mode_changed(GUIDANCE_H_MODE_NAV);
            break;
        case AP_MODE_MODULE:
#ifdef GUIDANCE_H_MODE_MODULE_SETTING
            guidance_h_mode_changed(GUIDANCE_H_MODE_MODULE_SETTING);
#endif
            break;
```

```
            case AP_MODE_FLIP:
                guidance_h_mode_changed(GUIDANCE_H_MODE_FLIP);
                break;
            case AP_MODE_GUIDED:
                guidance_h_mode_changed(GUIDANCE_H_MODE_GUIDED);
                break;
        default :
            break;
    }
    /* vertical mode */
        switch (new_autopilot_mode) {
            case AP_MODE_FAILSAFE:
#ifndef KILL_AS_FAILSAFE
                guidance_v_mode_changed(GUIDANCE_V_MODE_CLIMB);
                guidance_v_zd_sp = SPEED_BFP_OF_REAL(FAILSAFE_DESCENT_SPEED);
                break;
    #endif
case AP_MODE_KILL:
                autopilot_set_motors_on(FALSE);
                stabilization_cmd[COMMAND_THRUST] = 0;
                guidance_v_mode_changed(GUIDANCE_V_MODE_KILL);
                break;
            case AP_MODE_RC_DIRECT:
            case AP_MODE_RATE_DIRECT:
            case AP_MODE_ATTITUDE_DIRECT:
            case AP_MODE_HOVER_DIRECT:
            case AP_MODE_CARE_FREE_DIRECT:
            case AP_MODE_FORWARD:
                guidance_v_mode_changed(GUIDANCE_V_MODE_RC_DIRECT);
                break;
            case AP_MODE_RATE_RC_CLIMB:
            case AP_MODE_ATTITUDE_RC_CLIMB:
                guidance_v_mode_changed(GUIDANCE_V_MODE_RC_CLIMB);
                break;
            case AP_MODE_ATTITUDE_CLIMB:
            case AP_MODE_HOVER_CLIMB:
                guidance_v_mode_changed(GUIDANCE_V_MODE_CLIMB);
                break;
            case AP_MODE_RATE_Z_HOLD:
            case AP_MODE_ATTITUDE_Z_HOLD:
            case AP_MODE_HOVER_Z_HOLD:
                guidance_v_mode_changed(GUIDANCE_V_MODE_HOVER);
                break;
            case AP_MODE_HOME:
            case AP_MODE_NAV:
                guidance_v_mode_changed(GUIDANCE_V_MODE_NAV);
                break;
            case AP_MODE_MODULE:
#ifdef GUIDANCE_V_MODE_MODULE_SETTING
                guidance_v_mode_changed(GUIDANCE_V_MODE_MODULE_SETTING);
#endif
```

```
          break;
        case AP_MODE_FLIP:
        guidance_v_mode_changed(GUIDANCE_V_MODE_FLIP);
          break;
      case AP_MODE_GUIDED:
        guidance_v_mode_changed(GUIDANCE_V_MODE_GUIDED);
      break;
    default :
      break;
  }
  //if switching to rate mode but rate mode is not defined, the function
  returned autopilot_mode = new_autopilot_mode;
  }
}
```

从代码中不难发现,在 Paparazzi 的飞行控制中,飞行模式的设定会进一步分解为水平飞行模式的设定和垂直飞行模式的设定。

在函数 autopilot_set_mode()中,会调用 guidance_h_mode_changed()和 guidance_v_mode_changed()函数,依据飞行模式的设定分别设置了水平飞行模式和垂直飞行模式,其代码分别列于下面。

1. 水平飞行模式设置

函数 guidance_h_mode_changed()设置了水平飞行模式,具体代码如下:

```
void guidance_h_mode_changed(uint8_t new_mode)
{
  if (new_mode == guidance_h.mode) {
    return;
  }

  if (new_mode != GUIDANCE_H_MODE_FORWARD && new_mode != GUIDANCE_H_MODE_RATE)
  {
    transition_percentage = 0;
    transition_theta_offset = 0;
  }

# if HYBRID_NAVIGATION
  guidance_hybrid_norm_ref_airspeed = 0;
# endif

  switch (new_mode) {
    case GUIDANCE_H_MODE_RC_DIRECT:
      stabilization_none_enter();
      break;

# if USE_STABILIZATION_RATE
    case GUIDANCE_H_MODE_RATE:
      stabilization_rate_enter();
      break;
# endif
```

```
      case GUIDANCE_H_MODE_CARE_FREE:
        stabilization_attitude_reset_care_free_heading();
      case GUIDANCE_H_MODE_FORWARD:
      case GUIDANCE_H_MODE_ATTITUDE:
# if NO_ATTITUDE_RESET_ON_MODE_CHANGE
      /* reset attitude stabilization if previous mode was not using it */
      if (guidance_h.mode == GUIDANCE_H_MODE_KILL || guidance_h.mode ==
        GUIDANCE_H_MODE_RATE || guidance_h.mode == GUIDANCE_H_MODE_RC_DIRECT)
# endif
        stabilization_attitude_enter();
        break;
      case GUIDANCE_H_MODE_GUIDED:
      case GUIDANCE_H_MODE_HOVER:
# if GUIDANCE_INDI
        guidance_indi_enter();
# endif
         guidance_h_hover_enter();
# if NO_ATTITUDE_RESET_ON_MODE_CHANGE
      /* reset attitude stabilization if previous mode was not using it */
      if (guidance_h.mode == GUIDANCE_H_MODE_KILL || guidance_h.mode ==
        GUIDANCE_H_MODE_RATE || guidance_h.mode == GUIDANCE_H_MODE_RC_DIRECT)
# endif
         stabilization_attitude_enter();
    break;

# if GUIDANCE_H_MODE_MODULE_SETTING == GUIDANCE_H_MODE_MODULE
      case GUIDANCE_H_MODE_MODULE:
        guidance_h_module_enter();
        break;
# endif

  case GUIDANCE_H_MODE_NAV:
    guidance_h_nav_enter();
# if NO_ATTITUDE_RESET_ON_MODE_CHANGE
      /* reset attitude stabilization if previous mode was not using it */
      if (guidance_h.mode == GUIDANCE_H_MODE_KILL || guidance_h.mode ==
        GUIDANCE_H_MODE_RATE || guidance_h.mode == GUIDANCE_H_MODE_RC_DIRECT)
# endif
         stabilization_attitude_enter();
        break;

      case GUIDANCE_H_MODE_FLIP:
        guidance_flip_enter();
        break;

    default : break;
  }

  guidance_h.mode = new_mode;

  }
```

由 autopilot_set_mode 函数的代码和 guidance_h_mode_changed()函数的代码可以分析出 Paparazzi 所支持的水平飞行模式,见表 8-8。表 8-8 中水平飞行模式的详细说明如下。

(1) GUIDANCE_H_MODE_KILL。在飞行模式 AP_MODE_KILL(KILL)中应用。关闭所有电机。

(2) GUIDANCE_H_MODE_RATE。遥控器直接控制角速率模式。

在飞行模式 AP_MODE_RATE_RC_CLIMB(R_RCC)、AP_MODE_RATE_DIRECT(RATE)和 AP_MODE_RATE_Z_HOLD(R_ZH)中应用。由遥控器(RC)直接控制滚转角速率、俯仰角速率、偏航角速率。滚转角速率 p_{sp}、俯仰角速率 q_{sp}、偏航角速率 r_{sp} 与遥控器的摇杆位置成正比。

(3) GUIDANCE_H_MODE_ATTITUDE。遥控器直接控制角度模式。

表 8-8　水平飞行模式

设 置 名 称	说　明
GUIDANCE_H_MODE_KILL	关闭所有电机
GUIDANCE_H_MODE_RATE	RC 直接控制角速率 p_{sp}、q_{sp}、r_{sp}
GUIDANCE_H_MODE_ATTITUDE	RC 直接控制角度 ϕ_{sp}、θ_{sp}、ψ_{sp}
GUIDANCE_H_MODE_HOVER	水平定点模式,x_{sp}、y_{sp} 不变,RC 控制 ψ_{sp}
GUIDANCE_H_MODE_NAV	自主导航模式
GUIDANCE_H_MODE_RC_DIRECT	直升机安全模式
GUIDANCE_H_MODE_CARE_FREE	直升机安全模式
GUIDANCE_H_MODE_FORWARD	前飞模式
GUIDANCE_H_MODE_MODULE	用户自定义模式
GUIDANCE_H_MODE_FLIP	翻滚模式
GUIDANCE_H_MODE_GUIDED	引导飞行模式

在飞行模式 AP_MODE_ATTITUDE_RC_CLIMB(A_RCC)、AP_MODE_ATTITUDE_DIRECT(ATT)、AP_MODE_ATTITUDE_CLIMB(ATT_C)和 AP_MODE_ATTITUDE_Z_HOLD(A_ZH)中应用。

由遥控器(RC)直接控制滚转角、俯仰角、偏航角。滚转角 ϕ_{sp}、俯仰角 θ_{sp}、偏航角 ψ_{sp} 与遥控器的摇杆位置成正比。

(4) GUIDANCE_H_MODE_HOVER。水平定点模式。

在飞行模式 AP_MODE_HOVER_DIRECT(HOVER)、AP_MODE_HOVER_CLIMB(HOV_C)和 AP_MODE_HOVER_Z_HOLD(H_ZH)中应用。

飞行器的当前位置(x_{sp},y_{sp})将保持不变,允许通过遥控器偏航摇杆控制飞行器的偏航角 ψ_{sp}。

(5) GUIDANCE_H_MODE_NAV。自主导航模式。

AP_MODE_HOME(HOME)和 AP_MODE_NAV(NAV)中应用。

水平导航信息来自飞行计划。

(6) GUIDANCE_H_MODE_RC_DIRECT。在飞行模式 AP_MODE_RC_DIRECT(RC_D)中应用。直升机安全模式。手动直接控制直升机。

(7) GUIDANCE_H_MODE_CARE_FREE。在飞行模式 AP_MODE_CARE_FREE_

DIRECT(CF)中应用。直升机安全模式。手动直接控制直升机，只不过进入该模式后直升机滚转和俯仰的控制会和偏航控制是联动控制方式。

（8）GUIDANCE_H_MODE_FORWARD。在飞行模式 AP_MODE_FORWARD（FORWARD）中应用。

（9）GUIDANCE_H_MODE_MODULE。在飞行模式 AP_MODE_MODULE（MODULE）中应用。

（10）GUIDANCE_H_MODE_FLIP。在飞行模式 AP_MODE_FLIP（FLIP）中应用。

（11）GUIDANCE_H_MODE_GUIDED。在飞行模式 AP_MODE_GUIDED（GUIDED）中应用。

2. 垂直飞行模式设置

guidance_v_mode_changed()函数设置了垂直飞行模式，其代码如下：

```
void guidance_v_mode_changed(uint8_t new_mode)
{
  if (new_mode == guidance_v_mode) {
    return;
  }

  switch (new_mode) {
    case GUIDANCE_V_MODE_GUIDED:
    case GUIDANCE_V_MODE_HOVER:
      /* disable vertical velocity setpoints */
      guidance_v_guided_vel_enabled = false;

      /* set current altitude as setpoint */
      guidance_v_z_sp = stateGetPositionNed_i()->z;

      /* reset guidance reference */
      guidance_v_z_sum_err = 0;
      GuidanceVSetRef(stateGetPositionNed_i()->z, 0, 0);

      /* reset speed setting */
      guidance_v_zd_sp = 0;
      break;

    case GUIDANCE_V_MODE_RC_CLIMB:
    case GUIDANCE_V_MODE_CLIMB:
      guidance_v_zd_sp = 0;
    case GUIDANCE_V_MODE_NAV:
      guidance_v_z_sum_err = 0;
      GuidanceVSetRef(stateGetPositionNed_i()->z, stateGetSpeedNed_i()->z, 0);
      break;

#if GUIDANCE_V_MODE_MODULE_SETTING == GUIDANCE_V_MODE_MODULE
    case GUIDANCE_V_MODE_MODULE:
```

```
      guidance_v_module_enter();
    break;
  #endif

    case GUIDANCE_V_MODE_FLIP:
      break;

    default :
      break;

  }

  guidance_v_mode = new_mode;

}
```

由 autopilot_set_mode 函数的代码和 guidance_v_mode_changed() 函数的代码可以分析出 Paparazzi 所支持的垂直飞行模式,见表 8-9。

表 8-9　垂直飞行模式

设 置 名 称	说　　明
GUIDANCE_V_MODE_KILL	关闭所有电机
GUIDANCE_V_MODE_RC_DIRECT	RC 直接控制油门量 U_{thrust}
GUIDANCE_V_MODE_RC_CLIMB	RC 直接控制爬升速率 $\dot{z}_{\text{sp}}$
GUIDANCE_V_MODE_CLIMB	FMS 控制爬升速率 $\dot{z}_{\text{sp}}$
GUIDANCE_V_MODE_HOVER	垂直定高模式
GUIDANCE_V_MODE_NAV	自主导航模式
GUIDANCE_V_MODE_MODULE	用户自定义模式
GUIDANCE_V_MODE_FLIP	翻滚模式
GUIDANCE_V_MODE_GUIDED	引导飞行模式

表 8-9 中垂直飞行模式的详细说明如下。

(1) GUIDANCE_V_MODE_KILL。在飞行模式 AP_MODE_KILL(KILL)中应用。关闭所有电机。

(2) GUIDANCE_V_MODE_RC_DIRECT。遥控器直接控制油门量模式。在飞行模式 AP_MODE_RC_DIRECT(RC_D)、AP_MODE_RATE_DIRECT(RATE)、AP_MODE_ATTITUDE_DIRECT(ATT)、AP_MODE_HOVER_DIRECT(HOVER)、AP_MODE_CARE_FREE_DIRECT(CF 和 AP_MODE_FORWARD(FORWARD)中应用。由遥控器(RC)直接控制油门量,油门控制量 U_{thrust} 与遥控器的摇杆位置成正比。

(3) GUIDANCE_V_MODE_RC_CLIMB。遥控器直接控制爬升速率模式。在飞行模式 AP_MODE_RATE_RC_CLIMB(R_RCC)和 AP_MODE_ATTITUDE_RC_CLIMB(A_RCC)中应用。遥控器的摇杆位置控制垂直方向运动的速率。比如,当油门摇杆位置位于中间时,飞行器爬升速率为零,处于定高状态;油门摇杆位于上方时飞行器向上爬升,且摇杆位置和爬升率成正比;油门摇杆位于下方时飞行器向下运动,且摇杆位置和爬升率成正比。

该模式比较适合油门摇杆具有自动回中的遥控器。

垂直速率$\dot{z}_{sp}$与摇杆位置成正比。

（4）GUIDANCE_V_MODE_CLIMB。FMS控制爬升速率模式。在飞行模式 AP_MODE_ATTITUDE_CLIMB（ATT_C）和 AP_MODE_HOVER_CLIMB（HOV_C）中应用。

垂直方向速度是由飞行模拟器（Flying Model Simulator，FMS）控制的，如可以使用游戏手柄、飞行摇杆等与地面站计算机连接后操作飞行器。

（5）GUIDANCE_V_MODE_HOVER。垂直定高模式。在飞行模式 AP_MODE_RATE_Z_HOLD（R_ZH）、AP_MODE_ATTITUDE_Z_HOLD（A_ZH）和 AP_MODE_HOVER_Z_HOLD（H_ZH）中应用。

飞行器保持当前高度不变，即高度设定值 z_{sp} 为进入该模式时的当前值。遥控器油门摇杆的位置是实际油门的最高限位。例如，油门摇杆的位置处于 50% 的位置，则实际油门的范围为 0%～50%。若要取消油门摇杆对实际油门的限制作用，可以在配置文件中设置 NO_RC_THRUST_LIMIT 为真。

（6）GUIDANCE_V_MODE_NAV。自主导航模式。在飞行模式 AP_MODE_HOME（HOME）和 AP_MODE_NAV（NAV）中应用。高度设定值 z_{sp} 由飞行计划中得出。

如果配置文件中没有设置 NO_RC_THRUST_LIMIT 选项，遥控器油门摇杆的位置是实际油门输出的最高限位，例如，遥控器油门摇杆位于 80% 的位置，则实际油门的范围为 0～80%。若要取消油门摇杆对实际油门的限制作用，可以在配置文件中设置 NO_RC_THRUST_LIMIT 为真。

（7）GUIDANCE_V_MODE_MODULE。在飞行模式 AP_MODE_MODULE（MODULE）中应用。

（8）GUIDANCE_V_MODE_FLIP。在飞行模式 AP_MODE_FLIP（FLIP）中应用。

（9）GUIDANCE_V_MODE_GUIDED。在飞行模式 AP_MODE_GUIDED（GUIDED）中应用。

8.8.3　导航信息的设置

在自主导航模式飞行时，飞行控制程序会根据飞行计划的设置内容（即 8.7 节的飞行计划），生成目标航点、当前导引航点等自主导航飞行的导航信息，这些导航信息会进而生成导航控制器的设定值。

根据飞行计划生成导航信息的相关函数及调用关系如图 8-17 所示。

导航信息的生成是在 autopilot_periodic() 函数代码中调用 nav_periodic_task() 函数实现的。在 autopilot_periodic() 函数代码中 RunOnceEvery（NAV_PRESCALER, nav_periodic_task()）是一种分频调用 nav_periodic_task() 函数的方式：在 autopilot_periodic 函数每次运行时，会以 NAV_PRESCALER 分频后的频率运行函数 nav_periodic_task，即 autopilot_periodic 函数每运行 NAV_PRESCALER 一次，nav_periodic_task 函数就运行一次。

RunOnceEvery() 是声明在 sw/include/std.h 文件中的宏。

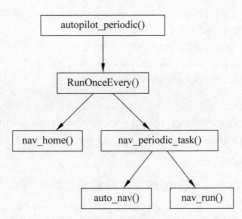

图 8-17　生成导航信息的相关函数及调用关系

函数 nav_periodic_task 位于 sw/airborne/firmwares/rotorcraft/navigation.c 中,代码如下:

```
#include <stdio.h>
void nav_periodic_task(void)
{
  RunOnceEvery(NAV_FREQ, { stage_time++;block_time++; });
  nav_survey_active = false;
  dist2_to_wp = 0;

  /* from flight_plan.h */
  auto_nav();

  /* run carrot loop */
  nav_run();
}
```

nav_periodic_task 函数调用了 auto_nav()函数和 nav_run()函数。其中 auto_nav()函数的定义位于 flight_plan.h 文件中,见 flight_plan.h 文件的代码。nav_periodic_task 函数是依据飞行计划的配置文件自动生成的,不建议手工编辑,修改飞行计划的配置文件后重新构建,该函数会依据新的配置文件重新生成。

1. 飞行计划中的导航设定信息

在函数 auto_nav()中,部分代码是为了实现飞行任务状态机的切换。用于实现导航的函数主要包括 NavGotoWaypoint(N)函数和 NavVerticalAltitudeMode(WaypointAlt(N), 0.)函数。这两函数中的 N 表示飞行计划中预设的第 N 个航程点。其中 NavGotoWaypoint(N)函数计算水平方向的投影坐标,而 NavVerticalAltitudeMode(WaypointAlt(N), 0.)函数则计算垂直方向的坐标值。

1)目标航程点的水平坐标

NavGotoWaypoint(N)函数为宏定义函数,代码位于 sw/airborne/firmwares/rotorcraft/navigation.h 文件中,具体代码如下:

```
/ *********** Navigation towaypoint ****************************** /
#define NavGotoWaypoint(_wp) { \
    horizontal_mode = HORIZONTAL_MODE_WAYPOINT; \
    VECT3_COPY(navigation_target, waypoints[_wp].enu_i); \
    dist2_to_wp = get_dist2_to_waypoint(_wp); \
}
```

其中 VECT3_COPY(navigation_target，waypoints[_wp]. enu_i)实现三维向量之间的复制，其代码在 math 文件夹中，功能是将_wp 航程点的 ENU 坐标信息复制到全局变量 navigation_target 中。

函数 get_dist2_to_waypoint(_wp)的主要功能是计算飞行器当前位置到航程点_wp 水平投影距离的平方，其结果存于全局变量 dist2_to_wp 中。函数 get_dist2_to_ waypoint() 的定义位于 sw/airborne/firmwares/rotorcraft/navigation. c 文件中，具体代码如下：

```
/ ** Returns squared horizontal distance to given point * /
float get_dist2_to_point(struct EnuCoor_i * p)
{
  struct EnuCoor_f * pos = stateGetPositionEnu_f();
  struct FloatVect2 pos_diff;
  pos_diff.x = POS_FLOAT_OF_BFP(p -> x) - pos -> x;
  pos_diff.y = POS_FLOAT_OF_BFP(p -> y) - pos -> y;
   return pos_diff.x * pos_diff.x + pos_diff.y * pos_diff.y;
}

/ ** Returns squared horizontal distance to given waypoint * /
float get_dist2_to_waypoint(uint8_t wp_id)
{
  return get_dist2_to_point(&waypoints[wp_id].enu_i);
}
```

其中，get_dist2_to_point()函数调用 stateGetPositionEnu_f()函数获得飞行器当前位置的 ENU 坐标。

在调用 NavGotoWaypoint(N)函数后会更新两个全局变量 navigation_target 和 dist2_ to_wp，前者记录了目标航程点的水平坐标信息，后者描述了飞行器到目标航程点的水平距离。

2）目标航程点的垂直坐标

auto_nav()函数调用 NavVerticalAltitudeMode()函数用于计算垂直方向的坐标值。NavVerticalAltitudeMode()函数的实现位于 sw/airborne/firmwares/rotorcraft/navigation. h 文件中，该宏定义函数将航程点的高度设定值复制给全局变量 nav_altitude，其代码如下：

```
/ ** Set the vertical mode to altitude control with the specified altitude setpoint and climb
 pre - command. * /
#define NavVerticalAltitudeMode(_alt, _pre_climb) { \
    vertical_mode = VERTICAL_MODE_ALT; \
    nav_altitude = POS_BFP_OF_REAL(_alt); \
}
```

在调用 auto_nav()函数后，目标航程点的水平坐标保存在全局变量 navigation_target

中,当前飞行器到目标航程点的水平距离的平方保存在全局变量 dist2_to_wp 中,目标航程点的垂直坐标保存在全局变量 nav_altitude 中。

2. 自主导航的导引点

在 Paparazzi 中,当飞行器自主导航时一般不直接使用目标航程点的坐标值,而是以目标航程点为依据计算出导引点作为自主导航控制算法的输入量。也就是说,自主导航的导引点是根据 navigation_target、dist2_to_wp 和 nav_altitude 等进一步计算得到。

自主导航的导引点的计算由 nav_periodic_task() 函数调用的 nav_run() 函数实现。nav_run() 函数的定义位于 navigation.c 中,其代码如下:

```
void nav_run(void)
{

# if GUIDANCE_H_USE_REF
  // if GUIDANCE_H_USE_REF, CARROT_DIST is not used
  VECT2_COPY(navigation_carrot, navigation_target);
# else
  nav_advance_carrot();
# endif

  nav_set_altitude();
}
```

其中,nav_run() 函数将自主导航导引点的计算分为水平方向导引信息和垂直方向导引信息两部分。

1) 水平方向

nav_run() 函数代码中条件编译 GUIDANCE_H_USE_REF 宏定义默认为真,其定义在 sw/airborne/firmwares/rotorcraft/guidance/guidance_h.h 头文件中。这种情况下,函数 nav_run() 将变量 navigation_target 直接复制给全局变量 navigation_carrot。变量 navigation_target 是目标航程点的水平坐标信息。

若 GUIDANCE_H_USE_REF 宏定义为假,则调用 nav_advance_carrot() 函数完成变量 navigation_target 到变量 navigation_carrot 的运算。nav_advance_carrot() 函数的定义位于 navigation.c 文件中,其代码如下:

```
static inline void UNUSED nav_advance_carrot(void)
{
  struct EnuCoor_i * pos = stateGetPositionEnu_i();
  /* compute a vector to the waypoint */
  structInt32Vect2 path_to_waypoint;
  VECT2_DIFF(path_to_waypoint, navigation_target, * pos);

  /* saturate it */
  VECT2_STRIM(path_to_waypoint, - (1 << 15), (1 << 15));

  int32_t dist_to_waypoint = int32_vect2_norm(&path_to_waypoint);

  if (dist_to_waypoint < CLOSE_TO_WAYPOINT) {
    VECT2_COPY(navigation_carrot, navigation_target);
```

```
    } else {
      structInt32Vect2 path_to_carrot;
      VECT2_SMUL(path_to_carrot, path_to_waypoint, CARROT_DIST);
      VECT2_SDIV(path_to_carrot, path_to_carrot, dist_to_waypoint);
      VECT2_SUM(navigation_carrot, path_to_carrot, * pos);
    }
  }
```

代码清单的 nav_advance_carrot() 函数中，若飞行器距离目标航程点水平距离较近（由 CLOSE_TO_WAYPOINT 定义，默认为 15m），则直接使用目标航程点水平坐标作为引导点；否则按照式(8-65)计算引导点，即

$$p_{carrot} = p_0 + \frac{pd}{\| p \|} \tag{8-65}$$

式中　　p_{carrot}——引导点水平位置矢量；

　　　　p_0——飞行器当前水平位置矢量；

　　　　p——飞行器到目标航程点水平方向的矢量；

　　　　d——引导点的步长，代码中的 CARROT_DIST 变量，默认为 12m。

从控制算法的角度来看，变量 navigation_carrot 可以视为水平位置控制器的输入信号之一。

2）垂直方向

NavVerticalAltitudeMode() 函数将目标航程点的高度信息复制给全局变量 nav_altitude，nav_run() 函数会调用函数 nav_set_altitude() 将该航程点高度信息复制到全局变量 nav_flight_altitude 和局部静态变量 last_nav_alt 中，其代码如下：

```
static inline void nav_set_altitude(void)
{
  static int32_t last_nav_alt = 0;
  if (abs(nav_altitude – last_nav_alt) > (POS_BFP_OF_REAL(0.2))) {
    nav_flight_altitude = nav_altitude;
    last_nav_alt = nav_altitude;
  }
}
```

局部静态变量 last_nav_alt 的作用仅仅是存储该函数上一次执行时所设定的高度信息，而全局变量 nav_flight_altitude 则可以视为垂直方向控制算法输入量之一，在函数 guidance_v_run() 中可以复制给全局变量 guidance_v_z_sp。

8.8.4　水平导航控制

在 autopilot_periodic() 函数的代码清单的飞行控制函数 autopilot_periodic() 中，当飞行模式满足时，就会执行水平导航控制算法和垂直导航控制算法（即高度控制算法）。

水平导航控制算法由函数 guidance_h_run() 实现。guidance_h_run() 函数的定义位于 sw/airborne/firmwares/rotorcraft/guidance/guidance_h.c 文件中，其代码如下：

```
void guidance_h_run(bool in_flight)
```

```
{
  switch (guidance_h.mode) {
    case GUIDANCE_H_MODE_RC_DIRECT:
      stabilization_none_run(in_flight);
      break;

#if USE_STABILIZATION_RATE
    case GUIDANCE_H_MODE_RATE:
      stabilization_rate_run(in_flight);
      break;
#endif

    case GUIDANCE_H_MODE_FORWARD:
      if (transition_percentage < (100 << INT32_PERCENTAGE_FRAC)) {
        transition_run();
      }
    case GUIDANCE_H_MODE_CARE_FREE:
    case GUIDANCE_H_MODE_ATTITUDE:
      stabilization_attitude_run(in_flight);
      break;
    case GUIDANCE_H_MODE_HOVER:
      /* set psi command from RC */ guidance_h.sp.heading = guidance_h.rc_sp.psi;
      /* fall trough to GUIDED to update ref, run traj and set final attitude setpoint */

    case GUIDANCE_H_MODE_GUIDED:
      /* guidance_h.sp.pos and guidance_h.sp.heading need to be set from external source
      */
      if (!in_flight) {
        guidance_h_hover_enter();
      }

      guidance_h_update_reference();

#if GUIDANCE_INDI
      guidance_indi_run(in_flight, guidance_h.sp.heading);
#else
/* compute x,y earth commands */ guidance_h_traj_run(in_flight);
      /* set final attitude setpoint */
      stabilization_attitude_set_earth_cmd_i(&guidance_h_cmd_earth,
      guidance_h.sp.heading);
#endif
      stabilization_attitude_run(in_flight);
      break;

    case GUIDANCE_H_MODE_NAV:
      if (!in_flight) {
        guidance_h_nav_enter();
      }

      if (horizontal_mode == HORIZONTAL_MODE_MANUAL) {
        stabilization_cmd[COMMAND_ROLL] = nav_cmd_roll;
```

```
          stabilization_cmd[COMMAND_PITCH] = nav_cmd_pitch;
          stabilization_cmd[COMMAND_YAW] = nav_cmd_yaw;
      } else if (horizontal_mode == HORIZONTAL_MODE_ATTITUDE) {
        structInt32Eulers sp_cmd_i;
        sp_cmd_i.phi = nav_roll;
        sp_cmd_i.theta = nav_pitch;
        sp_cmd_i.psi = nav_heading;
        stabilization_attitude_set_rpy_setpoint_i(&sp_cmd_i);
        stabilization_attitude_run(in_flight);

# if HYBRID_NAVIGATION
        //make sure the heading is right before leaving horizontal_mode attitude
        guidance_hybrid_reset_heading(&sp_cmd_i);
# endif
      } else {

# if HYBRID_NAVIGATION
        INT32_VECT2_NED_OF_ENU(guidance_h.sp.pos, navigation_target);
        guidance_hybrid_run();
# else
        INT32_VECT2_NED_OF_ENU(guidance_h.sp.pos, navigation_carrot);
        guidance_h_update_reference();
        /* set psi command */ guidance_h.sp.heading = nav_heading;
        INT32_ANGLE_NORMALIZE(guidance_h.sp.heading);

# if GUIDANCE_INDI
        guidance_indi_run(in_flight, guidance_h.sp.heading);
# else
        /* compute x,y earth commands */
        guidance_h_traj_run(in_flight);
        /* set final attitude setpoint */
        stabilization_attitude_set_earth_cmd_i(&guidance_h_cmd_earth,
                                      guidance_h.sp.heading);
# endif

# endif
        stabilization_attitude_run(in_flight);
      }
      break;

# if GUIDANCE_H_MODE_MODULE_SETTING == GUIDANCE_H_MODE_MODULE
    case GUIDANCE_H_MODE_MODULE:
      guidance_h_module_run(in_flight);
      break;
# endif

    case GUIDANCE_H_MODE_FLIP:
      guidance_flip_run();
      break;

    default :
```

```
        break;
    }
}
```

在水平导航控制函数 guidance_h_run() 中,会根据所设定的不同的水平导航模式执行不同的水平导航控制算法。

1. 水平导航模式

对于水平导航不同的控制模式,其水平导航控制器和姿态控制器参考输入值的生成方式也不同。如果是自主导航模式,则导航控制器的参考输入值由飞行计划的设定值产生,姿态控制器的设定值由导航控制器的输出值(控制量)设定,并调用姿态控制算法。自主导航模式函数 guidance_h_run() 调用的函数以及相关功能如图 8-18 所示。在自主导航模式中,guidance_h_nav_enter() 函数将导引点 navigation_carrot 复制给全局变量 guidance_h.sp.pos,guidance_h.sp.pos 是水平导航控制器的设定值。

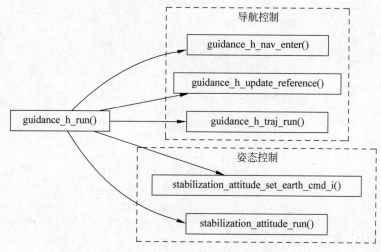

图 8-18　自主导航模式的相关函数

水平导航控制器是以 PID 控制器为反馈控制器、带有前置滤波器和前馈控制器的复合控制器,其原理结构如图 8-19 所示。

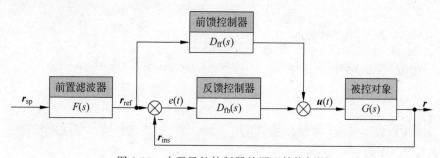

图 8-19　水平导航控制器的原理结构框图

在图 8-19 中,r_{sp} 为设定值,由飞行计划产生;r_{ref} 为参考输入,由 r_{sp} 滤波后产生;r_{ins} 为反馈值,是 GPS 直接产生或组合导航系统估计得到;$u(t)$ 为导航控制器的输出值,也称为导航控制器的控制量;r 为飞行器水平位置的实际值。

r_{sp} 等均为表示水平位置的二维矢量，即

$$r_{sp} = \begin{bmatrix} x_{sp} \\ y_{sp} \end{bmatrix} \quad r_{ref} = \begin{bmatrix} x_{ref} \\ y_{ref} \end{bmatrix} \quad r_{ins} = \begin{bmatrix} x_{ins} \\ y_{ins} \end{bmatrix} \quad r = \begin{bmatrix} x \\ y \end{bmatrix}$$

2. 水平导航控制的前置滤波

图 8-19 中的 $F(s)$ 为前置滤波器。图 8-18 中 guidance_h_run() 函数调用的 guidance_h_update_reference() 函数的主要功能是对水平导航控制器的设定值执行前置滤波的算法，即图 8-19 中的 $F(s)$。

guidance_h_update_reference() 函数的定义位于 guidance.h.c 文件中，其代码如下。

```
static void guidance_h_update_reference(void)
{
  /* compute reference even if usage temporarily disabled via guidance_h_use_ref */
# if GUIDANCE_H_USE_REF
  if (bit_is_set(guidance_h.sp.mask, 5)) {
    gh_update_ref_from_speed_sp(guidance_h.sp.speed);
  } else {
    gh_update_ref_from_pos_sp(guidance_h.sp.pos);
  }
# endif

  /* either use the reference or simply copy the pos setpoint */
  if (guidance_h.use_ref) {
    /* convert our reference to generic representation */
    INT32_VECT2_RSHIFT(guidance_h.ref.pos, gh_ref.pos, (GH_POS_REF_FRAC - INT32_POS_FRAC));
    INT32_VECT2_LSHIFT(guidance_h.ref.speed, gh_ref.speed, (INT32_SPEED_FRAC - GH_SPEED_REF_
    FRAC));
    INT32_VECT2_LSHIFT(guidance_h.ref.accel, gh_ref.accel, (INT32_ACCEL_FRAC - GH_ACCEL_
    REF_FRAC));
  } else {
    VECT2_COPY(guidance_h.ref.pos, guidance_h.sp.pos); INT_VECT2_ZERO(guidance_h.ref.
    speed);
    INT_VECT2_ZERO(guidance_h.ref.accel);
  }

# if GUIDANCE_H_USE_SPEED_REF
    if (guidance_h.mode == GUIDANCE_H_MODE_HOVER) {
      VECT2_COPY(guidance_h.sp.pos, guidance_h.ref.pos); // for display only
    }
# endif

  /* update heading setpoint from rate */
  if (bit_is_set(guidance_h.sp.mask, 7)) {
    guidance_h.sp.heading += (guidance_h.sp.heading_rate >> (INT32_ANGLE_FRAC - INT32_
      RATE_FRAC)) / PERIODIC_FREQUENCY;
    INT32_ANGLE_NORMALIZE(guidance_h.sp.heading);
  }
}
```

其中，guidance_h_update_reference()函数对目标值的滤波大致分为两种情况：一种情况是将水平位置设定值 guidance_h. sp. pos 直接复制给水平位置参考输入值 guidance_h. ref. pos，而速度参考输入值 guidance_h. ref. speed 和加速度参考输入值 guidance_h. ref. accel 设置为零，即不进行前置滤波；另一种情况是使用二阶滤波器作为前置滤波器，即调用 gh_update_ref_from_pos_sp()函数或 gh_update_ref_from_speed_sp()函数。gh_update_ref_from_pos_sp()函数和 gh_update_ref_from_speed_sp()函数的定义位于 sw/airborne/firmwares/rotorcraft/guidance/guidance_h_ref. c 文件中，其代码如下：

```c
void gh_update_ref_from_pos_sp(struct Int32Vect2 pos_sp)
{
    VECT2_ADD(gh_ref.pos, gh_ref.speed); VECT2_ADD(gh_ref.speed, gh_ref.accel);

    // compute the "speed part" of accel =- 2 * zeta * omega * speed - omega^2(pos - pos_sp)

    struct Int32Vect2 speed;
    INT32_VECT2_RSHIFT(speed, gh_ref.speed, (GH_SPEED_REF_FRAC - GH_ACCEL_REF_FRAC));
    VECT2_SMUL(speed, speed, -2 * gh_ref.zeta_omega);
    INT32_VECT2_RSHIFT(speed, speed, GH_ZETA_OMEGA_FRAC);
    // compute pos error in pos_sp resolution
    struct Int32Vect2 pos_err;
    INT32_VECT2_RSHIFT(pos_err, gh_ref.pos, (GH_POS_REF_FRAC - INT32_POS_FRAC));
    VECT2_DIFF(pos_err, pos_err, pos_sp);
    // convert to accel resolution
    INT32_VECT2_RSHIFT(pos_err, pos_err, (INT32_POS_FRAC - GH_ACCEL_REF_FRAC));
    // compute the "pos part" of accel
     struct Int32Vect2 pos;
    VECT2_SMUL(pos, pos_err, -gh_ref.omega_2);
    INT32_VECT2_RSHIFT(pos, pos, GH_OMEGA_2_FRAC);
    // sum accel
    VECT2_SUM(gh_ref.accel, speed, pos);

    /* Compute max ref accel/speed along route before saturation */
    gh_compute_ref_max(&pos_err);

    gh_saturate_ref_accel();
    gh_saturate_ref_speed();
}


void gh_update_ref_from_speed_sp(struct Int32Vect2 speed_sp)
{
    /* WARNING: SPEED SATURATION UNTESTED */
    VECT2_ADD(gh_ref.pos, gh_ref.speed);
    VECT2_ADD(gh_ref.speed, gh_ref.accel);

    // compute speed error
    struct Int32Vect2 speed_err;
    INT32_VECT2_RSHIFT(speed_err, speed_sp, (INT32_SPEED_FRAC - GH_SPEED_REF_FRAC));
    VECT2_DIFF(speed_err, gh_ref.speed, speed_err);
```

```
// convert to accel resolution
INT32_VECT2_RSHIFT(speed_err, speed_err, (GH_SPEED_REF_FRAC - GH_ACCEL_REF_FRAC));
// compute accel from speed_sp
VECT2_SMUL(gh_ref.accel, speed_err, - gh_ref.inv_tau);
INT32_VECT2_RSHIFT(gh_ref.accel, gh_ref.accel, GH_REF_INV_TAU_FRAC);

/* Compute max ref accel/speed along route before saturation */
gh_compute_ref_max_speed(&speed_sp);
gh_compute_ref_max_accel(&speed_err);

gh_saturate_ref_accel();
gh_saturate_ref_speed();
}
```

1）设定值为水平位置

代码中 gh_update_ref_from_pos_sp()函数是由水平位置设定值经过前置滤波，得到水平位置、速度和加速度的参考输入值，其原理结构如图 8-20 所示。

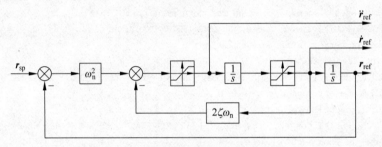

图 8-20 水平导航控制器的前置滤波器（一）

图 8-20 和代码清单之间变量的对应关系为

$$r_{sp} = \text{guidance\_h.sp.pos} \qquad r_{ref} = \text{guidance\_h.ref.pos}$$

$$\dot{r}_{ref} = \text{guidance\_h.ref.speed} \qquad \ddot{r}_{ref} = \text{guidance\_h.ref.accel}$$

$$\omega_n^2 = \text{B2\_GH\_OMEGA\_2} \qquad \zeta\omega_n = \text{B2\_GH\_ZETA\_OMEGA}$$

在图 8-20 中，如果不考虑其中的饱和限幅部分，那么水平位置设定值和水平位置参考输入值之间是典型的二阶线性系统，其传递函数为

$$\begin{cases} \dfrac{R_{ref}(s)}{R_{sp}(s)} = \dfrac{\omega_n^2}{s^2 + 2\zeta\omega_n s + \omega_n^2} \\[3mm] \dfrac{sR_{ref}(s)}{R_{sp}(s)} = \dfrac{s\omega_n^2}{s^2 + 2\zeta\omega_n s + \omega_n^2} \\[3mm] \dfrac{s^2 R_{ref}(s)}{R_{sp}(s)} = \dfrac{s^2 \omega_n^2}{s^2 + 2\zeta\omega_n s + \omega_n^2} \end{cases} \tag{8-66}$$

2）设定值为水平速度

在某些飞行模式或者飞行计划中，水平导航控制器的设定值可以是水平速度，前置滤波器与设定值为水平位置时有所不同。代码清单中 gh_update_ref_from_speed_sp()函数是由水平速度设定值经过前置滤波，得到水平位置、速度和加速度的参考输入值，其原理结构如图 8-21 所示。

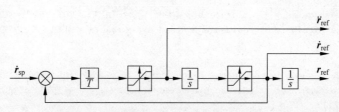

图 8-21　水平导航控制器的前置滤波器(二)

在图 8-21 中,有以下对应关系。

$$\dot{\boldsymbol{r}}_{\mathrm{sp}} = \text{guidance\_h. sp. speed} \qquad \boldsymbol{r}_{\mathrm{ref}} = \text{guidance\_h. ref. pos}$$

$$\dot{\boldsymbol{r}}_{\mathrm{ref}} = \text{guidance\_h. ref. speed} \qquad \ddot{\boldsymbol{r}}_{\mathrm{ref}} = \text{guidance\_h. ref. accel}$$

$$\frac{1}{T} = \text{GH\_REF\_INV\_TAU\_FRAC}$$

如果不考虑其中的饱和限幅部分,那么水平速度设定值和水平速度参考输入值之间是典型的一阶线性系统,其传递函数为

$$\begin{cases} \dfrac{R_{\mathrm{ref}}(s)}{sR_{\mathrm{sp}}(s)} = \dfrac{1}{s(Ts+1)} \\[3mm] \dfrac{sR_{\mathrm{ref}}(s)}{sR_{\mathrm{sp}}(s)} = \dfrac{1}{Ts+1} \\[3mm] \dfrac{s^2 R_{\mathrm{ref}}(s)}{sR_{\mathrm{sp}}(s)} = \dfrac{s}{Ts+1} \end{cases} \qquad (8\text{-}67)$$

3. 水平导航的反馈控制和前馈控制

guidance_h_run()函数在得到位置参考输入变量 guidance_h. ref. pos、速度参考输入变量 guidance_h. ref. speed 和加速度参考输入变量 guidance_h. ref. accel 这 3 个参考输入变量后,会调用 guidance_h_traj_run()函数,更新变量 guidance_h_cmd_earth。

guidance_h_traj_run()函数的实现位于 sw/airborne/firmwares/rotorcraft/guidance/guidance_h. c 文件中,其代码如下:

```
static void guidance_h_traj_run(bool in_flight)
{
  /* maximum bank angle: default 20 deg, max 40 deg */
  static const int32_t traj_max_bank = Min(BFP_OF_REAL(GUIDANCE_H_MAX_BANK,
    INT32_ANGLE_FRAC),BFP_OF_REAL(RadOfDeg(40), INT32_ANGLE_FRAC));
  static const int32_t total_max_bank = BFP_OF_REAL(RadOfDeg(45),
  INT32_ANGLE_FRAC);
  /* compute position error */
  VECT2_DIFF(guidance_h_pos_err, guidance_h. ref.pos, * stateGetPositionNed_i());
  /* saturate it */
  VECT2_STRIM(guidance_h_pos_err, - MAX_POS_ERR, MAX_POS_ERR);
  /* compute speed error */
  VECT2_DIFF(guidance_h_speed_err, guidance_h. ref. speed, * stateGetSpeedNed_i());
  /* saturate it */
  VECT2_STRIM(guidance_h_speed_err, - MAX_SPEED_ERR, MAX_SPEED_ERR);

  /* run PID */
  int32_t pd_x =
```

```
    ((guidance_h.gains.p * guidance_h_pos_err.x) >> (INT32_POS_FRAC - GH_GAIN_SCALE)) +
    ((guidance_h.gains.d * (guidance_h_speed_err.x >> 2)) >> (INT32_SPEED_FRAC - GH_GAIN_
    SCALE - 2));
  int32_t pd_y =
    ((guidance_h.gains.p * guidance_h_pos_err.y) >> (INT32_POS_FRAC - GH_GAIN_SCALE)) +
    ((guidance_h.gains.d * (guidance_h_speed_err.y >> 2)) >> (INT32_SPEED_FRAC - GH_GAIN_
    SCALE - 2));
  guidance_h_cmd_earth.x = pd_x +
    ((guidance_h.gains.v * guidance_h.ref.speed.x) >> (INT32_SPEED_FRAC - GH_GAIN_
    SCALE)) +
    /* speed feedforward gain */
    ((guidance_h.gains.a * guidance_h.ref.accel.x) >> (INT32_ACCEL_FRAC - GH_GAIN_SCALE));
    /* acceleration feedforward gain */
    guidance_h_cmd_earth.y = pd_y +
    ((guidance_h.gains.v * guidance_h.ref.speed.y) >> (INT32_SPEED_FRAC - GH_GAIN_
    SCALE)) +
    /* speed feedforward gain */
    ((guidance_h.gains.a * guidance_h.ref.accel.y) >> INT32_ACCEL_FRAC - (GH_GAIN_
    SCALE));
    /* acceleration feedforward gain */

  /* trim max bank angle from PD */
  VECT2_STRIM(guidance_h_cmd_earth, - traj_max_bank, traj_max_bank);

  /* Update pos & speed error integral, zero it if not in_flight.
   * Integrate twice as fast when not only POS but also SPEED are wrong,
   * but do not integrate POS errors when the SPEED is already catching up.
   */
  if (in_flight) {
   /* ANGLE_FRAC (12) * GAIN (8) * LOOP_FREQ (9) -> INTEGRATOR HIGH RES ANGLE_FRAX (28)
   */
   guidance_h_trim_att_integrator.x += (guidance_h.gains.i * pd_x);
   guidance_h_trim_att_integrator.y += (guidance_h.gains.i * pd_y);
   /* saturate it */
   VECT2_STRIM(guidance_h_trim_att_integrator, - (traj_max_bank <<
      (INT32_ANGLE_FRAC + GH_GAIN_SCALE * 2)),
   (traj_max_bank << (INT32_ANGLE_FRAC + GH_GAIN_SCALE * 2)));
   /* add it to the command */
   guidance_h_cmd_earth.x += (guidance_h_trim_att_integrator.x >>
      (INT32_ANGLE_FRAC + GH_GAIN_SCALE * 2));
   guidance_h_cmd_earth.y += (guidance_h_trim_att_integrator.y >>
      (INT32_ANGLE_FRAC + GH_GAIN_SCALE * 2));
  } else {
   INT_VECT2_ZERO(guidance_h_trim_att_integrator);
  }

  /* compute a better approximation of force commands by taking thrust into account */
  if (guidance_h.approx_force_by_thrust && in_flight) {
   static int32_t thrust_cmd_filt;
   int32_t vertical_thrust = (stabilization_cmd[COMMAND_THRUST] *
   guidance_v_thrust_coeff) >> INT32_TRIG_FRAC;
   thrust_cmd_filt = (thrust_cmd_filt * GUIDANCE_H_THRUST_CMD_FILTER + vertical_thrust) /
              (GUIDANCE_H_THRUST_CMD_FILTER + 1);
   guidance_h_cmd_earth.x = ANGLE_BFP_OF_REAL(atan2f((guidance_h_cmd_earth.x
```

```
                       * MAX_PPRZ /
                          INT32_ANGLE_PI_2),thrust_cmd_filt));
        guidance_h_cmd_earth.y = ANGLE_BFP_OF_REAL(atan2f((guidance_h_cmd_earth.y * MAX_PPRZ/
                          INT32_ANGLE_PI_2),thrust_cmd_filt));
    }

    VECT2_STRIM(guidance_h_cmd_earth, - total_max_bank, total_max_bank);
}
```

其中,函数 guidance_h_traj_run()所实现的水平位置导航控制器的算法原理如图 8-22
所示。

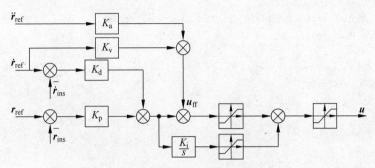

图 8-22　水平位置控制器原理结构框图

图 8-22 中各变量与代码清单中各变量的关系如下:

$$r_{ref} = \text{guidance\_h. ref. pos} \qquad \dot{r}_{ref} = \text{guidance\_h. ref. speed}$$

$$\ddot{r}_{ref} = \text{guidance\_h. ref. accel} \qquad K_p = \text{guidance\_h. gains. p}$$

$$K_i = \text{guidance\_h. gains. i} \qquad K_d = \text{guidance\_h. gains. d}$$

$$K_v = \text{guidance\_h. gains. v} \qquad K_a = \text{guidance\_h. gains. a}$$

$$u_{ff} = \text{隐藏在运算中} \qquad u = \text{guidance\_h\_cmd\_earth}$$

r_{ins} 和 $\dot{r}_{ins}$ 是由函数 * stateGetSpeedNed_i()得到的反馈量,这两个反馈量是由组合导航系统估计得到的水平位置信息和水平速度信息,关于水平位置的组合导航系统可参考 8.6.2 节。

变量 guidance_h_cmd_earth 是水平导航控制器输出值,可以视为期望的姿态角,单位是弧度(rad)。在姿态控制器中,该值由 stabilization_attitude_set_earth_cmd_i()函数生成姿态控制器的设定值。姿态控制器的实现可以分为基于欧拉角算法和基于四元数算法两大类,不同种类的姿态控制器中 stabilization_attitude_set_earth_cmd_i()函数的实现也不完全相同,详情可参考 8.8.6 节。

8.8.5　垂直导航控制

1. 垂直导航控制主函数

被 autopilot_periodic()函数调用的 guidance_v_run()函数是实现垂直导航控制的主要函数。在自主导航模式下,guidance_v_run()函数主要包含前置滤波、前馈控制器、反馈控制器以及油门输出量的自适应算法。

guidance_v_run（）函数的定义位于 sw/airborne/firmwares/rotorcraft/guidance/ guidance_v. c 文件中，其代码如下：

```
void guidance_v_run(bool in_flight)
{
  // FIXME... SATURATIONS NOT TAKEN INTO ACCOUNT
  // AKA SUPERVISION and co
  guidance_v_thrust_coeff = get_vertical_thrust_coeff();
  if (in_flight) {
    int32_t vertical_thrust = (stabilization_cmd[COMMAND_THRUST] * guidance_v_thrust_
      coeff) >> INT32_TRIG_FRAC;
    gv_adapt_run(stateGetAccelNed_i() -> z, vertical_thrust,
    guidance_v_zd_ref);
  } else {
    /* reset estimate while not in_flight */
    gv_adapt_init();
  }

  switch (guidance_v_mode) {

    case GUIDANCE_V_MODE_RC_DIRECT:
      guidance_v_z_sp = stateGetPositionNed_i() -> z; // for display only stabilization_cmd
      [COMMAND_THRUST] = guidance_v_rc_delta_t;
      break;

    case GUIDANCE_V_MODE_RC_CLIMB:
      guidance_v_zd_sp = guidance_v_rc_zd_sp;
      gv_update_ref_from_zd_sp(guidance_v_zd_sp, stateGetPositionNed_i() -> z);
      run_hover_loop(in_flight);
      stabilization_cmd[COMMAND_THRUST] = guidance_v_delta_t;
      break;

    case GUIDANCE_V_MODE_CLIMB:
      gv_update_ref_from_zd_sp(guidance_v_zd_sp,
      stateGetPositionNed_i() -> z); run_hover_loop(in_flight);
#if !NO_RC_THRUST_LIMIT
      /* use rc limitation if available */
      if (radio_control.status == RC_OK) {
        stabilization_cmd[COMMAND_THRUST] = Min(guidance_v_rc_delta_t,
        guidance_v_delta_t);
      } else
#endif
        stabilization_cmd[COMMAND_THRUST] = guidance_v_delta_t;
      break;

    case GUIDANCE_V_MODE_HOVER:
      guidance_v_guided_vel_enabled = false;
    case GUIDANCE_V_MODE_GUIDED:
      if (guidance_v_guided_vel_enabled) {
        gv_update_ref_from_zd_sp(guidance_v_zd_sp,
```

```
              stateGetPositionNed_i() -> z);
          run_hover_loop(in_flight);
          /* update z sp for telemetry/debuging */
          guidance_v_z_sp = guidance_v_z_ref;
        } else {
          guidance_v_zd_sp = 0;
          gv_update_ref_from_z_sp(guidance_v_z_sp);
          run_hover_loop(in_flight);
        }
#if !NO_RC_THRUST_LIMIT
        /* use rc limitation if available */
        if (radio_control.status == RC_OK) {
          stabilization_cmd[COMMAND_THRUST] = Min(guidance_v_rc_delta_t,
          guidance_v_delta_t);
        } else
#endif
          stabilization_cmd[COMMAND_THRUST] = guidance_v_delta_t;
        break;

#if GUIDANCE_V_MODE_MODULE_SETTING == GUIDANCE_V_MODE_MODULE
      case GUIDANCE_V_MODE_MODULE:
        guidance_v_module_run(in_flight);
        break;
#endif

      case GUIDANCE_V_MODE_NAV: {
        if (vertical_mode == VERTICAL_MODE_ALT) {
          guidance_v_z_sp =- nav_flight_altitude;
          guidance_v_zd_sp = 0;
          gv_update_ref_from_z_sp(guidance_v_z_sp);
          run_hover_loop(in_flight);
        } else if (vertical_mode == VERTICAL_MODE_CLIMB) {
          guidance_v_z_sp = stateGetPositionNed_i() -> z;
          guidance_v_zd_sp =- nav_climb;
          gv_update_ref_from_zd_sp(guidance_v_zd_sp, stateGetPositionNed_i() -> z);
          run_hover_loop(in_flight);
        } else if (vertical_mode == VERTICAL_MODE_MANUAL) {
          guidance_v_z_sp = stateGetPositionNed_i() -> z; guidance_v_zd_sp =
            stateGetSpeedNed_i() -> z;
          GuidanceVSetRef(guidance_v_z_sp, guidance_v_zd_sp, 0);
          guidance_v_z_sum_err = 0; guidance_v_delta_t = nav_throttle;
        }
#if HYBRID_NAVIGATION
        guidance_hybrid_vertical();
#else
#if !NO_RC_THRUST_LIMIT
        /* use rc limitation if available */
        if (radio_control.status == RC_OK) {
          stabilization_cmd[COMMAND_THRUST] = Min(guidance_v_rc_delta_t,
          guidance_v_delta_t);
        } else
```

```
#endif
        stabilization_cmd[COMMAND_THRUST] = guidance_v_delta_t;
#endif
      break;
    }

    case GUIDANCE_V_MODE_FLIP:
      break;

    default :
      break;
  }
}
```

guidance_v_run()函数的基本执行流程如下 。
① 计算油门量的自适应算法。
② 判断飞行控制模式。
③ 运行前置滤波。
④ 执行前馈和反馈控制算法。

不同的飞行控制模式设定的一些变量不同，甚至执行流程也不完全相同。例如，如果飞行控制模式是遥控器直接控制的方式（GUIDANCE_V_MODE_RC_DIRECT），则不会执行参考输入和控制回路的算法，而是将遥控器的油门输入量直接输出。

2. 垂直导航的前置滤波器

对于垂直导航不同的控制模式，其控制器参考输入值的生成方式也不同。自主导航模式下，控制器的参考输入值可以由目标航程点的高度信息或爬升速度等生成。例如，在guidance_v_run()函数代码清单中，VERTICAL_MODE_ALT 模式下，由 nav_flight_altitude()函数代码清单中的 nav_set_altitude()函数将目标航程点的高度信息保存在了全局变量 nav_flight_altitude 中，guidance_v_run()函数根据 nav_flight_altitude 变量设定高度控制目标值 guidance_v_z_sp，前置滤波器根据 guidance_v_z_sp 值生成控制器的参考输入值。

1）目标航程点高度值的前置滤波

在全自主导航模式下 guidance_v_run()函数会调用 gv_update_ref_from_z_sp()函数将高度的设定信息 guidance_v_z_sp 生成为高度控制器的参考输入，即变量 gv_z_ref、gv_zd_ref 和 gv_zdd_ref，这 3 个变量分别代表高度量的位置、速度和加速度的参考输入变量。

gv_update_ref_from_z_sp()函数的定义位于 sw/airborne/firmwares/rotorcraft/guidance/guid-ance_v_ref.c 文件中，其代码如下：

```
void gv_update_ref_from_z_sp(int32_t z_sp)
{

  gv_z_ref += gv_zd_ref;
  gv_zd_ref += gv_zdd_ref;

  // compute the "speed part" of zdd =-2 * zeta * omega * zd - omega^2(z_sp - z)
  int32_t zd_zdd_res = gv_zd_ref >> (GV_ZD_REF_FRAC - GV_ZDD_REF_FRAC);
  int32_t zdd_speed = ((int32_t)(-2 * GV_ZETA_OMEGA) * zd_zdd_res) >>
```

```
(GV_ZETA_OMEGA_FRAC);
// compute z error in z_sp resolution
int32_t z_err_sp = z_sp - (int32_t)(gv_z_ref >> (GV_Z_REF_FRAC - INT32_POS_FRAC));
// convert to accel resolution
int32_t z_err_accel = z_err_sp >> (INT32_POS_FRAC - GV_ZDD_REF_FRAC);
int32_t zdd_pos = ((int32_t)(GV_OMEGA_2) * z_err_accel) >> GV_OMEGA_2_FRAC;
gv_zdd_ref = zdd_speed + zdd_pos;

/* Saturate accelerations */
Bound(gv_zdd_ref, GV_MIN_ZDD, GV_MAX_ZDD);

/* Saturate speed and adjust acceleration accordingly */
if (gv_zd_ref <= GV_MIN_ZD) {
  gv_zd_ref = GV_MIN_ZD;
  if (gv_zdd_ref < 0) {
    gv_zdd_ref = 0;
  }
} else if (gv_zd_ref >= GV_MAX_ZD) {
  gv_zd_ref = GV_MAX_ZD;
  if (gv_zdd_ref > 0) {
    gv_zdd_ref = 0;
  }
}
}
```

其中的 gv_update_ref_from_z_sp() 函数利用高度设定值生成参考输入的原理可以参考图 8-23。

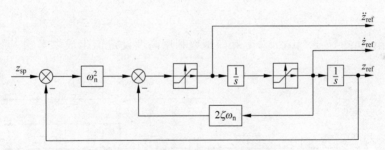

图 8-23　高度控制器的前置滤波器

图 8-23 与代码清单各变量的对应关系为

$$z_{sp} = \text{guidance\_v\_z\_sp} \qquad z_{ref} = \text{gv\_z\_ref}$$

$$\dot{z}_{ref} = \text{gv\_zd\_ref} \qquad \ddot{z}_{ref} = \text{gv\_zdd\_ref}$$

$$\omega_n^2 = \text{GV\_OMEGA\_2} \qquad \zeta\omega_n = \text{GV\_ZETA\_OMEGA}$$

2）目标爬升率的前置滤波

当垂直控制模式为 VERTICAL_MODE_CLIMB 时，在全自主导航模式下 guidance_v_run() 函数会调用 gv_update_ref_from_zd_sp() 函数，将爬升率的设定信息 guidance_v_zd_sp 生成为高度控制器的参考输入。

gv_update_ref_from_zd_sp() 函数的定义位于 sw/airborne/firmwares/rotorcraft/guidance/guid-ance_v_ref.c 文件中，其代码如下：

```
void gv_update_ref_from_zd_sp(int32_t zd_sp, int32_t z_pos)
{
  gv_z_ref += gv_zd_ref; gv_zd_ref += gv_zdd_ref;

  /* limit z_ref to GUIDANCE_V_REF_MAX_Z_DIFF from current z pos */
  int64_t cur_z = ((int64_t)z_pos) << (GV_Z_REF_FRAC - INT32_POS_FRAC);
  Bound(gv_z_ref, cur_z - GV_MAX_Z_DIFF, cur_z + GV_MAX_Z_DIFF);

  int32_t zd_err = gv_zd_ref - (zd_sp >> (INT32_SPEED_FRAC - GV_ZD_REF_FRAC));
  int32_t zd_err_zdd_res = zd_err >> (GV_ZD_REF_FRAC - GV_ZDD_REF_FRAC);
  gv_zdd_ref = (-(int32_t)GV_REF_INV_THAU * zd_err_zdd_res) >> GV_REF_INV_THAU_FRAC;

  /* Saturate accelerations */ Bound(gv_zdd_ref, GV_MIN_ZDD, GV_MAX_ZDD);

  /* Saturate speed and adjust acceleration accordingly */
  if (gv_zd_ref <= GV_MIN_ZD) {
    gv_zd_ref = GV_MIN_ZD;
    if (gv_zdd_ref < 0) {
      gv_zdd_ref = 0;
    }
  } else if (gv_zd_ref >= GV_MAX_ZD) {
    gv_zd_ref = GV_MAX_ZD;
    if (gv_zdd_ref > 0) {
      gv_zdd_ref = 0;
    }
  }
}
```

其中的 gv_update_ref_from_zd_sp() 函数利用高度设定值生成参考输入的原理可以参考图 8-24。

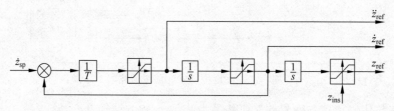

图 8-24　高度控制器的前置滤波器

图 8-24 与代码清单中各变量的对应关系为

$$z_{ins} = z\_pos \qquad\qquad z_{ref} = gv\_z\_ref$$
$$\dot{z}_{ref} = gv\_zd\_ref \qquad\qquad \ddot{z}_{ref} = gv\_zdd\_ref$$
$$\frac{1}{T} = GV\_REF\_INV\_THAU$$

z_{ins} 变量为组合导航系统对当前高度的估计值，其作用是调整限幅环节的限幅范围。

3. 垂直导航控制算法

垂直导航控制回路的前馈控制器和反馈控制器是由 run_hover_loop() 函数实现的，该函数位于 guid-ance_v. c 文件中,其代码如下：

```
#define FF_CMD_FRAC 18

static void run_hover_loop(bool in_flight)
{
  /* convert our reference to generic representation */
  int64_t tmp = gv_z_ref >> (GV_Z_REF_FRAC - INT32_POS_FRAC);
  guidance_v_z_ref = (int32_t)tmp;
  guidance_v_zd_ref = gv_zd_ref << (INT32_SPEED_FRAC - GV_ZD_REF_FRAC);
  guidance_v_zdd_ref = gv_zdd_ref << (INT32_ACCEL_FRAC - GV_ZDD_REF_FRAC);
  /* compute the error to our reference */
  int32_t err_z = guidance_v_z_ref - stateGetPositionNed_i()->z;
  Bound(err_z, GUIDANCE_V_MIN_ERR_Z, GUIDANCE_V_MAX_ERR_Z);
  int32_t err_zd = guidance_v_zd_ref - stateGetSpeedNed_i()->z;
  Bound(err_zd, GUIDANCE_V_MIN_ERR_ZD, GUIDANCE_V_MAX_ERR_ZD);

    if (in_flight) {
      guidance_v_z_sum_err += err_z;
      Bound(guidance_v_z_sum_err, -GUIDANCE_V_MAX_SUM_ERR,
      GUIDANCE_V_MAX_SUM_ERR);
    } else {
      guidance_v_z_sum_err = 0;
    }

    /* our nominal command : (g + zdd) * m */
    int32_t inv_m;
    if (guidance_v_adapt_throttle_enabled) {
      inv_m = gv_adapt_X >> (GV_ADAPT_X_FRAC - FF_CMD_FRAC);
    } else {
      /* use the fixed nominal throttle */
      inv_m = BFP_OF_REAL(9.81 / (guidance_v_nominal_throttle * MAX_PPRZ), FF_CMD_FRAC);
    }

    const int32_t g_m_zdd = (int32_t)BFP_OF_REAL(9.81, FF_CMD_FRAC) -
                            (guidance_v_zdd_ref << (FF_CMD_FRAC - INT32_ACCEL_FRAC));

    guidance_v_ff_cmd = g_m_zdd / inv_m;
    /* feed forward command */
    guidance_v_ff_cmd = (guidance_v_ff_cmd << INT32_TRIG_FRAC) /
    guidance_v_thrust_coeff;

#if HYBRID_NAVIGATION
    //FIXME: NOT USING FEEDFORWARD COMMAND BECAUSE OF QUADSHOT NAVIGATION
    guidance_v_ff_cmd = guidance_v_nominal_throttle * MAX_PPRZ;
#endif

    /* bound the nominal command to 0.9 * MAX_PPRZ */ Bound(guidance_v_ff_cmd, 0, 8640);
```

```
/* our error feed back command */
/* z-axis pointing down -> positive error means we need less thrust */
guidance_v_fb_cmd = ((-guidance_v_kp * err_z)>> 7) +
                    ((-guidance_v_kd * err_zd) >> 16) +
                    ((-guidance_v_ki * guidance_v_z_sum_err) >> 16);

guidance_v_delta_t = guidance_v_ff_cmd + guidance_v_fb_cmd;

/* bound the result */ Bound(guidance_v_delta_t, 0, MAX_PPRZ);
}
```

其中 run_hover_loop() 函数所实现的控制算法的原理如图 8-25 所示。

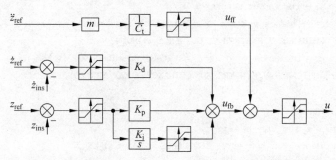

图 8-25　垂直导航控制回路的前馈控制器和反馈控制器

图 8-25 与代码清单中各变量的对应关系为

z_{ref} = guidance_v_z_ref　　　　　$\dot{z}_{ref}$ = guidance_v_zd_ref

$\ddot{z}_{ref}$ = guidance_v_zdd_ref　　　z_{ins} = stateGetPositionNed_i()->z

$\dot{z}_{ins}$ = stateGetSpeedNed_i()->z　　u_{fb} = guidance_v_fb_cmd

u_{ff} = guidance_v_ff_cmd　　　　u = guidance_v_delta_t

K_p = guidance_v_kp　　　　　　K_i = guidance_v_ki

K_d = guidance_v_kd　　　　　　$\dfrac{1}{m}$ = inv_m

C_t = guidance_v_thrust_coeff

图 8-25 中的 C_t 描述了飞行器姿态对总拉力在垂直方向上分量的影响,即

$$C_t = \frac{[T_z]_{ned}}{[T_z]_{body}} \tag{8-68}$$

式中　$[T_z]_{ned}$——四旋翼无人机拉力 T 在 NED 坐标系中 z 轴的分量;

　　　$[T_z]_{body}$——四旋翼无人机拉力 T 在机体坐标系中 z 轴的分量。

C_t 为代码清单中的 guidance_v_thrust_coeff 变量,由 get_vertical_thrust_coeff() 函数实现该值的计算,该函数位于 guidance_v.c 文件中,其代码如下:

```
/// get the cosine of the angle between thrust vector and gravity vector
static int32_t get_vertical_thrust_coeff(void)
{
  // cos(30°) = 0.8660254
  static const int32_t max_bank_coef = BFP_OF_REAL(0.8660254f, INT32_TRIG_FRAC);
```

```
struct Int32RMat * att = stateGetNedToBodyRMat_i();
/ * thrust vector:
 * int32_rmat_vmult(&thrust_vect, &att, &zaxis)
 * same as last colum of rmat with INT32_TRIG_FRAC
 * struct Int32Vect thrust_vect = {att.m[2], att.m[5], att.m[8]};
 *
 * Angle between two vectors v1 and v2:
 * angle = acos(dot(v1, v2) / (norm(v1) * norm(v2)))
 * since here both are already of unit length:
 * angle = acos(dot(v1, v2))
 * since we we want the cosine of the angle we simply need
 * thrust_coeff = dot(v1, v2)
 * also can be simplified considering: v1 is zaxis with (0,0,1)
 ** dot(v1, v2) = v1.z * v2.z = v2.z
 */
int32_t coef = att->m[8];
if (coef < max_bank_coef) {
  coef = max_bank_coef;
}
return coef;
}
```

由代码可知，guidance_v_thrust_coeff 变量（即图 8-25 中的 C_t）可表示为

$$\text{guidance\_v\_thrust\_coeff} = C_t = \cos(\phi)\cos(\theta) \tag{8-69}$$

式中　ϕ——飞行器滚转角；

θ——飞行器俯仰角。

在代码清单对式(8-69)的实现中，由 stateGetNedToBodyRMat_i()函数得到 NED 本地坐标系到机体坐标系的转换矩阵 $\boldsymbol{C}_{\text{ned}}^{\text{body}}$，转换矩阵 $\boldsymbol{C}_{\text{ned}}^{\text{body}}$ 第 3 行第 3 列的元素即为 $\cos(\phi)\cos(\theta)$ 的值。

4. 飞行器广义质量的计算

图 8-25 中的 m 描述了油门控制量和垂直加速度的关系，相当于飞行器的广义质量作用。m 的计算有两种方式：一种是固定值方式，另一种是自适应辨识方式。

1) 固定值方式

在图 8-25 所示的控制算法中使用了前馈补偿，补偿值为四旋翼无人机控制悬停时油门的控制器量。若假设 run_hover_loop()函数的代码清单 8-97 中 guidance_v_nominal_throttle 为四旋翼悬停时的油门输出量（0%～100%），则补偿值 $[T_z]_{\text{ned}}$ 应为

$$\begin{cases} [T_z]_{\text{ned}} = m(g + \ddot{z}_{\text{ref}}) \\ m = \dfrac{\text{guidance\_v\_nominal\_throttle}}{g} \end{cases} \tag{8-70}$$

2) 自适应辨识方式

在四旋翼无人机的控制中，姿态控制属于差分控制，抗干扰能力较强；而高度控制则属于直接控制，油门输出量直接关系到飞行器的高度变化，控制过程中容易受到外界环境因素的影响造成高度的波动。这些外界环境因素的影响主要包括电池电压的波动、无刷电机输

出的波动、环境风速风向的变化等等。这些影响的干扰可以视为系统的过程噪声，主要表现为对控制量输出与垂直方向加速度之间关系的影响。

由牛顿第二运动定理 $F=ma$ 可知，这些过程噪声可以折算成飞行器质量的变化，因此在函数 guidance_v_run()中所调用的函数 gv_adapt_run()就是以系统辨识的方法确定飞行器质量系数的变化，从而实现油门量自适应控制。

gv_adapt_run()函数最终的输出量在某种意义上可以认为是质量的倒数，该函数的定义位于 sw/airborne/firmwares/rotorcraft/guidance/guidance_v_adapt.c 文件中，其代码如下：

```c
/** Adaptation function.
 * @param zdd_meas vert accel measurement in m/s^2 with #INT32_ACCEL_FRAC
 * @param thrust_applied controller input [0 : MAX_PPRZ]
 * @param zd_ref vertical speed reference in m/s with #INT32_SPEED_FRAC
 */

void gv_adapt_run(int32_t zdd_meas, int32_t thrust_applied, int32_t zd_ref)
{
  static const int32_t gv_adapt_min_cmd = GUIDANCE_V_ADAPT_MIN_CMD * MAX_PPRZ;
  static const int32_t gv_adapt_max_cmd = GUIDANCE_V_ADAPT_MAX_CMD * MAX_PPRZ;
  static const int32_t gv_adapt_max_accel = ACCEL_BFP_OF_REAL(GUIDANCE_V_ADAPT_MAX_ACCEL);

  /* Update only if accel and commands are in a valid range */
  /* This also ensures we don't divide by zero */
  if (thrust_applied < gv_adapt_min_cmd || thrust_applied > gv_adapt_max_cmd
      || zdd_meas < - gv_adapt_max_accel || zdd_meas > gv_adapt_max_accel) {
    return;
  }

  /* We don't propagate state, it's constant ! */
  /* We propagate our covariance */
  gv_adapt_P = gv_adapt_P + GV_ADAPT_SYS_NOISE;

  /* Compute our measurement. If zdd_meas is in the range + / - 5g, meas is less
     than 30 bits */
  const int32_t g_m_zdd = ((int32_t)BFP_OF_REAL(9.81,
                          INT32_ACCEL_FRAC) - zdd_meas) << (GV_ADAPT_X_FRAC
                          - INT32_ACCEL_FRAC);
  if (g_m_zdd > 0) {
    gv_adapt_Xmeas = (g_m_zdd + (thrust_applied >> 1)) / thrust_applied;
  } else {
    gv_adapt_Xmeas = (g_m_zdd - (thrust_applied >> 1)) / thrust_applied;
  }

  /* Compute a residual */
  int32_t residual = gv_adapt_Xmeas - gv_adapt_X;

  /* Covariance ErrorE = P + R */
  int32_t ref = zd_ref >> (INT32_SPEED_FRAC - GV_ADAPT_P_FRAC);
  if (zd_ref < 0) {
    ref = - ref;
```

```
}
int32_t E = gv_adapt_P + GV_ADAPT_MEAS_NOISE_HOVER + ref * GV_ADAPT_MEAS_NOISE_OF_ZD;

/* Kalman gain K = P / (P + R) = P / E */
int32_t K = (gv_adapt_P << K_FRAC) / E;

/* Update CovariancePnew = P - K * P */
gv_adapt_P = gv_adapt_P - ((K * gv_adapt_P) >> K_FRAC);
/* Don't let covariance climb over initial value */
if (gv_adapt_P > gv_adapt_P0) {
  gv_adapt_P = gv_adapt_P0;
}

/* Update State */
gv_adapt_X = gv_adapt_X + ((((int64_t)K * residual)) >> K_FRAC);

/* Output bounds.
 * Don't let it climb over a value that would
 * give less than #GUIDANCE_V_ADAPT_MIN_HOVER_THROTTLE % throttle
 * or more than #GUIDANCE_V_ADAPT_MAX_HOVER_THROTTLE % throttle.
 */
static const int32_t max_out = BFP_OF_REAL(9.81, GV_ADAPT_X_FRAC) /
                               (GUIDANCE_V_ADAPT_MIN_HOVER_THROTTLE * MAX_PPRZ);
static const int32_t min_out = BFP_OF_REAL(9.81, GV_ADAPT_X_FRAC) /
                               (GUIDANCE_V_ADAPT_MAX_HOVER_THROTTLE * MAX_PPRZ);
Bound(gv_adapt_X, min_out, max_out);
}
```

其中 gv_adapt_run()函数的辨识方法采用了一阶卡尔曼滤波的方式。离散的状态空间表达式为

$$\begin{cases} \boldsymbol{x}_k = \boldsymbol{\varPhi}_{k,k-1} \boldsymbol{x}_{k-1} + \boldsymbol{G}_{k-1} \boldsymbol{u}_k + \boldsymbol{w}_{k-1} \\ \boldsymbol{y}_k = \boldsymbol{H}_k \boldsymbol{x}_k + \boldsymbol{v}_k \end{cases} \tag{8-71}$$

式中，

$$\boldsymbol{x}_k = \frac{1}{m} \qquad \boldsymbol{u}_k = 0$$

$$\boldsymbol{\varPhi}_{k|k-1} = [1] \qquad \boldsymbol{y}_k = \frac{1}{m}$$

$$\boldsymbol{H}_k = [1]$$

（1）时间更新过程。

状态一步预测方程为

$$x_{k|k-1} = x_{k-1|k-1} \tag{8-72}$$

误差协方差一步预测方程为

$$\boldsymbol{P}_{k|k-1} = \boldsymbol{P}_{k-1|k-1} + \boldsymbol{Q} \tag{8-73}$$

（2）量测更新过程。

测量值为

$$m_{\text{meas}}^{-1}(k) = \frac{[\ddot{z}_{\text{meas}}]_{\text{ned}}}{[T]_{\text{ned}}} \tag{8-74}$$

测量残差（measurement residual）维数为 1×1 维，即

$$\tilde{y}_k = m_{\text{meas}}^{-1}(k) - x_{k|k-1} \tag{8-75}$$

测量残差的协方差维数为 1×1 维，即

$$S_k = P_{k|k-1} + R \tag{8-76}$$

最优卡尔曼增益维数为 1×1 维，即

$$K_k = P_{k|k-1} S_k^{-1} \tag{8-77}$$

更新状态估计为

$$x_{k|k} = x_{k|k-1} + K\tilde{y}_k \tag{8-78}$$

更新协方差估计为

$$P_{k|k} = P_{k|k-1} - K_k P_{k|k-1} \tag{8-79}$$

式（8-72）至式（8-79）中的变量与 gv_adapt_run() 函数的代码清单的对于关系为

$x = $ gv_adapt_X　　　　　　　　　　　　　　$P = $ gv_adapt_P

$m_{\text{meas}}^{-1} = $ gv_adapt_Xmeas　　　　　　　　$[\ddot{z}_{\text{meas}}]_{\text{ned}} = $ g_m_zdd

$[T]_{\text{ned}} = $ thrust_applied　　　　　　　　　$\tilde{y} = $ residual

$S = $ E　　　　　　　　　　　　　　　　　$K = $ K

$Q = $ GV_ADAPT_SYS_NOISE

$R = $ GV_ADAPT_MEAS_NOISE_HOVER
　　　　+ ref * GV_ADAPT_MEAS_NOISE_OF_ZD

gv_adapt_run() 函数的代码清单中量测噪声的协方差矩阵 R 的计算采用了自适应的方式，基本思想是认为飞行器速度增大时，量测噪声的协方差也会增加。

gv_adapt_run() 函数的代码清单中的 gv_adapt_run() 函数最后会估计得到广义质量的倒数 gv_adapt_Xmeas 变量。

8.8.6　姿态控制

Paparazzi 的四旋翼姿态控制是由 Stabilization subsystem 子系统实现的，该子系统位于 sw/airborne/-firmwares/rotorcraft/stabilization 文件夹中。目前，该子系统支持的姿态控制算法的类型包括定点四元数型、浮点四元数型、浮点欧拉角型、定点欧拉角型和增量式自适应动态逆等多种不同的类型。

浮点型的算法容易理解，C 语言实现简单，而定点型算法执行速度快、代码实现较复杂。基于欧拉角类的算法相对于四元数类的算法更容易理解，但是基于欧拉角类的算法有万向锁的限制。

在此，以浮点欧拉角型算法和浮点四元数型算法为例介绍姿态控制算法。

1. 基于浮点欧拉角的姿态控制

在浮点数欧拉角姿态控制算法以 PID 反馈控制为基础，增加了前置滤波和前馈控制器，控制算法的总体框图如图 8-26 所示。

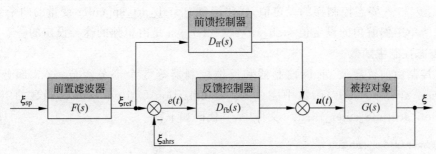

图 8-26　姿态控制算法总体框图

在图 8-26 中，$\boldsymbol{\xi}$ 表示四旋翼实际姿态角；$\boldsymbol{\xi}_{sp}$ 表示四旋翼姿态角设定值；$\boldsymbol{\xi}_{ref}$ 表示四旋翼姿态角参考输入值；$\boldsymbol{\xi}_{ahrs}$ 表示由传感器、AHRS 算法估计得到的姿态角，即

$$\boldsymbol{\xi}=\begin{bmatrix}\phi\\\theta\\\psi\end{bmatrix},\quad \boldsymbol{\xi}_{sp}=\begin{bmatrix}\phi_{sp}\\\theta_{sp}\\\psi_{sp}\end{bmatrix},\quad \boldsymbol{\xi}_{ref}=\begin{bmatrix}\phi_{ref}\\\theta_{ref}\\\psi_{ref}\end{bmatrix},\quad \boldsymbol{\xi}_{ahrs}=\begin{bmatrix}\phi_{ahrs}\\\theta_{ahrs}\\\psi_{ahrs}\end{bmatrix}$$

1) 姿态控制的设定值

姿态控制的设定值是在 guidance_v_run() 函数的代码清单的 guidance_h_run() 函数中设定的。

如果是自主导航模式，姿态控制的设定值来自水平导航控制器的输出值，由 stabilization_attitude_set_earth_cmd_i() 函数实现水平导航控制器输出值到姿态控制器设定值的转换，该函数的定义位于 sw/airborne/firmwares/rotorcraft/stabilization/stabilization_attitude_euler_float.c 文件中，其代码如下：

```
void stabilization_attitude_set_earth_cmd_i(struct Int32Vect2 * cmd, int32_t heading)
{
    struct FloatVect2 cmd_f;
    cmd_f.x = ANGLE_FLOAT_OF_BFP(cmd->x); cmd_f.y = ANGLE_FLOAT_OF_BFP(cmd->y);

    /* Rotate horizontal commands to body frame by psi */
    float psi = stateGetNedToBodyEulers_f()->psi;
    float s_psi = sinf(psi);
    float c_psi = cosf(psi);
    stab_att_sp_euler.phi =- s_psi * cmd_f.x + c_psi * cmd_f.y;
    stab_att_sp_euler.theta =- c_psi * cmd_f.x - s_psi * cmd_f.y;
    stab_att_sp_euler.psi = ANGLE_FLOAT_OF_BFP(heading);
}
```

其中的 stabilization_attitude_set_earth_cmd_i() 函数实现水平导航控制器输出值到姿态控制器设定值的转换，有

$$\begin{cases}\phi_{sp}=-\sin(\psi)x_{cmd}+\cos(\psi)y_{cmd}\\\theta_{sp}=-\cos(\psi)x_{cmd}-\sin(\psi)y_{cmd}\end{cases}\tag{8-80}$$

式中　ψ——飞行器当前的偏航角；

x_{cmd}，y_{cmd}——水平导航控制器的输出值，通常为 guidance_h_cmd_earth，但也可以是其他值，取决于不同的飞行模式或水平导航控制算法；

ϕ_{sp}, θ_{sp}——姿态控制器的设定值，代码清单中 stab_att_sp_euler 变量的两个分量。代码清单中偏航角的设定值 stab_att_sp_euler.psi 是由单独的途径设定的。

2）姿态控制主函数

姿态控制由前置滤波、前馈控制器和反馈控制器等 3 个部分组成，这 3 部分都是在 stabilization_attitude_run() 函数中完成的。stabilization_attitude_run() 函数的定义位于 stabilization_attitude_euler_float.c 文件中，其代码如下：

```
#define MAX_SUM_ERR 200

void stabilization_attitude_run(bool in_flight)
{
#if USE_ATT_REF
  static const float dt = (1./PERIODIC_FREQUENCY);
  attitude_ref_euler_float_update(&att_ref_euler_f, &stab_att_sp_euler, dt);
#else
  EULERS_COPY(att_ref_euler_f.euler, stab_att_sp_euler);
  FLOAT_RATES_ZERO(att_ref_euler_f.rate);
  FLOAT_RATES_ZERO(att_ref_euler_f.accel);
#endif

  /* Compute feedforward */
  stabilization_att_ff_cmd[COMMAND_ROLL] =
    stabilization_gains.dd.x * att_ref_euler_f.accel.p;
  stabilization_att_ff_cmd[COMMAND_PITCH] =
    stabilization_gains.dd.y * att_ref_euler_f.accel.q;
  stabilization_att_ff_cmd[COMMAND_YAW] =
    stabilization_gains.dd.z * att_ref_euler_f.accel.r;

  /* Compute feedback */
  /* attitude error */
  struct FloatEulers * att_float = stateGetNedToBodyEulers_f();
  struct FloatEulers att_err;
  EULERS_DIFF(att_err, att_ref_euler_f.euler, * att_float);
  FLOAT_ANGLE_NORMALIZE(att_err.psi);

  if (in_flight) {
    /* update integrator */
    EULERS_ADD(stabilization_att_sum_err, att_err);
    EULERS_BOUND_CUBE(stabilization_att_sum_err, - MAX_SUM_ERR, MAX_SUM_ERR);
  } else { FLOAT_EULERS_ZERO(
    stabilization_att_sum_err);
  }

  /* rate error */
  struct FloatRates * rate_float = stateGetBodyRates_f();
  struct FloatRates rate_err;
  RATES_DIFF(rate_err, att_ref_euler_f.rate, * rate_float);

  /* PID */
```

```
stabilization_att_fb_cmd[COMMAND_ROLL] = stabilization_gains.p.x *
  att_err.phi + stabilization_gains.d.x * rate_err.p +
  stabilization_gains.i.x * stabilization_att_sum_err.phi;

stabilization_att_fb_cmd[COMMAND_PITCH] = stabilization_gains.p.y *
  att_err.theta + stabilization_gains.d.y * rate_err.q + stabilization_gains.i.y *
  stabilization_att_sum_err.theta;

stabilization_att_fb_cmd[COMMAND_YAW] = stabilization_gains.p.z *
  att_err.psi + stabilization_gains.d.z * rate_err.r +
  stabilization_gains.i.z * stabilization_att_sum_err.psi;


stabilization_cmd[COMMAND_ROLL] =
  (stabilization_att_fb_cmd[COMMAND_ROLL] +
stabilization_att_ff_cmd[COMMAND_ROLL]);
stabilization_cmd[COMMAND_PITCH] =
  (stabilization_att_fb_cmd[COMMAND_PITCH] +
  stabilization_att_ff_cmd[COMMAND_PITCH]);
stabilization_cmd[COMMAND_YAW] = (stabilization_att_fb_cmd[COMMAND_YAW] +
stabilization_att_ff_cmd[COMMAND_YAW]);

/* bound the result */ BoundAbs(stabilization_cmd[COMMAND_ROLL], MAX_PPRZ);
BoundAbs(stabilization_cmd[COMMAND_PITCH], MAX_PPRZ);
BoundAbs(stabilization_cmd[COMMAND_YAW], MAX_PPRZ);
}
attitude_ref_float_saturate_naive(&ref->rate, &ref->accel,
&ref->saturation);
}
```

代码清单中 stabilization_attitude_run()函数直接实现了反馈控制器和前馈控制器,而前置滤波部分则由条件编译宏 USE_ATT_REF 选择是否使用。

若不使用前置滤波,则姿态设定值即为姿态角参考输入值,并将角速率和角加速度参考输入值设置为零;若使用前置滤波,则调用 attitude_ref_euler_float_update()函数实现姿态角设定值到角运动参考输入值的转换。

3) 姿态控制的前置滤波

attitude_ref_euler_float_update()函数的定义位于 sw/airborne/firmwares/rotorcraft/stabi-lization/stabilization_attitude_ref_euler_float.c 文件中,其代码如下:

```
void attitude_ref_euler_float_update(struct AttRefEulerFloat * ref, struct FloatEulers * sp_
    eulers, float dt)
{
  /* dumb integrate reference attitude */
  struct FloatRates delta_rate;
  RATES_SMUL(delta_rate, ref->rate, dt);
  struct FloatEulers delta_angle;
  EULERS_ASSIGN(delta_angle, delta_rate.p, delta_rate.q, delta_rate.r);
  EULERS_ADD(ref->euler, delta_angle);
```

```
FLOAT_ANGLE_NORMALIZE(ref->euler.psi);

/* integrate reference rotational speeds */
struct FloatRates delta_accel;
RATES_SMUL(delta_accel, ref->accel, dt);
RATES_ADD(ref->rate, delta_accel);
/* compute reference attitude error */
struct FloatEulers ref_err;
EULERS_DIFF(ref_err, ref->euler, *sp_eulers);
/* wrap it in the shortest direction */
FLOAT_ANGLE_NORMALIZE(ref_err.psi);

/* compute reference angular accelerations -2 * zeta * omega * rate -
omega * omega * ref_err */
ref->accel.p =-2. * ref->model.zeta.p * ref->model.omega.p * ref->rate.p -
  ref->model.omega.p * ref->model.omega.p * ref_err.phi;
ref->accel.q =-2. * ref->model.zeta.q * ref->model.omega.p * ref->rate.q -
  ref->model.omega.q * ref->model.omega.q * ref_err.theta;
ref->accel.r =-2. * ref->model.zeta.r * ref->model.omega.p * ref->rate.r -
  ref->model.omega.r * ref->model.omega.r * ref_err.psi;

/* saturate acceleration */
attitude_ref_float_saturate_naive(&ref->rate, &ref->accel, &ref->saturation);
}
```

代码清单中 attitude_ref_euler_float_update( ) 函数的算法原理可由动态结构图图 8-27 描述。

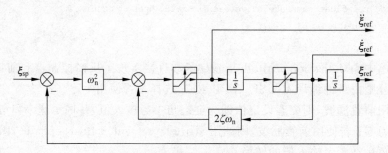

图 8-27　姿态控制器的前置滤波器

图 8-27 与代码清单各变量的对应关系为

$$\boldsymbol{\xi}_{sp} = *sp\_eulers \qquad \boldsymbol{\xi}_{ref} = ref\text{->}euler$$

$$\dot{\boldsymbol{\xi}}_{ref} = ref\text{->}rate \qquad \ddot{\boldsymbol{\xi}}_{ref} = ref\text{->}accel$$

$$\boldsymbol{\omega}_{n} = ref\text{->}model.omega \qquad \boldsymbol{\zeta} = ref\text{->}model.zeta$$

4) 姿态控制算法

stabilization_attitude_run( )函数代码清单的前馈控制器和反馈控制器部分的算法原理可由图 8-28 描述。

图 8-28 中的变量和 stabilizatlon_attitade_run 函数的代码清单中的变量的对应关系为

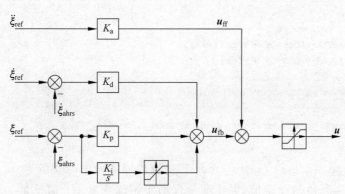

图 8-28　基于欧拉角的姿态控制器

$$\boldsymbol{\xi}_{ref} = att\_ref\_euler\_f.\, euler \qquad \dot{\boldsymbol{\xi}}_{ref} = att\_ref\_euler\_f.\, rate$$

$$\ddot{\boldsymbol{\xi}}_{ref} = att\_ref\_euler\_f.\, accel \qquad \boldsymbol{\xi}_{ahrs} = att\_float$$

$$\dot{\boldsymbol{\xi}}_{ahrs} = rate\_float \qquad \boldsymbol{u}_{ff} = stabilization\_att\_ff\_cmd$$

$$\boldsymbol{u}_{fb} = stabilization\_att\_fb\_cmd \qquad \boldsymbol{u} = stabilization\_cmd$$

$$\boldsymbol{K}_{p} = stabilization\_gains.\, p \qquad \boldsymbol{K}_{i} = stabilization\_gains.\, i$$

$$\boldsymbol{K}_{d} = stabilization\_gains.\, d \qquad \boldsymbol{K}_{a} = stabilization\_gains.\, dd$$

2. 基于浮点四元数的姿态控制

基于浮点四元数的姿态控制和基于浮点欧拉角的姿态控制的基本原理相似,基于浮点四元数的姿态控制的算法原理如图 8-29 所示。

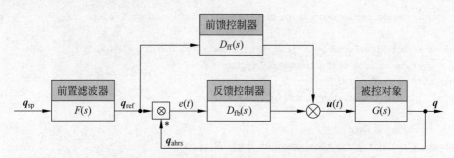

图 8-29　基于浮点四元数的姿态控制算法总体框图

基于浮点四元数的姿态控制和基于浮点欧拉角的姿态控制的不同点在于：前者使用四元数描述飞行器姿态；后者使用欧拉角描述飞行器姿态。

1) 姿态控制的设定值

基于浮点四元数的姿态控制的设定值也是在 guidance_v_run()代码清单的 guidance_h_run()函数中设定的。如果是自主导航模式,姿态控制的设定值值来自水平导航控制器的输出值,由 stabilization_attitude_set_earth_cmd_i()函数实现水平导航控制器输出值到姿态控制器设定值的转换,该函数的定义位于 sw/airborne/firmwares/rotorcraft/stabilization/stabilization_attitude_quat_float.c 文件中,其代码如下：

```
void stabilization_attitude_set_earth_cmd_i(struct Int32Vect2 * cmd, int32_t heading)
```

```
{
  struct FloatVect2 cmd_f;
  cmd_f.x = ANGLE_FLOAT_OF_BFP(cmd->x);
  cmd_f.y = ANGLE_FLOAT_OF_BFP(cmd->y);
  float heading_f;
  heading_f = ANGLE_FLOAT_OF_BFP(heading);

  quat_from_earth_cmd_f(&stab_att_sp_quat, &cmd_f, heading_f);
}
```

stabilization_attitude_set_earth_cmd_i()函数代码清单中的变量 stab_att_sp_euler 描述了姿态控制中姿态角的设定值，但该变量仅用于调试或显示；而变量 stab_att_sp_quat 描述的是飞行器姿态的四元数，即图 8-26 中的变量 ξ_{sp}，该变量描述姿态控制中的目标设定值。

stabilization_attitude_set_earth_cmd_i()函数调用了 quat_from_earth_cmd_f()函数。quat_from_earth_cmd_f()函数实现了导航控制器输出量到姿态控制设定值的转换。

quat_from_earth_cmd_f()函数的定义位于 sw/airborne/firmwares/rotorcraft/stabilization/stabiliza-tion_attitude_quat_transformations.c 文件中，其代码如下：

```
void quat_from_earth_cmd_f(struct FloatQuat * quat, struct FloatVect2 * cmd,
float heading)
{

  /* cmd_x is positive to north = negative pitch
   * cmd_y is positive to east = positive roll
   *
   * orientation vector describing simultaneous rotation of roll/pitch
   */
  const struct FloatVect3 ov = {cmd->y, -cmd->x, 0.0};
  /* quaternion from that orientation vector */
  struct FloatQuat q_rp;
  float_quat_of_orientation_vect(&q_rp, &ov);

  /* as rotation matrix */
  struct FloatRMat R_rp; float_rmat_of_quat(&R_rp, &q_rp);
  /* body x-axis (before heading command) is first row */
  struct FloatVect3 b_x;
  VECT3_ASSIGN(b_x, R_rp.m[0], R_rp.m[1], R_rp.m[2]);
  /* body z-axis (thrust vect) is last row */
  struct FloatVect3 thrust_vect;
  VECT3_ASSIGN(thrust_vect, R_rp.m[6], R_rp.m[7], R_rp.m[8]);

  /// @todo optimize yaw angle calculation

  /*
   * Instead of using the psi setpoint angle to rotate around the body z-axis,
   * calculate the real angle needed to align the projection of the body x-axis
   * onto the horizontal plane with the psi setpoint.
   *
```

```
* angle between two vectors a and b:
* angle = atan2(norm(cross(a,b)), dot(a,b)) * sign(dot(cross(a,b), n))
* where the normal n is the thrust vector (i.e. both a and b lie in that plane)
*/

// desired heading vect in earth x - y plane
const struct FloatVect3 psi_vect = {cosf(heading), sinf(heading), 0.0};

/* projection of desired heading onto body x - y plane
 * dot(b,n) = 0
 */
float dot = VECT3_DOT_PRODUCT(psi_vect, thrust_vect);

struct FloatVect3 b;
VECT3_ASSIGN(b, psi_vect.x, psi_vect.y, - dot/thrust_vect.z);

dot = VECT3_DOT_PRODUCT(b_x, b);
struct FloatVect3 cross; VECT3_CROSS_PRODUCT(cross, b_x, b);
// norm of the cross product
float nc = FLOAT_VECT3_NORM(cross);
// angle = atan2(norm(cross(a,b)), dot(a,b))
float yaw2 = atan2(nc, dot) / 2.0;
// negative angle if needed
// sign(dot(cross(a,b), n))
float dot_cross_ab = VECT3_DOT_PRODUCT(cross, thrust_vect);
if (dot_cross_ab < 0) {
   yaw2 =- yaw2;
}

/* quaternion with yaw command */
struct FloatQuat q_yaw;
QUAT_ASSIGN(q_yaw, cosf(yaw2), 0.0, 0.0, sinf(yaw2));

/* final setpoint: apply roll/pitch, then yaw around resulting body z - axis
 */ float_quat_comp(quat, &q_rp, &q_yaw);
float_quat_normalize(quat);
float_quat_wrap_shortest(quat);
}
```

代码清单中的 quat_from_earth_cmd_f()函数将水平线运动的需求(如水平导航控制器的输出)转换为对姿态运动的要求。

本地坐标系使用了 NED 坐标系,可以认为与飞行器固连的机体坐标系(body 坐标系)初始位置与 NED 坐标系重合。由一次滚转和俯仰的旋转与 bxy 坐标系重合,又由一次偏航旋转到当前飞行器姿态(即 body 坐标系),该姿态即为姿态控制器的设定值。

(1)线运动对姿态的设定。水平导航控制器的输出对应于 NED 坐标系中飞行器的姿态。若偏航角 $\psi = 0$,则可以将其视为滚转角和俯仰角的设定值,即

$$\boldsymbol{\xi}_{\text{bxy}} = \begin{bmatrix} \phi_{\text{sp}} \\ \theta_{\text{sp}} \\ 0 \end{bmatrix} = \begin{bmatrix} y_{\text{cmd}} \\ -x_{\text{cmd}} \\ 0 \end{bmatrix} \tag{8-81}$$

矢量 $\boldsymbol{\xi}_{\text{bxy}}$ 描述了第一次滚转和俯仰的旋转，即本地坐标系以矢量 $\boldsymbol{\xi}_{\text{bxy}}$ 为轴转动了 $\sigma = \|\boldsymbol{\xi}_{\text{bxy}}\|$ rad。将矢量 $\boldsymbol{\xi}_{\text{bxy}}$ 表示的转动用四元数 $\boldsymbol{q}_{\text{bxy}}$ 描述为

$$\begin{cases} \boldsymbol{q}_{\text{ned}}^{bxy} = \cos\dfrac{\sigma}{2} + \vec{\boldsymbol{q}}_{\text{ned}}^{bxy} \sin\dfrac{\sigma}{2} \\ \vec{\boldsymbol{q}}_{\text{ned}}^{bxy} = \dfrac{\boldsymbol{\xi}_{\text{bxy}}}{\|\boldsymbol{\xi}_{\text{bxy}}\|} \end{cases} \tag{8-82}$$

式中　σ——转动的角度；

$\vec{\boldsymbol{q}}_{\text{ned}}^{bxy}$——转动轴的单位矢量。

quat-from_earth_cmd_f()函数代码清单中，式(8-82)由 float_quat_of_orientation_vect()函数实现。

由式(4-111)将描述转动的四元数 $\boldsymbol{q}_{\text{ned}}^{bxy}$ 转换为变换矩阵 $\boldsymbol{C}_{\text{ned}}^{bxy}$ 描述，quat-from_earth_cmd_f()函数的代码清单中由 float_rmat_of_quat()函数实现。

bxy 坐标系 x 轴和 z 轴的单位矢量在 NED 坐标系中的坐标为

$$\begin{cases} [\boldsymbol{x}_{bxy}]_{\text{ned}} = (\boldsymbol{C}_{\text{ned}}^{bxy})^{\text{T}} \begin{bmatrix} 1 \\ 0 \\ 0 \end{bmatrix}_{bxy} \\ [\boldsymbol{z}_{bxy}]_{\text{ned}} = (\boldsymbol{C}_{\text{ned}}^{bxy})^{\text{T}} \begin{bmatrix} 0 \\ 0 \\ 1 \end{bmatrix}_{bxy} \end{cases} \tag{8-83}$$

(2) 机头方向对姿态的设定。body 坐标系 x 轴在 NED 坐标系 xy 水平平面的投影矢量为 $\boldsymbol{p}$，由 quat_from_earth_cmd_f()函数的代码清单中 psi_vect 矢量表示。NED 坐标系 x 轴到矢量 $\boldsymbol{p}$ 的角度 ψ_{ned} 即为机头方向，由 quat-from_earth_cmd_f()函数的代码清单中 heading 变量表示。

矢量 $\boldsymbol{p}$ 为

$$[\boldsymbol{p}]_{\text{ned}} = \begin{bmatrix} \cos\psi_{\text{ned}} \\ \sin\psi_{\text{ned}} \\ 0 \end{bmatrix}_{\text{ned}} \tag{8-84}$$

bxy 坐标系和机体坐标系 body 的 z 轴重合，即

$$\boldsymbol{x}_{\text{body}}\boldsymbol{z}_{\text{body}} = \boldsymbol{x}_{\text{body}}\boldsymbol{z}_{bxy} = 0 \tag{8-85}$$

因此 $\boldsymbol{x}_{\text{body}}$ 为

$$[\boldsymbol{x}_{\text{body}}]_{\text{ned}} = \begin{bmatrix} \cos\psi_{\text{ned}} \\ \sin\psi_{\text{ned}} \\ \dfrac{-[\boldsymbol{p}]_{\text{ned}} \cdot [\boldsymbol{z}_{bxy}]_{\text{ned}}}{z_3} \end{bmatrix}_{\text{ned}} \tag{8-86}$$

式中　z_3——$[\boldsymbol{z}_{bxy}]_{\text{ned}}$ 第 3 个元素。

第二次旋转中 bxy 坐标系和机体坐标系的 z 轴是重合的，bxy 坐标系 x 轴到 body 坐

标系 x 轴旋转的角度即为偏航角 ψ_{body}。

$$\psi_{body} = \arctan\left(\frac{\|\,[\boldsymbol{x}_{bxy}]_{ned} \times [\boldsymbol{x}_{body}]_{ned}\,\|}{[\boldsymbol{x}_{bxy}]_{ned} \cdot [\boldsymbol{x}_{body}]_{ned}}\,\mathrm{sgn}([\boldsymbol{x}_{bxy}]_{ned} \times [\boldsymbol{x}_{body}]_{ned} \cdot [\boldsymbol{z}_{body}]_{ned})\right) \quad (8\text{-}87)$$

式中 $\mathrm{sgn}()$——符号函数。

由 ψ_{body} 可以得到 bxy 坐标系到 body 坐标系的变换四元数,即

$$\boldsymbol{q}_{bxy}^{body} = \begin{bmatrix} \cos\left(\dfrac{\psi_{body}}{2}\right) \\[2mm] \begin{bmatrix} 0 \\ 0 \\ \sin\left(\dfrac{\psi_{body}}{2}\right) \end{bmatrix} \end{bmatrix} \quad (8\text{-}88)$$

进而得到 NED 坐标系到 body 坐标的变换四元数为

$$\boldsymbol{q}_{ned}^{body} = \boldsymbol{q}_{ned}^{bxy} \otimes \boldsymbol{q}_{bxy}^{body} \quad (8\text{-}89)$$

由线运动的输出以及航向角设定值得到姿态的四元数设定值的这部分公式可以参考图 8-30。

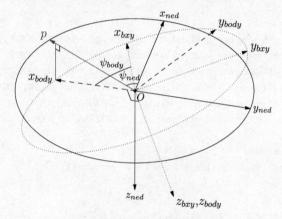

图 8-30 得到姿态的四元数设定值

$\boldsymbol{q}_{ned}^{body}$ 由 quat 变量表示,该四元数即为姿态控制的设定值(也就是图 8-29 中的 $\boldsymbol{q}_{sp}$)。

2)姿态控制主函数

姿态控制由前置滤波、前馈控制器和反馈控制器 3 个部分组成,这 3 部分都是在 stabilization_attitude_run() 函数中完成的。stabilization_attitude_run() 函数的定义位于 stabilization_attitude_quat_float.c 文件中,其代码如下:

```
void stabilization_attitude_run(bool enable_integrator)
{
/*
 * Update reference
 */
static const float dt = (1./PERIODIC_FREQUENCY);
attitude_ref_quat_float_update(&att_ref_quat_f, &stab_att_sp_quat, dt);

/*
```

```
     * Compute errors for feedback
     */

    /* attitude error */
    struct FloatQuat att_err;
    struct FloatQuat * att_quat = stateGetNedToBodyQuat_f();
    float_quat_inv_comp(&att_err, att_quat, &att_ref_quat_f.quat);
    /* wrap it in the shortest direction */
    float_quat_wrap_shortest(&att_err);

    /* rate error */
    struct FloatRates rate_err;
    struct FloatRates * body_rate = stateGetBodyRates_f();
    RATES_DIFF(rate_err, att_ref_quat_f.rate, * body_rate);
    /* rate_d error */
    RATES_DIFF(body_rate_d, * body_rate, last_body_rate);
    RATES_COPY(last_body_rate, * body_rate);

    #define INTEGRATOR_BOUND 1.0
    /* integrated error */
    if (enable_integrator) {
      stabilization_att_sum_err_quat.qx += att_err.qx / IERROR_SCALE;
      stabilization_att_sum_err_quat.qy += att_err.qy / IERROR_SCALE;
      stabilization_att_sum_err_quat.qz += att_err.qz / IERROR_SCALE;
      Bound(stabilization_att_sum_err_quat.qx, - INTEGRATOR_BOUND, INTEGRATOR_BOUND);
      Bound(stabilization_att_sum_err_quat.qy, - INTEGRATOR_BOUND, INTEGRATOR_BOUND);
      Bound(stabilization_att_sum_err_quat.qz, - INTEGRATOR_BOUND, INTEGRATOR_BOUND);
    } else {
      /* reset accumulator */
      float_quat_identity(&stabilization_att_sum_err_quat);
    }

    attitude_run_ff(stabilization_att_ff_cmd,
        &stabilization_gains[gain_idx], & att_ref_quat_f.accel);
    attitude_run_fb(stabilization_att_fb_cmd, &stabilization_gains[gain_idx],
        &att_err, & rate_err, &body_rate_d, &stabilization_att_sum_err_quat);

    stabilization_cmd[COMMAND_ROLL] = stabilization_att_fb_cmd[COMMAND_ROLL] +
        stabilization_att_ff_cmd[COMMAND_ROLL];
    stabilization_cmd[COMMAND_PITCH] = stabilization_att_fb_cmd[COMMAND_PITCH] +
        stabilization_att_ff_cmd[COMMAND_PITCH];
    stabilization_cmd[COMMAND_YAW] = stabilization_att_fb_cmd[COMMAND_YAW] + stabilization_
        att_ff_cmd[COMMAND_YAW];

    #ifdef HAS_SURFACE_COMMANDS
    stabilization_cmd[COMMAND_ROLL_SURFACE] =
        stabilization_att_fb_cmd[COMMAND_ROLL_SURFACE] +
        stabilization_att_ff_cmd[COMMAND_ROLL_SURFACE];
    stabilization_cmd[COMMAND_PITCH_SURFACE] =
        stabilization_att_fb_cmd[COMMAND_PITCH_SURFACE] +
        stabilization_att_ff_cmd[COMMAND_PITCH_SURFACE];
```

```
      stabilization_cmd[COMMAND_YAW_SURFACE] =
        stabilization_att_fb_cmd[COMMAND_YAW_SURFACE] +
        stabilization_att_ff_cmd[COMMAND_YAW_SURFACE];
    #endif

      /* bound the result */
      BoundAbs(stabilization_cmd[COMMAND_ROLL], MAX_PPRZ);
      BoundAbs(stabilization_cmd[COMMAND_PITCH], MAX_PPRZ);
      BoundAbs(stabilization_cmd[COMMAND_YAW], MAX_PPRZ);
    }
```

代码清单中 stabilization_attitude_run()函数实现了反馈控制器和前馈控制器,而前置滤波部分则由条件编译宏 USE_ATT_REF 选择是否使用。

若不使用前置滤波,则将姿态设定值直接复制给姿态角参考值,并将角速率和角加速度设置为零;若使用前置滤波,则调用 attitude_ref_quat_float_update()函数实现姿态角设定值到角运动参考值的转换。

3) 姿态控制的前置滤波

attitude_ref_quat_float_update()函数的定义位于 sw/airborne/firmwares/rotorcraft/stabiliza-tion/stabilization_attitude_ref_quat_float.c 文件中,其代码如下:

```
void attitude_ref_quat_float_update(struct AttRefQuatFloat * ref,
struct FloatQuat * sp_quat, float dt)
{
  /* integrate reference attitude */
#if STABILIZATION_ATTITUDE_REF_QUAT_INFINITESIMAL_STEP
  struct FloatQuat qdot;
  float_quat_derivative(&qdot, &ref->rate, &ref->quat);
  QUAT_SMUL(qdot, qdot, dt);
  QUAT_ADD(ref->quat, qdot);
#else // use finite step (involves trig)
  struct FloatQuat delta_q;
  float_quat_differential(&delta_q, &ref->rate, dt);
  /* compose new ref_quat by quaternion multiplication of delta rotation and
      current ref_quat */
  struct FloatQuat new_ref_quat;
  float_quat_comp(&new_ref_quat, &ref->quat, &delta_q);
  QUAT_COPY(ref->quat, new_ref_quat);
#endif
  float_quat_normalize(&ref->quat);

  /* integrate reference rotational speeds */
  struct FloatRates delta_rate;
  RATES_SMUL(delta_rate, ref->accel, dt);
  RATES_ADD(ref->rate, delta_rate);

  /* compute reference angular accelerations */
  struct FloatQuat err;
  /* compute reference attitude error */
```

```
float_quat_inv_comp(&err, sp_quat, &ref->quat);
/* wrap it in the shortest direction */
float_quat_wrap_shortest(&err);
/* propagate the 2nd order linear model: xdotdot = -2 * zeta * omega * xdot - omega^2 * x */
/* since error quaternion contains the half-angles we get 2 * omega^2 * err */
ref->accel.p = -2. * ref->model[ref->cur_idx].zeta.p *
    ref->model[ref->cur_idx].omega.p * ref->rate.p -
    ref->model[ref->cur_idx].two_omega2.p * err.qx;
ref->accel.q = -2. * ref->model[ref->cur_idx].zeta.q *
    ref->model[ref->cur_idx].omega.q * ref->rate.q -
    ref->model[ref->cur_idx].two_omega2.q * err.qy;
ref->accel.r = -2. * ref->model[ref->cur_idx].zeta.r *
    ref->model[ref->cur_idx].omega.r * ref->rate.r -
    ref->model[ref->cur_idx].two_omega2.r * err.qz;

/* saturate */
attitude_ref_float_saturate_naive(&ref->rate, &ref->accel, &ref->saturation);

/* compute ref_euler */
float_eulers_of_quat(&ref->euler, &ref->quat);
}
```

代码清单中的 attitude_ref_quat_float_update() 函数的算法原理可由动态结构图图 8-31 描述。

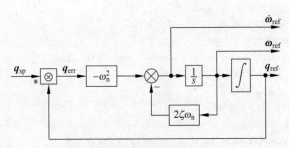

图 8-31　姿态控制器的前置滤波器

图 8-31 中有些部分是四元数的计算，因此图中的部分元素与普通的控制系统结构图元素代表的运算不同。

图 8-31 中，$\int$ 符号表示四元数的积分运算，在 attitude_ref_quat_float_update() 函数代码清单中，四元数的积分运算有两种实现方式。若 STABILIZATION_ATTITUDE_REF_QUAT_INFINITESIMAL_STEP 为真，则以式(8-90)方式计算，即

$$\begin{cases} \dot{\boldsymbol{q}}_{\mathrm{ref}} = \dfrac{1}{2}\big[\boldsymbol{\omega}_{\mathrm{ref}}(k)\times\big]\begin{bmatrix} q_i(k-1) \\ \overrightarrow{\boldsymbol{q}}_{\mathrm{ref}}(k-1) \end{bmatrix} \\[3mm] \boldsymbol{q}_{\mathrm{ref}}(k) = \boldsymbol{q}_{\mathrm{ref}}(k-1) + 2T\dot{\boldsymbol{q}}_{\mathrm{ref}} \end{cases} \tag{8-90}$$

式中，

$$\boldsymbol{q}_{\text{ref}} = \begin{bmatrix} q_i \\ \begin{bmatrix} q_x \\ q_y \\ q_z \end{bmatrix} \end{bmatrix} \quad \dot{\boldsymbol{q}}_{\text{ref}} = \begin{bmatrix} \dfrac{\mathrm{d}q_i}{\mathrm{d}t} \\ \begin{bmatrix} \dfrac{\mathrm{d}q_x}{\mathrm{d}t} \\ \dfrac{\mathrm{d}q_y}{\mathrm{d}t} \\ \dfrac{\mathrm{d}q_z}{\mathrm{d}t} \end{bmatrix} \end{bmatrix} \quad [\boldsymbol{\omega}_{\text{ref}} \times] = \begin{bmatrix} 0 & -\omega_p & -\omega_q & -\omega_r \\ \omega_p & 0 & \omega_r & -\omega_q \\ \omega_q & -\omega_r & 0 & \omega_p \\ \omega_r & \omega_q & -\omega_p & 0 \end{bmatrix}$$

若 STABILIZATION_ATTITUDE_REF_QUAT_INFINITESIMAL_STEP 为假,则以式(8-91)方式计算,即

$$\boldsymbol{q}_{\text{ref}}(k) = \boldsymbol{q}_{\text{ref}}(k-1) \otimes \begin{bmatrix} \cos\left(\dfrac{\|\boldsymbol{\omega}_{\text{ref}}(k)\| T}{2}\right) \\ \sin(\|\boldsymbol{\omega}_{\text{ref}}(k)\| T/2) \dfrac{\boldsymbol{\omega}_{\text{ref}}(k)}{\|\boldsymbol{\omega}_{\text{ref}}(k)\|} \end{bmatrix} \tag{8-91}$$

图 8-31 中的 $\otimes$ 表示四元数乘法,$\boldsymbol{q}_{\text{sp}}$、$\boldsymbol{q}_{\text{ref}}$ 和 $\boldsymbol{q}_{\text{err}}$ 的关系为

$$\boldsymbol{q}_{\text{err}} = \boldsymbol{q}_{\text{sp}}^* \otimes \boldsymbol{q}_{\text{ref}} \tag{8-92}$$

图 8-31 中的 $\dot{\boldsymbol{\omega}}_{\text{ref}}$ 由式(8-93)计算得到,即

$$\dot{\boldsymbol{\omega}}_{\text{ref}} = -\boldsymbol{\omega}_n^2 * \overrightarrow{\boldsymbol{q}_{\text{err}}} - 2\boldsymbol{\zeta} * \boldsymbol{\omega}_n * \boldsymbol{\omega}_{\text{ref}} \tag{8-93}$$

式中　*——矢量的数乘运算符,表示向量阵列对应元素的乘积,即

$$\boldsymbol{a} * \boldsymbol{b} = \begin{bmatrix} a_1 \\ a_2 \\ a_3 \end{bmatrix} * \begin{bmatrix} b_1 \\ b_2 \\ b_3 \end{bmatrix} = \begin{bmatrix} a_1 b_1 \\ a_2 b_2 \\ a_3 b_3 \end{bmatrix}$$

图 8-31 中的 $\boldsymbol{\omega}_{\text{ref}}$ 由式(8-94)计算得到,即

$$\boldsymbol{\omega}_{\text{ref}} = \int \dot{\boldsymbol{\omega}}_{\text{ref}} \mathrm{d}t \tag{8-94}$$

attitude_ref_quat_Hoat_update()函数的代码清单和图 8-31 中变量的对于关系为

$\boldsymbol{q}_{\text{sp}} = *\,\text{sp\_quat}$ 　　　　　　　　$\boldsymbol{q}_{\text{ref}} = \text{ref->quat}$

$\boldsymbol{q}_{\text{err}} = \text{err}$ 　　　　　　　　　　$\boldsymbol{\omega}_{\text{ref}} = \text{ref->rate}$

$\dot{\boldsymbol{\omega}}_{\text{ref}} = \text{ref->accel}$ 　　　　　　　$\boldsymbol{\omega}_n = \text{ref->model[ref->cur\_idx].omega}$

$\boldsymbol{\zeta} = \text{ref->model[ref->cur\_idx].zeta}$ 　　$\boldsymbol{\omega}_n^2 = \text{ref->model[ref->cur\_idx].two\_omega2}$

4) 姿态控制算法

stabilization_attitude_run()函数的代码清单中,stabilization_attitude_run()函数的前馈控制器和反馈控制器部分是调用函数 attitude_run_ff()和 attitude_run_fb()完成计算的,这两个函数的定义位于 stabiliza-tion_attitude_quat_float.c 文件中,其代码如下:

```
#ifndef GAIN_PRESCALER_FF
#define GAIN_PRESCALER_FF 1
#endif
static void attitude_run_ff(float ff_commands[], struct FloatAttitudeGains * gains, struct
    FloatRates * ref_accel)
{
```

```
    /* Compute feedforward based on reference acceleration */

    ff_commands[COMMAND_ROLL] = GAIN_PRESCALER_FF * gains->dd.x * ref_accel->p;
    ff_commands[COMMAND_PITCH] = GAIN_PRESCALER_FF * gains->dd.y * ref_accel->q;
    ff_commands[COMMAND_YAW] = GAIN_PRESCALER_FF * gains->dd.z * ref_accel->r;
#ifdef HAS_SURFACE_COMMANDS
    ff_commands[COMMAND_ROLL_SURFACE]  = GAIN_PRESCALER_FF *
        gains->surface_dd.x * ref_accel->p;
    ff_commands[COMMAND_PITCH_SURFACE] = GAIN_PRESCALER_FF *
        gains->surface_dd.y * ref_accel->q;
    ff_commands[COMMAND_YAW_SURFACE]   = GAIN_PRESCALER_FF *
        gains->surface_dd.z * ref_accel->r;
#endif
}

#ifndef GAIN_PRESCALER_P
#define GAIN_PRESCALER_P 1
#endif
#ifndef GAIN_PRESCALER_D
#define GAIN_PRESCALER_D 1
#endif
#ifndef GAIN_PRESCALER_I
#define GAIN_PRESCALER_I 1
#endif
static void attitude_run_fb(float fb_commands[], struct FloatAttitudeGains * gains,
                            struct FloatQuat * att_err, struct FloatRates * rate_err,
                            struct FloatRates * rate_err_d, struct FloatQuat * sum_err)
{
    /* PID feedback */
    fb_commands[COMMAND_ROLL] =
      GAIN_PRESCALER_P * gains->p.x * att_err->qx +
      GAIN_PRESCALER_D * gains->d.x * rate_err->p +
      GAIN_PRESCALER_D * gains->rates_d.x * rate_err_d->p +
      GAIN_PRESCALER_I * gains->i.x * sum_err->qx;

    fb_commands[COMMAND_PITCH] =
      GAIN_PRESCALER_P * gains->p.y * att_err->qy +
      GAIN_PRESCALER_D * gains->d.y * rate_err->q +
      GAIN_PRESCALER_D * gains->rates_d.y * rate_err_d->q +
      GAIN_PRESCALER_I * gains->i.y * sum_err->qy;

    fb_commands[COMMAND_YAW] =
      GAIN_PRESCALER_P * gains->p.z * att_err->qz +
      GAIN_PRESCALER_D * gains->d.z * rate_err->r +
      GAIN_PRESCALER_D * gains->rates_d.z * rate_err_d->r +
      GAIN_PRESCALER_I * gains->i.z * sum_err->qz;

#ifdef HAS_SURFACE_COMMANDS
    fb_commands[COMMAND_ROLL_SURFACE] =
      GAIN_PRESCALER_P * gains->surface_p.x * att_err->qx +
      GAIN_PRESCALER_D * gains->surface_d.x * rate_err->p +
```

```
        GAIN_PRESCALER_I * gains->surface_i.x * sum_err->qx;

    fb_commands[COMMAND_PITCH_SURFACE] =
        GAIN_PRESCALER_P * gains->surface_p.y * att_err->qy +
        GAIN_PRESCALER_D * gains->surface_d.y * rate_err->q +
        GAIN_PRESCALER_I * gains->surface_i.y * sum_err->qy;

    fb_commands[COMMAND_YAW_SURFACE] =
        GAIN_PRESCALER_P * gains->surface_p.z * att_err->qz +
        GAIN_PRESCALER_D * gains->surface_d.z * rate_err->r +
        GAIN_PRESCALER_I * gains->surface_i.z * sum_err->qz;
#endif
}
```

stabilization_attitude_run 函数的代码清单和 stabilization_attitude_run() 函数代码清单中的前馈控制器和反馈控制器部分的算法原理可由图 8-32 描述。

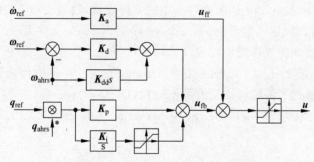

图 8-32　基于四元数的姿态控制器

图 8-32 中的变量和 stabilization_attitude_run() 函数的代码清单中的变量的对应关系为

q_{ref} = att_ref_quat_f. quat　　　　　　$\dot{\omega}_{ref}$ = att_ref_quat_f. rate

$\ddot{\omega}_{ref}$ = att_ref_quat_f. accel　　　　　q_{ahrs} = * att_quat

$\dot{\omega}_{ahrs}$ = * body_rate　　　　　　　u_{ff} = stabilization_att_ff_cmd

u_{fb} = stabilization_att_fb_cmd　　　　u = stabilization_cmd

K_p = stabilization_gains[gain_idx]. p

K_i = stabilization_gains[gain_idx]. i

K_d = stabilization_gains[gain_idx]. d

K_{dd} = stabilization_gains[gain_idx]. rates_d

K_a = stabilization_gains[gain_idx]. dd

8.9　数据链通信

8.9.1　通信协议栈

Paparazzi 支持无线串口、WiFi、蓝牙等多种不同种类的通信硬件。但是 Paparazzi 支持数据链通信的模块构建得有点混乱,代码的模块化不够清晰。数据链通信协议栈大致可以分成 3 层，即硬件接口层、传输协议层和应用接口层。

应用接口层主要由 sw/subsystems/datalink 文件夹中的部分文件组成，见表 8-10。

表 8-10 datalink 文件夹中的应用接口层

文件名称	功能简介
datalink.c	上行数据和其他程序的接口
datalink.h	上行数据和其他程序的接口
downlink.c	下行数据通用程序，不同传输协议的抽象接口
downlink.h	下行数据通用程序，不同传输协议的抽象接口
telemetry.c	数据链任务注册接口
telemetry_common.h	数据链任务注册接口
telemetry.h	数据链任务注册接口

传输协议层由 sw/ext/pprzlink 文件夹中的文件支持，目前支持的传输协议为 PPRZ 和 XBee 协议。硬件接口协议层主要由 sw/subsystems/datalink 文件夹中的部分文件组成，主要实现的是 WiFi、蓝牙等硬件的协议接口。

应用层函数通过 DefaultChannel 宏和 DefaultDevice 宏使用传输协议层和硬件层。DefaultChannel 宏描述了传输协议层的数据结构，DefaultDevice 宏描述了硬件层的数据结构。这两个宏的定义位于 sw/airborne/subsystems/datalink/downlink.h 文件，其代码如下：

```
# ifndef DefaultChannel
# define DefaultChannel DOWNLINK_TRANSPORT
# endif

# ifndef DefaultDevice
# define DefaultDevice DOWNLINK_DEVICE
# endif
```

其中的 8-108 中的 DOWNLINK_TRANSPORT 和 DOWNLINK_DEVICE 是根据配置文件设定的。

8.9.2 应用接口层

应用接口层主要由 sw/airborne/subsystems/datalink 文件夹中部分文件支持的。应用层数据的帧格式结构见表 8-11。

表 8-11 应用层数据的帧格式结构

名称	SENDER_ID	MSG_ID	MSG_PAYLOAD
数据	飞行器编号	消息编号	消息内容
长度	1B	1B	不定

表 8-11 中"飞行器编号(SENDER_ID)"即 Paparazzi Center 窗口上所显示的 A/C 的 id 号。"消息编号(MSG_ID)"和"消息内容(MSG_PAYLOAD)"由 var/include/pprzlink/messages.h 文件和 dl_protocol.h 文件定义,这两个文件是依据 messages.xml 文件生成的 C 语言头文件。关于 messages.xml 文件的详细信息可以参考 7.5 节。

1. 上行数据接口

上行数据是自动驾驶仪接收到的数据,这些数据可以是地面站 GCS 的上行数据,也可以是由其他飞行器发送来的数据。上行数据接口包括上行数据的接收和解析两部分:接收部分主要是解析传输协议层的帧格式结构,得到其中的应用层数据;解析部分主要是处理应用层数据。

1) 上行数据的事件接口

Paparazzi 以事件方式接收上行数据。在 datalink.h 文件中用宏定义方式封装了 DatalinkEvent()宏,该宏被 main_event()事件函数调用。而 DatalinkEvent()宏可以根据不同的传输协议定义,相当于传输协议的抽象接口。

DatalinkEvent()宏在 datalink.h 文件中定义,相关源代码如下:

```
/* Message id helpers */
#define SenderIdOfPprzMsg(x) (x[0])
#define IdOfPprzMsg(x) (x[1])

/** Datalink kinds */
#define PPRZ 1
#define XBEE 2
#define SUPERBITRF 3
#define W5100 4
#define BLUEGIGA 5

/** Flag provided to control calls to ::dl_parse_msg. NOT used in this module */
EXTERN bool dl_msg_available;

/** time in seconds since last datalink message was received */
EXTERN uint16_t datalink_time;

/** number of datalink/uplink messages received */
EXTERN uint16_t datalink_nb_msgs;

#define MSG_SIZE 128
EXTERN uint8_t dl_buffer[MSG_SIZE] __attribute__((aligned));

/** Should be called when chars are available in dl_buffer */
EXTERN void dl_parse_msg(void);

/** Firmware specfic msg handler */
EXTERN void firmware_parse_msg(void);

#if USE_NPS
EXTERN bool datalink_enabled;
```

```
#endif

/** Convenience macro to fill dl_buffer */

#define DatalinkFillDlBuffer(_buf, _len) { \
uint8_t _i = 0; \
  for (_i = 0; _i < _len; _i++) { \
    dl_buffer[_i] = _buf[_i]; \
  } \
  dl_msg_available = true; \
}

/** Check for new message and parse */
static inline void DlCheckAndParse(void)
{
  // make it possible to disable datalink in NPS sim
#if USE_NPS
  if (!datalink_enabled) {
    return;
  }
#endif

  if (dl_msg_available) {
    datalink_time = 0;
    datalink_nb_msgs++;
    dl_parse_msg();
    dl_msg_available = false;
  }
}

#if defined DATALINK && DATALINK == PPRZ

#define DatalinkEvent() {\
  pprz_check_and_parse(&(PPRZ_UART).device, &pprz_tp, dl_buffer, &dl_msg_available);\
  DlCheckAndParse();\
}

#elif defined DATALINK && DATALINK == XBEE

#define DatalinkEvent() {\
  xbee_check_and_parse(&(XBEE_UART).device, &xbee_tp, dl_buffer, &dl_msg_available);\
  DlCheckAndParse();\
}

#elif defined DATALINK && DATALINK == W5100

#define DatalinkEvent() {\
  W5100CheckAndParse(W5100, pprz_tp);\
  DlCheckAndParse();\
}
```

```
#elif defined DATALINK && DATALINK ==  SUPERBITRF

#define DatalinkEvent() {\
    SuperbitRFCheckAndParse(); \
    DlCheckAndParse();\
  }

#elif defined DATALINK && DATALINK ==  BLUEGIGA

#define DatalinkEvent() {\
  pprz_check_and_parse(&(DOWNLINK_DEVICE).device, &pprz_tp, dl_buffer, &dl_msg_available);\
  DlCheckAndParse();\
}

#else

// Unknown DATALINK
#define DatalinkEvent() {}

#endif /* DATALINK ==  */
```

其中宏 DatalinkEvent()函数主要调用了两个函数：第一个函数从传输协议层解析出应用层数据，使用的传输协议不同，该函数也不同；第二个是 DlCheckAndParse()函数，主要通过调用 dl_parse_msg()函数实现对应用层上行数据的解析，解析的帧格式见表 8-11。

2）上行数据解析

dl_parse_msg()函数的功能是解析自动驾驶仪接收到的信息。自动驾驶仪可以接收来自其他飞行器（多机飞行模式）、地面站上传的信息或 GPS 信息。

dl_parse_msg()函数在 sw/airborne/subsystems/datalink 文件夹中的 datalink.c 文件中定义，其代码如下：

```
void dl_parse_msg(void)
  {
    uint8_t sender_id = SenderIdOfPprzMsg(dl_buffer);
    uint8_t msg_id = IdOfPprzMsg(dl_buffer);

    /* parse telemetry messages coming from other AC */
    if (sender_id != 0) {
      switch (msg_id) {
        default : {
        break;
        }
      }
    } else {
    /* parse telemetry messages coming from ground station */
    switch (msg_id) {
      case DL_PING: {
        DOWNLINK_SEND_PONG(DefaultChannel, DefaultDevice);
      }
      break;
```

```
        case DL_SETTING : {
          if (DL_SETTING_ac_id(dl_buffer) ! = AC_ID) { break; }
            uint8_t i = DL_SETTING_index(dl_buffer);
            float var = DL_SETTING_value(dl_buffer);
            DlSetting(i, var);
            DOWNLINK_SEND_DL_VALUE(DefaultChannel, DefaultDevice, &i, &var);
        }
        break;

        case DL_GET_SETTING : {
          if (DL_GET_SETTING_ac_id(dl_buffer) ! = AC_ID) { break; }
          uint8_t i = DL_GET_SETTING_index(dl_buffer);
          float val = settings_get_value(i);
          DOWNLINK_SEND_DL_VALUE(DefaultChannel, DefaultDevice, &i, &val);
        }
         break;

#ifdef RADIO_CONTROL_TYPE_DATALINK
        case DL_RC_3CH :
#ifdef RADIO_CONTROL_DATALINK_LED LED_TOGGLE(RADIO_CONTROL_DATALINK_LED);
#endif
      parse_rc_3ch_datalink( DL_RC_3CH_throttle_mode(dl_buffer),
        DL_RC_3CH_roll(dl_buffer), DL_RC_3CH_pitch(dl_buffer));
      break;
          case DL_RC_4CH :
        if (DL_RC_4CH_ac_id(dl_buffer) == AC_ID) {
#ifdef RADIO_CONTROL_DATALINK_LED
        LED_TOGGLE(RADIO_CONTROL_DATALINK_LED);
#endif
          parse_rc_4ch_datalink(DL_RC_4CH_mode(dl_buffer),
                              DL_RC_4CH_throttle(dl_buffer),
                              DL_RC_4CH_roll(dl_buffer),
                              DL_RC_4CH_pitch(dl_buffer),
                              DL_RC_4CH_yaw(dl_buffer));
        }
        break;
#endif // RADIO_CONTROL_TYPE_DATALINK

#if USE_GPS
        case DL_GPS_INJECT : {
          // Check if the GPS is for this AC
          if (DL_GPS_INJECT_ac_id(dl_buffer) ! = AC_ID) { break; }

          // GPS parse data
          gps_inject_data(
            DL_GPS_INJECT_packet_id(dl_buffer),
            DL_GPS_INJECT_data_length(dl_buffer),
            DL_GPS_INJECT_data(dl_buffer)
          );
        }
```

```
      break;
# endif // USE_GPS

      default :
        break;
    }
  }
  /* Parse firmware specific datalink */ firmware_parse_msg();

  /* Parse modules datalink */ modules_parse_datalink(msg_id);
}
```

代码中的 dl_parse_msg()函数实现的功能如下。

① 根据 sender_id 判定是否是本机型的信息。

② 根据信息的类型 msg_id 分情况进行处理,处理的信息包括 PING/PONG 信息、地面站上行信息、遥控器信息和 GPS 信息。

③ 调用 firmware_parse_msg()函数和 modules_parse_msg()函数处理特定机型或特定模块的上行数据。

在地面站上行信息中,信息类型为 DL_SETTING 时用于系统参数设定,可以实现对四旋翼无人机各类参数变量的在线调整;信息类型为 DL_GET_SETTING 时则是地面站对某个系统参数值的请求信息,自动驾驶仪接到该信息后,会将请求的系统参数值回传给地面站。

dl_parse_msg()函数中的遥控器信息是针对使用数据链传输遥控器信息的情况。

四旋翼无人机的 firmware_parse_msg()函数定义于 sw/airborne/firmwares/rotorcraft/rotorcraft_datalink.c 文件中,其代码如下:

```
void firmware_parse_msg(void)
{
  uint8_t msg_id = IdOfPprzMsg(dl_buffer);

  /* parse telemetry messages coming from ground station */
  switch (msg_id) {

# ifdef USE_NAVIGATION
    case DL_BLOCK : {
      if (DL_BLOCK_ac_id(dl_buffer) != AC_ID) { break; }
      nav_goto_block(DL_BLOCK_block_id(dl_buffer));
    }
    break;

    case DL_MOVE_WP : {
      uint8_t ac_id = DL_MOVE_WP_ac_id(dl_buffer);
      if (ac_id != AC_ID) { break; }
      if (stateIsLocalCoordinateValid()) {
        uint8_t wp_id = DL_MOVE_WP_wp_id(dl_buffer);
        struct LlaCoor_i lla;
        lla.lat = DL_MOVE_WP_lat(dl_buffer); lla.lon = DL_MOVE_WP_lon(dl_buffer);
```

```
              /* WP_alt from message is alt above MSL in mm
               * lla.alt is above ellipsoid in mm
               */
              lla.alt = DL_MOVE_WP_alt(dl_buffer) - state.ned_origin_i.hmsl +
                          state.ned_origin_i.lla.alt;
              waypoint_move_lla(wp_id, &lla);
          }
      }
      break;
#endif /* USE_NAVIGATION */

      case DL_GUIDED_SETPOINT_NED:
        if (DL_GUIDED_SETPOINT_NED_ac_id(dl_buffer) != AC_ID) { break; }

        autopilot_guided_update(DL_GUIDED_SETPOINT_NED_flags(dl_buffer),
                                DL_GUIDED_SETPOINT_NED_x(dl_buffer),
                                DL_GUIDED_SETPOINT_NED_y(dl_buffer),
                                DL_GUIDED_SETPOINT_NED_z(dl_buffer),
                                DL_GUIDED_SETPOINT_NED_yaw(dl_buffer));

        break;

        default : break;
    }
}
```

代码中针对四旋翼无人机的 firmware_parse_msg()函数实现了飞行任务切换、航程点设置和水平导航设定值设置等功能。

modules_parse_msg()函数是根据不同模块的配置文件自动生成的，加载的模块不同时，该文件也不相同。

2. 下行数据接口

sw/airborne/subsystems/datalink 文件夹中的 telemetry. c、telemetry. h 和 telemetry_common. h 主要提供了数据链传输和任务之间的接口函数，以及数据链传输的链表数据结构（由数组实现）。

1）下行数据接口的数据结构

下行数据接口的核心数据结构是结构数组 telemetry_cbs 和结构 pprz_telemetry，它们的数据类型在 telemetry_common. c 文件中声明，其代码如下：

```
/** number of callbacks that can be registered per msg */
#define TELEMETRY_NB_CBS 4

struct telemetry_cb_slots {
  uint8_t id;///< id of telemetry message telemetry_cb slots[TELEMETRY_NB_CBS];
};

/** Periodic telemetry structure.
 Contains the total number of messages (from generated telemetry file)
 and the list of registered callbacks
 */
```

```
struct periodic_telemetry {
  uint8_t nb;
  struct telemetry_cb_slots * cbs; ///< array of callbacks defined through TELEMETRY_MSG
};
```

其中，数据类型 struct telemetry_cb_slots 有两个成员，一个是遥测消息（mes-sage）的 ID 号，另一个是回调函数的指针。每个遥测消息可以有 TELEMETRY_NB_CBS 个[1]回调函数。

结构数组 telemetry_cbs 和结构 pprz_telemetry 的定义位于 sw/airborne/subsystems/-datalink/telemetry.c 文件中，其代码如下：

```
/* Implement global structures from generated header.
 * Can register up to #TELEMETRY_NB_CBS callbacks per periodic message.
 */
struct telemetry_cb_slots telemetry_cbs[TELEMETRY_PPRZ_NB_MSG] = TELEMETRY_PPRZ_CBS;
struct periodic_telemetry pprz_telemetry = { TELEMETRY_PPRZ_NB_MSG, telemetry_cbs };
```

其中，telemetry_cbs 结构主要用于支撑 pprz_telemetry 结构。TELEMETRY_PPRZ_NB_MSG 定义了消息的总个数，TELEMETRY_PPRZ_CBS 定义了遥测消息的 ID 和默认为 NULL 的回调函数。

TELEMETRY_PPRZ_NB_MSG 和 TELEMETRY_PPRZ_CBS 是根据 telemetry 的 XML 格式的配置文件生成的，位于 var/aircrafts/< AC >/ap/generated/periodic_telemetry.h 文件中，在此不再详述。

pprz_telemetry 结构是数据链代码中比较重要的一个结构，记录了消息的总个数并对 telemetry_cbs[TELEMETRY_PPRZ_NB_MSG]结构数组进行了封装，所有发送遥测消息的回调函数都在该结构中。完成变量初始化后，结构数组 telemetry_cbs 和结构 pprz_telemetry 的关系如图 8-33 所示。

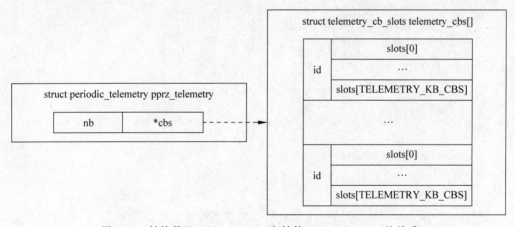

图 8-33　结构数组 telemetry_cbs 和结构 pprz_telemetry 的关系

完成变量初始化后，telemetry_cbs 结构中的函数指针，即图 8-33 中的 slots 指针数组的成员都是指向 NULL 的，任务函数通过调用注册函数 register_periodic_telemetry()使 telemetry_cbs 结构中的函数指针指向相应的回调函数。

---

① 默认值为 4，通常只使用一个。

2）下行数据注册函数

下行数据注册函数是下行数据接口与任务的接口函数，由 register_periodic_telemetry()函数实现，该函数的定义位于 telemetry.c 文件中，相关代码如下：

```
/* Implement global structures from generated header.
 * Can register up to #TELEMETRY_NB_CBS callbacks per periodic message.
 */
struct telemetry_cb_slots telemetry_cbs[TELEMETRY_PPRZ_NB_MSG] = TELEMETRY_PPRZ_CBS;
struct periodic_telemetry pprz_telemetry = { TELEMETRY_PPRZ_NB_MSG, telemetry_cbs };


/** Register a telemetry callback function.
 * @param _pt periodic telemetry structure to register
 * @param _id message ID (use PPRZ_MSG_ID_<message_name> define)
 * @param _cb callback function, called according to telemetry mode and specified period
 * @return -1 on failure to register, index of callback otherwise
 **/
int8_t register_periodic_telemetry(struct periodic_telemetry * _pt, uint8_t _id,
      telemetry_cb _cb)
{
  uint8_t i, j;
  // return if NULL is passed as periodic_telemetry
  if (_pt == NULL) { return -1; }
  // check if message with id _msgn has a periodic entery in telemetry file
   for (i = 0; i < _pt->nb; i++) {
if (_pt->cbs[i].id == _id) {
      // msg found, register another callback if not all TELEMETRY_NB_CBS slots taken
      for (j = 0; j < TELEMETRY_NB_CBS; j++) {
        if (_pt->cbs[i].slots[j] == NULL) {
          _pt->cbs[i].slots[j] = _cb;
          return j;
        }
      }
      // message matched but no more empty slots available
      return -1;
    }
  }
  // message is not in telemetry file
  return -1;
}
```

其中，register_periodic_telemetry()函数则是数据链通信的注册函数，其主要功能是根据用户提供的消息 ID，将回调函数的指针存储到 pprz_telemetry 结构中，即图 8-33 中的 slots 指针数组的成员中。

完成注册后，操作 pprz_telemetry 结构即可实现消息的定时发送。这个定时发送消息的任务是由 telemetry_periodic()函数实现的。

3）下行数据的任务调用

telemetry_periodic()函数的定义位于 main.c 文件中，其代码如下：

```
STATIC_INLINE void telemetry_periodic(void)
{
    static uint8_t boot = true;

    /* initialisation phase during boot */
    if (boot) {
# if DOWNLINK
        send_autopilot_version(&(DefaultChannel).trans_tx, &(DefaultDevice).device);
# endif
        boot = false;
    }
    /* then report periodicly */
    else {
# if PERIODIC_TELEMETRY
        periodic_telemetry_send_Main(DefaultPeriodic, &(DefaultChannel).trans_tx,
            &( DefaultDevice).device);
# endif
    }
}
```

其中的 periodic_telemetry_send_Main()函数是根据 telemetry 文件夹中的 xml 格式的配置文件自动生成的。该函数根据设定的时间间隔,周期性地调用遥测消息的回调函数,完成遥测信息的下行传输。

在 periodic_telemetry_send_Main()函数中,包括遥测信息配置文件中所有消息的下行传输。调用 pprz_telemetry. cbs->slots 数组中的回调函数,实现对特定消息的传输,而该数组的回调函数是由 register_periodic_telemetry()函数代码设置的。

periodic_telemetry_send_main()函数代码清单中的 DefaultPeriodic 宏和 DefaultChannel 宏在 telemetry. h 文件中声明,前者声明为 pprz_telemetry 结构,后者声明为数据链通信所使用的硬件。

8.9.3 传输协议层

在传输协议层,根据使用的硬件不同,传输协议分为 PPRZ 传输协议和 XBee 传输协议。传输协议层的支持文件均位于 var/include/pprzlink 文件夹。该文件夹中的 dl_protocol. h 和 messages. h 是根据 sw/ext/pprzlink/message_definitions/v1. 0/messages. xml 文件自动生成的;其他文件在安装 Paparazzi 时由 sw/ext/pprzlink/lib/v1.0/C 文件夹中复制,使用不同的传输协议所用的头文件也会不同。

1. PPRZ 传输协议

若使用无线串口、XBee 的透传模式、WiFi 的 UDP 透传模式、W5100 硬件、BLUEGIGA 蓝牙硬件或 SUPERBITRF 硬件,则传输协议层使用 PPRZ 传输协议。

PPRZ 传输协议是 Paparazzi 的传输协议,这是一种透明传输方式,支持文件位于 sw/ext/pprzlink/lib/v1.0/C 文件夹内。

硬件的实现方式可以是无线串口(透明传输方式)、USB 转串口方式或 WiFi(UDP)方式。无线串口可以使用 3DR 无线串口、XBee（工作在透明传输方式）或 Xtend（工作在透明传输方式），这种方式是 Paparazzi 常用的数据链通信硬件，传输距离较远，最远可达到几百米甚至几十千米（取决于通信模块的传输功率）。

基于 WiFi（UDP 协议）方式的通信传输距离较短，Parrot 公司的 ARdrone 四旋翼无人机采用了这种通信方式，Paparazzi 支持基于 ARdrone 四旋翼无人机的二次开发设计。另外，Paparazzi 的仿真也采用了 UDP 协议的传输方式。

USB 转串口方式是针对具有 USB 接口的自动驾驶仪，使用自动驾驶仪的 USB 扩展成串口模式，与直接使用串口的方式类似。

1）PPRZ 传输协议的帧格式

PPRZ 的帧格式见表 8-12。

表 8-12 中的"传输内容"包含飞行器编号、消息编号和相应的消息内容，见表 8-11。

表 8-12　PPRZ 帧格式

名　称	帧头(STX)	长度(len)	传输内容	校验和 A	校验和 B
数据内容	0x99	该帧总长度	表 8-11	校验和	校验和
长度/B	1	1	len-4	1	1

PPRZ 帧中的校验和计算方法为：对"长度"和"传输内容"中的所有字节求和后，保留最低位字节（即相当于异或），得到"校验和 A"，对"长度""传输内容"和"校验和 A"中的所有字节求和后，保留最低位字节（即相当于异或），得到"校验和 B"。

2）PPRZ 透明传输方式

PPRZ 透明传输方式分别支持三种不同的模式，即串口透明传输模式、UDP 透明传输模式以及如果设定使用 PPRZ 透明传输方式 USB 转串口透明传输模式。3 种模式所使用的硬件设备不同。若设定为 PPRZ 透明传输方式，则该机型的 Airframe 配置文件进行以下配置：

```
< airframe name = "Quadrotor LisaM_2.0 pwm">
  < firmware name = "rotorcraft">
    <!-- 下面的 type = "transparent"前缀就决定 PPRZ 透明传输模式,只能设定为其中一种 -->
    < subsystem name = "telemetry"  type = "transparent"/>     <!-- 串口透明传输模式 -->
    < subsystem name = "telemetry"  type = "transparent_udp"/><!-- UDP 透明传输模式 -->
    < subsystem name = "telemetry"  type = "transparent_usb"/> <!-- USB 转串口透明传输模式 -->
  </firmware>
</airframe>
```

另外，若设定为 PPRZ 透明传输方式，则在构建过程中将执行 conf/firmwares/subsystems/shared/teleme-try_transparent_xxx. makefile 文件（_xxx 会因串口或 UPD 等方式的不同而不同）。

在 var/include/pprzlink/pprz_transport. h 文件中，基于结构类型 struct transport_rx 和 struct transport_tx 基础上，声明了 struct pprz_transport 结构类型。

struct pprz_transport 结构类型是对 struct transport_rx 和 struct transport_tx 串口透明传输模式的进一步封装，如图 8-34 所示。

在图 8-34 中，struct link_device 的数据类型是联系硬件层和传输协议层的数据类型，

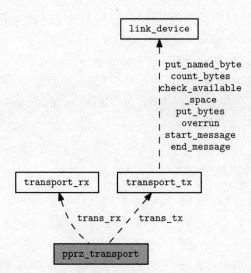

图 8-34 pprz_transport 结构类型对 transport_rx 和 transport_tx 的封装

其代码清单见 8.9.4 节。

struct pprz_transport 结构类型的声明在 pprz_transport.h 文件中,其相关代码如下:

```
// Start byte
#define PPRZ_STX0x99

/* PPRZ Transport
 */

struct pprz_transport {
  // generic reception interface
  struct transport_rx trans_rx;
  // specific pprz transport_rx variables
  uint8_t status;
  uint8_t payload_idx;
  uint8_t ck_a_rx, ck_b_rx;
  // generic transmission interface
  struct transport_tx trans_tx;
  // specific pprz transport_tx variables
  uint8_t ck_a_tx, ck_b_tx;
};

// Init function
extern void pprz_transport_init(struct pprz_transport * t);

// Checking new data and parsing
extern void pprz_check_and_parse(struct link_device * dev, struct pprz_transport * trans,
                        uint8_t * buf, bool * msg_available);

// Parsing function, only needed for modules doing their own parsing
// without using the pprz_check_and_parse function
extern void parse_pprz(struct pprz_transport * t, uint8_t c);
```

  struct pprz_transport 结构类型的具体实现（即 struct pprz_transport 类型的全局变量）位于 sw/airborne/subsystems/datalink/downlink.c 文件中。

  另外，在 pprz_transport.h 中还有 pprz_transport_init()函数、pprz_check_and_parse()函数和 parse_pprz()函数的原型。

  而这 3 个函数的定义位于 var/share/pprzlink/src/pprz_transport.c 文件中，pprz_transport.c 文件主要内容的代码如下：

```
/**
 * @file pprzlink/pprz_transport.c
 *
 * Building and parsing Paparazzi frames.
 *
 * Pprz frame:
 *
 * |STX|length|... payload = (length-4) bytes ...|Checksum A|Checksum B|
 *
 * where checksum is computed over length and payload:
 * @code
 * ck_A = ck_B = length
 * for each byte b in payload
 *     ck_A += b;
 *     ck_b += ck_A;
 * @endcode
 */

#include <inttypes.h>
#include "pprzlink/pprz_transport.h"

// PPRZ parsing state machine
#define UNINIT      0
#define GOT_STX     1
#define GOT_LENGTH  2
#define GOT_PAYLOAD 3
#define GOT_CRC1    4
static void accumulate_checksum(struct pprz_transport * trans, const uint8_t byte)
{
  trans->ck_a_tx += byte;
  trans->ck_b_tx += trans->ck_a_tx;
}

static void put_bytes(struct pprz_transport * trans, struct link_device * dev, long fd,
                      enum TransportDataType type __attribute__ ((unused)),
                      enum TransportDataFormat format __attribute__ ((unused)),
                      const void * bytes, uint16_t len)
{
  const uint8_t * b = (const uint8_t * ) bytes;
  int i;
  for (i = 0; i < len; i++) {
    accumulate_checksum(trans, b[i]);
```

```
  }
  dev -> put_buffer(dev -> periph, fd, b, len);
}


static void put_named_byte(struct pprz_transport * trans, struct link_device * dev, long fd,
                        enum TransportDataType type __attribute__ ((unused)),
                        enum TransportDataFormat format __attribute__ ((unused)),
                        uint8_t byte, const char * name __attribute__ ((unused)))
{
  accumulate_checksum(trans, byte);
  dev -> put_byte(dev -> periph, fd, byte);
}


static uint8_t size_of(struct pprz_transport * trans __attribute__ ((unused)), uint8_t len)
{
  // message length: payload + protocol overhead (STX + len + ck_a + ck_b = 4)
  return len + 4;
}


static void start_message(struct pprz_transport * trans, struct link_device * dev, long fd,
                        uint8_t payload_len)
{
  dev -> put_byte(dev -> periph, fd, PPRZ_STX);
  const uint8_t msg_len = size_of(trans, payload_len);
  dev -> put_byte(dev -> periph, fd, msg_len);
  trans -> ck_a_tx = msg_len;
  trans -> ck_b_tx = msg_len;
}


static void end_message(struct pprz_transport * trans, struct link_device * dev, long fd)
{
  dev -> put_byte(dev -> periph, fd, trans -> ck_a_tx);
  dev -> put_byte(dev -> periph, fd, trans -> ck_b_tx);
  dev -> send_message(dev -> periph, fd);
}


static void overrun(struct pprz_transport * trans __attribute__ ((unused)),
                  struct link_device * dev)
{
  dev -> nb_ovrn++;
}


static void count_bytes(struct pprz_transport * trans __attribute__ ((unused)),
                      struct link_device * dev, uint8_t bytes)
{
  dev -> nb_bytes += bytes;
}


static int check_available_space(struct pprz_transport * trans __attribute__ ((unused)),
                              struct link_device * dev, long * fd, uint16_t bytes)
{
```

```c
    return dev->check_free_space(dev->periph, fd, bytes);
}


// Init pprz transport structure
void pprz_transport_init(struct pprz_transport *t)
{
  t->status = UNINIT;
  t->trans_rx.msg_received = false;
  t->trans_tx.size_of = (size_of_t) size_of;
  t->trans_tx.check_available_space = (check_available_space_t) check_available_space;
  t->trans_tx.put_bytes = (put_bytes_t) put_bytes;
  t->trans_tx.put_named_byte = (put_named_byte_t) put_named_byte;
  t->trans_tx.start_message = (start_message_t) start_message;
  t->trans_tx.end_message = (end_message_t) end_message;
  t->trans_tx.overrun = (overrun_t) overrun;
  t->trans_tx.count_bytes = (count_bytes_t) count_bytes;
  t->trans_tx.impl = (void *)(t);
}


// Parsing function
void parse_pprz(struct pprz_transport *t, uint8_t c)
{
  switch (t->status) {
    case UNINIT:
      if (c == PPRZ_STX) {
        t->status++;
      }
      break;
    case GOT_STX:
      if (t->trans_rx.msg_received) {
        t->trans_rx.ovrn++;
        goto error;
      }
      t->trans_rx.payload_len = c - 4; /* Counting STX, LENGTH and CRC1 and CRC2 */
      t->ck_a_rx = t->ck_b_rx = c;
      t->status++;
      t->payload_idx = 0;
      break;
    case GOT_LENGTH:
      t->trans_rx.payload[t->payload_idx] = c;
      t->ck_a_rx += c;
      t->ck_b_rx += t->ck_a_rx;
      t->payload_idx++;
      if (t->payload_idx == t->trans_rx.payload_len) {
        t->status++;
      }
      break;
    case GOT_PAYLOAD:
      if (c != t->ck_a_rx) {
        goto error;
      }
```

```
            t - > status++;
            break;
          case GOT_CRC1:
            if (c ! = t - > ck_b_rx) {
              goto error;
            }
            t - > trans_rx.msg_received = true;
            goto restart;
          default :
            goto error;
          }
          return;
       error:
          t - > trans_rx.error++;
       restart:
          t - > status = UNINIT;
          return;
     }


     / ** Parsing a frame data and copy the payload to the datalink buffer * /
     void pprz_check_and_parse(struct link_device * dev, struct pprz_transport * trans,
                          uint8_t * buf, bool * msg_available)
     {
       uint8_t i;
       if (dev - > char_available(dev - > periph)) {
         while (dev - > char_available(dev - > periph) && ! trans - > trans_rx.msg_received) {
           parse_pprz(trans, dev - > get_byte(dev - > periph));
         }
         if (trans - > trans_rx.msg_received) {
           for (i = 0; i < trans - > trans_rx.payload_len; i++) {
             buf[i] = trans - > trans_rx.payload[i];
           }
            * msg_available = true;
           trans - > trans_rx.msg_received = false;
         }
       }
     }
```

代码清单中,pprz_transport_init()函数完成了结构类型为 struct transport_tx 的全局结构变量(定义在 downlink. c 中的 pprz_tp)的初始化,其中初始化主要是对 struct transport_tx 结构类型中 trans_tx 成员的初始化,参考图 8-34 所示。而初始化的 put_bytes、put_named_byte 等变量也是在该文件定义的函数。

parse_pprz()函数是 PPRZ 传输协议的解析函数,pprz_check_and_parse()函数是调用 parse_pprz()函数的 PPRZ 透明传输协议的解析函数。这两个函数主要用于上行数据的解析。

3) PPRZ 传输协议的其他方式

Paparazzi 还支持 W5100、BLUEGIGA 蓝牙硬件和 SUPERBITRF 硬件的数据传输模块。这些数据传输模块具有不同于串口透明传输方式的协议接口驱动,但都使用了 PPRZ

格式的传输协议，即解析数据都调用了 parse_pprz() 函数，但是不再调用 pprz_check_and_parse() 函数。这部分硬件的协议接口驱动位于 sw/airborne/subsystems/datalink 文件夹中，在此不再详述。

2. XBee 传输协议

XBee 模块为工程师提供了符合 ZigBee 标准协议的射频产品，满足了低成本、低功耗无线传感网络的独特需求。XBee 模块通过逻辑电平异步串行端口与主设备连接。XBee 模块可以和自动驾驶仪上的微控制器的 USART 串口直接连接；如果和 PC 连接，则需要 TTL 电平和 RS-232 电平转换的接口板，或者串口转 USB 的接口板。

XBee 模块支持透明传输模式和 API 操作模式，模块默认是透明传输模式。当工作在透明传输模式（透传模式）时，XBee 模块相当于无线串口。所有接收到的串口数据依次由 RF 射频模块发送；当收到 RF 射频数据时，会通过串口发送给主设备。工作在透明传输模式的 XBee 模块，将数据链设置为 PPRZ 协议中的串口透明传输模式即可。

API 操作模式是另一种操作模式，这种基于数据帧的 API 扩展了模块的应用范围，使主设备可与模块的联网性能进行交互。在 API 操作模式下，所有进出模块的数据均被包含在定义模块的操作和事件的帧结构中。工作在 API 操作模式下，XBee 模块可以方便地组成 ZigBee 标准协议的无线网络，能够比较容易地实现多地址目标的数据收发。

XBee 的帧格式见表 8-13。

表 8-13   XBee 帧格式

名称	帧头	长度	帧数据		校验和
数据内容	0x7E	帧数据长度/n	cmdID	cmdData	校验和
长度/B	1	2	1	$n-1$	1

工作在 API 操作模式的 XBee 模块需要将数据链设置为 xbee_api 模式，即在 Airframe 配置文件配置代码如下：

```
< airframe name = "Quadrotor LisaM_2.0 pwm">
  < firmware name = "rotorcraft">
    <!-- 下面的 type = "xbee_api"决定了数据链的模式 -->
    < subsystem name = " telemetry " type = "xbee_api"/>
  </ firmware >
</ airframe >
```

工作在 API 操作模式时，在对工程构建的过程中将执行 conf/firmwares/subsystems/shared/telemetry_xbee_api. makefile 文件。包含了 pprzlink_transport. h、datalink. c 等通用文件，以及 var/share/pprzlink/src/xbee_transport. c 文件和 var/include/pprzlink/xbee_transport. h 文件。与 PPRZ 传输模式相比，增加了 xbee_transport. h 头文件，由 xbee_transport. c 文件替代了 pprz_transport. c 文件。

在 xbee_transport. h 文件中定义了 XBee 传输模式的数据结构类型 struct xbee_transport。在这个数据类型中描述了 XBee 传输所用的变量，以及收发所用的两个重要结构 struct transport_rx trans_rx 和 struct transport_tx trans_tx。其中 struct transport_tx trans_tx 结构中所需的各种函数是在 xbee_transport. c 文件中定义的。

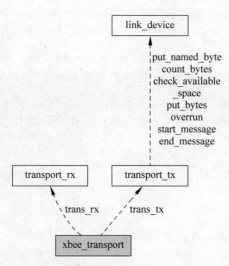

图 8-35　xbee_transport 结构类型对 transport_rx 和 transport_tx 的封装

　　struct xbee_transport 结构类型和 struct pprz_transport 结构类型的作用相似,只不过前者针对 XBee 传输模式,而后者针对 PPRZ 传输模式,struct xbee_transport 结构类型示意图如图 8-35 所示。

　　xbee_transport. h 文件的主要内容代码如下:

```
/** Type of XBee module: 2.4 GHz or 868 MHz
  */
enum XBeeType { XBEE_24,
  XBEE_868
};

struct xbee_transport {
  enum XBeeType type;        ///< type of xbee module (2.4GHz or 868MHz)
  // generic reception interface
  struct transport_rx trans_rx;
  // specific xbee transport variables
  uint8_t status;
  uint8_t payload_idx;
  uint8_t cs_rx;
  uint8_t rssi;
  // generic transmission interface
  struct transport_tx trans_tx;
  // specific pprz transport_tx variables
  uint8_t cs_tx;
};

/** Initialisation in API mode and setting of the local address
  * FIXME: busy wait */
extern void xbee_transport_init(struct xbee_transport * t, struct link_device * dev,
                    uint16_t addr, enum XBeeType type, uint32_t baudrate,
                    void ( * wait)(uint32_t), char * xbee_init);
```

```
extern void xbee_check_and_parse(struct link_device * dev, struct xbee_transport
        * trans, uint8_t * buf, bool * msg_available);
```

xbee_transport.c 文件中定义了 struct transport_tx trans_tx 结构中所需的各种函数，并且提供了 struct xbee_transport 结构类型的初始化函数 xbee_transport_init()和 XBee 通信协议的解析函数 xbee_check_and_parse()。

初始化函数 xbee_transport_init()将 XBee 传输所需的各类函数封装到结构类型为 struct transport_tx 的结构中。

xbee_transport.c 文件的主要内容代码如下：

```
/ * * Ground station address * /
# define GROUND_STATION_ADDR 0x100

/ * * Constants for the API protocol * /
# define TX_OPTIONS 0x00
# define NO_FRAME_ID 0
# define XBEE_API_OVERHEAD 5 / * start + len_msb + len_lsb + API_id + checksum * /

# define AT_COMMAND_SEQUENCE "+ + + "
# define AT_SET_MY "ATMY"
# define AT_AP_MODE "ATAP1\r"
# define AT_EXIT "ATCN\r"

/ * * XBEE 2.4 specific parameters * /
# define XBEE_24_TX_ID 0x01 / * 16 bits address * /

# define XBEE_24_RX_ID 0x81 / * 16 bits address * /
# define XBEE_24_RFDATA_OFFSET 5
# define XBEE_24_TX_OVERHEAD 4
# define XBEE_24_TX_HEADER { \ XBEE_24_TX_ID, \ NO_FRAME_ID, \
        (GROUND_STATION_ADDR >> 8), \ (GROUND_STATION_ADDR & 0xff), \ TX_OPTIONS \
    }

/ * * XBEE 868 specific parameters * /
# define XBEE_868_TX_ID 0x10
# define XBEE_868_RX_ID 0x90
# define XBEE_868_RFDATA_OFFSET 12
# define XBEE_868_TX_OVERHEAD 13
# define XBEE_868_TX_HEADER { \ XBEE_868_TX_ID, \ NO_FRAME_ID, \
    0x00, \
    0x00, \
    0x00, \
    0x00, \
    0x00, \
    0x00, \
    (GROUND_STATION_ADDR >> 8), \ (GROUND_STATION_ADDR & 0xff), \
    0xff, \ 0xfe, \ 0x00, \
    TX_OPTIONS \
    }
```

```
/** Start byte */
#define XBEE_START 0x7e

/** Status of the API packet receiver automata */
#define XBEE_UNINIT             0
#define XBEE_GOT_START          1
#define XBEE_GOT_LENGTH_MSB     2
#define XBEE_GOT_LENGTH_LSB     3
#define XBEE_GOT_PAYLOAD        4
/** Xbee protocol implementation */
static void accumulate_checksum(struct xbee_transport * trans, const uint8_t byte)
{
  trans->cs_tx += byte;
}
static void put_bytes(struct xbee_transport * trans, struct link_device * dev, long fd,
                 enum TransportDataType type __attribute__ ((unused)),
                 enum TransportDataFormat format __attribute__ ((unused)),
                 const void * bytes, uint16_t len)
{
  const uint8_t * b = (const uint8_t * ) bytes;
  int i;
  for (i = 0; i < len; i++) {
    accumulate_checksum(trans, b[i]);
  }
  dev->put_buffer(dev->periph, fd, b, len);
}

static void put_named_byte(struct xbee_transport * trans, struct link_device * dev, long fd,
                      enum TransportDataType type __attribute__ ((unused)),
                      enum TransportDataFormat format __attribute__ ((unused)),
                      uint8_t byte, const char * name __attribute__ ((unused)))
{
  accumulate_checksum(trans, byte);
  dev->put_byte(dev->periph, fd, byte);
}

static uint8_t size_of(struct xbee_transport * trans, uint8_t len)
{
  // message length: payload + API overhead + XBEE TX overhead (868 or 2.4)
  if (trans->type == XBEE_24) {
    return len + XBEE_API_OVERHEAD + XBEE_24_TX_OVERHEAD;
  } else {
    return len + XBEE_API_OVERHEAD + XBEE_868_TX_OVERHEAD;
  }
}

static void start_message(struct xbee_transport * trans, struct link_device * dev, long fd,
uint8_t payload_len)
{
  dev->nb_msgs++;
  dev->put_byte(dev->periph, fd, XBEE_START);
```

```
    const uint16_t len = payload_len + XBEE_API_OVERHEAD;
    dev -> put_byte(dev -> periph, fd, (len >> 8));
    dev -> put_byte(dev -> periph, fd, (len & 0xff));
    trans -> cs_tx = 0;
    if (trans -> type == XBEE_24) {
      const uint8_t header[] = XBEE_24_TX_HEADER;
      put_bytes(trans, dev, fd, DL_TYPE_UINT8, DL_FORMAT_SCALAR, header, XBEE_24_TX_OVERHEAD + 1);
    } else {
      const uint8_t header[] = XBEE_868_TX_HEADER;
      put_bytes(trans, dev, fd, DL_TYPE_UINT8, DL_FORMAT_SCALAR, header, XBEE_868_TX_OVERHEAD + 1);
    }
  }

static void end_message(struct xbee_transport * trans, struct link_device * dev, long fd)
{
  trans -> cs_tx = 0xff - trans -> cs_tx;
  dev -> put_byte(dev -> periph, fd, trans -> cs_tx);
  dev -> send_message(dev -> periph, fd);
}

static void overrun (struct xbee_transport * trans __attribute__ ((unused)),
                   struct link_device * dev __attribute__ ((unused)))
{
  dev -> nb_ovrn++;
}

static void count_bytes (struct xbee_transport * trans __attribute__ ((unused)),
                      struct link_device * dev __attribute__ ((unused)), uint8_t bytes)
{
  dev -> nb_bytes += bytes;
}

static int check_available_space(struct xbee_transport * trans __attribute__ ((unused)),
      struct link_device * dev, long * fd, uint16_t bytes)
{
  return dev -> check_free_space(dev -> periph, fd, bytes);
}

static bool xbee_text_reply_is_ok(struct link_device * dev)
{
  char c[2];
  int count = 0;

  while (dev -> char_available(dev -> periph)) {
    char cc = dev -> get_byte(dev -> periph);
    if (count < 2) {
      c[count] = cc;
    }
    count++;
  }
```

```
    if ((count > 2) && (c[0] == 'O') && (c[1] == 'K')) {
      return true;
    }
  return false;
  }


static bool xbee_try_to_enter_api(struct link_device * dev, void ( * wait)(uint32_t))
{
  /** Switching to AT mode (FIXME: busy waiting) */
  print_string(dev, 0, AT_COMMAND_SEQUENCE);

  /** - busy wait 1.25s */
  if (wait != NULL) {
    wait(1250000);
  }
  // TODO else do something ? should not append

  return xbee_text_reply_is_ok(dev);
}


// Init function
void xbee_transport_init(struct xbee_transport * t, struct link_device * dev, uint16_t addr,
        enum XBeeType type, uint32_t baudrate, void ( * wait)(uint32_t), char * xbee_init)
{
  t -> status = XBEE_UNINIT;
  t -> type = type;
  t -> rssi = 0;
  t -> trans_rx.msg_received = false;
  t -> trans_tx.size_of = (size_of_t) size_of;
  t -> trans_tx.check_available_space = (check_available_space_t) check_available_space;
  t -> trans_tx.put_bytes = (put_bytes_t) put_bytes;
  t -> trans_tx.put_named_byte = (put_named_byte_t) put_named_byte;
  t -> trans_tx.start_message = (start_message_t) start_message;
  t -> trans_tx.end_message = (end_message_t) end_message;
  t -> trans_tx.overrun = (overrun_t) overrun;
  t -> trans_tx.count_bytes = (count_bytes_t) count_bytes;
  t -> trans_tx.impl = (void * )(t);

  // Empty buffer before init process
  while (dev -> char_available(dev -> periph)) {
    dev -> get_byte(dev -> periph);
  }

  /** - busy wait 1.25s
    * Mandatory to configure dynamically the xbee module
    * if no wait function are provided, skipping this
    * and assuming static configuration
    */
  if (wait != NULL) {
    wait(1250000);
```

```
    // try to figure out the alternate baudrate
    // skip if baudrate is not 9600 or 57600 uint32_t alternate;
    if (baudrate == 9600) {
      alternate = 57600;
    } else if (baudrate == 57600) {
      alternate = 9600;
    } else {
      alternate = 0;
    }

    if (! xbee_try_to_enter_api(dev, wait)) {
      // skip autobaud if baudrate is 0
      if (alternate > 0) {
        // Badly configured... try the alternate baudrate:
        dev->set_baudrate(dev->periph, alternate);
        if (xbee_try_to_enter_api(dev, wait)) {
          // The alternate baudrate worked,
          if (alternate == 9600) {
            print_string(dev, 0, "ATBD6\rATWR\r");
          } else if (alternate == 57600) {
            print_string(dev, 0, "ATBD3\rATWR\r");
          }
        } else {
          // Complete failure, none of the 2 baudrates result in any reply
          // TODO: set LED?
          // Set the default baudrate, just in case everything is right
          dev->set_baudrate(dev->periph, baudrate);
          print_string(dev, 0, "\r");
        }
        // Continue changing settings until the EXIT is issued.
      }
    }

    /** Setting my address */
    print_string(dev, 0, AT_SET_MY);
    print_hex16(dev, 0, addr);
    print_string(dev, 0, "\r");
    print_string(dev, 0, AT_AP_MODE);

    // Extra configuration AT commands
    if (xbee_init != NULL) {
      print_string(dev, 0, xbee_init);
    }
    // Switching back to normal mode (and apply all parameters' changes)
    print_string(dev, 0, AT_EXIT);

    // Set the desired baudrate for normal operation
    if (baudrate > 0) {
      dev->set_baudrate(dev->periph, baudrate);
    }
  }
```

```
}

/** Parsing a XBee API frame */
static inline void parse_xbee(struct xbee_transport * t, uint8_t c)
{
  switch (t->status) {
    case XBEE_UNINIT:
      if (c == XBEE_START) {
        t->status++;
      }
      break;
    case XBEE_GOT_START:
      if (t->trans_rx.msg_received) {
        t->trans_rx.ovrn++;
      goto error;
      }
      t->trans_rx.payload_len = c << 8; t->status++;
      break;
    case XBEE_GOT_LENGTH_MSB:
      t->trans_rx.payload_len |= c; t->status++;
      t->payload_idx = 0;
      t->cs_rx = 0;
      break;
    case XBEE_GOT_LENGTH_LSB:
      t->trans_rx.payload[t->payload_idx] = c;
      t->cs_rx += c;
      t->payload_idx++;
      if (t->payload_idx == t->trans_rx.payload_len) {
        t->status++;
      }
      break;
    case XBEE_GOT_PAYLOAD:
      if (c + t->cs_rx != 0xff) {
        goto error;
      }
      t->trans_rx.msg_received = true;
      goto restart;
      break;
    default :
      goto error;
  }
  return;
  error:
  t->trans_rx.error++; restart:
  t->status = XBEE_UNINIT;
  return;
}

/** Parsing a frame data and copy the payload to the datalink buffer */
void xbee_check_and_parse(struct link_device * dev, struct xbee_transport * trans,
      uint8_t * buf, bool * msg_available)
```

```
{
  uint8_t i;
  if (dev - > char_available(dev - > periph)) {
    while (dev - > char_available(dev - > periph) && !trans - > trans_rx.msg_received) {
      parse_xbee(trans, dev - > get_byte(dev - > periph));
    }
    if (trans - > trans_rx.msg_received) {
      if (trans - > type == XBEE_24) {
        switch (trans - > trans_rx.payload[0]) {
          case XBEE_24_RX_ID:
          case XBEE_24_TX_ID:
            /* Useful if A/C is connected to the PC with a cable */
            trans - > rssi = trans - > trans_rx.payload[3];
            for (i = XBEE_24_RFDATA_OFFSET; i < trans - > trans_rx.payload_len; i++) {
              buf[i - XBEE_24_RFDATA_OFFSET] = trans - > trans_rx.payload[i];
            }
            * msg_available = true;
            break;
          default:
            break;
        }
        trans - > trans_rx.msg_received = false;
      } else if (trans - > type == XBEE_868) {
        switch (trans - > trans_rx.payload[0]) {
          case XBEE_868_RX_ID:
          case XBEE_868_TX_ID:
            /* Useful if A/C is connected to the PC with a cable */
            for (i = XBEE_868_RFDATA_OFFSET; i < trans - > trans_rx.payload_len; i++) {
              buf[i - XBEE_868_RFDATA_OFFSET] = trans - > trans_rx.payload[i];
            }
            * msg_available = true;
            break;
          default:
            break;
        }
        trans - > trans_rx.msg_received = false;
      }
    }
  }
}
```

XBee 传输协议与 PPRZ 传输协议类似，主要的不同是所用的帧格式不同。

8.9.4 硬件接口层

无线串口、XBee 数传模块、W5100 器件等与微控制器的接口都是通过微控制器外设接口实现的，如串口、SPI 接口、I2C 接口、USB 接口等。

Paparazzi 为这类接口定义了硬件接口层，硬件接口层屏蔽了不同微控制器硬件接口的差异，为数据链通信提供了统一的结构形式，相当于对硬件接口的抽象。在将数据链通信软件移植到不同微控制器上时,这类接口只需要修改针对该层相关支撑文件即可。

1. 硬件的抽象接口

硬件接口层的核心数据结构类型为 struct link_device,该结构类型定义在 sw/airborne/subsystems/datalink/telemetry_common. h 文件中,其代码如下:

```
/** Function pointers definition
 *
 * they are used to cast the real functions with the correct type
 * to store in the device structure
 */
typedef int ( * check_free_space_t)(void * , long * , uint16_t);
typedef void ( * put_byte_t)(void * , long , uint8_t);
typedef void ( * put_buffer_t)(void * , long , const uint8_t * , uint16_t);
typedef void ( * send_message_t)(void * , long);
typedef int ( * char_available_t)(void * );
typedef uint8_t ( * get_byte_t)(void * );
typedef void ( * set_baudrate_t)(void * , uint32_t baudrate);

/** Device structure
 */
struct link_device {
  check_free_space_t check_free_space;   ///< check if transmit buffer is not full
  put_byte_t put_byte;                   ///< put one byte
  put_buffer_t put_buffer;               ///< put several bytes from a buffer send_message_t
  send_message;                          ///< send completed buffer char_available_t
  char_available;                        ///< check if a new character is available
  get_byte_t get_byte;                   ///< get a new char
  set_baudrate_t set_baudrate;           ///< set device baudrate
  void * periph;                         ///< pointer to parent implementation
  uint16_t nb_msgs;                      ///< The number of messages send
  uint8_t nb_ovrn;                       ///< The number of overruns
  uint32_t nb_bytes;                     ///< The number of bytes send
};
```

struct link_device 是沟通硬件层和传输协议层的数据结构。从传输协议层看,struct link_device 就是负责传输的抽象硬件;从硬件层看,struct link_device 是为上层协议提供的接口。

2. 串口硬件的抽象接口

以串口硬件为例,描述串口硬件设备的数据结构为 struct uart_periph,在该结构类型中使用了代码 struct link_device 的结构类型,基于该结构类型实现了对串口的操作。

struct uart_periph 结构类型的声明在 sw/airborne/mcu_periph/uart. h 文件中,其代码如下:

```
/**
 * UART peripheral
 */
struct uart_periph {
```

```
/** Receive buffer */
uint8_t rx_buf[UART_RX_BUFFER_SIZE];
uint16_t rx_insert_idx;
uint16_t rx_extract_idx;
/** Transmit buffer */
uint8_t tx_buf[UART_TX_BUFFER_SIZE];
uint16_t tx_insert_idx;
uint16_t tx_extract_idx;
volatile uint8_t tx_running;
/** UART Register */
void * reg_addr;
/** UART Baudrate */
int baudrate;
/** User init struct */
void * init_struct;
/** UART Dev (linux) */
char dev[UART_DEV_NAME_SIZE];
volatile uint16_t ore;            ///< overrun error counter
volatile uint16_t ne_err;         ///< noise error counter
volatile uint16_t fe_err;         ///< framing error counter
/** Generic device interface */
struct link_device device;
};
```

struct uart_periph 类型的结构包含串口的数据和操作，其中操作部分在 struct link_device 结构类型的 device 结构中实现的。

每个串口硬件都会定义一个 struct uart_periph 类型的结构，在串口初始化时调用 uart_periph_init()函数实现对该结构的初始化。

uart_periph_init()函数的定义位于 sw/airborne/mcu_periph/uart.c 文件中，其代码如下：

```
void uart_periph_init(struct uart_periph * p)
{
  p->rx_insert_idx = 0;
  p->rx_extract_idx = 0;
  p->tx_insert_idx = 0;
  p->tx_extract_idx = 0;
  p->tx_running = false;
  p->ore = 0;
  p->ne_err = 0;
  p->fe_err = 0;
  p->device.periph = (void * )p;
  p->device.check_free_space = (check_free_space_t) uart_check_free_space;
  p->device.put_byte = (put_byte_t) uart_put_byte;
  p->device.put_buffer = (put_buffer_t) uart_put_buffer;
  p->device.send_message = (send_message_t) uart_send_message;
  p->device.char_available = (char_available_t) uart_char_available;
  p->device.get_byte = (get_byte_t) uart_getch;
  p->device.set_baudrate = (set_baudrate_t) uart_periph_set_baudrate;
```

```
# if PERIODIC_TELEMETRY
  // the first to register do it for the others register_periodic_telemetry(DefaultPeriodic,
PPRZ_MSG_ID_UART_ERRORS, send_uart_err);
# endif
}
```

代码中的 uart_periph_init()函数主要完成对 struct link_device 结构类型的 device 结构的初始化。对串口硬件的操作可以通过 device 结构实现,这些操作对所有的串口硬件是通用的,但是不同串口硬件的实现方式是不同的。

3. STM32 的串口硬件

以 STM32 微控制器的串口 1 为例,初始化函数 uart1_init()调用 uart_periph_init()函数完成对结构 uart1 的初始化,并对微控制器的串口外设进行了设置。uart1_init()函数的定义位于 sw/airborne/arch/stm32/mcu_periph/uart_arch. c 文件中,其代码如下:

```
# if USE_UART1
/ *  by default enable UART Tx and Rx  * /
# ifndef USE_UART1_TX
# define USE_UART1_TX TRUE
# endif
# ifndef USE_UART1_RX
# define USE_UART1_RX TRUE
# endif

# ifndef UART1_HW_FLOW_CONTROL
# define UART1_HW_FLOW_CONTROL FALSE
# endif

# ifndef UART1_BITS
# define UART1_BITS UBITS_8
# endif

# ifndef UART1_STOP
# define UART1_STOP USTOP_1
# endif

# ifndef UART1_PARITY
# define UART1_PARITY UPARITY_NO
# endif

void uart1_init(void)
{
  uart_periph_init(&uart1);
  uart1. reg_addr = (void * )USART1;

  / *  init RCC and GPIOs  * /
  rcc_periph_clock_enable(RCC_USART1);

# if USE_UART1_TX
  gpio_setup_pin_af(UART1_GPIO_PORT_TX, UART1_GPIO_TX, UART1_GPIO_AF, TRUE);
```

```
#endif
#if USE_UART1_RX
  gpio_setup_pin_af(UART1_GPIO_PORT_RX, UART1_GPIO_RX, UART1_GPIO_AF, FALSE);
#endif

  /* Enable USART interrupts in the interrupt controller */ usart_enable_irq(NVIC_USART1_IRQ);
#if UART1_HW_FLOW_CONTROL
#warning "USING UART1 FLOW CONTROL. Make sure to pull down CTS if you are not connecting any
         flow-control-capable hardware."
  /* setup CTS and RTS gpios */
  gpio_setup_pin_af(UART1_GPIO_PORT_CTS, UART1_GPIO_CTS, UART1_GPIO_AF, FALSE);
  gpio_setup_pin_af(UART1_GPIO_PORT_RTS, UART1_GPIO_RTS, UART1_GPIO_AF, TRUE);
#endif

  /* Configure USART1, enable hardware flow control */
  uart_periph_set_mode(&uart1, USE_UART1_TX, USE_UART1_RX, UART1_HW_FLOW_CONTROL);

  /* Set USART1 parameters and enable interrupt */
  uart_periph_set_bits_stop_parity(&uart1, UART1_BITS, UART1_STOP, UART1_PARITY);
  uart_periph_set_baudrate(&uart1, UART1_BAUD);
}

void usart1_isr(void) { usart_isr(&uart1); }

#endif /* USE_UART1 */
```

STM32 串口硬件的接收、发送是通过中断函数实现的，即代码中的 usart1_isr() 函数。usart1_isr() 中断函数通过调用 usart_isr() 函数完成中断处理。usart_isr() 函数是 STM32 微控制器串口中断的通用处理函数，适用于 STM32 微控制器不同的串口设备。usart_isr() 函数的定义也位于 sw/airborne/arch/stm32/mcu_periph/uart_arch.c 文件中，其代码如下：

```
static inline void usart_isr(struct uart_periph *p)
{
  if (((USART_CR1((uint32_t)p->reg_addr) & USART_CR1_TXEIE) != 0) &&
      ((USART_SR((uint32_t)p->reg_addr) & USART_SR_TXE) != 0)) {
    // check if more data to send
    if (p->tx_insert_idx != p->tx_extract_idx) {
      usart_send((uint32_t)p->reg_addr, p->tx_buf[p->tx_extract_idx]);
      p->tx_extract_idx++;
      p->tx_extract_idx %= UART_TX_BUFFER_SIZE;
    } else {
      p->tx_running = false;// clear running flag
      USART_CR1((uint32_t)p->reg_addr) &= ~USART_CR1_TXEIE; // Disable TX interrupt
    }
  }

  if (((USART_CR1((uint32_t)p->reg_addr) & USART_CR1_RXNEIE) != 0) &&
      ((USART_SR((uint32_t)p->reg_addr) & USART_SR_RXNE) != 0) &&
      ((USART_SR((uint32_t)p->reg_addr) & USART_SR_ORE) == 0) &&
      ((USART_SR((uint32_t)p->reg_addr) & USART_SR_NE) == 0) &&
```

```
        ((USART_SR((uint32_t)p->reg_addr) & USART_SR_FE) == 0)) {
      uint16_t temp = (p->rx_insert_idx + 1) % UART_RX_BUFFER_SIZE;;
      p->rx_buf[p->rx_insert_idx] = usart_recv((uint32_t)p->reg_addr);
      // check for more room in queue
      if (temp != p->rx_extract_idx) {
        p->rx_insert_idx = temp;          // update insert index
      }
    } else {
      /* ORE, NE or FE error - read USART_DR reg and log the error */
      if (((USART_CR1((uint32_t)p->reg_addr) & USART_CR1_RXNEIE) != 0) &&
          ((USART_SR((uint32_t)p->reg_addr) & USART_SR_ORE) != 0)) {
        usart_recv((uint32_t)p->reg_addr);
        p->ore++;
      }
      if (((USART_CR1((uint32_t)p->reg_addr) & USART_CR1_RXNEIE) != 0) &&
          ((USART_SR((uint32_t)p->reg_addr) & USART_SR_NE) != 0)) {
        usart_recv((uint32_t)p->reg_addr);
        p->ne_err++;
      }
      if (((USART_CR1((uint32_t)p->reg_addr) & USART_CR1_RXNEIE) != 0) &&
          ((USART_SR((uint32_t)p->reg_addr) & USART_SR_FE) != 0)) {
        usart_recv((uint32_t)p->reg_addr);
        p->fe_err++;
      }
    }
}
```

以 STM32 微控制器的串口 1 为例,在 usart_isr()函数中,将结构类型为 struct uart_periph 的结构 uart1 中发送缓冲区 uart1.tx_buf[]中的数据发送,并将串口接收到的数据保存到接收缓冲区 uart1.rx_buf[]中。device 结构针对串口的各类操作是基于对这两个缓冲区的操作实现的。

4. 上行数据通路

以 STM32 微控制器的串口 1、透明 PPRZ 传输协议为例。

① 在串口 1 的中断函数 usart1_isr()中将接收到的数据保存在 uart1.rx_buf[]中。

② parse_pprz()函数将 uart1.rx_buf[]的数据进行传输协议层数据解析,并复制到 pprz_tp.trans_rx.payload[]中。

③ pprz_check_and_parse()函数将 pprz_tp.trans_rx.payload[]的数据复制到 dl_buffer[]中。

④ DlCheckAndParse()函数实现应用层数据解析。

5. 下行数据通路

以 STM32 微控制器的串口 1、透明 PPRZ 传输协议为例。

① 系统初始化阶段,函数 register_periodic_telemetry()将用户发送数据的回调函数注册到 pprz_telemetry.cbs->slots[]中。

② telemetry_periodic()函数调用 periodic_telemetry_send_Main()函数,按预设周期调用 pprz_telemetry.cbs->slots[]中的发送函数。

③ 在各发送函数中进行应用层和传输协议层的封装，并将数据通过串口进行发送。若当前串口正在发送数据，则将数据缓存在 uart1.tx_buf[]中，当前数据发送完成后，触发串口中断，在串口中断内发送缓存在 uart1.tx_buf[]内的数据。

小结

本章通过分析 Paparazzi 四旋翼无人机的软件实现及相应的算法原理，揭示了 Paparazzi 软件构架机制、算法实现原理及各功能模块之间关系，为读者改进或更换其中算法、优化代码、增加硬件模块或增加软件功能等二次开发提供参考。

本章将 Paparazzi 中自动驾驶仪代码（即飞控代码）分为了以下几个主要模块。

- 主函数。
- ABI 消息机制。负责各模块之间数据信息的交换。
- IMU 接口程序。负责采集、转换传感器原始信息。
- 航姿参考系统。负责飞行器姿态解算，实现对姿态角、角速率等物理量的估计，主要应用了互补滤波、卡尔曼滤波、扩展卡尔曼滤波等知识，是一个对算法原理要求较高的模块。
- 组合导航系统。负责解算水平位置和垂直高度等导航信息，主要应用了卡尔曼滤波、扩展卡尔曼滤波等知识，也是一个对算法原理要求较高的模块。在 Paparazzi 中，航姿参考系统和组合导航系统一起构成了通常意义下的组合导航系统。
- 飞行计划。实现了用户设定的飞行计划与自动驾驶仪的接口，实现灵活、人机交互接口比较友好，但是无法实现在飞行过程中重新装订飞行计划。
- 飞行控制任务。负责飞行姿态和三维导航的控制，主要使用了带前置滤波器和前馈控制、以 PID 为主反馈控制器的复合控制器，需要读者对控制理论有较好的理解。
- 数据链通信。实现了飞行器和地面站上行、下行的数据链通信。

第9章

四旋翼控制器参数整定

视频讲解

本章主要介绍一种基于频域法的四旋翼控制器整定方法。Paparazzi 实现的四旋翼无人机中主要有 3 组控制器,即姿态控制器、水平运动控制器和垂直运动控制器。这些控制器的基本结构都是由前置滤波器、前馈控制器的 PID 反馈控制器构成的复合控制器。在控制器参数整定时,应按照先内环再外环、先反馈再前馈的方式整定这些控制器。

9.1 节介绍了姿态控制器的整定,9.2 节介绍了水平导航控制器的整定,9.3 节介绍了垂直方向控制器的整定,9.4 节介绍影响控制器整定的一些其他因素。

9.1 姿态控制器整定

Paparazzi 中四旋翼姿态控制器的默认参数基本能够满足姿态稳定的要求,但是每个具体实现所用的器件不会完全相同,因此默认参数的控制效果也不完全相同,因此需要进一步优化其姿态控制器参数。本节主要整定滚转和俯仰运动的控制器。

9.1.1 数学模型简化

式(4-214)是四旋翼无人机姿态运动的动力学模型,在整定控制器参数时可以将其进一步简化,即先不考虑滚转、俯仰、偏航通路的耦合作用,则式(4-214)可以简化为:

$$[\dot{\boldsymbol{\omega}}]_b = \begin{bmatrix} \dot{p} \\ \dot{q} \\ \dot{r} \end{bmatrix} = \begin{bmatrix} \dfrac{M_\phi}{J_{xx}} \\ \dfrac{M_\theta}{J_{yy}} \\ \dfrac{M_\psi}{J_{zz}} \end{bmatrix} \tag{9-1}$$

式中 M_ϕ ——绕机体坐标系 x 轴向的滚转力矩;

M_θ——绕机体坐标系 y 轴向的俯仰力矩；

M_ϕ——绕机体坐标系 z 轴向的偏航力矩。

姿态控制器根据姿态角偏差（单位 rad）和角速率偏差[1]计算出控制量，即

$$u = \text{stabilization\_cmd} \tag{9-2}$$

该控制量的取值范围为 $-9600 \sim 9600$。若四旋翼无人机为"X"字形结构布局，该值经过混控并将其折算为电机油门量的百分比表示形式，即

$$\Delta u_a = \frac{181u}{256 \times 9600} \tag{9-3}$$

式中　181 和 256——混控系数；

　　　Δu_a——以百分比油门量形式表示的姿态控制器的控制量，范围为 $0 \sim 100\%$。

由于电子调速器的作用，油门量 Δu_a 近似和螺旋桨拉力增量成线性关系[2]，考虑到 PWM 信号、电子调速器、无刷电机等器件的惯性，u_a 和总拉力 f 的传递函数可以近似表示为

$$\frac{F}{U_a} = \frac{mg}{\beta(T_a s + 1)} \tag{9-4}$$

式中　m——飞行器质量，kg；

　　　g——重力加速度，m/s^2；

　　　T_a——PWM 信号、电子调速器、无刷电机等器件小时间常数之和，s；

　　　β——四旋翼无人机悬停时的油门量。

关于 β 和 T_a 可以通过螺旋桨的拉力实验进行测定，但是要注意 β 值会随着电池电压等外界因素的变化产生较大的波动，在控制器参数整定时，该值要视为可变量。

姿态控制量 Δu_a 使第 i 个螺旋桨的拉力发生变化[3]，即

$$\Delta f_i = \Delta u_a \frac{mg}{4\beta(T_a s + 1)} \tag{9-5}$$

第 i 个螺旋桨的力矩变化为

$$\Delta M_i = \Delta u_a \frac{mgl}{4\beta(T_a s + 1)} \tag{9-6}$$

式中　l——机体坐标系 x 或 y 轴螺旋桨拉力的力臂。

若四旋翼无人机为"X"字形结构，滚转或俯仰时 4 个螺旋桨均会动作，则滚转或俯仰的合力矩为

$$M_\phi = M_\theta = \sum_{i=1}^{4} \Delta M_i = \frac{mgl}{\beta(T_a s + 1)} \Delta u_a \tag{9-7}$$

根据式(9-1)，若输出量选为滚转或俯仰的角度，单位为弧度（rad），输入量为姿态控制器的控制量输出值，则在忽略了限幅等非线性因素后，可以得到姿态控制的开环传递函数为

$$G(s) = \frac{A(s)}{U(s)} = \frac{181}{256 \times 9600} \cdot \frac{mgl}{J\beta s^2(T_a s + 1)} \tag{9-8}$$

---

① 在四元数的姿态控制中使用了姿态角的正弦值计算偏差，在小角度时近似为角偏差。

② 若没有电子调速器，电压一般和转速近似成线性，而转速的平方与拉力近似成线性关系。

③ 有些螺旋桨拉力增大，有些螺旋桨拉力减小，这是由混控系数的正负决定的。差动拉力变化在机体坐标系 x 或 y 轴产生的力矩方向是一致的，所以这里不考虑正负方向的问题。

式中各参数都可以比较方便地测量或估算得到。例如，某四旋翼无人机的参数见表9-1。

表 9-1 某四旋翼无人机的各参数

参 数	数 值	单 位
m	1.24	kg
g	9.81	m/s^2
l	0.17	m
J_{xx}、J_{yy}	11.75×10^{-3}	kg·m^2
β	20% ~ 50%	
T_a	0.05	s

由表9-1可以得到该四旋翼无人机姿态角和姿态控制器控制量的开环传递函数为

$$G(s) = \frac{0.013}{\beta s^2 (0.05s + 1)} \tag{9-9}$$

式(9-9)开环传递函数的 Bode 图如图 9-1 所示。

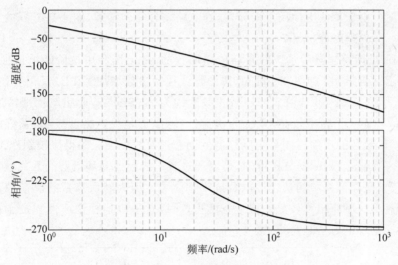

图 9-1 $\beta = 0.3$ 时被控对象 Bode 图

9.1.2 反馈控制器参数整定

Paparazzi 姿态控制器有多种实现方式，不同的实现方式对机身配置文件控制器参数的使用也略有不同。基于浮点欧拉角和浮点四元数的姿态控制器对设置参数的使用比较直接，而基于定点数据实现的算法对设置参数的使用比较隐晦。

下面以定点四元数姿态控制器为例，分析其反馈控制器、前馈控制器和前置滤波器参数的设置。定点四元数姿态控制器和浮点四元数姿态控制器类似，控制器结构如图8-32所示。为了使用连续系统的理论对控制系统进行分析和综合，可将姿态控制器中的反馈控制器等效为连续形式。忽略限幅、限速等非线性环节后，离散 PID 控制律可等效为连续形式，即

$$D_{\text{fb}}(s) = K_p + \frac{K_i}{s} + K_d s \qquad (9\text{-}10)$$

若使用 7.1.5 节的控制器参数设置代码，则四旋翼姿态控制器的默认参数为

$$
\begin{cases}
K_p = 1000 \times \text{GAIN\_PRESCALER\_P}/2 = 1000 \times 12/2 \\
K_d = 400 \times \text{GAIN\_PRESCALER\_D} = 400 \times 3 \\
K_i = 200 \times \dfrac{\text{GAIN\_PRESCALER\_I} \times \text{PERIODIC\_FREQUENCY}}{\dfrac{\text{IERROR\_SCALE}}{2}} \\
\quad = 200 \times 3 \times 512/128/2
\end{cases}
$$

式中   GAIN_PRESCALER_P——代码中 K_p 的缩放系数；

           GAIN_PRESCALER_D——代码中 K_d 的缩放系数；

           GAIN_PRESCALER_I——代码中 K_i 的缩放系数；

           PERIODIC_FREQUENCY——执行积分运算的采样频率；

           IERROR_SCALE——积分运算的缩放系数；

           1/2 ——由于算法中使用了四元数，在忽略耦合等因素后，四元数阵列的元素值近似为角度值（单位 rad）的 1/2。

增加 PID 反馈控制器后系统的开环传递函数的 Bode 图和单位阶跃响应曲线如图 9-2 和图 9-3 所示。由图 9-2 和图 9-3 可知，按照默认控制参数增加了 PID 反馈控制器后，系统的相角裕度为 24.5°($\beta=0.3$ 时)，开环截止频率约为 29.5rad/s，而超调量则接近 60%。系统是稳定的，开环截止频率较高，系统的快速性较好，但是稳定裕度较小，系统的超调量较大，仅使用默认参数的反馈控制器角度控制的动态过渡过程会振荡得比较剧烈。

对图 9-2 所示的 Bode 图分析可知，可以通过减小控制器开环增益的方式增加系统的稳定裕度，其代价是降低系统的快速性以及抗干扰能力。因为默认参数的反馈控制器已经具有较高的开环截止频率以及较好的抗干扰能力，所以这种以牺牲快速性和抗干扰能力为代价换取提高平稳性的方法是可行的。

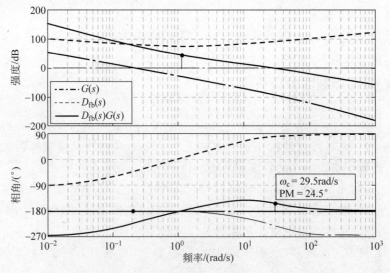

图 9-2 增加了反馈控制器的开环 Bode 图($\beta=0.3$)

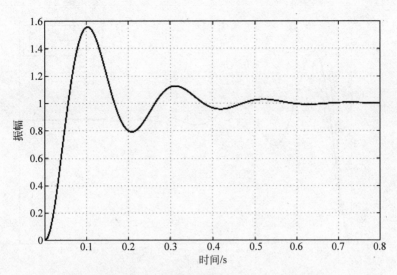

图 9-3　增加反馈控制器单位阶跃响应曲线($\beta=0.3$)

另外,虽然默认参数的反馈控制器的校正对输入信号的跟随较差(超调量大、过渡过程振荡剧烈),但是增加了前置滤波器后,系统可以在不影响抗干扰能力的前提下,以牺牲快速性为代价换取提高过渡过程的平稳性。

在实飞实验中,反馈控制器默认参数基本能够满足实飞中的角度控制需求。由于系统存在未建模部分,所以可以适当增加相角裕度,防止未建模部分的影响使系统失去稳定性。

当 β 值发生波动时,系统的开环截止频率和相角裕度也产生波动,其 Bode 图和单位阶跃响应曲线如图 9-4 和图 9-5 所示。

由图 9-4 和图 9-5 可以发现,β 的变化在一定程度上影响了系统的动态特性,主要表现为快速性和平稳性的矛盾,一般在可接受的范围之内。

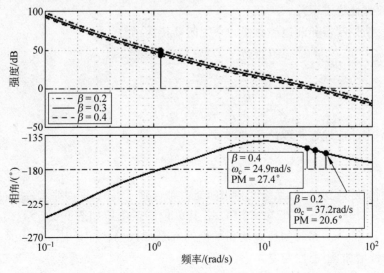

图 9-4　β 变化时的开环 Bode 图

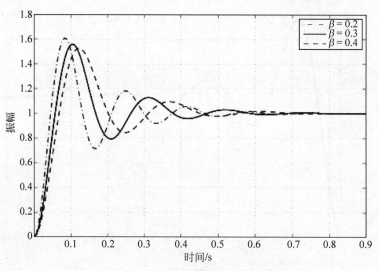

图 9-5 β 变化时的单位阶跃响应

9.1.3 前馈控制器参数整定

四旋翼无人机姿态控制的前馈控制器如图 8-32 所示,前馈控制器是对参考输入的角加速度的前馈,参考输入的角加速度由前置滤波器对设定信号二次微分得到,若选择参考输入角度为输入量,姿态控制的前馈控制器为

$$D_{ff}(s) = K_{dd}s^2 \tag{9-11}$$

一般而言,前馈控制器可以为系统增加零点,加快系统响应速度,提高快速性,但也会增大系统的超调量。

对于稳态特性而言,合适的前馈能够提高系统的无差度,增强系统的跟随能力,减小或消除系统的原理性稳态误差。

增加了反馈控制器和前馈控制器的系统闭环传递函数为

$$\begin{aligned}
\Phi_b(s) &= \frac{(D_{fb}(s) + D_{ff}(s))G(s)}{1 + D_{fb}(s)G(s)} \\
&= \frac{0.013K_{dd}s^3 + 0.013(K_d s^2 + K_p s + K_i)}{\beta T_a s^4 + \beta s^3 + 0.013(K_d s^2 + K_p s + K_i)}
\end{aligned} \tag{9-12}$$

由 5.3 节中的前馈控制理论可知,在式(9-12)中,若满足

$$K_{dd} = \frac{\beta}{0.013} \tag{9-13}$$

则系统的型别能够达到四型,无差度和跟随能力都得到了提高,同时平稳性也变化不大。

当 $\beta=0.3$ 时,令 K_{dd} 为 0、10、23 和 30,其单位阶跃响应如图 9-6 所示。从图 9-6 中可以得出,当 $K_{dd}<23$ 时,系统的快速性和平稳性都是变好的;而当 $K_{dd}>23$ 时,系统的响应变快,但超调量增加,平稳性变差。

因此综合考虑快速性、平稳性和稳态性,K_{dd} 值大致可以在 $10\sim50$ 的范围选择,若考虑前置滤波器的影响因素,该值还可以适当增大。

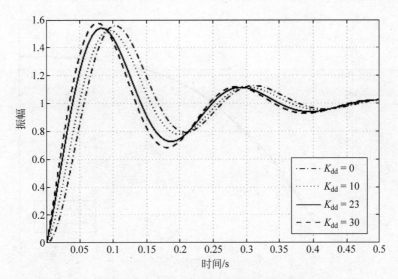

图 9-6 $\beta=0.3$ 时前馈系数变化时的单位阶跃响应

在 7.1.5 节的控制器参数设置代码的配置文件中，K_{dd} 默认值为

$$K_{dd}=300 \times \text{GAIN\_PRESCALER\_FF}/2^7=300 \times 48/2^7=112.5 \tag{9-14}$$

默认的前馈控制系数 K_{dd} 有些过大，可将 7.1.5 节的控制器参数设置代码中的 PHI_DDGAIN、THETA_DDGAIN 等值设置为 61，则 K_{dd} 近似为 23。

9.1.4 前置滤波器对控制参数的影响

Paparazzi 姿态控制使用了二阶低通滤波器作为前置滤波器，如图 8-31 所示。前置滤波器将角度设定值转换为角度、角速度和角加速度的参考输入，滤除了设定值中的高频信号，增强了系统的平稳性，而系统的快速性也可以由前置滤波器限定。因此反馈控制器 D_{fb} 和前馈控制器 D_{ff} 的设计目标是令系统实际输出的角度量无差跟随前置滤波器的角度设定量，这样就能在水平线运动中将内环的角运动的数学模型简化为前置滤波器的数学模型。

由图 8-32 和图 8-31 可以得到设置了反馈控制器 D_{fb}、前馈控制器 D_{ff} 和前置滤波器 $F(s)$ 的闭环传递函数为

$$\Phi(s)=\frac{F(s)(D_{ff}(s)+D_{fb}(s))G(s)}{1+D_{fb}(s)G(s)} \tag{9-15}$$

在姿态控制中前置滤波器 $F(s)$ 为

$$F(s)=\frac{\omega_n^2}{s^2+2\zeta\omega_n s+\omega_n^2} \tag{9-16}$$

式中，姿态控制前置滤波器的默认值为 $\omega_n=400\pi/180\text{rad/s}, \zeta=0.85$。

当 $\beta=0.3$、$K_{dd}=23$ 时，角运动控制前置滤波器 $F(s)$ 和角运动闭环系统 $\Phi(s)$ 的单位阶跃响应曲线和 Bode 图如图 9-7 和图 9-8 所示。

由图 9-7 和图 9-8 可以发现以下几点。

① 在图 9-7 中，前置滤波器 $F(s)$ 和角运动闭环系统 $\Phi(s)$ 的单位阶跃响应除了一些细节之外基本是相同的。

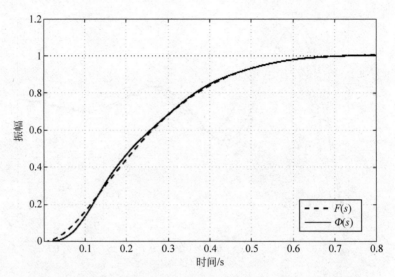

图 9-7　前置滤波器 $F(s)$ 和角运动闭环系统 $\Phi(s)$ 的单位阶跃响应

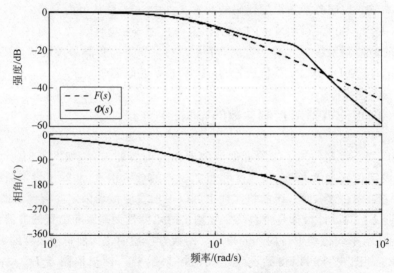

图 9-8　前置滤波器 $F(s)$ 和角运动闭环系统 $\Phi(s)$ 的 Bode 图

② 在图 9-8 中，前置滤波器 $F(s)$ 和角运动闭环系统 $\Phi(s)$ 在带宽 $\omega_b = 7\mathrm{rad/s}$ 范围内基本是基本重合的。该带宽频率是近似值，带宽频率的定义是增益为 $-3\mathrm{dB}$ 处的频率。

③ 在带宽频率 $\omega_b = 7\mathrm{rad/s}$ 附近，$\Phi(s)$ 比 $F(s)$ 的增益稍大，即输入该频率范围的正弦信号设定值时，系统实际输入相对于前置滤波器 $F(s)$ 产生的参考输入略有过调现象。例如，当设定值为 $7\mathrm{rad/s}$ 的正弦信号时（即 $r(t) = \sin(7t)$），前置滤波器 $F(s)$ 和角运动闭环系统 $\Phi(s)$ 的响应曲线如图 9-9 所示。

由其时域和频域的分析可知，在 $\omega_b = 7\mathrm{rad/s}$ 的带宽范围之内，$\Phi_a(s)$ 部分较好地跟随了前置滤波器 $F(s)$ 的参考输入信号，即在带宽范围内角运动闭环系统 $\Phi(s)$ 可以近似简化为该闭环系统的前置滤波器 $F(s)$。姿态控制回路的闭环传递函数可以近似为

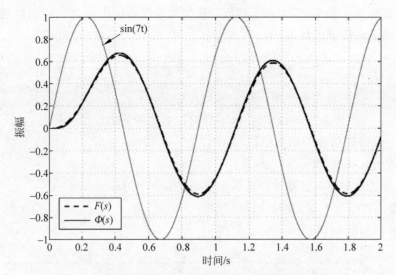

图 9-9 $F(s)$ 和 $\Phi(s)$ 输入 $r(t)=\sin(7t)$ 时的响应曲线

$$\Phi(s) = \frac{A(s)}{A_{sp}(s)} \approx F(s) \approx \frac{\omega_n^2}{s^2 + 2\zeta\omega_n s + \omega_n^2} \qquad (9\text{-}17)$$

式中 $A(s)$——实际姿态角；

$A_{sp}(s)$——姿态角设定值；

ω_n——姿态控制器前置滤波器自然振荡频率，$\omega_n=400\pi/180\text{rad/s}$；

ζ——姿态控制器前置滤波器阻尼比，取 0.85。

9.2 水平导航控制器整定

9.2.1 数学模型简化

在惯性坐标系中线运动的数学模型可由式(4-209)描述，在整定水平运动控制器时可以对其进行简化。首先假设飞行器机头指向正北方向，即 $\Psi=0$。实际控制器考虑了偏航角对力的分解作用的影响，如 8.8.6 节的 stabilization_attitude_set_earth_cmd.i()函数代码清单。水平线运动会分解为机体角运动，如果不考虑偏航角测量误差，并且偏航角保持恒定，那么偏航角理论上不会影响水平运动的实际控制效果。然后假设飞行器的姿态角工作点在姿态水平位置，即 $\sin\phi \approx \phi$、$\cos\phi \approx 0$，近似认为螺旋桨的总拉力与重力大小相同、方向相反，即 $U_{thrust} \approx -mg$，那么式(4-209)可以近似简化为

$$\begin{bmatrix} \ddot{x} \\ \ddot{y} \end{bmatrix} \approx \frac{U_{thrust}}{m} \begin{bmatrix} \sin\theta \\ -\sin\phi \end{bmatrix}$$

$$\approx \frac{U_{thrust}}{m} \begin{bmatrix} \theta \\ -\phi \end{bmatrix}$$

$$\approx g \begin{bmatrix} -\theta \\ \phi \end{bmatrix} \qquad (9\text{-}18)$$

以惯性坐标系 y 轴为例，由角运动数学模型的近似简化式(9-17)，可以得到该通道线运动被控对象的开环传递函数为

$$\frac{Y(s)}{A_{\phi,\mathrm{sp}}(s)} = \frac{Y(s)}{A_{\phi}(s)} \frac{A_{\phi}(s)}{A_{\phi,\mathrm{sp}}(s)} \approx \frac{g\omega_{\mathrm{n}}^2}{s^2(s^2 + 2\zeta\omega_{\mathrm{n}}s + \omega_{\mathrm{n}}^2)} \tag{9-19}$$

式中　$Y(s)$——飞行器在惯性坐标系 y 轴的位移分量；

$A_{\phi,\mathrm{sp}}(s)$——滚转角 ϕ 的设定值，水平导航控制器的输出即为该值；

$A_{\phi}(s)$——滚转角 ϕ 的输出值；

g——重力加速度，取 $9.81\ \mathrm{m/s^2}$；

ω_{n}——姿态控制器前置滤波器自然振荡频率 $\omega_{\mathrm{n}} = 400\pi/180\mathrm{rad/s}$；

ζ——姿态控制器前置滤波器阻尼比，取 0.85。

其 Bode 图如图 9-10 所示。

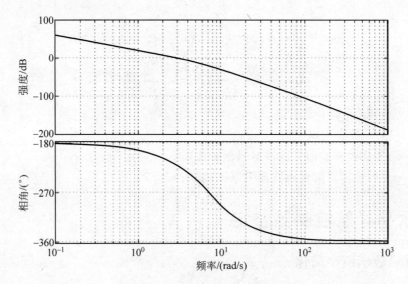

图 9-10　水平线运动开环 Bode 图

9.2.2　反馈控制器参数整定

Paparazzi 中四旋翼无人机的水平导航控制器没有采用常见的并联式的 PID 控制器，而是使用了改动过的 PID 控制器，该控制器的动态结构如图 8-22 所示。

Paparazzi 中四旋翼无人机的水平导航控制器的反馈控制器传递函数为

$$D_{\mathrm{fb}}(s) = K_{\mathrm{m2rad}}\left(K_{\mathrm{p}} + K_{\mathrm{d}}s + \frac{K_{\mathrm{i}}(K_{\mathrm{p}} + K_{\mathrm{d}}s)}{s}\right) \tag{9-20}$$

Paparazzi 中四旋翼无人机的水平导航控制器的实现采用了整型定点数据的方式，因此控制器参数在机身配置文件中的设置值在代码使用中有些隐晦，K_{i} 参数还发生了变化。式(9-20)中 $K_{\mathrm{m2rad}} = 2^{-12}$，该值并非直接在控制器部分设置，而是角度值以整型定点表示时

使用的缩放系数[①]。式(9-20)中的其他参数若使用 7.1.5 节的控制器参数设置代码,控制器的默认参数则为

$$\begin{cases} K_p = 50 \times 2^2 \\ K_d = 100 \times 2^2 \\ K_i = 20 \times 2^{-5} \end{cases}$$

　　Paparazzi 中四旋翼无人机的水平导航控制器默认参数设置得不太合适,无论是在 Paparazzi Center 中的仿真实验还是实飞实验都有较大的超调,其默认参数的 Bode 图和单位阶跃响应曲线如图 9-11 和图 9-12 所示。

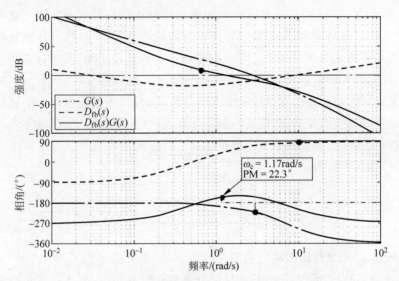

图 9-11　默认参数的反馈控制器与被控对象的开环 Bode 图

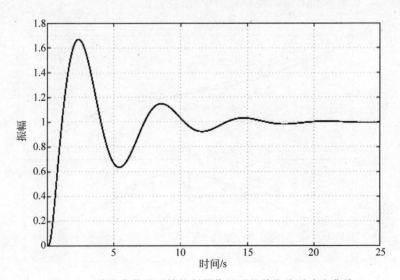

图 9-12　默认参数的反馈控制器作用下的单位阶跃响应曲线

---

① 若描述角度的整型变量 x 中的值为 x,则表示 $x \times 2^{-12}$ rad。

从图 9-11 所示的 Bode 图可以看出，默认参数的反馈控制器校正后的相角裕度只有 22.3°，稳定裕度偏小，其闭环系统的超调量大，动态性能较差，如图 9-12 所示。另外，由图 9-11 可以发现，默认参数的水平线运动控制很容易由于系统参数的波动而进入不稳定状态，一旦反馈回路出现不稳定极点，前馈控制器和前置滤波器均无法使系统稳定。

一般在串级控制中外环的时间常数应是内环时间常数的 3~10 倍。在四旋翼水平线运动的控制回路中，内环（姿态控制回路）的带宽频率约为 7rad/s，因此外环的开环截止频率应在 2rad/s 以下。

Paparazzi 水平导航控制器中前置滤波器的默认带宽频率为内环的 1/6，即约为 1.1rad/s。分析图 9-11 所示的 Bode 图，针对默认参数相角裕度较小的原因进行改进：提高中频段的增益，同时拓展中频段的宽度，如果期望获得较快的响应速度，可以将开环截止频率设置在 1.1rad/s 附近但不宜超过 7/3rad/s；如果期望运动过程比较平稳，则可以减小前置滤波器的时间常数，同时将开环截止频率也设置得低一些。

因为水平运动控制器输出控制量是姿态运动的设定量，所以较快的水平运动响应速度一般也会生成更"剧烈"的控制量，使姿态运动过程也比较"剧烈"。另外，由于实际系统中各类限幅的存在，实际系统的控制效果一般也比这里的仿真效果差。

例如，可以调整参数为

$$\begin{cases} K_p = 10 \times 2^2 \\ K_d = 100 \times 2^2 \\ K_i = 10 \times 2^{-5} \end{cases}$$

则调整后的 Bode 图和单位阶跃响应如图 9-13 和图 9-14 所示。

由图 9-13 和图 9-14 可以看出，修改后的开环截止频率约为 1rad/s，相角裕度约为 53°，超调量约为 30%，基本达到了反馈控制器的设计目的。

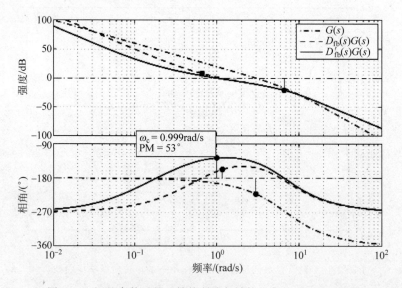

图 9-13　调整参数后的反馈控制器与被控对象的开环 Bode 图

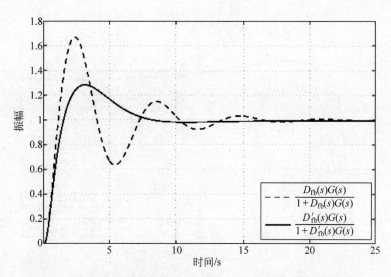

图 9-14　调整参数后的反馈控制器作用下的单位阶跃响应曲线

9.2.3　前馈控制器

水平线运动的前馈控制器为

$$D_{ff}(s) = K_{m2rad}(K_a s^2 + K_v s) \tag{9-21}$$

增加了前馈控制器后,水平线运动的闭环传递函数为

$$
\begin{aligned}
W(s) &= \frac{(D_{ff} + D_{fb})G(s)}{1 + D_{fb}G(s)} \\
&= \frac{K_{m2rad}g\omega_n^2(K_a s^3 + (K_v + K_d)s^2 + (K_p + K_d K_i)s + K_p K_i)}{s^5 + 2\zeta\omega_n s^4 + \omega_n^2 s^3 + K_{m2rad}g\omega_n^2((K_v + K_d)s^2 + (K_p + K_d K_i)s + K_p K_i)}
\end{aligned}
$$

$$\tag{9-22}$$

理论上,由闭环传递函数 $W(s)$ 可知,当 $K_v = 0$、$K_a = 1/(gK_{m2rad})$ 时,水平线运动控制器能够获得较好的跟随特性,但实际上由于限幅的影响,K_a 的值不可能很大。

另外,K_a 值增大,能够加快水平线运动响应速度,减小系统超调量,但这是以增大姿态角运动的剧烈程度为代价的。

K_v 增大能够令系统的阻尼减小,即响应速度变快,同时超调量增加。

当 $K_v = 0$、$K_a = 70 \times 2^2$ 时的单位阶跃响应曲线如图 9-15 所示。

在实际应用中可以根据具体需求,设置这两个参数的值,进一步优化控制系统的性能。

9.2.4　前置滤波器

水平线运动的前置滤波器也是线性二阶低通滤波器,具有阻尼比 ζ 和自然振荡频率 ω_n 两个结构参数。通常阻尼比 ζ 使用其默认值即可,而自然振荡频率 ω_n 则需要根据四旋翼无人机实际性能指标的要求灵活调整。例如,自然振荡频率 ω_n 越大,则水平线运动响应速度越快,但超调量越大,姿态变化越剧烈;而自然振荡频率 ω_n 小,则水平线运动响应速度越

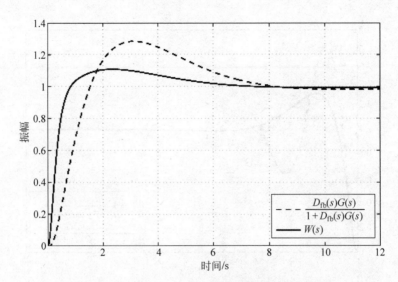

图 9-15 $K_v = 0$、$K_a = 70 \times 2^2$ 时的单位阶跃响应曲线

慢，但四旋翼无人机在水平飞行过程中姿态变化越平稳。

当 $\omega_n = 67\pi/180\mathrm{rad/s}$ 时，增加了前置滤波器后的单位阶跃响应曲线，如图 9-16 所示。

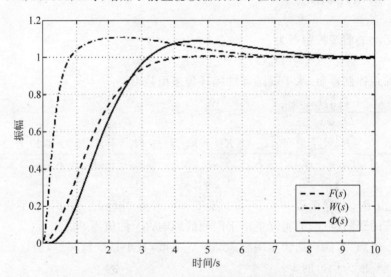

图 9-16 当 $\omega_n = 67\pi/180\mathrm{rad/s}$ 时的单位阶跃响应曲线

9.3 垂直方向控制器整定

9.3.1 数学模型简化

四旋翼无人机垂直方向的动力学模型可由式（4-209）描述，若选择输入量为油门百分比量，输出量为垂直方向的位置量，则四旋翼无人机垂直方向的开环传递函数可以近似简化为

$$G(s) = \frac{g}{\beta s^2 (T_a s + 1)} \qquad (9\text{-}23)$$

式(9-23)中各参数的含义以及所用数值如表 9-1 所示。

式(9-23)的 Bode 图如图 9-17。

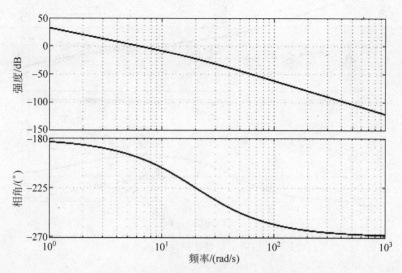

图 9-17　垂直方向运动的开环 Bode 图

9.3.2　反馈控制器参数整定

垂直方向的控制器结构如图 8-25 所示,其中反馈控制器为 PID 控制器,忽略了限幅等非线性环节后其传递函数可表示为

$$D_{\mathrm{fb}}(s) = K_x \left(K_{\mathrm{p}} + K_{\mathrm{d}}s + \frac{K_{\mathrm{i}}}{s} \right) \tag{9-24}$$

式中,$K_x = 1/9600$。

K_x 是 Paparzzi 计算各控制量时常用的比例系数,用于整型变量表示小数。在此处的含义可以理解为当控制器输出 9600 时油门量为 100%。

若系统的采样频率为 512Hz,则由 8.8.5 节中 run_hover_loop()函数的代码可知

$$\begin{cases} K_{\mathrm{p}} = \text{guidance\_v\_kp} \times 2^1 \\ K_{\mathrm{d}} = \text{guidance\_v\_kd} \times 2^3 \\ K_{\mathrm{i}} = \text{guidance\_v\_ki} \times 2^1 \end{cases}$$

若采用 7.1.5 节的控制器参数设置代码清单中的默认值,则

$$\begin{cases} K_{\mathrm{p}} = 150 \times 2^1 = 300 \\ K_{\mathrm{d}} = 80 \times 2^3 = 640 \\ K_{\mathrm{i}} = 20 \times 2^1 = 40 \end{cases}$$

串联了反馈控制器后系统的开环 Bode 图和单位阶跃响应曲线如图 9-18 和图 9-19 所示。

由图 9-18 和图 9-19 可以看出,默认参数的反馈控制器具有较大的相角稳定裕度,系统动态响应过程比较平稳,快速性稍差。

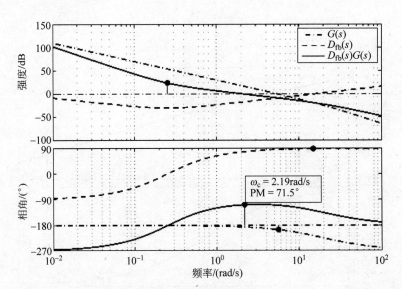

图 9-18　串联了反馈控制器的开环 Bode 图

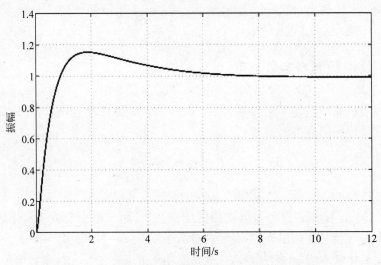

图 9-19　串联了反馈控制器的单位阶跃响应曲线

默认参数的主要不足在于抑制干扰的能力稍弱。垂直方向的运动比较容易受到外界干扰，如姿态变化、电池电压波动、外界阵风等，这些外扰都可以视为作用于飞行器上的外力，因此外扰的输出传递函数为

$$\Phi_n(s) = \frac{1/s^2}{1 + D_{fb}(s)G(s)} \tag{9-25}$$

若干扰为单位阶跃信号，则产生的干扰输出信号如图 9-22 所示。为了提高系统抗干扰能力，并对系统的动态特性没有太大影响，可将反馈控制器的参数设置为

$$\begin{cases} K_p = 400 \times 2^1 = 800 \\ K_d = 120 \times 2^3 = 960 \\ K_i = 80 \times 2^1 = 160 \end{cases}$$

修改反馈控制器参数后的开环 Bode 图和单位阶跃响应曲线如图 9-20 和图 9-21 所示。这组参数的 K_p 和 K_d 设置得较大,需要适当增大垂直方向的组合导航中量测噪声协方差阵 R 的值,令高度估计值更加平滑。

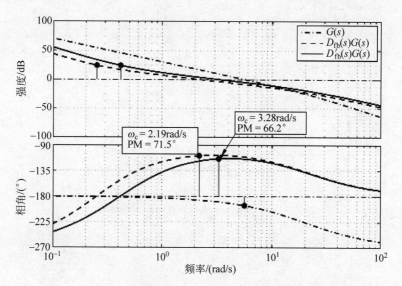

图 9-20   修改反馈控制器参数后的开环 Bode 图

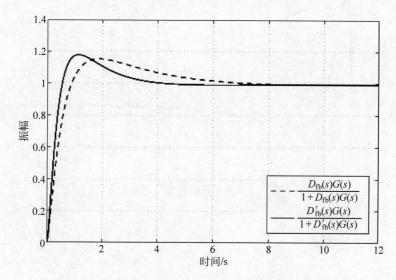

图 9-21   修改反馈控制器参数后的单位阶跃响应曲线

由图 9-20 和图 9-21 可知,修改参数后系统仍旧有大约 66.7° 的相角稳定裕度,动态响应快速性变快,超调量基本不变,动态性能得到改善。

修改参数后系统单位阶跃信号干扰作用的输出响应和单位脉冲信号干扰作用的输出响应如图 9-22 和图 9-23 所示。

从图 9-22 和图 9-23 可以看出,垂直方向的抗外扰能力得到了改善。

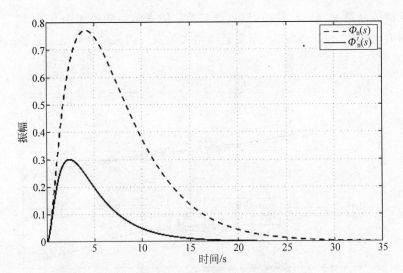

图 9-22 干扰为单位阶跃信号的输出响应

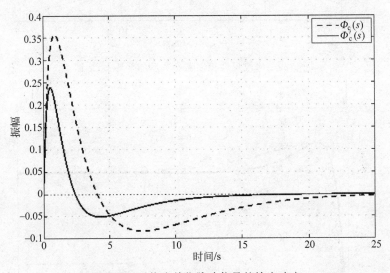

图 9-23 干扰为单位脉冲信号的输出响应

9.3.3 前馈控制器

垂直方向运动的前馈控制器为

$$D_{ff}(s) = \frac{K_x m s^2}{C_t} \tag{9-26}$$

式中 C_t——飞行器姿态对总拉力在垂直方向上分量的影响，见式(8-69)；

m——广义质量，描述了油门输出量和拉力之间的关系，该参数在实现中采用了自适应算法，m 相当于是对式(9-23)中 β 值的参数估计，即

$$m = \frac{\beta}{K_x g}$$

因此,增加了前馈控制器后垂直方向运动的闭环传递函数可近似为

$$W(s) = \frac{(D_{ff} + D_{fb})G(s)}{1 + D_{fb}G(s)}$$

$$= \frac{K_x gms^3 + K_x K_d gs^2 + K_x K_p gs + K_x K_i g}{T_a \beta s^4 + \beta s^3 + K_x K_d gs^2 + K_x K_p gs + K_x K_i g}$$

$$= \frac{\beta s^3 + K_x K_d gs^2 + K_x K_p gs + K_x K_i g}{T_a \beta s^4 + \beta s^3 + K_x K_d gs^2 + K_x K_p gs + K_x K_i g} \quad (9\text{-}27)$$

增加了前馈控制器后,垂直方向运动的单位阶跃响应曲线如图 9-24 所示。

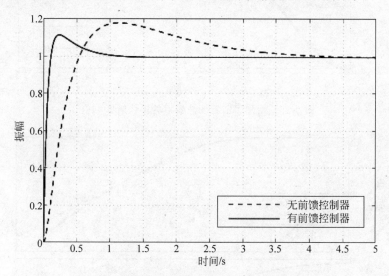

图 9-24　增加了前馈控制器后的单位阶跃响应

除了加快动态响应速度外,垂直方向运动的前馈控制器的另一个作用是提供一个与重力加速度相当的偏置控制量,使反馈控制器工作在悬停工作点上,降低反馈控制器的设计难度。另外,缓慢变化的外界干扰可以视为 β 值的变化,对前馈控制器参数的自适应算法估计,相当于将外扰的因素也考虑进来了,因此采用了自适应算法的垂直方向运动的前馈控制器具备一定的抗干扰能力。

9.3.4　前置滤波器

垂直方向运动的前置滤波器也是线性二阶低通滤波器,具有阻尼比 ζ 和自然振荡频率 ω_n 两个结构参数,其默认值为

$$\begin{cases} \omega_n = 100\pi/180 \mathrm{rad/s} \\ \zeta = 0.85 \end{cases} \quad (9\text{-}28)$$

增加了前置滤波器后垂直方向单位阶跃响应和闭环 Bode 图如图 9-25 和图 9-26 所示。

由图 9-25 和图 9-26 可以看出,垂直方向运动能够很好地跟踪前置滤波器的输出(即参考输入),控制器参数满足性能需求。

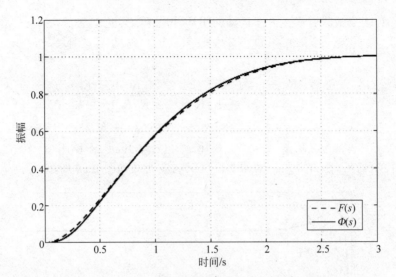

图 9-25   增加了前置滤波器后的单位阶跃响应

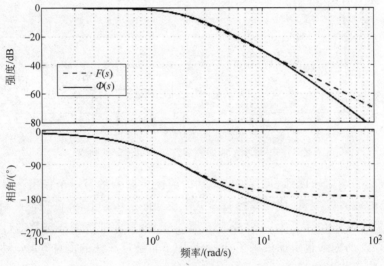

图 9-26   增加了前置滤波器后的闭环 Bode 图

9.4   影响控制器整定的其他因素

在之前对控制器参数整定过程中是将系统视为单入单出（SISO）的线性连续系统，而实际四旋翼无人机控制器系统是多入多出（MIMO）的非线性混合系统。混合系统一般是指被控对象是连续的而控制器是离散的。

9.4.1   数字化控制器

由于离散部分（控制器部分）的采样频率远高于系统的工作频率，因此将离散系统等效为连续系统的影响并不大。另外，系统中传感器的精度、变量的精度等与系统的控制精度相比也有较大的裕量,因此可以忽略数字化中的量化误差。总之,在此可以将数字控制器等效为连续控制器,并且两者之间没有明显差异。

9.4.2　多入多出系统

四旋翼无人机本质是欠驱动的多入多出系统,各控制通路之间具有一定的耦合作用。在之前的控制器整定中,只考虑了本控制通路的控制量,而将其他通路的耦合作用视为外扰,较强的耦合作用使用了补偿方式(如姿态变化对垂直方向运动的影响)进行了解耦。

这种方式虽然对控制器的整定结果有一定的影响,但是可以使控制器整定过程简化。在控制器整定中,被控对象的数学模型经过了多次近似简化,而各控制通路的耦合作用也是近似简化的内容之一,属于数学模型中未建模的部分。因此,若要获得更准确的结果,应建立非线性的多入多出系统的数学模型进行仿真。

9.4.3　控制器中的限幅

在前面控制器参数的整定过程中没有考虑控制器的各类限幅因素,而限幅因素对控制效果有较大的影响。控制器的限幅主要来自两个方面:一方面是控制器自身设定的限幅;另一方面是执行器的限制,例如,油门量的最大值不能超过 100% ,姿态角也不能接近 $\pm 90^\circ$ 等都可以视为执行器的限制。

因为限幅的存在,实际控制器的性能可能达不到之前整定的效果,甚至由于提得过高的性能指标而使实际控制器的性能变差。因此,在前面控制器参数整定过程中不能无限制的提高系统的性能指标,要充分考虑控制量的限幅因素。

若要考虑限幅因素,可以在之前控制器整定的基础上使用 MATLAB 软件中的 Simulink 组件进行仿真试验。

9.4.4　噪声的影响

四旋翼无人机中传感器的漂移、量化噪声、振动对加速度计的影响等多种因素都会产生噪声,噪声的种类也是多种多样的。基于数学模型的仿真试验和实际飞行试验之间很大的差异就是噪声因素的影响。在实际系统中应尽量减小噪声,如为 IMU 硬件增加机械减振装置、在气压计上覆盖海绵减小气流影响等,另外,在软件算法设计上也要注意其滤波环节的设计。

在控制器参数整定中也要考虑系统中的噪声因素,一般而言,系统噪声频率要高于系统的工作频率。因此,在控制器参数整定过程中要注意其高频衰减频段。在 PID 控制器中增加微分系数 K_d 会提高高频段增益,削弱高频段的衰减特性,所以在控制器参数整定过程中增大 K_d 时要注意系统的噪声情况,若实际系统中该通路的传感器噪声比较大,则需要根据控制器参数适当地调整滤波系数。

9.4.5　控制器参数整定的验证

在之前通过理论方法整定的控制器参数，可以通过下面几个步骤进行验证。

（1）根据被控对象和控制器数学模型，在 Simulink 中建立 SISO 模型，为控制器增加限幅环节，验证之前控制器的整定结果。若控制量饱和严重，对控制效果影响较大，则需要重新设定性能指标要求，再次利用理论计算的方法整定控制器参数。若控制量没有饱和或饱和不严重，则仅对控制器参数微调即可。

（2）设定 JSBSim 软件中四旋翼无人机的参数，在 Paparazzi Center 中进行仿真试验。

（3）手动飞行，观察姿态控制效果，分析姿态控制的响应曲线，微调姿态控制器参数。

（4）定点悬停，观察水平线运动和垂直线运动的稳定情况。

（5）垂直方向运动，观察垂直方向运动的稳定性和动态响应情况，分析垂直方向运动的响应曲线，微调垂直方向控制器参数。

（6）水平线运动，观察水平运动的动态响应过程以及垂直方向的偏差变化，分析水平方向线运动的响应曲线，微调水平方向控制器参数，分析垂直方向偏差变化曲线，再次微调垂直方向控制器参数。

（7）在不同外界环境中自主飞行试验，观察其飞行过程，分析其抗干扰性能，根据实际需求微调控制器参数。

小结

本章主要介绍了一种基于频域法的四旋翼控制器整定方法。这种整定方法是以四旋翼无人机的数学模型为基础的，本章也同时提供了一种获得其简易数学模型的方法。本章关于控制器整定的思路是以简易数学模型为基础，使用频域方法进行设计，在设计尽量保证足够大的稳定裕量，防止未建模部分造成系统的不稳定，同时兼顾其控制精度、抗干扰性等方面的需求。

第10章

四旋翼无人机实例

视频讲解

在熟悉了四旋翼无人机的基本原理、硬件选型、软件开发和参数调整之后,为了使读者更好地将其应用在四旋翼无人机的设计和开发中,本章给出了一个使用 Paparazzi 开发四旋翼无人机的实例,重点介绍整个构建过程的步骤和相关注意事项,使读者能够对基于 Paparazzi 的四旋翼无人机设计和开发形成一个清晰的脉络。

10.1 四旋翼无人机硬件选型和组装

10.1.1 硬件选型

四旋翼无人机的硬件有多种组合方式,负载能力、飞行时间、应用场景及成本价格也有很大差异。本书所用的配置是价格相对比较便宜、飞行时间约为 10min、载荷低于 1kg、性能一般且有一定扩展性的组合方式,详细的硬件配置参考表 10-1。

表 10-1 四旋翼无人机硬件配置

硬 件 名 称	型 号	数 量
飞控板	Lisa/M 2.0	1个
IMU 板	Aspirin 2.1	1个
GPS	U-blox NEO-6M TTL 串口	1个
机架	F450	1架
无刷电机	郎宇 A2212 980kV(或 X2216 900kV)	4个
电子调速器	好盈天行者(或乐天)40 A	4个
螺旋桨	ATG 1047 正反桨	2对
电池	格氏 ACE 2200mAh 3S 11.1 V 20C	1个
数传	3DRRadio 数传电台	1对
遥控器	富斯 FS-i6,FS-IA6B 接收机	1套

在选择硬件时要注意以下问题。

① Aspirin 2.1 IMU 板是需要焊接到飞控板上的，所以最好选择焊接 Aspirin 2.1 IMU 板的 Lisa/M 2.0 飞控板，关于 Lisa/M 2.0 飞控板和 Aspirin 2.1 IMU 板可以参考 2.8.3 节。

② 选用 GPS 模式是 U-blox NEO 6M 芯片的，若非是 U-blox 芯片，在机身配置文件中要做相应修改，另外，GPS 模块的输出要选择 TTL 电平的串口输出，方便与飞控板连接。

③ 机架的选择可大可小，但主要需和螺旋桨的尺寸匹配，而螺旋桨的尺寸要和电机、电子调速器、电池匹配。

④ 电子调速器的选择要和无刷电机匹配，功率大的电子调速器可以配小电机，但大电机配小功率电子调速器就会烧毁电子调速器，所以这里也可以选择 40A 的电子调速器。这里的配置可以选择好盈天行者系列也可以选择好盈乐天系列。注意：表 10-1 所列好盈乐天系列没有集成 UBEC 模块（将电池电压转换 5V 电压的模块），如果选择乐天系列可以另外增加 UBEC 模块。

⑤ 系统的 5V 电源可以由 UBEC 模块提供，也可以由 Lisa/M 2.0 飞控板的 LP2992-5V 芯片提供，要注意 5V 电源的功率能否满足负载需求。关于系统电源供电可以参考 2.8.3 节。

⑥ 电池的选择要和电子调速器、电机匹配。另外，要注意飞控板所能检测的最高电压，如果超出可以进行分压后再接入飞控板电池电压检测端口，并对软件相应的代码进行修改。实际上 Lisa/M 2.0 飞控板关于电池电压的测量也是在飞控板上分压后再测量的，这部分电路可以参考 2.8.3 节。

⑦ 3DRRadio 数传电台有 433MB 和 960MB 两个公共频段，要注意选件的配对。对 3DRRadio 数传电台的配置可以参考 2.7.1 节。一般默认配置都是相同的，不进行配置也可以使用，但要注意飞行现场有没有其他 3DRRadio 数传电台在工作，进行网络 ID、通道数的设置可以在一定程度上减少不同 3DRRadio 数传电台之间的相互干扰，但也不能完全避免。

⑧ 选择的遥控器最好有 PPM 输出，否则需要增加 PWM 到 PPM 的转接板，富斯 FS-i6 和 FS-IA6B 接收机的组合是有 PPM 信号输出的，而 FS-IA6A 接收机是没有 PPM 输出的。Paparazzi 对遥控器的依赖并不重，如果以自主飞行模式为主，那么遥控器的使用场合不多，更多的是将其作为一种安全保护手段，一般不用选性能特别好、价格较贵的遥控器。

10.1.2　硬件组装

四旋翼无人机的硬件组装是和配置文件相关的，但一定要保证对角的螺旋桨旋转方向一致，且相邻桨的旋转方向相反。

关于 Lisa/M 2.0 飞控板各接口引脚的定义可以参考图 2-18 所示，关于 Lisa/M 2.0 飞控板的详细介绍可以参考 2.8.3 节的介绍。

1. 飞控板的安装方向

焊接 Aspirin 2.1 IMU 板的 Lisa/M 2.0 飞控板的默认安装方向如图 10-1～图 10-3 所示。

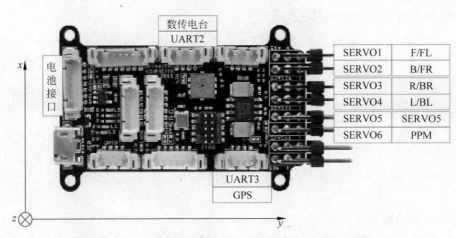

SERVO1	F/FL
SERVO2	B/FR
SERVO3	R/BR
SERVO4	L/BL
SERVO5	SERVO5
SERVO6	PPM

图 10-1　Lisa/M 2.0 飞控板的默认安装方向和默认接口

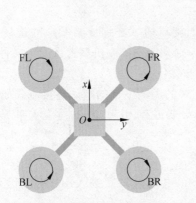

图 10-2　"X"字形布局四旋翼和 IMU

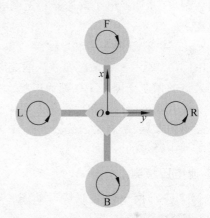

图 10-3　"十"字形布局四旋翼和 IMU

如果选择了其他的安装方向,在保证 IMU 板的坐标系和机体坐标系大致重合的前提下,也可以通过配置文件重新设定 IMU 坐标系的轴向,以及轴向的正负关系。conf/modules 文件夹中 IMU 的配置中 IMU_xxx_CHAN_X、IMU_xxx_CHAN_Y 和 IMU_xxx_CHAN_Z 设定了IMU 坐标系的 x 轴、y 轴和 z 轴分别选用 xxx 传感器的哪组数据,IMU_xxx_X_SIGN、IMU_xxx_Y_SIGN 和 IMU_xxx_Z_SIGN 设定了 IMU 坐标系各轴选用 xxx 传感器的方向。

机体坐标系和 IMU 坐标系之间的小角度偏差,即 IMU 模块的安装角,可以在 GCS 中修正。

2. GPS 模块和飞控板的接口

Lisa/M 2.0 飞控板和 GPS 的默认接口是串口 UART3,默认波特率是 38400,如图 10-1所示。该默认接口是在 conf/boards/lisa_m_2.0.makefile 文件中设定的,如果需要更换其他串口或波特率,可以在机身配置文件中重新定义 GPS_PORT 和 GPS_BAUD 即可,不用修改 lisa_m_2.0.makefile 文件[①]。

---

① 这是 makefile 文件? =赋值方式的特点。

3. 数传电台和飞控板的接口

Lisa/M 2.0 飞控板和数传电台的默认接口是串口 UART2，波特率是 57600，如图 10-1 所示。该默认接口也是在 lisa_m_2.0.makefile 文件中设定的，如果需要更换其他串口或波特率，同样在机身配置文件中重新定义 MODEM_PORT 和 MODEM_BAUD 即可。

4. 遥控器接收机和飞控板的接口

PPM 信号默认是由 Lisa/M 2.0 飞控板上 STM32 芯片的 PA01 引脚（即 SERVO6）读入的，如图 10-1 所示。

该默认接口也是在 lisa_m_2.0.makefile 文件中设定的，也可以设定为由 PA10 引脚读入 PPM 信号。

5. 动力组件的安装

四旋翼的动力组件包括电子调速器、无刷电机和螺旋桨。要保证无刷电机和螺旋桨的旋转方向匹配，任意调换电子调速器和无刷电机 3 根连接线中的两条，可以使无刷电机的旋转方向改变。

Paparazzi 中"X"字形布局和"十"字形布局的四旋翼的 4 个螺旋桨默认的旋转方向如图 10-2 和图 10-3 所示。如果改变默认的旋转方向，则一定要修改机型默认配置文件；否则四旋翼无人机的偏航会因为正反馈而失控。

Lisa/M 2.0 飞控板控制四旋翼无人机 4 个螺旋桨的无刷电机的默认连接方式如图 10-1 所示。四旋翼的布局、螺旋桨的旋转方向、PWM 信号通道和无刷电机的对应关系等均是在机身配置文件中设定的。

6. 电池电压检测

Lisa/M 2.0 飞控板的电池接口如图 10-1 所示，电池电源需接入图 2-18 所示的 V_BATT 和 GND 引脚。

Lisa/M 2.0 飞控板默认会监测 V_BATT 引脚的电压，V_BATT 引脚的电压经过分压后由 STM32 的 ADC 通路检测。

7. 飞控板供电选择

Lisa/M 2.0 飞控板的供电可以由跳线 JP1、JP2 和 JP3 进行设定，也可以由电池直接供电，还可以经过电源模块将电池电压降压为 5V 后供电。详细设置方式参考 2.8.3 节。

10.2 设定机型

运行 Paparazzi 程序后打开标题为 Papazzi Center 的窗口。选择 A/C 下拉列表框中的 Quad_LisaM_2 选项，如图 10-4 所示。

在 A/C 菜单中单击 Copy 命令，在弹出的对话框的文本框中输入用户自己机型的名称，如可命名为 Quad_LisaM_2_my，如图 10-5 所示。

单击图 10-5 中的 OK 按钮后，会弹出图 10-6 所示的对话框，在文本框内输入用户自己机身配置文件的名称，如可命名为 quadrotor_lisa_m_2_pwm_ppm.xml。在这一步不要选择图 10-6 中"文件"处的文件，因为这一步会用 Quad_LisaM_2 的机身配置文件覆盖到选择的文件，所以应当命名一个新的空文件。

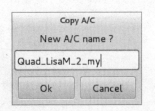

图 10-4　选择相似的机型文件　　　　图 10-5　命名自己的机型文件

图 10-6　命名自己的机身配置文件

完成这一步后会得到一个和 Quad_LisaM_2 机型完全一样的 Quad_LisaM_2_my 机型,所不同的仅仅是机型 ID 号和机身配置文件的名称,机身配置文件的内容目前也是完全相同的。

如果直接在 Quad_LisaM_2 机型中进行后面的修改也是可以的,但是创建一个新机型和增加新文件的方法不会影响软件的升级。

设定机型的过程实际上就是修改 conf/conf.xml 文件的过程。

10.3　设定机身配置文件

在新的 Quad_LisaM_2_my 机型中,单击机身配置文件的"编辑"按钮(在 Airframe 框架中),如图 10-7 所示。根据硬件使用情况设定机身配置文件 quadrotor_lisa_m_2_pwm_ppm.xml。

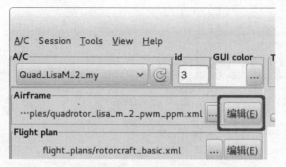

图 10-7　编辑机身配置文件

10.3.1　修改机身配置文件中的遥控器设定

在新的 Quad_LisaM_2_my 机型中，使用的遥控器和 Quad_LisaM_2 机型不同，Quad_LisaM_2_my 机型使用了富斯 FS-i6 遥控器，通信方式为 PPM 格式，因此在机身配置文件 quadrotor_lisa_m_2_pwm_ppm.xml 中要做相应的修改，修改代码如下：

```
<!--+ 删除或注释掉下面内容 +-->
<!-- module name = "radio_control" type = "spektrum">
  < define name = "RADIO_MODE" value = "RADIO_AUX1"/>
  < configure name = "USE_SECONDARY_SPEKTRUM_RECEIVER" value = "1"/>
</module -->
<!--+ 添加下行内容 +-->
< module name  = "radio_control" type  = "ppm"/>
```

10.3.2　设置四旋翼机型布局

1. "十"字形布局的四旋翼设置

在机身配置文件 quadrotor_lisa_m_2_pwm_ppm.xml 中定义四旋翼的机型，默认是"十"字形布局，代码如下：

```
< servos driver = "Pwm">
  < servo name = "FRONT"   no = "0" min = "1000" neutral = "1100" max = "1900"/>
  < servo name = "BACK"    no = "1" min = "1000" neutral = "1100" max = "1900"/>
  < servo name = "RIGHT"   no = "2" min = "1000" neutral = "1100" max = "1900"/>
  < servo name = "LEFT"    no = "3" min = "1000" neutral = "1100" max = "1900"/>
</ servos >

< section name = "MIXING" prefix = "MOTOR_MIXING_">
  <!-- front (CW), right (CCW), back (CW), left (CCW) -->
  < define name = "TYPE" value = "QUAD_PLUS"/>
</ section >

< command_laws >
```

```
< call fun = "motor_mixing_run(autopilot_motors_on,FALSE, values)"/>
< set servo = "FRONT" value = "motor_mixing. commands [MOTOR_FRONT]"/>
< set servo = "RIGHT" value = "motor_mixing. commands [MOTOR_RIGHT]"/>
< set servo = "BACK" value = "motor_mixing. commands [MOTOR_BACK]"/>
< set servo = "LEFT" value = "motor_mixing. commands [MOTOR_LEFT]"/>
</ command_laws >
```

如果使用"十"字形布局的四旋翼无人机,如图 10-3 所示机型布局,quadrotor_lisa_m_2_pwm_ppm. xml 机身配置文件就不用修改了,但是要注意机身配置文件中对 4 个螺旋桨旋转方向的默认设定要与实际硬件相一致。

"十"字形布局定义的代码注释中的 front、right、back 和 left 分别表示"前""后""左"和"右"螺旋桨;CW 是 clockwise 的缩写,表示顺时针方向,CCW 是 counterclockwise 的缩写,表示逆时针方向。

四旋翼"前""后""左""右"4 个螺旋桨的实际旋转方向要与"十"字形布局定义的代码设置相同。在当前的软硬件设置下,飞控板和飞控程序无法识别无刷电机的旋转方向,改变无刷电机及螺旋桨的旋转方向可以通过硬件进行设置[①],另外,还要注意正、反螺旋桨要与无刷电机的旋转方向一致。

如果机身配置文件中定义的螺旋桨旋转方向和实际螺旋桨旋转方向全部相反,并且实际螺旋桨方向与无刷电机方向匹配,那么在试飞实验时就会出现滚转、俯仰能够保持平衡,但是偏行会向某个方向加速旋转的情况(实际上偏航控制回路成为正反馈)。

2. "X"字形布局的四旋翼设置

如果要将四旋翼无人机设置为"X"字形布局,如图 10-2 所示机型布局,需要将机身配置文件 quadrotor_lisa_m_2_pwm_ppm. xml 中"十"字形布局定义的代码的部分代码替换为以下代码:

```
< servos driver = "Pwm">
  < servo name = "FL" no = "0" min = "1000" neutral = "1100" max = "1900"/>
  < servo name = "FR" no = "1" min = "1000" neutral = "1100" max = "1900"/>
  < servo name = "BR" no = "2" min = "1000" neutral = "1100" max = "1900"/>
  < servo name = "BL" no = "3" min = "1000" neutral = "1100" max = "1900"/>
</ servos >

< section name = "MIXING" prefix = "MOTOR_MIXING_">
  <!-- front left (CW), front right (CCW), back right (CW), back left (CCW) -->
  < define name = "TYPE" value = "QUAD_X"/>
</ section >

< command_laws >
  < call fun = "motor_mixing_run(autopilot_motors_on,FALSE, values)"/>
  < set servo = "FL" value = "motor_mixing. commands [MOTOR_FRONT_LEFT]"/>
  < set servo = "FR" value = "motor_mixing. commands [MOTOR_FRONT_RIGHT]"/>
  < set servo = "BR" value = "motor_mixing. commands [MOTOR_BACK_RIGHT]"/>
  < set servo = "BL" value = "motor_mixing. commands [MOTOR_BACK_LEFT]"/>
</ command_laws >
```

---

① 任意交换电子调速器和无刷电机 3 根连接线中的 2 根,可以改变无刷电机的旋转方向。

其中注释部分的含义与"十"字形布局代码中的注释含义类似，可以对照图 10-2 设定飞行器无刷电机和螺旋桨的旋转方向。另一个需要注意的是，四旋翼"十"字形和"X"字形布局飞行器的机头方向是不同的，如果 IMU 板安装的方向已经固定，那么就需在机身配置文件中设定，或者修改 IMU 的驱动程序。

如果 IMU 板安装的方向和机体坐标系相差角度较小，可以修改 IMU 板的安装角，使其与飞行器机头的指向一致。

10.3.3　设定 IMU 传感器板的校准信息

IMU 传感器板的校准信息包括陀螺仪、加速度计和磁强计的零位和灵敏度因子（可以理解为尺度变换因子）的设定，这个过程也称为传感器校准。在机身配置文件 quadrotor_lisa_m_2_pwm_ppm.xml 中，原始的传感器校准信息代码如下：

```
< section name = "IMU" prefix = "IMU_">
  < define name = "ACCEL_X_NEUTRAL" value = "11"/>
  < define name = "ACCEL_Y_NEUTRAL" value = "11"/>
  < define name = "ACCEL_Z_NEUTRAL" value = " - 25"/>

  <!-- replace this with your own calibration -->
  < define name = "MAG_X_NEUTRAL" value = " - 179"/>
  < define name = "MAG_Y_NEUTRAL" value = " - 21"/>
  < define name = "MAG_Z_NEUTRAL" value = "79"/>
  < define name = "MAG_X_SENS" value = "4.17334785618" integer = "16"/>
  < define name = "MAG_Y_SENS" value = "3.98885954135" integer = "16"/>
  < define name = "MAG_Z_SENS" value = "4.40442339014" integer = "16"/>
</ section >
```

重新校准后才能在后续的测量中得到更准确的传感器数据，尤其是磁强计的校准问题更为明显。因为磁强计很容易受到周围铁磁环境的影响，所以最好将带有磁强计的 IMU 传感器板安装到四旋翼无人机上后再进行校准。

1. 陀螺仪的校准

因为陀螺仪的校准需要精度较好的转台设备，如果条件不具备，可以不对陀螺仪校准，实际飞行实验时一般不会有太大问题，如果有精度较好的转台，就可以对陀螺仪进行校准，并设定其零位和灵敏度因子。

2. 加速度计和磁强计的校准

加速度计和磁强计校准的基本原理：首先采集各个姿态足够的三轴传感器未校准的原始数据；然后对原始数据进行滤波处理，得到滤波后的 m 组传感器原始数据 $\begin{bmatrix} x & y & z \end{bmatrix}$；最后进行非线性最小二乘拟合，令目标函数 $J(p)$ 最小。

目标函数 $J(p)$ 为

$$J(p) = \sum_{i}^{m} \left(Y - \left\| \begin{bmatrix} (x_i - p_{x,\text{neutral}}) p_{x,\text{sens}} \\ (y_i - p_{y,\text{neutral}}) p_{y,\text{sens}} \\ (z_i - p_{z,\text{neutral}}) p_{z,\text{sens}} \end{bmatrix} \right\| \right) \tag{10-1}$$

式中 $p_{x,\text{neutral}}$，$p_{y,\text{neutral}}$，$p_{z,\text{neutral}}$——传感器各轴的零点漂移值；

$p_{x,\text{sens}}$，$p_{y,\text{sens}}$，$p_{z,\text{sens}}$——传感器各轴的灵敏度值；

Y——传感器测量的标准值，加速度计为 9.81m/s^2，磁强计只需要测量的方向可以为1，磁强计原始数据需要进行归一化处理。

加速度计和磁强计的校准需要采集传感器的原始数据，需要在飞控板加电状态下进行采集，因为此时还没有完全设置飞行器的配置信息，所以在采集传感器数据时不要安装螺旋桨，如果已经安装了螺旋桨，IMU 传感器板的校准工作也可以在完成飞行器静态实验后再进行，确保安全。

飞行器完成加电后，将 PC 端的 3DRRadio 数传电台与计算机 USB 口连接，在 Paparazzi Center 窗口 Session 下拉列表框中选择 Flight USB-serial@57600 选项，并单击"执行"按钮，启动 Data Link、Server 和 GCS 等软件，如图 10-8 所示。

图 10-8 启动地面站

飞行器和 GCS 正常连接后，在 GCS 窗口（图 10-9）选择 Telemetry→Main→raw_sensors 选项，并单击 ✔ 按钮（提示为 Commit），Main 下拉列表框处的标签变为 raw_sensors 后表示对飞行器遥测信息内容设定成功。

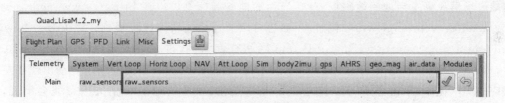

图 10-9 将遥测信息设置为传感器原始数据

加速度计校准需要将三轴加速度计各轴向（共 6 个方向）分别与重力方向保持一致，静止一段时间以保证采集到足够数据。磁强计校准也需要将三轴磁强计各轴向与地磁场方向保持一致，并采集足够的数据，或是在标准磁场中完成校准。这两种方式都不易操作，习惯上的做法是将磁强计在地磁场环境中各轴向旋转几圈采集传感器原始数据。

在 Paparazzi 中加速度计和磁强计可以"同时"采集原始数据进行校准，将 IMU 传感器板某轴向与重力方向保持一致，静止一段时间，然后再绕该轴旋转几圈，依次完成 6 个方向数据的采集，GCS 会自动记录下 IMU 传感器板的原始数据，采集足够量数据。单击图 10-8 所示的 Stop/Remove All Processes 按钮，停止 Server 程序。GCS 记录的数据默认位于 var/logs 文件夹，每次记录的数据以开始记录的时间为文件名，格式为"年_月_日_ _时_分_秒"，扩展名为 data 和 log，如 2016 年 10 月 26 日 0 时 57 分 50 秒的某次记录数据的文件名为 16_10_26_ _00_57_50.data 和 16_10_26_ _00_57_50.log。log 扩展名的文件中记录了本次运行的配置信息，data 扩展名的文件中记录了本次运行的遥测数据。

假设 IMU 传感器板的原始数据记录在 16_10_26__00_57_50.data 文件中，在 Linux 终端进入 var/logs 目录，分别运行以下代码。

```
../../sw/tools/calibration/calibrate.py - s ACCEL 16_10_26__00_57_50.data
../../sw/tools/calibration/calibrate.py - s MAG 16_10_26__00_57_50.data
```

分别运行代码后，将在终端分别输出加速度计和磁强计的校准信息，将其分别替换机身配置文件 quadrotor_lisa_m_2_pwm_ppm.xml 代码的相应部分即可。

Aspirin 2.1 IMU 传感器板使用了三轴陀螺仪/三轴加速度计 MPU6000，而在本例的软件设置中加速度计默认的测量范围是 ±16g，加速度计所用的 ADC 为 16 位，为了便于在 C 语言代码中使用整型数据，所用的加速度的单位为 $2^{-\text{INT32\_ACCEL\_FRAC}}$ m/s², INT32_ACCEL_FRAC 默认为 10，因此校准的加速度计灵敏度因子 ACCEL_X_SENS、ACCEL_Y_SENS 和 ACCEL_Z_SENS 等都会大致在 4.905 附近。

$$ACCEL\_X\_SENS = \frac{(16 - (-16)) \times 9.81}{2^{16}} \times 2^{\text{INT32\_ACCEL\_FRAC}} \approx 4.905 \qquad (10\text{-}2)$$

由于不同地点的地磁强度有一定差异，而且 IMU 传感器板所处的铁磁环境也不同，因此磁强计的校准信息在不同地点也可能有较大差异。

3. 地磁场参数的设定

地磁场是地球的基本物理场，地球近地空间内任意一点都具有磁场强度。地磁场有着丰富的参数信息，如地磁总场、地磁三分量、磁倾角、磁偏角和地磁场梯度等，为地磁导航提供了充足的信息，在不同经度、纬度和高度的地方，地磁场的参数是不同的。

如果要使用磁强计测量飞行器航向变化以及使用磁强计参与航姿结算，需要通过当地的地磁场信息确定当地的地磁场方向，当地的地磁场信息可以在 http://www.ngdc.noaa.gov/geomag-web/#igrfwmm 网址查询，也可以通过相关软件计算得到。以 http://www.ngdc.noaa.gov/geomag-web/#igrfwmm 网站查询为例，首先进入该网站，如图 10-10 所示，然后选择国家和城市，单击 Get & Add Lat/Lon 按钮后，城市的经纬度自动出现在左侧相应的文本框中，单击图 10-10 中的 Calculate 按钮，当地的地磁场相关信息就会出现，如图 10-11 所示。

将图 10-11 所示磁场强度做归一化处理，即按照式（10-3）计算机身配置文件中的 AHRS_H_X、AHRS_H_Y 和 AHRS_H_Z 参数，有

$$\begin{bmatrix} AHRS\_H\_X \\ AHRS\_H\_Y \\ AHRS\_H\_Z \end{bmatrix} = \frac{1}{Total\ Field} \begin{bmatrix} North\ Comp \\ East\ Comp \\ Vertical\ Comp \end{bmatrix} \qquad (10\text{-}3)$$

然后将计算所得的数值填写到下面代码的相应位置：

```
< section name = "AHRS" prefix = "AHRS_">
  <!-- values used if no GPS fix, on 3D fix is update by geo_mag module -->
  <!-- Toulouse -->
  <!--+ 石家庄 2016 年 10 月 27 日的地磁场方向 +-->
  < define name = "H_X" value = "0.54013901"/>
  < define name = "H_Y" value = " - 0.05531554"/>
```

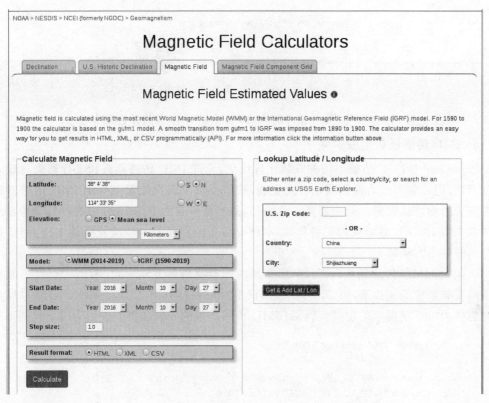

图 10-10　查询地磁场信息的页面

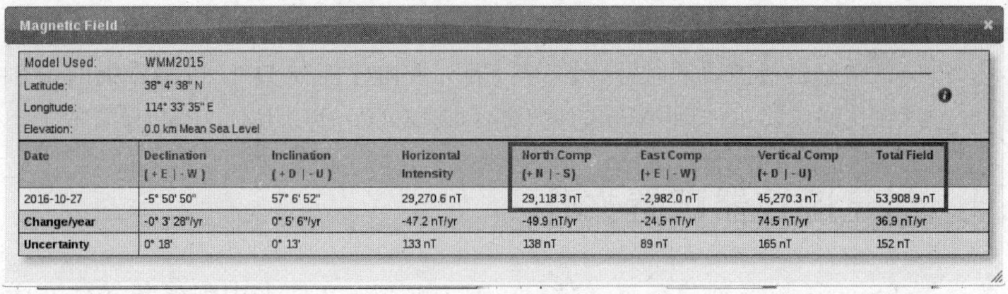

图 10-11　得到的地磁场信息页面

```
< define name = " H_Z" value = "0.83975559"/>
</ section >
```

当地的地磁场信息也可以由 geo_mag 模块得到,geo_mag 模块根据当前的 GPS 位置信息,使用世界地磁场模型(WMM)计算得到当地的地磁场信息。geo_mag 模块的加载方法见 7.1.6 节。

加载了 geo_mag 模块,在给四旋翼无人机加电后,若检测到有效 GPS 数据,并且四旋翼无人机的飞行模式为 KILL 时,则会自动进行当地的地磁场信息的计算。

也可以通过 GCS 操作重新计算当前地磁场信息。在启动 GCS 与四旋翼无人机建立连接后,在 Notebook 区 Setting 选项卡中会出现 geo_mag 选项卡,如图 10-12 所示。

确定当前 GPS 信息无误,并且四旋翼无人机的飞行模式为 KILL 时,选中 CALC 单选

图 10-12　geo_mag 模块的设置窗口

按钮，并单击 ✔ 按钮（提示为 Commit）确认，即可重新计算当前地磁场信息。

4. IMU 传感器板的安装角

Paparazzi 中 IMU 传感器板的安放比较灵活，允许 IMU 传感器板和飞行器机身成一定角度安装，但是如果没有按照默认方式安装，则需要修改机身配置文件中 IMU 传感器板和机身安装角的默认设置。但是需要注意的是，并不是所有的 Paparazzi 中的航姿参考系统的算法都支持 IMU 传感器板的安装角，在本例中所选的整型互补滤波算法是支持 IMU 传感器板的安装角方法的。

因此，若 IMU 传感器板与"X"字形布局的四旋翼机体方向一致（图 10-2），在不改变硬件之间安装角度的前提下，可以将其配置为"十"字形布局（图 10-3）。即"X"字形布局定义代码更换为"十"字形布局定义代码，则 IMU 传感器板的安装角需要设置为以下代码形式：

```
< section name = "IMU" prefix = "IMU_">
 ...
 < define name = "BODY_TO_IMU_PHI" value = "0.0" unit = "deg"/>
 < define name = "BODY_TO_IMU_THETA" value = "0.0" unit = "deg"/>
 < define name = "BODY_TO_IMU_PSI" value = " - 45.0" unit = "deg"/>
</ section >
```

图 10-2 和图 10-3 中的 x、y 是指 IMU 传感器板的坐标轴方向。在图 10-3 中，四旋翼机体相对 IMU 传感器板需要顺时针旋转 45°，机头方向才能与 IMU 传感器板的 x 轴正方向重合，所以在代码中将机体到 IMU 的偏航角（即 BODY_TO_IMU_PSI）设置成了－45°。

10.4　创建遥控器配置文件

为富斯 FS-i6 遥控器创建配置文件，在 conf/radios 文件夹中创建新文件并命名为 flyskyi6.xml，代码如下：

```
<?xml version = "1.0"?>

<! DOCTYPE radio SYSTEM " radio .dtd">

< radio name = "FrSky i6A" data_min = "900" data_max = "2100" sync_min = "5000"
        sync_max = "15000" pulse_type = "POSITIVE">
< channel ctl = "1" function = "YAW"        min = "1005" neutral = "1501" max = "1995"
        average = "0"/>
< channel ctl = "2" function = "PITCH"       min = "1005" neutral = "1500" max = "1998"
        average = "0"/>
< channel ctl = "3" function = "THROTTLE"     min = "1009" neutral = "1009" max = "2000"
        average = "0"/>
```

```
< channel ctl = "4" function = "ROLL"          min = "1005" neutral = "1501" max = "1998"
      average = "0"/>
< channel ctl = "5" function = "MODE"          min = "1000" neutral = "1500" max = "2000"
      average = "1"/>
< channel ctl = "6" function = "KILL_SWITCH"   min = "1000" neutral = "1500" max = "2000"
      average = "1"/>
</ radio >
```

此段代码一定要与遥控器的硬件参数相对应,同一款遥控器中的参数一般也有一定差异,其中的 min、neutral 和 max 等内容也要做相应的变化。因此,比较适合的方法是根据 Paparazzi Center 中 Message 工具中显示的 PPM 值设置这些值。

遥控器的通道一定要与 flyskyi6_xml 文件代码的设定一致,在本例中将没有回中功能的摇杆通道设置为油门(THROTTLE)通道,三段开关设置为模式(MODE),两段开关设置为停车(KILL_SEITCH),其他的设置符合自己习惯即可。

遥控器摇杆方向、开关方向要符合自己的操作习惯,在 FS-i6 遥控器或遥控器的配置文件(flyskyi6_xml 文件代码)中都可以设置遥控器摇杆和开关的方向。一般建议初期将遥控器中的通道设置为统一方向,再在遥控器配置文件中将其修改为自己期望的操作方向。在遥控器配置文件(flyskyi6_xml 文件代码)中只需将 min 和 max 的值互换就可以使遥控器某摇杆或开关通道的操作方向发生反转,达到与在遥控器中设定通道方向相同的效果。

遥控器设置文件中其他参数的详细含义可以参考 7.4 节。

10.5　静态实验

在静态实验中主要是一些测试工作,主要测试以下一些内容。

1. 烧写程序(或称为下载固件、上传固件等)

编译程序时单击图 10-13 中的 Build 按钮,编译前要在 Target 下拉列表框中选择 ap 选项作为编译目标,烧写程序时单击图 10-13 中的 Upload 按钮,烧写程序前 Flash mode 下拉列表框中选择 Default 选项即可。

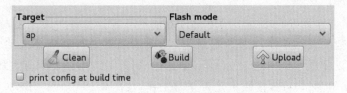

图 10-13　编译和烧写程序

初次上传固件要在不连接动力部件的前提下进行。使用 Paparazzi Center 烧写程序,并注意完成状态以及 Lisa/M 2.0 飞控板上 LED 灯的状态。Lisa/M 2.0 飞控板在断电状态通过 USB 连接线与 PC 相连后,飞控板上的 LED 灯会呈流水灯方式闪烁,完成部件上传后会进入正常运行状态。

如果无法正确连接飞控板,首先考虑是否是 USB 连接线不可靠,更换 USB 连接线后重试。如果仍旧无法正确连接,则检查飞控板上是否已经事先烧写了 Bootload 程序固件,如果没有 Bootload 代码,则需要通过 JTAG 接口重新烧写 Bootload 程序固件。旧版本的

Bootload 固件需要首先将 Lisa/M 2.0 飞控板的 ADC2 置低（与 GND 短路）后再连接 USB 接口。另外，使用 Bootload 上传固件时会有一定概率出现错误，此时的现象表现为已经完成了固件的上传，但是 Lisa/M 2.0 飞控板的 LED 灯仍旧是以流水灯方式闪烁，此时可以重新烧写一遍即可。

2. 数据链通信实验

数据链通信实验最好是 Lisa/M 2.0 飞控板在电池供电的状态下进行，以防四旋翼无人机系统中的大功率器件对 PC 端的 USB 口造成过流损坏。将 PC 端的 3DRRadio 数传电台与计算机 USB 口连接，在图 10-8 所示窗口处，即 Paparazzi Center 窗口 Session 下拉列表框中选择 Flight USB-serial@57600 选项，并单击"执行"按钮，启动 Data Link、Server 和 GCS 等程序。

注意 Paparazzi Center 窗口的终端显示区是否有错误出现（图 6-2），错误信息通常会以红色底色的信息文字出现。如果有错误，根据错误提示做相应的修改，一般这里的错误是由于 Data Link 程序中默认的数据链设备与实际不匹配，在 Linux 终端中执行 ls /dev 找到 PC 端的 3DRRadio 数传电台的设备名称（默认是 /dev/ttyUSB0），修改 Data Link 程序的默认参数（参考 6.2.2 节的"3. Data Link"的说明）使其与 3DRRadio 数传电台的设备名称一致，并单击"重做"按钮重新连接。等待并观察 GCS 程序窗口，如果 GCS 程序窗口能够正常显示，表示数据链通信正常。

3. 遥控器通信实验

遥控器通信实验要在不连接动力部件的前提下进行。在数据链通信正常的前提下，在 Paparazzi Center 窗口，选择 Tools→Messages 菜单命令，在打开的 Messages 对话框中观察 PPM 格式的遥测信息。将遥控器各摇杆、开关置于各极限位置，记录 PPM 的遥测数据，并根据遥测数据设置 flyskyi6. xml 文件代码中的极限值以及方向等。

完成设置后需要重新编译程序和上传固件，然后启动相关程序连接 GCS，拨动遥控器的开关并使摇杆在 GCS 的"Strip 区（图 6-23）"，观察停车开关、模式开关以及油门摇杆是否能够正确输出。根据 COMMANDS 标签显示的遥测信息内容可以判断遥控器和滚转、俯仰、偏航和油门相对应的摇杆是否正确输出。

4. 传感器测试实验

传感器测试实验需要在不连接动力部件的前提下进行。将四旋翼无人机静态放置几种姿态，随机转动数次，在 PFD（飞行主显示器）选项卡观察是否显示姿态和实际姿态之间有明显错误，也可以使用工具中的 Real-time Plotter 更好地观察四旋翼无人机的姿态曲线。

在户外开阔地测试 GPS 接收机是否正常工作，在图 6-2 所示的 GPS 选项卡中可以观察 GPS 接收机搜到的卫星数以及各个卫星信号的强度，在 GCS 地图区加载地图比较飞行器实际位置和地图区显示的位置是否有明显错误。

根据解算的姿态和高度数据中的噪声情况，可以适当调整滤波器中的相应参数。不同的滤波器算法，可调整的参数也不同，如互补滤波器可调整的参数为 K_p。卡尔曼滤波可调整的参数为 R 和 Q（通常调整 R 即可）。一般认为，滤除的噪声效果越好，快速性越差，信号滞后越大，因此在调整滤波系数时要结合具体硬件的噪声情况、传感器的采样时间、控制回路总体信号滞后情况等多方面因素综合考虑。另外，在静态测试条件下的信噪情况也与动态飞行过程中有所不同，动态飞行过程中的噪声通常要更为严重。目前，Paparazzi 中关于滤波器参数的调整需要通过改写代码中相应的设置量,并且重新编译、下载实现。

5. 动力部件测试实验

动力部件的测试实验需要在之前的各项测试实验均没有问题的前提下进行。首先确定无刷电机、螺旋桨的硬件安装是否牢固可靠,然后通过遥控器控制模式的三段开关将四旋翼无人机设置为手动模式,接着通过遥控器两段的停车开关将动力部件设置为非停车状态,GCS 的"Strip 区"显示状态信息如图 6-23 所示。

通过地面站 GCS 显示的飞行器反馈回来的状态信息确定之前的操作无误后,对四旋翼的动力部件"解锁"。

对四旋翼的动力部件"解锁"的方法有以下两种。

① 通过遥控器"解锁"。将遥控器的油门摇杆拨到最小,然后将偏航摇杆拨到最大或最小的极限位置,并保持至少 1s 的时间,释放偏航摇杆到中位后动力部件"解锁"。

② 使用地面站 GCS"解锁"。首先将遥控器的油门设置到最小,然后执行飞行计划选项卡(Flight Plan 选项卡)中的 Start Engien 任务,也能够实现动力部件的"解锁"。

动力部件"解锁"后在 GCS 窗口"Strip 区"的 Throttle 状态条显示颜色会由"锁定"状态的红色变为"解锁"状态的橘黄色。

另外,如果在"解锁"状态时通过遥控器的停车开关令飞行器进入停车状态,当再次回到非停车状态时,不会自动回到"解锁"状态,需要再次执行"解锁"的操作才会再次"解锁"。

完成动力部件"解锁"后,在手动模式下,通过遥控器的油门摇杆缓慢增加油门量到适当位置,令无刷电机带动螺旋桨以尽量低的转速转动,观察螺旋桨的旋转方向是否和机身配置文件中的一致,观察螺旋桨的旋转方向是否和正反螺旋桨匹配(即确保螺旋桨的旋转方向使其产生向上拉力的方向)。

如果需要调整无刷电机的旋转方向或正反螺旋桨的问题,一定不要在"解锁"状态下调整,因为即使是手动模式,自动驾驶仪也会进行姿态的控制,一旦在"解锁"状态下四旋翼无人机的姿态发生变化,自动驾驶仪会命令动力部件进行调整。因此,在调整动力部件前应首先通过遥控器的两段停车开关使其处于停车状态,然后关断电池的供电再进行动力部件的调整。

6. 控制律定性测试实验

控制律定性测试实验主要定性地测试控制律是否是负反馈、控制力度如何。将四旋翼无人机加电,并设置为停车状态,控制模式为手动模式,用手握紧四旋翼无人机底座模拟飞行器悬停状态,并仔细观察螺旋桨旋转时是否会碰到自己,确保身体所有的部位都没有位于螺旋桨桨盘范围内,然后关闭停车状态并"解锁"。缓慢推动油门摇杆到适当位置,使螺旋桨以很低的速度旋转。小幅度改变四旋翼无人机的滚转、俯仰和偏航,凭手感判断四旋翼对姿态的调整力量,验证配置文件的正确性。整个过程中要注意自身安全。

自动驾驶仪任何一个姿态的控制出现了正反馈的问题,通常都是由于实际旋转方向和机身配置文件不一致造成的。

10.6 实际飞行实验

如果静态实验没有问题,就可以进行实际飞行实验。

特别注意:实际飞行实验前一定要熟悉空域和无线电等相关法律规定,远离禁飞区域,远离机场、高速公路人群等,遵守相关法律规定。

实际飞行实验前一定要事先熟悉飞行计划中各个任务的功能,可以首先在 Paparazzi Center 中使用软件模拟器熟悉 GCS 的各种操作,关于软件模拟部分可以参考 6.2.5 节。

在实际飞行实验中一定要等到 GPS 能够正常定位再进行后续实验。首次飞行尽量选择无风的天气进行,且不宜飞行过高,保持在 5～10m 即可。如果飞行经验不足,在实际飞行实验中出现问题要尽快停车,其他操作会使情况变得更糟。

实际飞行实验可以分成以下几个部分依次进行。

1. MANUAL(手动)模式飞行

通过遥控器上的三段开关将"解锁"后的四旋翼无人机状态设置为 MANUAL 模式,缓慢推动油门摇杆直至四旋翼无人机离开地面,将飞行器控制在 0.3m 左右,注意控制其飞行轨迹,观察姿态控制的稳定情况。如果姿态控制稳定情况不好,可以使用试凑法调整姿态环 PID 控制器参数,或使用第 9 章的方式调整姿态环 PID 控制器参数。

2. AUTO1 模式飞行

AUTO1 模式默认设置为了 AP_MODE_HOVER_Z_HOLD,即悬停模式,参考 7.1.9 节。在手动飞行时,如果观察到飞行器姿态比较稳定,可以通过遥控器三段开关切换到该模式。该模式会使四旋翼无人机悬停在空中,悬停的位置是切换到该模式时四旋翼无人机当时所处的水平位置和高度,在该模式中只有偏航是可以通过遥控器操作的。

注意：该模式中油门的位置是控制器油门的最大量,参考 7.1.9 节。

该模式的飞行需要在 GPS 信号良好的环境进行,如果四旋翼无人机水平位置或高度在该模式出现了较大的波动,应立即停飞,并调整水平通路和垂直通路的控制器参数。调整方法可以使用试凑法或第 9 章的方法。

3. AUTO2 模式飞行

如果 AUTO1 模式中四旋翼无人机能够长时间稳定,一般而言 AUTO2 模式的飞行也没有太大的问题。

AUTO2 模式可以通过 GCS 实现四旋翼无人机的自动起飞、自动降落和按预设航迹或飞行任务完成飞行。自动起飞和自动降落部分飞行器的起飞和降落的速度不宜过快,应首先尝试简单的飞行计划,而后再尝试复杂的飞行计划。

注意：该模式中油门的位置是控制器油门的最大量,参考 7.1.9 节。在实验中要注意飞行器的控制情况,一旦出现了失控情况要立即停车,如果飞行状态不好,但飞行器仍旧是受控状态,可以选择立即降落。

小结

本章在前面各章节的基础上,利用常见的硬件搭建一种普通的、常规布局的四旋翼无人机,重点介绍整个构建过程的步骤,其中涉及的一些细节部分这里没有展开详述,若要详细理解某些过程的意义,可以参考相关章节。

本章的知识要点包括以下内容。

• 基于 Paparazzi 开发四旋翼无人机的主要步骤。

① 四旋翼无人机硬件选型和组装。

② 设定四旋翼无人机的机身配置文件、机身配置文件、飞行计划设置文件、可调参数设置文件、遥控器设置文件和遥测信息设置文件。

③ 四旋翼无人机静态实验。

④ 四旋翼无人机实际飞行实验。

• 硬件、软件和配置文件之间要相互匹配。

• 估计滤波算法和控制器算法的参数整定是关系四旋翼性能的关键因素之一。在不更换估计滤波算法和控制器算法的情况下,估计滤波算法和控制器算法的参数整定是软件算法部分最复杂、最核心的工作。

• 实验中要时刻注意安全问题。

• 实际飞行实验要遵守相关法律规定。

附录A

气压高度测量

四旋翼无人机的垂直线运动测量,即高度测量,通常可以由 GPS、气压计和超声波测高模块实现,GPS 测量的高度值没有积累误差,但是精度较差;气压计测量的高度值精度要比GPS 好很多,理论上能达到分米级,但是受阵风或螺旋桨气流影响较大,干扰噪声也较大,而且受气象环境影响长期稳定性较差,不过对于四旋翼无人机短时间的飞行一般没有什么影响;超声波测高的精度较高,可以达到厘米级,但是测量范围较小,一般在 10m 以内。

在 Paparazzi 中能够根据气压传感器,如 BMP085、MS5611 等,得到当前的气压值,这部分代码一般位于 sw/airborne/peripherals 中,可以参考相应芯片的手册分析其对应的代码,Paparazzi 支持的各类外设较多,此处不再详述。

由气压传感器测量得到气压值后还需要转换为海拔高度值,在标准大气压下定义了大气压与海拔高度的关系,即

$$p = p_0 \left(1 - \frac{Lh}{T_0}\right)^{\frac{gM}{RL}} \tag{A-1}$$

式中 p——海拔高度为 h 处的大气压强;

其他各常数如表 A-1 所列。

表 A-1   大气压与海拔高度关系中的常数

常数	名　　称	值	单　　位
p_0	海平面标准大气压强	101325	Pa
L	温度递减率	0.0065	K/m
c_p	定压比热容	约 1007	J/(kg · K)
T_0	海平面标准温度	288.15	K
g	海平面标准重力加速度	9.80655	m/s²
M	干燥空气的摩尔质量	0.0289644	kg/mol
R	通用气体常数	8.31447	J/(mol · K)

对于干燥空气而言,存在 $L \approx g/c_p$ 的等式,因此式(A-1)可近似为

$$p \approx p_0 \left(1 - \frac{gh}{c_p T_0}\right)^{\frac{c_p M}{RL}} \tag{A-2}$$

对式(A-1)展开泰勒级数,可得

$$p = p_0 \left(1 - \frac{Lh}{T_0}\right)^{\frac{gM}{RL}}$$

$$= p_0 \exp\left(\frac{gM}{RL} \ln\left(1 - \frac{Lh}{T_0}\right)\right)$$

$$= p_0 \exp\left(\frac{gM}{RL}\left(-\frac{Lh}{T_0} - \frac{\left(\frac{Lh}{T_0}\right)^2}{2} - \cdots\right)\right)$$

$$\approx p_0 \exp\left(-\frac{gMh}{RT_0}\right) \tag{A-3}$$

由式(A-1)和式(A-3)可得海拔高度的计算公式为

$$h = \left(1 - \left(\frac{p}{p_0}\right)^{\frac{RL}{gM}}\right)\frac{T_0}{L} \tag{A-4}$$

$$h \approx \frac{RT_0 \ln\frac{p_0}{p}}{gM} \tag{A-5}$$

若将式(A-4)和式(A-5)中的海平面标准大气压强 p_0 置换为起飞点的气压值,则计算出的 h 为相对于起飞点的相对海拔高度。

关于气压和高度相互转换的公式实现位于 sw/airborne/math/pprz_isa.h 文件中,该文件代码如下:

```
/**
 * @file math/pprz_isa.h
 * @brief Paparazzi atmospheric pressure conversion utilities
 *
 * Conversion functions are use to approximate altitude
 * from atmospheric pressure based on the standard model
 * and the International Standard Atmosphere (ISA)
 *
 * http://en.wikipedia.org/wiki/Atmospheric_pressure
 * http://en.wikipedia.org/wiki/International_Standard_Atmosphere
 *
 * @addtogroup math
 * @{
 * @addtogroup math_isa International Standard Atmosphere utilities
 * @{
 */

#ifndef PPRZ_ISA_H
#define PPRZ_ISA_H

#ifdef __cplusplus
```

```
extern "C" {
#endif

#include "std.h"
#include <math.h>

// Standard Atmosphere constants
/** ISA sea level standard atmospheric pressure in Pascal */
#define PPRZ_ISA_SEA_LEVEL_PRESSURE 101325.0
/** ISA sea level standard temperature in Kelvin */
#define PPRZ_ISA_SEA_LEVEL_TEMP 288.15
/** temperature laps rate in K/m */
#define PPRZ_ISA_TEMP_LAPS_RATE 0.0065
/** earth-surface gravitational acceleration in m/s^2 */
#define PPRZ_ISA_GRAVITY 9.80665
/** universal gas constant in J/(mol*K) */
#define PPRZ_ISA_GAS_CONSTANT 8.31447
/** molar mass of dry air in kg/mol */
#define PPRZ_ISA_MOLAR_MASS 0.0289644
/** universal gas constant / molar mass of dry air in J*kg/K */
#define PPRZ_ISA_AIR_GAS_CONSTANT (PPRZ_ISA_GAS_CONSTANT/PPRZ_ISA_MOLAR_MASS)
/** standard air density in kg/m^3 */
#define PPRZ_ISA_AIR_DENSITY 1.225

static const float PPRZ_ISA_M_OF_P_CONST = (PPRZ_ISA_AIR_GAS_CONSTANT * PPRZ_ISA_SEA_LEVEL
      _TEMP / PPRZ_ISA_GRAVITY);

/**
 * Get absolute altitude from pressure (using simplified equation).
 * Referrence pressure is standard pressure at sea level
 *
 * @param pressure current pressure in Pascal (Pa)
 * @return altitude in m in ISA conditions
 */
static inline float pprz_isa_altitude_of_pressure(float pressure)
{
  if (pressure > 0.) {
    return (PPRZ_ISA_M_OF_P_CONST * logf(PPRZ_ISA_SEA_LEVEL_PRESSURE / pressure));
  } else {
    return 0.;
  }
}

/**
 * Get relative altitude from pressure (using simplified equation).
 * Given the current pressure and a reference pressure (at height=0),
 * calculate the height above the reference in meters.
 * If you pass QNH as reference pressure, you get the height above sea level.
 * Using QFE as reference pressure, you get height above the airfield.
 *
 * @param pressure current pressure in Pascal (Pa)
```

```
  * @param ref_p reference pressure (QFE) when height = 0 or QNH at sea level
  * @return height in m above reference in ISA conditions
  */
static inline float pprz_isa_height_of_pressure(float pressure, float ref_p)
{
  if (pressure > 0. && ref_p > 0.) {
    return (PPRZ_ISA_M_OF_P_CONST * logf(ref_p / pressure));
  } else {
    return 0.;
  }
}


/*
  * Get pressure in Pa from absolute altitude (using simplified equation).
  *
  * @param altitude current absolute altitude in meters
  * @return static pressure in Pa at given altitude in ISA conditions
  */
static inline float pprz_isa_pressure_of_altitude(float altitude)
{
  return (PPRZ_ISA_SEA_LEVEL_PRESSURE * expf((-1. / PPRZ_ISA_M_OF_P_CONST) * altitude));
}


/**
  * Get pressure in Pa from height (using simplified equation).
  *
  * @param height current height over reference (relative altitude) in meters
  * @param ref_p reference pressure (QFE or QNH) when height = 0
  * @return static pressure in Pa at given height in ISA conditions
  */
static inline float pprz_isa_pressure_of_height(float height, float ref_p)
{
  return (ref_p * expf((-1. / PPRZ_ISA_M_OF_P_CONST) * height));
}


/**
  * Get relative altitude from pressure (using full equation).
  * Given the current pressure and a reference pressure (at height = 0),
  * calculate the height above the reference in meters.
  * If you pass QNH as reference pressure, you get the height above sea level.
  * Using QFE as reference pressure, you get height above the airfield.
  *
  * @param pressure current pressure in Pascal (Pa)
  * @param ref_p reference pressure (QFE or QNH) in Pa
  * @return height above reference in m in ISA conditions
  */
static inline float pprz_isa_height_of_pressure_full(float pressure, float ref_p)
{
  if (ref_p > 0.) {
    const float prel = pressure / ref_p;
```

```
        const float inv_expo = PPRZ_ISA_GAS_CONSTANT * PPRZ_ISA_TEMP_LAPS_RATE /
                        PPRZ_ISA_GRAVITY / PPRZ_ISA_MOLAR_MASS;
        return (1 - powf(prel, inv_expo)) * PPRZ_ISA_SEA_LEVEL_TEMP / PPRZ_ISA_TEMP_LAPS_RATE;
    } else {
        return 0.;
    }
}


/**
 * Get reference pressure (QFE or QNH) from current pressure and height.
 * (using full equation)
 *
 * @param pressure current pressure in Pascal (Pa)
 * @param height height above referece (sea level for QNH, airfield alt for QFE) in m
 * @return reference pressure at height = 0 in Pa
 */
static inline float pprz_isa_ref_pressure_of_height_full(float pressure, float height)
{
    //Trel = 1 - L * h/T0;
    const float Trel = 1.0 - PPRZ_ISA_TEMP_LAPS_RATE * height / PPRZ_ISA_SEA_LEVEL_TEMP;
    const float expo = PPRZ_ISA_GRAVITY * PPRZ_ISA_MOLAR_MASS / PPRZ_ISA_GAS_CONSTANT / PPRZ_
                    ISA_TEMP_LAPS_RATE;
    return pressure / pow(Trel, expo);
}


#ifdef __cplusplus
} /* extern "C" */
#endif

#endif /* PPRZ_ISA_H */
/** @} */
/** @} */
```

在以上代码中，有以下几点说明。

函数 pprz_isa_altitude_of_pressure(float pressure)对应式（A-5），且式中的 p_0 为海平面标准大气压强。

函数 pprz_isa_height_of_pressure(float pressure，float ref_p)也对应式（A-5），且式中的 p_0 为参考点（通常为起飞点）的大气压强。

函数 pprz_isa_pressure_of_altitude(float altitude)也对应式（A-3），且式中的 p_0 为海平面标准大气压强。

函数 pprz_isa_pressure_of_height(float height，float ref_p)对应式（A-3），且式中的 p_0 为参考点（通常为起飞点）的大气压强。

函数 pprz_isa_height_of_pressure_full(float pressure，float ref_p)对应式（A-4），且式中的 p_0 为参考点（通常为起飞点）的大气压强。

函数 pprz_isa_ref_pressure_of_height_full(float pressure，float height)对应式（A-1），且式中的 p_0 为参考点（通常为起飞点）的大气压强。

附录B

Paparazzi四旋翼无人机的代码树

Paparazzi 不仅支持固定翼飞行器,而且还支持多旋翼飞行器;支持的硬件包括多种飞控板、CPU 构架和传感器;即便是同一种配置的硬件也有多种可选的配置。因此,Paparazzi 的源代码很庞大,针对某个具体的实现仅会用到其中部分源代码,依靠其工程文件所设定的选项进行编译链接,而这部分代码和其他代码处于同一个代码树下,这就给代码的阅读和修改带来了很大的困扰。例如,Paparazzi 的姿态稳定算法可以 4 种不同的模式,在一个具体的实现中一旦设定了其姿态稳定算法的模式,在对工程构建时会选择不同的文件进行编译链接,而这些文件对外接口的宏定义是相同的,如果直接对 sw 目录使用 doxygen、cscope 或 ctag 阅读代码时,对同一个函数就会出现多处定义的现象。

为此可以利用工程文件中的信息,将构建过程中用到的所有 C 文件以及头文件单独复制到一个文件夹中,方便代码的阅读和修改。此功能可由 Shell 文件实现,代码如下:

```
#!/bin/bash -
#作者:苏立军
#运行方法:
#将本程序放置在与 paparazzi 文件夹同一路径下,
#运行  ./creat_src_tree_cn.sh [AP_NAME]
# AP_NAME 为欲构建源代码树的工程名字,如 Bixler
#若不带参数,则会生成所有构建(Build)过 AP 的工程源代码树
PWD = 'pwd'
# PAPARAZZI_HOME = $ PWD/paparazzi
PAPARAZZI_SRC = $ PWD/paparazzi
echo $ PAPARAZZI_SRC

AP_LIST = 'ls ./paparazzi/var/aircrafts'
mkdir - p source_tree

for AP_NAME in $ AP_LIST
do
```

```
      if [ - z " $ 1" ] || [ " $ 1" = " $ AP_NAME" ]
      then
      mkdir - p source_tree/ $ AP_NAME

      AP_DIR = $ PAPARAZZI_SRC/var/aircrafts/ $ AP_NAME/ap

      echo "Begin creat $ AP_NAME source tree........"

      # 依据编译时的依赖文件,建立 .c .h 文件列表
      # 处理.c 和.h 文件列表中的路径问题
      # 依据.c 和.h 文件列表建立代码树
      if [ - d $ AP_DIR ]
      then find $ AP_DIR - name ' * .d' - print | xargs cat | \
          sed - e 's/ /\n/g'                                    | \
          sed - e 's/\\//'                                      | \
          sed - e 's/^//'                                       | \
          sed - n - e '/\.[ch]/p'                               | \
          sort | uniq                                           | \
          sed - e '/^ $ /d'                                     | \
          sed - e 's:^\.\.:paparazzi/sw:'                       | \
          sed - e "s: $ PWD/::"                                 | \
          sed - e ':/usr:d'                                     | \
          sed - e 's/\(. * \):/\1/'                             | \
          sed - e 's:^:paparazzi/sw/airborne/:'                 | \
          sed - e 's:paparazzi/sw/airborne/paparazzi/:paparazzi/:' | \
          sort | uniq                                           | \
          xargs - i cp -- parents {} "source_tree/ $ AP_NAME/"
          echo "Creating $ AP_NAME source tree is OK!"
          echo ""
  else echo "没有找到  $ AP_DIR 文件夹!"
          echo "Maybe you set $ AP_NAME target is not ap"
          echo ""
          continue
      fi
    fi
done
```

附录C

乘性扩展卡尔曼滤波

Paparazzi 航姿参考系统中浮点型的基于四元数的卡尔曼方法使用了乘性扩展卡尔曼滤波（MEKF）[①]。乘性扩展卡尔曼滤波和不同的加性扩展卡尔曼滤波相似，在加性扩展卡尔曼滤波中用于卡尔曼滤波计算的偏差是相减得到的，即

$$\Delta x = x - \hat{x} \tag{C-1}$$

而乘性卡尔曼滤波中用于卡尔曼滤波计算的偏差是相除得到的，即

$$\Delta x = \frac{x}{\hat{x}} \tag{C-2}$$

关于扩展卡尔曼滤波和四元数的基础知识可以参考 5.5.9 节和 4.5 节。

C.1 四元数的乘性偏差

设 q 是描述 IMU 模块真实姿态的四元数，$\hat{q}$ 是该四元数的估计值，则估计误差 δq 可以表示为

$$\begin{cases} q = \hat{q} \otimes \delta q \\ \delta q = \hat{q}^{-1} \otimes q \end{cases} \tag{C-3}$$

四元数 q 可表示为

$$q = \begin{bmatrix} q_i \\ \vec{q} \end{bmatrix} \tag{C-4}$$

式中　q_i——四元数 q 的标量部分；

　　　$\vec{q}$——四元数 q 的矢量部分。

　　　$\hat{q}$ 和 δq 也可以表示为类似形式。

---

① 在 Paparazzi 工程中这一算法称为 Multiplicative Linearized Kalman Filter in quaternion formulation，简称为 mlkf。

C.2 陀螺仪的数学模型

角速率的测量由陀螺仪实现，由 Farrenkopf 的陀螺仪数学模型可知，陀螺仪的实际输出 $\boldsymbol{\omega}_{\text{gyro}}$ 与真实角速率的关系为

$$\boldsymbol{\omega}_{\text{gyro}} = \boldsymbol{\omega} + \boldsymbol{b} + \boldsymbol{\eta}_1 \tag{C-5}$$

式中　$\boldsymbol{b}$——陀螺仪的漂移偏差；

　　　$\boldsymbol{\eta}_1$——漂移噪声，是均值为零的高斯白噪声，即

$$\begin{cases} \text{E}(\boldsymbol{\eta}_1(t)) = \boldsymbol{0} \\ \text{E}(\boldsymbol{\eta}_1(t)\boldsymbol{\eta}_1(\tau)^{\text{T}}) = \boldsymbol{Q}_1(t)\delta(t-\tau) \end{cases}$$

陀螺仪的漂移偏差 $\boldsymbol{b}$ 一般不是静态常量，而是由另一个高斯白噪声驱动的变量，即

$$\frac{\text{d}}{\text{d}t}\boldsymbol{b}(t) = \boldsymbol{\eta}_2(t) \tag{C-6}$$

式中　$\boldsymbol{\eta}_2$——均值为零的高斯白噪声，有

$$\begin{cases} \text{E}(\boldsymbol{\eta}_2(t)) = \boldsymbol{0} \\ \text{E}(\boldsymbol{\eta}_2(t)\boldsymbol{\eta}_2(\tau)^{\text{T}}) = \boldsymbol{Q}_2(t)\delta(t-\tau) \end{cases}$$

$\boldsymbol{\eta}_1$ 和 $\boldsymbol{\eta}_2$ 这两个高斯白噪声是不相关的。

式(C-6)就是陀螺仪的漂移偏差的状态方程。

C.3 角速率的估计偏差

设 IMU 坐标系相对本地坐标系的旋转角速率在 IMU 坐标系中的坐标为

$$\boldsymbol{\omega} = [\boldsymbol{\omega}_{\text{imu}\to\text{ltp}}]_{\text{imu}} = \begin{bmatrix} \boldsymbol{\omega}_x \\ \boldsymbol{\omega}_y \\ \boldsymbol{\omega}_z \end{bmatrix} \tag{C-7}$$

若将 $\boldsymbol{\omega}$ 视为零标四元数，为了便于叙述将其记为

$$\dot{\boldsymbol{\omega}} = \begin{bmatrix} 0 \\ \boldsymbol{\omega} \end{bmatrix} \tag{C-8}$$

将角速率的估计偏差定义为加性偏差，即

$$\begin{cases} \delta\boldsymbol{\omega} = \boldsymbol{\omega} - \hat{\boldsymbol{\omega}} \\ \delta\dot{\boldsymbol{\omega}} = \dot{\boldsymbol{\omega}} - \hat{\dot{\boldsymbol{\omega}}} \end{cases} \tag{C-9}$$

由式(C-5)可知，式(C-9)中的角速率估计偏差 $\delta\boldsymbol{\omega}$ 为

$$\begin{aligned} \delta\boldsymbol{\omega} &= \boldsymbol{\omega} - \hat{\boldsymbol{\omega}} \\ &= (\boldsymbol{\omega}_{\text{gyro}} - \boldsymbol{b} - \boldsymbol{\eta}_1) - (\boldsymbol{\omega}_{\text{gyro}} - \hat{\boldsymbol{b}}) \\ &= -(\boldsymbol{b} - \hat{\boldsymbol{b}}) - \boldsymbol{\eta}_1 \\ &= -\delta\boldsymbol{b} - \boldsymbol{\eta}_1 \end{aligned} \tag{C-10}$$

C. 4 四元数偏差的状态方程

由式(4-132)可知,以四元数描述的相对运动的方程可以表示为式(C-11)的形式,即

$$\frac{\mathrm{d}}{\mathrm{d}t}\boldsymbol{q} = \frac{1}{2}\boldsymbol{q} \otimes \dot{\boldsymbol{\omega}}\frac{\mathrm{d}}{\mathrm{d}t}\hat{\boldsymbol{q}}$$

$$= \frac{1}{2}\hat{\boldsymbol{q}} \otimes \hat{\boldsymbol{\omega}} \tag{C-11}$$

由式(C-3)估计误差的定义可以得到估计误差的表达式为

$$\frac{\mathrm{d}}{\mathrm{d}t}\delta\boldsymbol{q} = \frac{\mathrm{d}}{\mathrm{d}t}(\hat{\boldsymbol{q}}^{-1} \otimes \boldsymbol{q})$$

$$= \frac{\mathrm{d}}{\mathrm{d}t}(\hat{\boldsymbol{q}}^{-1}) \otimes \boldsymbol{q} + \hat{\boldsymbol{q}}^{-1} \otimes \frac{\mathrm{d}}{\mathrm{d}t}(\boldsymbol{q}) \tag{C-12}$$

由于

$$\hat{\boldsymbol{q}}^{-1} \otimes \hat{\boldsymbol{q}} = 1 \tag{C-13}$$

故

$$\frac{\mathrm{d}}{\mathrm{d}t}(\hat{\boldsymbol{q}}^{-1} \otimes \hat{\boldsymbol{q}}) = 0 \tag{C-14}$$

展开后可得

$$\frac{\mathrm{d}}{\mathrm{d}t}(\hat{\boldsymbol{q}}^{-1}) \otimes \hat{\boldsymbol{q}} + \hat{\boldsymbol{q}}^{-1} \otimes \frac{\mathrm{d}}{\mathrm{d}t}(\hat{\boldsymbol{q}}) = 0 \tag{C-15}$$

等式变换后可得

$$\frac{\mathrm{d}}{\mathrm{d}t}(\hat{\boldsymbol{q}}^{-1}) = -\hat{\boldsymbol{q}}^{-1} \otimes \frac{\mathrm{d}}{\mathrm{d}t}(\hat{\boldsymbol{q}}) \otimes \hat{\boldsymbol{q}}^{-1} \tag{C-16}$$

利用式(C-16)、式(C-11)和式(C-9),可以将式(C-12)进一步变换为

$$\frac{\mathrm{d}}{\mathrm{d}t}\delta\boldsymbol{q} = \frac{\mathrm{d}}{\mathrm{d}t}(\hat{\boldsymbol{q}}^{-1} \otimes \boldsymbol{q})$$

$$= \frac{\mathrm{d}}{\mathrm{d}t}(\hat{\boldsymbol{q}}^{-1}) \otimes \boldsymbol{q} + \hat{\boldsymbol{q}}^{-1} \otimes \frac{\mathrm{d}}{\mathrm{d}t}(\boldsymbol{q})$$

$$= \left(-\hat{\boldsymbol{q}}^{-1} \otimes \frac{\mathrm{d}}{\mathrm{d}t}(\hat{\boldsymbol{q}}) \otimes \hat{\boldsymbol{q}}^{-1}\right) \otimes \boldsymbol{q} + \hat{\boldsymbol{q}}^{-1} \otimes \frac{\mathrm{d}}{\mathrm{d}t}(\boldsymbol{q})$$

$$= \left(-\hat{\boldsymbol{q}}^{-1} \otimes \frac{1}{2}\hat{\boldsymbol{q}} \otimes \hat{\hat{\boldsymbol{\omega}}} \otimes \hat{\boldsymbol{q}}^{-1}\right) \otimes \boldsymbol{q} + \hat{\boldsymbol{q}}^{-1} \otimes \frac{1}{2}\boldsymbol{q} \otimes \dot{\boldsymbol{\omega}}$$

$$= \frac{1}{2}(\delta\boldsymbol{q} \otimes \dot{\boldsymbol{\omega}} - \hat{\hat{\boldsymbol{\omega}}} \otimes \delta\boldsymbol{q})$$

$$= \frac{1}{2}(\delta\boldsymbol{q} \otimes (\hat{\hat{\boldsymbol{\omega}}} + \delta\dot{\boldsymbol{\omega}}) - \hat{\hat{\boldsymbol{\omega}}} \otimes \delta\boldsymbol{q})$$

$$= \frac{1}{2}(\delta\boldsymbol{q} \otimes \hat{\hat{\boldsymbol{\omega}}} - \hat{\hat{\boldsymbol{\omega}}} \otimes \delta\boldsymbol{q}) + \frac{1}{2}\delta\boldsymbol{q} \otimes \delta\dot{\boldsymbol{\omega}} \tag{C-17}$$

令 $\delta\boldsymbol{q}$ 的标量 $\delta q_i = 1$,利用式(4-94)所示的四元数乘法公式将式(C-17)展开后可得

$$\frac{\mathrm{d}}{\mathrm{d}t}\begin{bmatrix}\delta q_i \\ \overrightarrow{\delta\boldsymbol{q}}\end{bmatrix} = \frac{1}{2}\left(\begin{bmatrix}\delta q_i \\ \overrightarrow{\delta\boldsymbol{q}}\end{bmatrix} \otimes \begin{bmatrix}0 \\ \hat{\boldsymbol{\omega}}\end{bmatrix} - \begin{bmatrix}0 \\ \hat{\boldsymbol{\omega}}\end{bmatrix} \otimes \begin{bmatrix}\delta q_i \\ \overrightarrow{\delta\boldsymbol{q}}\end{bmatrix}\right) + \frac{1}{2}\begin{bmatrix}\delta q_i \\ \overrightarrow{\delta\boldsymbol{q}}\end{bmatrix} \otimes \begin{bmatrix}0 \\ \delta\boldsymbol{\omega}\end{bmatrix}$$

$$= \frac{1}{2}\left(\begin{bmatrix} -\vec{\delta q} \cdot \hat{\boldsymbol{\omega}} \\ \delta q_i \hat{\boldsymbol{\omega}} + \vec{\delta q} \times \hat{\boldsymbol{\omega}} \end{bmatrix} - \begin{bmatrix} -\hat{\boldsymbol{\omega}} \cdot \vec{\delta q} \\ \delta q_i \hat{\boldsymbol{\omega}} + \hat{\boldsymbol{\omega}} \times \vec{\delta q} \end{bmatrix}\right) + \frac{1}{2}\begin{bmatrix} -\vec{\delta q} \cdot \delta \boldsymbol{\omega} \\ \delta q_i \delta \boldsymbol{\omega} + \vec{\delta q} \times \delta \boldsymbol{\omega} \end{bmatrix}$$

$$= \begin{bmatrix} 0 \\ -\hat{\boldsymbol{\omega}} \times \vec{\delta q} \end{bmatrix} + \frac{1}{2}\begin{bmatrix} -\vec{\delta q} \cdot \delta \boldsymbol{\omega} \\ \delta \boldsymbol{\omega} + \vec{\delta q} \times \delta \boldsymbol{\omega} \end{bmatrix} \tag{C-18}$$

忽略式（C-18）中的高阶项，得到式（C-19）所示的描述姿态的四元数偏差的状态方程为

$$\begin{cases} \dfrac{\mathrm{d}}{\mathrm{d}t}\delta q_i = 0 \\ \dfrac{\mathrm{d}}{\mathrm{d}t}\vec{\delta q} \approx -\hat{\boldsymbol{\omega}} \times \vec{\delta q} + \dfrac{1}{2}\delta \boldsymbol{\omega} \end{cases} \tag{C-19}$$

C.5　矢量观测模型

加速度计和磁强计测量飞行器姿态的原理类似，都是在本地坐标系中有一个标准的矢量，加速度计和磁强计输出这个标准矢量在 IMU 坐标系中的坐标，不同点在于加速度计测量的是本地重力加速度的矢量，而磁强计则测量的是本地地磁场的矢量。因此，加速度计和磁强计的观测模式是类似的，在此通称为矢量观测模型。

假设矢量观测传感器检测的矢量为本地坐标系中的矢量$[\boldsymbol{r}]_{\mathrm{ltp}}$，则矢量观测传感器的输出$[\boldsymbol{r}]_{\mathrm{imu}}$可以表示为

$$[\boldsymbol{r}]_{\mathrm{imu}} = \boldsymbol{C}_l^i(\hat{\boldsymbol{q}})[\boldsymbol{r}]_{\mathrm{ltp}} + \boldsymbol{v} \tag{C-20}$$

式中　$\boldsymbol{v}$——量测噪声，是均值为零的白噪声，有

$$\begin{cases} \mathrm{E}(\boldsymbol{v}(t)) = \boldsymbol{0} \\ \mathrm{E}(\boldsymbol{v}(t)\boldsymbol{v}(\tau)^{\mathrm{T}}) = \boldsymbol{R}_c(t)\delta(t - \tau) \end{cases}$$

$\boldsymbol{C}_l^i(\hat{\boldsymbol{q}})$——由$\hat{\boldsymbol{q}}$计算得到的坐标转换矩阵$\boldsymbol{C}_l^i$，其计算公式为式（4-112）。

该标准矢量在 IMU 坐标系中的估计输出可以表示为

$$[\hat{\boldsymbol{r}}]_{\mathrm{imu}} = \boldsymbol{C}_l^i(\hat{\boldsymbol{q}})[\boldsymbol{r}]_{\mathrm{ltp}} \tag{C-21}$$

即矢量观测传感器的估计输出为

$$[\hat{\boldsymbol{r}}]_{\mathrm{imu}} = \boldsymbol{h}(\boldsymbol{q}, [\boldsymbol{r}]_{\mathrm{ltp}}) \tag{C-22}$$

C.6　观测矩阵

假设矢量观测传感器与陀螺仪的漂移无关，则观测矩阵可以表示为

$$\boldsymbol{H} = \begin{bmatrix} \boldsymbol{\ell} & \boldsymbol{0} \end{bmatrix} \tag{C-23}$$

式中

$$\boldsymbol{\ell} = \frac{\partial \boldsymbol{h}}{\partial [\hat{\boldsymbol{r}}]_{\mathrm{imu}}}\bigg|_{[\hat{\boldsymbol{r}}]_{\mathrm{imu}}} \frac{\partial [\hat{\boldsymbol{r}}]_{\mathrm{imu}}}{\partial \vec{\delta q}}\bigg|_{\hat{\boldsymbol{q}}^-}$$

$$= \frac{\partial [\hat{\boldsymbol{r}}]_{\mathrm{imu}}}{\partial \vec{\delta q}}\bigg|_{\hat{\boldsymbol{q}}^-}$$

$$= \frac{\partial}{\partial \overrightarrow{\delta q}} \boldsymbol{C}_l^i(\hat{\boldsymbol{q}})[\boldsymbol{r}]_{\text{ltp}}\bigg|_{\hat{\boldsymbol{q}}^-}$$

$$= \frac{\partial}{\partial \overrightarrow{\delta q}} \boldsymbol{C}_l^i(\delta \boldsymbol{q})\boldsymbol{C}_l^i(\hat{\boldsymbol{q}}^-)[\boldsymbol{r}]_{\text{ltp}}\bigg|_{\hat{\boldsymbol{q}}^-}$$

$$= \frac{\partial}{\partial \overrightarrow{\delta q}} \boldsymbol{C}_l^i(\delta \boldsymbol{q})[\hat{\boldsymbol{r}}^-]_{\text{ltp}}\bigg|_{\hat{\boldsymbol{q}}^-} \tag{C-24}$$

由式(4-112)忽略高阶偏差项后,近似可得

$$\boldsymbol{C}_l^i(\delta \boldsymbol{q}) \approx \boldsymbol{I}_{3\times 3} - 2\left[\overrightarrow{\delta q}\right]^\times \tag{C-25}$$

因此,式(C-24)可以近似为

$$\ell \approx 2\left[\hat{\boldsymbol{r}}^-\right]_{\text{imu}}^\times = 2\left[\boldsymbol{C}_l^i(\hat{\boldsymbol{q}}^-)[\boldsymbol{r}]_{\text{ltp}}\right]^\times \tag{C-26}$$

C.7 简化模型系数

如果令 $\delta \boldsymbol{a} = 2\overrightarrow{\delta q}$,则式(C-19)中 1/2 系数可以变为1,即

$$\frac{\mathrm{d}}{\mathrm{d}t}\delta \boldsymbol{a} \approx -\hat{\boldsymbol{\omega}}\times \delta \boldsymbol{a} + \delta \boldsymbol{\omega} \tag{C-27}$$

将式(C-10)代入式(C-27)可得

$$\frac{\mathrm{d}}{\mathrm{d}t}\delta \boldsymbol{a} \approx -\hat{\boldsymbol{\omega}}\times \delta \boldsymbol{a} - \delta \boldsymbol{b} - \boldsymbol{\eta}_1 \tag{C-28}$$

选择 6 个变量构成状态矢量,即

$$\boldsymbol{x} = \begin{bmatrix} \boldsymbol{q} \\ \boldsymbol{b} \end{bmatrix} \tag{C-29}$$

根据扩展卡尔曼滤波(EKF)的思想,式(C-28)和式(C-6)构成了状态矢量增量的状态方程,即

$$\frac{\mathrm{d}}{\mathrm{d}t}\begin{bmatrix} \delta \boldsymbol{a} \\ \delta \boldsymbol{b} \end{bmatrix} = \begin{bmatrix} -[\hat{\boldsymbol{\omega}}]^\times & -\boldsymbol{I}_{3\times 3} \\ \boldsymbol{0} & \boldsymbol{0} \end{bmatrix}\begin{bmatrix} \delta \boldsymbol{a} \\ \delta \boldsymbol{b} \end{bmatrix} + \begin{bmatrix} -\boldsymbol{\eta}_1 \\ \boldsymbol{\eta}_2 \end{bmatrix} \tag{C-30}$$

如果令 $\delta \boldsymbol{a} = 2\overrightarrow{\delta q}$,则系统的观测矩阵式(C-6)中的两系数也会变成1,则关于系统变量增量的观测方程可以表示为

$$[\delta \boldsymbol{r}]_{\text{imu}} = \left[\left[\boldsymbol{C}_l^i(\hat{\boldsymbol{q}}^-)[\boldsymbol{r}]_{\text{ltp}}\right]^\times \quad \boldsymbol{0}\right]\begin{bmatrix} \delta \boldsymbol{a} \\ \delta \boldsymbol{b} \end{bmatrix} + \boldsymbol{v} \tag{C-31}$$

而系统的状态变量由式(C-32)确定,即

$$\begin{cases} \hat{\boldsymbol{q}}^+ = \delta \boldsymbol{q}\hat{\boldsymbol{q}}^- \\ \overrightarrow{\delta q} = \frac{1}{2}\delta \hat{\boldsymbol{a}} \\ \delta q_i = 1 \\ \hat{\boldsymbol{b}}^+ = \hat{\boldsymbol{b}}^- + \delta \boldsymbol{b} \end{cases} \tag{C-32}$$

C.8　离散化状态空间表达式

系统状态变量增量式的状态方程式(C-30)和观测方程式(C-31)是线性连续的数学模型，为了便于在计算机中实现离散化的卡尔曼滤波算法，可以将状态方程式(C-30)和观测方程式(C-31)离散化。

设离散系统采样时间为 T，在采样时间 T 足够小的前提下，线性连续的状态方程式(C-30)和观测方程式(C-31)离散化后可表示为式(C-33)所示的离散的状态空间表达式，即

$$\begin{cases} \begin{bmatrix} \delta a_k \\ \delta b_k \end{bmatrix} = \boldsymbol{\Phi}_{k,k-1} \begin{bmatrix} \delta a_{k-1} \\ \delta b_{k-1} \end{bmatrix} + \boldsymbol{L}_{k-1} \boldsymbol{w}_{k-1} \\ \boldsymbol{y}_k = \boldsymbol{H}_k \begin{bmatrix} \delta a_k \\ \delta b_k \end{bmatrix} + \boldsymbol{v}_k \end{cases} \tag{C-33}$$

式中，

$$\begin{cases} \boldsymbol{\Phi}_{k,k-1} = \exp(AT) \approx \boldsymbol{I} + \boldsymbol{A}T \\ \boldsymbol{A} = \begin{bmatrix} -[\hat{\boldsymbol{\omega}}]^{\times} & -\boldsymbol{I}_{3\times3} \\ \boldsymbol{0} & \boldsymbol{0} \end{bmatrix} \\ \boldsymbol{L}_{k-1} = \exp(AT-I)A^{-1} \approx \boldsymbol{I}T \\ \boldsymbol{w}_{k-1} = \begin{bmatrix} -\boldsymbol{\eta}_1(k-1) \\ \boldsymbol{\eta}_2(k-1) \end{bmatrix} \\ \boldsymbol{\eta}_1(k-1) \sim \mathcal{N}(0,\boldsymbol{Q}_1) \\ \boldsymbol{\eta}_2(k-1) \sim \mathcal{N}(0,\boldsymbol{Q}_2) \\ \boldsymbol{H}_k = \begin{bmatrix} [\hat{\boldsymbol{r}}_{k|k-1}]^{\times}_{\mathrm{imu}} & \boldsymbol{0} \end{bmatrix} = \begin{bmatrix} [\boldsymbol{C}_l^i(\hat{\boldsymbol{q}}_{k|k-1})[\boldsymbol{r}]_{\mathrm{ltp}}]^{\times} & \boldsymbol{0} \end{bmatrix} \\ \boldsymbol{v}_k \sim \mathcal{N}(0,\boldsymbol{R}) \end{cases}$$

C.9　乘性扩展卡尔曼滤波算法

综上所述，总结乘性扩展卡尔曼滤波公式如下。

进行状态预测，有

$$\delta \hat{q}_i = 1 \tag{C-34}$$

$$\delta \hat{\boldsymbol{a}}_{k|k-1} = \boldsymbol{0} \tag{C-35}$$

$$\delta \hat{\boldsymbol{b}}_{k|k-1} = \boldsymbol{0} \tag{C-36}$$

$$\hat{\boldsymbol{q}}_{k|k-1} = \hat{\boldsymbol{q}}_{k-1|k-1} \otimes \begin{bmatrix} \cos(\|\hat{\boldsymbol{\omega}}_k\|T/2) \\ \sin(\|\hat{\boldsymbol{\omega}}_k\|T/2)\dfrac{\hat{\boldsymbol{\omega}}_k}{\|\hat{\boldsymbol{\omega}}_k\|} \end{bmatrix} \tag{C-37}$$

进行误差协方差矩阵预测，有

$$\boldsymbol{P}_{k|k-1} = \boldsymbol{\Phi}_{k|k-1}\boldsymbol{P}_{k-1|k-1}\boldsymbol{\Phi}_{k|k-1}^{\mathrm{T}} + \boldsymbol{L}_{k-1}\boldsymbol{Q}_{k-1}\boldsymbol{L}_{k-1}^{\mathrm{T}} \tag{C-38}$$

进行状态估计，有

$$\delta \hat{\boldsymbol{x}}_{k|k} = \delta \hat{\boldsymbol{x}}_{k|k-1} + \boldsymbol{K}_k \left([\boldsymbol{r}_k]_{\mathrm{imu}} - [\hat{\boldsymbol{r}}_k]_{\mathrm{imu}} \right)$$
$$= \delta \hat{\boldsymbol{x}}_{k|k-1} + \boldsymbol{K}_k \left([\boldsymbol{r}_k]_{\mathrm{imu}} - \boldsymbol{C}_i^i (\hat{\boldsymbol{q}}_{k|k-1}) [\boldsymbol{r}_k]_{\mathrm{ltp}} \right) \tag{C-39}$$

$$\delta \hat{\boldsymbol{x}} = \begin{bmatrix} \delta \hat{\boldsymbol{a}} \\ \delta \hat{\boldsymbol{b}} \end{bmatrix} \tag{C-40}$$

$$\hat{\boldsymbol{b}}_k = \hat{\boldsymbol{b}}_{k-1} + \delta \hat{\boldsymbol{b}}_{k|k} \tag{C-41}$$

$$\hat{\boldsymbol{\omega}}_k = \boldsymbol{\omega}_{\mathrm{gyro}}(k) - \hat{\boldsymbol{b}}_k \tag{C-42}$$

$$\delta \hat{\boldsymbol{q}}_{k|k} = \begin{bmatrix} \delta q_i \\ \overrightarrow{\delta \hat{\boldsymbol{q}}} \end{bmatrix} = \begin{bmatrix} \delta q_i \\ \dfrac{1}{2} \delta \boldsymbol{a} \end{bmatrix} \tag{C-43}$$

$$\hat{\boldsymbol{q}}_{k|k} = \hat{\boldsymbol{q}}_{k|k-1} \otimes \delta \hat{\boldsymbol{q}}_{k|k} \tag{C-44}$$

进行误差协方差矩阵估计,有

$$\boldsymbol{P}_{k|k} = (\boldsymbol{I} - \boldsymbol{K}_k \boldsymbol{H}_k) \boldsymbol{P}_{k|k-1} \tag{C-45}$$

卡尔曼增益为

$$\boldsymbol{K}_k = \boldsymbol{P}_{k|k-1} \boldsymbol{H}_k^{\mathrm{T}} (\boldsymbol{H}_k \boldsymbol{P}_{k|k-1} \boldsymbol{H}_k^{\mathrm{T}} + \boldsymbol{R}_k)^{-1} \tag{C-46}$$

附录D

MATLAB代码

第 9 章中所用的 MATLAB。

D.1 姿态控制器整定

```matlab
% 角运动 beta = 0.3
% 前置滤波 + 前馈 + 反馈 + 被控对象
clear;
s = tf ('s');
% 前置滤波器
wn = 400 * pi/180;
zeta = 0.85;
F = wn^2/(s^2 + 2 * zeta * wn * s + wn^2);
% 被控对象
b = 0.3;
Ta = 0.05;
kx = 0.013;
G = kx/b/s^2/(Ta * s + 1);
% 反馈控制器
% kp = 800 * 12/2;
% kd = 480 * 3;
% ki = 200 * 3 * 512/128/2;
kp = 1000 * 12/2;
kd = 400 * 3;
ki = 200 * 3 * 512/128/2;
Db = kp + kd * s + ki/s;
% 前馈控制器
kdd = 61 * 48/128;
Df = kdd * s^2;
```

```
% 被控对象 Bode
figure (1);
bode (G);
% 反馈 + 被控对象 Bode
figure (2);
bode (G, Db, Db * G);
% 反馈 + 被控对象 step
figure (3);
step (Db * G/(1 + Db * G));
% 变 beta + 反馈 + 被控对象
for b = 0.2:0.1:0.4
    % 变 beta + 反馈 + 被控对象 Bode
    figure (4);
    G = kx/b/s^2/(Ta * s + 1);
    bode (Db * G);
    hold on;
    % 变 beta + 反馈 + 被控对象 step
    figure (5);
    step (Db * G/(1 + Db * G));
    hold on;
end
 b = 0.3;
G = kx/b/s^2/(Ta * s + 1);
% 前馈 + 反馈 + 被控对象
for kdd = [0 ,10, 23, 30]
    Df = kdd * s^2;
    W = (Db + Df) * feedback (G, Db);
    figure (6);
    step (W);
    hold on;
end
kdd = 23;
Df = kdd * s^2;
W = (Db + Df) * feedback (G, Db);
% 前置滤波 + 前馈 + 反馈 + 被控对象
% step
figure (7);
step (F, F * W);
% 闭环 Bode
figure (8);
bode (F, F * W);
% 正弦输入信号
figure (9);
t = 0:0.0001:2;
u = sin(7 * t);
lsim (F, u, t);
hold on;
lsim (F * W, u, t);
```

D.2 水平导航控制器整定

```
% 水平线运动
% 前置滤波 + 前馈 + 反馈 + 被控对象
clear;
s = tf ('s');
% 前置滤波
wn = 67 * pi/180;
zeta = 0.85;

F = wn^2/(s^2 + 2 * zeta * wn * s + wn^2);
% 角运动内环
wn = 400 * pi/180;
zeta = 0.85;
P = wn^2/(s^2 + 2 * zeta * wn * s + wn^2);
g = 9.81;
G = g/s^2 * P;
% 反馈控制器
kx = 2^ - 12;
kp = 50 * 2^2;
kd = 100 * 2^2;
ki = 20 * 2^ - 5;
Db = kx * (kp + kd * s + ki * (kp + kd * s)/s);
% 前馈控制器
kv = 0;
ka = 70 * 2^2;
Df = kx * (kv * s + ka * s^2);
% 闭环传递函数
Wb = Db * feedback (G,Db);
Wbf = (Db + Df) * feedback (G,Db);

% 被控对象 Bode
figure (1);
bode (G);
% 反馈 + 被控对象 Bode
figure (2);
bode (G,Db,Db * G);
% 反馈 + 被控对象 step
figure (3);
step (Db * G/(1 + Db * G));
% 修改反馈控制器
figure (4);
bode (G,Db * G);
hold on;
figure (5);
step (Wb);
hold on;
kp = 10 * 2^2;
kd = 100 * 2^2;
```

```
ki = 10 * 2^ - 5;
Db = kx * (kp + kd * s + ki * (kp + kd * s)/s);
 % 修改闭环传递函数
Wb = Db * feedback (G, Db);
Wbf = (Db + Df) * feedback (G, Db);
figure (4);
bode (Db * G);
hold on;
figure (5);
step (Wb);
hold on;
 % 前馈 + 反馈 + 被控对象
figure (6);
step (Wb, Wbf);
 % 前置滤波 + 前馈 + 反馈 + 被控对象
figure (7);
step (F, Wbf, F * Wbf);
```

D. 3　垂直方向控制器整定

```
 % 垂直线运动
 % 前置滤波 + 前馈 + 反馈 + 被控对象
clear; s = tf ('s');
 % 被控对象
m = 1.24;
g = 9.81;
b = 0.3;
Ta = 0.05;
G = g/b/(Ta * s + 1)/s^2;
 % 反馈控制器 kx =
1/9600; kp =
150 * 2; kd =
80 * 2^3; ki =
20 * 2;
Db = kx * (kp + kd * s + ki/s);
 % 前馈控制器
Df = kx * b/kx/g * s^2;
 % 前置滤波器
wn = 100 * pi/180;
zeta = 0.85;
F = wn^2/(s^2 + 2 * zeta * wn * s + wn^2);
 % 闭环传递函数
Wb = Db * G/(1 + Db * G);
Wbf = (Df + Db) * G/(1 + Db * G);
Wnb = 1/s^2/(1 + Db * G);

 % 开环 Bode 图
figure (1);
bode (G);
```

```
% 反馈 + 被控对象
figure (2);
bode (G, Db, Db * G);
figure (3);
step (Wb);
% 修改反馈控制器
figure (4);
bode (G, Db * G);
hold on;
figure (5);
step (Wb);
hold on;
figure (6);
step (Wnb);
hold on;
figure (7);
impulse (Wnb);
hold on;
kp = 400 * 2;
kd = 120 * 2^3;
ki = 80 * 2;
Db = kx * (kp + kd * s + ki/s);
% 闭环传递函数
Wb = Db * G/(1 + Db * G);
Wbf = (Df + Db) * G/(1 + Db * G);
Wnb = 1/s^2/(1 + Db * G);
figure (4);
bode (Db * G);
hold on;
figure (5);
step (Wb);
figure (6);
step (Wnb);
figure (7);
impulse (Wnb);
% 前馈 + 反馈 + 被控对象
figure (8);
step (Wb, Wbf);
% 前置滤波 + 前馈 + 反馈 + 被控对象
figure (9);
step (F, F * Wbf);
figure (10);
bode (F, F * Wbf);
```

附录E

无人机航空摄影

目前,无人机航空摄影(航拍)是无人机的主要应用方向之一,在军用无人机领域,加载了专业成像设备可以实现战场侦察、目标定位和火力引导等功能;在民用无人机领域,可以实现地图测绘、电力巡检、灾情检查和航拍等功能;在消费级无人机领域,可以进行个人航拍。对于个人航拍的应用而言,目前使用较多的无人机设备为四旋翼无人机。

多旋翼无人机操控简单,可实现空中悬停,相当于一个空中三脚架,四旋翼无人机比六旋翼、八旋翼等其他形式的多旋翼无人机体积小、价格低,因此在个人航拍领域应用较多。个人航拍四旋翼无人机产品种类丰富,价格从几百元到几万元不等,其可操作性、飞行速度、最高升限、作业半径、续航时间、飞行平稳性和摄像质量等诸多性能参数也有很大差异,大疆、Parrot等公司有成熟的航拍四旋翼无人机商业产品。

无论是成熟的商业产品,还是个人自制的四旋翼无人机,如果要获得较好的摄像质量,任务载荷均是较高且需要精心设计的部分。

E.1 任务载荷

四旋翼无人机常见的任务载荷包括光电设备(摄像机、相机)、无线图像传输设备、存储设备和光电稳定平台等。

E.1.1 光电设备

消费级四旋翼无人机的光电设备通常包括可见光摄像机和相机。消费级四旋翼无人机加载的摄像机或相机可分为两大类:一类为体积小、重量轻、价格低的摄像头,一般用于穿越机的第一视角飞行,成像质量较差,需要配合无线图像传输设备(无线图传)一起使用,要求具有较低的传输延迟;另一类主要用于个人航拍,对摄影的画质有较高要求,通常加载运动相机,对飞行器的平稳性要求较高,相机通常安装在光电稳定平台上,一方面可以削弱无人机振动对相机的影响,另一方面可以实现对相机方位角、俯仰角的调整,通常对无线图传的实时性要求不高,但一般要求无线传输的画质能够很好复现相机的成像。消费级四旋翼无人机常用的相机有 GoPro 运动相机系列、大疆系列航拍相机、鹰眼系列和 SJCAM 运动相机系列等。这类相机都有存储功能,其存储的相片或视频的画质不低于传输到地面站影像的画质。

数字摄像头或数字相机的常见参数主要包括以下方面:

感光部件:感光单元是数字摄像的最核心的部分,一般有两种 CCD 和 CMOS 两类部件。CCD 的优点是灵敏度高、噪音小、信噪比大,但是生产工艺复杂、成本高、功耗高,属于高端技术元件,应用技术成熟,成像效果较好,价格较高。CMOS 的优点是集成度高、功耗低、成本低,但噪声比较大、灵敏度较低,通常会采用一些自动增益、自动白平衡、饱和度、对比度增强等影像控制技术,达到接近 CCD 摄像头的效果,一般用于较低品质的产品中。

分辨率:一般指能支持到的最大图像大小,如 640×480(普清)、800×600、1280×720(高清)和 1920×1080(全高清或超清)等。

帧率:一般指在某种色彩空间中最大分辨率下能够支持的最高视频捕获能力。一般摄像头参数视频输出模式有 1080P@30、1080P@25、1080P@24、1080i@60、1080i@50、720P@60 和 720P@50 等,其中 24、25、30、50 和 60(单位为 fps)等表示帧率,对于一般的运动场景,15fps 的帧率人眼已经可以认为是连续运动视频。

色彩空间:摄像头采集数据的存放格式,一般有 YUYV、YV12、NV12 和 MJPEG 等。

焦距:焦距通常是指像方焦距,即从镜头的光学中心(主点)到焦点的距离。当像幅一定时,焦距越短,则像场角越大,越能拍摄更宽广的范围;焦距越长,则像场角越小,越能将远方的物体放大成像。较常见的焦距为 8mm、15mm、24mm、28mm、35mm、50mm、85mm、105mm、135nun、200mm、400mm、600mm 和 1200mm 等。在专业的航空摄影领域,根据焦距一般将航空摄影机分为短焦距摄影机(<150mm)、中焦距摄影机(150~300mm)和长焦距摄影机(>300mm);消费级无人机的相机通常焦距较小。

像场角:不同的应用场合,像场角的定义也不同,通常指物镜的光学中心与像场直径端点的连线所形成的角度。对于选定的相机,像场角取决于相机焦距的大小。

E.1.2 无线图像传输设备

无线图像传输系统简称无线图传或图传,属于无人机的任务载荷部分,负责将无人机任务载荷系统采集的影像实时传输到地面接收设备上,可进行观察、存储及图像处理等后续操作。无线图传主要应用的开放作业载波频段有 430~440MHz、2.4~2.4835GHz、5.15~5.35MHz 和 5.725~5.850GHz 无线电频率。目前,较为常用的是 5.8G 频段,该频段由 WLAN 的 802.1ln/ac 协议支持,可以基于 WLAN 进行组网方式的影像传输。

基于不同的开放频段,无线图传的传输技术体制大致包括模拟传输、数传/网络电台、GSM/GPRS、CDMA、4G、数字微波(大部分为扩频微波)、WLAN(无线网)、COFDM(正交频分复用)等。

模拟图传主要是直接对图像数据模拟信号进行中频调制和 FM 载波调制并传输的方式;数字图传则需要一系列码同步和校验等。模拟图传价格较低,响应速度快,但信号在被遮挡或移动时衰减很大,常见的模拟图传发射机和接收机有 TS832 和 RC832 等。数字图传可以通过增加功率实现较远距离的传输,但数字图传成本较高,通常在高端无人机设备或工业级无人机系统中使用。选择无线图传时要注意其发射功率和传输距离的参数,其传输距离通常是在可以通视的空旷条件下测量的。

E.2　个人航拍基础知识

航空摄影是一种俯视式的摄影方式,与人的视觉习惯有所差异。另外,在航拍过程中即要完成任务负载的操控,又要操控无人机,时刻监控飞行状态,保证飞行安全,有一定的操控压力,因此,需要进行一段时间的练习才能熟练完成航拍操控。

航空摄影比普通摄影增加了高度的变化,是普通摄影在三维空间的延伸。普通摄影的一部分法则同样适用于航空摄影,但也有一些法则在航空摄影中不适用。在进行航拍前应学习普通摄影的相关知识,并根据航空摄影的特殊性完成航拍过程中的构图、背景、光线等相机取景操作。在飞行的无人机上进行取景的操作是比较困难的,应当首先在比较开阔的领域进行练习,以地面静止目标为参照物,在无人机悬停时操纵相机完成取景。

在进行航空摄影之前,首先需要考察航拍地点并且熟知相关法律规定,确保依据相关法律进行无人机飞行。一般而言,航空摄影的操控过程包括以下几个阶段:

(1) 四旋翼无人机完成起飞,并通过遥控或航线飞行方式飞行至预定的航拍区域。

(2) 操控四旋翼无人机或任务载荷搜寻拍摄目标。为了增加搜索范围,可适当升高四旋翼无人机的飞行高度,并扩大视场角(即采用鱼眼模式)。

(3) 搜寻到计划拍摄的目标,操控无人机飞行至适当高度,然后操控任务载荷,调整合适的拍摄角度、焦距、光圈、快门时间和 ISO 值等相机参数,完成取景和摄像的操作。

(4) 拍摄完成后,无人机返航并着陆。

航拍过程中要注意飞行安全问题,关注无人机所在空域边界、四旋翼无人机的姿态平稳性、数据链路的可靠性、各类传感器的有效性以及电池 m 电量,一旦在飞行过程出现故障,应按照应急方案操控无人机,应急方案操通常为返航着陆或在当前位置着陆。

对于摄影,往往还需要针对照片进行后期处理。相对于普通相机,消费级无人机搭载的相机通常感光部件面积较小,动态范围窄,噪点多,而且由于通常使用广角镜头,所以有一些画面畸变。因此航拍照片通常需要进行后期处理,常用的软件有 Lightroom 和 Photoshop等。航拍照片的后期处理通常包括镜头校正、裁剪修齐、色彩校正、色调校正、降噪、锐化、图片拼接和合成等。

总之,若要拍摄出出色的航拍照片,不仅要熟练完成四旋翼无人机的飞行操控,还需要掌握普通摄影的相关知识,以及相片后期处理的软件操作。

参 考 文 献

[1] 杨明志. 四旋翼飞行器自动驾驶仪设计[D]. 南京：南京航空航天大学,2008.

[2] Lim H，Park J，Lee D. Build Your Own Quadrotor：Open-Source Projects on Unmanned Aerial Vehicles[J]. IEEE Robotics & Automation Magazine,2012,19(3)：33-45.

[3] Seddon J，Newman S. 直升机空气动力学基础[M]. 3 版. 王建新,张璇子,吴冠桢,等译. 北京：国防工业出版社,2014.

[4] Dreier E. M. 直升机和倾转旋翼飞行器飞行仿真引论[M]. 孙传伟,孙文胜,刘勇,等译. 北京：航空工业出版社,2012.

[5] Yiu J. ARM Cortex-M3 与 Cortex-M4 权威指南[M]. 3 版. 吴常玉,曹孟娟,王丽红,译. 北京：清华大学出版社,2015.

[6] 吴勇,罗国富,刘旭辉,等. 四轴飞行器 DIY：基于 STM32 微控制器[M]. 北京：北京航空航天大学出版社,2016.

[7] 黄和悦. DIY 四轴飞行器：基于 MSP430F5 系列单片机与 Android[M]. 北京：电子工业出版社,2015.

[8] 蔡国玮,陈本美,李崇兴,等. 无人驾驶旋翼飞行器系统[M]. 北京：清华大学出版社,2012.

[9] 林庆峰,谌利,奚海蛟. 多旋翼无人飞行器嵌入式飞控开发指南[M]. 北京：清华大学出版社,2017.

[10] Kernighan B W,Ritchie D M. C 程序设计语言[M]. 2 版. 徐宝文,李志,译. 北京：机械工业出版社,2014.

[11] Harbison P S,Steele G. C 语言参考手册[M]. 邱仲潘,译. 5 版. 北京：机械工业出版社,2004.

[12] 赵育善,师鹏. 航天器飞行动力学建模理论与方法[M]. 北京：北京航空航天大学出版社,2012.

[13] 王新龙. 惯性导航基础[M]. 西安：西北工业大学出版社,2013.

[14] Franklin G F,Powell J D,Emami-Naeini A. 自动控制原理与设计[M]. 5 版. 李中华,张雨浓,译. 北京：人民邮电出版社,2007.

[15] Ellis G. 控制系统设计指南[M]. 4 版. 北京：机械工业出版社,2016.

[16] 姜学军,刘新国,李晓静. 计算机控制技术[M]. 2 版. 北京：清华大学出版社,2009.

[17] 赖寿宏. 微型计算机控制技术[M]. 北京：机械工业出版社,2008.

[18] 韩京清. 估计补偿不确定因素的控制技术[M]. 北京：国防工业出版社,2008.

[19] 秦永元,张洪钺,汪叔华. 卡尔曼滤波与组合导航原理[M]. 2 版. 西安：西北工业大学出版社,2012.

[20] Simon D. 最优状态估计——卡尔曼、H∞及非线性滤波[M]. 张勇刚,李宁,奔粤阳,译. 北京：国防工业出版社,2013.

[21] Grewal M S,Andrews A P. 卡尔曼滤波理论与实践(MATLAB 版)[M]. 4 版. 刘郁林,译. 北京：电子工业出版社,2017.

[22] Mahony R，Hamel T，Pflimlin J M. Nonlinear Complementary Filters on the Special Orthogonal Group[J]. IEEE Transactions on automatic control,2008,53(5)：1203.

[23] Madgwick S O，Harrison A J，Vaidyanathan R. Estimation of IMU and MARG orientation using a gradient descent algorithm[J]. IEEE International Conference on Rehabilitation Robotics,2011：179-185.

[24] Kay S M. 统计信号处理基础：估计与检测理论[M]. 罗鹏飞,张文明,刘忠,等译. 北京：电子工业出版社,2014.

[25] 王宏禹,邱天爽. 线性时变离散系统[M]. 北京：国防工业出版社,2008.

[26] 陈康生. 现代模型飞机制作工艺[M]. 北京：航空工业出版社,2010.

[27] 章卫国,李爱军,李广文,等. 现代飞行控制系统设计[M]. 西安：西北工业大学出版社,2009.

[28] 萧德云. 系统辨识理论及应用[M]. 北京：清华大学出版社,2014.

［29］ 王正林,王胜开,陈国顺,等.MATLAB/Simulink 与控制系统仿真［M］.3 版.北京：电子工业出版社,2012.

［30］ 甄红涛,齐晓慧,李杰,等.四旋翼无人机 L_1 自适应块控反步姿态控制器设计［J］.控制与决策,2014,29(06)：1076-1082.

［31］ 甄红涛,齐晓慧,夏明旗,等.四旋翼无人机鲁棒自适应姿态控制［J］.控制工程,2013,20(05)：915-919.

［32］ 赵述龙,安宏雷,刘建平,等.四旋翼飞行器模型的气动参数辨识［J］.电子测量与仪器学报,2013,27(08)：744-749.

［33］ 岳基隆,张庆杰,朱华勇.微小型四旋翼无人机研究进展及关键技术浅析［J］.电光与控制,2010,17(10)：46-52.

图书资源支持

感谢您一直以来对清华版图书的支持和爱护。为了配合本书的使用,本书提供配套的资源,有需求的读者请扫描下方的"书圈"微信公众号二维码,在图书专区下载,也可以拨打电话或发送电子邮件咨询。

如果您在使用本书的过程中遇到了什么问题,或者有相关图书出版计划,也请您发邮件告诉我们,以便我们更好地为您服务。

我们的联系方式:

地　　址: 北京市海淀区双清路学研大厦 A 座 714

邮　　编: 100084

电　　话: 010-83470236　010-83470237

客服邮箱: 2301891038@qq.com

QQ: 2301891038 (请写明您的单位和姓名)

资源下载: 关注公众号 "书圈" 下载配套资源。

资源下载、样书申请　　　　图书案例

书 圈

清华计算机学堂

观看课程直播